高 等 学 校 教 材

仪器分析

Instrument Analysis

宋永海　汪 莉◎主编

化学工业出版社

·北京·

内容简介

本书共分为四部分，包括光学分析法、电化学分析法、色谱分析法和核磁共振波谱与质谱分析法。按照仪器特征分别介绍了原子吸收光谱、原子发射光谱、紫外-可见吸收光谱、红外吸收光谱、分子发光光谱、拉曼光谱、电位分析法、伏安与极谱分析法、库仑分析法、气相色谱、液相色谱、核磁共振波谱、质谱等仪器分析方法。对一些概念进行了详细分析与讲解，一些难点从最基本的原理及公式推导讲起，并对部分难点增加了音频和视频讲解，使初学者及基础薄弱的读者也能轻松读懂。

由于仪器分析方法发展非常迅速，各种新的技术不断涌现，本书增加了目前教材中很少出现的最新的研究成果与技术。

本书适合作为化学、生物、材料等专业本科生的教材和参考书。

图书在版编目（CIP）数据

仪器分析 / 宋永海，汪莉主编. —北京：化学工业出版社，2024.2
ISBN 978-7-122-44605-3

I. ①仪… II. ①宋… ②汪… III. ①仪器分析 IV. ①O657

中国国家版本馆 CIP 数据核字(2023)第 249910 号

责任编辑：李晓红　　文字编辑：任雅航
责任校对：宋　夏　　装帧设计：王晓宇

出版发行：化学工业出版社
（北京市东城区青年湖南街 13 号　邮政编码 100011）
印　　装：大厂聚鑫印刷有限责任公司
787mm×1092mm　1/16　印张 27¾　字数 634 千字
2024 年 4 月北京第 1 版第 1 次印刷

购书咨询：010-64518888　　售后服务：010-64518899
网　　址：http://www.cip.com.cn
凡购买本书，如有缺损质量问题，本社销售中心负责调换。

定　　价：78.00 元

前言

随着科学技术的发展，“仪器分析”的应用日益普遍。“仪器分析”方法很多，各种方法又有其比较独立的原理，这些原理都是建立在较抽象的物理或物理化学理论之上，这使得“仪器分析”这门课程比较抽象。为了适应普通高等院校化学专业开设“仪器分析”课程的需要，根据党的二十大“实施科教兴国战略，强化现代化建设人才支撑”的精神，笔者教学团队在多年教学实践的基础上，基本按照全国高等院校《仪器分析学科基本要求》（审订稿，1988 年），并汲取兄弟院校的经验，结合最新的仪器分析方法编写了这本《仪器分析》教材。该教材不仅适用于普通高等院校化学专业，也适用于生物、材料等专业。

在编写过程中，注意了如下几点：

（1）力求贯彻少而精、简而明的原则。讲清楚基本概念，着重于各种方法的基本原理（包括仪器结构的基本原理）、特点及部分应用。使学生能根据各种分析的目的和要求、方法的特点及应用范围，选择适宜的方法解决分析化学中的各种具体问题。

（2）力求讲清楚仪器重要部件的定义、基本结构、作用（或用途）和特点及具体的分析方法。

（3）对于数学公式，力求讲清楚推导公式的前提（或假设）、主要步骤（或思路）和公式中各项的物理意义（包括单位）及其应用。

本书在江西师范大学化学化工学院分析化学教学团队全体教师的积极参与下完成，参加编写工作的人员有：黄振中与宋永海（第一部分光学分析法）、许富刚（第一部分光学分析法中的第七章激光拉曼光谱）、汪莉（第二部分电化学分析法）、陈受惠（第三部分色谱分析法）、汤娟与傅杨（第四部分核磁共振波谱与质谱分析法）、章华（电子教学课件，电子习题库），宋永海与汪莉负责组织编写、统稿。

教材的编写得到了江西师范大学化学化工学院的支持与帮助，感谢江西师范大学化学化工学院和化学工业出版社的支持。由于编者水平有限，书中疏漏、欠缺之处在所难免，希望读者批评指正。

编 者

2024 年 1 月

于江西师范大学

目 录

第一章 绪论……001
一、仪器分析法的概念……001
二、仪器分析法的分类……002
三、仪器分析法的特点和局限性……003
四、仪器分析发展概述……004

第一部分 光学分析法

第二章 光学分析法导论……008
第一节 电磁辐射基础……008
一、电磁辐射的种类……008
二、电磁波的表示方法……008
第二节 光学分析法分类……009
一、发射光谱法……010
二、吸收光谱法……011
三、拉曼散射光谱法……012
习题……012

第三章 原子发射光谱分析……013
第一节 概述……013
一、原子发射光谱发展历史……013
二、原子发射光谱分析的基本过程……014
三、原子发射光谱分析法分类……014
四、原子发射光谱分析法的特点及应用范围……015
第二节 原子发射光谱分析基本原理……016
一、原子发射光谱的产生……016
二、原子能级与能级图……016
三、谱线强度……019
四、谱线的自吸与自蚀……019

第三节　原子发射光谱分析仪器 …… 020
一、光源 …… 020
二、分光系统 …… 028
三、检测系统 …… 031
四、原子发射光谱仪的类型 …… 031
第四节　原子发射光谱定性分析 …… 033
一、元素的灵敏线、共振线、最后线、分析线及特征线组 …… 033
二、光谱定性分析方法 …… 034
三、光谱定性分析过程 …… 036
第五节　原子发射光谱半定量分析 …… 036
第六节　原子发射光谱定量分析 …… 038
一、光谱定量分析的关系式 …… 038
二、定量分析方法 …… 039
三、背景的扣除 …… 041
四、光谱定量分析工作条件的选择 …… 041
思考与练习题 …… 042

第四章　原子吸收光谱分析 …… 044

第一节　原子吸收光谱分析概述 …… 044
一、原子吸收光谱法的发展历史 …… 044
二、原子吸收光谱法的特点 …… 045
第二节　原子吸收光谱分析的基本原理 …… 046
一、原子吸收光谱的产生 …… 046
二、原子谱线的轮廓与变宽 …… 046
三、定量分析的理论基础 …… 050
第三节　原子吸收光谱仪 …… 053
一、光源 …… 053
二、原子化器 …… 055
三、光学系统 …… 064
四、检测系统 …… 065
五、原子吸收分光光度计的类型 …… 066
第四节　干扰及其消除方法 …… 067
一、与光源有关的光谱干扰 …… 068
二、与原子化器有关的干扰 …… 069
三、电离干扰 …… 073
四、化学干扰 …… 074

五、物理干扰 …… 074
第五节　原子吸收测定条件的选择 …… 075
第六节　原子吸收光谱定量分析方法 …… 077
一、标准曲线法 …… 077
二、标准增量法 …… 078
三、定量分析的性能参数 …… 079
第七节　原子荧光光谱分析法 …… 080
一、概述 …… 080
二、基本原理 …… 081
三、原子荧光光度计 …… 082
思考与练习题 …… 084

第五章　紫外-可见吸收光谱分析 …… 086

第一节　紫外-可见吸收光谱概述 …… 086
一、物质对光的选择性吸收及吸收曲线 …… 086
二、紫外-可见吸收光谱法的特点 …… 087
第二节　紫外-可见吸收光谱的基本原理 …… 088
一、紫外-可见吸收光谱的产生 …… 088
二、紫外-可见吸收光谱定量分析的基础 …… 089
第三节　无机化合物的紫外-可见吸收光谱 …… 090
一、电荷迁移跃迁 …… 090
二、配位场跃迁 …… 091
第四节　有机化合物的紫外-可见吸收光谱 …… 092
一、有机化合物的电子跃迁与紫外-可见吸收光谱 …… 092
二、紫外-可见吸收光谱与有机化合物分子结构的关系 …… 096
三、有机化合物的紫外-可见吸收计算 …… 101
第五节　紫外-可见吸收光谱的溶剂效应 …… 104
第六节　紫外-可见吸收光谱仪 …… 106
一、光源 …… 107
二、分光系统 …… 107
三、槽室 …… 109
四、检测系统 …… 109
五、紫外-可见吸收光谱仪的类型 …… 109
第七节　紫外-可见吸收光谱的应用 …… 111
思考与练习题 …… 114

第六章　红外吸收光谱分析……116

第一节　红外吸收光谱概述……116
第二节　基本原理……117
　　一、红外吸收光谱产生的条件……117
　　二、分子振动及红外吸收峰位置、数目及强度……118
第三节　红外光谱与分子结构……124
　　一、红外吸收光谱的特征性……124
　　二、常见有机化合物基团的特征频率……126
　　三、影响基团频率位移的因素……134
第四节　红外光谱仪……138
　　一、红外光谱仪的基本组成……138
　　二、双光束色散型红外光谱仪……142
　　三、傅里叶变换红外光谱仪……143
第五节　红外吸收光谱的应用……144
　　一、定性分析……144
　　二、定量分析……146
思考与练习题……147

第七章　激光拉曼光谱……150

第一节　拉曼光谱概论……150
第二节　拉曼光谱原理……151
第三节　拉曼光谱与红外光谱的关系……153
第四节　激光拉曼光谱仪……154
　　一、色散型拉曼光谱仪……155
　　二、傅里叶变换近红外激光拉曼光谱仪……156
　　三、共焦显微拉曼光谱仪……157
第五节　增强拉曼光谱技术……158
　　一、共振拉曼散射……158
　　二、表面增强拉曼散射……159
第六节　激光拉曼光谱的应用……161
　　一、分子结构的研究……161
　　二、定量分析中的应用……161
思考与练习题……163

第八章　分子发光分析……164

第一节　概述……164
　　一、分子发光分析发展概况……164

二、分子发光分析的特点……165
第二节　分子荧光与磷光……165
一、荧光和磷光的产生……165
二、激发光谱和发射光谱……167
三、荧光、磷光和化学结构的关系……169
四、荧光强度和溶液浓度的关系……172
五、影响荧光强度的环境因素……173
六、荧光的猝灭……174
第三节　荧光和磷光分析仪……176
一、荧光分析仪……176
二、磷光分析仪……176
第四节　荧光和磷光分析法的应用……177
一、无机化合物的分析……177
二、有机化合物的分析……178
第五节　荧光分析法新技术简介……178
一、同步荧光法……178
二、导数荧光法……179
三、三维荧光光谱法……179
第六节　化学发光分析法……180
一、基本原理……180
二、特点……182
三、装置与技术……183
思考与练习题……183

第二部分　电化学分析法

第九章　电位分析法……187
第一节　电位分析法原理……187
一、电极电位的产生……187
二、能斯特方程……188
三、电极电位的测量……189
四、电极的极化……191
第二节　电位分析中的指示电极……192
一、基于电子交换反应的金属基电极……192
二、离子选择性电极……194

三、离子选择性电极的选择性及误差……207
第三节　直接电位分析法……209
一、测量离子浓（活）度的方法……209
二、影响测定的因素……213
三、测试仪器……214
四、直接电位分析法的特点及应用……215
第四节　电位滴定分析……216
一、电位滴定法的原理……216
二、电位滴定终点的确定……216
三、自动电位分析仪简介……220
四、电位滴定法的应用和指示电极的选择……221
五、电位滴定法的特点……223
思考与练习题……223

第十章　伏安与极谱分析法……225

第一节　伏安分析的基本原理……225
一、电极反应基本历程……225
二、电极表面的液相传质过程……226
三、基本装置……227
四、极谱曲线——极谱波……229
五、极谱波类型与极谱波方程……230
第二节　极谱定量分析……234
一、扩散电流……234
二、干扰电流及消除……236
三、极谱定量分析方法……238
四、极谱分析的特点及存在问题……239
第三节　极谱催化波……239
一、极谱动力波类型……239
二、催化电流方程……240
三、极谱动力波体系……241
第四节　脉冲极谱法……241
一、方波极谱法……241
二、常规脉冲极谱法……243
三、微分（示差）脉冲极谱法……243
第五节　伏安分析法……244
一、线性扫描伏安法/单扫描极谱法……245
二、循环伏安法……246

三、溶出伏安法 ······ 247
第六节　安培滴定分析法 ······ 250
一、单指示电极安培滴定分析法 ······ 250
二、双指示电极安培滴定分析法 ······ 252
思考与练习题 ······ 253

第十一章　库仑分析法 ······ 255

第一节　电解分析法 ······ 255
一、电解分析的基础 ······ 255
二、理论分解电压与析出电位 ······ 256
三、电解分析法与电解分离 ······ 256
第二节　库仑分析原理与过程 ······ 259
一、库仑分析基本原理 ······ 259
二、控制电位库仑分析 ······ 260
第三节　库仑滴定 ······ 262
一、恒电流库仑滴定 ······ 262
二、自动库仑分析 ······ 264
思考与练习题 ······ 266

第三部分　色谱分析法

第十二章　色谱分析法导论 ······ 270

第一节　色谱法的发展历史及其分类 ······ 270
一、色谱法的发展历史 ······ 270
二、色谱法的分类 ······ 271
第二节　色谱流出曲线和术语 ······ 272
一、色谱流出曲线 ······ 272
二、基线 ······ 272
三、峰高 ······ 273
四、区域宽度 ······ 273
五、保留值 ······ 273
六、色谱流出曲线的意义 ······ 275
第三节　色谱分析基本原理 ······ 275
一、分配过程 ······ 275
二、塔板理论 ······ 277

三、色谱的速率理论……281
第四节　分离度……286
第五节　基本分离方程……287
第六节　定性分析……290
一、根据色谱保留值进行定性分析……290
二、GC 中的联用方法定性……290
三、LC 中的辅助技术定性……291
四、与化学方法配合进行定性分析……291
五、利用检测器的选择性进行定性分析……291
第七节　定量分析……291
一、峰面积测量法……292
二、定量校正因子……293
三、几种常用的定量计算方法……295
思考与练习题……297

第十三章　气相色谱法……300

第一节　气相流程……300
一、载气系统……300
二、进样系统……301
三、分离系统……302
四、检测系统……303
五、记录系统……303
第二节　气相色谱固定相……303
一、气固色谱固定相……303
二、气液色谱固定相……305
第三节　气相色谱检测器……311
一、热导池检测器……311
二、氢火焰离子化检测器……314
三、电子捕获检测器……317
四、火焰光度检测器……318
五、氮磷检测器……319
六、检测器的性能指标……319
第四节　分离操作条件的选择……322
一、载气及其流速的选择……322
二、柱温的选择……323
三、固定液的性质和用量……323

四、载体的性质和粒度……324
五、进样时间和进样量……324
六、气化温度……325
第五节 毛细管柱气相色谱法……325
一、毛细管色谱柱……325
二、毛细管色谱柱的特点……326
三、毛细管柱的色谱系统……327
第六节 气相色谱分析的特点及其应用范围……328
思考与练习题……329

第十四章 高效液相色谱法和超临界流体色谱法……330
第一节 概述……330
一、高效液相色谱法与经典液相色谱法……330
二、高效液相色谱法与气相色谱法……330
第二节 高效液相色谱仪器……331
一、高压输液系统……331
二、进样系统……332
三、分离系统——色谱柱……332
四、检测系统……333
五、附属系统……337
第三节 高效液相色谱的固定相和流动相……338
一、固定相……338
二、流动相……339
第四节 高效液相色谱法的主要类型及分离类型的选择……342
一、液液分配色谱法……342
二、化学键合相色谱法……343
三、液固吸附色谱法……346
四、离子交换色谱法……348
五、离子色谱法……350
六、离子对色谱法……351
七、尺寸排阻色谱法……352
八、亲和色谱法简介……354
九、分离类型的选择……354
第五节 超临界流体色谱法……355
一、超临界流体的特性……356
二、超临界流体色谱仪……357
三、压力效应……357
四、固定相和流动相……358

五、检测器……358
六、应用……358
思考与练习题……359

第四部分　核磁共振波谱与质谱分析法

第十五章　核磁共振波谱分析……362
第一节　概述……362
第二节　核磁共振基本原理……363
一、原子核的磁性……363
二、自旋核在磁场中的行为描述……365
三、弛豫的类型以及核磁共振现象的运用……368
第三节　核磁共振波谱仪……370
一、核磁共振波谱仪的基本结构……370
二、核磁共振波谱仪的种类……372
第四节　化学位移和核磁共振谱图……373
一、低分辨核磁共振仪……373
二、化学位移的产生……374
三、化学位移大小的表示方法……375
四、影响化学位移的因素……376
五、积分曲线……379
第五节　自旋耦合及自旋裂分……380
一、自旋耦合与自旋裂分的关系……380
二、核的等价性……381
三、耦合作用的一般规律和规则……381
第六节　一级谱图解析示例……383
第七节　高级谱图的简化方法……386
一、加大磁场强度法……386
二、双照射法……386
三、加入位移试剂法……387
第八节　^{13}C 核磁共振谱图简介……388
第九节　二维核磁共振谱简介……392
思考与练习题……393

第十六章　质谱分析 ……395
第一节　概述 ……395
第二节　单聚焦质谱仪结构及基本原理 ……396
一、真空系统 ……396
二、进样系统 ……397
三、离子源 ……498
四、质量分析器 ……404
五、离子检测器 ……405
第三节　双聚焦质谱仪 ……405
第四节　动态质谱仪 ……407
一、四极滤质器 ……407
二、离子阱质谱仪 ……407
三、飞行时间质谱仪 ……408
第五节　离子的类型 ……410
一、质谱峰类型及成因 ……410
二、实例分析 ……413
第六节　质谱定性分析及谱图解析 ……414
一、分子量的测定 ……414
二、分子式的确定 ……416
三、化合物的鉴定和结构的确定 ……417
四、谱图检索 ……418
第七节　质谱定量分析 ……418
第八节　常见质谱联用简介 ……419
一、气相色谱-质谱联用（GC-MS） ……419
二、液相色谱-质谱联用（LC-MS） ……421
三、质谱-质谱联用（MS-MS） ……422
四、电感耦合等离子体质谱（ICP-MS） ……424
思考与练习题 ……425
参考文献 ……426
电子教学课件和习题库获取方式 ……428

第一章　绪 论

分析化学是一门研究物质的化学组成、结构和形态等信息的分析方法及有关理论的学科，它是化学学科的一个重要分支。随着物理学、物理化学、生命科学、信息科学、纳米技术等现代科学技术大量渗入分析化学，分析化学的方法发生了巨大的变化，派生出两个平行的分支：化学分析法和仪器分析法。

化学分析法是以物质的化学反应为基础的分析方法。例如，测定铜合金中的硫，是将铜合金在高温下通入氧气，使其中的硫全部氧化成为SO_2，

$$S + O_2 \longrightarrow SO_2$$

然后将SO_2溶于水，

$$SO_2 + H_2O \longrightarrow H_2SO_3$$

生成的H_2SO_3以淀粉作指示剂，用碘标准溶液滴定，

$$H_2SO_3 + I_2 + H_2O \longrightarrow H_2SO_4 + 2HI$$

滴定至溶液中出现稳定的蓝色即为终点。通过滴定过程中消耗碘标准溶液的量，可求出硫的含量，这是典型的化学分析法。

但是随着科学技术的发展，化学分析亦逐渐仪器化。甚至有些化学分析法也使用了比较复杂的仪器设备。如近年来出现的碳、硫自动分析仪，它采用程序控制进样、滴定，以光电技术指示终点，通过复杂的集成电路，将含量以数字形式显示或打印出来。从表面看这种方法使用了很复杂的仪器，但由于它仍是以物质的化学反应为基础的分析方法，故仍属于化学分析法的范畴，只不过是化学分析仪器化了。

所以说，并不是使用了仪器的分析方法都是仪器分析法。那么，何谓仪器分析法？

一、仪器分析法的概念

基于物质的物理性质和物理化学性质的分析方法称为物理和物理化学分析法，由于这些分析方法需要借助较特殊的仪器，故又称为仪器分析法。原则上，几乎所有物质的物理性质和物理化学性质都可以作为分析该物质的依据。表 1-1 列举了一些可用于分析测试的物理性质及相应的分析方法。

表 1-1　用于分析测试的物理性质及相应的分析方法

方法的分类	被测物理性质	相应的分析方法
光学分析法	辐射的发射	发射光谱法（X 射线、紫外线、可见光等），火焰光度法，荧光光谱法（X 射线、紫外、可见光区），磷光光谱法，放射化学法
	辐射的吸收	分光光度法（X 射线、紫外线、可见光、红外线），原子吸收法，核磁共振波谱法，电子自旋共振波谱法
	辐射的散射	浊度法，拉曼光谱法

续表

方法的分类	被测物理性质	相应的分析方法
光学分析法	辐射的折射	折射法，干涉法
	辐射的衍射	X射线衍射法，电子衍射法
	辐射的旋转	偏振法，旋光色散法，圆二色性光谱法
电化学分析法	半电池电位	电位分析法，电位滴定法
	电导	电导法
	电流-电压特性	极谱分析法
	电量	库仑法（恒电位、恒电流）
色谱分析法	两相间的分配	气相色谱法，液相色谱法
质谱分析法	质荷比	质谱法
热分析法	热性质	热导法，热焓法
放射化学分析法	核性质	中子活化法

二、仪器分析法的分类

随着科技的发展，新的仪器分析方法还在不断涌现。虽然仪器分析方法十分繁多，但各种方法又有其各自比较独立的方法原理而可自成体系。根据物质所产生的可测量信号的不同，仪器分析一般可以分为以下几类。

1. 光学分析法

光学分析法是建立在物质对光的发射、吸收和散射等性质基础上的一类分析方法。基于分析物和电磁辐射相互作用产生的辐射信号的变化，光学分析法可分为光谱法和非光谱法，前者测量的信号是物质内部能级跃迁所产生的发射、吸收和散射的光谱波长和强度；后者不涉及能级跃迁，不以波长为特征信号，通常测量电磁辐射某些基本性质（反射、折射、干涉、偏振等）的变化。

2. 电化学分析法

电化学分析法是建立于物质在溶液中的电化学性质基础上的一类分析方法。该方法根据物质在溶液中的电化学性质（电位、电荷、电流和电阻等）及其变化规律进行分析。

3. 色谱分析法

色谱分析法是建立于混合物中各组分在互不相溶的两相（固定和流动相）中吸附能力、分配系数或其它亲和作用性能的差异上而进行分离和测定的一类分析方法。它是分离与测定一体化的仪器分离分析法，主要是以气相色谱法、高效液相色谱法、毛细管电泳法等为代表的分离分析方法及上述相关仪器联用的分离分析技术。

4. 其它仪器分析方法

（1）质谱分析法　根据元素的质量与电荷比的关系来进行分析的方法。

（2）热分析法　根据物质的热性质来进行分析的方法。

（3）放射化学分析法　根据放射性同位素的性质来进行分析的方法。

三、仪器分析法的特点和局限性

与化学分析方法相比较，仪器分析具有如下优点：

① 灵敏度高。仪器分析的灵敏度比化学分析的灵敏度高得多，一些仪器分析方法的检出限如表 1-2 所示。

表 1-2　一些仪器分析方法的检出限

方法	检出限	方法	检出限
分子吸收光谱分析法	10^{-3}～10^{-8} g	极谱分析法	10^{-5}～10^{-11} mol・L^{-1}
发射光谱分析法	10^{-8}～10^{-12} g	库仑分析法	10^{-9} g
原子吸收光谱分析法	10^{-8}～10^{-14} g	气相色谱分析法	10^{-9}～10^{-13} g
离子选择性电极分析法	10^{-6}～10^{-8} mol・L^{-1}		

由表 1-2 可见，仪器分析的灵敏度是很高的，适于微量、痕量和超痕量成分的测定。这对于高纯材料和生命科学中的痕量物质的分析和环境监测具有重要的意义。

② 操作简便，分析速度快。绝大多数仪器是将被测组分的浓度变化或物理性质变化转变为某种电性能（如电阻、电导、电位、电流等），易于实现自动化和计算机化。试样经预处理后，仅需数十秒或数分钟即可得出分析结果。而且不少仪器分析方法可一次同时测定多种组分。例如光电直读发射光谱分析法，在 1～2 min 内可同时测定 20～30 种元素，因而单项分析所需的时间就更短了。

③ 选择性好。一般说来，仪器分析的选择性远高于化学分析。许多仪器分析方法可通过调整测试条件，使一些共存的其它组分不干扰，提高分析的选择性。因此，应用仪器分析方法测定复杂组分的试样往往是很方便的。

④ 所需试样量少。不少仪器分析方法需要的试样量只有数微克或数微升，甚至可在不损坏试样的情况下进行分析（即无损分析），这对于高纯物质的测定和文物的分析鉴定具有重要的意义。

⑤ 用途广。化学分析一般只能测定某种组分在整个试样中所占的百分率，而不能确定该组分在试样中的存在状态和分布情况。仪器分析不仅可用于定性分析、定量分析、结构分析、价态分析、物相分析和微区分析，还可用于测定配合物的配位比和稳定常数，酸和碱的电离常数，难溶化合物的溶度积常数，以及反应速率常数等有关热力学和动力学常数。当然，并不是说任何仪器分析方法均能完成上述各种任务，就一种仪器分析方法而言，往往只能完成其中一种或数种任务。

仪器分析方法仍具有一定的局限性，其表现在以下两方面：

① 仪器结构相对复杂，价格比较昂贵，而且有些仪器需要在恒温、恒湿环境下才能正常工作，因此限制其推广和应用。

② 仪器分析法是一种相对的分析方法，一般需要用化学纯品作标准对照，而这些化学纯品的成分通常需要化学分析方法来确定。

四、仪器分析发展概述

从 20 世纪 30 年代后期开始的几十年间，由于原子能工业、半导体工业以及其它新兴工业的需要，仪器分析得到了迅速的发展，并逐渐成为分析化学的主要组成部分。在这一时期中，由于科学技术的进步，特别是一些重大的科学发现，为许多新的仪器分析方法的建立和发展提供了良好的基础。在建立这些新的仪器分析方法的过程中，不少科学家因此获得了诺贝尔物理学奖、化学奖、生理学或医学奖。表 1-3 中列出了与建立现代仪器分析方法有关的某些获得诺贝尔奖的科学家及其贡献。

表 1-3 仪器分析相关的部分获得诺贝尔奖的科学家及其贡献

获奖人	项目内容	获奖年份
W. H. Bragg（英） W. L. Bragg（英）	应用 X 射线研究晶体结构（物理学奖）	1915
F. W. Aston（英）	用质谱法发现同位素并用于定量分析（化学奖）	1922
F. Pregl（奥地利）	开创有机物质的微量分析法（化学奖）	1923
F. Bloch（美） E. M. Purcell（美）	发明核磁共振测定方法（物理学奖）	1952
A. J. P. Martin（英） R. L. M. Synge（英）	开创气相分配色谱分析法（化学奖）	1952
J. Heyrovsky（捷）	开创极谱分析法（化学奖）	1959
R. S. Yalow（美）	开创放射免疫分析法（生理学或医学奖）	1977
K. M. Siegbahn（瑞典）	发展高分辨率电子光谱学并用于化学分析（物理学奖）	1981
E. Ruska（德国） G. Binnig（德国） H. Rohrer（瑞士）	开创了表面分析方法（物理学奖） Ernst Ruska 设计了第一台电子显微镜（物理学奖） Gerd Binnig 和 Heinrih Rohrer 设计了第一台扫描隧道显微镜（物理学奖）	1986
J. B. Fenn（美） K. Tanaka（日） K. Wuthrich（瑞士）	用核磁共振（NMR）技术测定溶液中生物大分子三维结构（化学奖）	2002

现代仪器分析的发展，为分析化学的内容带来了革命性的变化。在过去，分析化学长期以来是以化学方法为主，而今天则毫无疑问地是以仪器方法为主；过去是以单纯的分析方法的研究为主，而今天则进一步要求对各种新技术及其有关理论进行研究；过去是以无机物分析为主，今天则更注重于有机物及生物物质的分析；过去是以成分分析为主，今天则更要求兼顾物质的结构分析、状态和价态分析、微区分析及表面分析等。

综观仪器分析的历史和现状，可以预计，它今后会得到更迅速的发展和应用，并在许多领域中发挥重要的作用。仪器分析的发展趋势大致表现在以下几个方面：

① 计算机技术在仪器分析中的应用将更加普遍和深入，智能化的仪器分析方法将逐渐成为常规分析的重要手段。

② 仪器分析方法的灵敏度和选择性将进一步提高，许多新的超痕量分析方法和超微量分析技术将逐步建立。

③ 仪器分析方法将在更大程度上应用于物质的结构分析、状态和价态分析、表面分析及微区分析等，同时在许多学科的研究工作中将得到愈来愈广泛的应用。

④ 仪器分析中各种方法的联用，将进一步发挥各种方法的效能，这种联用方法无疑是解决复杂分析问题的有力手段。

⑤ 仪器分析将进一步与生物医学相结合，用于生命过程的研究，并作为有效的临床诊断方法。此外，生物医学中的酶催化反应与免疫反应等技术和成果也将进一步用于仪器分析，开拓新的研究领域和方法，如酶电极、免疫传感器、免疫伏安法、免疫发光分析法等。

⑥ 仪器分析方法将在各种工业流程及特殊环境中（例如生物活体组织）的自动监控或遥控检测中发挥重大的作用。在这一领域中，各种新型化学传感器的研制将是十分重要的。

第一部分 光学分析法

第二章 光学分析法导论 008

第三章 原子发射光谱分析 013

第四章 原子吸收光谱分析 044

第五章 紫外-可见吸收光谱分析 086

第六章 红外吸收光谱分析 116

第七章 激光拉曼光谱 150

第八章 分子发光分析 164

第二章　光学分析法导论

根据物质发射、吸收电磁辐射以及物质与电磁辐射的相互作用来进行分析的一类重要的仪器分析方法，称为光学分析法。

为了更好地认识光学分析法的本质，下面对电磁辐射基础、光学分析法分类等作简单介绍。

第一节　电磁辐射基础

一、电磁辐射的种类

物理学家早已证明各种颜色的光和热辐射都是电磁辐射（或电磁波）。电磁辐射是一种以巨大速度通过空间的能量形式，它在传播时不需要以任何物质作为传播媒介，其在真空中的传播速率为 $3.0\times10^8\ m\cdot s^{-1}$。

我们看到的日光、白炽灯发出的光，只是电磁波中的一个很小波段。通常把人的眼睛能感觉到的那一小波段的光称为可见光，而范围更广的不能被人们直接看到、感觉到的如 X 射线、红外线、紫外线、微波和无线电波等也都是电磁辐射（电磁波），只是它们的频率或波长不同。将电磁波按频率或波长大小排列所得的图案，称为电磁波谱，如图 2-1 所示。

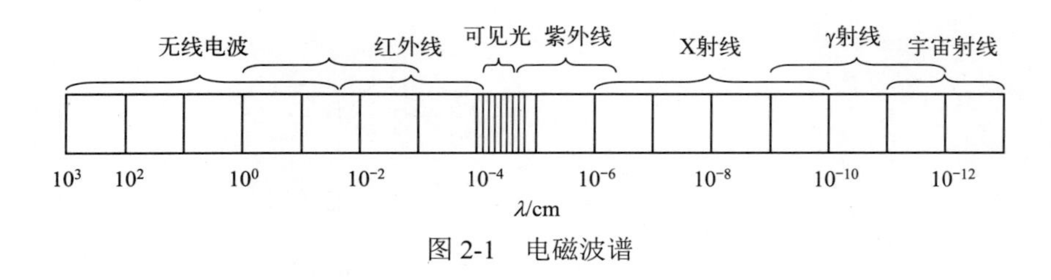

图 2-1　电磁波谱

二、电磁波的表示方法

电磁波具有波粒二象性，可以方便地用以下四种方法来表示：

（1）波长 λ　波长是指相邻两个光波各相应点间的距离。波长单位常用 Å（1 Å = 10^{-10} m）、nm（1 nm = 10^{-9} m）、μm（1 μm = 10^{-6} m）、cm 表示。单位 nm、Å 多用于紫外-可见光区。

（2）波数 σ　波数是指在波传播方向上单位长度内波的数目，单位为 cm^{-1}。波数等于波长的倒数，即

$$\sigma = \frac{1}{\lambda} \tag{2-1}$$

例如，波长为 2000 Å 的光波，在 1 cm 中的波数σ是多少？

解：$\sigma = \frac{1}{\lambda} = \frac{1}{2000 \times 10^{-8}\,\text{cm}} = 50000\ \text{cm}^{-1}$

在进行红外吸收光谱分析时常用此单位表示。

（3）频率ν　频率是指 1 s 内经过某点的波数（即每秒内振荡次数），即

$$\nu = \sigma c \tag{2-2}$$

式中，c 为光速；频率单位常用赫兹 Hz（s^{-1}）表示。

例如，波长为 3000 Å 的光波，ν 是多少？

解：
$$\nu = \sigma c = \frac{c}{\lambda} = \frac{3 \times 10^{10}\,\text{cm/s}}{3000 \times 10^{-8}\,\text{cm}} = 1 \times 10^{15}\,\text{s}^{-1} = 1 \times 10^{15}\,\text{Hz}$$

（4）能量E　能量的单位为 J 或 eV。

$$E = h\nu = h\frac{c}{\lambda} = hc\sigma \tag{2-3}$$

式中，h 为普朗克常量，$h = 6.626 \times 10^{-34}$ J・s = 4.136×10^{-15} eV・s。

例如，波长为 200 nm 的光波，光子能量 E 是多少？

解：
$$E = h\nu = h\frac{c}{\lambda} = 6.626 \times 10^{-34}\,\text{J} \cdot \text{s} \times \frac{3 \times 10^{10}\,\text{cm/s}}{200 \times 10^{-7}\,\text{cm}} = 9.939 \times 10^{-19}\,\text{J}$$

而
$$1\ \text{eV} = 1.602 \times 10^{-19}\,\text{J}$$

故
$$E = \frac{9.939 \times 10^{-19}\,\text{J}}{1.602 \times 10^{-19}\,\text{J/eV}} = 6.204\ \text{eV}$$

小知识

电子伏(eV)：一个电子经过电场中具有 1 V 电位差的两点时所获得或放出的能量。1 eV = 1.602×10^{-19} J。

第二节　光学分析法分类

由前述光学分析法的概念不难得出，任何光学分析法均包含以下三个主要过程：①能源提供能量；②能量与被测物质相互作用；③产生被检测的信号。据此，可以对光学分析法归类如下：

① 按能源不同，可分为γ射线、X 射线、紫外线、可见光、红外线及化学发光等光谱法。

② 按能量所作用的物质不同，可分为原子光谱（能量所作用的物质为原子）及分子光谱（能量所作用的物质为分子）等。

③ 按所产生的被检测信号的辐射能的性质不同，可分为吸收、发射、散射、折射、反射、干涉、衍射、偏振等。

④ 按物质与能量相互作用是否发生能级跃迁，可分为间接光谱法和直接光谱法两大类

（通常按此分类）。

间接光谱法是利用电磁辐射与物质相互作用引起电磁辐射在方向上的改变或由此引起光的物理性质（反射、折射、干涉、衍射和偏振等）的变化的分析方法。间接光谱法有折射法、反射法、散射法、干涉法、衍射法、偏振法等。

直接光谱法是指物质与电磁辐射相互作用，物质内部产生量子化能级跃迁，测量由此而产生的发射、吸收或散射光的波长和强度的分析方法。直接光谱法有原子发射光谱法、原子吸收光谱法、原子荧光光谱法、紫外-可见光谱法、红外吸收光谱法、核磁共振波谱法、分子荧光光谱法、分子磷光光谱法、化学发光法和拉曼光谱法等。

在分析化学上直接光谱法比间接光谱法更为重要，因此，接下来重点介绍光化学分析法中的直接光谱法。

复合光经过色散系统（如棱镜或光栅）分光后，所得到的按波长（或频率）大小依次排列的图案称为光谱。光谱的产生是由于物质的分子、原子和离子受到外部能量的作用，其内部的运动状态发生变化，即能级变化。物质内部的能级跃迁须服从 Plank 关系［式（2-4）］：

$$\Delta E = E_2 - E_1 = h\nu = h\frac{c}{\lambda} = hc\sigma \tag{2-4}$$

变化的能量以电磁辐射的形式释放或吸收。因此，直接光谱法可分为发射光谱法、吸收光谱法和拉曼（Raman）散射光谱法三种基本类型。

一、发射光谱法

发射光谱是指构成物质的各种粒子受到辐射能或非辐射能（电能、热能或化学能）的激发，使其由低能态或基态跃迁到较高能态，当其退激时以光辐射释放能量所产生的光谱。

1. 发射光谱法分类

根据物质所受到的外部能量的不同，发射光谱可分为两种类型。

（1）光致发光　被测粒子吸收辐射能后被激发，当跃回至低能态或基态时，所产生的发射光谱称为光致发光光谱（有的书把它单独列成光谱法的一类，称为荧光光谱）。以此建立起来的光谱方法有：荧光光谱法（包括 X 射线荧光光谱分析、原子荧光光谱分析、分子荧光光谱分析）和磷光光谱法等。分子荧光和磷光的主要区别是荧光寿命较磷光短，前者在激发态的停留时间仅为 10^{-8}～10^{-4} s，而后者的寿命可长达 10^{-4}～10 s 左右。

（2）非电磁辐射能激发发光　被测粒子吸收非电磁辐射能（电能、热能或化学能）后被激发，当跃回到低能态或基态时，所产生的发射光谱为非电磁辐射能激发发光光谱，主要有原子发射光谱分析与化学发光分析法。

发射光谱的特点见表 2-1。

表 2-1　发射光谱法

方法名称	辐射能（或能源）	作用物质	检测信号
X 射线荧光光谱法	X 射线（0.1～25 Å）	原子内层电子的逐出，外层电子跃入空位（电子跃迁）	特征 X 射线（荧光）
原子荧光光谱法	高强度紫外、可见光	气态原子外层电子跃迁	原子荧光
荧光光谱法	紫外、可见光	分子	荧光（紫外、可见光）
磷光光谱法	紫外、可见光	分子	磷光（紫外、可见光）
原子发射光谱法	电能、火焰	气态原子外层电子	紫外、可见光
化学发光法	化学能	分子	可见光

2. 光谱种类

任何一种原子或分子在外能作用下，其运动状态都会发生变化，而不同原子或分子由于它们的结构不同，其运动状态的变化也各不相同，因而产生各自的特征光谱。物质发射的光谱按其形状不同可分为以下三种类型。

（1）线光谱　气态原子或离子受激发，外层电子产生跃迁所发射的谱线为线状谱线。原子所产生的谱线称为原子谱线，离子产生的谱线称为离子谱线，原子谱线与离子谱线皆为线状光谱。

（2）带状光谱　分子被激发，在电子能级跃迁的同时还伴有振动和转动能级的跃迁，因而产生一个或数个密集的谱线组，即为谱带。例如，碳电极与空气中的氮在高温下生成氰分子$(CN)_2$，而产生三个氰带：353.0～359.0 nm，377.0～388.0 nm，405.0～422.0 nm。分子光谱皆为带状光谱。

（3）连续光谱　液态或固态物质在高温下被激发，发出的各种波长的光组成连续光谱。例如，白炽光、日光及烧红的铁电极所发射出的光均为连续光谱。它的谱线密集，即使用高分辨单色器也不能把它们分开而呈现有间隔的谱线。

二、吸收光谱法

当辐射通过气态、液态或透明的固态物质时，物质的原子、离子或分子，将吸收与其内能变化相对应的频率辐射，由低能态或基态变为较高能态，这种由于物质对光的选择性吸收而得到的光谱，称为吸收光谱。吸收光谱常为一些暗线或暗带。

吸收光谱产生的必要条件：所提供的辐射能量恰好满足该吸收物质两能级间跃迁所需的能量，即满足式（2-4）。

具有较大能量的γ射线可被原子核吸收，X 射线可被原子内层电子吸收，紫外和可见光可被原子和分子的外层电子吸收，红外光可产生分子的振动光谱，微波和射频可产生转动光谱，所以，根据物质对不同波长的辐射能的吸收，可以建立各种吸收光谱法，如表 2-2 所示。

表 2-2　吸收光谱法

方法名称	辐射能（或能源）	作用物质	检测信号
莫斯鲍尔谱法	γ射线	原子核	吸收后的γ射线
X 射线吸收光谱法	X 射线 放射性同位素	原子序数 $Z>10$ 的重元素 原子的内层电子	吸收后的 X 射线
原子吸收光谱法	紫外、可见光	气态原子外层电子	吸收后的紫外、可见光
紫外、可见分光光度法	紫外、可见光	分子外层电子	吸收后的紫外、可见光
红外吸收光谱法	炽热硅碳棒等 2.5～15 μm 红外光	分子振动	吸收后的红外光
电子自旋共振波谱法（EPR）	10～800 kHz 微波	未成对电子	吸收
核磁共振波谱法（NMP）	0.1～100 MHz	原子核磁量子 有机化合物分子的质子	吸收

三、拉曼散射光谱法

拉曼散射是分子对光子的一种非弹性散射效应。当以一定频率的激发光照射分子时，会产生散射光。其中一部分散射光的频率和入射光的频率相等，这种散射为分子对光子的一种弹性散射。弹性散射通常需要满足分子与光子间的碰撞为弹性碰撞这一条件，即无能量交换，该散射也称为瑞利散射。还有一部分散射光的频率和激发光的频率不等，这种散射为光子对分子的一种非弹性散射。在光子的激发下，处于振动基态的分子会被激发到较高的、不稳定的能态（激发态）。由于激发态不稳定，分子由不稳定的激发态跃迁到较低能量的振动激发态。当散射光的能量等于激发光的能量减去两振动能级的能量差时，所产生的散射被称为拉曼散射。拉曼散射产生的概率极小，最强的拉曼散射仅占整个散射光的千分之几，而最弱的甚至低于万分之一。目前，以激光作为光源的拉曼散射光谱因具有所需试样量少、分辨能力强及可观察受激拉曼散射等优点，已成为化学研究的有力手段。

习题

1. 试计算下列电磁辐射的频率ν（以 Hz 为单位）和波数σ（以 cm^{-1} 为单位）。

（1）波长为 0.9 nm 的单色 X 射线；

（2）589.0 nm 的钠 D 线；

（3）12.6 μm 的红外吸收峰；

（4）波长为 200 cm 的微波辐射。

2. 以焦耳（J）和电子伏（eV）为单位计算上题中每个光量子的能量（1 eV ≈ 1.602×10^{-19} J）。

3. 电子能级间的能量差ΔE若为 1～20 eV，试计算在 1 eV、5 eV、10 eV、20 eV 时所对应的波长（以 nm 为单位）。

4. 阐述下列术语的含义：光谱、发射光谱、吸收光谱、荧光光谱。

第三章　原子发射光谱分析

第一节　概　述

原子发射光谱法（atomic emission spectrometry, AES）是一种成分分析方法，可对约 70 种元素（金属元素及磷、硅、砷、碳、硼等非金属元素）进行分析。这种方法常用于定性、半定量和定量分析。

一、原子发射光谱发展历史

早在 1826 年，泰尔博（Talbot）就说明某些波长的光线是表征某些元素的特征。从此以后，原子发射光谱就为人们所关注。由于当时对有关物质痕量分析技术的要求并不迫切，在发现原子发射光谱以后的许多年中发展都很缓慢。

1860 年德国学者基尔霍夫（G. R. Kirchhoff）和本生（R. W. Bunsen）利用分光镜研究盐和盐溶液在火焰中加热时观察到了产生的特征光辐射，从而发现了 Rb 和 Cs 两元素。1859—1860 年基尔霍夫和本生发表的《利用光谱观察的化学分析》奠定了原子发射光谱定性分析的基础。

古斯塔夫·罗伯特·基尔霍夫（Gustav Robert Kirchhoff，1824 年 3 月 12 日—1887 年 10 月 17 日），德国物理学家，出生于柯尼斯堡（今天的加里宁格勒）。他在海德堡大学期间制成光谱仪，与化学家本生合作创立了光谱化学分析法（把各种元素放在本生灯上烧灼，发出波长一定的一些明线光谱，由此可以极灵敏地判断这种元素的存在），从而发现了元素铯和铷。科学家利用光谱化学分析法，还发现了铊、碘等许多种元素。

罗伯特·威廉·本生（Robert Wilhelm Bunsen, 1811—1899 年）出生在德国的哥廷根。他出生书香门第，从小受到良好的教育，1830 年以一篇物理学方面的论文获得了博士学位。他研制的实验煤气灯，后来被称为本生灯，许多化学实验室一直到现在还在使用这种灯。此外，他还制成了本生电池、水量热计、蒸汽量热计、滤泵和热电堆等实验仪器。

到了20世纪30年代，人们已经注意到了浓度很低的物质对改变金属、半导体的性质，对生物生理作用是极为显著的，而且地质、矿物质的发展，对痕量分析有了迫切的需求，促使AES迅速地发展，成为仪器分析中一种很重要的、应用很广的方法。

20世纪50年代末、60年代初，原子吸收光谱法（atomic absorption spectroscopy, AAS）的崛起和AES中的一些缺点，使AES显得比AAS有所逊色，出现一种将被AAS取代的趋势。

到了20世纪70年代以后，新的激发光源如电感耦合等离子体（ICP）、激光等的应用，以及新的进样方式的出现和先进的电子技术的应用，给AES注入了新的活力，使它仍然是仪器分析中的重要分析方法之一。

二、原子发射光谱分析的基本过程

原子发射光谱分析法是根据待测物质的气态原子被激发时所发射的特征线状光谱的波长及其强度来测定物质的元素组成和含量的一种分析技术。

分析过程包括：①试样蒸发、激发；②色散光谱（分光）；③检测并记录光谱；④根据光谱进行分析。

首先将待测试样引入到火焰、电弧等高温非辐射能的激发能源中进行蒸发和激发；然后，将退激时所产生的光辐射经过色散，得到按波长大小排列的光谱；最后用相应的检测器测定谱线的波长和强度，根据谱线的位置和强度对试样进行定性和定量分析。

在一般情况下，原子发射光谱分析法用于1%以下含量的组分测定，检出限可达mg・kg^{-1}，精密度为±10%左右，线性范围约2个数量级。如采用ICP作为光源，则可使某些元素的检出限降低至10^{-3}～10^{-4}mg・kg^{-1}，精密度达到±1%以下，线性范围可延长至7个数量级。这种方法可有效地用于测量高、中、低含量的元素。

三、原子发射光谱分析法分类

根据接收光谱辐射方式（检测手段）的不同，原子发射光谱分析法可分为以下几种方法（如图3-1所示）。

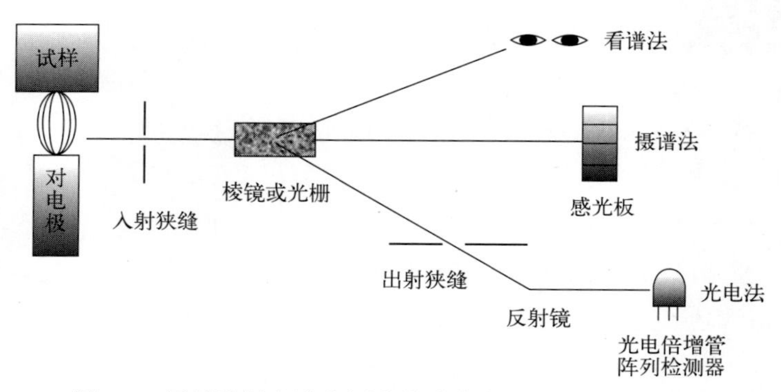

图3-1　原子发射光谱分析法的看谱法、摄谱法和光电法

（1）看谱分析法 该法也称为目视法，通过目镜直接用眼睛观察谱线，进行定性及半定量分析。这种方法仅限于 390～760 nm 可见光区，因此，应用范围和准确度受到限制。但其操作简便，分析快速，设备简单，适用于现场分析。

（2）摄谱分析法 它采用感光板照相记录，将所拍摄的谱片，在映谱仪和测微光度计上进行定性和定量分析。因此具有同时测定多种元素、灵敏、准确、光谱范围广等特点。但是，需要经过摄谱、暗室处理及谱线测量多种程序，分析速度受到限制。

（3）光电直读光谱法 将元素的特征分析线强度通过光电元件转换为电信号，以此测量被测元素的含量。该法具有分析速度快、可同时测定多种元素含量的特点，适用于生产过程，成为目前原子发射光谱分析法中的主要方法。

四、原子发射光谱分析法的特点及应用范围

原子发射光谱分析法是仪器分析中发展较早的方法之一，至今仍在冶金、钢铁、地质、机械以及其它国民经济部门中有着广泛的应用。它除了用于金属等约 70 种元素分析外，还可用于各种试样的组成及微量杂质的定性及半定量分析。它具有如下优点：

（1）灵敏度高 对含量低至 0.001%的多数金属元素及部分非金属元素（P、As、C、B）均可测定。经过预分离和富集，绝对灵敏度可达到 1×10^{-11} g，相对灵敏度可达 $\mu g \cdot kg^{-1}$ 级。

（2）选择性好 只要选择适宜的实验条件，可同时测定多种元素，而不需化学分离。对那些化学性质相近、用化学分析法难以测定的元素，可采用色散率大的摄谱仪进行测定。

（3）准确度较高 光谱分析法的准确度随分析含量不同而变化，其相对误差一般为 5%～20%。含量大于 1%时，准确度较差；含量为 0.1%～1%时，准确度近似于化学分析法；含量为 0.001%～0.1%或更低时，准确度优于化学分析法。因此，光谱分析法适用于微量及痕量元素的分析。

（4）操作简便，分析快速 试样可不经预处理，并可对多种元素进行同时分析或全分析，给出半定量结果。金属导体试样可直接作为电极。此外，还具有所需试样量少、样品不受破坏等优点。

该法的不足之处为：

（1）原子发射光谱分析法是一种相对的分析方法，需要用一套标准样品对照，往往由于试样组成的变化，以及标准样品不易配制，给光谱定量分析造成一定的困难。

（2）一些非金属元素硫、硒、碲及卤素等，因外层电子稳定不易激发以及有些谱线在真空紫外区，故灵敏度低。

（3）对高含量元素的测定，准确度较差。

（4）光谱仪器大型、昂贵，难于推广使用。

第二节　原子发射光谱分析基本原理

一、原子发射光谱的产生

原子发射光谱的基本原理

原子的外层电子由高能级向低能级跃迁，多余的能量以电磁辐射的形式发射出去，这样就得到了原子发射光谱。原子发射光谱是线状光谱。

热能、电能

基态元素M　　ΔE　　激发态M*

特征辐射

原子发射光谱的波长由两能级之间的能量差决定：

$$\Delta E = h\nu = h\frac{c}{\lambda} \tag{3-1}$$

式中，ΔE 为两级之间的能量差，J；h 为普朗克常量，$h = 6.626\times10^{-34}$ J·s；ν为发射的电磁波的频率；λ为发射的电磁波的波长；c 为光在真空中的速度（$c = 2.997\times10^{8}$ m·s^{-1}）。

1. 激发

一般情况下，原子处于基态，在电致激发、热致激发等激发源作用下，原子获得能量，外层电子从基态跃迁到较高能态变为激发态。约经 10^{-8} s，外层电子就从高能级向较低能级或基态跃迁，多余的能量以光的形式发射可得到一条光谱线。

2. 激发电位（激发能）

原子中某一外层电子由基态激发到高能级所需要的能量称为激发电位，通常以电子伏（eV）为单位。原子光谱中每一条谱线的产生各有其相应的激发电位。

3. 电离（电离能）

原子获得足够的能量（电离能）可以把原子中的电子从基态跃迁至无限远处，也即脱离原子核的束缚力，使原子成为离子，产生电离。失去一个电子，发生一次电离。离子也可能被激发，其外层电子跃迁也发射光谱。由于离子和原子具有不同的能级，所以离子发射的光谱与原子发射的光谱不一样。每一条离子线都有其激发电位。这些离子线的激发电位与电离电位高低无关。

4. 原子谱线表

在原子谱线表中，罗马数字Ⅰ表示中性原子发射光谱的谱线，Ⅱ表示一次电离离子发射的谱线，Ⅲ表示二次电离离子发射的谱线。例如 MgⅠ　285.21 nm 为原子线，MgⅡ　280.27 nm 为一次电离离子线。

二、原子能级与能级图

原子光谱是原子的外层电子（或称价电子）在两个能级之间跃迁而产生的。原子的能级通常用光谱项符号表示：$n^{2S+1}L_J$。

核外电子在原子中存在的运动状态，可以用四个量子数 n、l、m、m_s 来规定。

主量子数 n 决定电子的能量和电子离核的远近。

角量子数 l 决定电子角动量的大小及电子轨道的形状，在多电子原子中也影响电子的能量。

磁量子数 m 决定磁场中电子轨道在空间的伸展方向不同时电子运动角动量分量的大小。

自旋量子数 m_s 决定电子自旋的方向。

1. 四个量子数的取值

$n = 1, 2, 3, \cdots, n$；

$l = 0, 1, 2, \cdots, (n-1)$，相应的符号为 s, p, d, f, …

$m = 0, \pm1, \pm2, \cdots, \pm l$；

$m_s = \pm\dfrac{1}{2}$。

有多个价电子的原子，它的每一个价电子都可能跃迁而产生光谱。同时各个价电子间还存在相互作用，光谱项用 n、L、S、J 四个量子数描述。

2. 总角量子数

n 为主量子数，L 为总角量子数，其数值为外层价电子角量子数 l 的矢量和，即

$$L = \sum l_i$$

两个价电子耦合所得的总角量子数 L 与单个价电子的角量子数 l_1、l_2 有如下的关系：

$$L = (l_1 + l_2), (l_1 + l_2 - 1), (l_1 + l_2 - 2), \cdots, |l_1 - l_2|$$

其值可能为：$L = 0, 1, 2, 3, \cdots$，相应的光谱项符号为 S, P, D, F, …。若价电子数为 3 时，应先把 2 个价电子的角量子数的矢量和求出后，再与第三个价电子求出其矢量和，就得到 3 个价电子的总角量子数。

3. 总自旋量子数

S 为总自旋量子数，自旋与自旋之间的作用也较强，多个价电子总自旋量子数是单个价电子自旋量子数 m_s 的矢量和。

$$S = \sum m_{s,i}$$

其值可取 $0, \pm\dfrac{1}{2}, \pm1, \pm\dfrac{3}{2}, \cdots$

4. 内量子数

J 为内量子数，是由于轨道运动与自旋运动的相互作用即轨道磁矩与自旋量子数的相互影响而得出的，它是原子中各个价电子组合得到的总角量子数 L 与总自旋量子数 S 的矢量和。

$$J = L + S$$

J 的求法为：

$$J = (L + S), (L + S - 1), (L + S - 2), \cdots, |L - S|$$

光谱项符号右上角的（$2S + 1$）表示光谱项的多重性。

例如当用光谱项符号 $3^2S_{1/2}$ 表示钠原子的能级时，它表示钠原子的电子处于 $n=3, L=0, S=\frac{1}{2}, J=\frac{1}{2}$ 的能级状态，这是钠原子的基本光谱项，$3^2P_{3/2}$ 和 $3^2P_{1/2}$ 是钠原子的两个激发态光谱项符号。

5. 原子能级光谱表示法

由于一条谱线是原子的外层电子在两个能级之间跃迁产生的，故原子的谱线可用两个光谱项符号表示。例如，钠原子的双线可表示为：

Na 588.996 nm　$3^2S_{1/2} \rightarrow 3^2P_{3/2}$

Na 589.593 nm　$3^2S_{1/2} \rightarrow 3^2P_{1/2}$

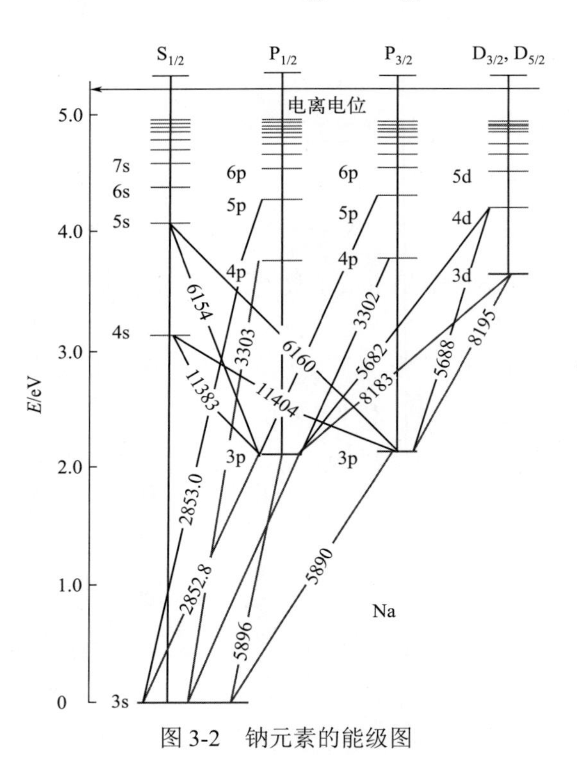

图 3-2　钠元素的能级图

把原子中所有可能存在的光谱项——能级及能级跃迁用图解的形式表示出来，得到的谱图称为能级图，如图 3-2 所示。通常用纵坐标表示能量 E，以 eV 为单位，基态原子的能量 $E=0$，以横坐标表示实际存在的光谱项。图中的水平线表示实际存在的能级，能级的高低用一系列高低不同的水平线表示，一般将低能级光谱项符号写在前，高能级写在后。由于相邻两能级的能量差与主量子数 n^2 成反比，所以随 n 增大，能级排布越来越密。各能级之间的垂直距离表示跃迁时以电磁辐射形式释放的能量大小。每一时刻一个原子只发射一条谱线，因许多原子处于不同的激发态，因此发射出各种不同的谱线。其中在基态与第一激发态之间跃迁产生的谱线强度最大，称为第一共振线。

6. 选择定则

根据量子力学的原理，电子的跃迁不能在任意两个能级之间进行，而必须遵循一定的“选择定则”，这个定则是：

（1）$\Delta n=0$ 或任意正整数。

（2）$\Delta L=\pm 1$ 的跃迁，只允许在 S 项和 P 项，P 项和 S 项或 D 项之间，D 项和 P 项或 F 项之间进行，等。

（3）$\Delta S=0$，即单重项只能跃迁到单重项，三重项只能跃迁到三重项，等。

（4）$\Delta J=0, \pm 1$。但 $J=0$ 时，$\Delta J=0$ 的跃迁是禁阻的。

注意：也有个别例外的情况，这种不符合光谱选律的谱线称为禁戒跃迁线。该谱线一般产生的机会很少，谱线的强度也很弱。

三、谱线强度

设 i、j 两能级之间的跃迁所产生的谱线强度用 I_{ij} 表示，则

$$I_{ij} = N_i A_{ij} h \nu_{ij} \quad (3\text{-}2)$$

式中，N_i 为单位体积内处于高能级 i 的原子数；A_{ij} 为原子于 i、j 两能级间的跃迁概率；h 为普朗克常量；ν_{ij} 为发射谱线的频率。

若激发处于热力学平衡的状态下，分配在激发态和基态的原子数目分别为 N_i、N_0，应遵循统计力学中麦克斯韦-玻尔兹曼分布定律。

$$N_i = N_0 \frac{g_i}{g_0} \mathrm{e}^{-\frac{E_i}{kT}} \quad (3\text{-}3)$$

式中，N_i 为单位体积内处于激发态的原子数；N_0 为单位体积内处于基态的原子数；g_i、g_0 为激发态和基态的统计权重；E_i 为激发电位；k 为玻尔兹曼常数；T 为激发温度。

将式（3-3）代入式（3-2）得到谱线强度的公式：

$$I_{ij} = N_0 \frac{g_i}{g_0} \mathrm{e}^{-\frac{E_i}{kT}} A_{ij} h \nu_{ij} \quad (3\text{-}4)$$

影响谱线强度的因素：

（1）统计权重　谱线强度与激发态和基态的统计权重之比成正比。

（2）跃迁概率　谱线强度与跃迁概率成正比。跃迁概率是一个原子在单位时间内于两个能级之间跃迁的概率，可通过实验数据计算。

（3）激发电位　谱线强度与激发电位呈负指数关系。在温度一定时，激发电位越高，处于该能量状态的原子数越少，谱线强度越小。激发电位最低的共振线通常是强度最大的线。

（4）激发温度　温度升高，谱线强度增大。但温度升高，电离的原子数目也会增多，而相应的原子数减少，致使原子谱线强度减弱，离子的谱线强度增大。

（5）基态原子数　谱线强度与基态原子数成正比。在一定的条件下，基态原子数与试样中该元素浓度成正比。因此，在一定的条件下谱线强度与被测元素浓度成正比，这是光谱定量分析的依据。

四、谱线的自吸与自蚀

在实际工作中，发射光谱是通过物质的蒸发、激发、迁移和射出弧层而得到的。物质在光源中蒸发形成气体，运动粒子由于发生相互碰撞而被激发，使气体中产生大量的分子、原子、离子、电子等粒子，这种电离的气体形成具有一定厚度的弧焰，如图 3-3 所示。弧焰中心 a 的温度最高，边缘 b 的温度较低。

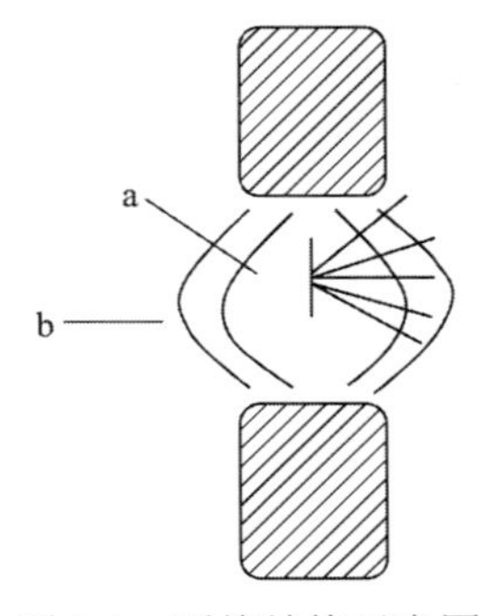

图 3-3　弧焰结构示意图

由弧焰中心发射出来的辐射光，必须通过整个弧焰才能射出，由于弧层边缘的温度较低，因而这里处于基态的同类原子较多。这些低能态的同类原子能吸收高能态原子发射出来的光而产生吸收光谱。原子在高温时被激发，发射某一波长的谱线，而处于低温状态的同类原子又能吸收这一波长的辐射，这种现象称为自吸现象。弧层越厚，弧焰中被测元素的原子浓度越大，则自吸现象越严重。

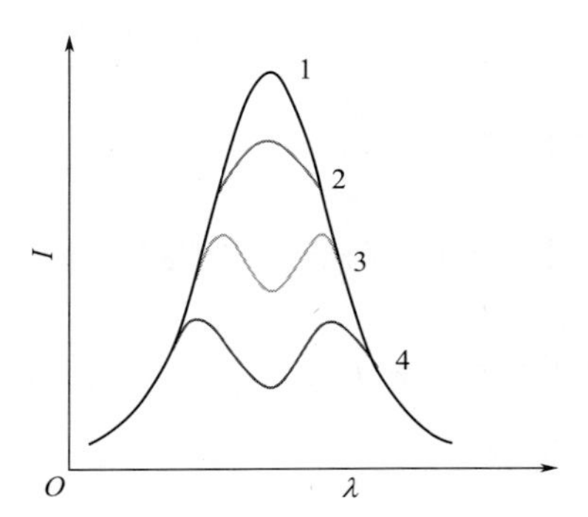

图 3-4　有无自吸谱线的形状

1—无自吸；2—有自吸；3—自蚀；4—严重自蚀

当原子浓度低时，谱线不呈现自吸现象；原子浓度增大，谱线产生自吸，使其强度减小（如图 3-4 所示）。由于发射谱线的宽度比吸收谱线的宽度大，所以，谱线中心的吸收程度要比边缘部分大，因而使谱线出现“边强中弱”的现象。当自吸现象非常严重时，谱线中心的辐射将完全被吸收，这种现象称为自蚀。

由于自吸现象严重影响谱线强度，所以在光谱定量分析中必须注意自吸问题，因此原子发射光谱只能定量分析低含量的组分。

第三节　原子发射光谱分析仪器

原子发射光谱分析仪主要由光源、分光系统（光谱仪或摄谱仪）和检测系统三部分组成。

（1）光源　可分为：经典光源，如电弧（直流、交流）、火焰、火花（高压电容火花）等；新型光源，如微波感应等离子体、电感耦合等离子体、直流等离子体喷雾火焰、激光等。

（2）分光系统　主要包括外光路和单色器。

（3）检测系统　常用的检测方法包括目视法、显微法、光电法等。其中，目视法主要适用于定性分析；显微法则适用于定性和半定量分析；光电法则适用于定量分析。此外，还有一些特殊的检测器，如荧光检测器、电化学检测器等，可以用于特定类型的分析。

一、光源

作为原子发射光谱分析用的光源对试样都具有两个作用过程。首先，把试样中的组分蒸发解离为气态原子，然后使这些气态原子激发，使之产生特征线状光谱。即光源的作用主要是提供试样蒸发和激发所需的能量，使其产生光谱。因此要求在元素含量变化时，谱线强度的变化大，且有良好的稳定性和重现性。此外，要求有足够的亮度、光谱背景小、构造简单、操作方便、安全耐用、尽可能具有多种性能、适应性强等。

原子发射光谱分析用的光源较多，最早使用的是热激发光源（火焰光源）。现在常用的是电激发光源，其中有电弧光源和火花光源。新型光源应用最广的是 ICP 光源。在介绍各个光源之前，先介绍几个与之有关的重要术语。

电离方法：在电光源中，两个电极之间是空气（或者为其它气体）。而放电是在有气体的电极之间发生。由于在常压下，空气中几乎没有电子或离子，不能导电，所以要借助外界的力量，才能使气体产生离子变成导体。使气体电离的方法有：紫外线照射、电子轰击、电子或离子对中性原子碰撞以及金属灼热时发射电子等。

击穿：当电极间的电压增大到某一定值时，电流突然增大到差不多只受外电路中电阻的限制，即电极间的电阻突然变得很小，这种现象称为击穿。

自持放电：在电极间的气体被击穿后，即使没有外界电离作用，仍然继续保持电离，使放电持续，这种放电称为自持放电。光谱分析用的电光源（电弧和电火花）都属于自持放电类型。

击穿电压：使电极间击穿而发生自持放电的最小电压称为击穿电压。要使空气中通过电流，必须要有很高的电压。在 1 atm❶压力下，若使 1 mm 的间隙中发生放电，必须具有 3300 V 的电压。

引燃：如果电极间采用低压（220 V）供电，为了使电极间持续地放电，必须采用其它方法使电极间的气体电离。通常使用一个小功率的高频振荡放电器使气体电离，称为引燃。

燃烧电压：自持放电发生后，为了维持放电所必需的电压，称为燃烧电压。燃烧电压总是小于击穿电压，并和放电电流有关。气体中通过电流时，电极间的电压和电流的关系不遵循欧姆定律，其相应的关系如图 3-5 所示。电弧放电具有下降的伏安特性，这是因为气体的电阻和固体的不同，气体的电阻值是变化的，当通过气体的电流增大时，会使气体的温度升高，气体的电离度增大，从而使气体的导电性增加，即电阻变小，使气体电阻两端的电压降反而减少。

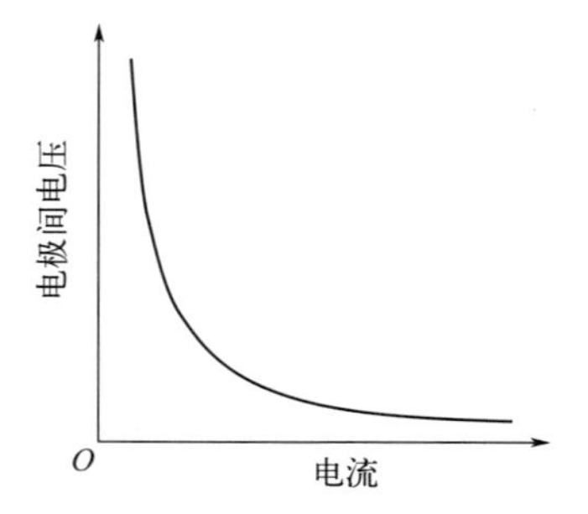

图 3-5　气体放电中电压和电流曲线

下面，分别介绍原子发射光谱常使用的几个重要光源，以及光源的选择、试样引入激发光源的方法、试样的蒸发等内容。

1. 直流电弧光源

一对电极在外加电压下，电极间依靠气态带电粒子（电子或离子）维持导电，产生的弧光放电称为电弧。由直流电维持的电弧放电，称为直流电弧。该光源广泛应用于光谱定性分析，也可用于光谱定量分析。

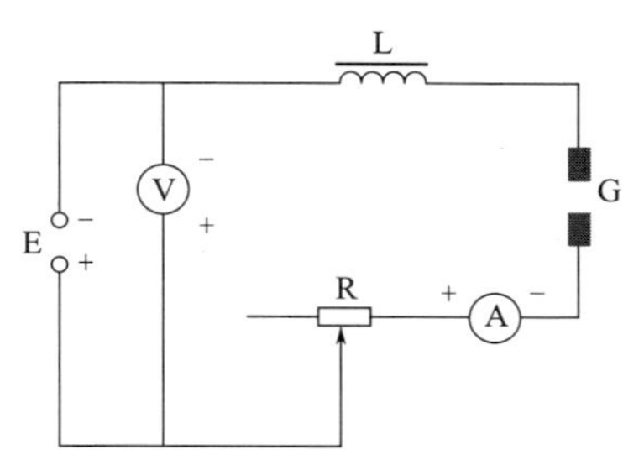

图 3-6　直流电弧发生器

E—直流电源；V—直流电压表；A—直流安培表；R—镇流电阻；L—电感；G—分析间隙

（1）直流电弧发生器的基本电路　直流电弧发生器的基本电路如图 3-6 所示。

直流电弧的直流电源 E 可由直流发电机或由交流电源经全波整流供电，电压为 220～380 V，电流为 5～30 A。可变电阻（称作镇流电阻）R 用以稳定和调节电流的大小。电感（有铁心）L 用来减小电流的波

❶ atm 为非法定计量单位，1 atm = 101325 Pa。全书同。——编者注。

动。G 为放电间隙（分析间隙），一般以两个碳电极作为阴、阳两极，试样装在一个电极（下电极）的凹孔内。

（2）电弧引燃　由于直流电不能击穿两电极，故应先行点弧。点弧时使分析间隙 G 的上下电极接触短路引燃电弧，然后拉开 4～6 mm（或者用某种导体接触两电极使之通电，或用高频引火装置点弧）。

（3）工作原理　直流电弧工作时，阴极释放出来的热电子不断轰击阳极，使其表面出现一个炽热的斑点，这个斑点称为阳极斑。阳极斑的温度较高，有利于试样蒸发成原子。因此，一般均将试样置于阳极炭棒孔穴中。

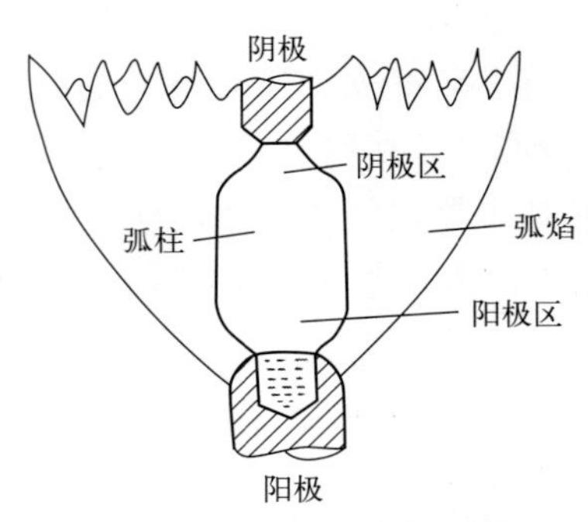

图 3-7　直流弧光的空间结构

蒸发的原子因与电子碰撞而被电离成正离子，并以高速运动冲击阴极。于是电子、原子、离子在分析间隙互相碰撞，发生能量交换，引起试样原子激发，发射出一定波长的光谱线。

（4）直流电弧的放电形状　直流弧光的空间结构如图 3-7 所示。由于两电极的极性不变，直流弧光的轴向分布是不对称的：在阳极附近有一负空间电荷区，称为阳极区；在阴极附近有一正空间电荷区，称为阴极区；在阳极区和阴极区之间的是弧柱；在弧柱的外围有弧焰。

（5）弧焰温度与电极头温度　弧焰温度（放电温度或激发温度）阴极附近最高，阳极附近次之，中间部分较低，但由于阳极区放电较稳定，常是光谱观测的主要区域，其温度高低除与放电条件有关外还与电极及样品组成有关，一般温度为 4000～7000 K，可使 70 种以上的元素激发，所产生的谱线主要是原子谱线。电极头的温度较弧焰的温度低，且与电流大小有关，一般阳极可达 3800℃，阴极则在 3000℃以下，所以难挥发样品常置于阳极蒸发。

（6）直流电弧的优点与缺点　直流电弧的最大优点是电极头温度高（与其它光源比较），蒸发能力强。缺点是放电不稳定，且弧层较厚，自吸现象严重。故不适宜用于高含量定量分析，但可很好地应用于矿石等的定性、半定量及痕量元素的定量分析。

2. 交流电弧光源

由交流电维持的电弧放电称为交流电弧。一般分为两类：高压交流电弧和低压交流电弧。高压交流电弧灵敏度高，再现性好，工作电压为 2000～4000 V，可以利用高压直接产生电弧。但装置复杂，操作危险，很少采用，一般多用低压交流电弧，因而本书只介绍低压交流电弧。其工作电压为 110～220 V，设备简单，操作安全。但由于低压交流电弧工作电压低，而且，由于交流电随时间以正弦波形式发生周期性变化，因而，低压交流电弧不能像直流电弧那样，依靠两电极相接触来点弧；且交流电经过零点时，电弧不能维持不灭，因此，必须采用高频引燃装置，使其在每交流半周引燃一次，以维持电弧不灭。

（1）低压交流电弧发生器的基本电路　低压交流电弧发生器的基本电路如图 3-8 所示。

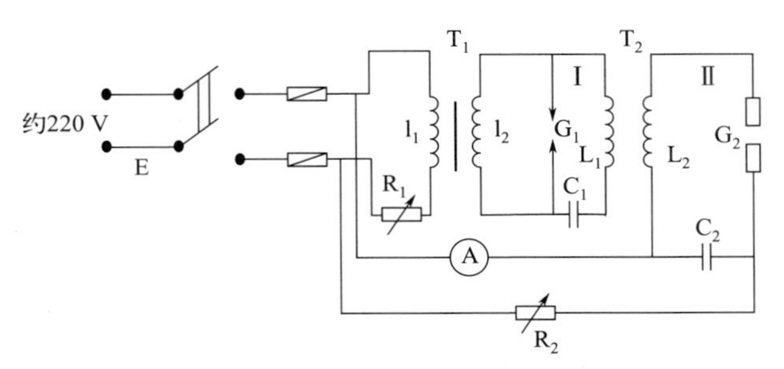

图 3-8　高频引燃低压交流电弧发生器基本线路

低压交流电弧回路是由高频引燃回路Ⅰ和电弧回路Ⅱ组成。高频引燃回路由调压电阻 R_1、变压器 T_1、放电盘（引燃间隙）G_1、高压振荡电容器 C_1 和电感线圈 L_1 组成。电弧回路由电阻 R_2、电感线圈 L_2、分析间隙 G_2 及旁路电容器 C_2 组成。这两个电路借助于空心变压器 T_2 的线圈 L_1 和 L_2 耦合起来。

（2）交流电弧光源的工作原理

① 接通电源，电源 E 经调压电阻 R_1 适当降压后，由变压器 T_1 升压到 2.5～3.0 kV，并向电容器 C_1 充电（充电电路 l_2—L_1—C_1，G_1 断路），充电速度由 R_1 调节。

② 在电容器 C_1 中所充电的能量逐渐增大，加在放电盘 G_1 的电压逐渐升高。当放电盘 G_1 上的电压升高到引燃间隙的空气电离电位（击穿电压），空气绝缘被击穿，产生高频振荡（振荡电路为 C_1—L_1—G_1，l_2 不作用）。振荡的速度可以由放电盘的距离及充电速度来控制，使每交流半周振荡一次。

③ 高频振荡电流经 L_1 和 L_2 耦合到电弧回路，振荡电压经变压器 T_2 进一步升压达 10 kV，通过电容器 C_2 把分析间隙 G_2 的空气绝缘击穿，产生高频振荡放电（高频电路为 L_2—C_2—G_2）。

④ 当分析间隙 G_2 被击穿时，电源的低压部分便沿着已经造成的游离气体通道，通过分析间隙 G_2 进行弧光放电（低压放电电路为 R_2—L_2—G_2，C_2 不作用）。

⑤ 在电弧放电过程中，回路的电压逐渐降低，当电压降至低于维持电弧放电所需的数值时，电弧熄灭。此时，第二个交流半周又开始，分析间隙 G_2 又被高频放电击穿，随之进行电弧放电。如此反复进行，保证了低压燃弧线路不致熄灭。

（3）交流电弧光源的特点

交流电弧具有与直流电弧相似的放电性质。其特点如下：

① 每交流半周点弧一次（放电呈周期性变化），阳极或阴极亮斑不固定在某一局部，因此试样蒸发均匀，重现性好，适于定量分析。

② 电极头的温度比直流电弧的阳极低。试样蒸发能力差，分析的绝对灵敏度比直流电弧低。

③ 由于放电呈周期性变化，每交流半周强制点弧，在交流弧光的放电间隙中，低频低压电流与高频高压电流相叠加，使低压交流弧光放电具有脉冲性，其瞬时电流密度比直流电弧大。因此，其激发温度比直流电弧略高，激发能力强，适于难激发元素的分析，但交流电

弧的离子线比直流电弧的多。

3. 高压火花发生器

交流电弧的激发温度虽然比直流电弧高，但是还不足以激发那些难激发的元素，此时可用火花光源。

（1）高压火花发生器的基本电路　高压火花电源由低压电源 E、调压电阻 R、变压器 T、扼流圈 D、电容器 C、电感 L 和分析间隙 G 组成。高压火花发生器的基本电路如图 3-9 所示。

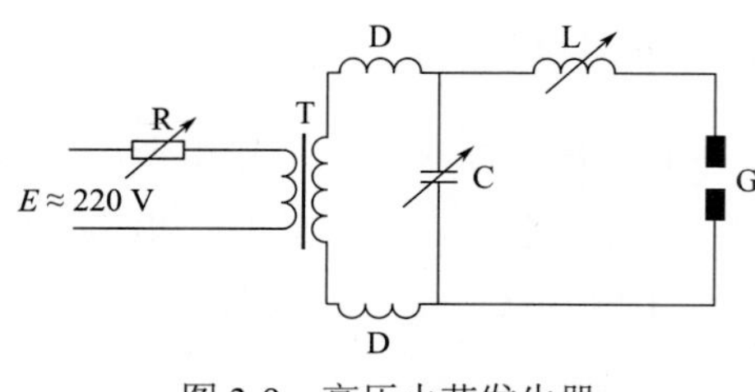

图 3-9　高压火花发生器

（2）高压火花发生器的工作原理　电源电压 E 由调压电阻 R 适当降压以后，经过变压器 T，产生 10～25 kV 的高压，然后通过扼流圈 D 向电容器 C 充电。当电容器 C 的充电电压达到分析间隙 G 的击穿电压时，通过电感 L 向分析间隙 G 放电，产生火花放电。放电结束以后，又重新充电放电，反复进行。

高压火花放电的稳定性好，这是由于在放电电路中串联一个由同步电机带动的转动电极 M(或用串联一个距离可精密调节的控制间隙，也可并联一个自感线圈来控制火花间隙)，使电火花每半周放电一次或数次，确保在每半周电压最大值的瞬间放电，以获得最大的放电能量。弧焰的瞬间温度高达 10000 K，激发能量大。高压火花光源主要用于金属、合金以及高含量元素的定量分析。

（3）高压火花发生器的特点

① 分析间隙电流密度高（10^5～10^6 A · cm^{-2}）。激发温度可高达 10000 K 以上，适用于难激发的元素，如碳、硫、磷和卤素等的分析。

② 与电弧光源相比，它的放电稳定性高，再现性好，适用于光谱定量分析，有较高的分析精确度。

③ 分析含量高的试样时，比电弧光源自吸收小。

④ 光源每次放电后的间隙时间较长，电极头温度低，试样的蒸发能力较差，较适合于分析低熔点的试样。

⑤ 由于电火花仅射击在电极的一小点上，若试样不均匀，产生的光谱不能全面代表被分析的试样，故此光源仅适用于分析低熔点金属、合金等组成均匀的试样。

⑥ 该法不足之处在于：绝对灵敏度低，不宜分析微量或痕量元素；光谱背景大，有时有空气谱线出现；预燃和曝光时间长，影响分析速度。

4. 高频电感耦合等离子体焰炬

高频电感耦合等离子体焰炬（high frequency inductively coupled plasma torch）是 20 世纪 60 年代提出，在 70 年代得到迅速发展的一种光源，在外观上与火焰相类似。目前它被认为是溶液分析中最有发展前途的激发光源之一。

（1）等离子体　等离子体是一种电离度大于 0.1%的电离气体，由离子、电子和中性原子与分子所组成。它们所带的正负电荷相等，整体呈电中性，因此被称为等离子体。电感耦合等离子体（inductively coupled plasma，ICP）是一种以随时间变化的磁场电磁感应产生电流作为能量来源的等离子体源。

ICP原理

（2）ICP 装置　ICP 装置如图 3-10 所示。

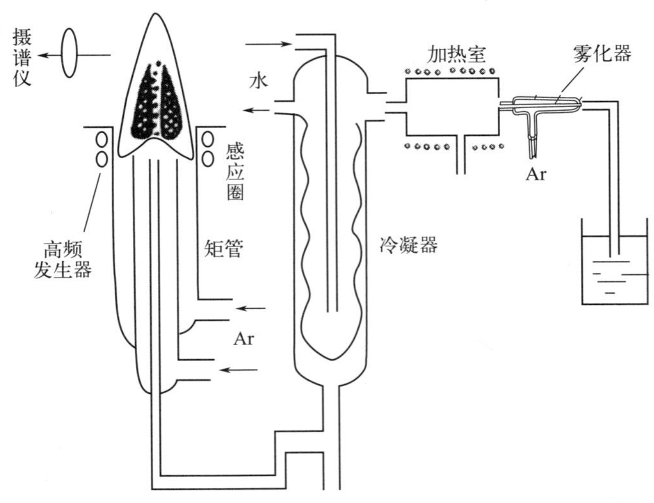

图 3-10　高频电感耦合等离子体光源示意图

ICP 构造一般由高频发生器和感应线圈、炬管和供气系统、试样引入系统三部分组成。感应线圈通常是以圆形或方形铜管绕成 1.5～5 匝水冷圈，由高频发生器（27～50 MHz，1～2.5 kW）提供高频振荡。高频振荡多用晶体管振荡或电容调整式振荡电路，它们均在固定频率下工作。炬管由三层同心石英管组成。试样溶液经雾化器雾化成气溶胶进入加热室，使溶剂蒸发，再送入冷凝器冷却，使其冷凝为液体流出，而溶质则形成干的气溶胶进入等离子体焰炬，发射光经聚焦后送至摄谱仪。

（3）高频电感耦合等离子体焰炬的形成机理　在有气流的石英管外套装一个高频感应线圈，这个感应线圈与高频发生器连接（见图 3-10）。当高频电流通过线圈时，在管的内外形成强烈的振荡磁场，管外磁力线成椭圆闭合回路（见图 3-11）。管内磁力线沿轴线方向，即在炬管内产生轴向高频磁场。一旦管内气体开始电离（如用微电火花引燃），电子和离子则受到高频磁场作用而加速，产生碰撞电离，电子和离子急剧增加，此时在气体中感应产生涡电流。这个高频感应电流，产生大量的热能，又促进气体的电离，维持气体的高温，从而形成最高温度可达 10000 K 的等离子炬。当载气（Ar）载着干的溶质气溶胶进入等离子体焰炬时，即被加热至 6000～7000 K，并被原子化和激发，产生发射光谱。

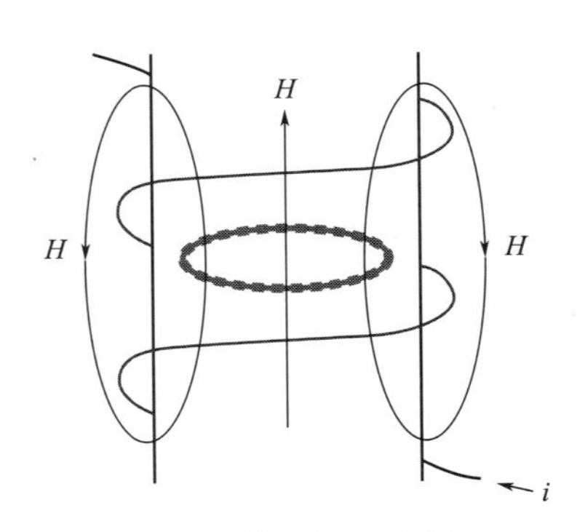

H—磁场强度；i—电流

图 3-11　感应线圈的磁场和涡流

为了使形成的等离子炬稳定，通常采用三层同轴石英管（见图 3-12），外层石英管气流（一般为 Ar 流，Ar 冷却气体）沿着外管内壁的切线方向引入，并螺旋上升，迫使等离子体收缩离开管壁大约 1 mm，并在其中心形成低气压区。这样一来，不仅使电流密度增大，即提高了等离子体温度，而且还能冷却石英管炬管内壁，从而保证等离子炬具有良好的稳定性。此外，该部分气体也参与放电过程。中层管通入辅助气体 Ar，用于点燃等离子体。内层石英管内径为 1～2 mm，以 Ar 为载气，把经过雾化器的试样溶液以气溶胶形式引入等离子体中。用 Ar 作工作气体的优点是 Ar 为单原子惰性气体，不与试样组分形成难离解的稳定化合物，也不像分子那样因离解而消耗能量，有良好的激发性能，本身光谱简单。

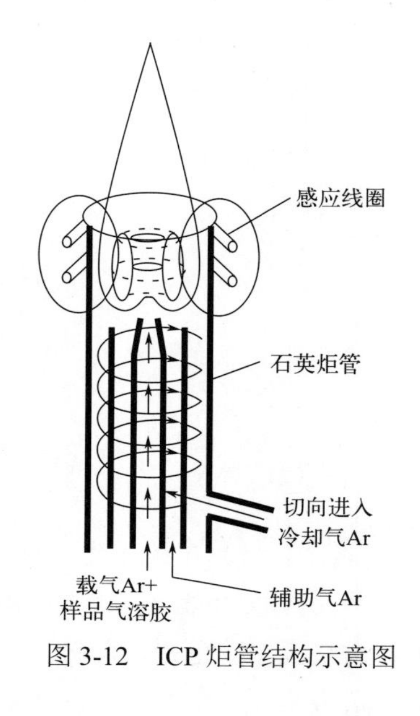

图 3-12　ICP 炬管结构示意图

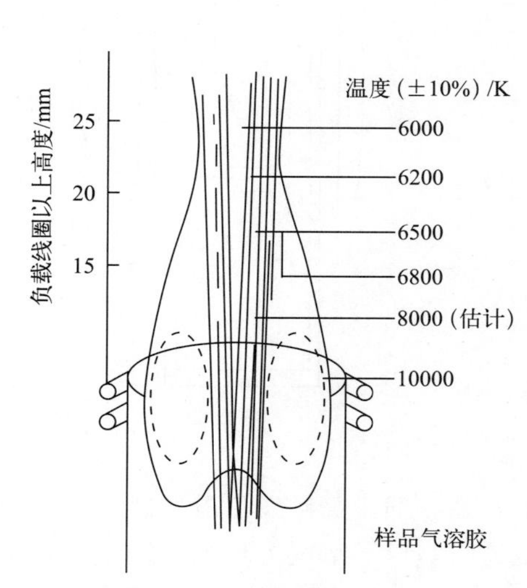

图 3-13　ICP 焰炬结构示意图

（4）ICP 焰炬结构　ICP 焰炬形状似圆环（如图 3-13 所示），试样微粒可沿着等离子炬中心通过，有利于试样的蒸发与激发。这种具有中心通道（轴向通道）的等离子炬，是发射光谱分析的良好激发光源。环状结构可以分为若干区，各区的温度不同，性状不同，辐射也不同。

① 焰心区　感应线圈区域内，为白色不透明的焰心，高频电流形成的涡流区，温度最高达 10000 K，电子密度高。由于焰心区发射很强的连续光谱，光谱分析应避开这个区域。试样气溶胶在此区域被预热、蒸发，因此该区域又叫预热区。

② 内焰区　在感应线圈上 10～20 mm 左右处，淡蓝色半透明的炬焰，温度约为 6000～8000 K。试样在此原子化、激发，然后发射很强的原子线和离子线。这是光谱分析所利用的区域，称为测光区。测光时在感应线圈上的高度称为观测高度。

③ 尾焰区　在内焰区上方，无色透明，温度低于 6000 K，只能发射激发电位较低的谱线。

（5）高频 ICP 焰炬的性能　高频电流具有“趋肤效应”，高频 ICP 焰炬中高频感应电流绝大部分流经导体外围，越接近导体表面，电流密度就越大。涡流主要集中在等离子体的表面层内，形成环状结构，造成一个环形加热区。环形的中心是一个进样中心通道，气溶胶能顺利进入等离子体内，使得等离子体焰炬有很高的稳定性。

ICP 具有如下特点：

① 工作温度高，同时工作气体为惰性气体，因此原子化条件良好，有利于难熔化合物的分解及元素的激发，对大多数元素有很高的灵敏度。

② 由于趋肤效应，焰炬从外往内加热，原子在焰炬外围被激发，因此稳定性高，自吸小，测定的线性范围宽。

③ 由于电子密度高，所以碱金属的电离引起的干扰较小。

④ ICP 属无极放电，不存在电极污染现象。

⑤ ICP 的载气流速较低，有利于试样在中央通道中充分激发，而且耗样量也较少。

⑥ 采用惰性气体作工作气体，因而光谱背景干扰少。

ICP 的局限性：对非金属测定灵敏度低，仪器价格昂贵，维持费用较高。

（6）分析应用　高频 ICP 焰炬是分析液体试样的最佳光源。目前，此光源可用于测定元素周期表中绝大多数元素（约 70 种），检出限可达 10^{-3}～10^{-4} mg・kg^{-1} 级，精密度在 1% 左右，并可对百分之几十的高含量元素进行测定。

5. 光源的选择

在光谱分析工作中光源的选择直接影响到分析结果。不同类型的光源特点各异，因此选择光源时必须根据分析对象的性质和分析任务的要求考虑。

（1）分析元素的性质　分析元素的挥发性以及它们的电离电位直接影响该元素的蒸发和激发。对于易挥发及易电离的元素，可以选用火焰光源。对于电离电位高、难激发的元素可以选用火花光源。对于一些难挥发的元素，可以选用直流电弧光源，以利于蒸发。

（2）分析元素的含量　对于低含量的元素，需要有较高的绝对灵敏度，它不仅与激发温度有关，而且与蒸发温度有关，一般采用电弧光源。对于高含量的元素希望有较高的准确度，要求光源稳定性好，常采用火花光源。

（3）试样的形状及性质　块状金属或合金试样用火花光源及电弧光源均可。对导电性差的粉末试样，常采用电弧光源。

（4）分析任务　定性和定量分析对光源的稳定性及绝对灵敏度要求不同。定性分析为了使微量元素能很好地检出，要求光源的绝对灵敏度高，常采用直流电弧。定量分析为使结果准确度高，常采用稳定性较好的火花光源及交流电弧光源；但测定痕量元素时，一般使用 ICP 光源。

各种光源的特性及应用范围，见表 3-1。

表 3-1　各种光源性能的比较

光源	激发温度/K	蒸发能力	激发能力	稳定性	灵敏度	用途
火焰	2000～3000	大	小	差	低	碱金属、碱土金属
直弧	4000～7000	大	小	差	好	定性、矿石、难熔物
交弧	4000～7000	中	中	较好	好	定量、合金低含量
火花	10000	小	大	好	中	难激发、高含量
ICP	4000～7000	小	大	很好	高	溶液
激光	10000	小	大	好	很高	微区、不导电试样

6. 试样引入激发光源的方法

试样引入激发光源的方法，依试样的性质而定。

（1）固体试样　金属与合金本身能导电，可直接做成电极，称为自电极。若为金属箔丝，可将其置于石墨或碳电极中。粉末样品，通常放入各种形状的小孔或杯形电极中（如图 3-14 所示）。

（2）溶液试样　ICP 光源，直接用雾化器将试样溶液引入等离子体内。电弧或火花光源通常用溶液干渣法进样：将试液滴在平头或凹面电极上，烘干后激发。为了防止溶液渗入电极，预先滴聚苯乙烯-苯溶液，在电极表面形成一层有机物薄膜，试液也可以用石墨粉吸收，烘干后装入电极孔内。

常用的电极材料为石墨，常常将其加工成各种形状，如图 3-14。石墨具有导电性能良好、沸点高（可达 4000 K）、有利于试样蒸发、谱线简单、容易制纯及容易加工成型等优点。

（3）气体试样　通常将其充入放电管内。

7. 试样的蒸发

试样在激发光源的作用下，蒸发进入等离子区内。随着试样蒸发的进行，各元素的蒸发速度不断发生变化，以致谱线强度也不断变化。各种元素以谱线强度或黑度对蒸发时间作图，称为蒸发曲线（图 3-15）。

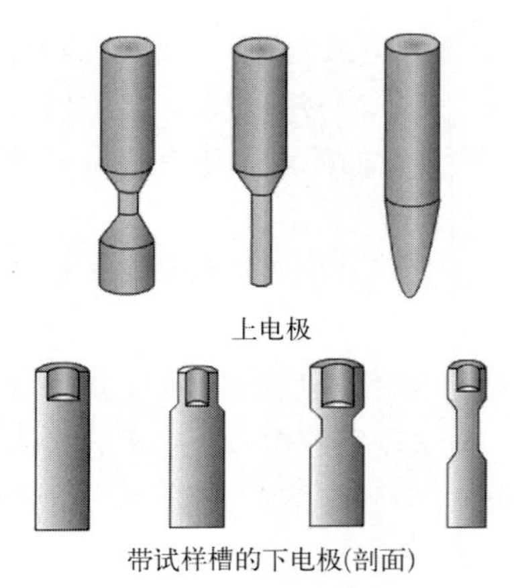

图 3-14　电极结构示意图

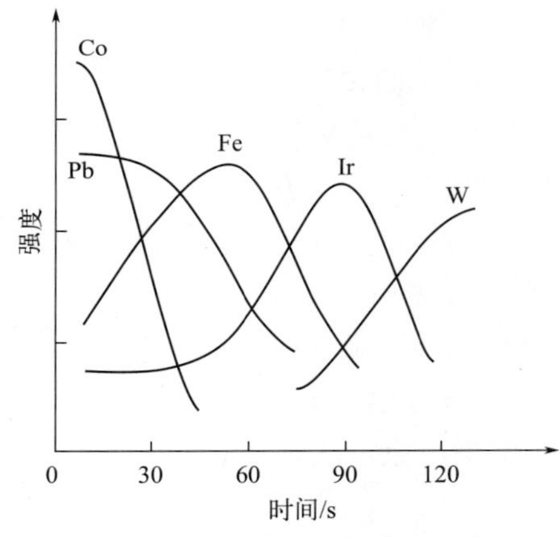

图 3-15　几种元素的蒸发曲线图

一般地，易挥发的物质先蒸发出来，难挥发的物质后蒸发出来。试样中不同组分的蒸发有先后次序的现象称为分馏。试样的蒸发速度受许多因素的影响，如试样成分、试样装入量、电极形状、电极温度、试样在电极内产生的化学反应和电极周围的气氛等。在试样中加入一些添加剂等，也影响试样的蒸发速度。

二、分光系统

分光系统的作用是将来自光源的复合光分解为按波长或频率大小依次排列的光谱，并由随后的检测系统记录或测量。根据分光方式的不同，光谱仪器分为棱镜光谱仪和光栅摄谱仪两大类。前者利用棱镜对光的折射原理进行分光；后者利用光的衍射原理进行分光。其中光栅光谱仪比棱镜光谱仪有更高的分辨率，且色散率基本与波长无关，已成为目前发展应用的主流。

光栅光谱仪应用衍射光栅作为色散元件，它是将金属铝镀在一光学玻璃上，用金刚石在镀层上刻出许多等距、等宽的平行刻线，每条刻线是不透光的（相当于毛玻璃），而两条刻线之间的光滑部分光线可以通过，所以它相当于狭缝的作用。光栅的色散作用就是利用这些狭缝的衍射作用来实现的。光栅刻线有每毫米 600 条、1200 条、2400 条等。

图 3-16 为平面反射光栅的衍射情况：当一束不同波长的平行光 R_1 及 R_2 以α角照射到光栅表面时，光波就在每条刻线上以β角衍射，其入射线和衍射线的净光程差为 $d(\sin\alpha-\sin\beta)$，这是入射线和衍射线位于法线两侧时的情况。同理，当入射线和衍射线在法线的同侧时，则净光程差为 $d(\sin\alpha+\sin\beta)$。若入射线与衍射线的净光程差等于波长λ的整数倍时，则光线 R_1 与 R_2 相位相同，并在β角的方向形成互相加强的干涉。其关系可由一般的光栅方程式表示：

$$d(\sin\alpha \pm \sin\beta) = m\lambda \tag{3-5}$$

式中，m 为光栅的级次，可取 0、±1、±2……相应得到的光谱称零级光谱、一级光谱、二级光谱……，+、−号分别表示入射角和衍射角在法线的同侧和异侧；d 为光栅常数（即两刻线之间的距离）。

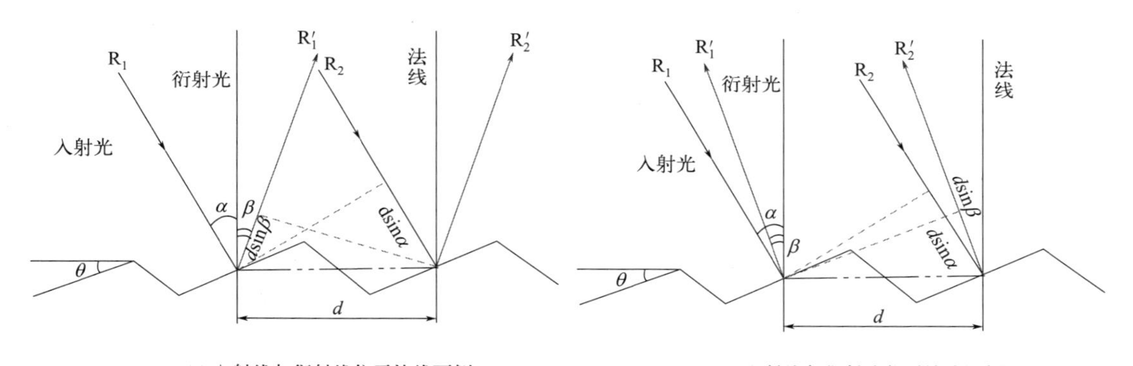

图 3-16　平面反射光栅的衍射

R_1，R_2—不同波长的入射线；R_1'，R_2'—不同波长的衍射线；

α—入射角；β—衍射角；d—光栅常数；θ—刻痕平面与光栅平面的夹角

由光栅方程可以得出如下结论（α、d 固定不变）：

① $m=0$ 时，$\alpha=\pm\beta$，且λ可取任意值。在这种情况下，光栅就好比一面反射镜，入射光中所有波长的光都沿同一方向衍射，叠加在一起，不产生色散。这个不产生色散的狭缝像，称为零级光谱。

② 当 m 取整数，且固定 m 值时，$\sin\beta$与波长λ成正比。在这种情况下，光栅能把不同波长的光衍射到不同方向上，获得较好的光谱，这是光栅色散的基本依据。若 m 取正值，

则β与α在法线的同侧，这种与入射光同居法线一侧的光谱，称为正极光谱；若 m 取负值，则β与α在法线的异侧，这种与入射光分居法线两侧的光谱，称为负极光谱。无论是正级光谱还是负极光谱，波长愈短其衍射角愈小，离零级光谱愈近，反之愈远；而在棱镜光谱中，波长愈短，其偏向角愈大，因此在光栅光谱中，各谱线的排列是由紫到红，与棱镜光谱中的由红到紫正好相反。

③ 光栅光谱是一个均匀排列的光谱，而前述的棱镜光谱因色散率与波长有关，为非均匀排列的光谱。

④ 对于确定的λ值，m 越大，β越大，即高谱级光谱具有较大的衍射角。

⑤ 当 $m_1\lambda = m_2\lambda = m_3\lambda = K$，即 $m\lambda$为一常数时，对于确定的入射角α，衍射角β不变。也就是说，不同谱级的光谱会重叠在一起——谱级重叠（如图 3-17 所示）。例如：

$$d(\sin\alpha \pm \sin\beta) = m\lambda = 1\times600\ \text{nm} = 2\times300\ \text{nm} = 3\times200\ \text{nm}$$

即 1、2、3 级光栅光谱中的 600 nm、300 nm 和 200 nm 三条谱线会出现在感光板上一级光谱中 600 nm 的位置，造成干扰。

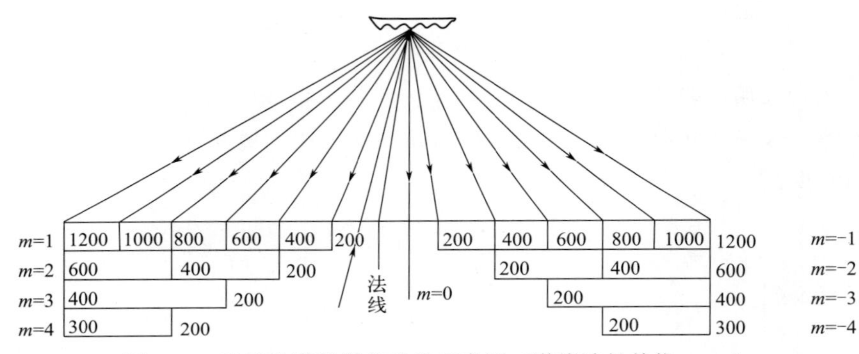

图 3-17　光栅光谱的谱级重叠示意图（谱线波长单位：nm）

消除光谱重叠干扰的方法有：

（1）利用滤光片　例如，如果只要 600 nm 这一谱线，则可用红色滤光片滤去其它谱线。

（2）利用感光板的灵敏度　例如，要 300 nm 这一谱线，可选用紫外感光板，此时 600 nm 谱线不感光，即不再发生干扰，因此，只要考虑选一合适滤光片滤去 200 nm 谱线即可。

光栅摄谱仪是由照明系统、准光系统、色散系统及投影系统组成。光栅有平面光栅和凹面光栅两种。常用的光栅摄谱仪多采用垂直对称式光学系统。图 3-18 是国产 WSP-1 型平面光栅摄谱仪的光路示意图。

由光源 B 发射的光，经过三透镜照明系统 L 及照明狭缝 S，再经反射镜 P 折向球面反射镜 M 下方的准光镜 O_1 上，经 O_1 反射以平行光束投射到光栅 G 上；由光栅分光后的光束，经球面反射镜的中央窗口暗箱物镜 O_2，最后按波长排列聚焦于感光板 F 上。旋转光栅台 D，改变光栅的入射角，便可改变所需的波段范围和光谱级次。这种仪器的主光轴是在暗箱物镜 O_2 的中心与准光镜 O_1 中心连线的中心点 x 和光栅 G 中心点 y 的连线上，即 xy。感光板 F 的中心和入射狭缝 S 的中心，在垂直平面内是对称于主光轴 xy，并位于球面反射镜的焦面上。这种垂直对称式光路的特点是谱面平直，结构紧凑，成像质量好。

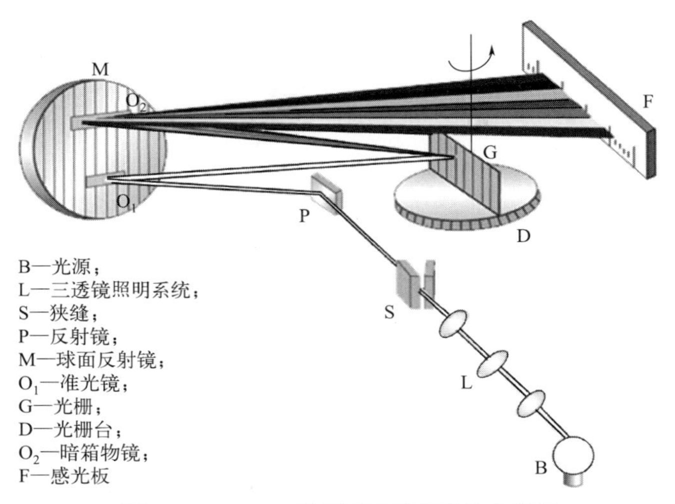

图 3-18　WSP-1 型平面光栅摄谱仪光路图

三、检测系统

原子发射光谱仪器的发展根据接收辐射（检测）的方式经历过三个阶段，即看谱法、摄谱法和光电法。图 3-1 是这三种方法的示意图。由图可见，三种方法的基本原理都相同。区别在于看谱法用人眼去接收，因此只限于可见光的观察；摄谱法用感光板感光后，经过处理得到含有光源谱线系列的谱片，再用专门的观察设备，如映谱仪、黑度计等检查谱线进行定性或定量分析；而光电法则用光电转化器将光直接转化为电信号得以储存和利用。摄谱法在很长一段时间内是光谱检测的主要方法，但该方法操作和设备较为复杂，耗费时间较长，现代光谱仪器已很少使用，取而代之的是光电法。

光电检测器利用光电转化原理检测光强度，理想的检测器应具有高灵敏、高信噪比、响应速度快、检出波长范围广、动态响应范围广等特性。简单的光电转换元件有光电池、真空光电管等，在光谱仪中常用的是光电倍增管和固体检测器。

四、原子发射光谱仪的类型

光谱仪是指用来观察光源光谱的仪器，主要包括分光系统和检测系统。在检测系统采用感光板检测的时代，光谱仪又称为摄谱仪。而现代光谱仪都采用光电系统检测，也称光电直直读光谱仪，这类仪器可分为三类。

1. 多道直读光谱仪

图 3-19 为多道光电直读等离子体发射光谱仪器的示意图。从光源发出的光经透镜聚焦后，在入射狭缝上成像并进入狭缝。进入狭缝的光投射到凹面光栅上，凹面光栅将光色散，聚焦在焦面上。焦面上安装有一组出射狭缝，每一狭缝允许一条特定波长的光通过，并投射到狭缝后的光电倍增管上进行检测，最后经计算机进行数据处理。

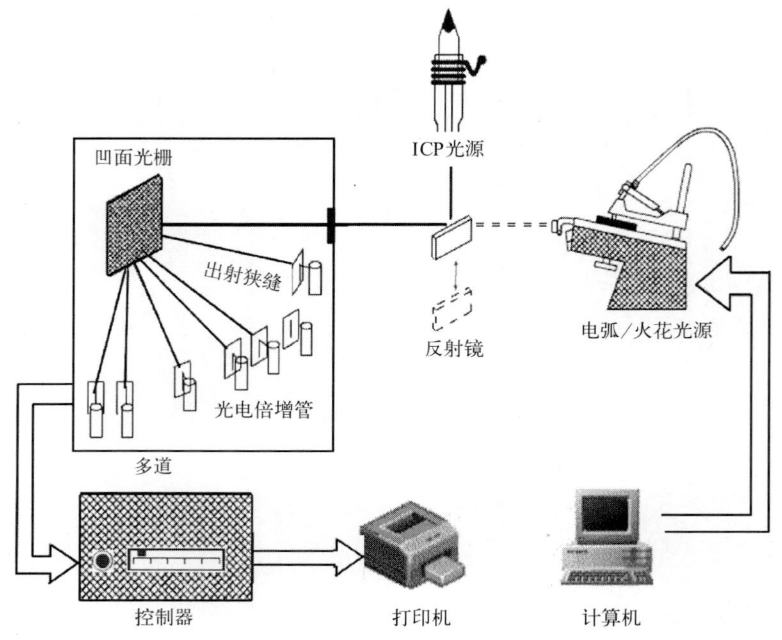

图 3-19 多道光电直读等离子体发射光谱仪示意图

多道直读光谱仪的优点是：分析速度快，准确度优于摄谱法；光电倍增管对信号放大能力强，可同时分析含量差别较大的不同元素；适用于较宽的波长范围。但由于仪器结构限制，多道直读光谱仪的出射狭缝间存在一定距离，使利用波长相近的谱线有困难。

多道直读光谱仪适合于固定元素的快速定性、半定量和定量分析。如这类仪器目前在钢铁冶炼中常用于炉前快速监控 C、S、P 等元素。

2. 单道扫描光谱仪

图 3-20 为单道光电直读光谱仪器的示意图。从光源发出的光穿过入射狭缝后，反射到一个可以转动的光栅上，该光栅将光色散后，经反射使某一条特定波长的光通过出射狭缝投射到光电倍增管上进行检测。光栅转动至某一固定角度时只允许一条特定波长的光线通过该出射狭缝，随光栅角度的变化，谱线从该狭缝中依次通过并进入检测器检测，完成一次全谱扫描。

3. 全谱直读光谱仪

图 3-21 为全谱直读光谱仪器的示意图。光源发出的光通过两个曲面反光镜聚焦于入射狭缝，入射光经抛物面准直镜反射成平行光，照射到中阶梯光栅上使光在 X 向上色散，再经另一个光栅（Schmidt 光栅）在 Y 向上进行二次色散，使光谱分析线全部色散在一个平面上，并经反射镜反射进入面阵型 CCD 检测器检测。由于该 CCD 是一个紫外型检测器，对可见区的光谱不敏感，因此，在 Schmidt 光栅的中央开一个孔洞，部分光线穿过孔洞后经棱镜进行 Y 向二次色散，然后经反射镜反射进入另一个 CCD 检测器对可见光区的光谱（380～780 nm）进行检测。

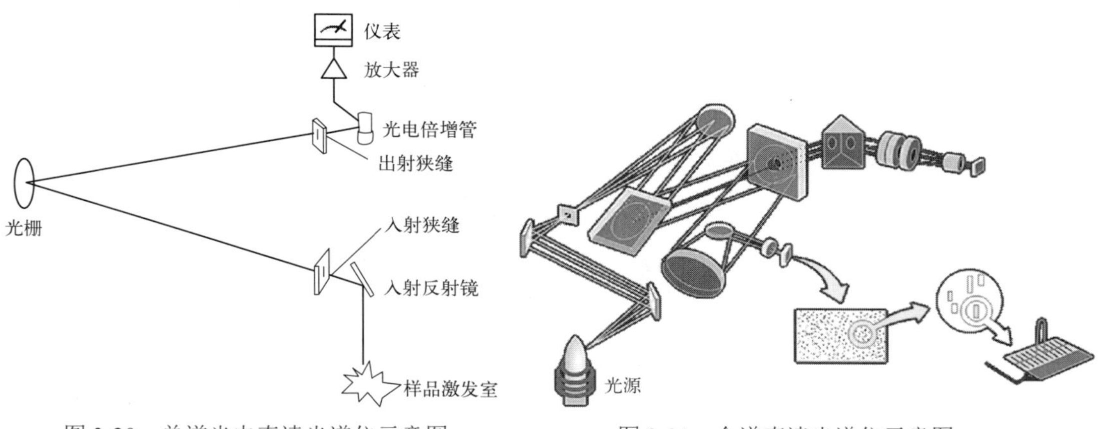

图 3-20　单道光电直读光谱仪示意图

图 3-21　全谱直读光谱仪示意图

这种全谱直读光谱仪不仅克服了多道直读光谱仪谱线少和单道扫描光谱仪速度慢的缺点，而且所有的元件都牢固地安置在机座上成为一个整体，没有任何活动的光学器件，因此具有较好的波长稳定性。

第四节　原子发射光谱定性分析

由于各种元素的原子结构不同，在光源激发作用下，试样中每种元素都能产生自己的特征光谱。光谱中各谱线的波长是由其所属元素的原子性质决定的。如果某分析试样经过激发、摄谱，在所得谱图上出现有某元素的一些谱线，就证明该元素存在。这种利用发射光谱鉴别元素存在的分析方法，称为光谱定性分析法。

一、元素的灵敏线、共振线、最后线、分析线及特征线组

每种元素的特征发射线很多，在定性或定量分析时只要根据几条适当的灵敏线即可。灵敏线是一些激发电位低、跃迁概率大的原子线或离子线。它们的相对强度大，当该元素含量相当低时，它们仍可出现。从激发态直接跃迁返回基态所辐射的谱线称为共振线。第一激发态原子跃迁到基态所发射的谱线称为第一共振线，是该元素的最灵敏线。

共振线的强度，不仅与谱线的性质、激发电位和激发概率的大小、光源类型等多种因素有关，还与试样中该种组分的含量有关。随着试样中元素含量的逐渐减少，光谱线亦逐渐减少，而最后消失的谱线，称为最后线。理论上说，元素的最后线也就是元素的第一共振线。

在实际光谱分析中，由于试样含有多种元素，摄谱仪的分辨本领又有限，元素的谱线交错重叠，因此不能仅凭一条谱线的出现来判断元素的存在。但是亦没有必要检查该元素的大多数谱线，只需检查几根便于观察的谱线就行。例如，锌有 330.26 nm 和 330.29 nm 两条谱线；钠有 330.23 nm 和 330.30 mn 两条谱线。在光谱分析中，把用于确定试样中某一元素是否存在或测量该元素含量的几条谱线，称为分析线。在定性分析时，通常选用 3～5 条

分析线。

光谱分析有时还利用元素的特征线组。这些谱线激发电位相近，强度差不多，往往同时出现，并且有一定的特征，易于辨认。例如，镁的最灵敏线为 285.21 nm，而分析判断镁时，则经常用其 5 条线组。这 5 条线几乎等距离排列，中间线强度较大，其它 4 条线强度相近。光谱分析常用的特征线组列于表 3-2 中。

表 3-2　一些元素的特征线组

元素	线组波长/nm	线组
B	249.68，249.77	双线
Na	330.23，330.30	双线
Fe	301.62，301.76，301.90，302.06	四重线
Mg	279.55，280.27（离子线，Ⅱ）	双线
	277.67，277.83，277.98，278.14，278.30（原子线，Ⅰ）	五重线
Al	308.22，309.27	双线
Cu	324.75，327.40	双线
Mn	279.48，279.83，280.11	三重线
Cr	301.48，301.52，301.76	三重线
Ti	323.45，323.66，323.90，324.20	四重线
P	255.33，255.49	双线
Ca	315.89（Ⅰ），317.93（Ⅱ），318.13（Ⅱ）	三重线
Si	250.69，251.43，251.61，251.92，252.41，252.85	六重线

二、光谱定性分析方法

根据要求不同，光谱定性分析可分为简项分析和全分析两种。简项分析只要判断在分析试样中指定的某一种或几种元素是否存在，因此通常又称为指定元素检出；全分析要求检出分析试样中存在的所有元素。

常用的光谱定性分析方法有光谱比较法和波长测定法。

1. 标准试样光谱比较法

光谱定性分析通常用比较法进行，即将要检出元素的纯物质或纯化合物与试样并列摄谱于同一感光板上，在映谱仪上检查试样光谱与纯物质光谱。若两者谱线出现在同一波长位置上，即可说明某一元素的某条谱线存在。例如欲检查某 TiO_2 试样中是否含有 Pb，只需将 TiO_2 试样和已知含铅的 TiO_2 标准样品并列摄谱于同一感光板上的不同位置上，比较并检查试样光谱中是否有铅的谱线存在，便可确定试样中是否含有铅。这种方法很简便，但只适用于试样中指定组分的定性鉴定。

2. 铁光谱比较法

在测定复杂组分以及进行光谱定性全分析时，上述简单方法已不适用，而需用铁的光谱来进行比较。此时将试样和纯铁并列摄谱。因为铁的光谱谱线较多，在常用的铁光谱的

2100～6600 Å 波长范围内，大约有 4600 条谱线，其中每条谱线的波长都已作了精确的测定，载于谱线表内。所以用铁的光谱线作为波长的标尺是很适宜的。一般就将各种元素的灵敏线按波长位置标插在放大 20 倍的铁光谱图的相应位置上，预先制备了“元素标准光谱图”（如图 3-22）。

元素标准光谱图由波长标尺、铁光谱、元素灵敏线及特征线组三部分组成。为了使用方便，将元素标准光谱图分为若干张，每张只包括某一波段范围的光谱，如图 3-22 所示。

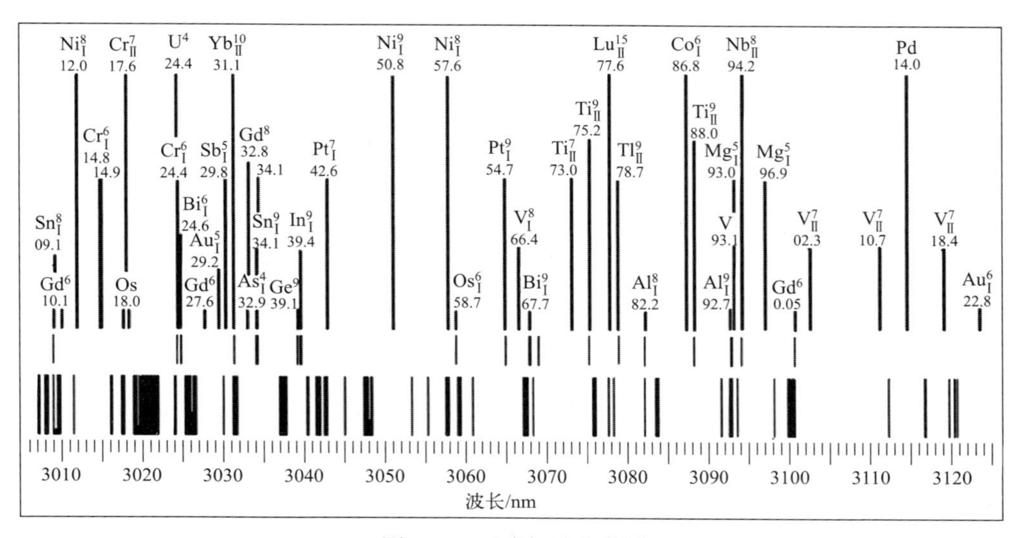

图 3-22 元素标准光谱图

在进行定性分析时，只要在映谱仪上观察所得谱片，使元素标准光谱图上的铁光谱谱线与谱片上摄取的铁谱线相重合，如果试样中未知元素的谱线与标准光谱图中已标明的某元素谱线出现的位置相重合，则该元素就有存在的可能。通常可在光谱图中选择 2～3 条欲测元素的特征灵敏线或线组进行比较，通过比较就可判断此未知试样中存在的元素。

图 3-22 中所标记元素符号的下方是该元素的谱线波长。在元素符号右下角的罗马字Ⅰ、Ⅱ分别表示元素的原子线和离子线；右上角标注的是灵敏度的强度级别，灵敏度的强度一般分为 10 级，数字越大表示灵敏度越高。

一般摄谱仪拍摄的感光板谱片没有标尺，作定性分析时经常以铁光谱作为波长标准，为此，需要通过辨认铁的特征谱线来确定谱线的波长，从而判断其它元素的谱线，因此进行光谱工作时必须熟悉铁光谱。

当用上述方法仍旧无法确定未知试样中的某些谱线属何种元素时，则可用波长测定法，准确测出该谱线的波长，再从元素的波长表上查出与未知谱线相对应的元素。

3. 特征谱线组法

每种元素的原子发射谱线有很多，但不同元素有不同的谱线特征，所以可以借助特征谱对元素进行定性分析。只需要找出表 3-2 中所列元素对应的特征谱，就可以判定该元素的存在。

三、光谱定性分析过程

1. 试样处理

对无机物可作如下处理：

（1）金属或合金试样　由于金属与合金本身能导电，可直接做成电极，称为自电极。若试样量较少或为粉末样品，通常置于由石墨制成的各种形状的电极小孔中，然后激发。

（2）矿石试样　磨碎成粉末，置于由石墨制成的各种形状电极小孔中，然后激发。

（3）溶液试样　将试液直接滴在平头或凹面电极上，烘干后激发；或先浓缩至有结晶析出，然后滴入电极小孔中加热蒸干后再进行激发；或将原溶液全部蒸干，之后磨碎成粉末，置于由石墨制成的各种形状的电极小孔中，然后激发。

（4）分析微量成分　常需要富集，如用溶剂萃取等。

（5）对有机物（如粮食、人发中的微量元素）的测定　一般先低温干燥，然后在坩埚中灰化，再将灰化后的残渣置于电极小孔中激发。

（6）对气体试样的测定　通常将其充入放电管内。

2. 摄谱

（1）光谱仪　一般多采用中型光谱仪，但对谱线复杂的元素（如稀土元素等）则需选用色散率大的大型光谱仪。

（2）光源　在定性分析中，一般选择灵敏度高的直流电弧光源。

（3）感光板　选用灵敏度高、反衬度大的Ⅱ型感光板。

（4）单色器狭缝　选用较小的狭缝（5～7 μm）。

（5）摄谱　摄谱顺序：碳电极（空白）、铁谱、试样。

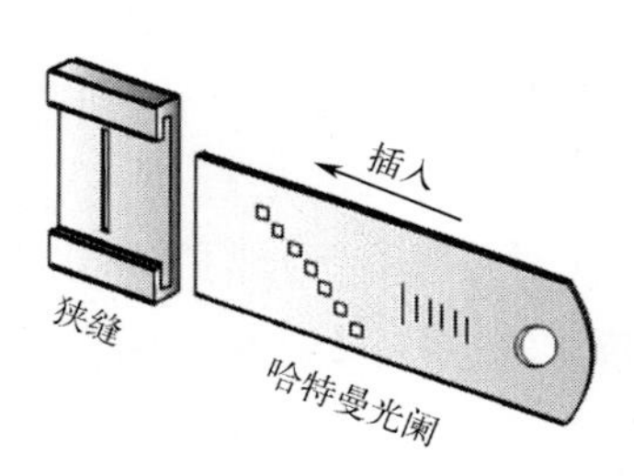

图 3-23　哈特曼（Hartman）光阑

分段曝光：在进行光谱全分析时，对于复杂试样，先在小电流（5 A）下激发，摄取易挥发元素光谱；调节哈特曼（Hartman）光阑，改变曝光位置后，加大电流（10 A），再次曝光摄取难挥发元素光谱。这种光阑是一块金属多孔板，形状如图 3-23 所示。该光阑置于狭缝前，摄制不同样品或同一样品不同阶段的光谱时，移动光阑使光线通过光阑的不同孔道摄在感光板的不同位置上，而不移动感光板，以防止移动感光板时引起波长位置的变动。

3. 检查谱线

摄谱后，在暗室中进行显影、定影、冲洗，最后将干燥好的谱片放在映谱仪上进行谱线检查。

第五节　原子发射光谱半定量分析

在光谱定性分析中，除了正确指出试样中有哪些元素存在外，还需指出试样中元素的主要成分，少量、微量成分以及痕量杂质，这样才有较大的实际意义。这种迅速作出粗略含量判断的方法，称为半定量分析法。光谱半定量分析可以给出试样中某元素的大致含量。若分析任务对准确度要求不高，多采用光谱半定量分析。例如钢材与合金的分类、矿产品位的大致估计等，特别是分析大批样品时，采用光谱半定量分析尤为简单而快速。进行半定量估计的方法很多，现对常用简易方法介绍如下。

1. 谱线强度比较法

依据：直接比较标准样和测定样同一根谱线的黑度值大小来粗略获得定量信息。

测定一系列不同含量的待测元素标准光谱系列，在完全相同的条件下（同时摄谱），测定试样中待测元素光谱。选择灵敏线，比较标准谱图与试样谱图中灵敏线的黑度，确定含量范围。该法需要预先制备标准试样，又只能对指定元素分析，因此比较麻烦和受到一定限制。

例如，分析矿石中的铅，即找出试样中灵敏线 283.3 nm，再与标准系列中的铅 283.3 nm 线相比较，如果试样中铅线的黑度介于铅含量在 0.01%～0.001%标样中铅谱线的黑度之间，并接近于 0.01%的黑度，则此试样中铅含量可表示为 0.01%。

2. 谱线呈现法

依据：当分析元素含量降低时，该元素谱线也逐渐减少，因此在一定实验条件下可借以进行半定量分析。

预先配制一系列不同的标样并摄谱，然后根据不同浓度下所出现的分析元素的谱线及强度情况绘制成表，即为谱线呈现表。铅的谱线呈现表见表 3-3。

表 3-3　铅的谱线呈现表

Pb 含量/%	谱线及其特征
0.001	283.31 nm 清晰可见，261.42 nm 和 280.20 nm 谱线很弱
0.003	283.31 nm、261.42 nm 谱线增强，280.20 nm 谱线清晰
0.01	上述各线均增强，266.32 nm 和 287.33 nm 谱线不太明显
0.03	266.32 nm、287.33 nm 谱线逐渐增强至清晰
0.1	上述各线均增强，不出现新谱线
0.3	显出 239.38 nm 淡灰色宽线，在谱线背景上 257.73 nm 不太清晰
1	上述各线均增强，出现 240.20 nm、244.38 nm、244.62 nm 谱线，241.17 nm 谱线模糊可见
3	上述各线均增强，出现 322.05 nm 谱线，233.24 nm 谱线模糊可见
10	上述各线均增强，242.66 nm 和 239.96 nm 谱线模糊可见
30	上述各线均增强，出现 311.89 nm 和淡灰色背景中的 269.75 nm 线

如分析某试样中铅谱线出现的规律和表 3-3 中 Pb 含量为 0.003%的情况相同，则可判断此试样中铅含量为 0.003%。与此类似，可以制成各种元素的呈现表。利用谱线呈现表的方法，分析速度快，但受试样组成变化的影响大，分析结果粗略，一般只能作为参考。

3. 均称线对法

依据：选择基体元素或样品中组成恒定的某元素的一些谱线作为待测元素分析线的均称线对（激发电位相近的谱线），通过二者的比较来判断待测成分的近似含量，均称线对的强度相等时，表明含量相等。锡中铅的均称线对如表 3-4 所示。

表 3-4　锡中铅的均称线对

铅		锡		当 $I_{Pb}=I_{Sn}$ 时的 Pb 含量/%
分析线波长/nm	激发电位/eV	内标线波长/nm	激发电位/eV	
280.20	5.74	276.18	4.91	0.1
287.33	5.63	276.18	4.91	0.6
282.32	5.70	276.18	4.91	1.3
405.78	4.38	380.10	4.33	2.0
280.20	5.74	285.06	5.41	3.0
266.32	5.97	266.13	4.86	10.0

半定量分析结果的表示方法见表 3-5。

表 3-5　半定量分析结果的表示方法

估计范围/%	含量等级	符号	上限 I_g/%
100～10	主	P	2
10～1	大	S	1
1～0.1	中	M	0
0.1～0.01	小	W	−1
0.01～0.001	微	T	−2
＜0.001	痕	FT	−3
0	未检出	ND	—

光谱半定量分析虽然误差较大，但由于快速、简便，广泛应用于生产实际。

第六节　原子发射光谱定量分析

一、光谱定量分析的关系式

光谱定量分析主要是根据谱线强度与被测元素浓度的关系来进行的。当温度一定时，谱线强度 I 与被测元素浓度 c 成正比，即：

$$I = ac \tag{3-6}$$

当考虑到谱线自吸时，有如下关系式：

$$I = ac^b \tag{3-7}$$

对式（3-7）取以 10 为底的对数得：

$$\lg I = b\lg c + \lg a \tag{3-8}$$

式（3-8）为发射光谱定量分析的基本关系式，称为塞伯-罗马金公式（经验式）。式中，b 为自吸系数，b 随浓度 c 增大而减小，当浓度很小无自吸时，$b=1$，因此，在定量分析中，选择合适的分析线是十分重要的。a 值受试样组成、形态及放电条件等的影响，在实验中很难保持为常数，故通常不采用谱线的绝对强度来进行光谱定量分析，而是采用“内标法”。

二、定量分析方法

1. 内标法

采用内标法可以减小前述因素对谱线强度的影响，提高光谱定量分析的准确度。内标法是通过测量谱线相对强度来进行定量分析的方法。

具体做法：在分析元素的谱线中选一根谱线，称为分析线；再在基体元素（或定量加入的其它元素）的谱线中选一根谱线，作为内标线。这两条线组成分析线对。然后根据分析线对的相对强度与被分析元素含量的关系式进行定量分析。

设分析线强度为 I，内标线强度为 I_0，被测元素浓度与内标元素浓度分别为 c 和 c_0，b 和 b_0 分别为分析线和内标线的自吸系数，则有：

$$I = ac^b \quad 和 \quad I_0 = a_0 c_0^{b_0}$$

分析线与内标线强度之比 R 称为相对强度：

$$R = \frac{I}{I_0} = \frac{ac^b}{a_0 c_0^{b_0}} \tag{3-9}$$

式中，内标元素 c_0 是已知的，故为常数。实验条件一定时，令 $A = \frac{a}{a_0 c_0^{b_0}}$ 为常数，则

$$R = \frac{I}{I_0} = Ac^b \tag{3-10}$$

取对数，得

$$\lg R = b\lg c + \lg A \tag{3-11}$$

此式为内标法光谱定量分析的基本关系式。

内标法的优点：可在很大程度上消除光源放电不稳定等因素带来的影响。因为尽管光源变化对分析线的绝对强度有较大的影响，但对分析线和内标线的影响基本是一致的，所以对其相对影响不大。

内标元素与分析线对的选择：金属光谱分析中的内标元素一般采用基体元素，如钢铁中微量元素的分析，内标元素是铁。但在矿石光谱分析中，由于组分变化很大，又因基体元素的蒸发行为与待测元素也多不相同，故一般都不用基体元素作内标，而是定量加入其它元素作内标。

加入内标元素应符合下列几个条件：

① 内标元素与被测元素在光源作用下应有相近的蒸发性质。

② 内标元素若是外加的，必须是试样中不含或含量极少可以忽略的。

③ 分析线对的选择需匹配，即两条原子线或两条离子线。

④ 分析线对的激发电位相近。若内标元素与被测元素的电离电位相近，分析线对激发电位也相近，这样的分析线对称为“均匀线对”。

⑤ 分析线对波长应尽可能接近。分析线对两条谱线应没有自吸或自吸很小，且不受其它谱线的干扰。

⑥ 内标元素含量一定。

2. 内标标准曲线法

在确定的分析条件下，用三个或三个以上含有不同浓度被测元素的标准样品与试样在

相同的条件下激发光谱。以标准样品分析线强度与内标分析线强度比 R 或 $\lg R$ 对浓度 c 或 $\lg c$ 做标准曲线，再由校准曲线求得试样被测元素含量。

（1）摄谱法　将标准样品与试样在同一块感光板上摄谱，测出一系列黑度值，计算 $\lg R$，再将 $\lg R$ 对 $\lg c$ 做标准曲线，求出未知元素含量。

如分析线与内标线的黑度都落在感光板正常曝光部分，可直接用分析线对黑度差 ΔS 与 $\lg c$ 建立标准曲线。选用的分析线对波长应比较靠近，此分析线对所在的感光板部位乳剂特性相同。由

$$H = E\,t \propto I\,t \tag{3-12}$$

$$S_1 = \gamma_1 \lg H_1 - i_1 \tag{3-13}$$

$$S_2 = \gamma_2 \lg H_2 - i_2 \tag{3-14}$$

因分析线对所在部位乳剂特性基本相同，故：

$$\gamma_1 = \gamma_2 = \gamma,\ i_1 = i_2 = i$$

由于曝光量与谱线强度成正比，因此

$$S_1 = \gamma \lg I_1 - i,\ S_2 = \gamma \lg I_2 - i$$

则得黑度差：

$$\Delta S = S_1 - S_2 = \gamma(\lg I_1 - \lg I_2) = \gamma \lg(I_1/I_2) = \gamma \lg R \tag{3-15}$$

将式（3-11）代入可得：

$$\Delta S = \gamma b \lg c + \gamma \lg A \tag{3-16}$$

上式为摄谱法定量分析内标法的基本关系式。

（2）光电直读法　ICP 光源稳定性好，一般可以不用内标法，但由于有时试液黏度等有差异而引起试样导入不稳定，也采用内标法。ICP 光电直读光谱仪的商品仪器上带有内标通道，可自动进行内标法测定。

光电直读法中，在相同条件下激发试样与标样的光谱，测量的电压值为 U 和 U_r，U 和 U_r 分别为分析线和内标线的电压值；再绘制 $\lg U$–$\lg c$ 或 $\lg(U/U_r)$–$\lg c$ 校准曲线；最后，求出试样中被测元素的含量。

3. 标准加入法

无合适内标物时，采用该法。

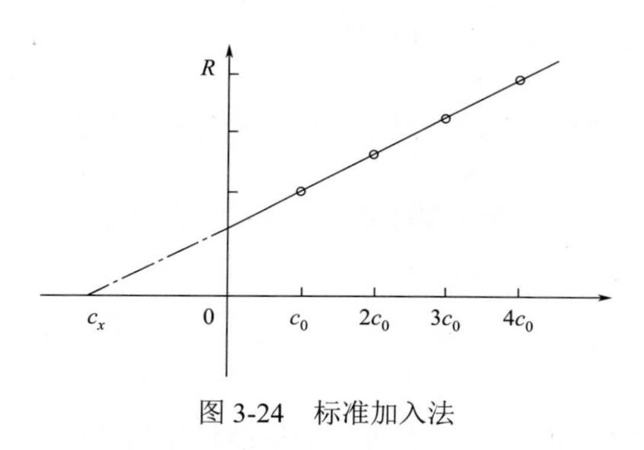

图 3-24　标准加入法

取若干份体积相同的试液（c_x），依次按比例加入不同量的待测物的标准溶液（c_0），浓度依次为：c_x、c_x+c_0、c_x+2c_0、c_x+3c_0、c_x+4c_0、……。在相同条件下测定得 R_x、R_1、R_2、R_3、R_4、……。以 R 对标加浓度 c 作图得一直线（图 3-24），图中 c_x 点即待测溶液浓度。

在被测元素浓度低时，自吸系数 $b = 1$，分析线对强度 $R \propto c$，R-c 图为一直线；将直线外推，与横坐标相交截距的绝对值即为试样中待测元

素含量 c_x [由于 $R = Ac^b$，$b = 1$ 时，$R = A(c_x + c_i)$，$R = 0$ 时，$c_x = -c_i$，c_i 为浓度的增量]。

三、背景的扣除

光谱背景是指在线状光谱上，叠加了连续光谱和分子带状光谱等的谱线强度（摄谱法为黑度）。

1. 光谱背景来源

分子辐射：在光源作用下，试样与空气作用生成的分子氧化物、氮化物等分子发射的带状光谱。如 CN、SiO_2、Al_2O_3 等分子化合物解离能很高，在电弧高温中发射分子光谱。

连续辐射：在经典光源中炽热的电极头，或蒸发过程中被带到弧焰中去的固体质点等炽热的固体发射的连续光谱。电子与离子的复合过程也会产生连续背景。轫致辐射是由电子通过荷电粒子（主要是重粒子）库仑场时受到加速或减速引起的连续辐射。这两种连续背景都随电子密度的增大而增大，是造成 ICP 光源连续背景辐射的重要原因，火花光源中这种背景也较强。

谱线的扩散：分析线附近有其它元素的强扩散性谱线（即谱线宽度较大），如 Zn、Sb、Pb、Bi、Mg 等元素含量较高时，会有很强的扩散线。

光谱仪器中的杂散光也造成不同程度的背景。杂散光是指由于光谱仪光学系统对辐射的散射，使其通过非预定途径，而直接到达检测器的任何所不希望的辐射。

2. 背景的扣除

摄谱法：测出背景的黑度 S_B，然后测出被测元素谱线黑度为分析线与背景相加的黑度 $S_{(L+B)}$。由乳剂特性曲线查出 $\lg I_{(L+B)}$ 与 $\lg I_B$，再计算出 $I_{(L+B)}$ 与 I_B，两者相减，即可得出 I_L。同样方法可得出内标线谱线强度 $I_{(IS)}$。注意：背景的扣除不能用黑度直接相减，必须用谱线强度相减。光电直读光谱仪中，由于光电直读光谱仪检测器将谱线强度积分的同时也将背景积分，因此需要扣除背景。ICP 光电直读光谱仪中都带有自动校正背景的装置。

四、光谱定量分析工作条件的选择

（1）光谱仪　一般多采用中型光谱仪，但对谱线复杂的元素（如稀土元素等）则需选用色散率大的大型光谱仪。

（2）光源　可根据被测元素的含量、元素的特征及分析要求等选择合适的光源。

（3）狭缝　在定量分析中，为了减少由乳剂不均匀所引入的误差，宜使用较宽的狭缝，一般可达 20 μm。

（4）内标元素和内标线（如前述）。

（5）光谱缓冲剂　试样组分影响弧焰温度，弧焰温度又直接影响待测元素的谱线强度。这种由于其它元素存在而影响待测元素谱线强度的作用称为第三元素的影响。对于成分复杂的样品，第三元素的影响往往非常显著，并引起较大的分析误差。为了减少试样成分对弧焰温度的影响，使弧焰温度稳定，试样中加入一种或几种辅助物质，用来抵偿试样组成变化的影响，这种物质称为光谱缓冲剂。

小知识

常用的缓冲剂有：碱金属盐类，用作挥发元素的缓冲剂；碱土金属盐类，用作中等挥发元素的缓冲剂；炭粉，也是缓冲剂常见的组分。

此外，缓冲剂还可以稀释试样，这样可减少试样与标样在组成及性质上的差别。在矿石光谱分析中，缓冲剂的作用是不可忽视的。

（6）光谱载体　进行光谱定量分析时，在样品中加入的一些有利于分析的高纯度物质称为光谱载体。它们多为一些化合物、盐类、炭粉等。载体的作用主要是增加谱线强度，提高分析的灵敏度和准确度，消除干扰等，具体作用如下：

① 通过化学反应，使试样中被分析元素从难挥发性化合物（主要是氧化物）转化为低沸点、易挥发的化合物，使其提前蒸发，提高分析的灵敏度。载体量大可控制电极温度，从而控制试样中元素的蒸发行为并可改变基体效应。基体效应是指试样组成和结构对谱线强度的影响，或称元素间的影响。

② 电弧温度由电弧中电离电位低的元素控制，可选择适当的载体，以稳定与控制电弧温度，从而得到对被测元素有利的激发条件。

③ 电弧等离子区中大量载体原子蒸气的存在，阻碍了被测元素在等离子区中自由运动的范围，增加它们在电弧中的停留时间，提高谱线强度。

④ 稳定电弧，减少直流电弧的漂移，提高分析的准确度。

思考与练习题

1. 简述常用光源的工作原理及特点，在实际工作中应如何正确选择所需光源。

2. 摄谱仪由哪几个基本部分组成？各组成部分的主要功能是什么？

3. 试从色散率、分辨率和集光本领等诸方面比较棱镜摄谱仪和光栅摄谱仪的特点。

4. 何谓元素的灵敏线、共振线、最后线、分析线？它们之间有何联系？

5. 阐述光谱定性分析的基本原理，并结合实验说明光谱定性分析过程。光谱半定量分析有哪几种方法，依据是什么？

6. 什么是乳剂特性曲线？为什么要绘制乳剂特性曲线？怎样绘制乳剂特性曲线？

7. 光谱定量分析的依据是什么？内标法的基本原理是什么？如何选择内标元素和内标线？

8. 何为自吸？它对光谱分析有什么影响？

9. 平面反射光栅的宽度为 50 mm，刻线为 600 条/mm，求其一级光谱的分辨率和在 600.0 nm 处能分辨的最近的两谱线的波长差为多少。当用棱镜为色散元件时，该棱镜材料的色散率 $\frac{dn}{d\lambda}$ 为 120（mm^{-1}），试求要达到上述光栅同样分辨率时，该棱镜的底边应为多长。

10. 用交流电弧测定碳钢中锰，以铁为内标元素，测得钢中锰的黑度 $S_{Mn}=674$，内标元素铁的黑度 $S_{Fe}=670$，已知感光板的反衬度为 2.0，求此分析线对的强度比。

11. 用内标法测定某试液中 Mg^{2+}的含量。用蒸馏水溶解 $MgCl_2$ 以配制一系列标准 Mg^{2+}溶液。在每一标准溶液和待测溶液中均加入 25.0 ng・mL^{-1} 的 Mo 溶液。测定时吸取 50 μL 的溶液于电极上，溶液蒸发至干后摄谱，测量 279.8 nm 处 Mg 的谱线强度和 281.6 nm 处 Mo 的谱线强度，得到如下数据：

样品		谱线相对强度	
	ρ（Mg）/（ng・mL^{-1}）	279.8 nm	281.6 nm
标准溶液	1.050	0.67	1.8
	10.50	3.4	1.6
	105.0	18	1.5
	1050	115	1.7
	105000	739	1.9
待测试样	?	2.5	1.8

求待测试液中 Mg^{2+}的质量浓度。

第四章　原子吸收光谱分析

第一节　原子吸收光谱分析概述

原子吸收光谱法（atomic absorption spectrometry, AAS）又称原子吸收分光光度法，是基于物质所产生的原子蒸气对待测元素的特征谱线的吸收作用而进行定量分析的方法。其仪器装置如图 4-1 所示。将试液喷射成雾状，使其进入火焰中；待测物质在火焰温度下，挥发并离解成原子蒸气。用空心阴极灯作光源，它辐射出待测元素的特征谱线的光，当通过一定厚度的原子蒸气时，部分光被火焰中基态原子吸收而减弱。通过单色器和检测器测得特征辐射被吸收的程度，即可求得待测元素的含量。由此可见，原子吸收光谱分析利用的是原子吸收过程，而发射光谱分析则利用原子的发射现象，因此它们是相互联系的两种相反过程。

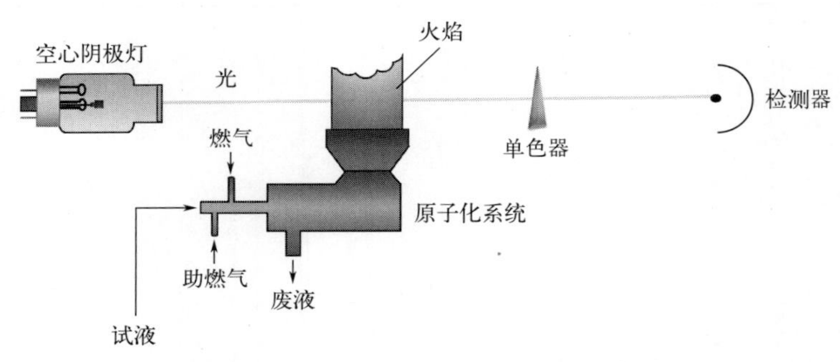

图 4-1　原子吸收光谱分析法仪器示意图

一、原子吸收光谱法的发展历史

1. 原子吸收现象的发现

早在 1802 年，Wollaston 就发现了太阳光谱中的暗线，之后人们开始对原子吸收光谱-太阳连续光谱中的暗线进行了进一步观察与研究。

1859 年，Kirchhoff 和 Bunson 解释了暗线产生的原因——暗线是大气层中的钠原子对太阳光选择性吸收的结果。

1929 年，瑞典农学家 Lwndegardh 用空气-乙炔火焰及气动喷雾摄谱法进行了火焰光度分析。

2. 空心阴极灯的发明——原子吸收光谱法的发展

1955 年澳大利亚物理学家瓦尔西（A. Walsh）在 *Spectrochimica Acta* 上发表了他的著名

论文“原子吸收光谱法在分析化学中的应用”[1]，奠定了原子吸收光谱分析法的理论基础。在该论文中首次提出使用空心阴极灯作为原子吸收光谱法的光源。由于空心阴极灯一般并不发射那些邻近波长的辐射线，因此其它辐射线干扰较小，所以原子吸收光谱分析法的选择性高、干扰较少且易克服。在20世纪50年代末，原子吸收商品仪器由PE和Varian公司推出，并在20世纪60年代得以迅速发展。

3. 电热原子化技术的提出——原子吸收光谱法的成熟

1959年里沃夫提出电热原子化技术，大大提高了原子吸收的灵敏度（灵敏度增加10～200倍）。1976年以来，微电子技术的发展使原子吸收技术的应用不断进步，衍生出了石墨炉原子化技术、塞曼效应背景校正等先进技术，使原子吸收光谱法日趋成熟。原子吸收光谱法在临床检验、环境保护、生物化学等方面应用广泛。

二、原子吸收光谱法的特点

1. 原子吸收光谱法的优点

（1）灵敏度高　火焰原子吸收光谱法测定大多数金属元素的相对灵敏度为 1.0×10^{-8}～1.0×10^{-10} g·mL^{-1}，非火焰原子吸收光谱法的绝对灵敏度为 1.0×10^{-12}～1.0×10^{-14} g·mL^{-1}。这是由于原子吸收光谱法测定的是占原子总数99%以上的基态原子，而原子发射光谱测定的是占原子总数不到1%的激发态原子，所以前者的灵敏度和准确度比后者高得多。

（2）精密度好　由于温度的变化对测定影响较小，该法具有良好的稳定性和重现性，精密度好。一般仪器的相对标准偏差为1%～2%，性能好的仪器可达0.1%～0.5%。

（3）选择性好，方法简便　由于光源发出特征性入射光很简单，且基态原子是窄频吸收，元素之间的干扰较小，可不经分离在同一溶液中直接测定多种元素，操作简便。

（4）准确度高，分析速度快　测定微、痕量元素的相对误差可达0.1%～0.5%，分析一种元素只需数十秒至数分钟。

（5）应用广泛　可直接测定岩矿、土壤、大气飘尘、水、植物、食品、生物组织等试样中70多种微量金属元素，还能用间接法测定硫、氮、卤素等非金属元素及其化合物。该法已广泛应用于环境保护、化工、生物技术、食品科学、食品质量与安全、地质、国防、卫生检测和农林科学等各部门。

2. 原子吸收光谱法的主要缺点

（1）测定一种元素换一支元素灯。

（2）多数非金属元素不能直接测定，如碳、氧、硫、磷、氮、氟、氯、溴、碘等；但采用间接法可弥补这个缺点。

---

[1] Walsh A. Application of atomic absorption spectrometry to analytical chemistry. Spectrochim Acta, 1955, 7: 108.

（3）火焰法要用燃料气，不方便也不安全。

第二节　原子吸收光谱分析的基本原理

对于原子吸收光谱法基本理论的讨论，主要是要解决两个方面的问题：①基态原子的产生以及它的浓度与试样中该元素含量之间的定量关系；②基态原子吸收光谱的特性及基态原子的浓度与吸光度之间的关系。

一、原子吸收光谱的产生

当原子受外界能量激发时，基态原子吸收其共振辐射，其最外层电子由基态跃迁至激发态而产生原子吸收光谱（图 4-2）。原子吸收光谱一般位于光谱的紫外区和可见光区。因为最外层电子可能从基态跃迁到激发态的不同能级，所以可能有不同的激发态。一般把电子从基态跃迁至第一激发态的吸收谱线称为共振吸收线。各种元素的原子结构和外层电子排布不同，不同元素的原子从基态激发至第一激发态时吸收的能量不同，因而共振线就不同，所以共振线就是元素的特征谱线。从基态跃迁到第一激发态最易发生，所以共振线是大部分元素的灵敏线。在原子吸收光谱分析中，就是利用处于基态的待测原子蒸气对光源辐射的共振线的吸收来进行分析的。

二、原子谱线的轮廓与变宽

频率为ν、强度为I_0的光通过原子蒸气，其中一部分光被吸收使该入射光的光强降低为I_ν（图 4-3）。其透过光的强度与原子蒸气的宽度有关，若原子蒸气中原子密度一定，则透过光（或吸收光）的强度与原子蒸气宽度呈正比，称为朗伯（Lambert）定律：

$$I_\nu = I_0 e^{K_\nu l} \tag{4-1}$$

两边取对数得:

$$\lg(I_\nu / I_0) = 0.434 K_\nu l = A \tag{4-2}$$

式中，I_ν为透过光的强度；l为原子蒸气的宽度；K_ν为原子蒸气对频率为ν的光的吸收系数。

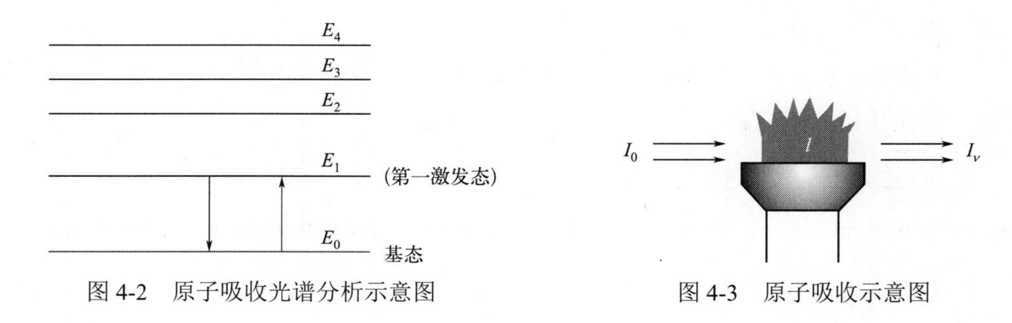

图 4-2　原子吸收光谱分析示意图　　图 4-3　原子吸收示意图

吸光系数 K_ν 将随着光源的辐射频率而改变，这是由于物质的原子对光的吸收具有选择性，对不同频率的光，原子对光的吸收也不同，故透过光的强度 I_ν 随着光的频率而有所变化，其变化规律如图 4-4 所示。由图可见，在频率 ν_0 处透过的光量少，亦即吸收最大。把这种情况称为原子蒸气在特征频率 ν_0 处有吸收线。由此可见，原子群从基态跃迁至激发态所吸收的谱线（吸收线）并不是绝对单色的几何线，而是具有一定的宽度，通常称之为谱线的轮廓（或形状）。若将吸光系数 K_ν 随频率 ν 变化的关系作图（图 4-5），则吸收线轮廓的意义就更清楚。此时可用吸收线的半宽度来表征吸收线的轮廓。由图 4-5 可见，在频率 ν_0 处，吸光系数有一极大值（K_0），在距离 ν_0 足够远的某一点，K_ν 值为零。吸收线在中心频率 ν_0 的两侧具有一定的宽度。通常以吸光系数等于其极大值的一半（$K_0/2$）处吸收线轮廓上两点间的距离（即两点间的频率差）来表征吸收线的宽度，称为吸收线的半宽度，以 $\Delta\nu$ 表示，其数量级约为 0.01～0.1 Å。同样，发射线也具有谱线宽度，不过其半宽度要狭窄得多（0.005～0.02 Å）。由上述可知，中心频率 ν_0（峰值频率）和半宽度 $\Delta\nu$ 是表征吸收线轮廓特征的值，前者由原子的能级分布特征决定，后者除谱线本身具有的自然宽度外，还受多种因素的影响。

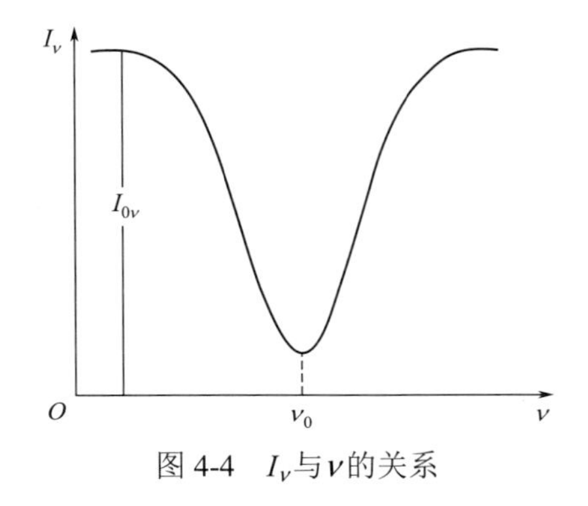

图 4-4　I_ν 与 ν 的关系

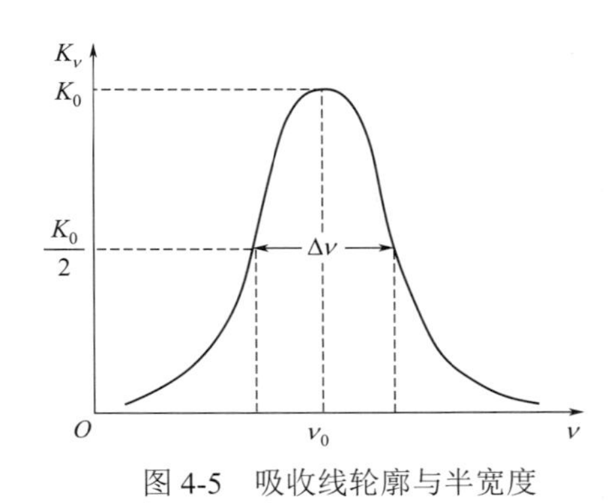

图 4-5　吸收线轮廓与半宽度

为什么吸收线会具有一定的宽度？这个问题很复杂，但总的说来，可有两方面的因素：一类是由原子的性质所决定的（自然宽度）；另一类是外界影响所导致的（热变宽、压力变宽等）。下面简要讨论几种较重要的变宽效应。

1. 自然宽度 $\Delta\nu_N$

在没有外界影响的情况下，谱线仍有一定的宽度，称之为自然宽度。它与激发态原子的平均寿命有关，平均寿命愈长，谱线宽度愈窄。不同谱线有不同的自然宽度，在多数情况下约为 10^{-5} nm 数量级。其大小为：

$$\Delta\nu_N = \frac{1}{2}\pi\tau_\kappa \tag{4-3}$$

式中，τ_κ 为激发态寿命或电子在高能级上停留的时间，一般为 10^{-7}～10^{-8} s。原子在基态和激发态的寿命是有限的。电子在基态停留的时间长，在激发态则很短。由海森堡测不准原理（uncertainty principle），这种情况将导致激发态能量具有不确定的量，该不确定量使谱线具有一定的宽度 $\Delta\nu_N$（10^{-5} nm），即自然宽度。该宽度比光谱仪本身产生的宽度要小得多，只有极高分辨率的仪器才能测出，故可忽略不计。

2. 多普勒变宽$\Delta\nu_D$

通常在原子吸收光谱法测定条件下，多普勒变宽（Doppler broadening）是影响原子吸收光谱线宽度的主要因素。多普勒宽度是由原子热运动引起的，又称为热变宽。从物理学中可知，进行无规则热运动的发光原子的运动方向背离检测器，则检测器接收到的光的频率较静止原子所发射光的频率低。反之，发光原子向着检测器运动，检测器接收光的频率较静止原子发射光的频率高，这就是多普勒效应。多普勒变宽可由下式决定：

$$\Delta\nu_D = \frac{2\sqrt{2R\ln 2}}{c}\nu_0\sqrt{\frac{T}{M}} = 7.16\times10^{-7}\nu_0\sqrt{\frac{T}{M}} \tag{4-4}$$

式中，R 为摩尔气体常数；c 为光速；M 为吸光质点的原子量；T 为热力学温度，K；ν_0 为谱线中心频率。从上式可以看出，热变宽与温度的平方根成正比，与吸收质点的原子量的平方根成反比，与谱线的频率成正比。某些元素的热变宽见表 4-1。

表 4-1　不同温度下某些元素的热变宽（$\Delta\lambda_D$）

元素	波长/nm	$\Delta\lambda_D$/nm		
		2000K	2500K	3000K
Na	589.0	0.0039	0.0044	0.0048
Ba	553.56	0.0015	0.0017	0.0018
Sr	460.73	0.0016	0.0017	0.0019
V	437.92	0.0020	0.0022	0.0024
Ca	422.67	0.0021	0.0024	0.0026
Fe	371.99	0.0016	0.0018	0.0019
Co	352.69	0.0013	0.0015	0.0016
Ag	338.29	0.0010	0.0011	0.0013
	328.07	0.0010	0.0011	0.0012
Cu	327.45	0.0013	0.0014	0.0016
Mg	285.21	0.0018	0.0021	0.0023
Pb	283.31	0.0006	0.0006	0.0008
Au	267.59	0.0006	0.0006	0.0008
Zn	213.86	0.0008	0.0010	0.0010

3. 压力变宽

压力变宽包括洛伦兹变宽$\Delta\nu_L$（Lorentz broadening）和赫鲁兹马克变宽$\Delta\nu_H$（Holtsmark broadening），后者也称共振变宽。压力变宽是由微粒间的相互碰撞引起的。待测原子与其它粒子碰撞而产生的变宽，为洛伦兹变宽；同种原子碰撞而产生的变宽，为共振变宽，只有在被测元素浓度高时才发生，在原子吸收法中可忽略不计。因此，在这两种变宽中洛伦兹变宽是主要的（当气体压力低于 1.3 Pa 时可忽略共振变宽）。洛伦兹变宽可由下式计算：

$$\Delta\nu_L = 2N_A\sigma^2 p\sqrt{\frac{2}{\pi RT}\left(\frac{1}{A}+\frac{1}{M}\right)} \tag{4-5}$$

式中，N_A 为阿伏伽德罗（Avogadro）常数，$6.022\times10^{23}\ \mathrm{mol^{-1}}$；$\sigma^2$ 为原子与分子各粒子间碰撞的有效横截面；p 为外界气体压力；A 为气体粒子的分子量；M 为吸收质点的原子量；

T 为热力学温度；R 为气体常数。

从上式可以看出，压力变宽与外界气体压力、原子与分子间碰撞的有效横截面成正比，与温度及外界气体分子量和吸收质点原子量的平方根成反比。某些元素的压力变宽见表 4-2。洛伦兹变宽与多普勒变宽有相同的数量级，也可达 10^{-3} nm。

表 4-2　不同温度下某些元素的压力变宽（$\Delta\lambda_L$）

元素	波长/nm	$\Delta\lambda_L$/nm		
		2000K	2500K	3000K
Na	589.0	0.0032	0.0029	0.0027
Ba	553.56	0.0032	0.0028	0.0026
Sr	460.73	0.0026	0.0023	0.0021
Ca	422.67	0.0015	0.0013	0.0012
Fe	371.99	0.0013	0.0011	0.0010
Co	352.69	0.0016	0.0014	0.0013
Ag	338.29	0.0015	0.0013	0.0012
	328.07	0.0015	0.0014	0.0013
Cu	327.45	0.0009	0.0008	0.0007

在空心阴极灯内选用的惰性气体及其压力，都应考虑尽量使谱线宽度窄。因为外界气体的压力不仅能使谱线轮廓变宽，而且还能使谱线轮廓发生不对称，吸收峰值向长波方向位移。

4. 场致变宽

场致变宽主要是指电场和磁场的影响使谱线变宽，分为两种情况：

（1）电场变宽$\Delta\nu_S$　也称为斯塔克变宽（Stark broadening）。它是由外部电场或带电粒子和离子形成的电场所引起的谱线变宽。在原子吸收分析条件下，电场强度很弱，这种变宽可以忽略。

（2）磁场变宽$\Delta\nu_Z$　也称为塞曼变宽（Zeeman broadening）。它是由磁场的影响而产生的变宽。在一般条件下磁场变宽也可以忽略。

5. 自吸变宽（自吸效应）

在空心阴极灯中，由于灯电流大或温度高产生阴极溅射过程，使阴极周围的基态原子密度过大，这些基态原子吸收了激发态原子所发射出来的光，这种现象称为自吸。自吸也引起谱线变宽。但是，这种变宽只能从谱线半宽度的定义来理解，自吸的结果似乎是谱线变宽了，而实质上并非围绕中心频率ν_0有$\pm\Delta\nu$的变化，即空心阴极灯发射的谱线并不因为自吸而真的变宽，如图 4-6 所示。图中曲线 1 表示某元素的空心阴极灯发射出的共振线，在没有自吸时的半宽度为$\Delta\nu_1$；曲线 2 表示有自吸时发

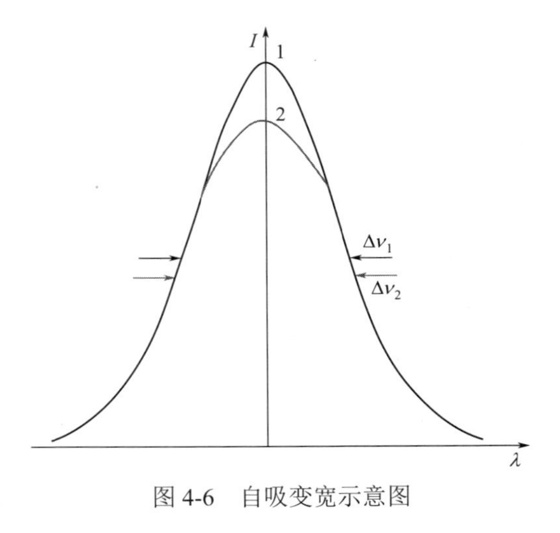

图 4-6　自吸变宽示意图

射的共振线，半宽度为$\Delta\nu_2$。根据谱线轮廓的半宽度的定义，$\Delta\nu_2$比$\Delta\nu_1$大，因此，称为自吸变宽。确切地说，应称为自吸效应更合适一些。

在以上所有谱线变宽的因素中，对原子吸收分析影响最大的是热变宽和洛伦茨变宽。当采用火焰原子化装置时，$\Delta\nu_L$是主要的。当共存原子浓度很低时，特别在采用无火焰的原子化装置时，$\Delta\nu_D$将占主要地位。

火焰中吸收谱线的变宽对分析结果的影响不大；但对空心阴极灯中的发射线来说，谱线受外界因素的影响所引起的发射线变宽，将使吸收定律应用的准确性受到影响。

三、定量分析的理论基础

（一）基态与激发态原子浓度的关系

原子吸收光谱法测定的是基态原子的浓度。物质分子解离后，不可能全部转化为基态原子，其中有一部分吸收了较多的能量变为激发态原子，使灵敏度下降。在一定条件下，如温度为T时，处于热平衡条件，基态原子数N_0与激发态原子数N_i的关系，服从麦克斯韦-玻尔兹曼分布定律，如式（3-3）。

不同温度下一些元素共振线的N_i/N_0值见表4-3。由表4-3可以看出，对同一元素，温度越高，N_i/N_0值越大。在同一温度下，激发能越低的元素，形成的激发态原子越多。对于原子吸收而言，温度一般在2000～3500 K之间，被测定元素的灵敏线大部分在短波范围200～500 nm。对铯（Cs）而言，在3000 K时，仍有99%以上的原子处于基态。因此，原子吸收测定的基态原子数可视为原子总数。

表4-3　不同温度下元素共振线的N_i/N_0值

元素	共振线/nm	g_i/g_0	激发能/eV	N_i/N_0		
				2000 K	3000 K	5000 K
Cs	852.1	2	1.46	4.44×10^{-4}	7.24×10^{-3}	6.82×10^{-2}
Na	589.0	2	2.104	9.86×10^{-6}	5.83×10^{-4}	1.51×10^{-2}
Ca	422.7	3	2.936	1.22×10^{-7}	3.55×10^{-5}	3.33×10^{-3}
Zn	213.9	3	5.759	7.45×10^{-15}	5.50×10^{-10}	4.32×10^{-4}

从以上讨论还可看出：①发射光谱分析法受激发温度的影响较大，而原子吸收光谱法受温度的影响很小，这就是原子吸收光谱法准确度较好的原因；②因为基态原子数远大于激发态原子数，所以原子吸收光谱法比原子发射光谱法灵敏度高得多。

（二）原子吸收的测量

在吸光光度法中，已经介绍了吸光度A与待测物质浓度c之间的关系遵从朗伯-比尔定律（用一个连续光源和一个单色器测量分子吸收）。式中分子的吸光系数K_ν为一常数，而实质上K_ν为波长的函数，波长不同，K_ν值不同。在分子吸收中，因为单色器带宽（$x\times10^{-1}$ nm）比分子谱带（$x\times10$ nm）窄得多，K_ν近似为一个常数，如图4-7所示。所以，吸光度A与浓度c之间可被认为存在着线性关系。

在原子吸收中，如以连续光源作为辐射源，由于原子谱线（$x\times10^{-3}$ nm）比单色器带宽窄得多，K_ν并不是一个常数。此时，吸光度与浓度之间不存在线性关系，而无法进行定量。换句话说，原子吸收光谱如以连续光源作为辐射源，则吸收定律不适用。即便以具有宽通带的光源[当狭缝调至最小时（0.1 nm）]来对窄的吸收线进行测量，由待测原子吸收线引起的吸收值，仅相当于总入射光强度的 0.5%（0.001 / 0.2 = 0.5%），如图 4-8 所示。亦即吸收前后在通带宽度范围内，原子吸收只占其中很少部分，测定灵敏度极差。

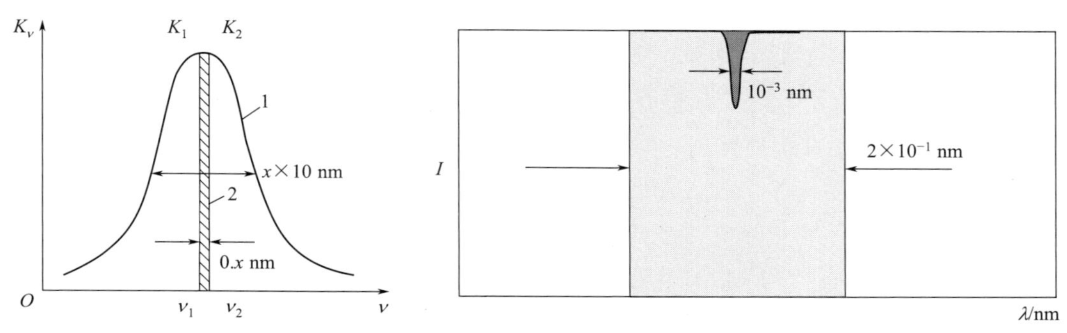

图 4-7　分子吸收谱带（1）与单色器带宽（2）

图 4-8　基态原子对连续光源辐射的吸收

连续光源单色器带宽；原子吸收线

那么，如何测定原子中吸收原子的浓度呢？为此提出了以下方法：

1. 积分吸收

在原子吸收分析中常将原子蒸气所吸收的全部能量称为积分吸收，即图 4-5 中吸收线下面所包括的整个面积。根据经典色散理论，积分吸收$\int K_\nu \mathrm{d}\nu$可由下式得出：

$$\int_{-\infty}^{+\infty} K_\nu \mathrm{d}\nu = \frac{\pi e^2}{mc} N_{0\nu} f \tag{4-6}$$

式中，e 为电子电荷；m 为电子质量；c 为光速；$N_{0\nu}$ 为单位体积原子蒸气中吸收频率为ν的光辐射的基态原子数，亦即基态原子密度；f 为振子强度，代表每个原子中能够吸收或发射特定频率光的平均电子数，在一定条件下对一定元素，f 可视为一定值。

这一公式表明，积分吸收与单位体积原子蒸气中吸收辐射的原子数呈简单的线性关系。这种关系与频率无关，亦与用以产生吸收线轮廓的物理方法和条件无关。此关系式是原子吸收分析方法的一个重要理论基础。若能测得积分吸收值，即可计算出待测元素的原子密度，而使原子吸收法成为一种绝对测量方法（不需与标准比较）。但是由于原子吸收线的半宽度很小（0.01～0.1 Å），要测量这样一条半宽度很小的吸收线的积分吸收值，就需要有分辨率高达五十万的单色仪，这在当时的技术情况下还难以达到。此困难直至 1955 年才由澳大利亚物理学家瓦尔西（A. Walsh）提出的采用测量谱线峰值吸收的办法解决。

2. 峰值吸收

在原子吸收分析中需要使用锐线光源，测量谱线的峰值吸收，锐线光源需要满足的条件：

① 光源的发射线与吸收线的ν_0一致。

② 发射线的半宽度$\Delta\nu_{\mathrm{em}}$小于吸收线的半宽度$\Delta\nu_{\mathrm{abs}}$。

提供锐线光源的方法：空心阴极灯。

当$\Delta\nu_{em}<<\Delta\nu_{abs}$时，发射线很窄，发射线的轮廓可认为是一个矩形，则在发射线的范围内各波长的吸光系数近似相等，即 $K_\nu=K_0$，因此可以“峰值吸收”代替“积分吸收”，峰值吸光系数为：

$$K_0=\frac{2}{\Delta\nu_D}\sqrt{\frac{\ln 2}{\pi}}\times\frac{\pi e^2}{mc}fN_0 \tag{4-7}$$

如果有这样一种光源，其发射线半宽度比吸收线半宽度小得多，并且发射线的中心频率与吸收线中心频率一致，如图 4-9 所示，就能准确测出峰值吸光系数 K_0，从而算得 N_0 值。因为在这种情况下，光源共振线能量可被基态原子充分吸收。这就是在原子吸收测量中测一种元素要换一个灯，即需要使用与待测元素同种元素制成的锐线光源的原因（所谓锐线光源就是指能发射出半宽率很窄的发射线的光源，即有发射线半宽度$\Delta\nu_{em}<<$吸收线半宽度$\Delta\nu_{abs}$这个条件；测一元素换一个灯，就能得到一条中心频率与吸收线中心频率相重合的发射线，从而有利于测量中心吸光系数）。正因为它测一种元素换一个灯，所以干扰少；也正因为如此，而不能像发射光谱那样一次摄谱可同时测定多种元素。

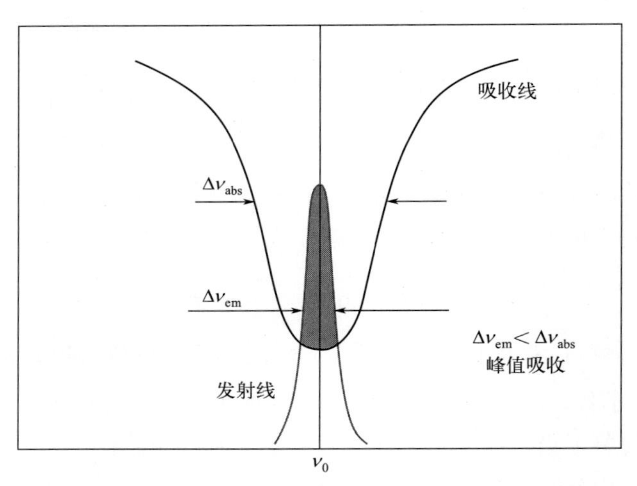

图 4-9　峰值吸收测量示意图

根据这种推导，提出了锐线光源用于原子吸收光谱分析的必要性，但在实际工作中，测量单位体积内光的吸收仍是困难的。如果将一般光度法中测量吸收值的方法用于原子吸收，则较为简便。

3. 定量基础

在实际工作中，对于原子吸收的测量，是以一定光强 $I_{0\nu}$的锐线光源发出的光通过原子蒸气测定其峰值吸收。因为采用的是锐线光源（$\Delta\nu_{em}<<\Delta\nu_{abs}$），$K_\nu$为常数，并且等于 K_0，则有

$$K_0=\frac{2}{\Delta\nu_D}\sqrt{\frac{\ln 2}{\pi}}\times\frac{\pi e^2}{mc}\times fN_0=K_1N_0=K_2N \tag{4-8}$$

其中

$$K_1=\frac{2}{\Delta\nu_D}\sqrt{\frac{\ln 2}{\pi}}\times\frac{\pi e^2}{mc}\times f$$

$$K_2=\frac{2}{\Delta\nu_D}\sqrt{\frac{\ln 2}{\pi}}\times\frac{\pi e^2}{mc}\times fa$$

式中，a 为一常数。

相应地

$$A=\lg\frac{I_0}{I_t}=\lg e^{-K_\nu l}=\lg e^{-K_0 l}=\lg e^{-K_2 Nl}=0.4343K_2Nl=K_3N \tag{4-9}$$

其中

$$K_3=0.4343\times\frac{2}{\Delta\nu_D}\times\sqrt{\frac{\ln 2}{\pi}}\times\frac{\pi e^2}{mc}\times fal$$

由于在一定实验条件下，原子化器中单位体积内待测元素原子总数 N 与试样中待测元素浓度 c 成正比

$$N=N_0\propto c$$

故

$$A=Kc \tag{4-10}$$

式（4-10）为原子吸收光谱法进行定量分析的基本关系式。由此可见，利用一定的方式测量吸光度，并与标准溶液相比较，就能测得试液中待测元素的浓度。

第三节　原子吸收光谱仪

原子吸收光谱仪的型号很多：从原子化器的构型不同可分为火焰型和电热型两种；从分光器的构型又可分为单光束型和双光束型两种。各种类型的仪器结构基本上均包括锐线光源、原子化系统、单色器和检测器四部分。

锐线光源——发射待测元素的锐线辐射；

原子化系统——使试样转化为待测元素的基态原子；

单色器——对分析吸收线聚光，并分离掉干扰谱线；

检测器——进行光电转换，并放大和记录光辐射强度的变化。

一、光源

原子吸收光谱分析法要求光源发射宽度窄、强度高、稳定性好、使用寿命长的锐线光源。

1. 光源的作用

提供待测元素的特征光谱，获得较高的灵敏度和准确度。光源应满足如下要求：①能发射待测元素的共振线；②能发射锐线；③辐射光强度大、稳定性好且背景小。

蒸气放电灯、无极放电灯和空心阴极灯都能符合上述要求。这里着重介绍应用最广泛的空心阴极灯。

2. 空心阴极灯的结构

空心阴极灯的结构如图 4-10 所示。空心阴极灯是由玻璃管制成的封闭着低压气体的放电管，主要是由一个阳极和一个空心阴极组成。阴极为空心圆筒形，由待测元素的高纯金属或合金直接制成（或铜、铁、镍等金属制成阴极衬套，空穴内再衬入或熔入所需金属）。阳极为钨棒，上面装有钛丝或钽片作为吸气剂。灯的光窗材料根据所发射的共振线波长而定，在可见波段用硬质玻璃，在紫外波段用石英玻璃。制作时先抽成真空，然后再充入压强约为 267～1333 Pa 的少量氖、氩或氙等惰性气体，其作用是载带电流，使阴极产生溅射及激发原子发射特征的锐线光谱。

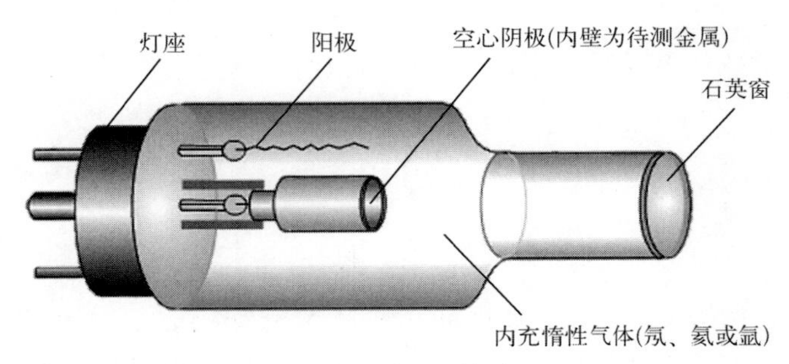

图 4-10　空心阴极灯

3. 空心阴极灯的工作原理

空心阴极灯的发光原理如图 4-11 所示，是在阴极和阳极间施加适当电压（300～500 V），电子将从空心阴极内壁流向阳极，与充入的惰性气体碰撞而使之电离，产生正电荷。在电场作用下，正电荷向阴极内壁猛烈轰击，使阴极表面的金属原子溅射出来，溅射出来的金属原子再与电子、惰性气体原子及离子发生碰撞而被激发，激发态的原子不稳定，立即退激到基态，发射出共振发射线。于是阴极内辉光中便出现了阴极物质和内充惰性气体的光谱。用不同待测元素作阴极材料，可制成相应的空心阴极灯。若阴极物质只含一种元素，则制成的是单元素空心阴极灯。若阴极物质含多种元素，则可制成多元素灯。多元素灯的发光强度一般都较单元素灯弱。空心阴极灯在使用前应经过一段预热时间，使灯的发射强度达到稳定，预热时间的长短视灯的类型和元素的不同而不同，一般在 5～20 min 范围内。

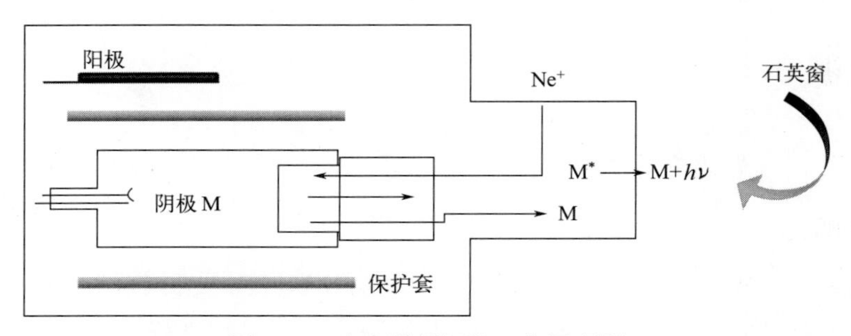

图 4-11　空心阴极灯的工作原理图

空心阴极灯的光强度与灯的工作电流有关。增大灯的工作电流可以增加发射强度。但工作电流过大会导致一些不良现象，如使阴极溅射增强，产生密度较大的电子云，灯本身发生自蚀现象；加快内充气体的“消耗”而缩短使用寿命；阴极温度过高，使阴极物质熔化；放电不正常，使灯光强度不稳定；等等。但如果工作电流过低，又会使灯光强度减弱，导致稳定性、信噪比下降。因此使用空心阴极灯时必须选择适当的灯电流。最适宜的灯电流随阴极元素和灯的设计而不同。

供电方式上，采用光源调制技术（机械调制或电调制）消除原子化器火焰发射信号（发射背景、直流信号）的干扰。光源为什么需要调制呢？原因有两方面：一方面，在原子化器中被测元素的原子受到热、光激发后，也会发射共振辐射，使吸收线减弱，干扰吸收的测量；另一方面，在原子化器火焰中，存在着其它组分，如分子或自由基（CH、CO、O_2、CN、OH、C_2H_2 等），这些粒子在 300～500 nm 区域有带状辐射，同样影响吸收的测量。

空心阴极灯是性能优良的原子吸收光谱锐线光源：①由于元素可以在空心阴极中多次溅射和被激发，气态原子平均停留时间较长，激发效率较高，因而发射的谱线强度较大；②由于采用的工作电流一般只有几毫安或几十毫安，灯内温度较低，因此热变宽很小；③由于灯内充气压力很低，激发原子与不同气体原子碰撞而引起的压力变宽可忽略不计；④由于阴极附近的蒸气相金属原子密度较小，同种原子碰撞而引起的共振变宽也很小；⑤由于蒸气相原子密度低、温度低、自吸变宽几乎不存在。因此，使用空心阴极灯可以得到强度大、谱线很窄的待测元素的特征共振线，并且容易更换。

二、原子化器

（一）原子化器的作用和要求

原子化器的功能是提供能量，使试样干燥、蒸发和原子化。在原子吸收光谱分析中，试样中被测元素的原子化是整个分析过程的关键环节。入射光束在原子化器中被基态原子吸收，因此，它可被视为“吸收池”。原子化器主要有两大类：火焰原子化器和非火焰原子化器。

原子化器的基本要求：必须具有足够高的原子化效率；必须具有良好的稳定性和重现性；操作简单及干扰水平低。

（二）火焰原子化器

火焰原子化器中，常用的是预混合型原子化器。

1. 火焰原子化器的结构

火焰原子化器如图 4-12 所示。试液因压缩空气产生的负压，被吸至喷雾器的喷嘴处，再经撞击球进一步雾化。所形成的气溶胶与燃气在雾化室内混合后，送入燃烧器点火燃烧，大的雾滴在混合室内凝聚后，从废液出口处流出。由此可见，火焰原子化器实际上是由喷雾器、雾化室和燃烧器三部分组成。

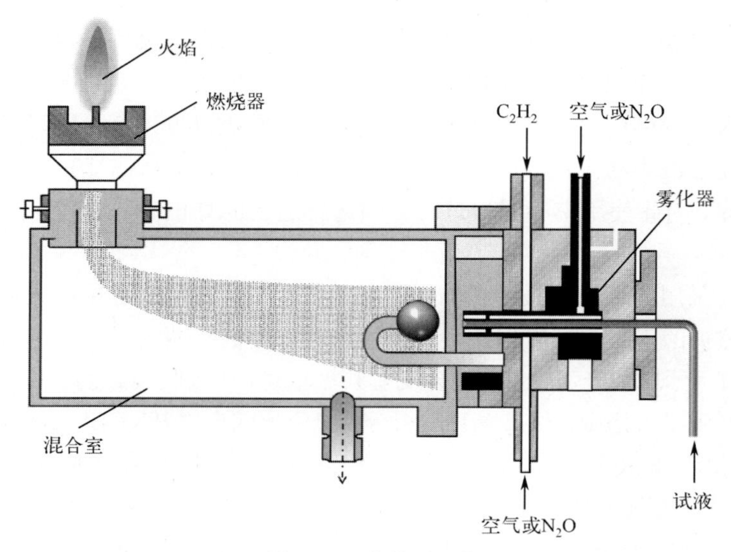

图 4-12　火焰原子化器

（1）喷雾器　喷雾器是火焰原子化器中的一个重要部件，它的作用是将试液变成细雾，雾粒越细、越多，在火焰中生成的基态自由原子就越多。目前广泛采用的是气动同心（同轴）型喷雾器，其结构见图 4-13。根据伯努利原理，在毛细管外壁与喷嘴口构成的环形间隙中，由于高压助燃气（空气、氧、氧化亚氮等）以高速通过，造成负压区，从而将试液沿毛细管吸入，并被高速气流分散成溶液胶（即雾滴）。为了减小雾滴的粒度，在雾化器前几毫米处放置一撞击球，喷出的雾滴经节流管碰在撞击球上，进一步分散成细雾。

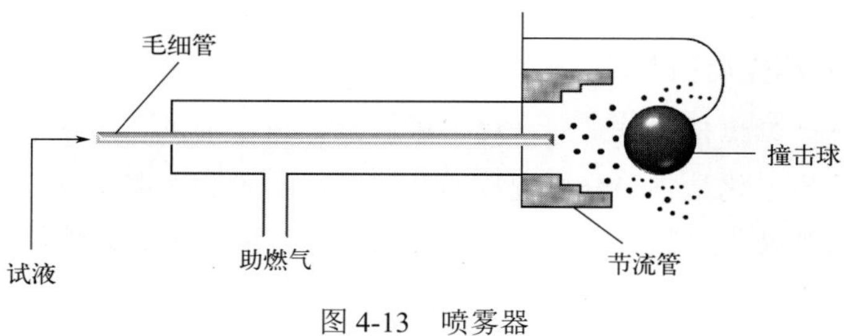

图 4-13　喷雾器

（2）雾化室　雾化室的作用主要是除去大雾滴，并使燃气和助燃气充分混合，以便在燃烧时得到稳定的火焰。其中的扰流器可使雾滴变细，同时阻挡大的雾滴进入火焰。一般喷雾装置的雾化效率为 5%～15%。

（3）燃烧器　燃烧器的作用是使试液的细雾滴进入燃烧器后，在火焰中经过干燥、熔化、蒸发和离解等过程产生大量的基态自由原子及少量的激发态原子、离子和分子。通常，要求燃烧器的原子化程度高、火焰稳定、吸收光程长、噪声小等。常用的预混合型燃烧器一般可达到上述要求。目前多使用缝式燃烧器，有单缝和三缝两种。单缝燃烧器产生的火焰较窄，使部分光束在火焰周围通过而未能被吸收，从而使测量灵敏度降低。单缝燃烧器主要有几种类型：一种缝长 10～11 cm，缝宽 0.5～0.6 mm，适用于空气-乙炔火焰；另一种缝长 5 cm，缝宽 0.46 mm，适用于氧化亚氮-乙炔火焰。单缝燃烧器的特点为边缘宽、散热较快。三缝燃烧器由于缝宽较大，产生的原子蒸气能将光源发出的光束完全包围，外侧缝隙还可以起到屏蔽火焰的作用，避免来自大气的污染物。三缝燃烧器的特点为易于对光，避免了光源光束没有全部通过火焰而引起工作曲线弯曲。因此，三缝燃烧器比单缝燃烧器稳定。燃烧器多使用不锈钢制造。燃烧器的高度应能上下调节，以便选取适宜的火焰部位测量。为了改变吸收光程，扩大测量浓度范围，燃烧器可旋转一定角度。燃烧器的缝长和缝宽，应根据所用燃料确定。对低温气体，如乙炔-空气等，大多采用单缝燃烧器（100 mm×0.5 mm），可拆开清洗；对于高温气体，如乙炔-一氧化二氮等，可用 50 mm×0.5 mm 单缝燃烧器，也可用三缝燃烧器（100 mm×0.8 mm），其外侧火焰可起屏蔽作用，故火焰稳定、噪声较小、灵敏度较高，但气体消耗量大。目前，单缝燃烧器应用最广。

2. 火焰

试样雾滴在火焰中经蒸发、干燥、解离（还原）等过程产生大量基态原子。火焰的性能与燃烧速度有关。燃烧速度是指火焰由着火点向可燃烧混合气其它点传播的速度。它影响火焰的安全操作和燃烧的稳定性。要使火焰稳定，可燃混合气体的供应速度应大于燃烧速度。但供气速度过大，会使火焰离开燃烧器，变得不稳定，甚至吹灭火焰；供气速度过小，将会引起回火。

（1）火焰的结构　火焰的结构如图 4-14 所示，主要包括预热区、第一反应区、中间薄层区、第二反应区四个部分。

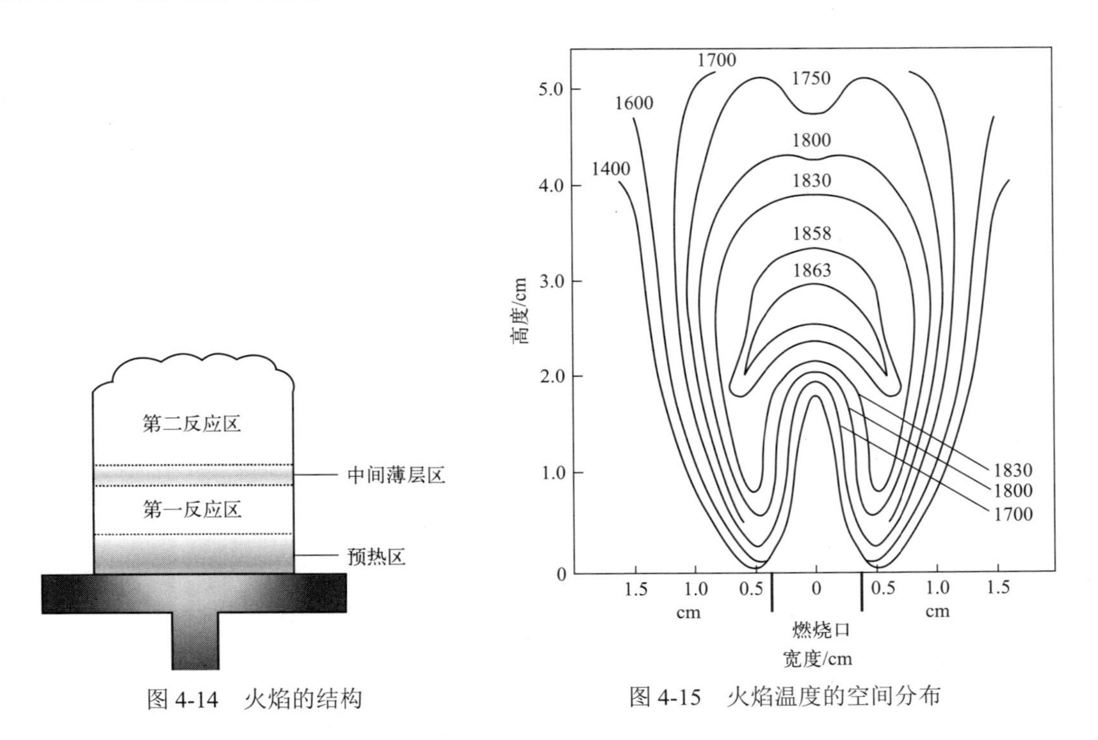

图 4-14　火焰的结构

图 4-15　火焰温度的空间分布

预热区：气体预热到点火温度而开始燃烧，为无用区。

第一反应区：燃料气体在这里进行复杂的反应，但燃烧不完全温度未达到最高点，适合于易原子化的碱金属元素的分析。

中间薄层区：燃烧完全、温度很高，是原子吸收的主要分析用区。

第二反应区：反应充分，被离解的基态原子又开始在这一焰区形成化合物，温度开始下降，为无用区。

对于确定类型的火焰而言，其温度在空间上的分布是不均匀的，如图 4-15 所示。

（2）火焰的类型　按火焰燃气和助燃气比例的不同，可将火焰分为三类：化学计量火焰、富燃火焰和贫燃火焰，各种火焰贫富流量见表 4-4。

① 化学计量火焰。由于燃气与助燃气之比与化学反应计量关系相近，因此又称其为中性火焰。特点：温度高、干扰少、稳定、背景低、常用。

② 富燃火焰。燃助比大于化学计量的火焰，又称还原性火焰。火焰呈黄色，层次模糊，温度稍低。特点：还原性火焰，燃烧不完全，测定较易形成难熔氧化物的元素（Mo、Cr、稀土元素等）。

③ 贫燃火焰。又称氧化性火焰，即助燃比大于化学计量的火焰。氧化性较强，火焰呈蓝色。特点：火焰温度高，可形成氧化性气氛，适用于碱土金属测定。

表 4-4　各种火焰贫富流量表

火焰	类型	燃料气体/(L·min^{-1})	助燃气体/(L·min^{-1})	温度/K
丙烷-空气	贫燃性	0.3	8	2200
	化学计量性	0.3～0.45	8	
	富燃性	0.45	8	
乙炔-空气	贫燃性	1.2	8	2450
	化学计量性	1.2～1.5	8	2450
	发亮性	1.5～1.7	8	2450
	富燃性	1.7～3.2	8	2300
乙炔-一氧化二氮	贫燃性	3.5	10	3200
	化学计量性	3.5～4.5	10	
	富燃性	4.5	10	
氢气-空气	化学计量性	6	8	2300
氢气-一氧化二氮	化学计量性	10	10	2900
丙烷-一氧化二氮	化学计量性	4	10	2900

（3）常用的火焰　火焰的种类很多，常用的有乙炔-空气焰、乙炔-一氧化二氮焰、氢气-空气焰等，各种火焰的性质见表 4-5。

① 乙炔-空气火焰。是原子吸收测定中最常用的火焰，适用于一般元素的分析。该火焰燃烧稳定，重现性好，噪声低，火焰温度在 2300℃左右，对大多数元素有足够高的灵敏度，但分解产物 CO^*、CH^*、C^*较多，对λ小于 230 nm 的波长有较强的吸收。

② 乙炔-一氧化二氮火焰。该火焰最高温度可大于 3200℃，最常用的是富燃焰。火焰具有很强的还原性，燃烧速度并不快，适合于难离解、易形成稳定金属氧化物元素的分析，用它可测定 70 多种元素。缺点是发射背景强、噪声大、电离度高。

③ 氢气-空气火焰。是氧化性火焰，燃烧速度较乙炔-空气火焰快，但温度较低，约为

2000℃。优点是背景发射较弱，透射性能好，对短波吸收较小。适合于易电离金属元素及吸收线小于 230 nm 的元素的分析。

要特别注意火焰的操作：先开助燃气，后关助燃气。

表 4-5　各种火焰的性质

燃料气体	助燃气体	最高温度/℃	燃烧速率/($cm \cdot s^{-1}$)
煤气	空气	1840	55
丙烷	空气	1925	82
氢气	氩气	1577	—
氢气	空气	2050	320
氢气	氧气	2700	900
乙炔	空气	2300	160
乙炔	50%氧气 +50%氮气	2815	640
乙炔	氧气	3060	1130
乙炔	一氧化二氮	2955	180
乙炔	氧化氮	3095	90
氰气	氧气	4640	140

（4）火焰的选择　选择适宜的火焰条件是一项重要的工作，可根据试样的具体情况，通过实验或查阅有关的文献确定。火焰选择的基本原则是在保证待测元素充分离解为基态原子的前提下，尽量采用低温火焰。若温度过高，会增加原子电离或激发，而使基态自由原子减少，导致分析灵敏度降低。

选择火焰时，还应考虑火焰本身对光的吸收。烃类火焰在短波区有较大的吸收，而氢火焰的透射性能则好得多。对于分析线位于短波区的元素的测定，在选择火焰时应考虑火焰透射性能的影响。几种常见火焰的背景吸收见图 4-16。如测定 As 的共振线 193.7 nm，由图 4-16 可见，采用乙炔-空气焰时，火焰产生吸收，而选乙炔-一氧化二氮焰则较好。

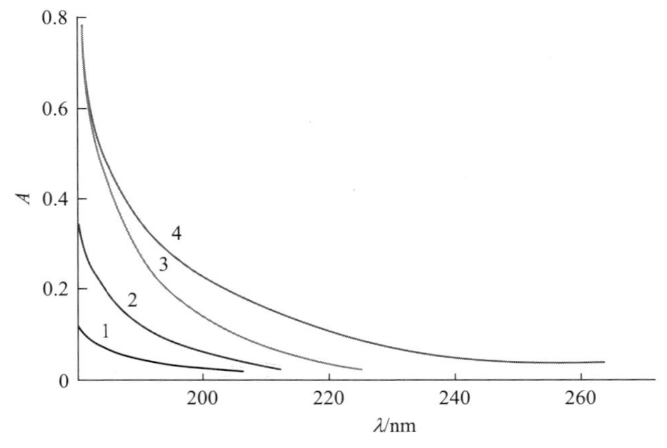

图 4-16　不同火焰的背景吸收

1—乙炔-一氧化二氮焰（一氧化二氮 7 $L \cdot min^{-1}$，乙炔 6 $L \cdot min^{-1}$）；2—氩-氢气焰（氩 8.6 $L \cdot min^{-1}$，氢气 20 $L \cdot min^{-1}$）；3—氢气-空气焰（空气 10 $L \cdot min^{-1}$，氢气 28 $L \cdot min^{-1}$）；4—乙炔-空气焰（空气 10 $L \cdot min^{-1}$，乙炔 2.3 $L \cdot min^{-1}$）

此外，火焰的组成和位置不同时，其温度也不同。如组成（流量）变化，其温度可相差

300℃左右。因此，在实际工作中，应选择火焰的最佳组成和位置。

（5）火焰原子化过程　试样原子化的物理化学过程分为三步（见图 4-17）：①试样的雾化迁移过程；②固体微粒在火焰中蒸发；③气相平衡。这些过程依赖于雾化器的性能、雾滴大小、溶液性质和浓度、被测物分子的键能及火焰的温度、气氛等。

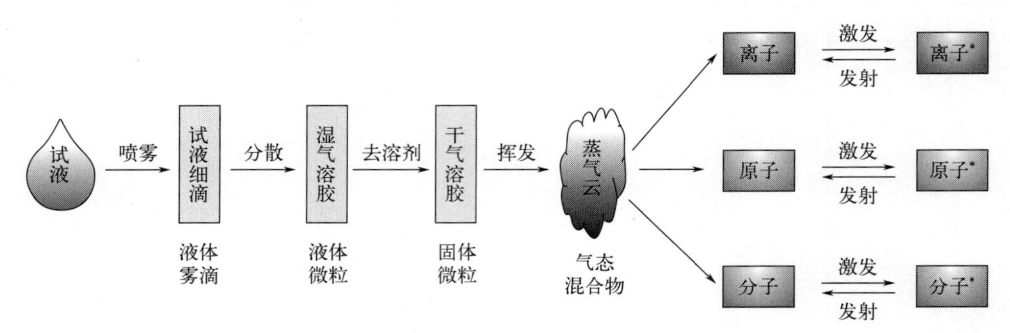

图 4-17　试样在原子化器中的原子化过程

前两步已作讨论，在气相平衡中，火焰导致复杂的物理化学过程，形成各种粒子，其中主要为基态原子、部分激发态原子和离子。

由于燃料气的分解，火焰中尚存在着 O 与 OH 基等，可与基态原子化合生成各种化合物，并辐射分子谱带，对原子吸收分析不利。

$$M^0_{气} + O \longrightarrow MO_{气} \xrightleftharpoons{\triangle} MO^*_{气}$$

$$M^0_{气} + OH \longrightarrow MOH_{气} \xrightleftharpoons{\triangle} MOH^*_{气}$$

此外，火焰中还存在有 CN 和 NH 等，它们可使火焰中熔点较高的金属氧化物 MO 还原，有利于基态原子的生成，从而提高分析灵敏度，对原子吸收分析有利。

$$MO + C \longrightarrow M^0 + CO$$

$$MO + CN \longrightarrow M^0 + CO + N$$

$$MO + NH \longrightarrow M^0 + NO + H$$

或

$$MO + NH \longrightarrow M^0 + OH + N$$

（三）无火焰原子化器

前述应用火焰进行原子化的方法，由于重现性好、易于操作，已成为原子吸收分析的标准方法。它的主要缺点是仅有约 10%的试液被原子化，而约 90%的试液由废液管排出。这样低的原子化效率成为提高灵敏度的主要障碍之一。无火焰原子化装置可以提高原子化效率，使灵敏度增加 10～200 倍，因而近年来得到较多的应用。

无火焰原子化装置有多种，如电热高温石墨管（石墨炉原子化器）、石墨坩埚、石墨棒、钽舟镍杯、高频感应加热炉、空气阴极溅射、等离子喷焰、激光等。下面对电热高温石墨管原子化器作一简要介绍。

1. 电热高温石墨管原子化器

（1）结构　石墨管原子化器的基本结构包括石墨管、石墨炉体、电源等，如图 4-18 所示。石墨管固定在两个电极之间，管的两端开口，安装时使其长轴与原子吸收分析光束的通路重合。为防止石墨的高温氧化作用，减少记忆效应，保护已热解的原子蒸气不再被氧化，可及时排放分析过程中的烟雾，因此在石墨管加热过程中（除原子化阶段内气路停气之外）需要有足量（1～2 L/min）的惰性气体作保护，通常使用的惰性气体是氩气或氮气。整个炉体有水冷却保护装置。

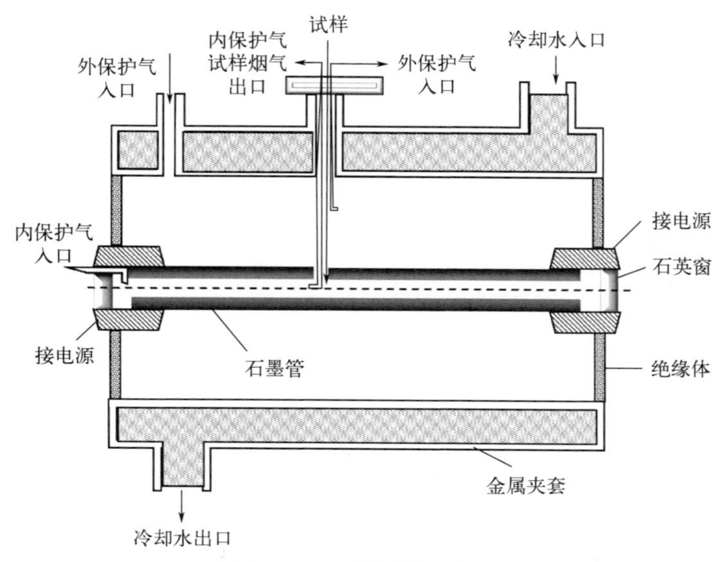

图 4-18　石墨管原子化器

① 电源。石墨管原子化器的电源是一种低压（8～12 V）、大电流（300～600 A）而稳定的交流电源，可以给出 3.6 kW 功率于管壁处。它能使石墨管迅速加热，达到 2000 ℃以上的高温，并能以电阻加热方式形成各种温度梯度，便于不同的元素选择最佳原子化条件。石墨管温度取决于流过的电流强度。石墨管在使用过程中，石墨管本身的电阻和接触电阻会发生改变，从而导致石墨管温度的变化。因此电路结构应有“稳流”装置。

② 炉体。石墨管原子化器炉体包括石墨电极、内外保护气、冷却系统和石英窗等几部分。炉体周围有一金属夹管作为冷却水循环装置用，因为在完成一个样品的原子化后，原子化器需要迅速冷却至室温。惰性气体（氩气或氮气）通过管的末端流进石墨管，再从样品入口处逸出。这一气流消除了在灰化阶段生成的基体组分的蒸气产生的强背景信号。石墨管两端的可卸石英窗可以防止空气进入，为了避免石墨管氧化，在金属套管左上方另通入惰性气体使它在石墨管的周围（在金属套管内）流动，保护石墨管。

炉体的结构对石墨炉原子分析法的性能有重要的影响，因此要求：a. 接触良好。石墨管与炉座间接触应十分吻合，而且要有弹性伸缩，以适应石墨管热胀伸缩的位置。b. 惰性气体保护。通常使用的惰性气体主要是氩气。氮气亦可以，但对某些元素测定其背景值增大，而且灵敏度不如用氩气高。石墨炉的气路分为外气路和内气路且单独控制方式，外气路用于保护整个炉体内腔的石墨部件，是连续进气的。内气路从石墨管端进气，由加样孔出气，并设置可控制气体流量和停气等程序。c. 水冷保护。石墨炉在 2～4 s 内，可使温度上升到

3000 ℃，有些稀土元素，甚至要求更高的温度。但炉体表面温度不能超过 60～80 ℃。因此，整个炉体有水冷却保护装置，如水温为 20 ℃时，水的流量 1～2 L/min，炉子切断电源停止加热，在 20～30 s 内，即可冷却到室温。水冷和气体保护都设有“报警”装置。如果水或气体流量不足，或突然断水、断气，即发出“报警”信号，自动切断电源。

③ 石墨管。目前商品石墨管原子化器主要使用普通石墨管和热解石墨管，普通石墨管升华点低（3200℃），易氧化，使用温度必须低于 2700 ℃，因此长期以来，石墨管原子化器使用温度限在 2700℃以下。热解石墨管（PGT）是在普通石墨管中通入甲烷蒸气（10%甲烷与 90% 氩气混合）在低压下热解，使热解石墨（碳）沉积在石墨管（棒）上，沉积不断进行，结果在石墨管壁上沉积一层致密坚硬的热解石墨。热解石墨具有很好的耐氧化性能，升华温度高，可达 3700℃。致密性能好不渗透试液，热解石墨渗气速度是 10^{-6} cm • s^{-1}。热解石墨还具有良好的惰性，因而不易与高温元素（如 V、Ti、Mo 等）形成碳化物而影响原子化。热解石墨具有较好的机械强度，使用寿命明显优于普通石墨管。石墨管长约 28～50 mm，外径 8～9 mm，内径 5～6 mm，管中央开有一向上小孔，直径为 2 mm，是液体试样的进样口及保护气体的出气口。进样时用精密微量注射器注入，每次几微升到 20 μL 或 50 μL 以下，固体试样从石英窗（可卸式）一侧，用专门的加样器加进石墨管中央，每根石墨管可使用约 50～200 次。

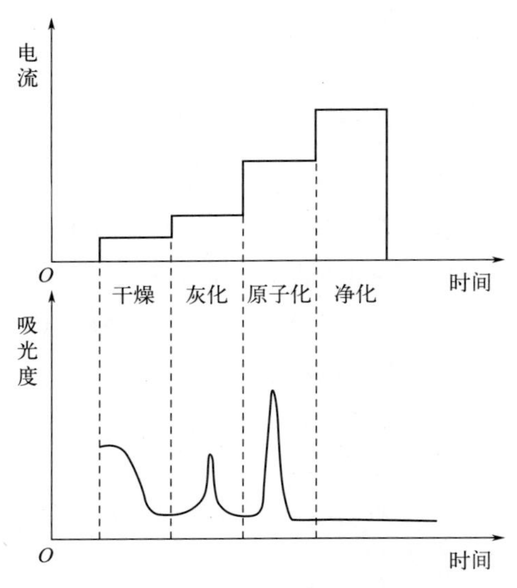

图 4-19 无火焰原子化器的程序升温过程

（2）原子化过程 原子化过程分为干燥、灰化（去除基体）、原子化、净化（去除残渣）四个阶段，待测元素在高温下生成基态原子（见图 4-19）。

① 干燥。通小电流加热至 100℃左右以脱溶剂，以免溶剂存在导致灰化和原子化过程暴沸与飞溅。一般干燥温度选择稍高于溶剂或水的沸点。对于黏度大和含盐高的试样溶液，可加入适量乙醇作为稀释剂改善干燥过程。

② 灰化。加热至 350～1200℃，除基体或其它干扰元素，相当于化学预处理。灰化过程采用的温度与保持的时间既要能充分除去复杂基体干扰组分以降低原子化阶段的背景吸收，又要能保证待测元素不在灰化阶段损失。不同的元素及含量、不同基体可通过绘制灰化温度曲线来选择最佳温度与保持时间。

③ 原子化。原子化温度一般在 2400～3000 ℃之间，以产生基态原子蒸气。原子化温度取决于元素种类、含量及其化合物性质。原子化采用较大的升温速率，保持时间通常为 2～5 s。不同的元素及含量、不同基体也可通过绘制原子化温度曲线来选择最佳温度与保持时间。

④ 净化。提供更高的温度除去石墨管中的难挥发残留分析物，以减小和避免“记忆效应”。

（3）石墨炉原子化法的特点 与火焰原子化法相比，石墨炉原子化法具有如下特点：

① 灵敏度高、检测限低。因为试样直接注入石墨管内，样品几乎全部蒸发并参与吸收。试样原子化是在惰性气体保护下、还原性的石墨管内进行的，有利于难熔氧化物的分解和自由原子的形成，自由原子在石墨管内平均滞留时间长，因此管内自由原子密度高，绝对灵敏度达 10^{-12}～10^{-15} g。

② 用样量少。通常固体样品为 0.1～10 mg，液体试样为 5～50 μL。因此石墨炉原子化特别适用于微量样品的分析，但由于非特征背景吸收的限制，取样量少，相对灵敏度低，样品不均匀性的影响比较严重，方法精密度比火焰原子化法差，通常约为 2%～5%。

③ 试样直接注入原子化器，从而减少溶液的一些物理性质（如黏度等）对测定的影响，也可直接分析固体样品。

④ 排除了火焰原子化法中存在的火焰组分与被测组分之间的相互作用，减少了由此引起的化学干扰。

⑤ 可以测定共振吸收线位于真空紫外区的非金属元素 I、P、S 等。

⑥ 石墨炉原子化法所用设备比较复杂，成本比较高。但石墨炉原子化器在工作中比火焰原子化系统安全。

⑦ 石墨炉产生的总能量比火焰小，因此背景干扰较严重，测量的精密度比火焰原子化法差（主要是进样量少造成的）。

2. 低温原子化技术

对于砷、硒、汞及其他一些特殊元素，可以利用某些化学反应来使它们原子化，由于该原子化温度相对很低，故称为低温原子化。低温原子化技术包括氢化物原子化法和冷原子化法两种。

（1）氢化物原子化法　元素周期表中第ⅣA、ⅤA、ⅥA 族元素锗、锡、铅、砷、锑、铋、硒、碲，易通过化学反应生成共价氢化物，其熔沸点均在 0℃以下，见表 4-6，即在常温常压下为气态，因此易从母液中分离出来。氢化物用惰性气体载带，导入电热石英 T 形管原子化器中，在低于 1000℃（一般为 700～900℃）条件下可解离为自由原子。

表 4-6　某些氢化物的熔点、沸点及原子化温度

元素	氢化物	沸点/℃	熔点/℃	开始分解温度/℃	原子化温度/℃
Ge	GeH_4	−88.5	−165	340	
Sn	SnH_4	−52	−150	150	1000
Pb	PbH_4	−13		室温	800
As	AsH_3	−62.5	−116.9	300	850
Sb	SbH_3	−18.4	−88	200	800
Bi	BiH_3	−22		150	850
Se	H_2Se	−42	−64	160	900
Te	H_2Te	−4	−51	0	800

氢化物一般是在酸性溶液中，以强还原剂 $NaBH_4$ 或 KBH_4 与被测物质反应而生成的。例如砷化物的氢化反应为

$$AsCl_3 + 4NaBH_4 + HCl + 8H_2O = AsH_3 + 4NaCl + 4HBO_2 + 13H_2$$

其特点在于酸度范围广且反应速度快，在几秒钟内即可完成。氢化物原子化法具有设备简单、操作方便、灵敏度高（可达$\mu g \cdot kg^{-1}$）及分离富集作用、基体干扰和化学干扰小等优点。

（2）冷原子化法　冷原子化法主要用于测定汞。在酸性溶液中，用亚锡将无机汞化物还原为金属汞，它在常温常压下以原子蒸气形式存在。用载气（N_2或 Ar）将其导入石英吸收管中进行测定。这种方法不需要加热石英吸收管分解试样，故称为冷原子吸收光谱法。对于汞的有机化合物，必须事先通过化学消化处理，一般采用 $KMnO_4$和 H_2SO_4的混合物分解有机汞，使其在溶液中呈离子状态，再用 $SnCl_2$还原为汞后，逸出液相，液、气两相汞达到平衡。必须注意，这时，汞并未从液相全部转移到气相，所测的汞仅是试样中的一部分，因此，标准样品应采用同样的方法处理，才能确保测量的精确度。本法的灵敏度和准确度都较高（可检出 0.01 μg 的汞），是测定痕量汞的好方法。

三、光学系统

原子吸收分光光度计所用波段范围是从砷 193.7 nm 到铯 852.1 nm，与紫外-可见分光光度计的波段范围一致。光学系统可分为两部分：外光路系统（或称照明系统）和分光系统（单色器）。

1. 外光路系统

外光路系统使光源发出的共振线能正确地通过被测试样的原子蒸气，并投射到单色器的狭缝上。图 4-20 是应用于单光束仪器的一种类型（双透镜系统）。光源发出的射线成像在原子蒸气的中间，再由第二透镜将光线聚焦在单色器的入射狭缝上。

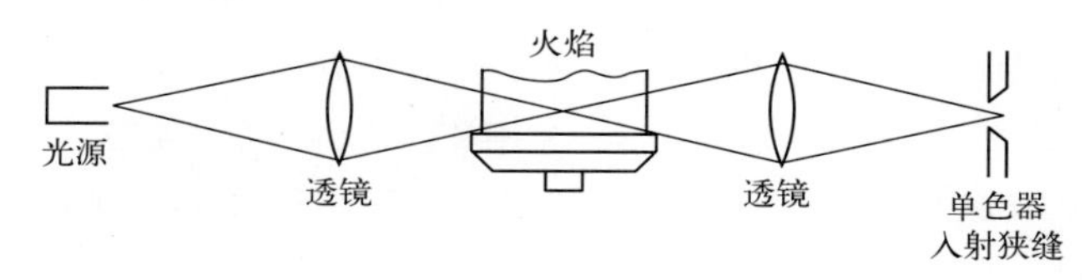

图 4-20　单光束外光路系统

2. 分光系统（单色器）

分光系统主要由色散元件（光栅或棱镜）、反射镜、狭缝等组成。图 4-21 是一种分光系统（单光束型）的示意图。

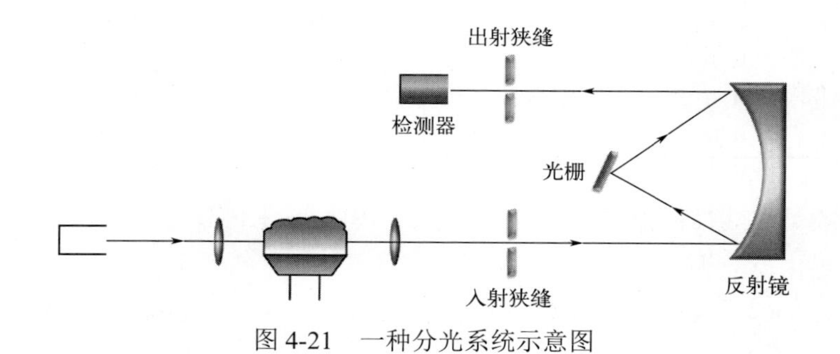

图 4-21　一种分光系统示意图

原子吸收光谱仪中单色器的作用是将待测元素的共振线与邻近谱线分开。原子吸收所用的吸收线是锐线光源发出的共振线，它的谱线比较简单，因此对仪器的色散能力要求不高，同时为了便于测定，又要有一定的出射光强度。因此若光源强度一定，就需要选用适当的光栅色散率与狭缝宽度配合，构成适于测定的通带（或带宽）来满足上述要求。所谓通带是由色散元件的色散率与入射及出射狭缝宽度（二者通常是相等的）决定的，其表示式如下

$$W = DS \times 10^{-3} \tag{4-11}$$

式中，W 为单色器的通带宽度，Å；D 为光栅线色散率的倒数，Å · mm^{-1}；S 为狭缝宽度，μm。

由式（4-11）可知，若一定的单色器采用了一定色散率的光栅，则单色器的分辨率和集光本领取决于狭缝宽度。因此使用单色器就应根据要求的出射光强度和单色器的分辨率来调节适宜的狭缝宽度，以构成适于测定的通带。一般讲，调宽狭缝，出射光强度增加，但同时出射光包含的波长范围也相应加宽，使单色器的分辨率降低。这样，未被分开的靠近共振线的其它非吸收谱线，或在火焰中不被吸收的光源发射背景辐射亦经出射狭缝而被检测器接收，从而导致测得的吸收值偏低，使工作曲线弯曲，产生误差。反之，调窄狭缝，可以改善实际分辨率，但出射光强度降低，相应地要求提高光源的工作电流（增强光源强度），或增加检测器增益，这样，又伴随着谱线变宽和噪声增加。因此，应根据测定的需要调节合适的狭缝宽度。例如，如果待测元素的共振线没有邻近线的干扰（如碱金属、碱土金属）及连续背景很小，那么狭缝宽度宜较大，这样能使集光本领增强，有效地提高信噪比，并可提高待测元素的检测极限。相反，若待测元素具有复杂光谱（如铁族元素、稀土元素等）或有连续背景，那么狭缝宽度宜小，这样可减少非吸收谱线的干扰，得到线性好的工作曲线。

四、检测系统

检测系统主要由检测器、放大器和读数系统组成。现分述如下。

1. 检测器

检测器的作用是将单色器分出的光信号进行光电转换。应用光电池、光电管或光敏晶体管都可以实现光电转换。在原子吸收分光光度计中常用光电倍增管作检测器。

光电倍增管的原理和联结线路如图 4-22 所示。光电倍增管中有一个光敏阴极 K，若干个倍增极（也是光敏阴极，如 1～4，图中只画出 4 个，实际有 9～12 个）和一个阳极 A。外加负高压到阴极 K，经过一系列电阻（R_1～R_5）使电压依次均匀分布在各打拿极上，这样就能发生光电倍增作用。分光后的光照射到 K 上，使其释放出光电子；K 释放的一次光电子碰撞到第 1 个打拿极上，就可以放出增加了若干倍的二次光电子；二次光电子再碰撞到第 2 个打拿极上，又可以放出比二次光电子增加了若干倍的光电子；如此继续碰撞下去，在最后一个打拿极上放出的光电子可以比最初阴极放出的电子多到 10^5 倍以上。最后，倍增了的电子射向阳极而形成电流（最大电流可达 10 μA）。光电流通过光电倍增管负载电阻 R 而转换成电压信号送入放大器。

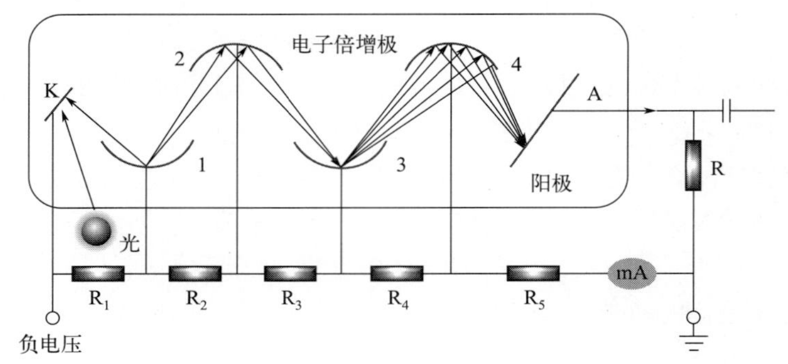

图 4-22　光电倍增管的光电倍增原理和线路示意图

K—光敏阴极；1～4—倍增极；A—阳极；R_1～R_5—电阻

光电倍增管适用的波长范围取决于涂敷阴极的光敏材料。为了使光电倍增管输出的信号具有高度的稳定性，必须使负高压电源电压稳定，一般要求电压能达到 0.01%～0.05%的稳定度，在使用上，应注意光电倍增管的疲劳现象。刚开始时，灵敏度下降，过一段时间之后趋向稳定，长时间使用则又下降，而且疲劳程度随辐照光强和外加电压而加大。因此，要设法遮挡非信号光，并尽可能不要使用过高的增益，以保持光电倍增管良好的工作特性。

2. 放大器

虽然光电倍增管本身已将所接收的信号进行放大，但是输出的信号仍然是微弱的，需要用放大器进一步放大后才能用仪表测量或记录。

放大器分直流放大器和交流放大器两种。直流放大器不能消除火焰发射和倍增管的暗电流等噪声，已被淘汰。交流放大器克服上述噪声有两种方式：①早期的仪器采用空心阴极灯，用直流供电，在灯和原子化器之间加一机械遮光器（似电扇叶），按一定速度旋转。将光源的直流信号转变为固定频率的时通时断的交变信号，它的频率与交流放大器的频率一致。因此，交流放大器只放大从光源来的交变信号，而不能放大火焰和倍增管出来的直流信号，故可消除直流成分，这就是所谓的光源调制。②近代仪器的调制改为光源和交流放大器用同一交流电源供给脉冲电流。这样光源和交流放大器的频率是一致的，可改善信噪比。

3. 读数系统

为了在指示仪表上直接表示出与浓度呈线性关系的吸光度数值，就必须将信号进行对数变换。最简单的方法是将指示仪表的刻度按对数刻画。普及型的仪器多采用这种方法。这种对数刻度有疏有密，浓度越高，刻度越密。对于高浓度测定的读数误差较大；而且对于数据自动处理极为不便，不能采用记录器、数字显示打印机等。此外，在量程扩展上也发生困难。为此较为先进的仪器中，是使信号进入指示仪表之前先完成对数变换。对数变换的方式较多，一般利用半导体二极管的对数特性进行对数变换。

五、原子吸收分光光度计的类型

原子吸收分光光度计类型繁多：按光束分，有单光束与双光束型；按调制方式分，有直流型和交流型；按波道分，有单道、双道和多道型。现仅介绍常用的两种类型。

1. 单道单光束型

图 4-1 就是单道单光束型的仪器。它只有一个空心阴极灯，一个光束，一个单色器和一个检测系统。这种仪器结构简单，灵敏度高，能满足一般分析要求，其缺点是光源或检测器的不稳定性会引起吸光度读数的零点漂移，为了克服这种现象，使用前要预热光源并在测量时经常校正零点。

2. 单道双光束型

在单道双光束型原子吸收光度计中，光源发射的共振线被切光器分解成两束光，一束通过试样被吸收（S 束），另一束作为参比（R 束），两束光在半透反射镜 M_2 处，交替地进入单色器和检测器，见图 4-23。

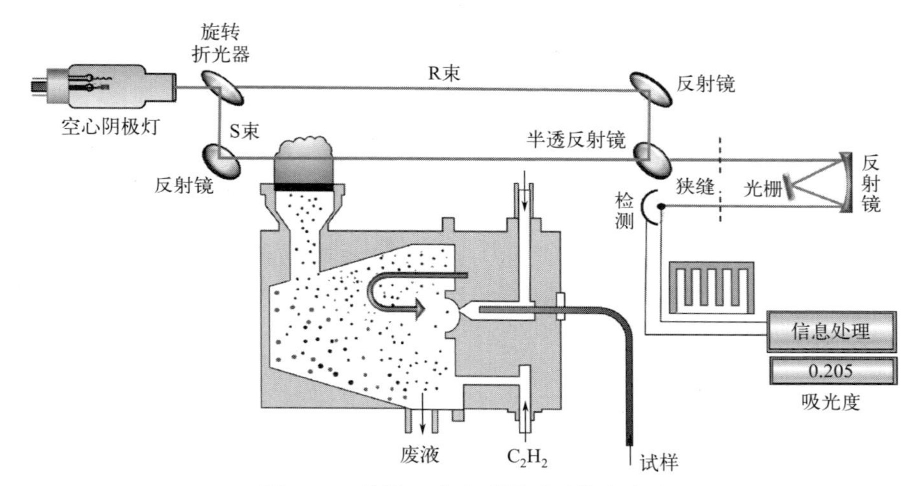

图 4-23　单道双光束型原子吸收光度计

由于两光束由同一光源发出，并且所用检测器相同，因此可以消除光源和检测器不稳定的影响。但是，它不能消除火焰不稳定的影响，双光束仪器的稳定性和检测限均优于单光束型。

第四节　干扰及其消除方法

原子吸收光谱与原子发射光谱相比，由于使用的是锐线光源，应用的是共振吸收，因此受元素间干扰少，这是光谱干扰小的重要原因。另外，原子吸收光谱法测定的是近乎等于总原子数的基态原子，而基态原子受温度波动影响小，这是原子吸收光谱分析法干扰小的一个基本原因。但是，由于试样转化为基态原子时受各种因素的影响，原子在高温作用下的电离、火焰吸收以及背景等，均可产生干扰现象。原子吸收光谱分析中的干扰可分为两大类：第一类为光谱干扰，主要来自光源和原子化器；第二类为物理干扰、化学干扰和电离干扰。

一、与光源有关的光谱干扰

在原子吸收光谱分析中，光源的共振发射线要落在原子化器中待测元素的共振吸收线中，两者的中心频率要很好地重合，且发射线要远比吸收线窄，如图 4-9 所示。因此，要求光源的发射线中没有其它光谱线落在单色器通带范围内，否则将会引起光谱干扰。现已发现的光谱线有十多万条，仅铁元素而言就有 4600 多条，所以光谱干扰是不可避免的。通常遇到的光源光谱干扰有以下几种情况。

1. 待测元素非共振线的干扰

原子吸收光谱分析应该是在选用的光谱通带内，仅有一条锐线光源所发射的谱线和原子化器中基态原子与之相对应的一条吸收谱线（即分析线，也称为共振线）。当分析线波长附近有单色器不能分离掉的待测元素的其它非共振线，将导致测定灵敏度下降和工作曲线弯曲。这种情况常见于多谱线元素（如 Ni、Co、Fe）。例如图 4-24 是镍空心阴极灯的光谱。可见在镍的分析线（2320 Å）附近还有多条镍的发射线，由于这些谱线不被与镍原子相对应的吸收谱线所吸收，故将导致测定灵敏度下降，工作曲线弯曲（图 4-25）。这种干扰通常可借助减小狭缝宽度改善或消除。

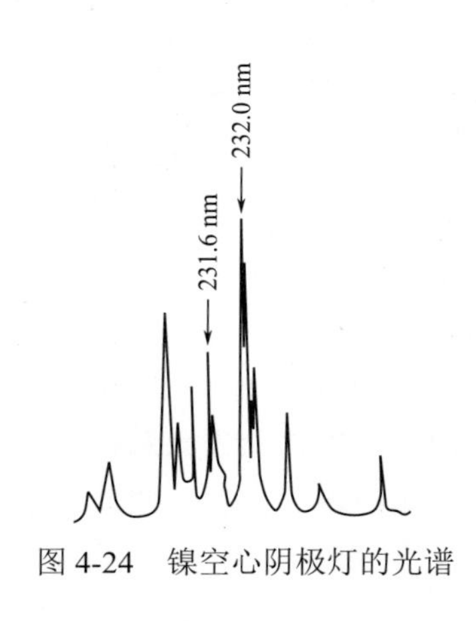

图 4-24　镍空心阴极灯的光谱

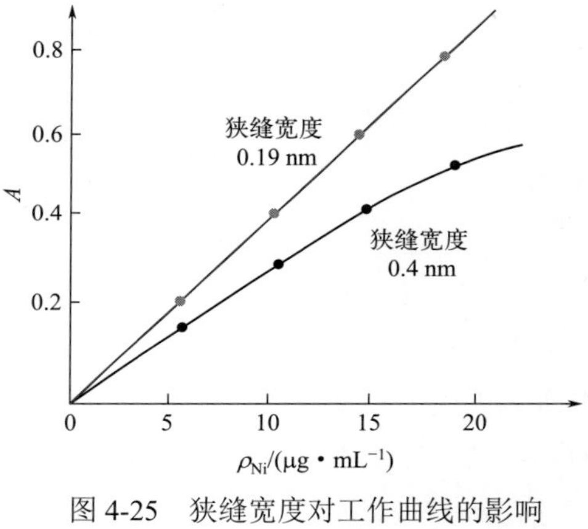

图 4-25　狭缝宽度对工作曲线的影响

2. 非待测元素的谱线干扰

阴极材料中的杂质、支持电极以及内充气体发射的谱线，单色器不能将其分离掉，可能产生干扰。例如，铬灯充氩气时，氩的 357.7 nm 线干扰铬的 357.9 nm 线的测定。这种干扰应在制灯时采用纯度高的金属及改变内充气体种类的方法消除。

3. 元素共振线的重叠干扰

共存元素共振线与待测元素共振线十分接近时，也会吸收待测元素的共振辐射，造成吸收偏高。例如，钴存在时测定汞，钴的 253.649 nm 线干扰汞的 253.652 nm 分析线。又如，铂存在下测定铁，铂 271.904 nm 干扰铁 271.903 nm。表 4-7 列举了由于共振线重叠而引起干扰的一些例子。由于大部分元素都具有好几条分析线，因此大都可选用其它谱线来避免干扰，或者用分离干扰元素的方法来解决。

表 4-7　由共存元素的共振线所重叠而引起干扰的例子

被测元素共振线/nm	干扰元素共振线/nm	信号相等时干扰元素浓度与被测元素浓度之比	火　焰
Cu 324.754	Eu 324.753	500∶1	乙炔-一氧化二氮
Fe 271.903	Pt 271.904	500∶1	乙炔-一氧化二氮
Si 250.689	V 250.690	8∶1	乙炔-一氧化二氮
Al 308.215	V 308.211	200∶1	乙炔-一氧化二氮
Hg 253.652	Co 253.649	8∶1	乙炔-空气
Mn 403.307	Ca 403.298	20∶1	乙炔-一氧化二氮
Ga 403.298	Mn 403.307	3∶1	乙炔-空气

此外，空心阴极灯中连续背景发射也会干扰测量。这些谱线与连续背景发射不被待测元素吸收，将会使灵敏度降低，工作曲线变弯。但当试样中共存元素吸收这些谱线与连续背景发射时，将会产生假吸收。

二、与原子化器有关的干扰

（一）原子化器的发射干扰

来自火焰本身或原子蒸气中待测元素的发射，如果这些发射线与吸收谱线波长相同时就会产生干扰。为了避免该干扰，仪器采用调制方式进行工作。此时可适当增大灯电流，提高光源发射强度来改善信噪比。

（二）背景吸收干扰

背景吸收干扰属于非原子吸收，其中包括分子吸收、火焰气体吸收及光散射所引起的干扰。因此背景吸收是一个集合术语，是上述三种吸收的联合效应。一般来说，背景吸收都是使吸光度增加而产生正误差，即导致分析结果偏高。

1. 分子吸收

分子吸收是指在原子化过程中所生成的气体分子、氧化物、盐类及氢氧化物等分子对辐射吸收引起的干扰。例如，碱金属和碱土金属的盐类（NaCl、KCl、$NaNO_3$ 等）在紫外区都有很强的分子吸收带（见图 4-26），所以在测锌、镉、镍、汞、锰等元素时，必须扣除分子吸收。

在原子吸收光谱分析中，试样处理一般用硝酸（HNO_3）、盐酸（HCl）、王水，而不用硫酸（H_2SO_4）或磷酸（H_3PO_4），因为 H_2SO_4 和 H_3PO_4 分子在波长小于 250 nm 时有强的吸收，而 HNO_3 及 HCl 的分子吸收较小，如图 4-27 所示。

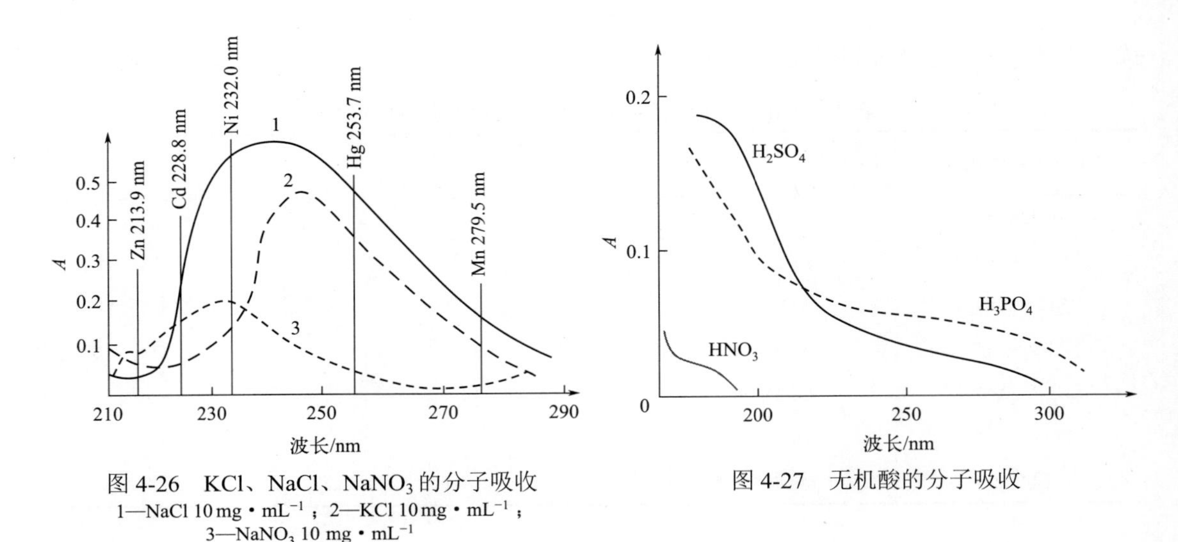

图 4-26　KCl、NaCl、$NaNO_3$ 的分子吸收
1—NaCl 10 mg・mL^{-1}；2—KCl 10 mg・mL^{-1}；3—$NaNO_3$ 10 mg・mL^{-1}

图 4-27　无机酸的分子吸收

2. 火焰气体的吸收

有些火焰可以吸收短波长区域的共振线，如图 4-16 所示。

3. 光散射

光散射是由原子化产生的固体微粒对光阻挡引起的干扰。波长越短，影响越大；基体浓度越大，散射也越严重。被散射的光偏离光路而不为检测器所检测，导致吸光度值偏高，称为“假吸收”。

（三）背景吸收的扣除

1. 空白溶液校正法

用不含待测物，但组成与试样溶液相似的空白溶液调零。

2. 邻近线法

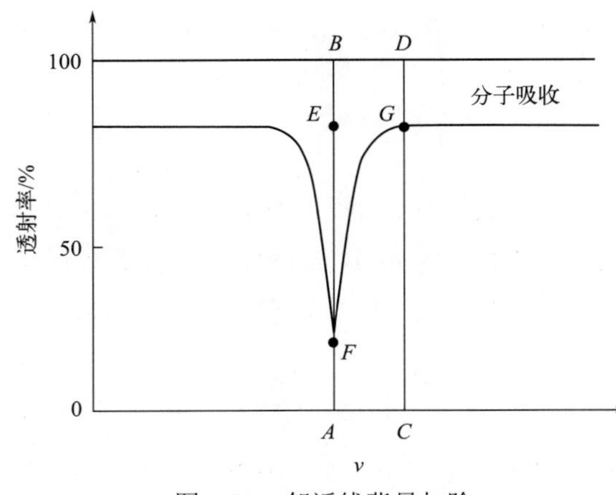

图 4-28　邻近线背景扣除

图 4-28 中 AB 为待测元素的分析线，CD 为邻近的非吸收线，可以是同种元素或其它元素的非吸收线。$BE = DG$ 为宽带背景吸收，即分子吸收；EF 为原子吸收；FA 及 GC 为非吸收部分。BF 为原子吸收及背景吸收之和。将背景扣除，即为 $EF = BF–BE = BF–DG$。

例如，测镍时的吸收线为 232.0 nm，所测得的为总吸收 BF。然后，波长改变为 231.6 nm（或 231.4 nm），即以邻近的非吸收线再次测定。所测得的吸收为背景吸收 DG（BE）。

用于测量背景吸收的非吸收线，可以是

属于待测元素的，也可以是其它元素或灯内惰性气体的，但必须与待测元素的吸收线靠近（<10 nm）。这种方法一般用于不带氘灯及塞曼校正附件的仪器。测量时需要更换波长及二次原子化，操作麻烦，误差大。

3. 氘灯背景校正

近年来许多仪器都带有氘灯自动背景校正装置，用来自动扣除背景，比分子吸收邻近线法方便、可靠。其装置如图 4-29 所示。旋转镜的一半为反射，一半为透射，按固定速度旋转，两束光交替通过原子化器。氘灯连续光源的光辐射通过原子化器时，为宽带背景吸收（$A_{背}$），而原子吸收（$A_{原}$）很小，可以忽略不计。空心阴极灯的光辐射通过原子化器时，原子吸收（$A_{原}$）及背景吸收（$A_{背}$）的数量级相当。因此，氘灯所测的吸光度近似于背景吸收；空心阴极灯所测的为总吸收，通过仪器电子线路设计，自动扣除背景吸收，指示仪表可直接表示被测元素的真实吸光度。

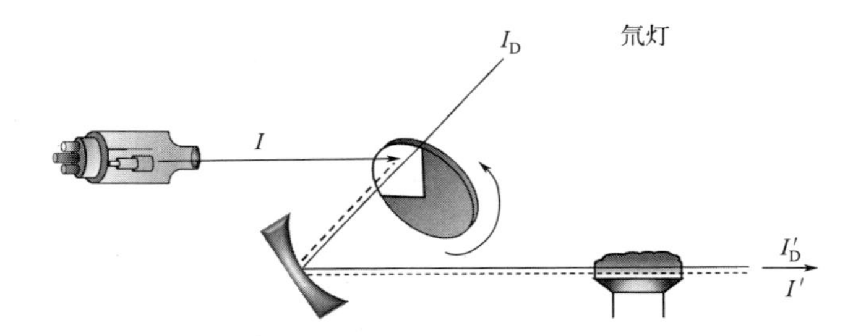

图 4-29 氘灯背景校正光路图

I—空心阴极灯光源的光强；I'—空心阴极灯光源的光经试样吸收后的光强；I_D—氘灯光源的光强；I'_D—氘灯光源的光经试样吸收后的光强

氘灯扣除背景的不足之处在于：①只能用在氘灯辐射较强的 190～350 nm 波段范围内；②两个光源的光束必须严格重叠；③背景校正能力较弱，通常可校正至吸光度值为 1～1.2 的背景吸收；④背景扣除误差大，一般在± 10%左右，这是因为两个光源的光学性质不一样。理想的方法是塞曼效应背景校正技术。

4. 塞曼效应背景校正

塞曼效应（Zeeman effect）背景校正法是另一种有效的背景校正方法，它具有较强的校正能力（可校正吸光度高达 1.5～2.0 的背景），且校正背景的波长范围宽（190～900 nm）。所谓塞曼效应是指在磁场作用下简并的谱线发生分裂的现象。塞曼效应背景校正法是磁场将吸收线分裂为具有不同偏振方向的成分，利用这些分裂的偏振成分来区别被测元素和背景的吸收。

塞曼效应背景校正

（1）恒磁场调制方式　于原子化器（火焰或石墨炉原子化器）上施加一恒定磁场，磁场垂直于光束方向，如图 4-30 所示。在磁场作用下，Mg 原子（具有单重态结构）由于塞曼效应，原子吸收线分裂为π和$\sigma^{\pm}$成分，π成分的偏振方向与磁场平行，波长不变；$\sigma^{\pm}$成分的偏振方向与磁场垂直，波长分别向长波与短波方向移动，如图 4-31 所示。

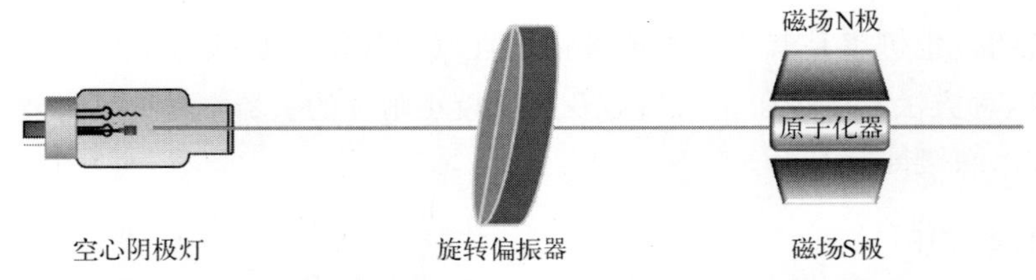

图 4-30　塞曼效应原子吸收分光光度计（恒磁场调制方式）

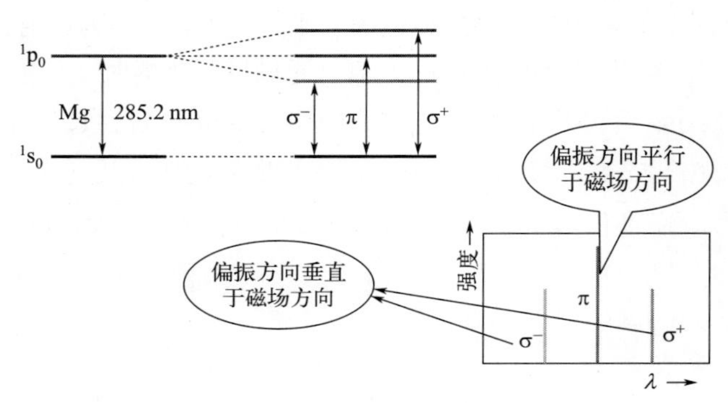

图 4-31　谱线分裂示意图

由空心阴极灯发出的发射线经旋转偏振器分解为 $P_{\parallel}$ 和 $P_{\perp}$ 两条传播方向一致、波长一样的偏振光，但偏振光 $P_{\parallel}$ 的偏振方向与磁场方向平行，$P_{\perp}$ 则与磁场垂直。当 $P_{\parallel}$ 和 $P_{\perp}$ 随偏振器的旋转交替通过原子蒸气时，在某一时刻通过原子化器的 $P_{\parallel}$ 被π吸收线及背景吸收，测得原子吸收和背景吸收的总吸光度。另一时刻 $P_{\perp}$ 通过原子化器时，$\sigma^{\pm}$偏振方向虽一致，但波长不同，此时只测得背景吸收。因此用 $P_{\parallel}$ 作试样光束，$P_{\perp}$ 作参比光束即可进行背景校正，如图 4-32 所示。

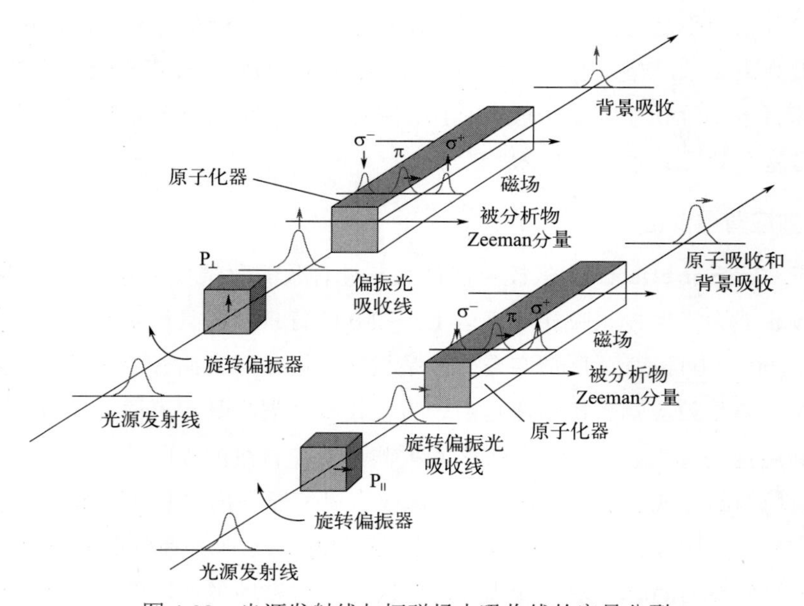

图 4-32　光源发射线与恒磁场中吸收线的塞曼分裂

（2）交变磁场调制方式　塞曼效应背景校正还可用交变磁场调制方式进行，如图 4-33 所示。它与上述恒磁场调制方式的主要区别有两点：一是给原子化器上加一电磁铁以施加交变磁场；二是不需要用旋转偏振器，而只让与磁场方向垂直的偏振光通过原子化器。电磁铁产生频率为 10 Hz 的交变正弦磁场，在磁场为零时，原子吸收线不发生塞曼分裂，与普通原子吸收法一样测得的是被测元素的原子吸收与背景吸收的总吸光度值；当磁感应强度为最大时，原子吸收线产生塞曼分裂，此时光源辐射的 $P_{\perp}$通过原子蒸气时，因为偏振方向与吸收线的 π 成分成正交，由于偏振方向不同，因而没有原子吸收产生，而背景吸收对偏振方向没有选择性，测得的是背景吸收值，将两次测定的吸光度相减就是校正了背景吸收后被测元素的净吸光值。

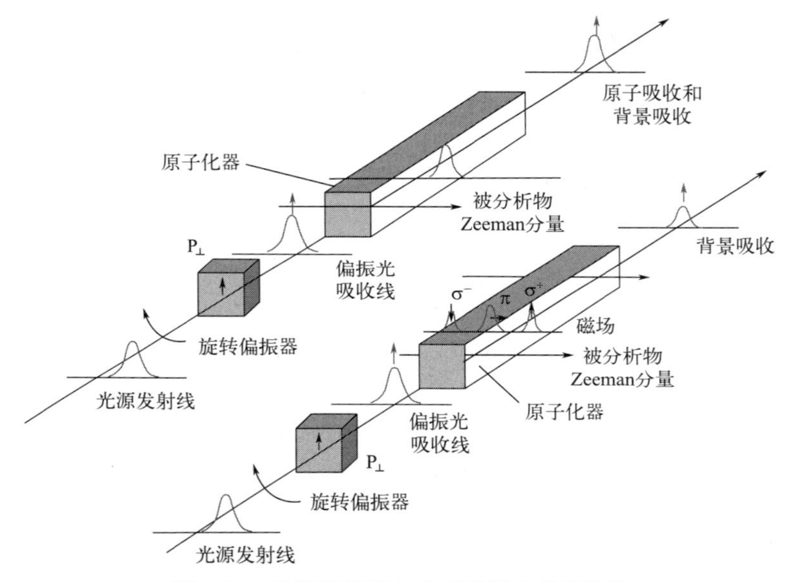

图 4-33　光源发射线与交变磁场中的吸收线

三、电离干扰

很多元素在高温中会产生电离，使基态原子减少，灵敏度下降，这种现象称为电离干扰。电离干扰与火焰温度、待测元素的电离电位和浓度有关。对于电离电位≤6 eV 的元素，在火焰中容易电离（表 4-8），火焰温度越高，干扰越严重。

表 4-8　某些元素的电离度（乙炔-氧化亚氮火焰）

元素	电离电位/eV	电离度/%
Be	9.3	0
Mg	7.6	6
Ca	6.1	43
Sr	5.7	84
Ba	5.2	88
Al	6.0	10
Yb	6.2	20

为了克服电离干扰，一方面可适当控制火焰温度，另一方面可加入较大量的易电离元素，如钠、钾、铷、铯等。这些易电离元素在火焰中强烈电离而消耗了能量，因此减少了待测元素基态原子的电离，使测定结果得到改善。

四、化学干扰

化学干扰是指待测元素与其它组分之间的化学作用所引起的干扰效应，它主要影响待测元素的原子化效率。这类干扰具有选择性，它对试样中各种元素的影响是各不相同的，并随火焰温度、火焰状态和部位、其它组分的存在、雾滴的大小等条件而变化。化学干扰是原子吸收分光光度法中的主要干扰来源。

典型的化学干扰是待测元素与共存物质作用生成难挥发的化合物，致使参与吸收的基态原子数减少。例如铝、硅、硼、钛、铍在火焰中容易生成难挥发氧化物而影响铝、硅、硼、钛、铍的测定等。再如硫酸盐、磷酸盐、氧化铝对钙的干扰是由于它们与钙可形成难挥发化合物。应该指出，这种形成稳定化合物而引起干扰的大小，在很大程度上取决于火焰温度和火焰气体组成。使用高温火焰可降低这种干扰。

由于化学干扰是一个复杂过程，因此消除干扰应根据具体情况不同而采取相应的措施。抑制是消除干扰的理想方法。在标准溶液和试样溶液中均加入某些试剂常可控制化学干扰，这类试剂有如下几种：

（1）释放剂　加入一种过量的金属元素，与干扰组分元素形成更稳定或更难挥发的化合物，从而使待测元素释放出来。例如磷酸盐干扰钙的测定，当加入 La 或 Sr 之后，La、Sr 与磷酸根离子结合而将 Ca 释放出来，从而消除了磷酸盐对钙的干扰。

（2）保护剂　这些试剂的加入，能使待测元素不与干扰元素生成难挥发化合物。例如为了消除磷酸盐对钙的干扰，也可以加入 EDTA 络合剂，此时 Ca 转化为 EDTA-Ca 络合物，后者在火焰中易于原子化，这样可消除磷酸盐的干扰。同样，在铅盐溶液中加入 EDTA，可以消除磷酸盐、碳酸盐、硫酸盐、氟离子、碘离子对测定铅的干扰。加入 8-羟基喹啉，可消除铝对镁、铍的干扰。加入氟化物，使 Ti、Zr、Hf、Ta 转变为含氧氟化合物，它能比氧化物更有效地原子化，从而提高了这些元素的测定灵敏度。应该指出，使用有机络合剂是有利的，因为有机物在火焰中易于破坏，使与有机络合剂结合的金属元素能有效地原子化。

（3）缓冲剂　该方法是在试样和标准溶液中均加入超过缓冲量（即干扰不再变化的最低限量）的干扰元素。如在用乙炔-氧化亚氮火焰测钛时，可在试样和标准溶液中均加入 200 mg/kg 以上的铝，使铝对钛的干扰趋于稳定。

五、物理干扰

由于试样在转移、蒸发过程中溶质或溶剂特性的变化，使雾化效率或者使待测元素进入火焰的速度改变而引起的干扰，称为物理干扰。例如，黏度不同影响试样的提升量；表面张力不同影响气溶胶雾滴直径的大小；溶剂的蒸气压不同影响溶剂的挥发率和冷凝损失；溶液中盐或酸的浓度大时，雾化效率下降；等等。这些影响导致吸收信号的变化，是原子吸收分析中经常产生误差的原因。此外，造成这类干扰的因素还有：吸入试样用的毛细管的直径和长度，毛细管浸入溶液的深度，喷雾为高浓度盐溶液时火焰中微粒遮光产生的表观吸收，以及光散射等。这类干扰是非选择性干扰，通常都是负干扰。

消除物理干扰的方法有：

① 如试样中盐或酸浓度过高，可用稀释法，或把试样与标准溶液中的主要成分的浓度匹配一致；无法匹配时，可以用标准增量法。

② 用有机溶剂时，标样和试样均用同一溶剂，并以该溶剂为参比调零。

③ 若所测溶液的温度不同，则测定前需将所有溶液温度调节一致。

第五节　原子吸收测定条件的选择

原子吸收分光光度分析中测定条件的选择，对测定的灵敏度、准确度和干扰情况等有很大的影响，现择其重点讨论。

1. 分析线的选择

通常选择元素的共振线作分析线，因为这样可使测定具有较高的灵敏度。但并不是任何情况下都是如此。例如 As、Se、Hg 等的共振线处于远紫外区，此时火焰的吸收很强烈（如图 4-16），因而不宜选择这些元素的共振线作分析线。即使共振线不受干扰，在实际工作中，也未必都要选用共振线。例如在分析较高浓度的试样时，有时宁愿选取灵敏度较低的谱线，以便得到适度的吸收值，改善标准曲线的线性范围。显然，对于微量元素的测定，就必须选用最强的吸收线。最适宜的分析线，应视具体情况通过实验确定。图 4-34 列出了常用的各元素的分析线。

Li 670.8 1, 2	Be 234.9 1+, 3											B 349.7 3					
Na 589.0 589.6 1	Mg 285.2 1+											Al 309.3 1+, 3	Si 251.6 1+, 3				
K 766.5 1+, 2	Ca 422.7 1	Sc 391.2 3	Ti 364.3 3	V 318.4 3	Cr 357.9 1+	Mn 279.5 1, 2	Fe 278.3 1	Co 240.7 1	Ni 232.0 1, 2	Cu 324.8 1, 2	Zn 213.9 2	Ga 287.4 1	Ge 265.2 3	As 193.7 1	Se 196.0 1		
Rb 780.0 1, 2	Sr 460.7 1+	Y 407.7 3	Zr 360.1 3	Nb 405.9 3	Mo 313.3 1+		Ru 349.9 1+	Rh 343.5 1, 2	Pd 244.8 247.6 1, 2	Ag 328.1 2	Cd 228.8 2	In 303.9 1, 2	Sn 286.3 1	Sb 217.6 1, 2	Te 214.3 1		
Cs 852.1 1	Ba 553.6 1+, 3	La 392.8 3	Hf 307.2 3	Ta 271.5 3	W 400.8 3	Re 316.0 3		Ir 264.0 1	Pt 265.9 1, 2	Au 242.8 1+, 2	Hg 185.0 253.7 0, 1, 2	Tl 377.6 276.8 1, 2	Pb 217.0 283.3 1, 2	Bi 223.1 1, 2			

	Pr 495.1 3	Nd 463.4 3		Sm 429.7 3	Eu 459.4 3	Gd 348.4 3	Tb 432.0 3	Dy 421.2 3	Ho 410.3 3	Er 400.8 3	Tm 410.6 3	Yb 398.8 3	Lu 331.2 3
	U 351.4 3												

图 4-34　周期表中能用原子吸收光谱分析的元素及其使用的分析线

元素符号下面的数字为分析线的波长（nm），最低一排数字表示火焰的类别：0—冷原子化法；1—空气-乙炔火焰；1+—富燃空气-乙炔火焰；2—空气-丙烷，或空气天然气；3—一氧化二氮乙炔火焰。大部分元素均可用石墨炉原子化法进行分析

2. 空心阴极灯电流

空心阴极灯发光强度与工作电流有关，增大灯电流可以增加发光强度。但是在使用时必须要注意灯电流过大会给测定带来诸多不利，比如会使辐射的锐线光谱带变宽，灯内自吸收增加，使锐线光强度下降，背景增大，还会加快灯内惰性气体消耗，缩短灯的使用寿命。灯电流过低又使发光强度减弱，导致稳定性、信噪比下降。因此，根据具体情况选择合适灯电流是十分重要的。

灯电流的选择原则是：在保证放电稳定和有适当光强输出的情况下，尽量选用低的工作电流。空心阴极灯上都标明了最大工作电流，对大多数元素而言，日常分析的工作电流一般采用额定电流的40%～60%，因为这样的工作电流范围可以保证输出稳定、强度合适的锐线光。高熔点的金属元素如镍、钴、钛等的空心阴极灯，实际使用时灯电流可适当调大些；低熔点易溅射的金属元素如铋、钾、钠、铯等的空心阴极灯，实际使用时工作电流以小些为宜。具体要采用多大电流，一般要通过实验方法作出吸光度-灯电流或灵敏度-灯电流曲线，然后选择有最大吸光度读数（或灵敏度）时的最小灯电流。

3. 火焰

火焰的选择和调节是保证高原子化效率的关键之一。在进行原子吸收光谱分析时，应该根据待测元素的性质，选择适合的火焰。合适的火焰不仅可以提高测定的稳定性和灵敏度，也有利于减少干扰因素。火焰的温度只要能使待测元素解离成基态原子即可。在火焰中容易生成难解离化合物的元素以及易生成耐热氧化物的元素，应当选用高温火焰；而对于易电离易挥发的碱金属元素，应当选用低温火焰。

还应选择合适的燃助比。一般通过实验的方法来确定最佳燃助比。方法是：配制一标准溶液喷入火焰，在固定助燃气流量的条件下，改变燃烧气流量，测出吸光度值。吸光度值最大时的燃烧气流量，即为最佳燃烧气流量。火焰选择的原则是在确保待测元素能充分解离为基态原子的前提下，为提高测定的灵敏度应尽量选用低温火焰。

4. 燃烧器高度

对于不同元素，自由原子浓度随火焰高度的分布是不同的。由图 4-35 可见，对氧化物稳定性高的 Cr，随火焰高度增加，即火焰氧化特性增强，形成氧化物的趋势增大，因此吸收值随之下降。反之，对于氧化物不稳定的 Ag，其原子浓度主要由银化合物的解离速率所决定，故 Ag 的吸收值随火焰高度增加而增大。而对于氧化物稳定性中等的 Mg 吸收值开始随火焰高度的增加而增大，达到极大值后又随火焰高度的增加而降低。这是由于在前一种情况，吸收信号由自由 Mg 原子产生的速率所决定，后一种情况，随火焰氧化特性的增强，自由 Mg 原子又因生成氧化镁而损失。由上例可见，由于元素自由原子浓度在火焰中随火焰高度不同而各不相同，在测定时必须仔细调节燃烧器的高度，使测量光束从自由原子浓度最大的火焰区通过，以期得到最佳的灵敏度。

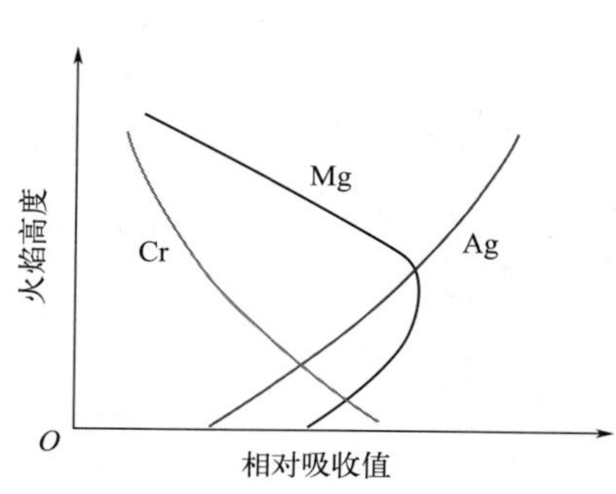

图 4-35　自由原子在火焰中的分布

5. 狭缝宽度

已如前述，在原子吸收光谱法中，谱线重叠的概率较小，因此在测定时可以使用较宽的狭缝，这样可以增加光强，使用小的增益以降低检测器的噪声，从而提高信噪比，改善检出限。

狭缝宽度的选择与一系列因素有关，首先与单色器的分辨能力有关。当单色器的分辨能力大时，可以使用较宽的狭缝。在光源辐射较弱或共振线吸收较弱时，必须使用较宽的狭缝。但当火焰的背景发射很强，在吸收线附近有干扰谱线与非吸收光存在时，就应使用较窄的狭缝。合适的狭缝宽度同样应通过实验确定。

以上讨论的主要是火焰原子化法仪器工作条件的选择。除此之外，对测定时的干扰情况、回收率、测定的准确度及精密度等，都需进一步通过实验才能进行确定及评价。

对于石墨炉原子化法，应根据方法特点予以考虑，例如还需合理选择干燥、灰化、原子化及净化阶段的温度及时间等。

第六节　原子吸收光谱定量分析方法

原子吸收光谱定量分析方法主要有标准曲线法和标准增量法两种方法。

一、标准曲线法

与发射光谱或分光光度法相似，针对不同的样品，预先配制相同基体的含有不同浓度待测元素的一系列测定溶液（标准系列）。然后，以试剂空白溶液为参比，在所选定的条件下依次测量标准系列的吸收。绘制吸光度（A)-浓度（c）工作曲线（如图 4-36）。在完全相同的条件下，测定未知样品的吸光度，再用内插法从工作曲线上求出未知样品中待测元素的含量。

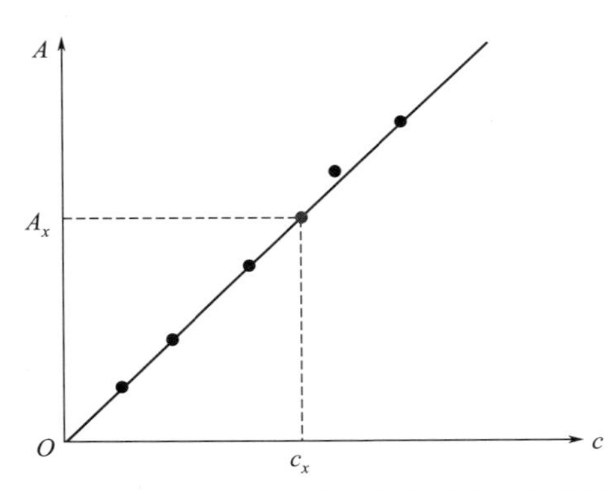

图 4-36　原子吸收光谱定量分析的工作曲线

在实际分析中，有时出现标准曲线弯曲的现象，即在待测元素浓度较高时向浓度坐标弯曲。这是因为当待测元素的含量较高时，吸收线的变宽除考虑热变宽外，还要考虑压力变宽，这种变宽还会使吸收线轮廓不对称，导致光源辐射共振线的中心波长与共振吸收线的中心波长错位，因而吸收相应地减少，结果标准曲线向浓度坐标弯曲。

为保证一定的准确度，利用标准曲线法时应注意以下几点：

① 所配制的标准系列的浓度，应在吸光度与浓度成直线关系的范围内，也就是说浓度不能太大，一般应控制吸光度在 0.150～0.700 或透射率在 20%～70%范围内，这时误差大约 3%。

② 标准系列与未知样品的组成应尽可能一致。

③ 仪器的操作条件，包括光源、喷雾、火焰、通带及检测等，应在整个分析过程中保持不变。

④ 应该扣除空白值。

⑤ 由于喷雾效率和火焰状态经常变动，标准曲线的斜率也随之变动，因此，每次测定前应用标准溶液对吸光度进行检查和校正。

标准曲线法简便、快速，适用于组分比较简单的试样。由于原子吸收光谱法选择性好，对标准系列的模拟组成并不严格要求与待测试样完全相同。其缺点主要是基体影响大，当没有纯净的基体空白时，效果不好。

二、标准增量法

又称标准加入法。将试样分成体积相同的若干份（一般分为五份），除一份以外，在其余各份中分别加入已知量的不同浓度的标准溶液，稀释到相同的体积后，分别测量其吸光度。以加入待测元素的标准量为横坐标，测得的相应的吸光度为纵坐标作图，可得一条直线。将此直线外推至零吸收，则该线与横坐标相交于一点。此点与原点的距离即为稀释后试样溶液中待测元素的浓度（具体可参考原子发射光谱法）。

也可通过计算求出试液中待测元素的含量，具体做法为：取体积相同的两份待测试样分别放入两个小瓶中，其体积为 V_x，浓度为 c_x。取一定量的待测元素的标准溶液（要求大浓度小体积，其体积为 $V_{标}$，浓度为 $c_{标}$）加入其中一个小瓶中混合均匀。将两份溶液在相同的实验条件下测定其吸光度，分别为 A_x 与 A。由式（4-10）可得：

$$A_x = Kc_x$$

$$A = K\frac{c_x + c_{标}}{V + V_{标}}$$

两式相除，得

$$c_x = \frac{A_x c_{标}}{A\left(V + V_{标}\right) - A_x} \tag{4-12}$$

式（4-12）为相应的内标法公式，可由该公式直接求出待测元素的浓度。

标准增量法的优点在于它在一定程度上可以消除基体的影响。因此，在标准系列法中，当试样基体影响较大，而又没有纯净的基体空白，或测量的是纯物质中极微量的杂质元素时，可以用此法。其次，该法可以消除化学干扰及电离干扰的影响，但不能消除背景（分子吸收等）的影响。

使用标准增量法应注意下列几点：

① 待测元素的浓度与其相应的吸光度应呈直线关系，因而只能测定低含量的试样。

② 为了得到较为精确的外推结果，最少应采用 5 个点（包括试样溶液本身）来作外推曲线。并且第一份加入的标准溶液与试样溶液的浓度之比应适当，这可通过试喷试样溶液和标准溶液，比较两者的吸光度来判断。增量值的大小可这样选择——使含第一个加入量的试

样产生的吸光度约为试样原吸光度的一半。

③ 本法能消除基体效应带来的影响，但不能消除背景吸收的影响，这是因为相同的信号，既加到试样测定值上，也加到增量后的试样测定值上，因此只有扣除了背景之后，才能得到待测元素的真实含量，否则将得到偏高的结果。

④ 对于斜率太小的曲线（灵敏度差），容易引进较大的误差。

三、定量分析的性能参数

1. 灵敏度与特征浓度

在原子吸收分析中，灵敏度 S 的定义为标准曲线的斜率，其表达式为：

$$S=\frac{dA}{dc} \tag{4-13}$$

或

$$S=\frac{dA}{dm} \tag{4-14}$$

即当待测的浓度 c 或质量 m 改变一个单位时，吸光度 A 的变化量。在原子吸收光谱分析中，火焰原子化法是以溶液喷雾连续进样，常采用特征浓度来表征其灵敏度，即以浓度单位表示灵敏度；在电热石墨炉原子化法中，是程序升温与间断进样，吸光度大小取决于加入石墨炉原子化器中待测元素的量，故以特征质量表征灵敏度较为适宜，即以质量单位表示灵敏度。

特征浓度或特征质量是以能产生 1%吸收（或 0.00436 吸光度值）所对应的待测元素的浓度（$\mu g \cdot mL^{-1}$）或含量（$\mu g \cdot g^{-1}$）来表示。

如果仪器读数标度不是百分吸收标度，而是对数标度，则 1%吸收相当于吸收值为 0.00436，即

$$A=\lg\frac{I_0}{I_t}=\lg\frac{100}{99}=0.00436$$

因此，特征浓度或特征质量不必测 1%吸收时的浓度，可通过下列公式求算

$$c_0=\frac{c}{A}\times 0.00436 \tag{4-15}$$

$$m_0=\frac{cV}{A}\times 0.00436 \tag{4-16}$$

式中，c_0 为特征浓度，$\mu g \cdot mL^{-1}$；m_0 为特征质量，$\mu g \cdot g^{-1}$；c 为待测元素的浓度，$\mu g \cdot mL^{-1}$；A 为试样的吸光度；V 为进样体积。

2. 检出限

检出限表征分析方法的灵敏性和检测能力，它是与灵敏度有关的术语。灵敏度越高，检出限越低，但检出限比灵敏度具有更明确的意义，它是指产生一个能确证在样品中存在某元

素的分析信号所需要的该元素的最小浓度或含量。检出限曾定义为产生的信号强度为噪声强度二倍时溶液的浓度，即信号二倍于噪声时对应的元素浓度。但信号的噪声大小无法直接测出。那么噪声的大小如何确定呢？1969 年第二次国际原子吸收光谱会议对此作了明确规定，即噪声大小是以零浓度时所观测到的以吸光度为单位的标准偏差σ来确定的。现如今，检出限定义为能给出三倍于标准偏差σ的读数时，被测元素的浓度或质量。这一标准偏差是对空白溶液或接近空白的标准溶液进行至少 10 次连续测定，由所得的吸光度求得的。故检出限（单位为$\mu g \cdot mL^{-1}$或$\mu g \cdot g^{-1}$）（信号强度为噪声强度三倍时）可由下式求得

$$D_c = \frac{3\sigma c}{A} \tag{4-17}$$

$$D_m = \frac{3\sigma cV}{A} \tag{4-18}$$

式中，c 为试液的浓度；A 为试液的平均吸光度；σ为空白溶液吸光度的标准偏差；D 为元素的检出限。

检出限比灵敏度具有更明确的意义，它考虑到了噪声的影响，并明确地指出了测定的可靠程度。由此可见，降低噪声、提高测定精密度是改善检出限的有效途径。因此对于一定的仪器，合理地选择分析条件，诸如选择合适的灯电流，仪器充分预热，调节合适的检测系统增益，保证供气的稳定，等等，都可以降低噪声水平。

3. 精密度

精密度用相对标准偏差（RSD）表示。在仪器最佳工作状态下，对一定浓度的溶液进行多次重复测量（$n>10$），火焰原子化法的 RSD 必须小于 3%，石墨原子化法的 RSD 必须小于 5%。

第七节　原子荧光光谱分析法

一、概述

原子荧光光谱法（atomic fluorescence spectrometry, AFS）是 1964 年以后发展起来的分析方法，属发射光谱但所用仪器与原子吸收仪器相近，因此在本节简单介绍该方法。原子荧光光谱分析法是利用原子在辐射激发下发射的荧光强度来定量分析的方法。具有如下优缺点：

（1）优点

① 检出限低、灵敏度高。如检测 Cd 灵敏度可达 $10^{-12}\ g \cdot cm^{-3}$，检测 Zn 灵敏度可达 $10^{-11}\ g \cdot cm^{-3}$，适于微量或痕量分析。20 种元素（主要是吸收线小于 300 nm）的检测灵敏度优于原子吸收法。

② 谱线简单、干扰小。

③ 线性范围宽（可达 3～5 个数量级）。

④ 易实现多元素同时测定（产生的荧光向各个方向发射）。

（2）缺点　存在荧光猝灭效应、散射光干扰等问题。

二、基本原理

1. 原子荧光光谱的产生过程

当气态原子受到强特征辐射时，由基态跃迁到激发态，约在 10^{-8} s 后，再由激发态跃迁回到基态，辐射出与吸收光波长相同或不同的荧光。原子荧光光谱属光致发光、二次发光。激发光源停止后，荧光立即消失。发射的荧光强度与照射的光强有关。不同元素发射的荧光波长不同。浓度很低时，强度与蒸气中该元素的密度成正比，这是原子荧光光谱法的定量依据。

2. 原子荧光的产生

根据发光原理的不同，原子荧光共有共振荧光、非共振荧光与敏化荧光三种类型，现分别做简单介绍。

（1）共振荧光　气态原子吸收共振线被激发后，激发态原子再发射出与共振线波长相同的荧光，见图 4-37(a) 中 A、C。其特点是荧光波长与激发光波长相同。当原子吸收能量后，它可以转移到高能级的亚稳态或稳定态。在亚稳态下，原子处于一个短暂的激发状态，随时可以通过非辐射跃迁或辐射跃迁回到基态或稳定激发态。如果原子再次吸收外部辐射并被激发到亚稳态，它可以通过辐射跃迁发射出与激发波长相同的共振荧光，称为热共振荧光，见图 4-37（a）中 B、D。

（2）非共振荧光　当产生的荧光与激发光的波长不相同时，将产生非共振荧光。又可分为直跃线荧光、阶跃线荧光、anti-Stokes 荧光三种。

① 直跃线荧光（Stokes 荧光）：气态原子吸收光辐射被激发后跃回到高于基态的亚稳态时所发射的荧光，荧光波长大于激发光波长，如图 4-37（b）中 A、C。或原子受热激发处于压稳态，再吸收光辐射进一步激发，然后再发射出波长大于激发光波长的荧光，见图 4-37（b）中 B、D。例如 Pb 原子吸收 283.13 nm 光，产生 407.78 nm 荧光。

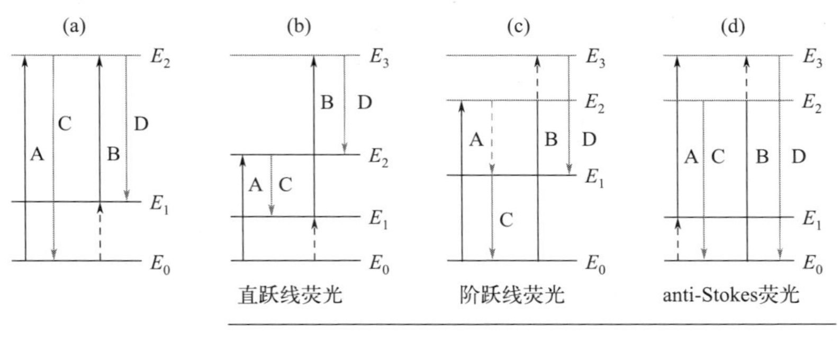

图 4-37　原子荧光产生的原理

② 阶跃线荧光：原子被激发至较高的激发态，随后由于和火焰中分子碰撞以非辐射形式去活化作用回到较低的激发态，进而在返回基态的过程中发射出波长比激发光波长长的荧光，如图 4-37（c）中 A、C。或原子被激发至较高的激发态，随后通过热致激发至更高能态的激发态，进而再返回到低的激发态而发射出波长比激发光波长长的荧光，如图 4-37（c）中 B、D。

③ anti-Stokes 荧光：先热激发再光照激发（或反之），而后发射荧光直接返回基态，如图 4-37（d）所示，荧光波长小于激发线波长。

（3）敏化荧光　受光激发的原子与另一种原子碰撞时，把激发能传递给另一个原子使其激发发射荧光，此荧光称为敏化荧光。火焰原子化中观察不到敏化荧光，非火焰原子化中可观察到。

所有类型中，共振荧光强度最大，最为有用。

3. 荧光猝灭与荧光量子产率

荧光猝灭是指受激发的原子与其它原子碰撞，将其能量以热或其它非荧光方式释放，产生非荧光去激发过程，使荧光减弱或完全不发生的现象。荧光猝灭程度与原子化气氛有关，氩气气氛中荧光猝灭程度最小。荧光猝灭程度可用荧光量子产率（ϕ，也称荧光效率）表示。

4. 待测原子浓度与荧光的强度——定量基础

当光源强度稳定、辐射光平行、自吸可忽略时，发射荧光的强度 I_f 正比于基态原子对特定频率光的吸收强度 I_a，可用如下公式表示：

$$I_f = \phi I_a \tag{4-19}$$

在理想情况下：

$$I_f = \phi I_0 A K_0 l N = Kc \tag{4-20}$$

式中，I_0 为原子化火焰单位面积接收到的光源强度；A 为在检测器中观察到的受光照射的有效面积；K_0 为峰值吸光系数；l 为吸收光程；N 为单位体积内的基态原子数。

三、原子荧光光度计

1. 仪器类型

原子荧光光度计主要有如下几种类型。

非色散型：采用干涉滤光器分离分析线和邻近线[见图 4-38（a）]。

色散型：带分光系统[见图 4-38（b）]。

单通道：使用一个空心阴极灯，每次分析一种元素。

多通道：由于原子荧光向空间各个方向发射，因此使用多个空心阴极灯同时照射，可制作多通道仪器同时分析多种元素（见图 4-39）。

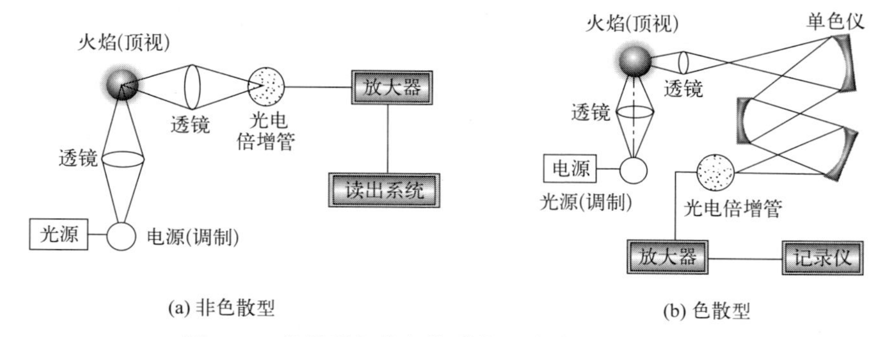

图 4-38　色散型与非色散型单通道原子荧光光谱仪

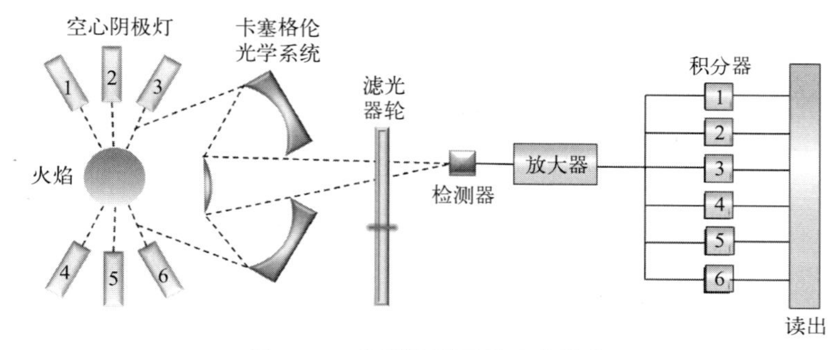

图 4-39　多通道原子荧光光谱仪

2. 原子荧光光度计与原子吸收光度计的主要区别

（1）光源　由于荧光强度与激发光强度成正比，为了提高测定的灵敏度，在原子荧光光度计中，需要采用高强度空心阴极灯、无极放电灯、激光和等离子体等。商品仪器中多采用高强度空心阴极灯、无极放电灯两种。

① 高强度空心阴极灯。高强度空心阴极灯是在普通空心阴极灯中，加上一对辅助电极。辅助电极的作用是产生第二次放电，从而大大提高金属元素的共振线强度（对其它谱线的强度增加不大）。

② 无极放电灯。无极放电灯是由一个数厘米长、直径 5～12 cm 的石英玻璃圆管制成。管内装入数毫克待测元素或挥发性盐类，如金属、金属氯化物或碘化物等，抽成真空并充入压力为 67～200 Pa 的惰性气体氩或氖，制成放电管。将此管装在一个高频发生器的线圈内，并装在一个绝缘的外套里，然后放在一个微波发生器的同步空腔谐振器中。无极放电灯的工作原理是高频发生器产生频率为 2.65 MHz 的高频波，并同时产生一个 3000 V 左右的点火电压；高频波通过最长不得超过 0.5 m 的高频馈线与耦合器连接，耦合器装在灯泡内，高频电磁场的能量以感应方式耦合进灯泡内，灯泡通过功率耦合器在玻璃泡壳内瞬间建立一个高频磁场，在高频磁场的作用下，灯泡内部的惰性气体发生气体雪崩电离成等离子体，带电粒子与待测元素化合物剧烈碰撞，使之原子化与激发，激发待测元素原子回到基态而发射待测元素的特征谱线。无极放电灯比高强度空心阴极灯的亮度高、自吸小、寿命长，特别适用于在短波区内有共振线的易挥发元素的测定。

（2）光路　在原子荧光中，为了检测荧光信号，避免光源的谱线，要求光源、原子化器和检测器三者处于直角状态。而原子吸收光度计中，这三者是处于一条直线上。

（3）色散系统

① 色散型。色散元件是指能够将光按照不同波长进行分离的光学元件。其中，光栅是一种常用的色散元件，它通过在表面上刻出一系列平行的光栅线，使得不同波长的光线经过光栅时会产生不同的衍射角度，从而实现色散效果。因此，光栅可用于分光分析、光谱测量、波长校准等领域。除了光栅，还有一些其它的色散元件，例如棱镜、光纤等。

② 非色散型。非色散型用干涉滤光器来分离分析线和邻近谱线，可降低背景。

③ 检测系统。色散型原子荧光光度计用光电倍增管。非色散型的多采用日盲光电倍增管，它的光阴极由 Cs-Te 材料制成，对 160～280 nm 波长的辐射有很高的灵敏度，但对大于 320 nm 波长的辐射不灵敏。

原子荧光分析法是原子发射光谱分析和原子吸收光谱分析的有效补充，原子荧光光谱法的定量分析方法与原子吸收光谱相同，具体可见第六节，此处不做过多介绍。

思考与练习题

1. 何为共振吸收线？为什么共振吸收线是元素的特征谱线？

2. 为什么吸收线会具有一定的宽度？有什么因素会影响谱线变宽?并简单介绍这些因素是如何影响谱线变宽的。

3. 何谓锐线光源？在原子吸收光谱分析中为什么要用锐线光源？

4. 何谓积分吸收？并简述原子吸收光谱分析的基本原理。

5. 何谓空心阴极灯？并简单介绍空心阴极灯的工作原理。

6. 火焰有几种类型？各种类型的火焰具有什么特点？

7. 火焰的选择原则是什么？

8. 石墨炉原子化法的工作原理是什么？与火焰原子化法相比，有什么优缺点？为什么？

9. 低温原子化技术有哪些？并简单介绍。

10. 原子吸收光谱法有哪些干扰？如何消除？

11. 何谓塞曼效应？并简单介绍塞曼效应背景校正的原理。

12. 背景吸收与基本效应有何不同？

13. 简要介绍原子吸收测定条件的选择。

14. 原子吸收光谱定量的依据是什么？有哪几种定量分析方法？试比较它们的优缺点。

15. 何谓特征浓度或特征质量？

16. 简述原子荧光的产生类型。

17. 测定血浆试样中锂的含量：将三份 0.500 mL 血浆样分别加至 5.00 mL 水

中，然后在这三份溶液中分别加入 0.05 mol·L^{-1} LiCl 标准溶液①0 μL、②10.0 μL、③20.0 μL，在原子吸收分光光度计上测得读数（任意单位）依次为①23.0、②45.3、③68.0。计算此血浆中锂的质量浓度（μg·mL^{-1}）。

18. 用原子吸收光谱法测定试液中的 Pb：准确移取 50 mL 试液 2 份，用铅空心阴极灯在波长 283.3 nm 处，测得一份试液的吸光度为 0.325；在另一份试液中加入浓度为 50.0 mg·L^{-1} 铅标准溶液 300 μL，测得吸光度为 0.670。计算试液中铅的质量浓度（g·L^{-1}）为多少？

第五章　紫外-可见吸收光谱分析

第一节　紫外-可见吸收光谱概述

紫外-可见吸收光谱（ultraviolet-visible absorption spectroscopy，UV-Vis）又称为分子光谱或电子光谱。紫外-可见吸收光谱分析是利用某些物质的分子吸收 100～800 nm 光谱区的辐射来进行分析测定的方法。这一光谱区可分为三个部分：

① 远紫外光区：10～200 nm；

② 近紫外光区：200～380 nm；

③ 可见光区：380～780 nm。

这种分子吸收光谱产生于价电子在分子能级间的跃迁，由于价电子跃迁的同时，伴随着振动、转动能级的跃迁，所以紫外-可见吸收光谱为带状光谱（见图 5-1）。紫外-可见吸收光谱广泛用于有机和无机物质的定性和定量测定，也可用于结构鉴定。

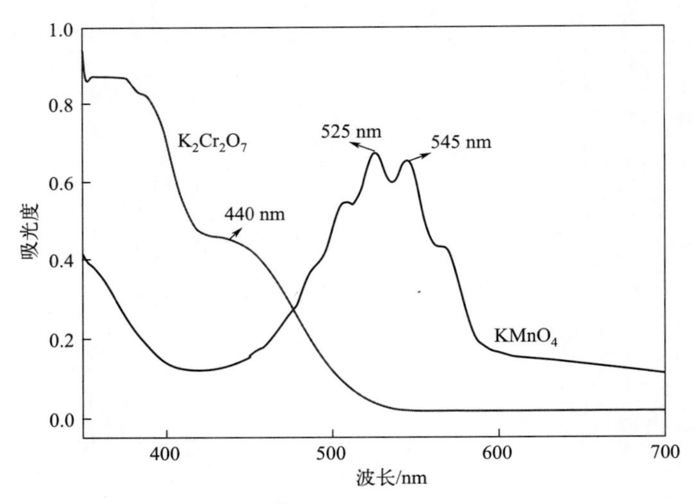

图 5-1　MnO_4^- 和 $Cr_2O_7^{2-}$ 的紫外-可见吸收光谱

一、物质对光的选择性吸收及吸收曲线

1. 分子的选择性吸收

由于分子的能级是量子化的，因此物质只能吸收与它们分子内部能级差（$\Delta E = E_2 - E_1 = h\nu$）相当的光辐射，不同的物质对不同波长光的吸收具有选择性。例如 MnO_4^- 主要吸收 520～540 nm 的光，而 $Cr_2O_7^{2-}$ 则主要吸收 440 nm 的光（见图 5-1）。

2. 吸收曲线

紫外-可见吸收光谱是以波长λ（nm）为横坐标，以吸光度A或吸光系数ε为纵坐标的A-λ曲线（见图 5-2）。光谱曲线中最大吸收峰所对应的波长相当于跃迁时所吸收光线的波长，称为λ_{max}。和λ_{max}相应的摩尔吸光系数为ε_{max}。$\varepsilon_{max} > 10^4\ L \cdot mol^{-1} \cdot cm^{-1}$为强吸收，$\varepsilon_{max} < 10^3\ L \cdot mol^{-1} \cdot cm^{-1}$为弱吸收。曲线中的谷称为吸收谷或最小吸收（$\lambda_{min}$），有时在曲线中还可看到肩峰（sh）。

3. 吸收曲线的讨论

① 同一种物质对不同波长光的吸光度不同。吸光度最大处对应的波长称为最大吸收波长λ_{max}。

② 不同浓度的同一种物质，其吸收曲线形状相似，λ_{max}不变（见图 5-3）。而对于不同物质，它们的吸收曲线形状和λ_{max}则不同（见图 5-1）。

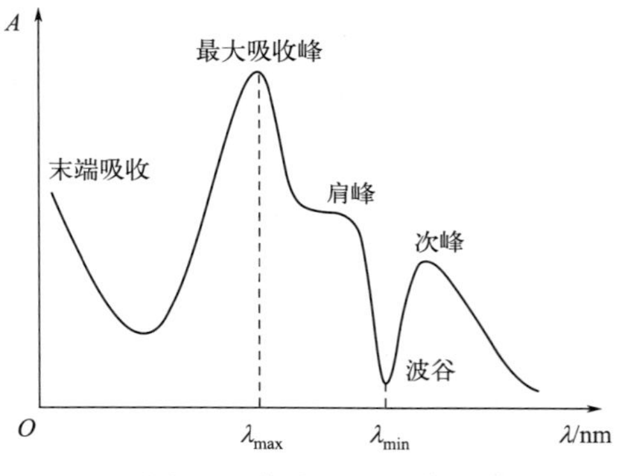

图 5-2　紫外-可见吸收光谱

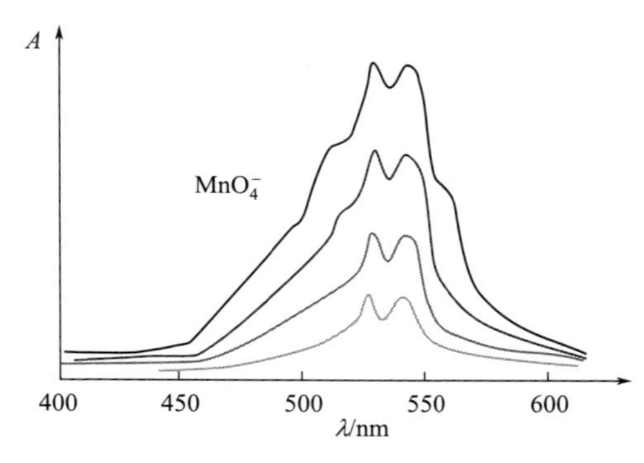

图 5-3　不同浓度的MnO_4^-水溶液的紫外-可见吸收光谱

③ 吸收曲线可以提供物质的结构信息，并作为物质定性分析的依据之一。

④ 不同浓度的同一种物质，在某一定波长下吸光度A有差异，在λ_{max}处吸光度A的差异最大（见图 5-3）。此特性可作为物质定量分析的依据。

⑤ 在λ_{max}处吸光度随浓度变化的幅度最大，所以测定最灵敏。吸收曲线是定量分析中选择入射光波长的重要依据。

二、紫外-可见吸收光谱法的特点

① 紫外-可见吸收光谱所对应的电磁波波长较短，能量大，它反映了分子中价电子能级跃迁情况，主要应用于共轭体系（共轭烯烃和不饱和羰基化合物）及芳香族化合物的分析。

② 由于电子能级改变的同时，往往伴随有振动、转动能级的跃迁，所以虽然电子光谱图比较简单，但峰形较宽。一般来说，利用紫外-可见吸收光谱进行定性分析，信号较少。

③ 常用于共轭体系的定量分析，灵敏度高，检出限低。

第二节　紫外-可见吸收光谱的基本原理

一、紫外-可见吸收光谱的产生

（一）分子的能级

前述原子发射光谱及原子吸收光谱是由于原子发射或吸收电磁辐射时，使原子核外电子能级产生跃迁所引起的，这些都属于原子光谱的范畴，本章及后三章将讨论分子光谱。

分子光谱形成的机理和原子光谱相似，也是由能级间的跃迁所引起的。但是，由于分子内部运动所涉及的能级变化比较复杂，因此分子光谱相对原子光谱也就比较复杂。分子内部主要有三种运动形式：电子相对于原子核的运动——价电子运动；原子核在其平衡位置附近的相对振动——原子振动；分子本身绕其重心的转动——分子转动。因此，一个分子的总能量 E 包括内在能量 E_0、平动能量 E_t、振动能量 E_v、转动能量 E_r 和电子运动能量 E_e，即

$$E = E_0 + E_t + E_v + E_r + E_e \tag{5-1}$$

E_0 是分子固有的内能，不随运动改变；E_t 是连续变化的，不会量子化，因而它们的改变不会产生光谱。因此一个分子受外能影响后的能量变化为其振动能量变化ΔE_v、转动能量变化ΔE_r以及电子运动能量变化ΔE_e之和，即

$$\Delta E = \Delta E_v + \Delta E_r + \Delta E_e \tag{5-2}$$

也就是说：分子内有三种能级，即电子能级、振动能级和转动能级。双原子分子的电子、振动和转动能级如图 5-4 所示。图中 A 和 B 是电子能级，在同一电子能级 A，分子的能量还因振动能量的不同而分为若干“支级”，称为振动能级。图中 $v'=0$、1、2……即为电子能级 A 的各振动能级，而 $v''=0$、1、2……为电子能级 B 的各振动能级。分子在同一电子能级和同一振动能级时，它的能量还因转动能量的不同而分为若干“分级”，称为转动能级，图中 $J'=0$、1、2……即为 A 电子能级和 $v'=0$ 振动能级的各转动能级。对于多数分子，ΔE_e、ΔE_v 及ΔE_r 分别具有如下数值：

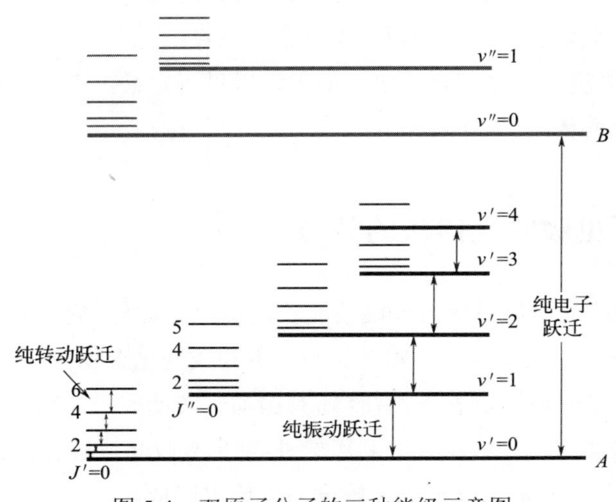

图 5-4　双原子分子的三种能级示意图

ΔE_e约为 1～20 eV（与原子内能变化同数量级）；

ΔE_v约为 0.05～1 eV（约为ΔE_e的 2%）；

ΔE_r小于 0.05 eV 或 10^{-4} eV（约为ΔE_e的 0.1%）。

（二）紫外-可见吸收光谱的产生

分子从外界吸收能量后，就能引起分子能级的跃迁，即从基态能级跃迁到激发态能级。分子吸收能量同样具有量子化的特征，即分子只能吸收等于两个能级之差的能量：

$$\Delta E = E_2 - E_1 = h\nu = h\frac{c}{\lambda} \tag{5-3}$$

由于三种能级跃迁所需能量不同，所以需要不同波长的电磁辐射才能使它们跃迁，即在不同的光学区出现吸收谱带。

电子能级跃迁所需的能量较大，其能量一般在 1～20 eV。如果是 5 eV，则由上式可计算吸收的波长：

$$\lambda = \frac{hc}{\Delta E} = \frac{4.136\times10^{-15}\,\text{eV}\cdot\text{s}\times2.998\times10^{10}\,\text{cm/s}}{5\,\text{eV}}$$
$$= 2.48\times10^{-5}\,\text{cm} = 248\,\text{nm}$$

可见，由于电子能级跃迁而产生的吸收光谱主要处于紫外-可见光区（200～780 nm）。这种分子光谱称为电子光谱或紫外-可见光谱。

在电子能级跃迁时不可避免地要产生振动能级的跃迁。振动能级的能量差一般在 0.025～1 eV 之间。如果能量差是 0.1 eV，则它为 5 eV 的电子能级间隔的 2%，所以电子跃迁并不是产生一条波长为 248 nm 的线，而是产生一系列的线，其波长间隔约为 248 nm×2% ≈ 5 nm。

实际上观察到的吸收光谱要复杂得多，这是因为电子跃迁的同时还伴随着转动能级跃迁。转动能级的间隔一般小于 0.025 eV。如果能级间隔是 0.005 eV，则它为 5 eV 的 0.1%，相应的波长间隔是 248 nm×0.1% = 0.25 nm，可见，分子光谱远较原子光谱复杂。紫外-可见吸收光谱一般包含有若干谱带系，不同谱带系相当于不同的电子能级跃迁，一个谱带系（即同一电子能级跃迁，例如由能级 *A* 跃迁到能级 *B*）含有若干谱带，不同谱带相当于不同的振动能级跃迁。同一谱带内又包含若干光谱线，每一条线相当于转动能级的跃迁，它们的间隔如上所述约为 2.5 nm。一般分光光度计的分辨率，观察到的为合并成较宽的带，所以紫外-可见光谱是一种带状光谱，如图 5-1 所示。

二、紫外-可见吸收光谱定量分析的基础

该法是根据溶液中物质（如无机化合物中的分子或离子；有机化合物中的官能团）对紫外-可见光区辐射能的吸收而进行分析的方法，其定量关系服从光吸收基本定律——朗伯-比尔定律：

$$A = \lg\frac{I_0}{I} = Kcl \tag{5-4}$$

式中，I_0和I分别为一定波长的平行单色光的入射光强度和通过均匀、非散射某测定溶液的透过光强度（其比值的倒数也称为透射比）；c为溶液浓度；l为液层厚度；K为吸光系数，$L \cdot g^{-1} \cdot cm^{-1}$。$k$的数值与入射光的波长、物质的性质和溶液温度等因素有关，而且，因溶液浓度c及液层厚度l所采用的单位不同，其命名和单位也有所不同。当c为摩尔浓度，l单位为厘米时，则相应的吸光系数称为摩尔吸光系数，单位为$L \cdot mol^{-1} \cdot cm^{-1}$，并以$\varepsilon$表示，则上式可改写为：

$$A = \varepsilon cl \tag{5-5}$$

ε与K的关系式为$\varepsilon = KM$，式中，M为吸光物质的摩尔质量。在确定条件下，摩尔吸光系数的大小，可以度量物质的吸光能力。

朗伯-比尔定律只适用于单色光和均匀非散射溶液的测定。当单色器色散能力低时，通过待测溶液的单色光谱带较宽，吸光系数为近似常数，故导致对定律的偏离，不仅工作曲线的线性范围窄，而且吸收峰不敏锐。此外，当待测物质浓度较大时，吸光质点的光散射较大，特别是在紫外光区散射更为严重，故也导致对定律的偏离。

第三节　无机化合物的紫外-可见吸收光谱

产生无机化合物电子光谱的电子跃迁形式，一般分为两大类：电荷迁移跃迁和配位场跃迁。

一、电荷迁移跃迁

许多无机络合物能发生电荷迁移跃迁产生吸收光谱。电荷迁移跃迁是指在辐射下，分子中原定域在金属M轨道上的电荷转移到配位体L的轨道，或按相反方向转移，所产生的吸收光谱称为电荷迁移光谱。若用M和L分别表示络合物的中心离子和配体，受辐射能激发后，一个电子由配体的轨道跃迁到与中心离子相关的轨道而产生电荷迁移吸收光谱，可用下式表示：

$$M^{n+}—L^{b-} \xrightarrow{h\nu} M^{(n-1)+}—L^{(b+1)-}$$

这里，中心离子为电子接受体，配体为电子给予体。一般来说，在配合物的电荷迁移跃迁中，金属是电子的接受体，配体是电子的给予体。这种分子内电荷迁移跃迁实则是分子内氧化还原反应。

不少过渡金属离子与含生色团的试剂反应所生成的配合物，如Fe^{2+}与邻菲啰啉配合物及许多水合无机离子均可产生电荷迁移吸收光谱。如：

$$[Fe^{3+}—SCN^-]^{2+} \xrightarrow{h\nu} [Fe^{2+}—SCN]^{2+}$$

$$[Fe^{3+}—OH^-]^{2+} \xrightarrow{h\nu} [Fe^{2+}—OH]^{2+}$$

$$Cl^-(H_2O) \xrightarrow{h\nu} Cl(H_2O)^-$$

此外，一些具有d^{10}电子结构的过渡元素形成的卤化物及硫化物，如$AgBr$、PbI_2、HgS等，也是由于这类跃迁而产生颜色。

电荷迁移吸收光谱出现的波长位置，取决于电子给予体和电子接受体相应电子轨道的能量差。若中心离子的氧化能力愈强，或配体的还原能力愈强（相反，若中心离子还原能力愈强，或配体的氧化能力愈强），则发生电荷迁移跃迁时所需能量愈小，吸收光波长红移。

电荷迁移吸收光谱谱带最大的特点是摩尔吸光系数较大，一般$\varepsilon_{max}>10^4\ L\cdot mol^{-1}\cdot cm^{-1}$。因此应用这类谱带进行定量分析时，可以提高检测的灵敏度。

二、配位场跃迁

配位场跃迁包括 d-d 跃迁和 f-f 跃迁。元素周期表中第四、第五周期的过渡金属元素分别含有 3d 和 4d 轨道，镧系和锕系元素分别含有 4f 和 5f 轨道。在配体的配位场作用下，过渡元素五个能量相等的 d 轨道及镧系和锕系元素七个能量相等的 f 轨道分别裂分成几组能量不等的 d 轨道及 f 轨道。当它们的离子吸收光能后，低能态的 d 电子或 f 电子可以分别跃迁至高能态的 d 或 f 轨道上去。这两类跃迁分别称为 d-d 跃迁和 f-f 跃迁。由于这两类跃迁必须在配体的配位场作用下才有可能产生，因此又称为配位场跃迁。

与电荷迁移跃迁比较，由于选择规则的限制，配位场跃迁吸收谱带的摩尔吸光系数小，一般$\varepsilon_{max}<10^2\ L\cdot mol^{-1}\cdot cm^{-1}$。这类光谱一般位于可见光区。虽然配位场跃迁并不如电荷迁移跃迁在定量分析上重要，但它可用于研究配合物的结构，并为现代无机配合物键合理论的建立，提供了有用的信息。

1. f-f 跃迁

大多数镧系和锕系元素的离子或其配合物都在紫外-可见光区有吸收。与大多数无机和有机吸收体系的特性相反，它们的光谱是由一些很窄的吸收峰所组成，如图 5-5 所示。在镧系元素中，引起吸收的跃迁一般只涉及 4f 电子的各能级，而锕系则是 5f 电子。由于 f 轨道被已充满的具有较高量子数的外层轨道所屏蔽而不受外界影响，因此其谱带较窄，并且不易受外层电子有关的键合性质的影响。

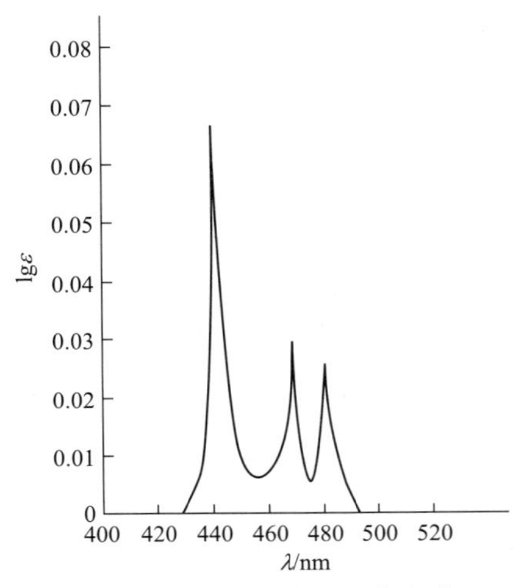

图 5-5　氯化镨溶液的吸收光谱

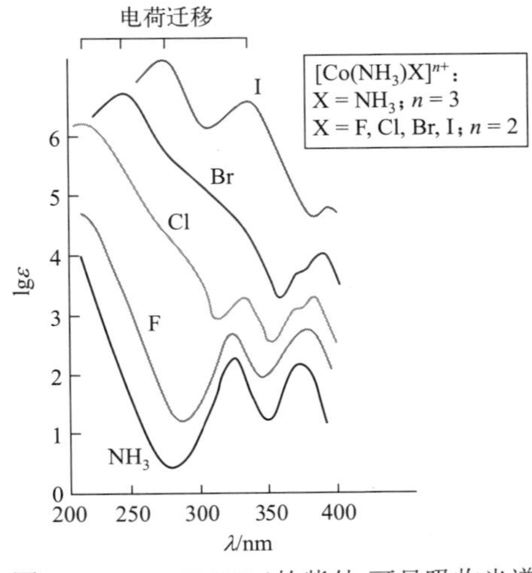

图 5-6　$[Co(NH_3)X]^{n+}$的紫外-可见吸收光谱

2. d-d 跃迁

一些 d 电子层尚未充满的第一、第二过渡元素的吸收光谱，主要是由 d-d 跃迁产生的。但是与镧系及锕系相反，其吸收带往往是宽的（见图 5-6），且易受环境因素的强烈影响。例如，水合铜离子（Ⅱ）是浅蓝色的，而它的氨配合物却是深蓝色的。

第四节　有机化合物的紫外-可见吸收光谱

一、有机化合物的电子跃迁与紫外-可见吸收光谱

（一）有机化合物的电子跃迁

有机化合物的紫外-可见吸收光谱取决于组成化学键或有可能组成化学键的价电子的性质（金属化合物例外）。有机化合物中与紫外-可见吸收光谱有关的价电子有三种，分别为形成单键的σ电子、形成双键的π电子和分子中未成键的 n 电子。因此分子中与这些电子对应的分子轨道有σ成键轨道与σ^*反键轨道、π成键轨道与π^*反键轨道和 n 轨道，见图 5-7。有机化合物吸收了可见光或紫外光，σ、π和 n 电子就要跃迁到高能量状态，即激发态。此时的σ电子将跃迁至σ^*反键轨道，π电子将跃迁至π^*反键轨道，n 电子将跃迁至σ^*或π^*反键轨道。

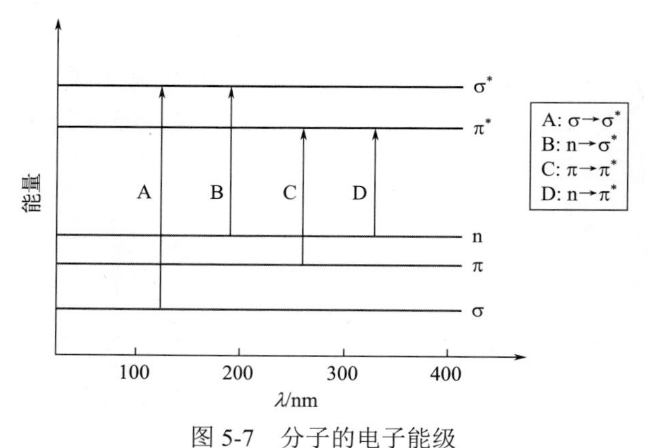

图 5-7　分子的电子能级

在紫外-可见吸收光谱中，电子跃迁有以下几种类型：$\sigma\rightarrow\sigma^*$、$n\rightarrow\sigma^*$、$\pi\rightarrow\pi^*$、$n\rightarrow\pi^*$。各种跃迁所需的能量，依下列次序减小：

$$(\sigma\rightarrow\sigma^*)>(n\rightarrow\sigma^*)>(\pi\rightarrow\pi^*)>(n\rightarrow\pi^*)$$

电子能级间位能的相对大小如图 5-7 所示。一般说来，未成键电子 n 电子最容易跃迁到激发态。在成键电子中，π电子较σ电子具有较高的能级，而反键电子却相反。因此在简单分子中 $n\rightarrow\pi^*$ 的跃迁需要的能量最小，吸收峰出现在长波段；$\pi\rightarrow\pi^*$ 跃迁的吸收峰出现在较短波段；而 $\sigma\rightarrow\sigma^*$ 跃迁需要的能量最大，故出现在远紫外区。

各电子能级中包括许多转动和振动的次能级，每一个电子能级的变化都同时伴随着振

动能和转动能的变化，后者也吸收光子能量，所以由电子跃迁所形成的吸收光谱相当复杂，许多谱线密集在一起而形成谱带。在气体的紫外-可见吸收光谱中，可表现出许多精细的吸收峰。在溶液中测定时，尤其在极性较大的溶剂中，各电子能级的吸收与转动和振动的次能级的吸收相互重叠，从而出现一个比较宽的吸收带。

1. σ → σ*跃迁

在有机化合物中，形成单键的电子为σ电子，因此只由单键构成的有机化合物，例如饱和烃类仅有能级较低的σ电子，只能产生σ → σ*跃迁，即由基态跃迁到较高能级轨道（反键轨道）。分子中成键σ轨道上的电子因吸收辐射而被激发到相应的反键轨道上，该分子就被称为处于σ*激发态。与其它可能的跃迁相比较，引起σ → σ*跃迁所需要的能量是最大的，它对应于真空紫外区域的辐射频率。例如甲烷只含有一种 C—H 键，因此经过σ →σ*跃迁而在 125 nm 处显示出一个最大吸收峰。乙烷则在 135 nm 处有一个吸收峰，也是由σ →σ*跃迁所产生的，但是应该指出的是乙烷分子中还含有 C—C 键。由于 C—C 键的强度小于 C—H 键的强度，激发所需要的能量较小，因此在较长的波长处观测到吸收峰。

由于σ→σ*跃迁所产生的吸收峰一般不能在近紫外区域内观测到，因而无需对其作进一步的考察。

2. n → σ*跃迁

具有未成键电子对（即非成键电子 n）原子的饱和化合物皆可发生 n → σ*跃迁。如—OH、$—NH_2$、—X（卤素）、—S—等基团连接在饱和分子上，杂原子上未成键的电子通过激发可跃迁到σ*轨道，形成 n → σ*跃迁。所需能量与π → π*跃迁相近，而比σ → σ*跃迁能量小。因此，150～250 nm 区域内的辐射能引起这类跃迁，大多数吸收峰都低于 200 nm。例如，甲醇的 n → σ*跃迁的吸收峰在 184 nm，氯仿的吸收峰在 173 nm，$(CH_3)_3N$ 的吸收峰在 227 nm。表 5-1 中为某些典型的 n → σ*跃迁的例子。

表 5-1　由 n → σ*跃迁产生吸收的例子[①]

化合物	λ_{max}/nm	ε_{max}/(L · mol^{-1} · cm^{-1})	化合物	λ_{max}/nm	ε_{max}/(L · mol^{-1} · cm^{-1})
H_2O	167	1480	$(CH_3)_2S$[②]	229	140
CH_3OH	184	150	$(CH_3)_2O$	184	2520
CH_3Cl	173	200	CH_3NH_2	215	600
CH_3I	258	365	$(CH_3)_3N$	227	900

① 气态样品。

② 在乙醇溶剂中。

3. π → π*跃迁

含有双键的有机化合物产生这种跃迁。不饱和化合物—C═C—双键上有π电子，吸收能量后跃迁到π*轨道，吸收峰在 200 nm 左右，为强吸收。由于π电子跃迁所需的能量比较小，故吸收峰出现在较长波段的近紫外区。例如，乙烯的吸收峰在 180 nm，苯的吸收峰在 203 nm。

4. n → π^*跃迁

在有机化合物的分子中同时存在未成键电子的原子和π键时，才有这种跃迁。如含有—C═O、—C═S、—N═O、—NO_2、—N═N—等杂原子的双键化合物，因为杂原子有未成键的 n 电子，所以有 n → π^*跃迁。跃迁的能量较小，故吸收峰出现在较长波段，吸收强度一般较弱，即ε值较小。例如，丙酮在 280 mm 处有吸收峰，ε= 10～30 L・mol^{-1}・cm^{-1}。

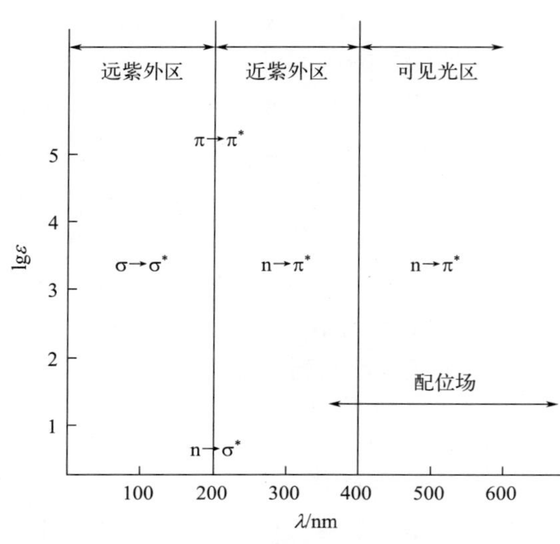

图 5-8　电子跃迁所处的波长范围

有机化合物中各种跃迁产生的紫外-可见吸收光谱所在波谱区见图 5-8。从图 5-8 中可见，π → π^* 跃迁及 n → π^* 跃迁产生的吸收光谱在近紫外区与可见光区，在有机化合物中具有十分重要的意义。吸收光谱法在有机化合物中大部分应用都以 n 或 π 电子向 π^* 激发态的跃迁为基础，因为这些过程所需的能量使吸收峰进入了便于实验的光谱区域（200～700 nm）。这两类跃迁都需要有不饱和官能团存在，以提供 π 轨道。

电子跃迁时对某波长吸收的强度（吸收峰的高度）取决于由基态向激发态的跃迁概率。跃迁概率大则吸收强，跃迁概率小就表示这个跃迁是禁止的。跃迁概率与跃迁矩有关，后者系指分子由基态激发时电荷移动的程度。电荷移动的程度大（即跃迁矩高），就有较强的吸收。吸收的强度可用摩尔吸光系数ε表示，ε >5000 L・mol^{-1}・cm^{-1} 者为强吸收峰，ε 在 2000～5000 L・mol^{-1}・cm^{-1} 范围内为中等强度吸收峰，ε<2000 L・mol^{-1}・cm^{-1} 的为弱吸收峰。

（二）有机化合物紫外-可见吸收光谱中的常用术语

1. 生色团

最有用的紫外-可见光谱是由π → π^*和 n → π^*跃迁产生的。这两种跃迁均要求有机物分子中含有不饱和基团，这类含有 π 键的不饱和基团称为生色团。简单的生色团由双键或三键体系组成，如乙烯基、羰基、亚硝基、偶氮基（—N═N—）、乙炔基、氰基（—C≡N）等。常见的生色团见表 5-2。

表 5-2　常见生色团的吸收峰

生色团	化合物	溶剂（或化合物状态）	λ_{max}/nm	ε_{max}/(L・mol^{-1}・cm^{-1})
>C═C<	$H_2C═CH_2$	气态	171	15530
—C≡C—	HC≡CH	气态	173	6000
>C═N—	$(CH_3)_2C═NOH$	气态	190	5000
			300	—
>C═O	CH_3COCH_3	正己烷	166	15
			276	

续表

生色团	化合物	溶剂（或化合物状态）	λ_{max} /nm	ε_{max}/(L・mol^{-1}・cm^{-1})
$>C=S$	CH_3COOH	水	204	40
$>C=S$	CH_3CSCH_3	水	400	—
$—N=N—$	$CH_3N=NCH_3$	乙醇	338	4
$—N=O$	$CH_3(CH_2)_3NO$	乙醚	300	100
			665	20
$—NO_2$（$—N(=O)\rightarrow O$）	CH_3NO_2	水	270	14
$—ONO_2$（$—ON(=O)\rightarrow O$）	$C_2H_5ONO_2$	1,4-二氧杂环己烷	270	12
$—O—N=O$	$CH_3(CH_2)_7ON=O$	正己烷	230	2200
			370	55
$—C=C—C=C—$	$H_2C=HC—CH=CH_2$	正己烷	217	21000

2. 助色团

有一些含有 n 电子的基团（如—OH、—OR、$—NH_2$、—NHR、—X 等），它们本身没有生色功能（不能吸收λ>200 nm 的光），但当它们与生色团相连时，就会发生 n-π 共轭作用，增强生色团的生色能力（吸收波长向长波方向移动，且吸收强度增加），这样的基团称为助色团。

3. 红移与蓝移

有机化合物的吸收谱带常常因引入取代基或改变溶剂使最大吸收波长λ_{max}和吸收强度发生变化：λ_{max}向长波方向移动称为红移，向短波方向移动称为蓝移（或紫移）。吸收强度即摩尔吸光系数ε增大或减小的现象分别称为增色效应或减色效应，如图 5-9 所示。

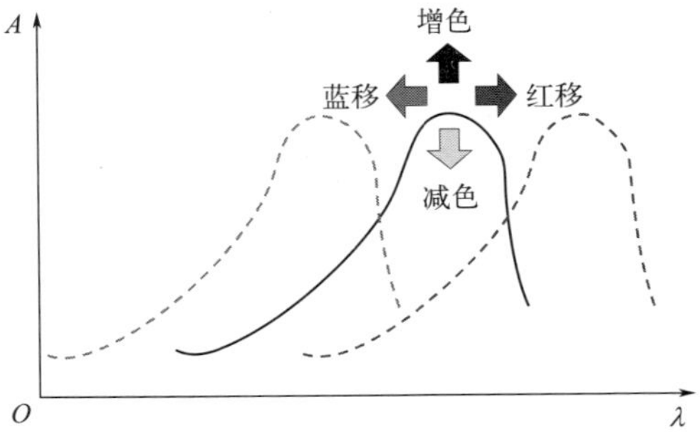

图 5-9　紫外-可见吸收光谱的红移、蓝移、增色、减色示意图

（三）有机化合物的吸收带

1. R 吸收带（取自德文：radikal）

R 吸收带是由 n → π*跃迁产生的吸收带（见图 5-10），该带的特点是吸收强度非常弱，ε_{max}<100 L・mol^{-1}・cm^{-1}，吸收波长一般在 270 nm 以上。

2. K 吸收带（取自德文：konjugaiton，共轭谱带）

K 吸收带是由共轭体系的π → π*跃迁产生的，见图 5-10。它的特点是跃迁所需要的能量较 R 吸收带大，ε_{max}>10^4 L・mol^{-1}・cm^{-1}。K 吸收带是共轭分子的特征吸收带，因此用于判断化合物的共轭结构。它是紫外-可见吸收光谱中应用最多的吸收带。

3. B 吸收带（取自德文：benzenoid band，苯型谱带）

B 吸收带是芳香族化合物的特征吸收带，是苯环振动及$\pi \rightarrow \pi^*$跃迁重叠引起的。在 230～270 nm 之间出现精细结构吸收，又称苯的多重吸收（如图 5-11）。B 吸收带的精细结构可用来辨认芳香族化合物。

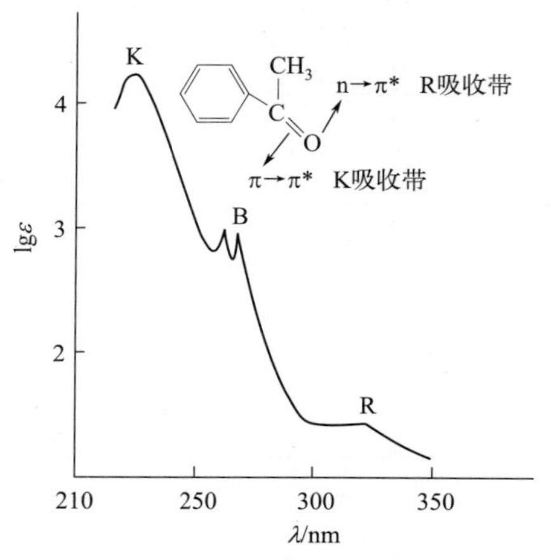

图 5-10　乙酰苯的紫外-可见吸收光谱

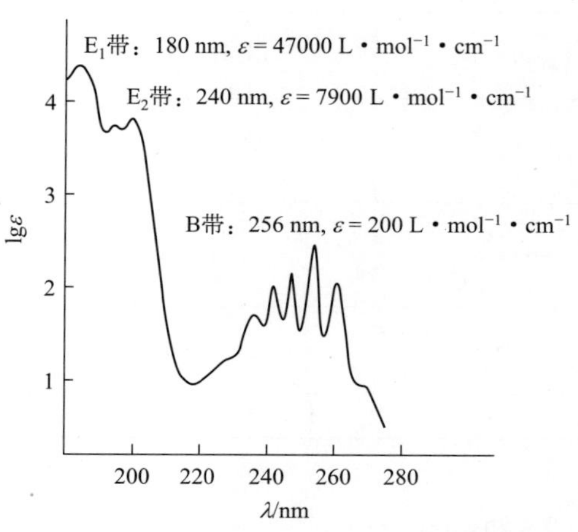

图 5-11　苯蒸气的紫外-可见吸收光谱

4. E 吸收带（取自德文: ethylenic band，乙烯型谱带）

它也是芳香族化合物的特征吸收之一。E 带可分为 E_1 及 E_2 两个吸收带（如图 5-11 所示），二者可以分别看成是苯环中的乙烯键和共轭乙烯键所引起的，也属$\pi \rightarrow \pi^*$跃迁。

二、紫外-可见吸收光谱与有机化合物分子结构的关系

现根据电子跃迁讨论有机化合物中较为重要的一些紫外-可见吸收光谱，由此可以看到紫外-可见吸收光谱与分子结构的关系。

1. 饱和烃类

饱和单键碳氢化合物只有σ键电子，σ键电子最不易激发，只有吸收很大的能量后，才能产生$\sigma \rightarrow \sigma^*$跃迁，因而一般在远紫外区（10～200 nm）才有吸收带，例如甲烷和乙烷的吸收带分别在 125 nm 和 135 nm。远紫外区又称为真空紫外区，这是由于小于 160 nm 的紫外光要被空气中的氧所吸收，因此需要在无氧或真空中进行测定，目前还应用得不多。但由于这类化合物在 200～1000 nm（一般紫外及可见光区分光光度计的测定范围）范围内无吸收带，在紫外-可见吸收光谱分析中常用作溶剂（如己烷、庚烷、环己烷等）。

当饱和单键碳氢化合物中的氢被氧、氮、卤素、硫等杂原子取代引入助色团时，由于这些助色团的杂原子含有 n 电子。由图 5-7 可知，n 电子较σ键电子易于激发，使电子跃迁所需能量较低，吸收峰红移，此时产生 $n \rightarrow \sigma^*$跃迁。例如甲烷一般跃迁的范围在 125～135 nm（远紫外区），碘甲烷（CH_3I）的吸收峰则处在 150～210 nm（$\sigma \rightarrow \sigma^*$跃迁）及 259 nm（$n \rightarrow \sigma^*$跃迁）：

⊛ σ→σ* (150～210 nm)
H　⊛ n→ * (259 nm)
H∶C∶I∶
H

上式中⊛表示激发态电子。引入多个助色团会使饱和烃类吸收峰红移更加明显，例如 CH_2I_2 及 CHI_3 的 λ_{max} 则分别为 292 nm 及 349 nm。各助色团对饱和化合物中的吸收峰影响见表 5-3。

表 5-3　助色团对饱和化合物的吸收峰影响

助色团	化合物	溶　剂（或化合物状态）	吸收峰波长 λ_{max}/nm	摩尔吸光系数① ε_{max}/（$L \cdot mol^{-1} \cdot cm^{-1}$）
—	CH_4，C_2H_6	气态	＜150	—
—OH	CH_3OH	正己烷	177	200
—OH	C_2H_5OH	正己烷	186	—
—OR	$C_2H_5OC_2H_5$	气态	190	1000
$—NH_2$	CH_3NH_2	—	173	213
—NHR	$C_2H_5NHC_2H_5$	正己烷	195	2800
—SH	CH_3SH	乙醇	195	1400
—SR	CH_3SCH_3	乙醇	210	1020
			229	140
—Cl	CH_3Cl	正己烷	173	200
—Br	$CH_3CH_2CH_2Br$	正己烷	208	300
—I	CH_3I	正己烷	259	400

① 表示吸收峰波长处的摩尔吸光系数，对于分子量不清楚的化合物，可以用比吸光系数 $E_{1cm}^{1\%}$ 来表示，即吸收池厚度为 1 cm，试样浓度为 1%（质量分数）时的吸光度（吸收峰波长处）。

2. 不饱和脂肪烃

（1）简单的不饱和化合物　不饱和脂肪烃化合物由于含有π键而具有π→π*跃迁，π→π*跃迁能量比σ→σ*低，但对于非共轭的简单不饱和化合物跃迁能量仍然较高，位于真空紫外区。例如，最简单的乙烯化合物在 171 nm 处有一个强的吸收带，其 ε_{max} 为 $1.55\times10^4\ L \cdot mol^{-1} \cdot cm^{-1}$。当烯烃双键上引入助色基团时，π→π*吸收将发生红移，甚至移到紫外光区，如表 5-4 所示。红移的原因是助色基团中的 n 电子可以产生 n-π共轭，使π→π*跃迁能量降低，烷基可产生超共轭效应，也可使吸收红移，不过这种助色作用很弱。

表 5-4　助色团对乙烯紫外-可见吸收峰的影响

取代基	—SR	$—NR_2$	—OR	—Cl
红移距离/nm	45	40	30	5

（2）共轭烯烃　当两个双键在同一个分子中，间隔有一个以上的亚甲基，分子的紫外光谱往往是两个单独生色基团光谱的加和。若两个生色基团间只隔一个单键则成为共轭系统（π-π共轭效应），共轭系统中两个生色基团相互影响，其吸收光谱与单一生色基团相比，有很大改变。共轭体越长，其最大吸收越移向长波方向，甚至到可见光部分，并且随着波长的红移，吸收强度也增大，见表 5-5。共轭双键愈多，深色移动愈显著，甚至产生颜色。据此

可以判断共轭体系的存在情况，这是紫外吸收光谱的重要应用。

表 5-5　共轭双键对吸收波长的影响

名称	含 C═C 数	λ_{max}/nm	ε/（L・mol^{-1}・cm^{-1}）	颜色
1,3,5-己三烯	3	258	35000	无色
二甲基八碳四烯	4	296	52000	无色
十碳五烯	5	335	118000	微黄
二甲基十二碳六烯	6	360	70000	微黄
双氢-β-胡萝卜素	8	415	210000	黄
双氢-α-胡萝卜素	10	445	63000	橙
番茄红素	11	470	185000	红

由于大π键各能级间的距离较近（键的平均化），电子容易激发，所以吸收峰的波长就增加，生色作用大为加强。例如乙烯（孤立双键）的λ_{max}为 171 nm（ε = 15530 L・mol^{-1}・cm^{-1}）；而丁二烯由于两个双键共轭，此时吸收发生深色移动（λ_{max}为 217 nm），吸收强度也显著增强（ε= 21000 L・mol^{-1}・cm^{-1}），见图 5-12。

（3）α,β-不饱和羰基化合物

羰基化合物（R、Y>C=O）分子中含有σ电子、π电子与 n 电子，因此能产生$\pi\rightarrow\pi^*$、$\sigma\rightarrow\sigma^*$、$n\rightarrow\pi^*$和$n\rightarrow\sigma^*$跃迁。当羰基上的取代基不同，各种跃迁产生的紫外-可见吸收也不同，现分别讨论。

① 当 Y 为 H、R 时，$n\rightarrow\sigma^*$产生的紫外-可见吸收在 150～160 nm，$\pi\rightarrow\pi^*$产生的紫外-可见吸收在 180～190 nm，$n\rightarrow\pi^*$产生的紫外-可见吸收在 275～295 nm。

② 当 Y 为—NH_2、—OH、—OR 等助色基团时，由于产生了 n-π 共轭，使各轨道的能量趋于平均化，π、π*轨道能级提高，而 π 轨道提高得更多，但是羰基中氧原子上的 n 电子不受影响，从而使 K 吸收带红移，R 吸收带蓝移，R 吸收带 λ_{max} = 205 nm（ε = 10～100 L・mol^{-1}・cm^{-1}），见图 5-13。

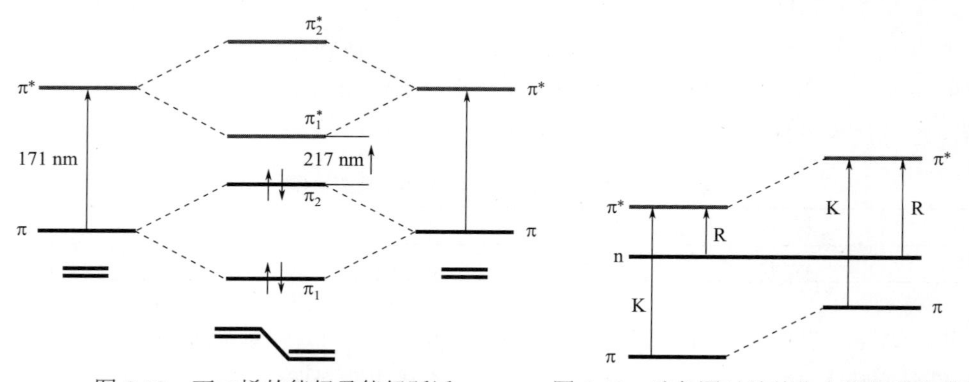

图 5-12　丁二烯的能级及能级跃迁　　图 5-13　助色团对羰基化合物各吸收带的影响

③ 当 Y 为生色团时，羰基化合物变为 α,β-不饱和醛酮。由于产生了π-π共轭，使得各轨道的能量趋于平均化，从而使 K 吸收带红移，R 吸收带也发生了红移，见图 5-14。

3. 芳香烃

芳香族化合物为环状共轭体系。由图 5-11 可见，苯在 180 nm（ε= 47000 L·mol^{-1}·cm^{-1}）和 240 nm（ε= 7900 L·mol^{-1}·cm^{-1}）处有两个较强的吸收带，分别为 E_1 和 E_2 吸收带。若苯环上有助色团如—OH、—Cl 等取代，由于 n-π 共轭，使 E_2 吸收带向长波方向移动，一般在 210 nm 左右；若苯环上有生色团取代而且与苯环共轭（π-π 共轭），则 E_2 吸收带与 K 吸收带合并且发生深色移动。除此以外，在 230～270 nm 处（中心在 256 nm 处）还有较弱的 B 吸收带，其摩尔吸光系数为ε = 200 L·mol^{-1}·cm^{-1}。B 吸收带的精细结构常用来辨认芳香族化合物，但在苯环上有取代基时，复杂的 B 吸收带都简单化，但吸收强度增加，同时发生深色移动。烷基和卤素等取代效果较小，对吸收带的波长移动影响不大，稍向长波方向移动。例如，苯的一个吸收峰在 256 nm，甲苯及氯苯的相应吸收峰在 261 nm 及 264 nm。苯环上引入助色团—NH_2、—OH 等时，B 带显著红移。苯环上引入生色团—CH═CH_2、—CHO、—NO_2 时，有 B 和 K 两种吸收带，有时还有 R 吸收带，其中 K 带为 E_2 和 K 合并所得，R 带由杂原子双键中的 n → π* 跃迁所产生，波长最大。

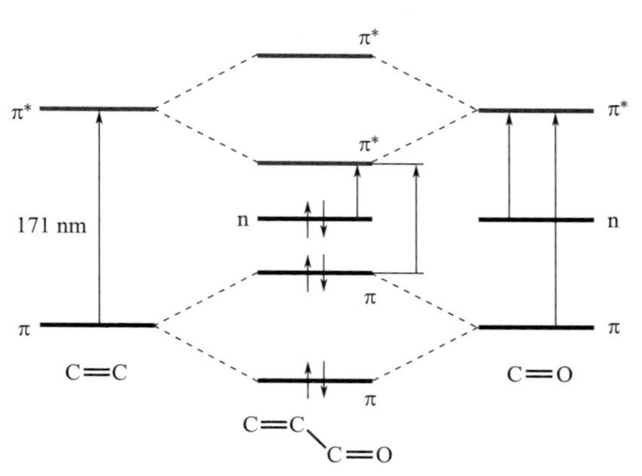

图 5-14　生色团对羰基化合物各吸收带的影响

线型的多环芳香化合物有精细结构的吸收带，结合的环越多则吸收峰越向长波移动，可达可见光区。例如，苯（255 nm）和萘（275 nm）均为无色，而并四苯为橙色，吸收峰波长在 460 nm，并五苯为紫色，吸收峰波长在 580 nm。具体见表 5-6。

表 5-6　几种芳烃的最大吸收峰

芳烃	结构式	λ_{max}/nm	颜色
苯		255	无色
萘		275	无色
蒽		370	无色
并四苯		460	橙色
并五苯		580	紫色

（1）单取代苯　苯环上有一元取代基时，一般引起 B 带的精细结构消失，并且各谱带的λ_{max}发生红移，ε_{max}值通常增大，如图 5-15。其原因可能是当苯环引入烷基时，由于烷基的 C—H 与苯环产生超共轭效应，使苯环的吸收带红移，吸收强度增大。

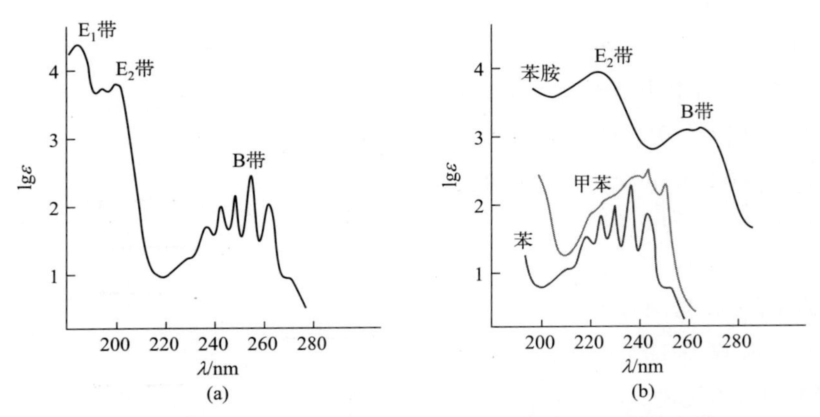

图 5-15　苯蒸气（a）及取代苯（b）的紫外-可见吸收光谱

① 当取代基上具有的非键电子基团与苯环的π电子体系共轭相连时，无论取代基具有吸电子作用还是供电子作用，都将在不同程度上引起苯的 E_2 带和 B 带的红移。

② 当引入的基团为助色基团时，取代基对吸收带的影响大小与取代基的推电子能力有关。推电子能力越强，影响越大，顺序为

$$—O^- > —NH_2 > —OCH_3 > —OH > —Br > —Cl > —CH_3$$

③ 当引入的基团为生色基团时，其对吸收谱带的影响程度大于助色基团。影响的大小与生色基团的吸电子能力有关，吸电子能力越强，影响越大，其顺序为

$$—NO_2 > —CHO > —COCH_3 > —COOH > —CN、—COO^- > —SO_2NH_2 > —NH_3^+$$

（2）二取代苯　在二取代苯中，由于取代基的性质和取代位置不同，产生的影响也不同。

① 对于二甲苯来说，取代基的位置不同，红移和吸收增色效应不同，通常顺序为：对位＞间位＞邻位。

② 当一个生色团（如$—NO_2$、$—C═O$ 等）与一个助色团（如$—OH$、$—OCH_3$、$—X$）相互处于（在苯环中）对位时，由于两个取代基效应相反，产生协同作用，故λ_{max}产生显著的红移。效应相反的两个取代基若相互处于间位或邻位时，则二取代物的光谱与各单取代物的区别是很小的。例如：

$C_6H_5NO_2$	$C_6H_5NH_2$	对硝基苯胺	间硝基苯胺	邻硝基苯胺
260 nm	280 nm	380 nm	280 nm	282.5 nm

③ 当两个生色团或助色团取代时，由于效应相同，两个基团不能协同，则吸收峰往往不超过单取代时的波长，且邻、间、对三个异构体的波长也相近。例如：

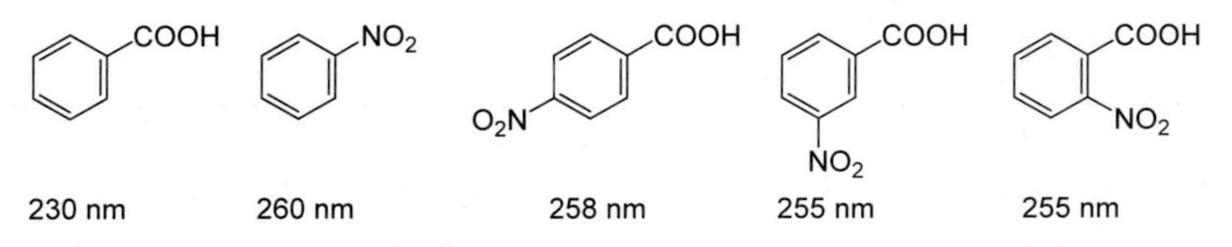

（3）多取代苯　多取代苯的吸收波长情况较复杂，此处不做过多介绍。各种取代苯的 B 吸收带 λ_{max} 与 ε_{max} 见表 5-7。

表 5-7　各种取代苯的 B 吸收带 λ_{max} 与 ε_{max}

化合物	λ_{max}/nm	ε_{max}/(L・mol^{-1}・cm^{-1})
苯	254	200
甲苯	261	300
间二甲苯	263	300
1,3,5-三甲苯	266	306
六甲苯	272	300

4. 杂环化合物

饱和的五元及六元杂环化合物，例如四氢呋喃、1,4-二氧杂环己烷，在 200 nm 以上没有吸收，只有不饱和的杂环化合物才在紫外区有吸收。五元环和六元杂环芳香族化合物，如果有助色团或生色团取代，则向长波方向移动，同时摩尔吸光系数增加。

三、有机化合物的紫外-可见吸收计算

1. 共轭烯烃

共轭烯烃（不多于四个双键）$\pi \rightarrow \pi^*$跃迁吸收峰位置可由伍德沃德-菲泽（Woodward-Fieser）经验规则估算：

$$\lambda_{max} = \lambda_{基} + \sum n_i \lambda_i \quad (5\text{-}6)$$

式中，$\lambda_{基}$为由非环或六环共轭二烯母体决定的基准值；$n_i\lambda_i$ 为由双键上取代基种类和个数决定的校正项。$\lambda_{基}$与 λ_i 取值见表 5-8。

表 5-8　共轭烯烃的 $\lambda_{基}$与 λ_i

母体	结构	$\lambda_{基}$ / nm
无环或非稠环（同一环中只有一个双键）二烯母体	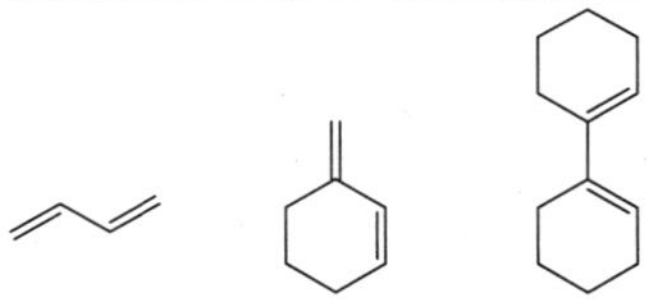	217
异环二烯（稠环）母体	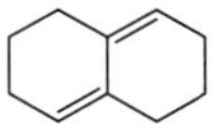	214
同环二烯（非稠环或稠环）母体		253

校正项	校正值 λ_i/nm
增加共轭双键	+30
环外双键	+5
烯基上取代基	
① 烷基（—R）或将环切开剩下烷基	+5
② 酰基 [—OC(O)R]	0
③ 烷氧基（—OR）	+6
④ 卤素（—Cl，—Br）	+5
⑤ 硫烷基（—SR）	+30
⑥ 氮二烷基（—NR_2）	+60

计算示例：

例 1	$\lambda_{基}$	无环二烯母体	217 nm
	校正项	3 个烷基（R）取代　3×5	+15 nm
	λ_{max}（计算值）		232 nm
	λ_{max}（实测值）		234 nm

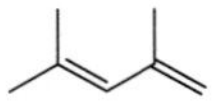

例 2	$\lambda_{基}$	异环二烯（稠环）母体	214 nm
	校正项	①3 个烷基（R）或将环切开剩下烷基　3×5	+15 nm
		②1 个环外双键　1×5	+5 nm
	λ_{max}（计算值）		234 nm
	λ_{max}（实测值）		235 nm

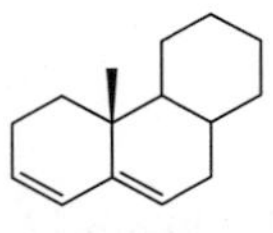

例 3	$\lambda_{基}$	同环二烯（稠环）母体	253 nm
	校正项	①4 个烷基（R）或将环切开剩下烷基　4×5	+20 nm
		②1 个环外双键　1×5	+5 nm
	λ_{max}（计算值）		278 nm
	λ_{max}（实测值）		275 nm

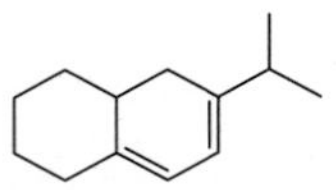

例 4	$\lambda_{基}$	非稠环二烯母体	217 nm
	校正项	①4 个烷基（R）或将环切开剩下烷基　4×5	+20 nm
		②1 个环外双键　1×5	+5 nm
	λ_{max}（计算值）		242 nm
	λ_{max}（实测值）		243 nm

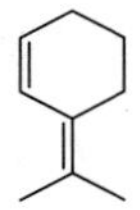

2. α,β-不饱和羰基化合物

α,β-不饱和羰基化合物 C=C–C=C–C(Y)=O（δ γ β α）吸收峰位置也可由伍德沃德-菲泽经验规则估算。$\lambda_{基}$与 λ_i 取值分别见表 5-9 和表 5-10。

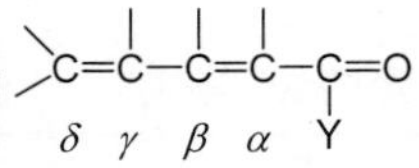

表 5-9　α,β-不饱和羰基化合物的 $\lambda_{基}$

母体	结构	$\lambda_{基}$ / nm
（1）α,β-烯酮母体（Y = R）(无环或六元环以上）	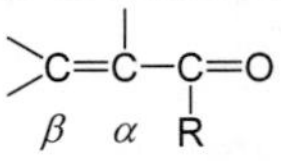 C=C–C(R)=O（β α）	215
（2）α,β-五元环烯酮母体（Y = R）	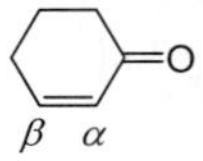 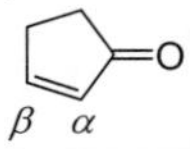 环己烯酮（β α）；环戊烯酮（β α）	202
（3）α,β-烯醛母体（Y = H）	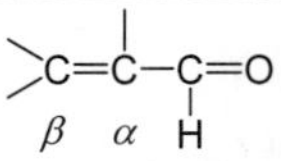 C=C–C(H)=O（β α）	210
（4）α,β-烯酸及脂母体（Y = OH，OR）	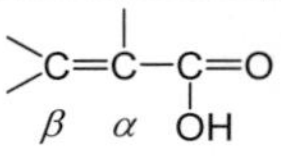 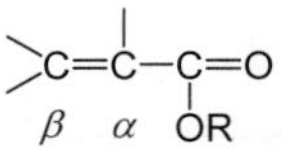 C=C–C(OH)=O（β α）；C=C–C(OR)=O（β α）	193

表 5-10　α,β-不饱和羰基化合物的 λ_i

校正项	校正值 λ_i/nm				
（1）每增加一个共轭双键（对烯基而言）	+ 30				
（2）环外双键（只算环外碳碳双键）	+ 5				
（3）烯酸及酯五元及七元环中的环内双键（共轭体系中）	+ 5				
（4）同环二烯	+ 39				
（5）烯基上的取代基	α	β	γ	δ	δ以上
① 烷基（—R）或将环切开剩下烷基	+10	+12	+18	+18	+18
② 酰基 [—OC(O)R]	+6	+6	+6	+6	
③ 羟基（—OH）	+35	+30	+30	+50	
④ 烷氧基（—OR）	+35	+30	+17	+31	
⑤ 氯（—Cl）	+15	+12	+12	+12	
⑥ 溴（—Br）	+25	+30	+25	+25	
⑦ 硫烷基（—SR）		+85			
⑧ 氮二烷基（—NR_2）		+95			

（6）溶剂校正值/nm	乙醇	甲醇	二氧六环	氯仿	乙醚	水	己烷	环己烷
	0	0	−5	−1	−7	+8	−11	−11

计算示例：

例 1	$\lambda_基$	无环烯酮母体		215 nm
	校正项	①1 个 α 烷基（—R）	1×10	+10 nm
		②2 个 β 烷基（—R）	2×12	+24 nm
	λ_{max}（计算值）			249 nm
	λ_{max}（实测值）			249 nm

例 2	$\lambda_基$	五元环烯酮母体		202 nm
	校正项	①2 个 β 烷基（—R）	2×12	+24 nm
		②环外双键	1×5	+5 nm
	λ_{max}（计算值）			231 nm
	λ_{max}（实测值）			226 nm

例 3	$\lambda_基$	六元环烯酮母体		215 nm
HO, O, H_3C	校正项	①1 个 α 羟基（–OH）	1×35	+35 nm
		②2 个 β 烷基（–R）	2×12	+24 nm
	λ_{max}（计算值）			274 nm
	λ_{max}（实测值）			270 nm

3. 羰基取代芳环

斯科特（Scott）总结了芳环羰基化合物（PhCOR 衍生物）的一些规律，提出了羰基取代芳环 250 nm 带的计算方法，计算方法与伍德沃德-菲泽规则相同。$\lambda_基$与 λ_i 取值分别见表 5-11 和表 5-12。

表 5-11　芳环羰基化合物的 $\lambda_{基}$

PhCOR 发色团母体			λ/ nm
R	= 烷基或环残基	（R）	246
	= 氢	（H）	250
	= 羟基或烷氧基	（OH）或（OR）	230

表 5-12　苯环上邻、间、对位取代基的 λ_i

校正项（取代基 R）	校正值 λ_i/nm		
	邻位	间位	对位
烷基	3	3	10
OH, OR	7	7	25
O	11	20	78
Cl	0	0	10
Br	2	2	15
NH_2	13	13	58
NHAc	20	20	45
NR_2	20	20	85

计算示例：

例 1	$\lambda_{基}$	PhCOR 生色团母体		246 nm
	校正项	①邻位环残基	1×3	+3 nm
		②对位—OCH_3	1×25	+25 nm
	λ_{max}（计算值）			274 nm
	λ_{max}（实测值）			276 nm

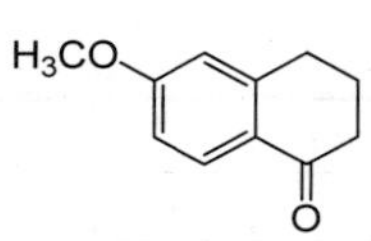

例 2	$\lambda_{基}$	PhCOR 生色团母体		246 nm
	校正项	邻位环残基	1×3	+3 nm
		邻位—OH 取代	1×7	+7 nm
		间位 Cl 取代	0	0 nm
	λ_{max}（计算值）			256 nm
	λ_{max}（实测值）			257 nm

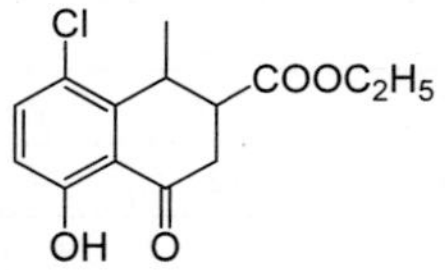

例 3	$\lambda_{基}$	PhCOR 生色团母体		246 nm
	校正项	邻位环残基	1×3	+3 nm
		间位—OCH_3 取代	1×7	+7 nm
		对位—OCH_3 取代	1×25	25 nm
	λ_{max}（计算值）			281 nm
	λ_{max}（实测值）			278 nm

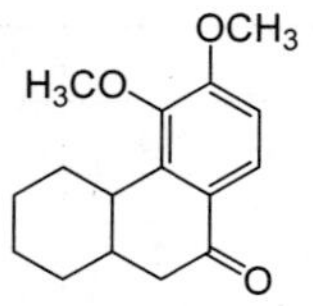

第五节　紫外-可见吸收光谱的溶剂效应

紫外吸收光谱中常用溶剂有己烷、庚烷、环己烷、1,4-二氧杂环己烷、水、乙醇等。应该注意，有些溶剂，特别是极性溶剂，对溶质吸收峰的波长、强度及形状可能产生影响。这是因为溶剂和溶质间常形成氢键，或溶剂的偶极使溶质的极性增强，引起 $n \rightarrow \pi^*$ 及 $\pi \rightarrow \pi^*$ 吸收带的迁移。例如 4-甲基-3-戊烯-2-酮的溶剂效应如表 5-13 所示。

表 5-13　4-甲基-3-戊烯-2-酮的溶剂效应

吸收带	正己烷	氯　仿	甲　醇	水	迁　移
$\pi \rightarrow \pi^*$	230 nm	238 nm	237 nm	243 nm	向长波移动
$n \rightarrow \pi^*$	329 nm	315 nm	309 nm	305 nm	向短波移动

1. 溶剂极性对紫外-可见吸收光谱的影响

$n \rightarrow \pi^*$ 跃迁所产生的吸收峰随溶剂极性的增加而向短波长方向移动。因为具有孤对电子的分子能与极性溶剂发生氢键缔合，其作用强度为极性较强的基态大于极性较弱的激发态，致使基态能级的能量下降较大，而激发态能级的能量下降较小，两个能级间的能量差值增加，所以实现 $n \rightarrow \pi^*$ 跃迁需要的能量也相应增加，故使吸收峰向短波方向位移，如图 5-16（a）所示。

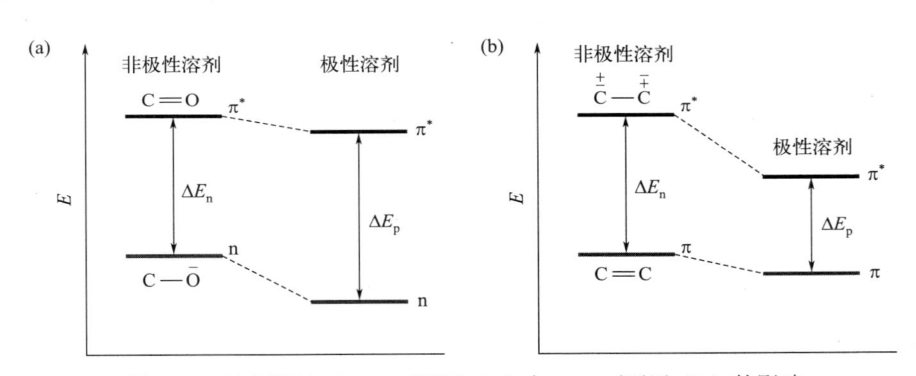

图 5-16　溶剂极性对 $n \rightarrow \pi^*$ 跃迁（a）与 $\pi \rightarrow \pi^*$ 跃迁（b）的影响

$\pi \rightarrow \pi^*$ 跃迁所产生的吸收峰随着溶剂极性的增加而向长波方向移动。因为在多数 $\pi \rightarrow \pi^*$ 跃迁中，激发态的极性要强于基态，极性大的 π^* 轨道与溶剂作用强，能量下降较大；而 π 轨道极性小，与极性溶剂作用较弱，故能量降低较小，致使 π 及 π^* 间能量差值变小，导致 $\pi \rightarrow \pi^*$ 跃迁在极性溶剂中的跃迁能 ΔE_p 小于在非极性溶剂中的跃迁能 ΔE_n。所以，在极性溶剂中，$\pi \rightarrow \pi^*$ 跃迁产生的吸收峰向长波方向移动，如图 5-16（b）所示。

溶剂除了对吸收波长有影响外，还影响吸收强度和精细结构。例如苯的 B 吸收带的精细结构在非极性溶剂中较清楚，但在极性溶剂中则较弱，有时甚至消失而出现一个宽峰。苯酚的 B 吸收带就是这样一个例子。由图 5-17 可见，苯酚的精细结构在非极性溶剂庚烷中清晰可见，而在极性

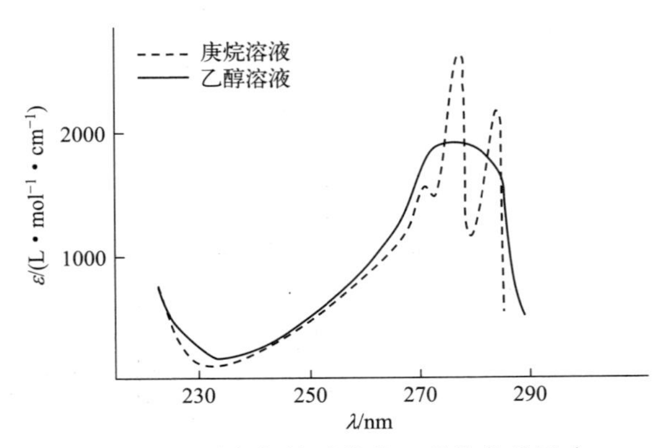

图 5-17　溶剂极性对苯酚 B 吸收带的影响

溶剂乙醇中则完全消失而呈现一宽峰。因此，在溶解度允许范围内，应选择极性较小的溶剂。另外，溶剂本身有一定的吸收带，如果和溶质的吸收带有重叠，将妨碍溶质吸收带的观察。

2. 溶剂 pH 对紫外-可见吸收光谱的影响

pH 的改变可能引起共轭体系的延长或缩短，从而引起吸收峰位置的改变，对一些不饱和酸、烯醇、酚及苯胺类化合物的紫外光谱影响很大。如图 5-18 所示，如果化合物溶液从中性变为碱性时，吸收峰发生红移，表明该化合物为酸性物质（苯酚）；如果化合物溶液从中性变为酸性时，吸收峰发生蓝移，表明化合物可能为芳胺。

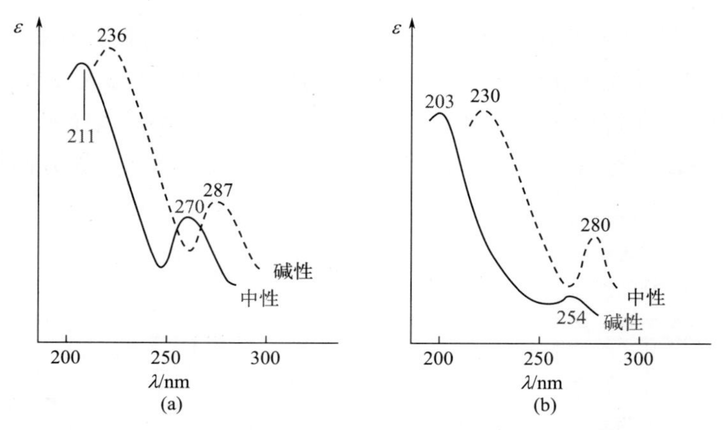

图 5-18　溶剂 pH 对苯酚（a）与苯胺（b）紫外-可见吸收光谱的影响

选择溶剂时要注意，以溶剂在所要测定的波段范围内无吸收或吸收极小为原则。常用溶剂见表 5-14。

表 5-14　紫外区常用溶剂的使用范围

溶　剂	使用范围/nm	溶　剂	使用范围/nm
水	＞210	甘油	＞230
乙醇	＞210	氯仿	＞245
甲醇	＞210	四氯化碳	＞265
异丙醇	＞210	乙酸甲酯	＞260
正丁醇	＞210	乙酸乙酯	＞260
96%硫酸	＞210	乙酸正丁酯	＞260
乙醚	＞220	苯	＞280
1,4-二氧杂环己烷	＞230	甲苯	＞285
二氯甲烷	＞235	吡啶	＞303
己烷	＞200	丙酮	＞330
环己烷	＞200	二硫化碳	＞375

第六节　紫外-可见吸收光谱仪

与其它光谱仪一样，紫外-可见吸收光谱仪包括光源、分光系统、槽室及检测系统几大部件。下面仅就紫外-可见分光光度计的构造加以简单介绍。

一、光源

理想的光源应该是在很广的光谱区域内为连续光源，而且稳定性很好，强度高，其强度不随波长而改变。但实际上大多数光源仅在一定波长范围内有较高的强度，而且，其强度随波长变化，如图 5-19 所示。

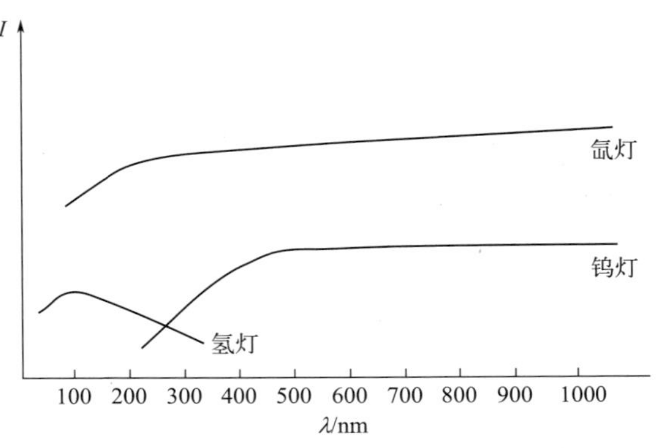

图 5-19 不同光源的强度与波长的关系

可见光区光源一般可用钨灯，波长范围在 320～1000 nm（320～400 nm 需加蓝色滤光片）。可见光源还有卤钨灯（如碘-钨灯及溴-钨灯等），它们的电压及功率比较大，主要是强度大，稳定性好，改善测量的灵敏度。早期的仪器紫外光源用氢灯，它是用石英制造的充满低压氢气的二极管。当外加电压时，两极间产生很强的弧光，发射出 160～350 nm 波长范围的光。在紫外 320～400 nm 范围的测定，可以用钨灯加蓝色滤光片。紫外光源也可用氘灯，它的强度大，稳定性好，近年来紫外光源多以氘灯代替氢灯。此外，还有汞灯及氙灯。它们除了可以作为紫外光源外，还可以用来调整仪器的波长。汞灯还可以作荧光分析的光源。为了得到准确的测量结果，光源应该稳定，这就必须保持电源电压的稳定，电压不稳定对光电流强度影响很大，二者存在如下关系：

$$I = KV^n \tag{5-7}$$

式中，I 为光电流强度；V 为光源电压；K、n 为常数。

二、分光系统

分光系统包括聚光镜（凸凹面镜及反射镜）、狭缝和单色器，其主要部件是单色器。单色器通常有滤光片、棱镜和光栅等。

1. 滤光片

有吸收滤光片和干涉滤光片两类。吸收滤光片的带宽一般在 20～60 nm。玻璃滤光片的带宽约为 60 nm。玻璃滤光片是含有各种不同的金属氧化物的色玻璃，因而呈现出不同的颜色。这种滤光片的特点是比较稳定，不易褪色，经得起强光线的长期照射。但它所透过的光的谱带宽度太大。干涉滤光片是根据光在薄膜表面上产生干涉的原理制成的一种滤光片。它由两块表面上镀一薄层金属银的平行玻璃板间夹有折射率很小的氟化钙或氟化镁固体构成。只有半波长整数倍等于干涉滤光片两银层间的距离的光线才能通过，其它波长的光线在银层间经过多次反射及干涉后不能透过。干涉滤光片透光的波长范围窄，透射率高，经得起强光源的长期照射。

2. 棱镜

棱镜是以光的折射原理而制成的单色元件。对棱镜来说，一般要求能在较宽的波长范围内透过光线，色散率高，耐潮及耐化学烟雾的腐蚀。棱镜有玻璃和石英的两种，分辨率大小取决于棱镜材料（玻璃、石英）及单色器的大小。棱镜的带宽一般在 5～10 nm。光学玻璃棱镜的透光范围在 350～2000 nm、色散率在 400～700 nm 较好，它对紫外光有强烈的吸收，所以不适用于紫外光条件。在 360～700 nm 范围内，玻璃棱镜的分辨率比石英棱镜好，在大小和形状相同时，玻璃棱镜比石英棱镜的色散率大三倍，故可见分光光度计均用玻璃棱镜，如 72 型及 721 型分光光度计。石英棱镜的透光范围在 180～1000 nm，在 180～320 nm 范围内色散率好，在可见光区色散率低，故适用于紫外部分。早期紫外分光光度计及原子吸收分光光度计均用石英棱镜。棱镜的缺点在于色散率不是线性的，因此谱带的波长读数也不是线性的，不便于波长自动扫描。其次，光经过棱镜色散时其强度的损失较大，降低了灵敏度。

此外，有些晶体如氯化钠、氯化钾、萤石等也可作为色散元件。氯化钠和氯化钾的透光范围很宽，见表 5-15，且在紫外部分有较大的色散率，故在紫外、可见及红外光区都能用。研究红外光谱时，通常可由氯化钠晶体作单色器。氯化物缺点是吸湿性强，在空气中极易潮解，不如石英和玻璃棱镜耐用。

表 5-15　各种棱镜及晶体的特点

物　质	透光范围/nm	适用波段	缺　点
玻璃棱镜	350～2000	可见光区	不透过紫外线
石英棱镜	180～4000	紫外光区	在可见光区色散率小
氯化钠晶体	1765～15400	紫外、可见、近红外区	吸湿性强，易潮解
氯化钾晶体	180～23000	紫外、可见、近红外区	吸湿性强，易潮解
萤石	125～9500	真空紫外和近红外区	

3. 光栅

光栅的色散原理是光的衍射。常用的衍射光栅是在平面或凹面镀铝的硬质光学玻璃上刻制许多条严格平行、距离相等的条纹而制成。刻线规格为 600～2880 条/毫米，每毫米中条纹数越多，色散率越大。光栅的主要特点在于色散均匀，呈线性，光度测量便于自动化，工作波段广。玻璃棱镜、石英棱镜及光栅单色器的色散特性见图 5-20。

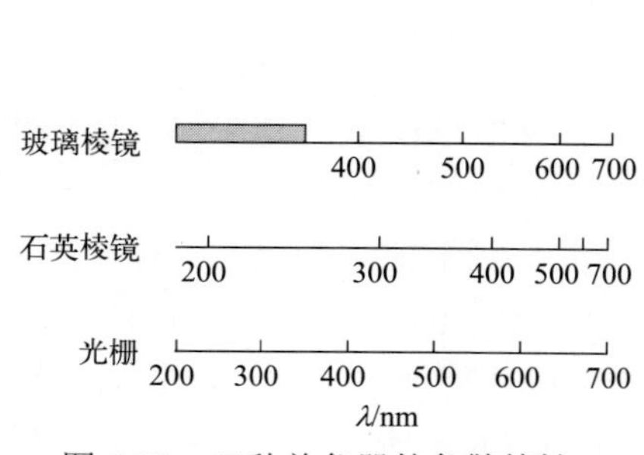

图 5-20　三种单色器的色散特性

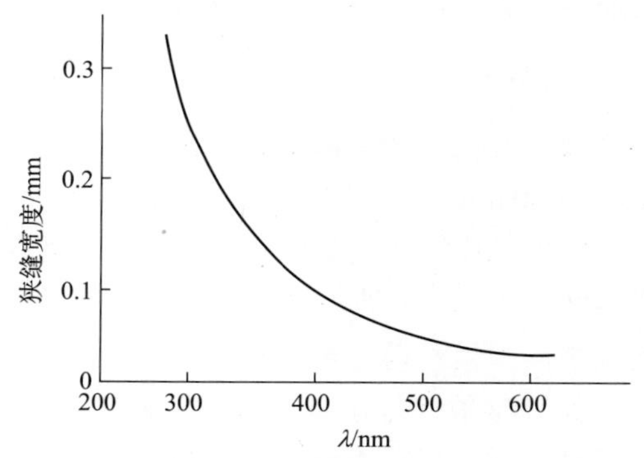

图 5-21　保持石英利特罗棱镜单色器 1 nm 恒定有效带宽所需的狭缝宽度

狭缝在决定单色光带宽上起重要作用。狭缝由两片精密加工且有锐利边缘的金属片制成。一般狭缝的两片间距离是可调节的。当需分辨窄吸收带时，最好采用较小的狭缝宽度。但当狭缝变窄时，射出的辐射强度将明显减小。因此，定量分析所采用的狭缝宽度往往比定性分析时宽。由于棱镜的色散是非线性的，因此，为了得到某一给定有效带宽的辐射，在长波部分就必须采用比在短波部分要窄得多的狭缝。石英利特罗（Littrow）棱镜单色器（自准式单色系统）要想保持 1 nm 的有效带宽所需要的狭缝宽度如图 5-21 所示。

光栅单色器的优点之一是固定的狭缝宽度可以产生几乎恒定的带宽，而与波长无关。

三、槽室

槽室包括吸收池（比色皿，见图 5-22）和槽架等部分。装试样的吸收池材料必须能够透过所测光谱范围的光，一般在低于 360 nm 的紫外光区工作时，必须采用石英或熔凝硅石。这两种材料对于可见光区以至大约 3 μm 的红外光域的辐射也是透明的。硅酸盐玻璃则可用于 360 nm 至 2 μm 的范围，另外还发现塑料容器也可用于可见光区。

图 5-22　紫外-可见吸收光谱用比色皿

四、检测系统

检测系统一般包括光电元件、放大器、读数系统三部分。光电元件有硒光电池、光电管及光电倍增管。硒光电池一般在比色计及简易型分光光度计上使用，它是测量光强度最简单的一种探测器，只要直接连上一个低电阻的微电流计就可以进行测量。硒光电池的优点在于构造简单、价格便宜、使用方便、耐用、产生的光电流较大。其缺点是光电流与照射光的强度没有很好的线性关系。此外，具有疲劳效应，即经强光照射时光电流很快升至一较高值，然后逐渐下降。照明强度愈大，疲劳效应愈显著。光电管一般用在紫外-可见分光光度计上。因为可以将它所产生的光电流进行放大，所以可以用来测量很弱的光，灵敏度比硒光电池高。

五、紫外-可见吸收光谱仪的类型

紫外-可见吸收光谱仪一般分为单光束、双光束和双波长三种类型。其构造见图 5-23。

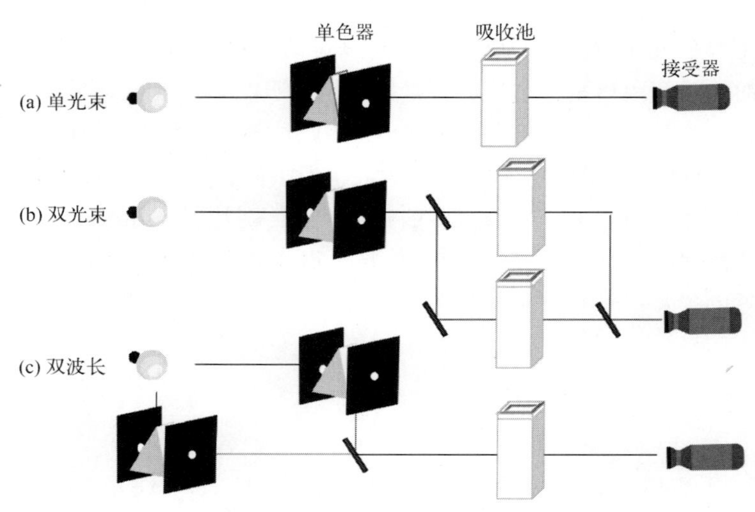

图 5-23　紫外-可见光谱仪的类型

1. 单光束

简单，价廉，适于在给定波长处测量吸光度或透射率，一般不能作全波段光谱扫描，要求光源和检测器具有很高的稳定性。

2. 双光束

自动记录，快速全波段扫描。可消除光源不稳定、检测器灵敏度变化等因素的影响，特别适合于结构分析。但仪器复杂，价格较高。记录式双光束分光光度计的光学系统及电子学部分都较复杂。这种类型的仪器近年来应用较为普遍，因为它可以克服光源的不稳定性，并可自动记录。它可自动扫描出待测物质在某一波段范围内的吸收曲线，并可反映出吸收曲线的精细结构。图 5-24 给出了一般双光束紫外-可见分光光度计的光路图。

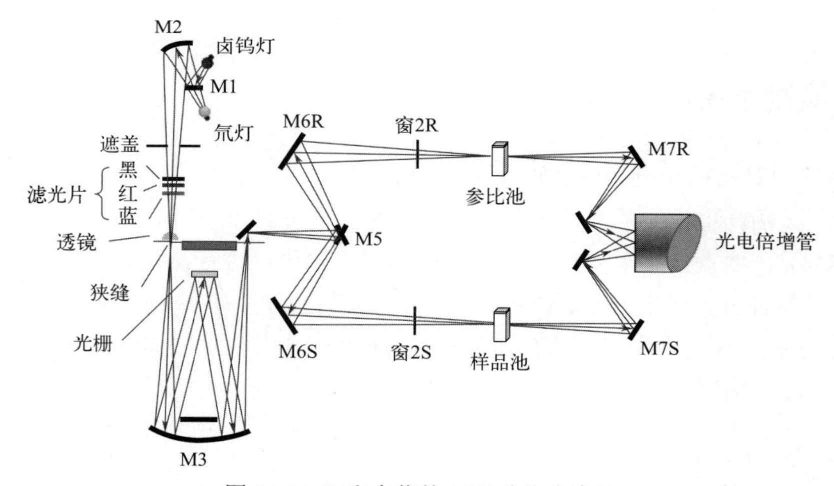

图 5-24　双光束紫外-可见分光光度计

3. 双波长

将不同波长的两束单色光（λ_1、λ_2）快速交替通过同一吸收池而后到达检测器。产生交流信号，无需参比池，$\Delta\lambda = 1\sim2$ nm。两波长同时扫描即可获得导数光谱（图 5-23）。

第七节　紫外-可见吸收光谱的应用

紫外-可见吸收光谱有着广泛的应用范围，可以用于物质的定量分析，还可以用于化合物纯度的检查、互变异构体的判别、未知样品的鉴定、顺反异构体的判断、位阻作用的测定、氢键强度的测定、有机化合物结构的鉴定等。有机化合物的紫外-可见吸收光谱基本上是其分子中生色团及助色团的特征，而不是整个分子的特征。如果物质组成的变化不影响生色团和助色团，就不会显著地影响其吸收光谱，如甲苯和乙苯具有相同的紫外吸收光谱。另外，外界因素如溶剂的改变也会影响吸收光谱，在极性溶剂中某些化合物吸收光谱的精细结构会消失，成为一个宽带。所以，只根据紫外-可见吸收光谱并不能完全确定物质的分子结构，还必须与红外吸收光谱、核磁共振波谱、质谱以及其它化学、物理方法共同配合才能得出可靠的结论。

1. 纯度检查

如果某一有机化合物在紫外区没有特征吸收光谱，而该化合物中的杂质在该区有较强的吸收，就可方便地鉴定出该化合物中的痕量杂质。例如要鉴定甲醇或乙醇中的杂质苯，可利用苯在 256 nm 处的 B 吸收带，而甲醇或乙醇在此波长处几乎没有吸收（图 5-25）。又如判断四氯化碳中有无二硫化碳杂质，只要观察在 318 nm 处有无二硫化碳的吸收峰即可。

2. 未知样品的鉴定

未知样品一般用红外吸收光谱测定，紫外吸收光谱有时也能起同样的作用。在紫外-可见光谱仪上测出未知样品的吸收谱带与标准光谱图进行比较，如两者的谱图相同，表明未知物与标准样品可能是同一有机化合物。例如合成维生素的紫外光谱与天然维生素 A_2 的吸收光谱相同，因而可以断定该合成样品可能为维生素 A_2，见图 5-26。

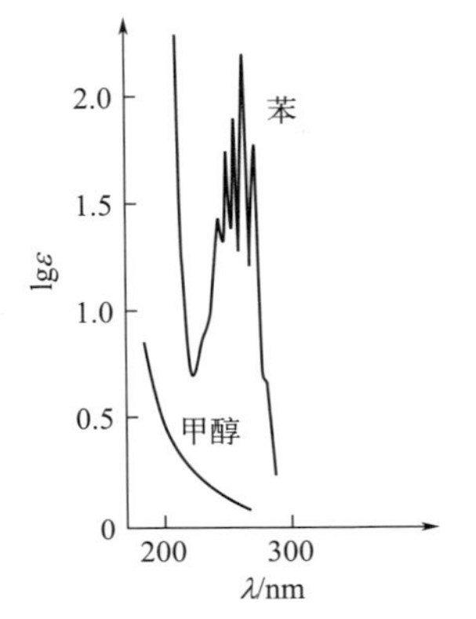

图 5-25　甲醇中杂质苯的鉴定

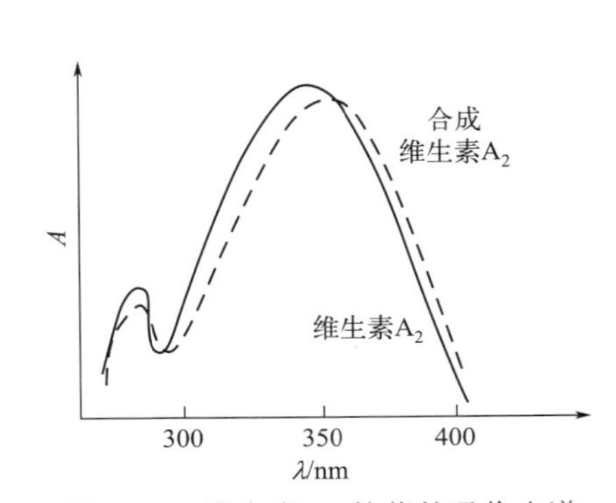

图 5-26　维生素 A_2 的紫外吸收光谱

又如工业上鉴定非干性油是否变为干性油，就是应用紫外-可见吸收光谱法进行的。干性油含有共轭双键，共轭双键谱带波长较长，而且共轭双键越多，吸收谱带波长越长。如含有非共轭双键的谱带在 210 nm 处，含有两个共轭双键的谱带约在 230 nm 处，三个共轭双键的谱带在 270 nm 附近，四个共轭双键的谱带在 310 mm 左右。非干性油是饱和脂肪酸酯，或虽不是饱和体，但其双键非共轭，非共轭的双键具有典型的烯键紫外吸收带，它的波长较短，一般饱和脂肪酸酯的吸收光谱在 210 nm 以下，双键非共轭的谱带为 210 nm。工业上是使非共轭的双键转变为共轭双键，即将非干性油转变为干性油，用紫外吸收光谱法测定共轭双键吸收谱带的位置即可确定非干性油是否转变为干性油。

3. 分子结构的推测

利用紫外吸收光谱可以推导有机化合物的分子骨架中是否含有共轭结构体系，如 C═C—C═C、C═C—C═O、苯环等。利用紫外吸收光谱鉴定有机化合物远不如利用红外吸收光谱有效，因为很多化合物在紫外光区没有吸收或者只有微弱的吸收，并且紫外吸收光谱一般比较简单，特征性不强。利用紫外吸收光谱可以检验一些具有大的共轭体系或生色团的化合物，可以作为其它鉴定方法的补充。

（1）如果一个化合物在紫外-可见光区（200～780 nm）无吸收，则说明分子中不存在共轭体系，不含有醛基、酮基或溴和碘。可能是脂肪族烃、胺、腈、醇等不含双键或环状共轭体系的化合物。

（2）如果在 210～250 nm 有强吸收，表示有 K 吸收带，则可能是含有两个双键的共轭体系，如共轭二烯或α,β-不饱和酮等。同样在 260、300、330 nm 处有高强度 K 吸收带，表示有三个、四个和五个共轭体系存在。

（3）如果在 260～300 nm 有中强吸收（ε= 200～1000 $L \cdot mol^{-1} \cdot cm^{-1}$），则表示有 B 带吸收，体系中可能有苯环存在。如果苯环上有共轭的生色团存在时，则ε可以大于 10000 $L \cdot mol^{-1} \cdot cm^{-1}$。

（4）如果在 250～300 nm 有弱吸收带（R 吸收带），则可能含有简单的非共轭结构并含有 n 电子的生色团，如羰基等。

鉴定的方法有两种：

（1）与标准物、标准谱图对照：将样品和标准物以同一溶剂配制相同浓度溶液，并在同一条件下测定，比较光谱是否一致。

（2）吸收波长和摩尔吸光系数：由于不同的化合物，如果具有相同的生色基团，也可能具有相同的紫外吸收波长，但是它们的摩尔吸光系数是有差别的。如果样品和标准物的吸收波长相同，摩尔吸光系数也相同，可以认为样品和标准物是同一物质。

4. 互变异构体的判别

对于互变异构体的确定，可以通过经验规则计算出λ_{max}值，再与实验测定值比较，即可证实化合物是哪种异构体。

例如，乙酰乙酸乙酯存在酮式和烯醇式互变异构体：

$$CH_3C(=O)-CH_2-C(=O)-OC_2H_5 \rightleftharpoons CH_3C(OH)=CH-C(=O)-OC_2H_5$$

酮式　　　　烯醇式

酮式没有共轭双键，在波长（最大）204 nm 处有弱吸收；而烯醇式由于有共轭双键，在波长（最大）245 nm 处有强的 K 吸收带（ε= 18000 L・mol^{-1}・cm^{-1}）。图 5-27 为不同溶剂中乙酰乙酸乙酯的紫外吸收光谱。

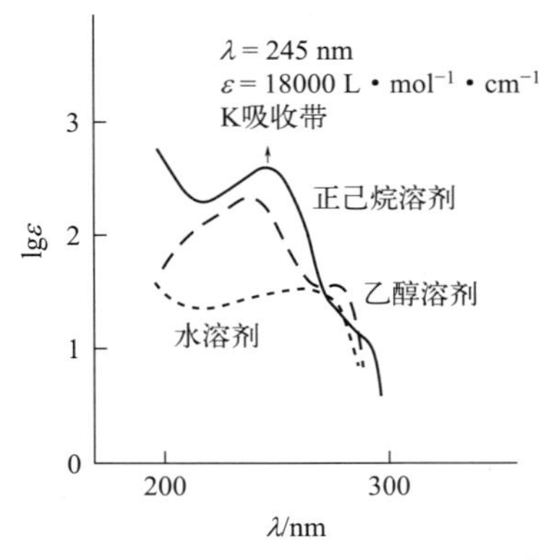

图 5-27　乙酰乙酸乙酯的紫外-可见吸收光谱

由图 5-27 可见，在正己烷中于波长 245 nm 处摩尔吸光系数 ε 最大，即烯醇式的百分含量最高，而在水中 ε 最小，烯醇式的百分含量最低。又如己-2,5-二酮(Ⅰ)和己-3,4-二酮(Ⅱ)，用化学方法只能测出它们各有两个羰基，但其中一个在 270 nm 处有最大吸收，它与丙酮的吸收峰位置相同而强度大一倍，因而确定是化合物Ⅰ。而另一个测定在 400 nm 处有最大吸收，因而判定两个羰基共轭，它应是化合物Ⅱ。

$CH_3-C(=O)-CH_2-CH_2-C(=O)-CH_3$　　Ⅰ

$CH_3-CH_2-C(=O)-C(=O)-CH_2-CH_3$　　Ⅱ

5. 顺反异构体的判断

1,2-二苯乙烯具有顺式和反式两种异构体，即

顺式
λ_{max} = 280 nm
ε_{max} = 10500 L·mol^{-1}·cm^{-1}

反式
λ_{max} = 295 nm
ε_{max} = 27000 L·mol^{-1}·cm^{-1}

已知生色团或助色团必须在同一平面上才能产生最大的共轭效应。由上列二苯乙烯的结构式可见，顺式异构体由于位阻效应而影响平面性，使共轭的程度降低，因而发生蓝移，并使 ε值降低。由此可判断顺反式的存在。

6. 位阻作用的测定

由于位阻作用会影响共轭体系的共平面性质，当组成共轭体系的生色团近似处于同一平面，两个生色团具有较大的共振作用时，λ_{max} 改变大，ε_{max} 略为降低，空间位阻作用较小；当两个生色团具有部分共振作用，两共振体系部分偏离共平面时，λ_{max} 和 ε_{max} 略有降低；当连接两生色团的单键或双键被扭曲得很厉害，以致两生色团基本未共轭，或具有极小共振作用或无共振作用，剧烈影响其紫外光谱特征时，情况较为复杂化。在多数情况下，该化合物的紫外光谱特征近似等于它所含孤立生色团光谱的“加和”。

7. 氢键强度的测定

溶剂分子与溶质分子缔合生成氢键时，对溶质分子的 UV 光谱有较大的影响。对于羰基

化合物，根据在极性溶剂和非极性溶剂中 R 带的差别，可以近似测定氢键的强度。

8. 定量测定

许多在紫外光区域有特征吸收的有机化合物与无机化合物都可以进行定量测定。朗伯-比尔定律是紫外-可见吸收光谱法进行定量分析的理论基础，具体见本章第二节。定量方法包括比较法、标准曲线法及内标法。

（1）比较法　在相同条件下配制样品溶液 c_x 和标准溶液 $c_{标}$，在最佳波长$\lambda_{最佳}$处测得二者的吸光度 A_x和 $A_{标}$，按下式计算样品溶液中被测组分的浓度。

$$c_x = \frac{A_x}{A_{标}} \times c_{标} \tag{5-8}$$

（2）标准曲线法　配制一系列不同浓度的标准溶液，在λ_{max}处分别测定该系列标准溶液的吸光度 A，然后以浓度为横坐标，以相应的吸光度为纵坐标绘制出标准曲线，在完全相同的条件下测定试液的吸光度，并从标准曲线上求得试液的浓度（具体可参考原子发射光谱法）。该法适用于大批量样品的测定。

（3）内标法　将试样分成体积相同的若干份（一般分为五份），除一份以外，在其余各份中分别加入已知量的不同浓度的标准溶液，稀释到相同的体积后，分别测量其吸光度。以加入待测元素的标准量为横坐标，测得的相应的吸光度为纵坐标作图，可得一条直线。将此直线外推至零吸收，则该线与横坐标相交于一点。此点与原点的距离即为稀释后试样溶液中待测元素的浓度（具体可参考原子发射光谱法）。

也可通过计算求出试液中待测元素的含量，具体做法为：取体积相同的两份待测试样分别放入两个小瓶中，其体积为 V_x，浓度为 c_x。取一定量的待测元素的标准溶液（要求大浓度小体积，其体积为 $V_{标}$，浓度为 $c_{标}$）加入其中一个小瓶中混合均匀。将两份溶液在相同的实验条件下测定其吸光度，分别为 A_x与 A，基于朗伯-比尔定律通过计算可获得试样的待测元素的含量（具体可参照原子吸收光谱法）。

思考与练习题

1. 紫外-可见吸收光谱产生的原因是什么？其吸收曲线为什么是带状？有什么特点？

2. 简单阐述产生无机化合物紫外-可见吸收光谱电子跃迁的机理。

3. 简单阐述有机化合物的电子跃迁。这些跃迁产生的紫外-可见吸收各处于什么波长范围？

4. 何谓生色团、助色团、蓝移、红移、增色效应及减色效应？

5. 有机化合物的紫外吸收光谱中有哪几种类型的吸收带？请阐述其产生的原因及其特点。

6. 图文并茂简述溶剂极性对 $n \rightarrow \pi^*$跃迁和$\pi \rightarrow \pi^*$跃迁的影响。

7. 有一化合物 $C_{10}H_{16}$ 由红外光谱证明有双键和异丙基存在，其紫外-可见光谱 $\lambda_{max} = 231$ nm（$\varepsilon = 9000$ L·mol^{-1}·cm^{-1}），此化合物加氢只能吸收 2mol H_2，试通过计算确定其结构。

8. 在紫外吸收光谱中，λ_{max} 最大的化合物是（　　）

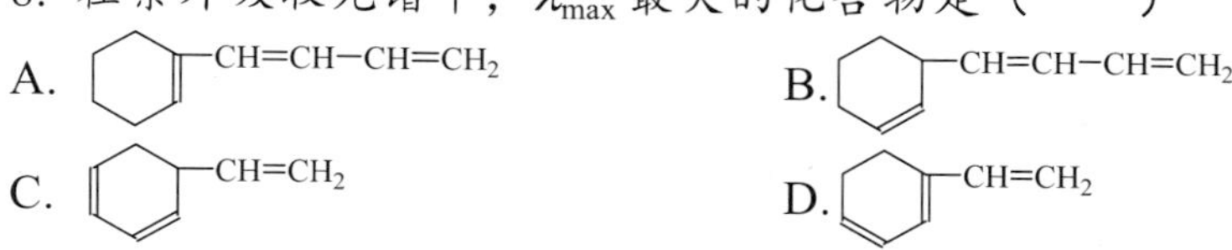

9. 比较下列化合物的紫外-可见吸收波长的位置（λ_{max}）（　　）

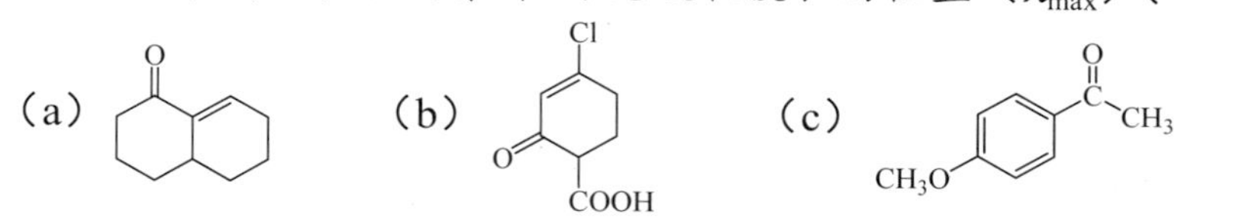

10. 按吸收波长由长波到短波排列下列化合物，并解释原因。

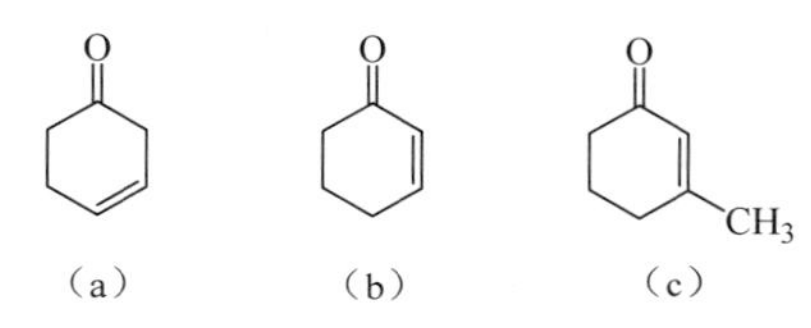

11. 用紫外-可见光谱法测量一浓度为 0.0010 mol·L^{-1} 的 M 的标准溶液，其吸光度为 0.699。在相同条件下测定该 M 的另一未知溶液，其吸光度为 1.00。求未知溶液的浓度。

12. 在 1.00 cm 吸收池中，用紫外-可见光谱仪测量 1.28×10^{-4} mol·L^{-1} 的高锰酸钾溶液在 525 nm 的透射比为 0.500。

（1）试计算此溶液的吸光度。

（2）若将此溶液的浓度增加一倍，则同样条件下，吸光度和透射比各为多少？

（3）在同样条件下，此种溶液在该吸收池中的透射比为 0.750 时，浓度为多少？

第六章　红外吸收光谱分析

第一节　红外吸收光谱概述

上一章，已述分子吸收光谱产生的原因，知道分子振动能量比转动能量大（$\Delta E_v > \Delta E_r$）。当发生振动能级跃迁时，不可避免地伴随有转动能级的跃迁，所以无法测得纯粹的振动光谱，而只能得到分子的振动-转动光谱，这种光谱又称为红外吸收光谱（infrared absorption spectroscopy, IR）。当样品受到频率连续变化的红外光照射时，分子吸收了某些频率的辐射，并由其振动或转动运动引起偶极矩的净变化，产生分子振动和转动能级从基态到激发态的跃迁，使相应于这些吸收区域的透射光强度减弱。记录红外光的透射率与波数或波长关系的曲线，就得到红外光谱。

1. 红外光区的划分

红外光谱在可见光区和微波光区之间，其波长范围约为 0.78～300 μm。习惯上按红外线波长，将红外光谱分成三个区域（见表 6-1）。

① 近红外区：0.78～2.5 μm（12820～4000 cm^{-1}），主要用于研究分子中的 O—H、N—H、C—H 键的振动倍频与组频，是红外光谱的泛频区（用于研究单键的倍频、组频吸收）。

② 中红外区：2.5～25 μm（4000～400 cm^{-1}），主要用于研究大部分有机化合物的振动基频，是红外光谱的基频振动区（各种基团基频振动吸收）。

③ 远红外区：25～300 μm（400～33 cm^{-1}），主要用于研究分子的转动光谱及重原子成键的振动，是红外光谱的转动区（价键转动、晶格转动）。

其中，中红外区（2.5～25 μm 即 4000～400 cm^{-1}）是研究和应用最多的区域，通常说的红外光谱就是指中红外区的红外吸收光谱。

表 6-1　红外光谱区分类

名　称	波长/μm	波数/cm^{-1}	能级跃迁类型
近红外（泛频区）	0.78～2.5	12820～4000	O—H、N—H 及 C—H 键的倍频吸收
中红外（基本振动区）	2.5～25	4000～400	分子中原子的振动及分子转动
远红外（转动区）	25～300	400～33	分子转动、晶格振动

2. 红外光谱图

若以一定频率的红外辐射照射某有机化合物分子时，分子中的某一基团的振动频率与红外辐射频率一致，则分子吸收辐射能，由基态振动能级跃迁到较高振动能级。以红外分光光度计记录，测得红外吸收光谱图。红外吸收光谱图横坐标为波长或波数，表示吸收峰的位置；纵坐标为透射率（T），表示吸收强度，见图 6-1。可以用峰数、峰位、峰形、峰强来描述。

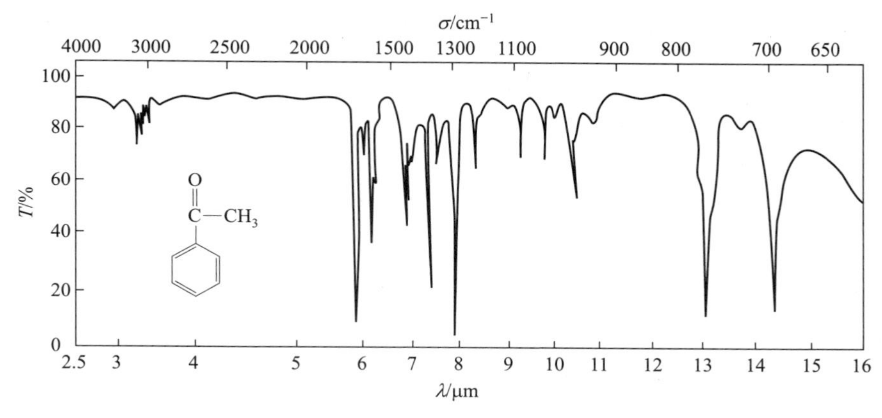

图 6-1 乙酰苯的红外吸收光谱图

红外光谱在化学领域中的应用大体上可分为两个方面。一是用于分子结构的基础研究，应用红外光谱可以测定分子的键长、键角，以此推断出分子的立体构型；根据所得的力常数可以知道化学键的强弱；由简正频率来计算热力学函数。二是用于化学组成的分析，红外光谱最广泛的应用在于对物质的化学组成进行分析，用红外光谱法可以根据光谱中吸收峰的位置和形状来推断未知物结构，依照特征吸收峰的强度来测定混合物中各组分的含量，它已成为现代结构化学、有机化学及分析化学中最常用和不可缺少的工具。

3. 红外光谱法的特点

① 特征性高。就像人的指纹一样，每一种化合物都有自己的特征红外光谱，所以把红外光谱分析形象地称为物质分子的“指纹”分析。

② 应用范围广。从气体、液体到固体，从无机化合物到有机化合物，从高分子到低分子都可用红外光谱法进行分析。

③ 用样量少，分析速度快，不破坏样品。

第二节 基本原理

一、红外吸收光谱产生的条件

红外吸收光谱产生的条件

红外光谱是由分子振动能级（同时伴随转动能级）跃迁而产生的，物质吸收红外辐射应满足两个条件:

① 辐射应具有刚好满足物质产生振动跃迁所需的能量；

② 辐射与物质间有相互偶合作用。

红外辐射具有适合的能量能导致振动跃迁的产生，当一定频率（一定能量）的红外光照射分子时，如果分子中某个基团的振动频率和外界红外辐射的频率一致，就满足了第一个条件。

为满足第二个条件，分子必须有偶极矩的改变。已知任何分子就其整个分子而言，是呈电中性的，但由于构成分子的各原子因价电子得失的难易，而表现出不同的电负性，分子也因此而显示不同的极性。通常可用分子的偶极矩 μ 来描述分子极性的大小。设分子的正负电中心的电荷分别为 $+q$ 和 $-q$，正负电荷中心距离为 d（图 6-2），则

$$\mu = qd \tag{6-1}$$

由于分子中各原子在以其平衡位置为中心不断地振动，因此 d 并不是固定不变的，而是不断地发生变化。这导致分子的偶极矩 μ 也发生相应的改变，所以分子具有固有的偶极矩变化频率。对称分子由于其正负电荷中心重叠，$d=0$，所以分子中原子的振动并不引起 μ 的变化。物质吸收辐射的第二个条件实质上是将外界电磁辐射的能量迁移到分子中去（物质吸收电磁辐射），而这种能量的转移是通过偶极矩的变化来实现的，这可用图 6-2 来说明。当周期性振动的偶极子处在电磁辐射的电场中时（电磁辐射是通过交替变化的电场与磁场传播的），此电场作周期性反转。如果电磁辐射频率与偶极子振动频率一致，在静电力的作用下，分子的振动加激（振幅加大），此时分子与辐射发生振动耦合（共振）而增加了它的振动能，即分子由原来的基态振动跃迁到较高的振动能级（分子吸收了该电磁辐射的能量）。可见，并非所有的振动都会产生红外吸收，只有发生偶极矩变化的振动才能引起可观测的红外吸收谱带，称这种振动为红外活性的，反之则称为非红外活性。对称分子（同核分子）如 N_2、O_2、Cl_2 等，由于正负电荷中心重叠，原子振动没有偶极矩的变化，这类分子不吸收红外辐射，故不产生红外吸收光谱。另一方面，并不是所有的电磁辐射都能被红外活性的分子吸收，只有其振动频率与分子的某一基团的振动频率一致时，分子才能吸收该电磁辐射，产生红外光谱。

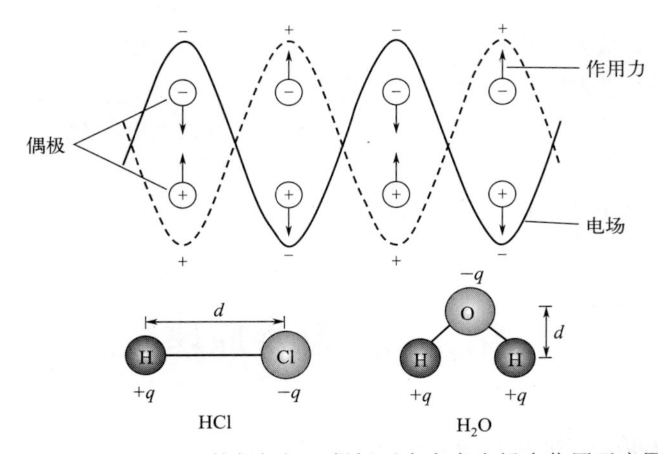

图 6-2　HC1、H_2O 的偶极矩及偶极子在交变电场中作用示意图

二、分子振动及红外吸收峰位置、数目及强度

（一）分子振动方程式与吸收峰位置

1. 双原子分子的简谐振动及其频率

双原子分子中的每个原子都以平衡点为中心以非常小的振幅（与原子核之间的距离相比）作周期性的振动，该振动近似于简谐振动（简谐振动为物体在与位移成正比的恢复力作

用下，在其平衡位置附近按正弦规律作往复的运动）。这种振动可用一个弹簧两端连着两个小球来模拟（见图 6-3）。m_1、m_2 分别代表两小球的质量（原子质量），弹簧的长度 r 就是分子化学键的长度。

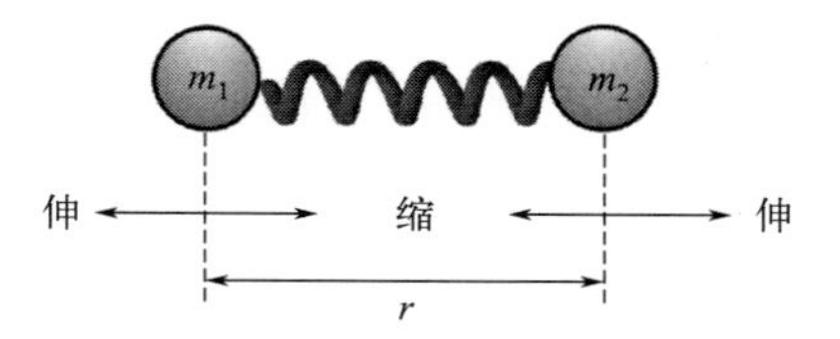

图 6-3　谐振子振动示意图

双原子分子的振动频率 σ（以波数表示，单位 cm^{-1}）参考经典力学的虎克定律可用如下公式计算：

$$\sigma = \frac{1}{2\pi c}\sqrt{\frac{k}{\mu}} \tag{6-2}$$

式中，c 为光速，$2.998\times10^{10}\ cm \cdot s^{-1}$；$k$ 是连接两个原子的化学键的力常数，$N \cdot cm^{-1}$；μ是两个原子的折合质量，g，可由如下公式计算：

$$\mu = \frac{m_1 m_2}{m_1 + m_2} \tag{6-3}$$

根据原子质量和原子量之间的关系，则有：

$$\sigma = \frac{1}{2\pi c}\sqrt{\frac{k}{\mu}} = \frac{1}{2\pi c}\sqrt{\frac{kN_A}{M}} \tag{6-4}$$

式中，N_A 为阿伏伽德罗常数，$6.022\times10^{23}\ mol^{-1}$；$M$ 是折合摩尔质量，$g \cdot mol^{-1}$。如两原子的摩尔质量分别为 M_1 和 M_2，则有：

$$M = \frac{M_1 M_2}{M_1 + M_2} \tag{6-5}$$

式（6-5）即为分子振动方程。由此式可知，发生振动能级跃迁需要能量的大小取决于化学键两端原子的折合摩尔质量和键的力常数，即取决于分子的结构特征。

为了便于日常应用，式（6-4）可以简化为简便形式。由 GB 3100—1993 可知：

$$1\ N = 1\ kg \cdot m \cdot s^{-2}$$

物理量 = 物理量的数值×物理量的单位

令$\{k\}$代表物理量 k 的数值、$\{M\}$代表物理量 M 的数值，则有：

$$k = \{k\}N \cdot cm^{-1} = \{k\}\ kg \cdot m \cdot s^{-2} \cdot cm^{-1} = \{k\}\times10^5 g \cdot cm \cdot s^{-2} \cdot cm^{-1}$$

$$M = \{M\}g \cdot mol^{-1}$$

将上两式以及 N_A、π、c 的数值和单位代入式（6-4）中可得：

$$\begin{aligned}\sigma &= \frac{1}{2\pi c}\sqrt{\frac{kN_A}{M}} \\ &= \frac{1}{2\times3.14\times2.998\times10^{10}cm \cdot s^{-1}}\sqrt{\frac{\{k\}\times10^5 g \cdot cm \cdot s^{-2} \cdot cm^{-1}\times6.022\times10^{23}mol^{-1}}{\{M\}\ g \cdot mol^{-1}}} \\ &= 1303\sqrt{\frac{\{k\}}{\{M\}}}\ cm^{-1}\end{aligned}$$

于是式（6-4）可简化为：

$$\sigma = 1303\sqrt{\frac{\{k\}}{\{M\}}}cm^{-1} \tag{6-6}$$

例如，查知 C═C 键的 $k = 8 \sim 12\ N \cdot cm^{-1}$，取 $k(C═C) = 10\ N \cdot cm^{-1}$，计算 C═C 键的振

动频率：

$$M(C,C)=\frac{12\times 12}{12+12}\,g\cdot mol^{-1}=6\,g\cdot mol^{-1}$$

$$\sigma(C=C)=1303\times\sqrt{\frac{10}{6}}\,cm^{-1}=1682\,cm^{-1}$$

正己烯中 C═C 键伸缩振动频率实测值为 1682 cm^{-1}，计算值与实测值相符。

① 对于具有相同或相似质量的原子基团来说，振动频率与 $\sqrt{k}$ 成正比，例如 C—C、C═C 和 C≡C 具有相同的 M，但由于它们的 k 值不同：单键 $k_1=4\sim6$ N • cm^{-1}、双键 $k_2=8\sim12$ N • cm^{-1}、三键 $k_3=12\sim18$ N • cm^{-1}。因而产生的红外吸收频率也不同。

对于 C≡C，k_3 取值 15 N • cm^{-1}，M(C, C) = 6 g •mol^{-1}，代入式（6-6）得$\sigma_3=2060\,cm^{-1}$ ；

对于 C═C，k_2 取值 10 N • cm^{-1}，M(C, C) = 6 g • mol^{-1}，$\sigma_2=1682\,cm^{-1}$ ；

对于 C—C，k_1 取值 5 N • cm^{-1}，M(C, C) = 6 g • mol^{-1}，$\sigma_1=1189\,cm^{-1}$ 。

结果说明，同类原子组成的化学键（折合原子质量相同），力常数越大，基本振动频率就大。

② 对于相同化学键的基团，振动频率与 $\sqrt{M}$ 成反比。如 C—H 键，k 取值 5 N • cm^{-1}，$M(C,H)=\frac{12\times 1}{12+1}\,g\cdot mol^{-1}\approx 1\,g\cdot mol^{-1}$，则$\sigma=2914\,cm^{-1}$ 。

由于各有机化合物的结构不同，它们的原子质量和化学键的力常数各不相同，就会出现不同的吸收频率，因此各有其特征的红外吸收光谱。

应该注意的是，上述用经典力学的方法来处理分子的振动是为了得到宏观的图像，便于理解并有一定性的概念。但是，一个真实的微观粒子——分子的运动需要用量子理论方法加以处理。例如上述弹簧和小球的体系中，其能量的变化是连续的，而真实分子的振动能量的变化是量子化的。

另一方面，尽管某些计算与实测值很接近，如甲烷的 C—H 基频计算值为 2914 cm^{-1} ，而实测值为 2915 cm^{-1}，但这种计算只适用于双原子分子或多原子分子中影响因素小的谐振子。实际上，在一个分子中，基团与基团间，基团中的化学键之间都相互有影响，因此基本振动频率除取决于化学键两端的原子质量、化学键的力常数外，还与内部因素（结构因素）及外部因素（化学环境）有关。

2. 多原子分子的振动

多原子分子由于组成分子的原子数目增多，组成分子的键或基团和空间结构的不同，其振动光谱比双原子分子要复杂得多。但是可以把它们的振动分解成许多简单的基本振动，即简正振动。简正振动的状态是分子的质心保持不变，整体不转动，每个原子都在其平衡位置附近做简谐振动，其振动频率和位相都相同，即每个原子都在同一瞬间通过其平衡位置，而且同时达到其最大位移值。分子中任何一个复杂振动都可以看成这些简正振动的线性组合。

3. 基本振动的理论数

简正振动的数目称为振动自由度，每个振动自由度对应于红外光谱图上一个基频吸收峰。每个原子在空间中都有三个自由度，如果分子由 n 个原子组成，其运动自由度就有 $3n$

个，这 $3n$ 个运动自由度中，包括 3 个分子整体平动自由度（分子的质心沿 x、y、z 轴平移运动），3 个分子整体转动自由度（分子整体绕 x、y、z 轴的转动），剩下的是分子的振动自由度。对于非线性分子振动自由度为 $3n-6$，但对于直线型分子，若贯穿所有原子的轴是在 x 方向，则整个分子只能绕 y、z 轴转动，因此直线型分子的振动自由度是 $3n-5$。

例如水分子是非线性分子，其振动自由度 $=3\times3-6=3$，故水分子有三种振动形式（见图 6-4），而红外光谱出现三个峰。

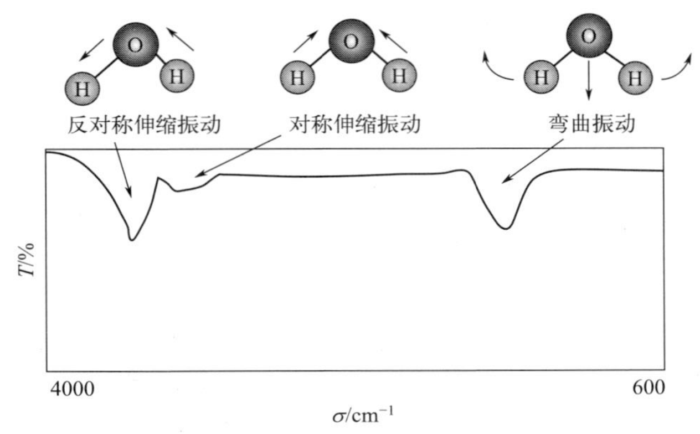

图 6-4　H_2O 分子的振动及红外吸收光谱

二氧化碳分子为直线形分子，其基本振动数为 $3\times3-5=4$，故有四种基本振动形式（见图 6-5），但红外光谱图中仅出现两个红外吸收峰。这是由于第一种对称伸缩振动形式中并不发生分子偶极矩的变化，因此是非红外活性的。第三种和第四种振动方向都是一样的，故吸收都出现在 667 cm^{-1} 处而产生简并，此时只观察到一个吸收峰。

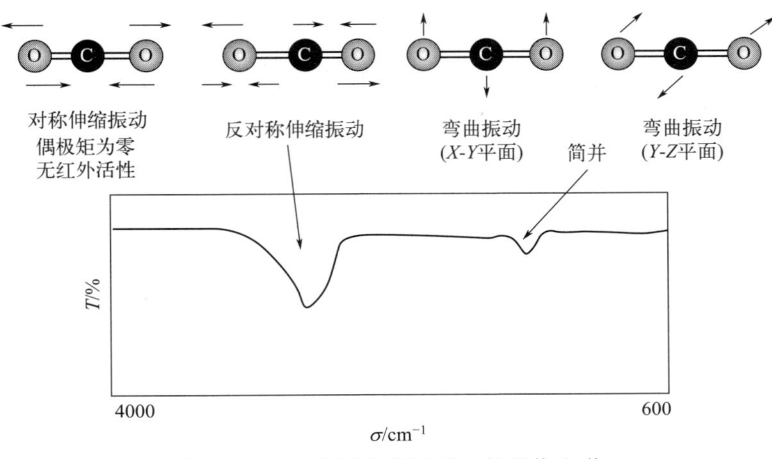

图 6-5　CO_2 分子的振动及红外吸收光谱

（二）分子振动形式和红外吸收峰的数目

1. 分子的基本振动形式

分子振动是指分子内原子间进行的周期性来回运动，而不包含分子的移动和转动。振动形式主要有对称伸缩、不对称伸缩、平面剪式运动、平面摆动、非平面摇摆、非平面扭转等。

（1）伸缩振动（stretching vibration，σ或 v）指键长沿键轴方向发生周期性变化的振动（见图 6-6）。

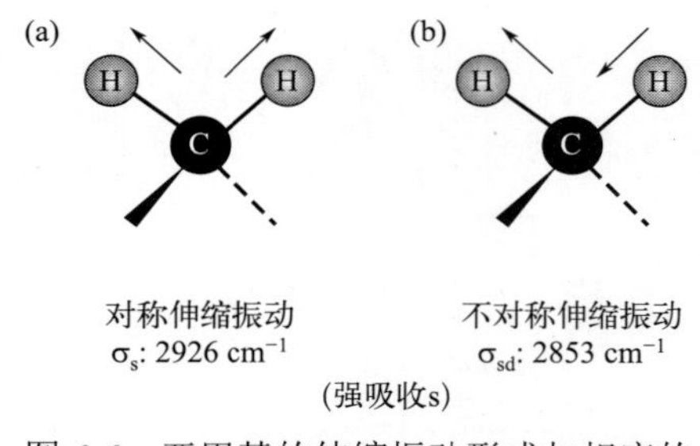

图 6-6　亚甲基的伸缩振动形式与相应的红外吸收

① 对称伸缩振动（symmetrical stretching vibration，σ_s）：键长沿键轴方向的运动同时发生［图 6-6（a）］。

② 不对称伸缩振动（asymmetrical stretching vibration，σ_{as}）：键长沿键轴方向的运动交替发生［图 6-6（b）］。

（2）弯曲振动（变形振动，变角振动）（bending vibration）指键角发生周期性变化，而键长不变的振动（见图 6-7）。

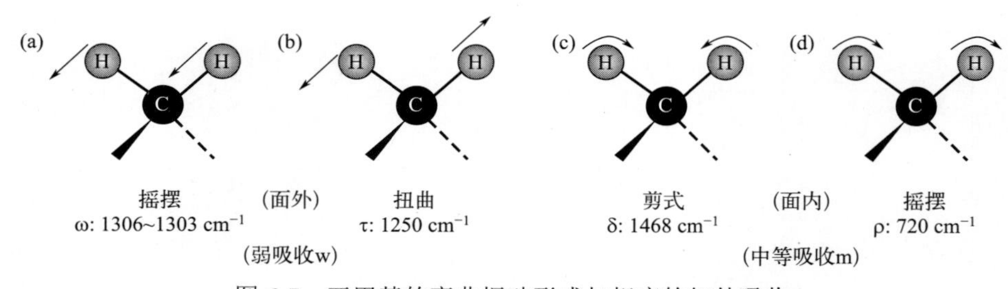

图 6-7　亚甲基的弯曲振动形式与相应的红外吸收

① 面外弯曲振动（out-of-plane bending vibration，γ）：弯曲振动垂直几个原子构成的平面。

a. 面外摇摆振动(wagging vibration，ω)：两个 H 原子同时向面下或面上的振动［图6-7(a)］。

b. 扭曲振动（twisting vibration，τ）：一个 H 原子在面上，一个 H 原子在面下的振动［图 6-7（b）］。

② 面内弯曲振动（in-plane bending vibration，δ）：弯曲振动发生在由几个原子构成的平面内。

a. 剪式振动（scissoring vibration，δ）：振动中键角的变化类似剪刀的开闭［图 6-7（c）］。

b. 面内摇摆振动（rocking vibration，ρ）：基团作为一个整体在平面内摇动［图 6-7（d）］。

2. 基频峰与泛频峰

上述每种振动形式都具有其特定的振动频率，即有相应的红外吸收峰，红外吸收光谱的吸收峰主要有以下两种。

（1）基频峰　分子吸收一定频率的红外光，振动能级从基态跃迁至第一振动激发态产生的吸收峰（即 $v=0\rightarrow1$ 产生的峰）称为基频峰。基频峰的峰位等于分子的振动频率。基频峰强度大，是红外吸收光谱的主要吸收峰。

（2）泛频峰　在红外吸收光谱中除基频峰外，还有由基态跃迁至第二激发态、第三激发态等高能态时所产生的吸收峰（即 $v=0\rightarrow2$、3……产生的峰），这些峰称为倍频峰。在倍频峰中，三倍频峰以上因跃迁概率很小，一般都很弱。除倍频峰外，尚有合频峰 $\nu_1+\nu_2$、$2\nu_1+\nu_2$……以及差频峰$\nu_1-\nu_2$、$2\nu_1-\nu_2$……。倍频峰、合频峰及差频峰统称为泛频峰。泛频峰强度较弱，难辨认，但却增加了光谱特征性。

有机化合物一般由多原子组成，因此红外吸收光谱的谱峰一般较多。而实际上，反映在红外光谱中的吸收峰有时会增多或减少，增减的原因主要有：

① 由于振动耦合及费米共振，使相应的吸收峰裂分为两个峰（参见后一节）。

② 当振动过程中分子不发生瞬间偶极矩变化时，不引起红外吸收（如 CO_2 的对称伸缩振动）。

③ 有的振动形式虽不同，但它们的振动频率相等，因而产生简并（如前述 CO_2 的面内及面外弯曲振动）。

④ 强宽峰往往要覆盖与它频率相近的弱而窄的吸收峰。

⑤ 仪器分辨率不高，对一些频率很接近的吸收峰分不开；一些较弱的峰，可能由于仪器灵敏度不够而检测不出；等等。

（三）吸收峰强度

分子振动时偶极矩的变化不仅决定该分子能否吸收红外光，而且还关系到吸收峰的强度。红外光谱的吸收带强度既可用于定量分析，又是化合物定性分析的重要依据。

基态分子中的很小一部分，吸收某种频率的红外光，产生振动能级跃迁而处于激发态。激发态分子通过与周围基态分子的碰撞等原因，损失能量而回到基态，它们之间形成动态平衡。跃迁过程中激发态分子占总分子的百分数，称为跃迁概率，谱带的强度即跃迁概率的量度。跃迁概率与振动过程中偶极矩的变化（$\Delta\mu$）有关，$\Delta\mu$越大，跃迁概率越大，谱带强度越强。偶极矩的变化与基团的极性有关，一般地，极性较强的基团（如 C═O、C—X 等）振动，吸收强度较大；极性较弱的基团（如 C═C、C—C、N═N 等）振动，吸收较弱。红外光谱的吸收强度一般定性地用很强（vs）、强（s）、中（m）、弱（w）和很弱（vw）表示。按摩尔吸光系数 ε 的大小划分吸收峰的强弱等级，具体见表 6-2。

表 6-2　红外光谱吸收强度划分及表示方法

摩尔吸光系数ε/（$L \cdot mol^{-1} \cdot cm^{-1}$）	强度	符号
$\varepsilon>100$	很强	vs
$20<\varepsilon<100$	强	s
$10<\varepsilon<20$	中等	m
$1<\varepsilon<10$	弱	w
$0<\varepsilon<1$	很弱	vw

影响吸收峰强度的因素：

（1）振动形式　振动形式不同，会导致分子的电荷分布不同，因此偶极矩的变化也就不同。通常不对称伸缩振动的吸收强度大于对称伸缩振动的吸收强度，伸缩振动的吸收强度大于变形振动的吸收强度，基频峰强于泛频峰。

（2）跃迁概率　激发态分子占所有分子的百分数越大，跃迁概率也越大，产生的吸收越强。

（3）振动过程中偶极矩的变化　影响偶极矩变化的有如下两个因素：

① 化学键连接的原子电负性差别的大小：化学键连接的原子电负性差别越大，偶极矩的变化越大，红外吸收峰越强。

② 分子的对称性：完全对称的结构，$\Delta\mu = 0$，不产生红外活性振动；不对称的结构，$\Delta\mu \neq 0$，产生红外活性振动。

例如 C═C 双键在下述三种结构中，吸收强度的差别就非常明显：

R—CH═CH_2　　　　$\varepsilon = 40\ L \cdot mol^{-1} \cdot cm^{-1}$

R—CH═CH—R′（顺式）　　　　$\varepsilon = 10\ L \cdot mol^{-1} \cdot cm^{-1}$

R—CH═CH—R′（反式）　　　　$\varepsilon = 2\ L \cdot mol^{-1} \cdot cm^{-1}$

这是由于对于 C═C 双键来说，结构 a 的对称性最差，因此吸收较强，而结构 c 的对称性相对来说最高，故吸收最弱。

（4）溶剂　对于同一试样，在不同的溶剂中，或在同一溶剂不同浓度的试样中，由于氢键的影响以及氢键强弱的不同，使原子间的距离增大，偶极矩变化增大，吸收增强。例如醇类的—OH 在四氯化碳溶剂中伸缩振动的强度就比在乙醚溶剂中弱得多。而在不同浓度的四氯化碳溶液中，由于缔合状态的不同，强度也有很大差别。

应该指出，即使是强极性基团的红外振动吸收带，其强度也要比紫外及可见光区最强的电子跃迁小二到三个数量级。另一方面，由于红外分光光度计所发射的能量较低，测定时必须用较宽的狭缝，使单色器的光谱通带同吸收峰的宽度相近。这样就使测得的红外吸收带的峰值及宽度，受所用狭缝宽度强烈影响。同一物质的摩尔吸光系数ε随不同仪器而改变。

第三节　红外光谱与分子结构

一、红外吸收光谱的特征性

1. 基团频率

红外光谱的最大特点是具有特征性。复杂分子中存在许多结构单元，各个结构单元（基团）在分子被激发后，都会产生特征的振动吸收峰。这种与一定结构单元相联系的、在一定范围内出现的化学键振动频率称为基团频率（又称基团特征峰）。例如—CH_3 的特征峰为 2800～3000 cm^{-1}；—C═O 的特征峰为 1600～1850 cm^{-1}。

基团所处化学环境不同，特征峰出现位置稍微变化，如—C═O 在酮、酯、酰胺中略有差异：

—CH_2—CO—CH_2—（酮）　　1715 cm^{-1}

—CH_2—CO—O—（酯）　　1735 cm^{-1}

—CH_2—CO—NH—（酰胺）　　1680 cm^{-1}

2. 红外光谱信息区

常见的有机化合物基团频率出现的范围为 4000～400 cm^{-1}，依据基团的振动形式分为四个区：

① 4000～2500 cm^{-1} 为X—H伸缩振动区（X＝O、N、C、S等原子）。O—H伸缩振动吸收峰在3650～3200 cm^{-1}。氢键的存在使频率降低，谱峰变宽，吸收峰出现在3150～2650 cm^{-1}。它是判断有无醇、酚和有机酸的重要依据。饱和烃（三元环除外）C—H伸缩振动吸收峰在3000 cm^{-1} 以下；不饱和烃（包括烯烃、炔烃、芳烃）C—H伸缩振动吸收峰在3000 cm^{-1} 以上。三元环的—CH_2 伸缩振动吸收峰也在3000 cm^{-1} 以上。N—H伸缩振动吸收峰在3500～3300 cm^{-1} 区域，它和O—H谱带重叠，但峰形比O—H尖锐。

② 2500～2000 cm^{-1} 为三键、累积双键伸缩振动区。该区红外谱带较少，主要包括—C≡C–、—C≡N等三键的伸缩振动和—C═C═C—、—C═C═O等累积双键的不对称伸缩振动。R—C≡CH中—C≡C—的伸缩振动吸收峰出现在2140～2100 cm^{-1} 区域，R′—C≡C—R中—C≡C—的伸缩振动吸收峰出现在2260～2190 cm^{-1} 区域。—C≡N伸缩振动出现在2260～2240 cm^{-1} 区域。此外，Si—H、P—H、B—H的伸缩振动吸收峰也出现在该区域。

③ 2000～1500 cm^{-1} 为双键伸缩振动区。该区主要包括C═O、C═C、C═N、N═O等的伸缩振动吸收峰以及苯环的骨架振动吸收峰与芳香族化合物的倍频谱带。羰基C═O伸缩振动吸收峰在1900～1600 cm^{-1} 区域，如醛、酮、羧酸、酯、酰卤、酸酐等在该区有强吸收带，其波数大小顺序为酸酐＞酰卤＞羧酸（游离）＞酯类＞醛＞酮＞酰胺。C═O伸缩振动吸收带的位置还与连接基团有密切关系，因此对判断羰基化合物的类型有重要价值。C═O、C═C和C═N的伸缩振动吸收峰出现在1680～1500 cm^{-1} 区域，一般强度较弱。RR′C═CR″R‴中C═C伸缩振动吸收峰出现在1680～1620 cm^{-1} 区域。当R、R′、R″、R‴差别比较大时，如正己烯 CH_2═$CHCH_2CH_2CH_2CH_3$ 的C═C吸收带就很强。如果R、R′、R″、R‴相似或相同，则C═C的吸收非常弱，甚至是非红外活性的。单核芳烃的C═C伸缩振动吸收峰出现在1500～1480 cm^{-1} 和1600～1590 cm^{-1} 两个区域。这两个峰是鉴别有无芳核存在的重要标志之一，一般前者谱带较强，后者较弱。苯的衍生物在2000～1667 cm^{-1} 区域出现C—H面外弯曲振动和C═C面内变形振动的泛频峰，强度很弱。该区吸收峰的数目和形状与芳核的取代类型有关，在鉴定苯环取代类型上非常有用。

④ 1500～400 cm^{-1} 为X—Y的伸缩振动和X—H的变形振动区。主要包括C—O、C—N、C—L（卤素）、C—C等的伸缩振动以及C—H、N—H变形振动，该区域的光谱比较复杂。饱和 CH_3 的C—H弯曲振动有对称和不对称弯曲振动两种，其中对称弯曲振动较为特征，吸收谱带在1370～1380 cm^{-1}，受取代基影响小，可作为判断甲基的依据。饱和 CH_2 的C—H伸缩振动有四种类型，以平面摇摆振动在结构分析中最为有用。当四个以上的 CH_2 呈直链时，CH_2 的平面摇摆振动吸收峰出现在720 cm^{-1}。随着 CH_2 个数的减少，吸收谱带向高波数方向位移，由此可推断分子键的长短。烯烃的C—H弯曲振动吸收峰以在1000～800 cm^{-1} 范围内的非平面摇摆振动吸收峰最为有用，可借助该吸收峰鉴别各种取代类型的烯烃。芳烃的C—H弯曲振动吸收峰主要为900～650 cm^{-1} 处的面外弯曲振动吸收峰，是确定苯环的取代类型的特征峰。甚至可以利用这些峰对苯环的邻、间、对位异构体混合物进行定量分析。C—O伸缩振动吸收峰常常是该区中最强的峰，容易识别。通常醇的C—O伸缩振动吸收峰在1200～1000 cm^{-1}，酚的C—O伸缩振动吸收峰在1300～1200 cm^{-1}，在酯醚中有C—O—C的对称伸缩振动和不对伸缩振动吸收峰，后者比较强。C—Cl伸缩振动吸收峰出现在800～

600 cm^{-1}，C—F 伸缩振动吸收峰出现在 1400～1000 cm^{-1}，两者都是强吸收。此外，C═S、S═O、P═O 等双键的伸缩振动吸收峰也出现在该区。

在 4000～400 cm^{-1} 范围内，4000～1350 cm^{-1} 的高频区为官能团区（特征频谱区）。基团的特征吸收峰一般位于该区，主要包含各种单键、双键和三键的伸缩振动及弯曲振动吸收峰。其特点为吸收峰稀疏、较强、易辨认，是红外光谱主要使用的区域。1350～400 cm^{-1} 的低频区为指纹区，主要包含 C—X（X＝O，N 等）单键的伸缩振动及各种面内弯曲振动吸收峰。特点为吸收峰密集、难辨认，但却增加了化合物的指纹性。由于各种单键的伸缩振动之间、C—H 变形振动之间以及单键的伸缩振动与 C—H 变形振动之间相互偶合，使指纹区域的吸收峰非常复杂。并且吸收峰对分子结构上的微小变化也非常敏感，因此只要分子在化学结构上存在微小差异（如同系物、同分异构体和空间构象等），其吸收峰在指纹区中就有明显的不同，就如同人的指纹一样。该区图谱复杂，有些谱峰无法确定。但其主要价值在于表示整个分子的特征，因此指纹区对检定化合物是有用的。重要的基团振动和对应的红外光谱区见图 6-8。

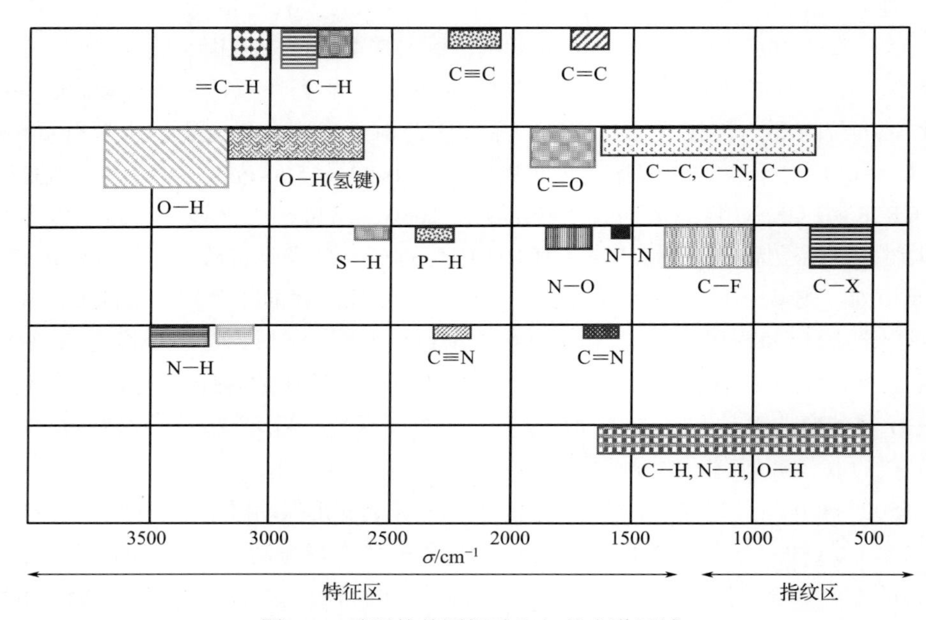

图 6-8 重要的基团振动和红外光谱区域

二、常见有机化合物基团的特征频率

1. 脂肪烃类化合物

脂肪烃类化合物主要有烷烃、烯烃和炔烃，主要由甲基、亚甲基、次甲基等组成，化学键主要有 C—H、C—C、C═C 和 C≡C。判断烷烃、烯烃和炔烃首先依据 C—H 的伸缩振动，烷烃 C—H 的伸缩振动小于 3000 cm^{-1}，烯烃在 3000～3100 cm^{-1}，炔烃约在 3300 cm^{-1}；而后再以碳骨架的伸缩振动辅之，C—C 的伸缩振动在 1250～1140 cm^{-1}，C═C 的伸缩振动约在 1650 cm^{-1}，C≡C 的伸缩振动约在 2200 cm^{-1}。脂肪烃类化合物中各基团的振动频率见表 6-3。

表 6-3 脂肪烃类化合物中各基团的振动频率

化合物	基团振动形式	符号	基团特征频率/cm^{-1}	强度
烷烃	甲基不对称伸缩振动	$\sigma_{CH_3}^{as}$	约 2960	vs
	甲基对称伸缩振动	$\sigma_{CH_3}^{s}$	约 2870	vs
	亚甲基不对称伸缩振动	$\sigma_{CH_2}^{as}$	约 2925	s
	亚甲基对称伸缩振动	$\sigma_{CH_2}^{s}$	约 2850	s
	次甲基不对称伸缩振动	σ_{CH}^{as}	约 2890	m，易淹没
	甲基不对称面内弯曲振动	$\delta_{CH_3}^{as}$	约 1450	m
	甲基对称面内弯曲振动	$\delta_{CH_3}^{s}$	约 1375	m → s
	异丙基面内弯曲振动	$\delta_{CH(CH_3)_2}^{s}$	等强度裂分为约 1385 cm^{-1} 和约 1375 cm^{-1} 双峰	s
	叔丁基面内弯曲振动	$\delta_{C(CH_3)_3}^{s}$	不等强度裂分为约 1395 cm^{-1} 和约 1365 cm^{-1} 双峰	s
烯烃	亚甲基剪式振动	δ_{CH_2}	约 1465	m
	亚甲基面内摇摆振动	ρ_{CH_2}	约 720（n>4）	m
	亚甲基面外摇摆振动	ω_{CH_2}	约 1300	m
	亚甲基扭曲振动	τ_{CH_2}	约 1250	m
	C—C 骨架伸缩振动	σ_{C-C}	1250～1140	w → m
	双键上 C—H 伸缩振动	$\sigma_{=CH}$	3100～3000	w → m
	双键上 C—H 面外弯曲振动	$\gamma_{=CH}$（反）	690	m → s
	双键上 C—H 面外弯曲振动	$\gamma_{=CH}$（顺）	960	m → s
	C═C 伸缩振动	$\sigma_{C=C}$	约 1650（由取代基对称性而定，完全相同且对称峰消失）	w → ?
炔烃	三键上 C—H 伸缩振动	$\sigma_{\equiv CH}$	约 3300	s
	三键上 C—H 面内弯曲振动	$\delta_{\equiv CH}$	约 1300	s
	三键上 C—H 面外弯曲振动	$\gamma_{\equiv CH}$	630	s
	C≡C 伸缩振动	$\sigma_{C\equiv C}$	约 2200（完全对称消失）	m → s

如图 6-9 庚烷、1-庚烯与 1-庚炔的红外光谱所示，庚烷中甲基与亚甲基的 C—H 伸缩振动吸收峰小于 3000 cm^{-1}，在 2850～2960 cm^{-1} 处出现四个峰，虽然不明显，但经放大后仍然清晰可见。1-庚烯双键上 C—H 伸缩振动吸收峰出现在 3100～3000 cm^{-1}，不明显，而甲基与亚甲基的 C—H 伸缩振动吸收峰小于 3000 cm^{-1}，几乎分辨不清。1-庚炔三键上 C—H 伸缩振动在 3300 cm^{-1} 出现了一个明显的吸收峰，而甲基与亚甲基的 C—H 伸缩振动吸收峰小于 3000 cm^{-1}，也几乎分辨不清。三个化合物红外光谱中均出现了明显的甲基不对称变形振动（约 1450 cm^{-1}）、甲基对称变形振动（约 1380 cm^{-1}）以及亚甲基面内摇摆（约 720 cm^{-1}）吸收峰。1-庚烯的红外光谱在约 1650 cm^{-1} 处出现了明显的 C═C 伸缩振动吸收峰，1-庚炔红

外光谱在约 2200 cm^{-1} 处出现了 C≡C 伸缩振动吸收峰。因此，依据三键与双键上 C—H 伸缩振动吸收峰、C═C 伸缩振动吸收峰、C≡C 伸缩振动吸收峰可区分三个化合物。

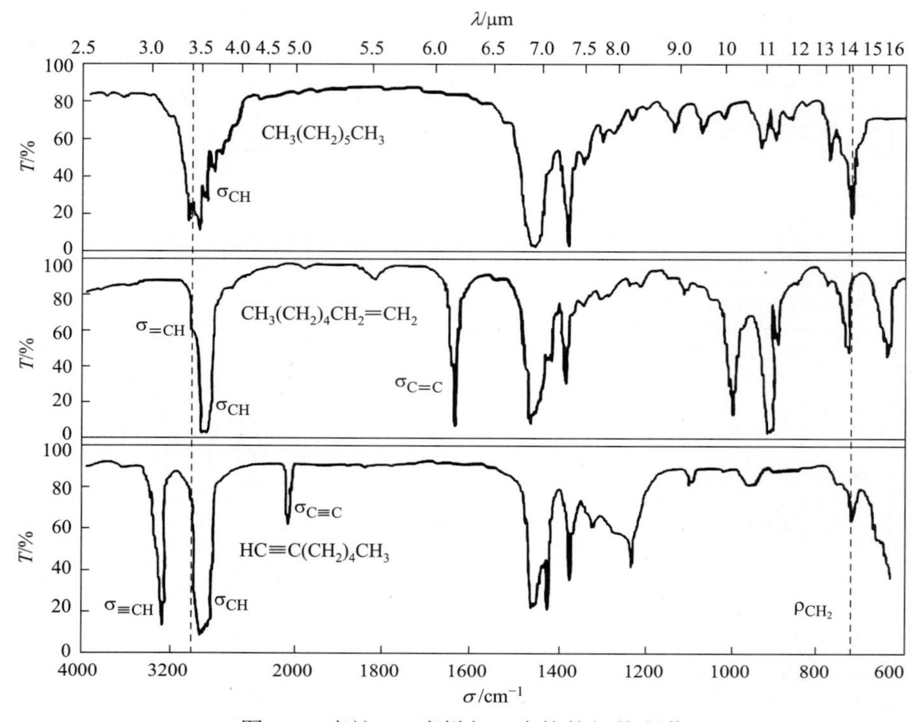

图 6-9　庚烷、1-庚烯与 1-庚炔的红外光谱

2. 单核芳香族化合物

单核芳香族化合物可依据 3100～3000 cm^{-1} 芳氢伸缩振动与 1600 cm^{-1} 和 1500 cm^{-1} 附近的两个芳环骨架伸缩振动来确定，也可据此区别它与烯烃。苯衍生物在 900～600 cm^{-1} 出现苯环面外弯曲振动，也可以据此判断有无芳香族化合物，也可用来判断取代基位置。另外，当甲基与芳环相连时，其各振动吸收峰会向低波数移动。苯衍生物在 1650～2000 cm^{-1} 范围出现 C—H 面外和 C═C 面内变形振动的泛频吸收。虽然强度很弱，但它们在表征芳核取代类型上都很有用。如果分子中含有 C═O 及其他有干扰的官能团时，就不能用于鉴定。单核芳香族化合物中芳氢与骨架振动的振动频率见表 6-4。

表 6-4　单核芳香族化合物中各基团的振动频率

化合物	基团振动形式	符号	基团特征频率	强度
苯	芳氢伸缩振动	σ_{C-H}	3100～3000 cm^{-1}	w → m
	芳环骨架伸缩振动	$\sigma_{C=C}$	1620～1450 cm^{-1} 单核芳烃的 C═C 伸缩振动吸收主要有四个，出现在 1620～1450 cm^{-1} 范围内，其中最低波数的 1450 cm^{-1} 常常观察不到。1500 cm^{-1} 的吸收带最强，1600 cm^{-1} 的次之。1580 cm^{-1} 的吸收带常常被 1600 cm^{-1} 的掩盖或变成一个肩峰	m

续表

化合物	基团振动形式	符号	基团特征频率	强度
苯	苯衍生物在 1650～2000 cm^{-1} 的 C—H 面外和 C═C 面内变形振动的泛频吸收		1650～2000 cm^{-1} 单取代　双取代（邻、间、对） 三取代（1,2,3；1,2,4；1,3,5） 四取代（1,2,3,4；1,2,3,5；1,2,4,5） 五取代	
	芳氢弯曲振动	γ_{C-H}	单取代（双峰）：约 750 cm^{-1}，约 700 cm^{-1}	s, vs
			双取代	
			邻取代（单峰）：约 750 cm^{-1}	s
			间取代（三峰）：	
			810～750 cm^{-1}	s
			725～680 cm^{-1}	vs
			900～860 cm^{-1}	m
			对取代（单峰）：860～800 cm^{-1}	s

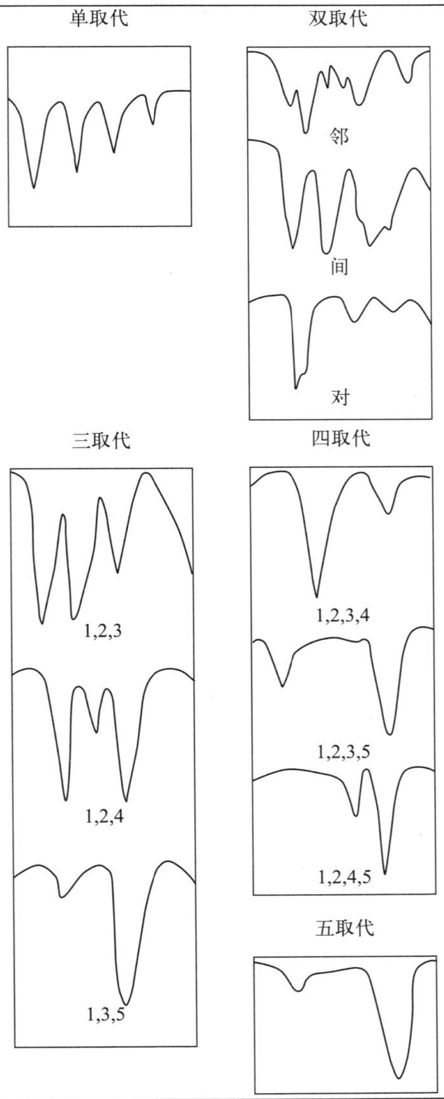

如图 6-10 所示，三个化合物在约 2870 cm^{-1}、约 2960 cm^{-1} 均出现了甲基的 C—H 对称

与不对称伸缩振动吸收峰，在 3100～3000 cm^{-1} 出现了芳氢 C—H 伸缩振动吸收峰，在约 1600 cm^{-1}、约 1500 cm^{-1} 均出现了两个明显的芳环骨架 C═C 伸缩振动吸收峰，依据该吸收峰可区别芳烃与烯烃。三个化合物红外光谱中也出现了明显的甲基不对称变形振动（约 1450 cm^{-1}）和对称变形振动（约 1380 cm^{-1}）吸收峰。另外，根据苯衍生物在 1650～2000 cm^{-1} 范围出现 C—H 面外和 C═C 面内变形振动的泛频吸收的分布可区别邻二甲苯、间二甲苯与对二甲苯。此外，也可依据γ_{C-H}鉴别三个化合物，邻二甲苯的γ_{C-H}在 743 cm^{-1} 出现了一个吸收峰，间二甲苯的γ_{C-H}在 767 cm^{-1} 与 692 cm^{-1} 出现了两个吸收峰，对二甲苯的γ_{C-H}在 792 cm^{-1} 出现了一个吸收峰。

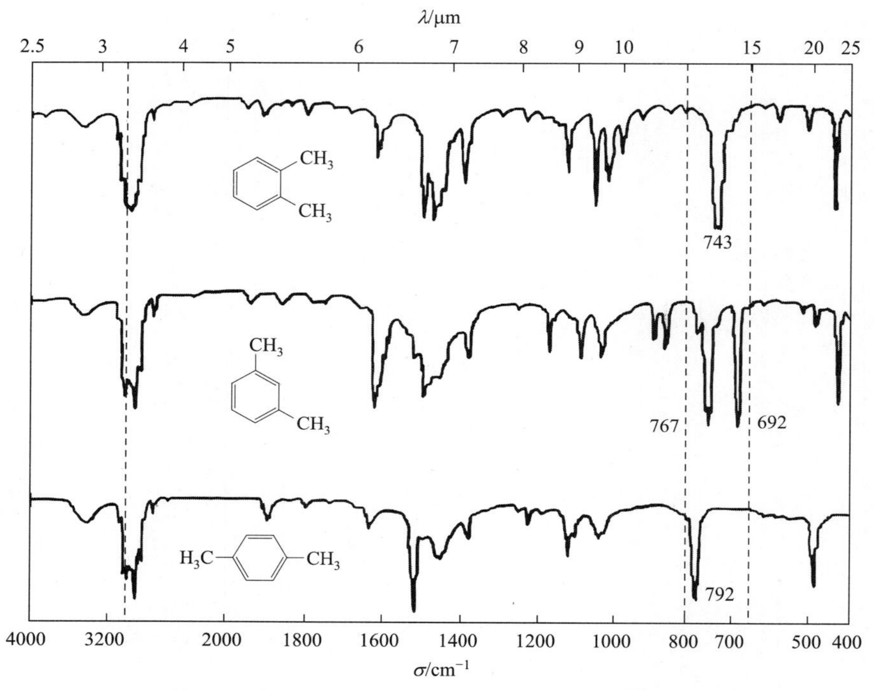

图 6-10 邻二甲苯、间二甲苯与对二甲苯的红外光谱

3. 醇、酚、醚

醇、酚中的 O—H 伸缩振动在 3650～3200 cm^{-1}，而 C—O 伸缩振动在 1250～1000 cm^{-1}，皆为强峰。此外，酚还具有苯环特征，在非极性溶剂中，浓度较小（稀溶液）时，O—H 伸缩振动峰形尖锐，为强吸收；当浓度较大时，发生缔合作用，O—H 伸缩振动峰形较宽。醚的 C—O 伸缩振动在 1300～1000 cm^{-1}。醇、酚、醚中各基团的振动频率见表 6-5。鉴别醇、酚、醚首先看是否出现 O—H 伸缩振动，如没有出现则为醚，否则为醇、酚；再根据是否具有芳香性来区别醇与酚。

表 6-5 醇、酚、醚中各基团的振动频率

化合物	基团振动形式	符号	基团特征频率/cm^{-1}	强度
醇、酚	O—H 伸缩振动	σ_{O-H}（游离）	3650～3600/锐峰	vs
		σ_{O-H}（缔合）	3500～3200/宽、钝峰	s

续表

化合物	基团振动形式	符号	基团特征频率/cm^{-1}	强度
醇、酚	C—O 伸缩振动	σ_{C-O}（伯醇）	约 1050	s
		σ_{C-O}（仲醇）	约 1100	s
		σ_{C-O}（叔醇）	约 1150	s
		σ_{C-O}（酚）	1300～1200	s
醚	C—O—C 伸缩振动	σ_{CO}^{as}（链）	1150～1060	s
		σ_{CO}^{s}（链）		w → 消失
		$\sigma_{CO(\Phi)}^{as}$	1250	s
		$\sigma_{CO(\Phi)}^{s}$	1040	m

如图 6-11 所示，正辛醇的红外光谱中在约 3400 cm^{-1} 处出现了明显的 O—H 伸缩振动吸收峰，峰形较钝，说明—OH 通过氢键缔合，依据此峰可以鉴别醇与醚。在约 1050 cm^{-1} 处出现了明显的 C—O 伸缩振动吸收峰，说明该醇为伯醇。正戊醚的红外光谱中在 1150～1060 cm^{-1} 处出现了 C—O—C 不对称伸缩振动吸收峰。

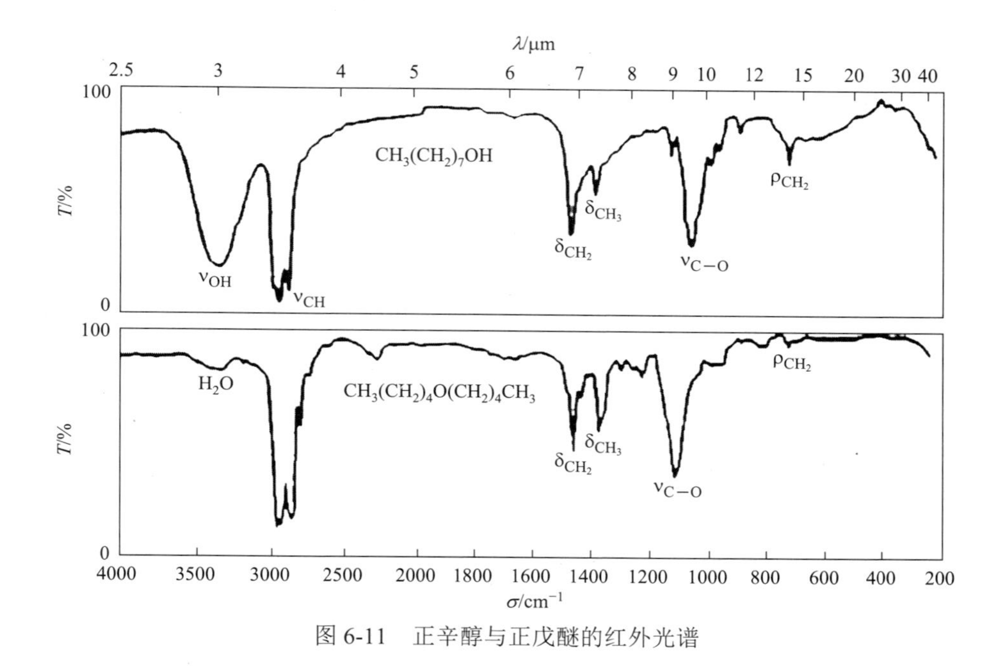

图 6-11　正辛醇与正戊醚的红外光谱

4. 羰基化合物

羰基化合物中羰基 C═O 伸缩振动在 1900～1600 cm^{-1}，是一强峰，峰位排序为酸酐＞酰卤＞羧酸（游离）＞酯类＞醛＞酮＞酰胺。对于环酮，随环张力增加，吸收峰移向高波数。醛中醛基$\sigma_{CH(O)}$的伸缩振动与$\delta_{CH(O)}$二倍频峰发生费米共振，在 2850 cm^{-1} 处分裂成双峰。羰基化合物中各基团的振动频率见表 6-6。

表 6-6　羰基化合物中各基团的振动频率

化合物	基团振动形式	符号	基团特征频率/cm⁻¹	强度
酮	C═O 伸缩振动	$\sigma_{C=O}$(酮)	1715	s
醛	C═O 伸缩振动	$\sigma_{C=O}$(醛)	约 1725（尖峰）	s
	CO—H 振动	$\sigma_{CH(O)}$	约 2820 和 2720（双尖峰）	s
酰氯	C═O 伸缩振动	$\sigma_{C=O}$(酰氯)	约 1800	s
羧酸	C═O 伸缩振动	$\sigma_{C=O}$(羧酸)	1740～1680（钝峰）	s
	O—H 伸缩振动	σ_{OH}(羧酸)	3400～2500（宽峰）	s
	C—O 伸缩振动	σ_{CO}(羧酸)	1320～1200	m
酯	C═O 伸缩振动	$\sigma_{C=O}$(酯)	约 1735	s
	C—O 伸缩振动	σ_{CO}^{as}	1280～1100	s
		σ_{CO}^{s}	1150～1000	w
酸酐	C═O 伸缩振动	$\sigma_{C=O}^{as}$	1850～1800	s
		$\sigma_{C=O}^{s}$	1780～1740	vs
	C—O 伸缩振动	σ_{CO}(酸酐)	1300～900	s

如图 6-12 所示，正丙酸的红外光谱中在约 3200 cm⁻¹ 处出现了明显的羧羟基 O—H 伸缩振动吸收峰，峰形较宽，说明羧基通过氢键缔合，依据此峰可以鉴别酸、酯与酸酐。正丙酸的 C═O 伸缩振动吸收峰出现在约 1718 cm⁻¹ 处，丙酸乙酯的 C═O 伸缩振动吸收峰出现在约 1744 cm⁻¹ 处，丙酸乙酯的 C═O 伸缩振动在约 1824 cm⁻¹ 与约 1760 cm⁻¹ 处出现了双峰。

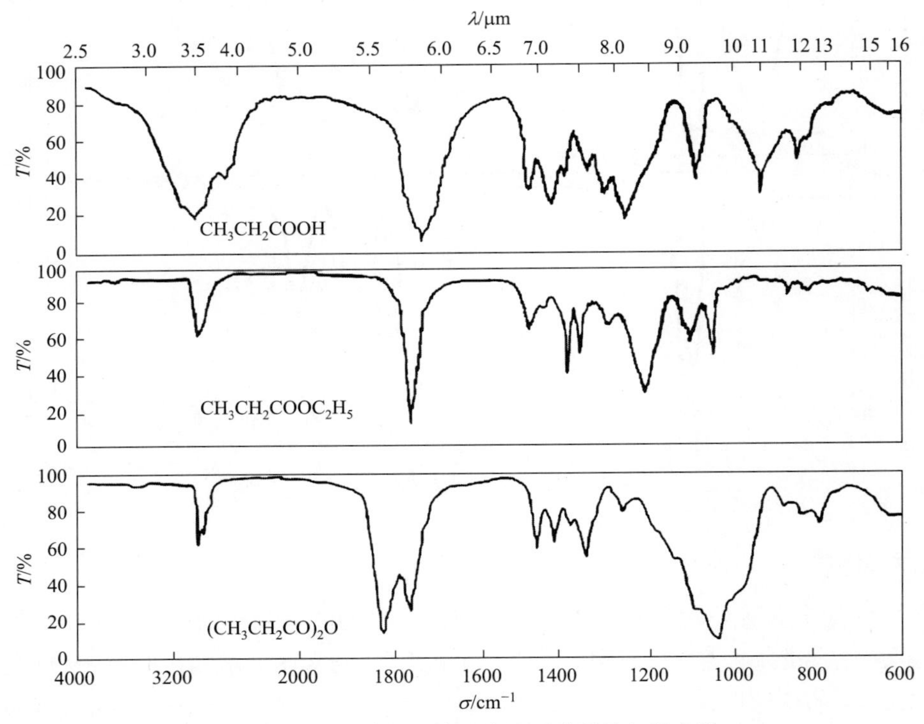

图 6-12　正丙酸、丙酸乙酯及丙酸酐的红外光谱

5. 含氮化合物

N—H 伸缩振动在 3500～3300 cm^{-1} 区域，其中伯胺有两个尖峰，仲胺有一个吸收峰，叔胺无峰。脂肪胺的吸收峰比较弱，芳香胺的吸收峰比较强。含氮化合物中各基团的振动频率见表 6-7。

表 6-7　含氮化合物中各基团的振动频率

化合物	基团振动形式	符号	基团特征频率/cm^{-1}	强度
胺	N—H 伸缩振动	σ_{NH_2} (伯胺)	3500～3300（双尖峰）	w
		σ_{NH} (仲胺)	3500～3300（单尖峰）	w
		σ_{NH_2} (芳伯胺)	3500～3300（双尖峰）	s
		σ_{NH} (芳仲胺)	3500～3300（单尖峰）	s
	N—H 变形振动	δ_{NH_2} (伯胺)	1650～1590（单峰）	w
		δ_{NH} (仲胺)	1650～1550（单峰）	m
	C—N 伸缩振动	$\sigma_{C=N}$	1300～1000（单峰）	m
酰胺	C＝O 伸缩振动	$\sigma_{C=O}$ (酰胺)	1680～1630	s
	N—H 伸缩振动	σ_{NH_2} (酰胺)	3500～3100（双尖峰）	s
		σ_{NH} (酰胺)	3500～3100（单峰）	
	N—H 变形振动	δ_{NH} (酰胺)	1640～1550	m
硝基化合物	N＝O 伸缩振动	$\sigma_{NO_2}^{as}$	1600～1500	s
		$\sigma_{NO_2}^{s}$	1390～1300	s
腈	C≡N 伸缩振动	$\sigma_{C\equiv N}$	2260～2240	s

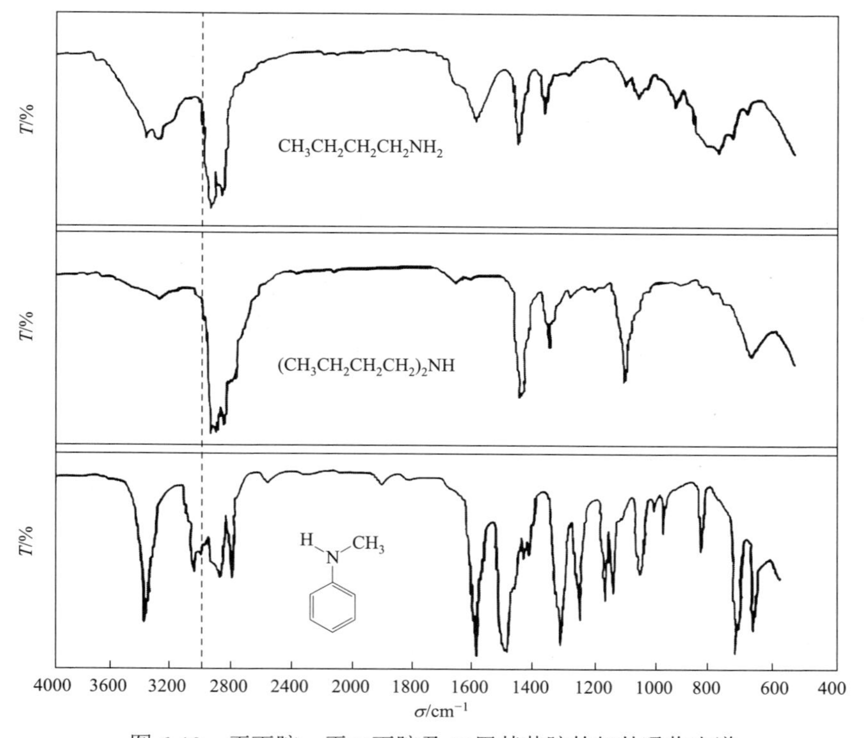

图 6-13　正丁胺、正二丁胺及 *N*-甲基苯胺的红外吸收光谱

如图 6-13 所示，正丁胺的红外光谱中在 3300～3500 cm^{-1} 处出现了 N—H 伸缩振动双尖吸收峰，正二丁胺的红外光谱中在 3300～3500 cm^{-1} 处出现了 N—H 伸缩振动单吸收峰，*N*-甲基苯胺的红外光谱中在 3300～3500 cm^{-1} 处出现了 N—H 伸缩振动单尖吸收峰。

三、影响基团频率位移的因素

分子中化学键的振动并不是孤立的，而要受分子中其它部分，特别是相邻基团的影响，有时还会受到溶剂、测定条件等外部因素的影响。因此在分析中不仅要知道红外特征谱带出现的频率和强度，而且还应了解影响它们的因素，只有这样才能正确进行分析。特别对于结构的测定，往往可以根据基团频率的位移和强度的改变，推断产生这种影响的结构因素。引起基团频率位移的因素大致可分成两类，即外部因素和内部因素。

（一）外部因素

1. 试样状态

同一化合物的气态、液态、固态光谱差异较大。气态光谱由于分子间的作用力小，会出现伴随振动光谱的转动精细结构谱，峰较窄。液态光谱通常较宽，如果液态分子间发生缔合或形成氢键，其吸收峰的频率、数目和强度都会发生很大的变化。固态吸收光谱较液态吸收光谱的吸收峰多且尖。结晶型固态物质的吸收光谱由于分子的定向取向限制了分子的转动，一些谱带会消失，但也有可能出现一些新的谱带。

2. 溶剂效应

溶剂极性也会引起光谱的变化。极性溶剂会使溶质分子的极性基团（如—C═O、—OH、—NH 等）的伸缩振动频率降低，强度有所增大。例如一般气态时—C═O 伸缩振动频率最高，非极性溶剂的稀溶液次之，而液态或固态的振动频率最低。变形振动频率将随溶剂极性的增加而增加。如果溶剂能引起溶质产生互变异构或与溶质形成氢键，则吸收带的频率与强度都有较大的变化。

此外，测试条件如仪器色散元件性能（色散元件性能优劣影响相邻峰的分辨率）、吸收池厚度以及测试温度等都会引起吸收谱带的变化。因此在查阅标准图谱时，要注意试样状态、制样方法、测试条件等。

（二）内部因素

1. 电子效应

电子效应是通过连接基团引起化学键的电子云分布改变从而引起红外吸收谱带强度与频率的改变，主要包括诱导效应、共轭效应和偶极场效应。

（1）诱导效应　当连接基团（或原子）的电负性不同时，这些基团（或原子）将通过静电诱导作用引起化学键的电子云分布改变，从而引起键力常数的变化，使特征频率发生变化，这种效应称为诱导效应（I 效应）。

一般电负性大的基团（或原子）吸电子能力（诱导效应）强。在烷基酮的—C═O 上，由于 O 的电负性（3.5）比 C（2.5）大，因此电子云密度是不对称的，O 附近大些（用δ^-表示），C 附近小些（用δ^+表示），其伸缩振动频率在 1715 cm^{-1} 左右。当—C═O 上的烷基被卤素取代时形成酰卤，由于 Cl 的吸电子作用（Cl 的电负性等于 3.0），使电子云由氧原子转向双键的中间，增加了—C═O 键中间的电子云密度使之具有三键特性，因而增加了键的力常数。根据分子振动方程式，k 升高，振动频率也升高，所以—C═O 的振动频率升高到 1800 cm^{-1}。随着取代基团数目的增加和电负性的增大，诱导效应也增大，使—C═O 的振动频率向更高频移动，具体见表 6-8。

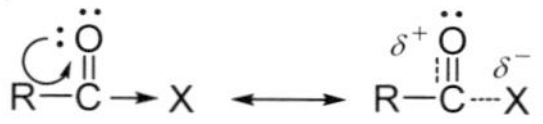

表 6-8　诱导效应对—C═O 伸缩振动频率的影响

化合物	R—COR	R—COH	R—COCl	R—COF	F—COF
$\sigma_{C=O}$/cm^{-1}	1715	1730	1800	1920	1928

（2）共轭效应　共轭导致电子云离域，使原本定域在双键中的电子云移向单键，结果使原来的双键电子云密度降低，力常数 k 减小，振动频率降低，这种效应称为共轭效应（M 效应）。例如酮的—C═O，因与苯环共轭而使—C═O 的力常数减小，频率降低：

$\sigma_{C=O} \approx 1715\ cm^{-1}$　　$\sigma_{C=O} \approx 1685\ cm^{-1}$

此外，当含有孤对电子的原子接在具有多重键的原子上时，也可起类似的共轭作用。例如，酰胺中的—C═O 因氮原子的共轭作用，使—C═O 上的电子云移向氧原子（弯箭头表示共轭效应），—C═O 双键上的电子云密度降低，力常数减小，所以—C═O 频率降低为 1650 cm^{-1} 左右。

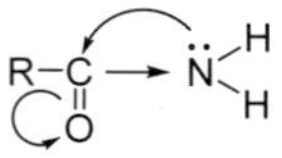

在许多情况下，I 效应和 M 效应会同时存在。例如在酰胺类化合物中，由于 N 原子的吸电子作用也存在 I 效应，但比 M 效应影响小，因此—C═O 的频率与饱和酮相比还是有所降低。饱和酯的—C═O 伸缩频率为 1735 cm^{-1}，比酮（1715 cm^{-1}）高，这是因为—OR 的 I 效应比 M 效应大，所以—C═O 的频率升高。诱导效应与共轭效应对—C═O 伸缩振动频率的影响见表 6-9。

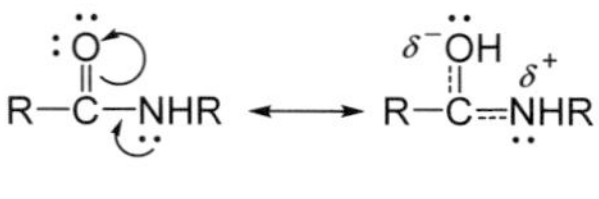

表 6-9　诱导效应与共轭效应对 C═O 伸缩振动频率的影响

化合物	RCOOR	$R^1CO—NR_2$	RCOS—Ar	ArCO—SR	R^1COR^2
$\sigma_{C=O}$/ cm^{-1}	1735	1690	1710	1665	1715
I、M 关系	I>M	M>I	I ≈ M	M>I	

（3）偶极场效应　偶极场效应（F 效应）是通过分子内基团的空间相对位置起作用的，只有在立体结构上互相靠近的基团之间才能产生 F 效应。因此 F 效应是一种空间效应。如氯代丙酮有三种旋转异构体：

	Ⅰ	Ⅱ	Ⅲ
$\sigma_{C=O}$	1755 cm^{-1}	1742 cm^{-1}	1729 cm^{-1}

由于氯与氧的电负性均大于碳，因此电子云偏向氯与氧一侧，在Ⅰ、Ⅱ的空间构型中负电性的氯与氧发生负负相斥作用，使 C═O 上的电子云移向双键的中间，增加了双键的电子云密度，力常数κ增加，因此频率升高。而Ⅲ接近正常频率。

2. 氢键

羰基和羟基之间容易形成氢键，氢键的形成使—C═O 的电子云部分游离向氢键，因而减弱了—C═O 双键的电子云密度，力常数 k 减小，振动频率降低。例如游离羧酸的—C═O 频率出现在 1760 cm^{-1} 左右，当羧酸形成二聚体后，—C═O 振动频率降为 1700 cm^{-1}。

	RCOOH (游离态)	R—C(═O···H—O)(—O—H···O═)C—R (二聚体)
$\sigma_{C=O}$	1760 cm^{-1}	1700 cm^{-1}

此外，氢键的形成也使 X—H 的电子云部分游离向氢键，因此 X—H 的伸缩振动频率降低，强吸收谱带强度变大、变宽。分子内氢键对峰位的影响大，不受浓度影响。分子间氢键受浓度影响较大，浓度变化，吸收峰位置发生变化。分子间氢键对 X—H 的伸缩振动谱带的位置、强度和形状的改变较分子内氢键小。

3. 振动耦合

当两个振动频率相同或相近的基团相邻并具有一个公共原子（或基团）时，两个键的振动将通过公共原子（或基团）发生相互作用而使谱峰裂分成两个，一个高于正常频率，一个低于正常频率。这种两个振动基团之间的相互作用，称为振动耦合。

例如酸酐的两个羰基，因振动耦合而裂分成两个谱峰：

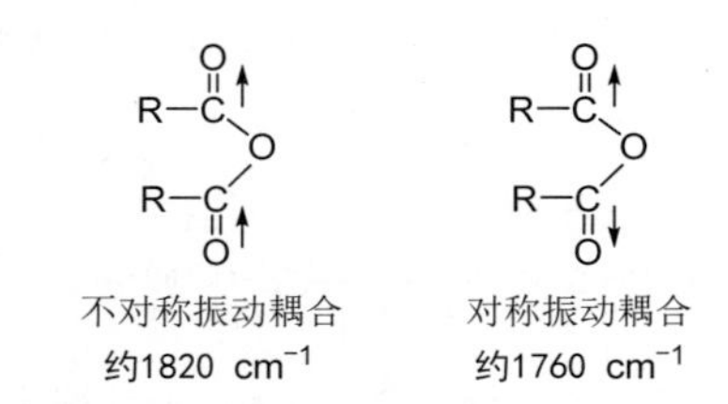

不对称振动耦合　约1820 cm^{-1}　　对称振动耦合　约1760 cm^{-1}

此外，当二元羧酸的两个羰基之间间隔 1～2 个 CH_2 时，两个羰基也会发生振动耦合，出现两个—C═O 吸收峰。

$H_2C(COOH)_2$：1740 cm^{-1}，1710 cm^{-1}

$CH_2—COOH$ / $CH_2—COOH$：1700 cm^{-1}，1780 cm^{-1}

$(CH_2)_n(COOH)_2$：$n>3$ 时，只有1个吸收峰

4. 费米共振

一个化学键的某一种振动的基频和它自己或另一个连在一起的化学键的某一种振动的倍频或组频很接近时，可以发生耦合，这种耦合称为费米（Fermi）共振。例如，C_6H_5—COCl 的$\sigma_{C=O}$ 为 1773 cm^{-1} 和 1736 cm^{-1}。这是由于$\sigma_{C=O}$（1774 cm^{-1}）和 C—C 的变角振动（880～860 cm^{-1}）的倍频发生费米共振，使—C═O 峰裂分；—CHO 的 C—H 伸缩振动（2830～2695 cm^{-1}）与 C—H 弯曲振动（1390 cm^{-1}）的倍频（2780 cm^{-1}）发生费米共振，结果产生 2820 cm^{-1} 和 2720 cm^{-1} 两个吸收峰。

5. 立体障碍

由于立体障碍，羰基与双键之间的共轭受到限制时，$\sigma_{C=O}$ 较高，例如：

（Ⅰ）1680 cm^{-1}　　（Ⅱ）1700 cm^{-1}

在(Ⅱ)中由于接在—C═O 上的 CH_3 的立体障碍，—C═O 与苯环的双键不能处在同一平面，结果共轭受到限制，因此$\sigma_{C=O}$比(Ⅰ)稍高。

6. 环的张力

环的张力越大，$\sigma_{C=O}$就越高。在下面几个酮中，四元环的张力最大，因此它的$\sigma_{C=O}$最高。

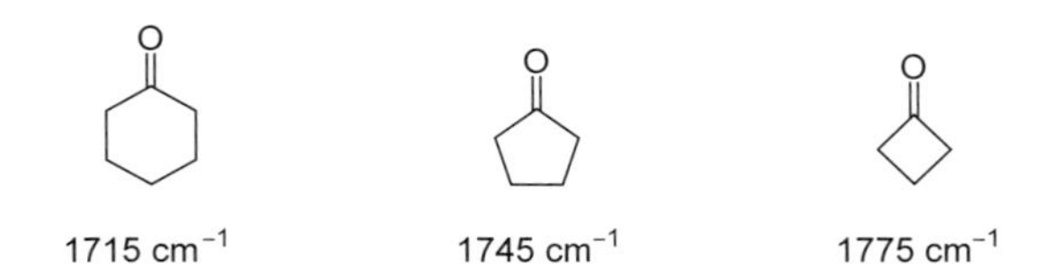

环变小，环的张力增大，环外双键加强，吸收频率增大，环内双键减弱，吸收频率减小。例如下面几个环烯，$\sigma_{C=C}$的伸缩振动频率随环变小而降低。

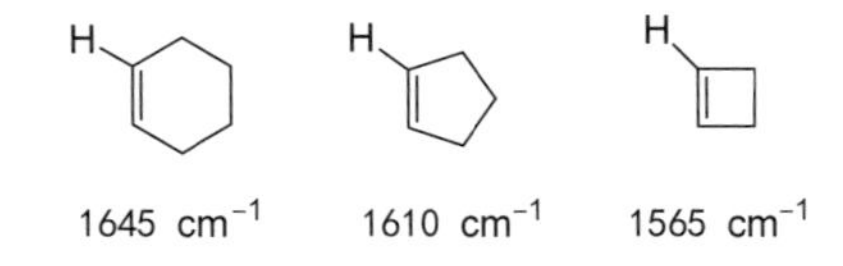

此外，由分子的振动方程式可知，分子本身的一些内部因素如分子的互变结构（酮式与烯醇式互变）、形成化学键两原子的质量（原子质量越大吸收峰波数越低）、形成化学键两原子的杂化（杂化轨道中 s 轨道成分越高，键能越大，键长越短，吸收峰波数越高）等都会影响基团的振动频率，具体见表 6-10。

表 6-10　X—H 键的伸缩振动波数

化学键	波数/cm^{-1}	化学键	波数/cm^{-1}
C—H	2960～2850	F—H	4000
C＝C—H	3100～3000	Cl—H	2890
Ar—H	3100～3000	Br—H	2650
C≡C—H	3300	I—H	2310

第四节　红外光谱仪

一、红外光谱仪的基本组成

目前，商品红外光谱仪有色散型红外光谱仪和傅里叶变换红外光谱仪两种。色散型红外光谱仪是由光源、单色器、吸收池、检测器和记录仪等部分组成。但就其每个组成部分而言，它的结构、所用材料以及性能等均与紫外-可见光谱仪不同。傅里叶变换红外光谱仪主要是由光源、迈克尔逊（Michelson）干涉仪、检测器、计算机和记录仪组成。两者所用光源、吸收池、检测器是一致的，不同之处在于色散型红外光谱仪用单色器分光，而傅里叶变换红外光谱仪用迈克尔逊干涉仪与计算机完成分光。现以色散型红外光谱仪为例介绍各部分组件。

（一）光源

红外光谱仪所用的光源要求能够发射高强度的连续红外光。红外光源有能斯特灯、硅碳棒、碘钨灯、炽热镍铬丝圈、高压汞灯等，各种光源使用的波长见表 6-11。现主要介绍常用的能斯特灯和硅碳棒。

（1）能斯特灯　是由锆、钇、铈或钍等氧化物烧结制成，为直径 2 mm，长约 30 mm 的中空棒，两端绕有铂线作为导体。在室温下不导电，加热到 800℃左右成为导体，开始发光。其工作温度在 1500℃左右，功率为 50～200 W。发光强度高，除 2～5 μm 区域外，其强度是同温度硅碳棒或镍铬丝光源光强的 2 倍多。使用寿命为 6～12 个月。由于其具有负的电阻特性，因此在工作前要由辅助加热器预热，光源供电线路还应有限流装置。它性脆易碎，机械强度差，受压或受扭易被损坏，价格较贵。

（2）硅碳棒　硅碳棒一般制成两端粗中间细的实心棒，中间为发光部分，直径约为 5 mm，长为 50 mm。两端粗，可降低电阻，使其在工作状态时两端呈冷态。工作前不需预热，工作温度大约为 1300℃，功率 200～400 W。其特点为坚固、寿命长、发光面积大、操作方便，但工作时需用水冷却，以免温度高影响仪器部件性能。

表 6-11　红外光谱仪常用的光源

名　称	使用波长范围/cm^{-1}	附　注
能斯特灯	400～5000	ZrO_2、ThO_2等烧结而成
碘钨灯	10000～5000	
硅碳棒	5000～400	需用水冷却
炽热镍铬丝圈	5000～200	
高压汞灯	＜400	用于远红外区

（二）单色器

单色器是色散型红外光谱仪的核心部件，由色散元件、准直镜和狭缝等部件构成。其色散元件早期使用棱镜，目前多采用反射型平面衍射光栅。光栅较棱镜分辨本领高，对恒温恒湿设备要求不高。但由于其它级次光谱的干扰，通常在光栅的前面或后面加一滤光器，或在其前面加一棱镜。傅里叶变换红外光谱仪不需要单色器。

（三）吸收池及样品的制备

1. 吸收池

红外吸收池用可透过红外光的 NaCl、KBr、CsI、KRS-5（TlI 58%，TlBr 42%）等盐玻璃材料制成。常用的红外光学材料和它们的最佳使用区见表 6-12。用 NaCl、KBr、CsI（KRS-5 不吸湿）等材料制成的红外吸收池需注意防潮！

表 6-12　一些红外光学材料的透光范围

材　料	透光范围λ/μm
玻璃	0.3～2.5
石英	0.2～3.6
氟化锂 LiF	0.2～6
氯化钠 NaCl	0.2～17
氯化钾 KCl	0.2～21
氯化银 AgCl	0.2～25
溴化钾 KBr	0.2～25
溴化铯 CsBr	1～38
KRS-5（溴化铊与碘化铊结晶 1∶1）	1～45
碘化铯 CsI	1～50

2. 红外光谱试样的要求

红外光谱的试样可以是液体、固体或气体。一般要求：①试样应该是单一组分的纯物质，纯度应＞98%或符合商业规格，才便于与纯物质的标准光谱进行对照。多组分试样应在测定前尽量预先用分馏、萃取、重结晶或色谱法进行分离提纯，否则各组分光谱相互重叠，难以判断。②试样中不应含有游离水。水本身有红外吸收，会严重干扰样品光谱，而且会侵蚀吸收池的盐窗。③试样的浓度和测试厚度应选择适当，以使光谱图中的大多数吸收峰的透射比处于 10%～80%范围内。

3. 试样的制备方法

（1）气体样品　在玻璃气槽内进行测定，它的两端贴有红外透光的 NaCl 或 KBr 窗片。先将气槽抽真空，再将试样注入。

（2）溶液试样

① 液体池法。沸点较低，挥发性较大的试样，可注入封闭液体池中，液层厚度一般为 0.01～1 mm。

② 液膜法。沸点较高（>80℃）或黏稠的液体，将 1～2 滴试样直接滴在两片盐片之间，形成液膜。对于一些吸收很强的液体，当用调整厚度的方法仍然得不到满意的谱图时，可用适当的溶剂配成稀溶液进行测定。一些固体也可以溶液的形式进行测定。常用的红外光谱溶剂应在所测光谱区内本身没有强烈的吸收，不侵蚀盐窗，对试样没有强烈的溶剂化效应等。常用的溶剂 CS_2 可在 1350～600 cm^{-1} 区使用，CCl_4 可在 4000～1350 cm^{-1} 区使用。

（3）固体试样

① 压片法。将 1～2 mg 试样与 200 mg 纯 KBr 均匀研细，置于模具中，用（5～10）$\times 10^7$ Pa 压力在油压机上压成透明薄片，即可用于测定。试样和 KBr 都应经干燥处理，研磨到粒度小于 2 μm，以免散射光。

② 石蜡糊法。将干燥处理后的试样研细，与液体石蜡或全氟代烃混合，调成糊状，夹在盐片中测定。

③ 薄膜法。主要用于高分子化合物的测定。可将它们直接加热熔融后涂制或压制成膜。也可将试样溶解在低沸点的易挥发溶剂中，涂在盐片上，待溶剂挥发后成膜测定。

当样品量特别少或样品面积特别小时，采用光束聚光器，并配有微量液体池、微量固体池和微量气体池，采用全反射系统或用带有卤化碱透镜的反射系统进行测量。

（四）检测器

紫外-可见光谱仪中所用的光电管或光电倍增管不适用于红外区，因为红外区的光子能量较弱，不足以引致光电子发射。常用的红外检测器有高真空热电偶、热释电检测器和碲镉汞检测器、高莱池（Golay cell）和电阻测辐射热计。现逐一做简单介绍。

1. 高真空热电偶

真空热电偶是目前红外光谱仪中最常用的一种检测器。它利用不同导体构成回路时的温差电现象，将温差转变为电位差。其结构如图 6-14 所示。它以一小片涂黑的金箔作为红外辐射的接受面。在金箔的一面焊有两种不同的金属、合金或半导体作为热接点，而在冷接点端（通常为室温）连有金属导线（冷接点在图中未画出）。此热电偶封于真空度约为 10^{-4} Torr[❶]的腔体内。为了接受各种波长的红外辐射，在此腔体上对着涂黑的金箔开一小窗，粘以红外透光材料，如 KBr（至 25 μm）、CsI（至 50 μm）、KRS-5（至 45 μm）等。当红外辐射通过此窗口射到涂黑的金箔上时，热接点温度升高，产生温差电势，在闭路的情况下，回路即有电流产生。由于它的阻抗很低（一般 10 Ω左右），在和前置放大器耦合时需要用升压变压器。

❶ 1 Torr = 133.322 Pa。

2. 热释电检测器

热释电检测器是利用硫酸三甘肽的单晶片作为检测元件。硫酸三甘肽（TGS）是铁电体，在一定的温度以下，能产生很大的极化反应，其极化强度与温度有关，温度升高，极化强度降低。将 TGS 薄片（10 μm 厚）正面真空镀 Ni-Cr（半透明），背面镀 Cr-Au，形成两电极。当红外辐射光照射到薄片上时，引起温度升高，TGS 极化度改变，表面电荷减少，相当于“释放”了部分电荷，经放大，转变成电压或电流方式进行测量。热释电晶片封装于真空中以提高灵敏度。热释电检测器具有结构简单、性能稳定、响应速度快等特点，能实现快速扫描。

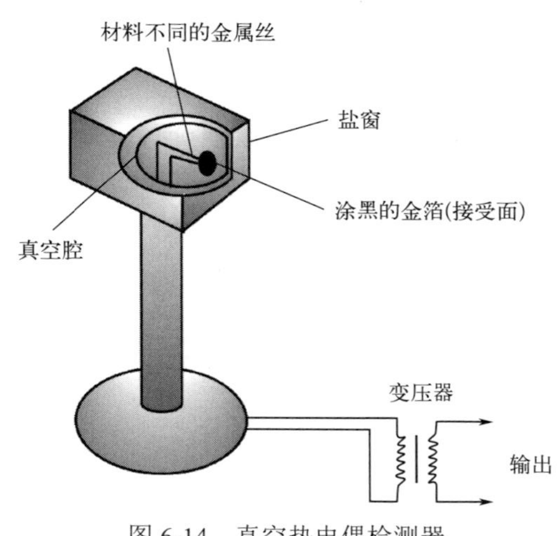

图 6-14　真空热电偶检测器

3. 碲镉汞检测器（MCT 检测器）

MCT 检测器是由宽频带的半导体碲化镉和半金属化合物碲化汞混合形成，其组成为 $Hg_{1-x}Cd_xTe$，$x≈0.2$，改变 x 值，可获得测量波段灵敏度各异的各种 MCT 检测器。其灵敏度高于 TGS，响应速度快，适于快速扫描测量和色谱与红外光谱的联用。MCT 检测器需要在液氮温度下工作以降低噪声。

4. 高莱池（Golay cell）检测器

高莱池检测器即灵敏的气体温度计，其构造如图 6-15 所示。红外单色光通过盐窗（NaCl、KBr 或 KRS-5）被一涂黑了的低热容量薄膜吸收。由于薄膜温度升高，气室中的气体（低热容量的 He）受热膨胀，使封闭气室另一端的软镜膜受压变形。为了防止室温变化影响检测器，在气室和贮气槽间有一个细小的沟槽，这样在入射光没有变化的情况下，两边的压力是相等的，软镜膜保持平面状态。另一方面从检测器的光源 E 射出的光经聚光透镜 L、线栅 G 和凹透镜 M 到达软镜膜上。如果软镜膜处于平面状态，则 M 使软镜膜反射出来的上半部线栅像 S 和下半部线栅 G 完全重合，通过平面镜 P 反射至光电管的光最强。但当软镜膜因气

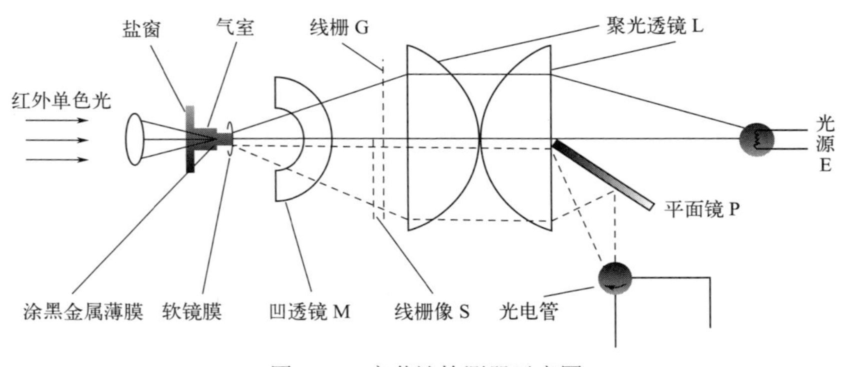

图 6-15　高莱池检测器示意图

室气体受热膨胀发生变形时，线栅像将发生位移，而使射向光电管的光强变弱。微小的线栅像位移（10^{-9} cm）就能使光电管有所反应，因而灵敏度很高。

5. 电阻测辐射热计

电阻测辐射热计由具有较大温度电阻系数的金属或半导体薄膜构成。把这一接受元件作为惠斯顿电桥的一臂，当它吸收红外辐射温度升高时，电阻改变，使电桥失去平衡，便有信号输出。

二、双光束色散型红外光谱仪

图 6-16 为双光束色散型红外光谱仪光路图。从光源 S 发射出来的光经反射镜组 M_1、M_2、M_3、M_4 后分成两束，一束通过样品池，一束通过参比池。两束光分别经反射镜 M_5 和 M_6 改变方向，当切光器 C 处于图上所示的位置时，M_5 反射的样品光束被切光器挡住，而 M_6 反射的参比光束则被切光器上的反射面反射到反射镜 M_7，经滤光旋转调节器 F、入口狭缝 S_1、反射镜 M_8 与 M_9 到光栅 G。经光栅分光后，通过 M_9 聚焦，最后进入热电偶检测器 TC。同样，当切光器由图上所示位置转动 90° 或 180° 时，空面由所示的右边转到左边位置，这时，由 M_5 反射出的样品光束穿过切光器的空面射向 M_7，与参比光束一样，经 F、S_1、M_8、M_9、G 到达 TC。而此时参比光束则穿过切光器 C 的空面，因达不到 M_7 而不能与样品光束同时进入 TC。切光器 C 按匀速转动，样品光束和参比光速交替地到达检测器上，信号经放大器放大后，通过伺服系统进行记录。

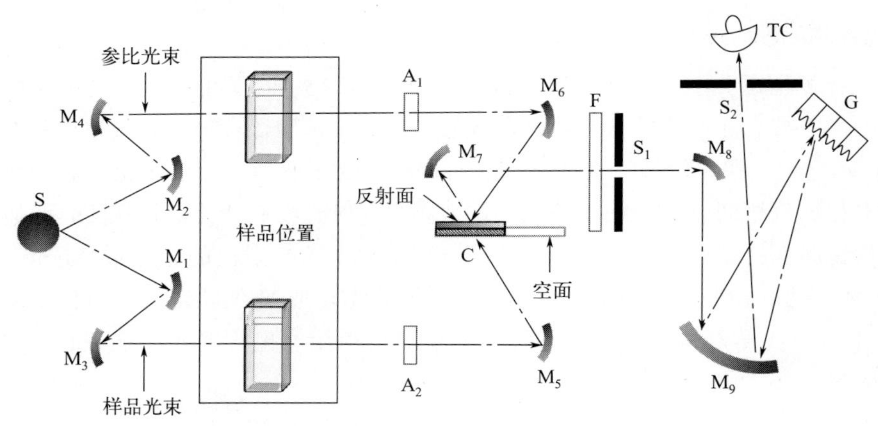

图 6-16 双光束色散型红外光谱仪光路图

S—光源；M—反射镜；C—切光器；G—光栅；F—滤光旋转调节器；

A_1—衰减器；S_1—入口狭缝；S_2—出口狭缝；TC—热电偶检测器；A_2—100% T 调节

如果样品光路中没有放置样品，或样品光路和参比光路吸收相同时，检测器上就没有信号产生。当有样品吸收红外光时则到达检测器的样品光束减弱，两光束不平衡检测器就有信号产生。信号经放大后驱动衰减器（梳光栏或双向剪式光栏）A_1，衰减参比光路的光束，直到参比光路的辐射强度与样品光路的辐射强度相等为止。这就是双光束光路中的“光学零位平衡系统”。衰减器和记录笔属同一个驱动装置。当衰减器 A_1 移动时，记录笔同时进行绘图。这样由于两束光不平衡而反映出样品吸收的图谱即被记录下来，直到平衡时，记录笔也停止记录。当记录笔随样品吸收情况而移动时，光栅也按一定速度运动，于是到达检测器上的入射光波数将随之变化。记录纸与光栅同步运动，这样就可绘出吸收强度随波数变化的红外光谱图。

三、傅里叶变换红外光谱仪

傅里叶变换红外光谱仪（Fourier transform infrared spectrometer, FTIR）没有色散元件，主要由光源（硅碳棒、高压汞灯）、迈克尔逊干涉仪、检测器、计算机和记录仪组成（如图6-17所示）。其核心部分为迈克尔逊干涉仪，它将光源发射出的信号以干涉图的形式送往计算机进行傅里叶变换的数学处理，最后将干涉图还原成光谱图。它与色散型红外光谱仪的主要区别在于干涉仪和电子计算机两部分。

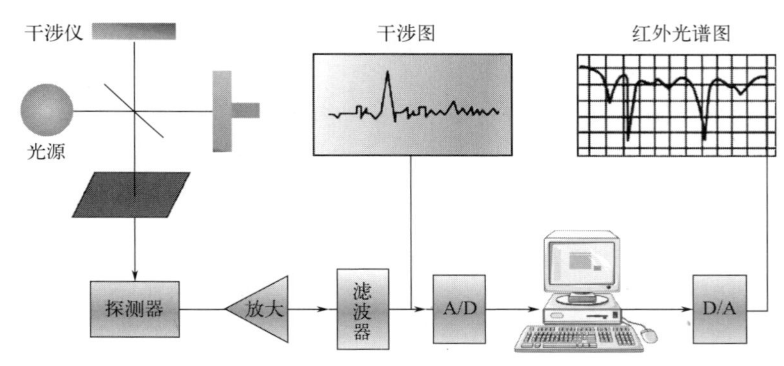

图6-17　傅里叶变换红外光谱仪构造

1. 傅里叶变换红外光谱仪工作原理

仪器中的迈克尔逊干涉仪的工作原理见图6-18。迈克尔逊干涉仪将光源发出的光分成两束光后，再以不同的光程差重新组合，发生干涉现象。当两束光的光程差为$\lambda/2$的偶数倍时，则落在检测器上的相干光相互叠加，产生明线，其相干光强度有极大值；相反，当两束光的光程差为$\lambda/2$的奇数倍时，则落在检测器上的相干光相互抵消，产生暗线，相干光强度有极小值。由于多色光的干涉图等于所有各单色光干涉图的加和，故得到的是具有中心极大，并向两边迅速衰减的对称干涉图。干涉图包含光源的全部频率和与该频率相对应的强度信息，所以如有一个有红外吸收的样品放在干涉仪的光路中，由于样品能吸收特征波数的能量，结果所得到的干涉图强度曲线就会相应地产生一些变化。包括每个频率强度信息的干涉图，可借数学上的傅里叶变换技术对每个频率的光强进行计算，从而得到吸收强度或透射率和波数变化的普通光谱图。

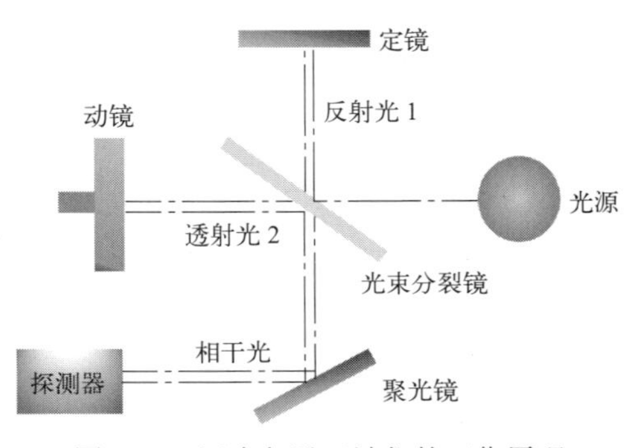

图6-18　迈克尔逊干涉仪的工作原理

2. 傅里叶变换红外光谱仪的特点

（1）扫描速度极快　傅里叶变换仪器是在整个扫描时间内同时测定所有频率的信息，一般只要 1 s 左右即可。因此，它可用于测定不稳定物质的红外光谱。而色散型红外光谱仪，在任何一瞬间只能观测一个很窄的频率范围，一次完整扫描通常需要 8 s、15 s、30 s 等。

（2）具有很高的分辨率　通常傅里叶变换红外光谱仪分辨率达 0.1～0.005 cm^{-1}，而一般棱镜型仪器分辨率在 1000 cm^{-1} 处为 3 cm^{-1}，光栅型红外光谱仪分辨率也只有 0.2 cm^{-1} 。

（3）灵敏度高　因傅里叶变换红外光谱仪不用狭缝和单色器，反射镜面又大，故能量损失小，到达检测器的能量大，可检测 10^{-8} g 数量级的样品。

除此之外，还有光谱范围宽（4000～10 cm^{-1}），测量精度高，重复性可达 0.1%，杂散光干扰小，样品不受因红外聚焦而产生的热效应的影响，特别适合与气相色谱联机或研究化学反应机理等。

第五节　红外吸收光谱的应用

根据红外吸收光谱图中吸收峰的位置、数量和形状可以进行定性分析，推断未知物的结构；根据吸收峰的强度可以进行定量分析。此外，还可以利用红外吸收光谱在催化、高聚物、络合物等领域进行结构、聚合过程、反应机理、动力学等方面的研究。

一、定性分析

（一）已知物的鉴定

用红外吸收光谱图验证已知物最为方便，只要制备样品得当，测绘其谱图并与纯物质的标准谱图并对照即可鉴别。对照时应注意：①测试样品的物态与标准谱图相同。②同一物质结晶形状不同，红外吸收光谱不完全一致。③溶剂效应。应采用同一溶剂，一般情况下用非极性溶剂。④由于其它原因可能出现“杂峰”。

（二）未知物结构测定

这是红外吸收光谱的重要用途。现简要叙述应用红外吸收光谱进行定性分析的过程。

1. 试样的分离和精制

用各种分离手段（如分馏、萃取、重结晶、色谱分离等）提纯试样，以得到单一的纯物质。否则，试样不纯不仅会给光谱的解析带来困难，还可能引起“误诊”。

2. 样品制备（见本章第四节）

3. 了解与试样性质有关的其它方面的资料

例如了解试样来源、元素分析值、分子量、熔点、沸点、溶解度、有关的化学性质，以及紫外-可见吸收光谱、核磁共振谱、质谱等，这对图谱的解析有很大的帮助。

4. 确定未知物的不饱和度

根据试样的元素分析值及分子量得出的分子式，可以计算不饱和度，从而估计分子结构中是否有双键、三键及芳香环，并可验证光谱解析结果的合理性，这对光谱解析是很有利的。

所谓不饱和度是表示有机分子中碳原子的饱和程度。计算不饱和度 U 的经验式为：

$$U = 1 + n_4 + \frac{1}{2}(n_3 - n_1) \tag{6-7}$$

式中，n_1、n_3 和 n_4 分别为分子式中一价、三价和四价原子的数目，通常规定双键（C═C、C═O 等）和饱和环状结构的不饱和度为 1，三键（C≡C、C≡N 等）的不饱和度为 2，苯环的不饱和度为 4（可理为一个环加三个双键）。

例如，$CH_3(CH_2)_7COOH$ 的不饱和度可计算如下：

$$U = 1 + 9 + \frac{1}{2}(0 - 18) = 1$$

说明分子式中存在双键（C═O）。

5. 谱图的解析

测得试样的红外吸收光谱后，接着是对谱图进行解析。应该说，关于识谱的程序至今并无一定规则，本章第三节对此进行了简单讨论，并将中红外区分成四个区域。但应指出，这样的划分仅仅是企图将谱图稍加系统化以利于解释而已。解释谱图时可先从各个区域的特征频率入手，发现某基团后，再根据指纹区进一步核证该基团及其与其它基团的结合方式。例如，若在试样光谱的 1740 cm^{-1} 处出现强吸收，则表示有酯羰基存在，接着从指纹区的 1300～1000 cm^{-1} 处发现有酯的 C—O 伸缩振动强吸收，从而进一步得到肯定。如果试样为液态，在 720 cm^{-1} 附近又找到了由长链亚甲基引起的中等强度吸收峰，则该未知物大致是个长链饱和酯（当然，脂肪链的存在也可从约 3000 cm^{-1}、1460 cm^{-1} 和 1375 cm^{-1} 等处的相关峰得到证明）。由此再根据元素分析数据等就可定出它的结构，最后用标准谱图进一步验证。

现再举一例来说明如何根据前述概念鉴定未知物的结构。设某未知物分子式为 C_8H_8O，测得其红外吸收光谱如图 6-19，试推测其结构式。

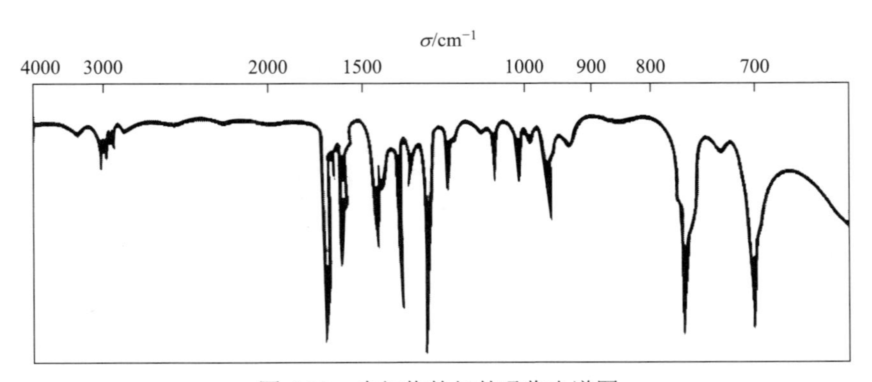

图 6-19　未知物的红外吸收光谱图

由图 6-19 可见，于 3000 cm^{-1} 附近有 4 个弱吸收峰，这是苯环及 CH_3 的 C—H 伸缩振动；1600～1500 cm^{-1} 处有 2～3 个峰，是苯环的骨架振动；指纹区 760 cm^{-1}、692 cm^{-1} 处有

2 个峰，说明为单取代苯环。

1681 cm^{-1} 处强吸收峰为 C═O 的伸缩振动，因分子式中只含一个氧原子，不可能是酸或酯，而且从图上看有苯环，很可能是芳香酮。1363 cm^{-1} 及 1430 cm^{-1} 处的吸收峰则分别为 CH_3 的 C—H 对称及不对称变形振动。

根据上述解析，未知物的结构式可能是

$$C_6H_5-\overset{O}{\overset{\|}{C}}-CH_3$$

由分子式计算其不饱和度 U 为

$$U=1+8+\frac{1}{2}(0-8)=5$$

该化合物含苯环及双键，故上述推测是合理的。进一步查标准光谱核对，也完全一致。因此所推测的结构式是正确的。

6. 和标准谱图进行对照

由上述讨论可见，在红外吸收光谱定性分析中，无论是已知物的验证，还是未知物的鉴定，常需利用纯物质的谱图来作校验。这些标准谱图，除可用纯物质在相同的制样方法和实验条件下自己测得外，最方便的还是查阅标准谱图集。在查对时要注意：

① 被测物和标准谱图上的聚集态、制样方法应一致。

② 对指纹区的谱带要仔细对照，因为指纹区的谱带对结构上的细微变化很敏感，结构上的微小变化都能导致指纹区谱带的不同。

最常用的标准谱图集是萨特勒(Sadtler)红外吸收光谱图集。它是由萨特勒实验室自 1947 年开始出版的，到目前为止已出版了两代光谱图，第一代为棱镜光谱，第二代为光栅光谱。棱镜光谱的波长范围为 2～15 μm，已出版十万张左右的谱图。光栅光谱自 1969 年开始出版，目前已出版约十万张，其中也包含了许多用傅里叶变换红外光谱仪得到的红外吸收光谱。"萨特勒红外吸收光谱图集"收集的图谱最多。另外，它有各种索引，使用甚为方便。

7. 计算机红外光谱谱库及其检索系统

为了通过红外光谱图迅速鉴定未知物，一些近代仪器配备有谱库及其检索系统。如 Sadtler 的 FTIR 检索谱库有固定专业内容的软件包形式的谱库达 46 种以上，还有各类有机化合物的凝聚相和气相光谱库类、实用商品谱库类等。检索方式有谱峰检索、全谱检索、给出主要基团检索，检索出的光谱并附有相似度值等，然而价格相当昂贵。若按自己的工作范围，累积并建立小型的谱库，这种谱库较易建立，使用也方便。

二、定量分析

紫外-可见吸收光谱定量分析的基本理论，对于红外吸收光谱定量分析也是适用的。但是由于红外吸收光谱谱图的复杂性、红外吸收谱带较窄，以及仪器上的某些局限性，给红外吸收光谱定量分析带来一些困难和实验技术上的差别。

在红外光区的定量测定中，发生朗伯-比尔定律偏离的情况要比紫外及可见光区更为常见。这是由于红外吸收谱带较窄、红外光谱能量低、红外光谱检测器灵敏度较差，以及狭缝相应较宽，使单色通带宽度和吸收峰宽度在同一个数量级。此外，由于存在杂散光和散射光，用糊状法制备的样不适宜作定量分析。鉴于以上原因，常常造成吸光度与浓度之间的非线性关系，偏离了朗伯-比尔定律，所以在红外吸收光谱定量分析中，吸光度与浓度之间的关系应通过实验工作曲线的方法获得。

吸光度的测定方法与紫外及可见光区方法不同。在紫外和可见光区是把参比溶液和待测液放在相同的液池中，测量并比较它们透射光的强度。这样可以抵消界面的反射、溶剂和液窗面的吸收和散射等造成的光能量损失。在红外吸收测定中，由于液池光程长度极短，很难做到完全相同，液池的透明特性也不完全一致，因此常常不用参比液或仅放一盐片与参比光束比较。

在红外定量测定中，通常采用基线法求得试样的经验吸光度。该方法的原理如图 6-20 所示。在透射率线性坐标的图谱上，选择一个适当的被测物质的吸收谱带。在该谱带波长范围内不应有溶剂或试样中其它组分的吸收谱带与其重叠。画一条与吸收谱带两肩相切的线 KL 作为基线。通过峰值波长处的垂线与 KL 基线相交于 M 点，则这一波长的吸光度为 $A=\lg\frac{I_0}{I}$。

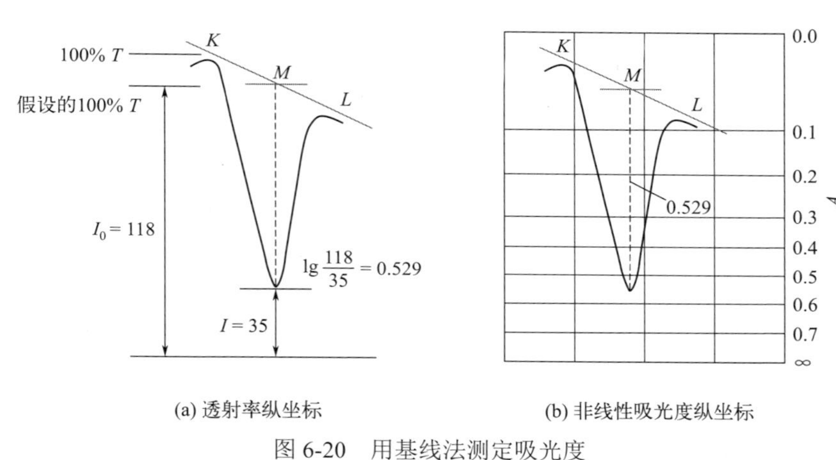

(a) 透射率纵坐标　　(b) 非线性吸光度纵坐标

图 6-20　用基线法测定吸光度

红外定量分析中用基线法求吸光度的优点是：①所有测量用同一个液池，因此，液池与其它组分的吸收可以抵消；②所有测量是在光谱的各点上进行的，而光谱本身是固定不变的，不受仪器波长设定的限制；③用该法可以避免仪器灵敏度、光源强度或光学系统变化的影响，工作曲线可长期使用。如操作仔细，基线法的准确度可达到±1%。

思考与练习题

1. 试计算下列红外辐射的波数所对应的红外吸收峰的波长为多少。

（1）$1.59\times10^3\ cm^{-1}$　　（2）$9.52\times10^2\ cm^{-1}$

（3）$7.94\times10^2\ cm^{-1}$　　　　　（4）$7.25\times10^2\ cm^{-1}$

2. 产生红外吸收的条件是什么？是否所有分子振动都会产生红外吸收光谱？为什么？

3. 以亚甲基为例说明分子的基本振动形式。

4. 何谓基团频率？它有什么重要性及用途？

5. 红外吸收光谱定性分析的基本依据是什么？简要叙述红外定性分析的过程。

6. 影响基团频率的因素有哪些？

7. 根据下述力常数 k 数据，计算各化学键的振动频率（波数）：

（1）乙烷的 C—H 键，$k = 5.1\ N\cdot cm^{-1}$

（2）乙炔的 C—H 键，$k = 5.9\ N\cdot cm^{-1}$

（3）乙烷的 C—C 键，$k = 4.5\ N\cdot cm^{-1}$

（4）苯的 C—C 键，$k = 7.6\ N\cdot cm^{-1}$

（5）CH_3CN 的 C≡N 键，$k = 17.5\ N\cdot cm^{-1}$

（6）甲醇的 C—O 键，$k = 12.3\ N\cdot cm^{-1}$

8. 羰基化合物中，C═O 伸缩振动频率最低者是哪个？并解释原因。

（1）CH_3COCH_3

（2）C_6H_5—C(═O)—OCH_3

（3）C_6H_5—C(═O)—C_6H_5

（4）C_6H_5—C(═O)—CH═CHR

9. 现有一未知化合物，可能是酮、醛、酸、酯、酸酐、酰胺。试设计一简单方法鉴别之。

10. 有一从杏仁中离析出的化合物，测得它的化学式为 C_7H_6O，其红外光谱图如下，试推测它的结构并简要说明之。

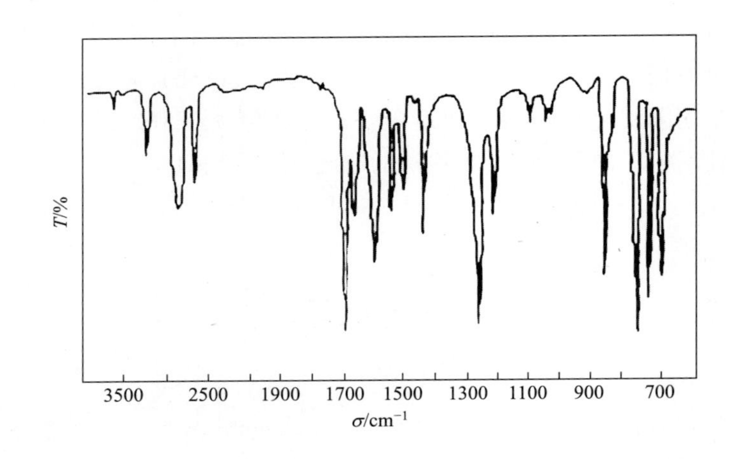

11. 有一经验式为 $C_{12}H_{11}N$ 的白色结晶物，用 CCl_4 和 CS_2 作溶剂，得到的红外光谱如下，试鉴定该化合物。

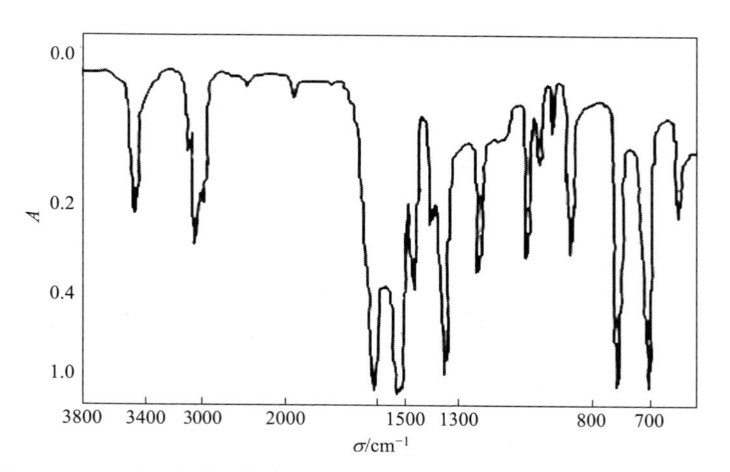

12. 化合物 $C_3H_6O_2$ 红外光谱图的主要吸收峰如下：（1）3000～2500 cm^{-1} 处有宽峰；（2）2960～2850 cm^{-1} 处有吸收峰；（3）1740～1700 cm^{-1} 处有吸收峰；（4）1475～1300 cm^{-1} 处有吸收峰。请写出它的结构式并分析原因。

13. 傅里叶变换红外光谱仪由哪几部分组成?并阐述其工作原理。

14. 红外光谱与紫外-可见吸收光谱在仪器部件和基本构造上有什么不同?

15. 试述红外吸收光谱的主要特点及应用。

第七章　激光拉曼光谱

第一节　拉曼光谱概论

拉曼光谱（Raman spectrum）是建立在拉曼散射（Raman scattering）效应基础上的光谱分析方法。拉曼散射现象由印度的物理学家 C. V. Raman 于 1928 年首先发现并提出其光谱分析方法，他因此获得 1930 年的诺贝尔物理学奖。拉曼散射是光散射现象的一种。光的散射（scattering of light）是指光通过不均匀介质时一部分光偏离原方向传播的现象。偏离原方向的光称为散射光。当光通过透明溶液时，有一部分光被散射，散射光中大部分其频率与入射光频率相同，这部分散射称之为瑞利散射（Rayleigh scattering）；还有极小一部分散射光频率与入射光频率不同，并且与发生散射的分子结构有关，这种散射即为拉曼散射。拉曼光谱与红外光谱一样，源于分子的振动和转动能级跃迁，属于分子振动-转动光谱，解析拉曼光谱可以获得分子结构的直接信息。但是受制于发展初期的光源性能等原因，相比于红外吸收光谱法，拉曼光谱法的发展一直较为缓慢。直到 20 世纪 60 年代，拉曼光谱法才有了较大的发展，这归功于激光光源的采用与激光拉曼光谱法（laser Raman spectrometry, LRS）的提出及近红外激光光源的使用。激光拉曼使拉曼光谱的获得变得很容易，而近红外激光光源在很大程度上克服了试样或杂质的荧光干扰。目前，拉曼光谱技术在生物学、材料、地质、考古、医药、食品、珠宝和化学化工等领域得到了越来越重要的应用。

拉曼光谱法分辨率高、重现性好、简单快速，可以进行无损、原位测定以及时间分辨测定。拉曼光谱法测试的样品种类很多，几乎所有包含真实分子键的物质都可以用于拉曼光谱分析，即固体、粉末、软膏、液体、胶体和气体都可以使用拉曼光谱进行分析。但是，通常金属以及合金是无法通过拉曼光谱进行分析的。虽然气体样品也可以通过拉曼光谱进行分析，但是由于气体的分子密度特别低，所以测量气体的拉曼光谱相对较难，通常需要用到大功率激光器和较长路径的样品池。在某些情况下，气体的压力很高，例如矿物中的气体包裹体，此时普通的拉曼光谱仪就可以满足测试要求。同时，拉曼光谱法还有以下特点：

① 由于水的拉曼散射极弱，拉曼光谱法适合水体系的研究，尤其对生物试样和无机物的研究远较红外吸收光谱方便，这使得拉曼光谱非常适合用于分析溶液、生物组织和细胞等含水样品。

② 拉曼光谱测定一次可同时覆盖 50～4000 cm^{-1} 的区间，若用红外光谱则必须改变光栅、光束分离器、滤波器和检测器分别测定。

③ 拉曼光谱谱峰清晰尖锐，更适合定量研究。尤其是共振拉曼光谱，灵敏度高，检出限可达 10^{-6}～10^{-8} mol・L^{-1}。

④ 拉曼光谱所需试样量少，微克级（μg）即可。

⑤ 样品基本无需特殊处理即可用于分析测试，操作方便。测试完之后材料试样还可以回收利用，不会产生污染。

⑥ 由于共振拉曼光谱中谱线的增强是选择性的，因此可用于研究发色基团的局部结构特征。

第二节　拉曼光谱原理

拉曼光谱是一种散射光谱，散射光谱包括弹性散射和非弹性散射两种。

分子与光子之间发生弹性碰撞：当频率为ν_0的激光照射试样时，入射光子与处于振动基态（$v=0$）或处于振动第一激发态（$v=1$）的分子相碰撞，分子吸收能量被激发到能量较高的虚态（vitual state），分子在虚态是很不稳定的，将很快（10^{-8} s）返回 $v=0$ 或 $v=1$ 状态并将吸收的能量以光的形式释放出来，光子的能量未发生改变，以相同的频率向四面八方散射。这种散射光频率与入射光频率相同，而方向发生改变的弹性散射，称为瑞利（Rayleigh）散射（图 7-1），其散射光强度约是入射光的 10^{-3}。

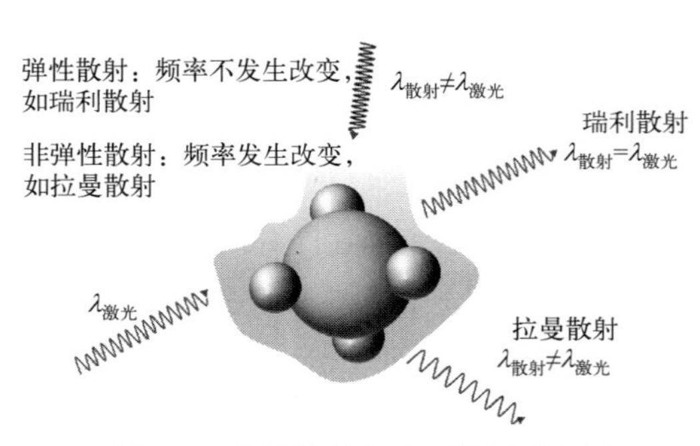

图 7-1　拉曼散射和瑞利散射示意图

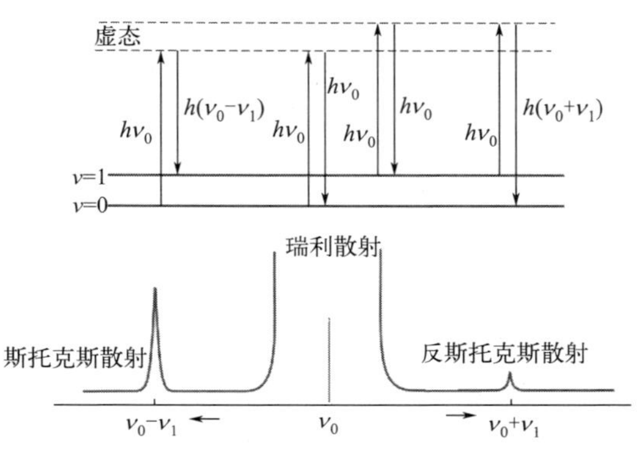

图 7-2　瑞利散射、斯托克斯散射和反斯托克斯散射示意图

分子与光子之间发生非弹性碰撞：入射光与分子作用后将其激发，激发后的分子最后没有回到原来的能级状态，而是返回到其他能级状态，并在这个过程中以光的形式释放能量。如此，光子与分子间发生了能量交换，使光子的方向和频率均发生变化。这种散射光频率与入射光频率不同，且方向改变的非弹性散射即为拉曼散射（Raman scattering），其强度是入射光的 10^{-6}～10^{-8}，甚至更弱，对应的谱线称为拉曼散射线（Raman 线）。

拉曼散射有两种情况：一种是处在振动基态的分子，被入射光激发到虚态，然后回到振动激发态，产生能量为 $h(\nu_0-\nu_1)$的拉曼散射，这种散射光的能量比入射光的能量低，此过程称为斯托克斯（Stokes）散射。另一种是处在振动激发态的分子，被入射光激发到虚态后跃迁回振动基态，产生能量为 $h(\nu_0+\nu_1)$的拉曼散射，这种散射光的能量比入射光的能量高，此过程称为反斯托克斯（anti-Stokes）散射（图 7-2）。由于常温下处于基态的分子比处于激发态的分子数多（玻尔兹曼分布），因此斯托克斯线比反斯托克斯线强得多。随着温度的升高，斯托克斯线的强度将降低，而反斯托克斯线的强度将升高。在拉曼光谱分析中多采用斯托克斯线。

斯托克斯线或反斯托克斯线与入射光的频率差称为拉曼位移（Raman shift）。拉曼位移与入射光频率即激发光的波长无关，只与分子振动能级跃迁有关。不同物质的分子具有不同的振动能级，因此拉曼位移是特征的，是研究分子结构的重要依据。

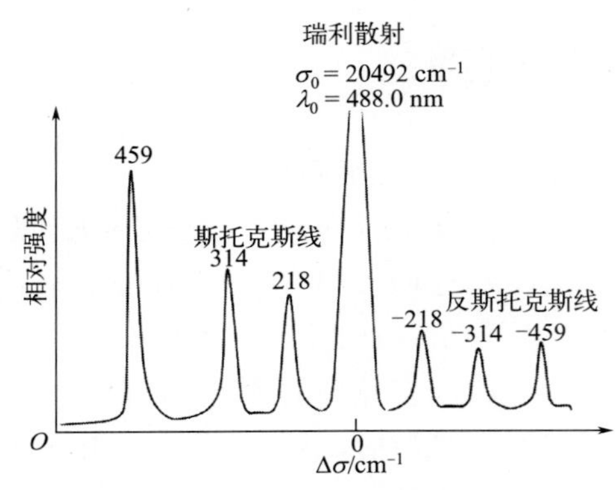

图 7-3　入射光为 488.0 nm 时的四氯化碳的激光拉曼光谱

图 7-3 是四氯化碳的激光拉曼光谱。实验时入射光为波长 488.0 nm 的可见光。四氯化碳所产生的拉曼散射光也是可见光。中间（$\sigma_0 = 20492\ cm^{-1}$）是很强的瑞利散射光，其左侧是斯托克斯线，右侧是反斯托克斯线，反斯托克斯线比斯托克斯线弱得多，而所有相对于σ_0的左右位移 218 cm^{-1}、314cm^{-1}、459 cm^{-1} 等都与分子的振动能级有关。可见拉曼光谱观测的是相对于入射光频率的位移。因而即使所用激发光的波长不同，所测得的拉曼位移是不变的，只是强度不同而已。这也使得拉曼光谱的采集及测试变得较为简便。

拉曼光谱图是以拉曼位移为横坐标，谱带强度为纵坐标作图得到。一张拉曼谱图通常由一定数量的拉曼峰构成，每个拉曼峰代表了相应的拉曼散射光的波长位置和强度。每个谱峰对应于一种特定的分子键振动，其中既包括单一的化学键，例如 C—C、C═C、N—O、C—H 等，也包括由数个化学键组成的基团的振动，例如苯环的呼吸振动、多聚物长链的振动以及晶格振动等。由于拉曼位移是以激发光波数作为零点并处于图的最右边且略去反斯托克斯线的谱带，因此可得到便于与红外吸收光谱相比较的拉曼光谱图。

去偏振度：拉曼光谱除了能提供频率的位移、强度参数外，还有一个反映分子对称性的参数——去偏振度，也称退偏比。

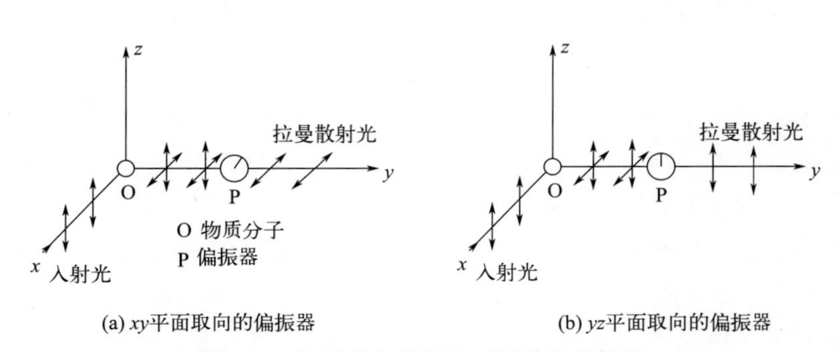

图 7-4　入射光为偏振光时退偏比的测量

拉曼光谱的光源为激光光源，激光属于偏振光。如图 7-4 所示，当入射激光沿 x 轴方向与分子 O 作用时，可散射出不同方向的偏振光。若在 y 轴方向上放置一个偏振器 P，当偏振器平行于激光方向时，则 zy 平面上的散射光可以通过。当偏振器垂直于激光方向时，则 xy 平面上的散射光可以通过。当起偏振器垂直或平行于入射光方向时测得散射光强度为 $I_{垂直}$

或$I_{平行}$，两者的比值定义为去偏振度（depolarization ratio）ρ:

$$\rho = I_{垂直}/I_{平行}$$

在入射光为偏振光的情况下，一般分子拉曼光谱的去偏振度介于 0～3/4 之间。分子的对称性越高，其去偏振度越趋近于 0，当测得$\rho \rightarrow 3/4$，则为不对称结构。这对各振动形式的谱带归属、重叠谱带的分离和晶体结构的研究是很有用的。

第三节　拉曼光谱与红外光谱的关系

拉曼光谱和红外光谱都是表征分子结构的重要工具，它们之间既有区别也有联系，有着相似和互补的关系。

首先拉曼光谱和红外光谱同源于分子振动光谱，但本质却有很大的区别。拉曼光谱是分子对入射光的散射引起的，而红外光谱是分子对红外光的吸收引起的；红外光谱的入射光及检测光均位于红外区，而拉曼光谱的入射光大多为可见光，相应的散射光也为可见光等。

其次，同一分子的这两种光谱往往不相同，但具有一定互补性。红外吸收光谱法研究的是会引起偶极矩变化的极性基团和不对称振动，因此适合于分子端基的测定；而拉曼光谱法则以会引起分子极化率变化的非极性基团和对称振动为研究对象，适合于分子骨架中不饱和基团以及同原子键（S—S、N═N 等）、C—S、S—H、C—N、N—H、金属键、脂环键等的研究。如果分子的振动形式对于红外和拉曼都是活性的，那么它们的基团频率是等效和通用的。对于一个给定的化学键，其红外吸收频率与拉曼位移应相等，均对应于第一振动能级与基态之间的跃迁，均在红外光区，并反映出分子的结构信息。

分子是否具有红外及拉曼活性与分子的对称性密切相关，并受分子振动的选律严格限制。前已提及，只有产生偶极矩变化的振动才是有红外活性的。拉曼活性则取决于振动中极化率（polarizability）是否变化。所谓极化率是指分子在电场（光波的电磁场）的作用下分子中电子云变形的难易程度。拉曼强度与平衡前后电子云形状的变化大小有关。对于简单分子，可从它们的振动模式的分析中得到其光谱选律，以线性三原子分子二硫化碳为例，它有 $3n-5=4$ 种振动形式: σ_s、σ_{as}、δ和γ，其中δ和γ是两重简并的。如图 7-5 所示，在对称伸缩振动σ_s时，由于正负电荷中心没有改变，偶极矩没有变化，因此是红外非活性的，但由于分子的伸长或缩短，平衡状态前后的电子云形状是不同的，也即极化率发生变化，是拉曼活性的。在不对称伸缩振动σ_{as}和变形振动δ(和γ)时，由于正、负电荷中心发生变化而引起偶极矩的变化，因此是红外活性的。但它们的平衡状态的电子云形状在振动前后是相同的，即极化率没有发生变化，故是拉曼非活性的。

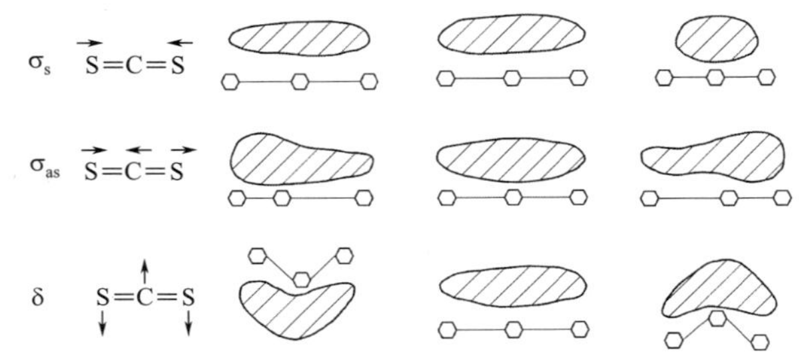

图 7-5　CS_2的振动和所引起的极化率的变化示意图
其中弯曲振动δ和γ是简并的，γ垂直于纸面

对于没有对称中心的分子，以 SO_2 为例，SO_2 为非线性分子，有 $3n-6=3$ 种振动形式，这三种振动形式都会引起分子极

化率和偶极矩的变化，因此这三种振动形式同时是拉曼活性和红外活性的。

以上举例示意产生拉曼光谱及红外光谱的起因及差别。对任何分子通常可用下列规则来判别其拉曼或红外是否具有活性。

（1）互斥规则　凡具有对称中心的分子，若其分子振动是拉曼活性的，则其红外吸收是非活性的。反之，若为红外活性的，则其拉曼为非活性的。

互斥规则对于鉴定基团是很有用的，例如，烯烃的 C═C 伸缩振动，在红外光谱中通常不存在或是很弱的，但其拉曼线则是很强的。由图 7-6 可见，2-戊烯的 C═C 伸缩振动在 1675 cm^{-1} 是很强的拉曼谱带，而在红外光谱中则不呈现它的吸收峰。

（2）互允规则　没有对称中心的分子（如前述 SO_2），其拉曼和红外光谱都是活性的（除极少数例外）。又如图 7-6 中的 2-戊烯的 C—H 伸缩振动和弯曲振动，分别在 3000 cm^{-1} 附近和约 1460 cm^{-1} 处，拉曼和红外光谱都有峰出现。由于许多分子（基团）没有对称中心，因而所观测到的拉曼位移和红外吸收峰的频率是相同的，只是对应峰的相对强度不同而已。

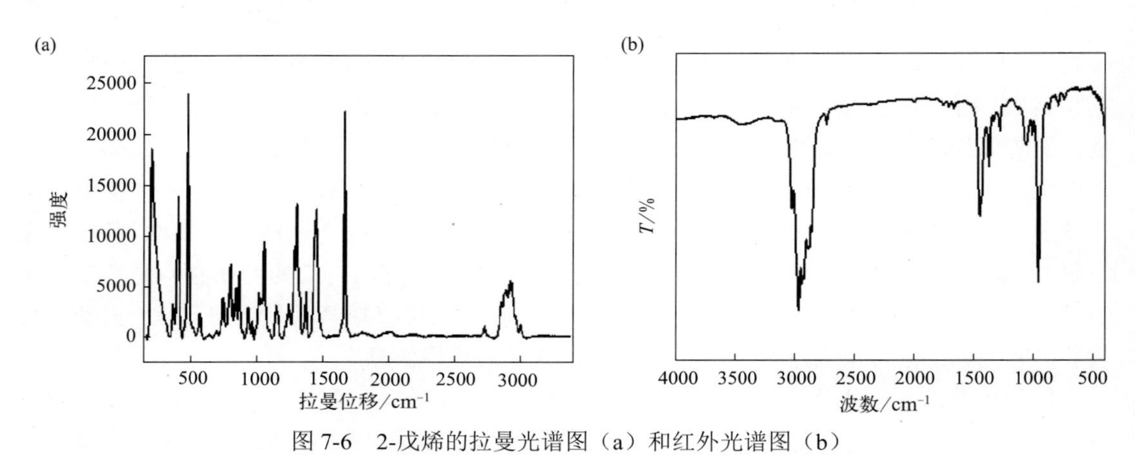

图 7-6　2-戊烯的拉曼光谱图（a）和红外光谱图（b）

（3）互禁规则　对于少数分子的振动，其拉曼和红外光谱都是非活性的。如乙烯分子的扭曲振动，不发生极化率和偶极矩的改变，因而在拉曼和红外都是非活性的。

综上所述，可见拉曼光谱和红外光谱各有所长，相互补充，两者结合可得到分子振动光谱更为完整的数据，从而有利于研究分子振动和结构组成。

第四节　激光拉曼光谱仪

早期的拉曼光谱仪使用汞弧灯作为激发光源，光源强度及单色性较差，而拉曼散射本身信号又很微弱，背景荧光等的干扰较大，因而很难采集到理想的拉曼光谱，限制了其发展应用。1960 年后，激光的出现提供了理想的光源从而极大推动了拉曼光谱的发展。激光亮度极强、单色性极好，这就可得到较强的高质量的拉曼散射线；激光的准直性使得测量试样微小部位（直径小至几微米）的拉曼信息成为可能；激光几乎是完全的线偏振光（99%以上），从而简化了去偏振度的测量。

激光拉曼光谱仪可分为滤光片型、色散型和傅里叶变换型三类。一般激光拉曼光谱仪的组成如图7-7所示。对于不同类型的拉曼光谱仪其光源、聚光装置、分光元件及分光光路、检测元件会有所区别。以下主要介绍色散型和傅里叶变换型。

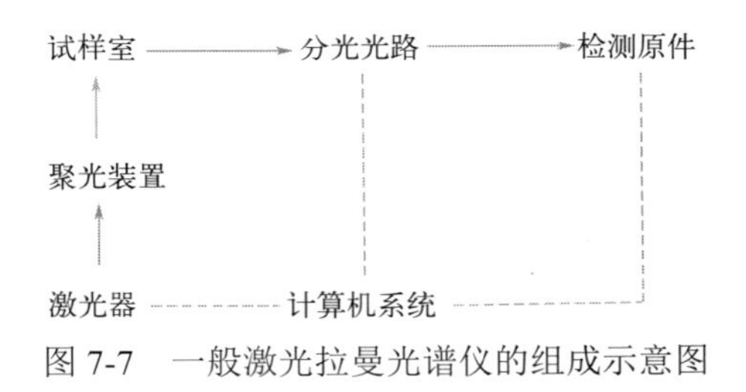

图 7-7　一般激光拉曼光谱仪的组成示意图

一、色散型拉曼光谱仪

1. 激光器

激光光源包括连续波激光器和脉冲激光器，拉曼光谱常用连续气体激光器，如主要波长为514.5 nm和488.0 nm的氩离子（Ar^+）激光器，主要波长为632.8 nm的氦-氖（He-Ne）激光器，主要波长为647.1 nm和530.9 nm的氪离子（Kr^+）激光器。有些化合物最好用红光（Kr^+和He-Ne激光器），因为短波易产生荧光或分解试样。也可用可调谐激光器，如钕-钇铝石榴石（Nd-YAG）激光器（1064 nm）、二极管激光器（780 nm，830 nm）、染料激光器，将激发线的波长调谐到试样测定所需的波长。应指出的是，虽然所采用的激发线波长各有不同，但所得到激光拉曼光谱图的拉曼位移并不因此而改变，只是拉曼图上的散射峰强不同而已。

2. 试样室

由于拉曼光谱法用玻璃作窗口，而不是红外光谱中的卤化物晶体，试样的制备方法较红外光谱简单，可直接用单晶和固体粉末测试，也可配制成溶液，尤其是水溶液测试；不稳定的、贵重的试样可在原封装的安瓿瓶内直接测试；还可进行高温和低温试样的测定，有色试样和整体试样的测试。

由前面的讲述中可知，拉曼散射的强度较弱。在放置试样时应根据试样的状态与多少选择不同的方式。气体试样：通常放在多重反射气槽或激光器的共振腔内；液体试样：采用常规试样池，若为微量，则用毛细管试样池，对于易挥发试样，应封盖；固体试样：透明的棒状、块状和片状固体试样可置于特制的试样架上直接进行测定，粉末试样可放入玻璃试样管或压片测定。试样池或试样架置于能在三维空间可调的试样平台上。

为了使激光聚焦于试样上以获得最大光强，在光源与试样室之间有光束导向元件、聚光元件等组成的聚光系统。而在试样室和分光系统之间则放置集光元件，使拉曼散射光聚焦于单色器的入射狭缝。

3. 单色器

从试样室收集的拉曼散射光，通过入射狭缝进入单色器。激光束激发试样产生拉曼散射，同时也产生很强的瑞利散射；对于粉末试样及试样室器壁等还有很强的反射光；这些光都被会聚透镜收集进入单色器而产生很多杂射光，主要分布在瑞利散射线附近，从而严重影响拉曼信息的检测。因此用于拉曼光谱仪的单色器，除要求杂射光尽可能低外，还需有高的分辨率和透射率。为此，色散型拉曼光谱仪常采用多单色器系统，如双单色器、三单色器。最好的是带有全息光栅（holographic grating）作为分光元件的双单色器，能有效消除杂散光，使与激光波长非常接近的弱拉曼线得到检测。

4. 检测器

由于拉曼散射光处于可见光区，因此光电倍增管可作为检测元件。最常用的为砷化镓（GaAs）作阴极的光电倍增管，光谱响应范围为 300～850 nm。其优点是光谱响应范围宽，量子效率高，而且在可见光区内的响应稳定。近代的仪器已多采用阵列型多道光电检测器，如电荷耦合阵列检测器（CCD），将它置于拉曼光谱仪的光谱面即可获得整个光谱，有助于减少荧光干扰，且易于与计算机连接。而在傅里叶变换型仪器中多选用液氮冷却锗光电阻作为检测器。

二、傅里叶变换近红外激光拉曼光谱仪

与傅里叶变换红外光谱仪类似，傅里叶变换型拉曼光谱仪（FT-Raman）具有傅里叶变换光谱技术的优点。傅里叶变换光谱技术和近红外（1.064 μm）激光结合所组成的傅里叶变换近红外激光拉曼光谱仪（NIR-FT-Raman）具有许多优点：荧光背景出现机会少，分辨率高，波数精度和重现性好；一次扫描可完成全波段范围测定，速度快，操作方便；近红外光在光纤维中传递性能好，因而在遥感测量上 NIR-FT-Raman 光谱有良好的应用前景；近红外可穿透生物组织，能直接提取生物组织内分子的有用信息。但因受光学滤光器的限制，在低波数区的测量方面，NIR-FT-Raman 不如色散型拉曼光谱仪；另一方面，由于水对近红外的吸收，影响了 NIR-FT-Raman 测量水溶液的灵敏度。尽管如此，NIR-FT-Raman 光谱仪已应用于拉曼涉及的所有领域，并得到巨大的发展。

傅里叶变换近红外激光拉曼光谱仪的光路结构如图 7-8 所示，它由近红外激光光源、试样室、迈克尔逊干涉仪、滤光片组、检测器等组成。检测器信号经放大后由计算机收集处理。

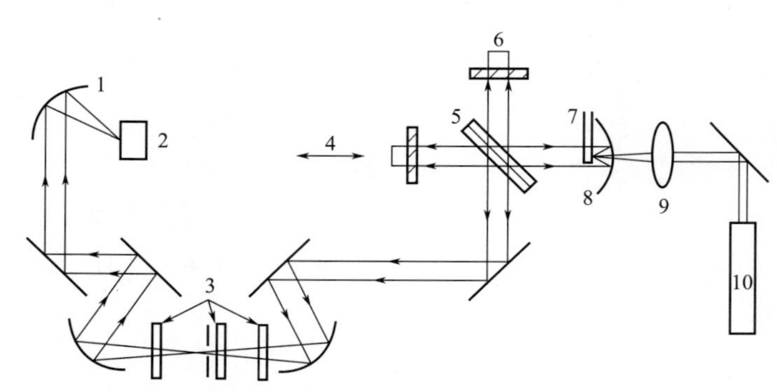

1—聚焦镜；2—检测器；3—滤光片组；4—动镜；5—分束器；
6—定镜；7—试样；8—抛物面会聚透镜；9—透镜；10—Nd-YAG激光光源

图 7-8　傅里叶变换近红外激光拉曼光谱仪光路图

1. 近红外激光光源

采用 Nd-YAG（掺钕钇铝石榴石红宝石）激光器代替可见光激光器，产生波长为 1.064 μm 的近红外激发光，它的能量低于荧光所需阈值，从而避免了大部分荧光对拉曼谱带的影响。

不足之处是 1.064 μm 近红外激发光比可见光（如 514.5 nm）波长要长约一倍，受拉曼散射截面随激发线波长呈 $1/\lambda^4$ 规律递减的制约，它的散射截面仅为可见光 514.5 nm 的 1/16，影响了仪器的信噪比，然而这可用傅里叶变换光谱技术的优越性来克服。

2. 迈克尔逊干涉仪

与 FTIR 使用的干涉仪一样，只是为了适合于近红外激光，使用 CaF_2 分束器。整个拉曼光谱范围的散射光经干涉仪得到干涉图，并以计算机进行快速傅里叶变换后，即可得到拉曼散射强度随拉曼位移变化的拉曼光谱图。一般的扫描速率，每秒可得到 20 张谱图，大大加速了分析速度，即使多次累加以改善谱图的信噪比，也比色散型仪器快速得多。

3. 试样室

如图 7-8 所示，为收集尽可能多的拉曼信号，采用背向照明方式。同时，在使用近红外激光时，仪器的光学反射镜面镀金，以得到较镀铝的反射镜面更高的反射率。

4. 滤光片组

为滤除很强的瑞利散射光，使用一组干涉滤光片组。干涉滤光片根据光学干涉原理制成，它由折射率高低不同的多层材料交替组合而成。

5. 检测器

采用在室温下工作的高灵敏度铟镓砷（InGaAs）检测器或以液氮冷却的锗检测器。

三、共焦显微拉曼光谱仪

共焦显微拉曼光谱仪是将显微镜同时作为入射光聚光、散射光收集装置和试样架使用，并使试样处于显微镜的焦平面上，如图 7-9 所示。

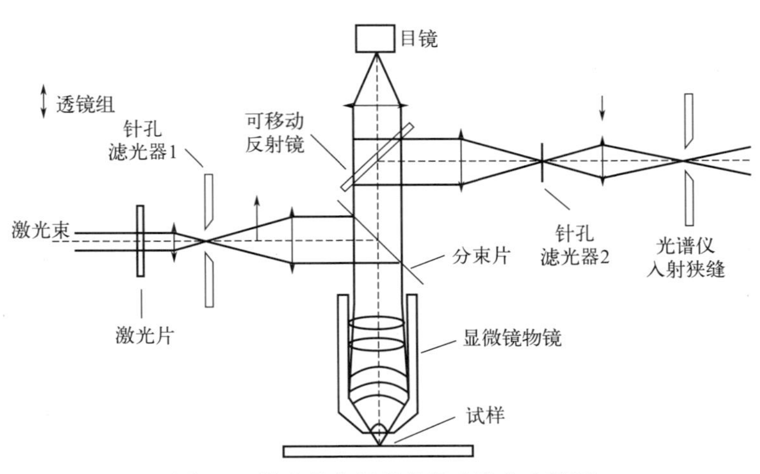

图 7-9 激光共焦显微拉曼光谱仪光路图

激光光源发出的激光束通过针孔滤光器 1、分束片，聚焦到试样的某一微小部位，被试样散射后，散射光经反射镜、透镜组聚焦，穿过针孔滤光器 2 到达光谱仪入射狭缝。焦平面之外的散射光则被聚焦在第 2 个针孔之外而不能通过。因此检测器只能检测到焦平面所发出的散射光。采用目镜、监视器等装置直接观察到放大图像，以便把激光点对准不受周围物质干扰情况下的微区，可精确获取所照射部位的拉曼光谱图。在使用中可以将拉曼显微镜聚焦到样品的不同部位进行成像，对不均匀的试样可给出二维的成分与结构分布的信息。

这种共焦显微拉曼光谱仪，排除了非焦点处组分对成像的影响，还能对同一试样微区的不同深度进行检测，从而显示微区的三维结构信息。该仪器使用 CCD 阵列检测器，提高了扫描速率及信噪比，是一种极为有用的成像技术。

光导纤维传感技术与显微镜偶合所构成的激光拉曼光纤探针，具有光传输效率高，可对远距离、特殊环境（有毒、有放射性污染、高温、低温）中试样的拉曼散射进行原位遥感探测，已有适于不同用途的拉曼光纤探针商品。在生态环境、高温反应、放射化工、工业过程控制、生物组织诊断等领域中的应用越来越广泛。

第五节　增强拉曼光谱技术

尽管激光拉曼光谱仪的发展使得采集拉曼光谱变得更容易，常规拉曼散射光的光强依然很弱，这限制了它在微量和痕量物质分析中的应用。近几十年来，增强拉曼光谱技术的发展有效克服了这一缺点，使拉曼光谱强度提高了几个数量级，使其成为极少数能实现单分子检测的技术之一，拓展了拉曼光谱的应用范围。

一、共振拉曼散射

1953 年，Shorygin 发现当入射激光波长与待测分子的某个电子吸收峰接近或重合时，拉曼跃迁的概率大大增加，使这一分子的某个或几个特征拉曼谱带强度可达到正常拉曼谱带的 10^4～10^6 倍，这种现象称为共振拉曼效应（resonance Raman effect），相应的光谱方法称为共振拉曼光谱法。其特点如下：①共振拉曼散射信号强。共振拉曼光谱基频的强度可以达到瑞利线的强度；泛频和合频的强度有时大于或等于基频的强度。②共振拉曼散射相应具有选择性。由于激光场和电子强烈地偶合，导致激光场相当大的能量转移到分子上而被生色基团吸收，非生色基团则不发生共振，所以产生的拉曼散射仍是正常的弱值。这既可用于研究生色基团的局部结构特征，也可选择性测定试样中的某一种物质。③和普通拉曼光谱相比，其散射时间短，一般为 10^{-12}～10^{-5} s。由此可见，共振拉曼光谱有利于低浓度和微量试样的检测，最低检出浓度范围约为 10^{-6}～10^{-8} mol・L^{-1}。

由于只有那些与生色基团有关的振动模式才具有共振拉曼效应，故采用共振拉曼效应，对具有生色基团的生物大分子化合物的研究有显著的优越性。又由于水的拉曼散射很弱，这就为水体系中存在的生化和无机试样提供了有用的检测手段。例如，酶和蛋白质体系中，在其活性位点上都含有生色基团，可利用共振拉曼效应来得到关于这些生色基团的振动光谱信息，而不会受到与蛋白质主链和支链相关的大量振动的干扰。由于许多生物分子的电子吸收位于紫外区，使用生物试样的紫外共振拉曼光谱的差异可判别细菌等物种属性、研究体内活细胞的膜组成和物种代谢。又如，利用共振拉曼光谱的某些拉曼谱带的选择增强，可得到分子振动和电子运动相互作用的信息。采用共振拉曼光谱偏振测量技术，可得到有关分子对称的信息。

共振拉曼光谱技术的困难在于当激光频率与试样吸收谱带频率接近时，试样可能吸收激光能量而产生热分解作用。因此，做共振拉曼光谱时试样浓度要很低，一般在 10^{-2}～10^{-5} mol • L^{-1}，以避免产生热分解。由于共振拉曼光谱的强度很大，在低浓度下仍能得到有用的拉曼光谱信息。为防止试样分解，现已采用脉冲激光光源及旋转试样架。为除去荧光干扰，可在脉冲光源的基础上，利用产生共振拉曼散射光和荧光的时间差予以消除。随着激光波长调谐技术、时间分辨技术和仪器的进一步发展，为强荧光、易光解和瞬态物质的拉曼光谱研究提供新的途径并使拉曼技术在痕量物质的灵敏检测和结构表征中受到重视。

二、表面增强拉曼散射

当一些分子吸附于或靠近某些金属胶粒或粗糙金属表面时，它们的拉曼散射信号与普通拉曼信号相比将增大 10^4～10^6 倍，这种拉曼信号强度比其体相分子显著增强的现象被称为表面增强拉曼散射效应（surface enhanced Raman scattering，SERS）。最早由 Flesherman 等人在 1974 年发现这种增强现象，后由 Van Duyne 和 Creighton 等人在 1977 年确认信号的增强来自一种新的增强机制。由于其对拉曼信号具有极高的增强效果，特别是 1977 年报道的 SERS 实现了单分子检测，这使得 SERS 研究发展迅速，取得了丰硕成果。图 7-10 为两种有机分子对巯基苯胺和罗丹明 6G 在银纳米颗粒上所展现出的 SERS 谱图响应，两种分子的 SERS 特征峰非常明显，散射信号很强。而如果没有银纳米粒子的增强作用，这个浓度的分子溶液直接测试拉曼散射，则信号极弱，可能得不到特征响应信号。

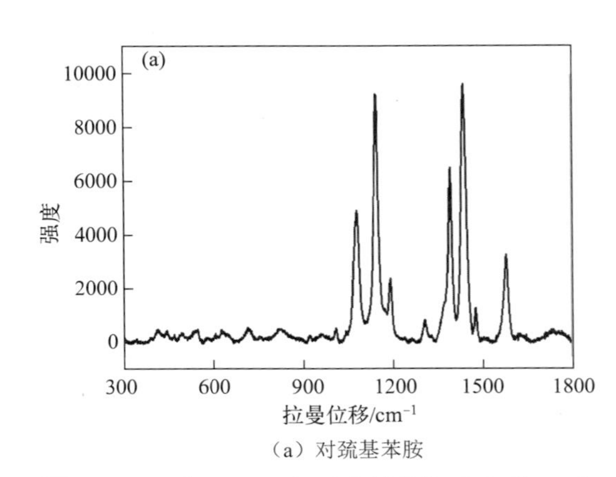

（a）对巯基苯胺

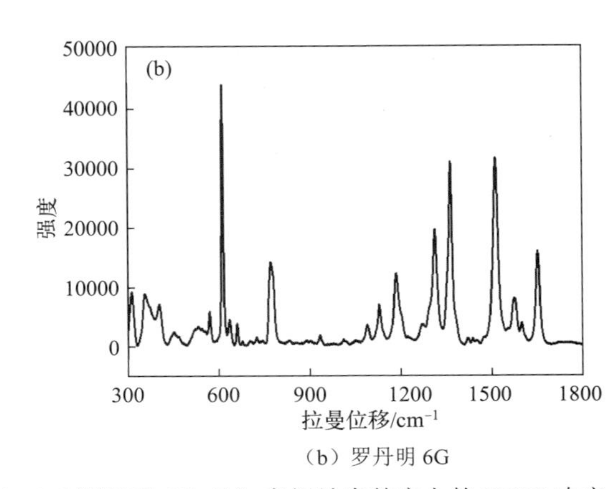

（b）罗丹明 6G

图 7-10　10^{-5} mol • L^{-1} 对巯基苯胺（a）和 10^{-5} mol • L^{-1} 罗丹明 6G（b）在银纳米基底上的 SERS 响应

增强基底：要实现 SERS 信号增强，试样分子必须吸附于某些固体材料表面或位于表面极近的距离（10 nm 以内）。这些对拉曼散射信号起到增强作用的固体物质在 SERS 中被称为基底。贵金属银和金对拉曼光谱的增强效应最强，故在 SERS 技术中是最为常用，也是研究最多的基底材料。其他被发现有表面增强作用的材料还有铜、锂、钠、钾、铝等，金属氧化物有 TiO_2、ZnO 等。一些新颖的微/纳米材料，如石墨烯、金属有机骨架等也被发现具有一定程度的 SERS 增强活性作用。不同材料的增强机制、增强性能有所差异。

增强机制：表面增强拉曼信号的增强机制研究较为复杂，目前没有完全一致的结论。目前较为主流的机制包括物理增强机制，主要为电磁增强机制（electromagnetic enhancement, EM）和化学增强机制（chemical enhancement, CM）。前者通过局域场和偶极发射起作用，增强效果与增强基底的成分、尺寸、形貌、组装结构密切相关；而后者通过分子的极化率起作用，与分子和基底之间的电荷转移等因素有关。一般而言在 SERS 中电磁增强对信号的贡献更大，可达 10^6 及以上，化学增强贡献较小，为 10^2～10^4。因而为了得到大的信号增强效果，过去几十年对于贵金属材料的尺寸、形貌、组装结构的调节是 SERS 研究的重要内容。一般而言，具有较大尺寸、表面粗糙、排列有序的金银纳米颗粒能够产生更好的 SERS 增强效果。迄今为止，已有多种不同形貌结构的金银纳米结构被可控地制备出来（如图 7-11），用于不同分析物的 SERS 分析及 SERS 增强机制的研究。近年来，纳米技术的进步使得一些金属氧化物等材料由于表现出了更高的化学增强效果，甚至接近电磁增强效果，从而使得开发新颖的化学增强活性的基底材料成为新的热点。相比于电磁增强基底，化学增强基底具有信号重复性好、信号增强选择性高等特点。

图 7-11　已报道的不同形貌的金银纳米结构 SERS 基底材料

表面增强拉曼散射光谱技术测定灵敏度高，可提供丰富的结构信息，水干扰小，适合研究界面并可用于无损检测；若结合近红外光源的傅里叶变换拉曼光谱仪，近红外激发光可以抑制电子吸收，既阻止了试样的光分解，又抑制了荧光的产生。近年来 SERS 技术发展迅速，在化学、材料、环境、生物及医学检测等领域得到广泛应用，被应用于痕量分析、表面研究、吸附物界面表面状态研究、生物大分子的界面取向及构型、构象研究和结构分析等，发挥着越来越大的作用。

若将 SERS 与共振拉曼效应 RRS 结合，即当具有共振拉曼效应的分子吸附在粗糙化的活性基底表面时，其拉曼信号的增强将几乎是两种增强效应之和，检测限可低至 10^{-9}～10^{-12} mol・L^{-1}，这种效应被称为表面增强共振拉曼散射（surface enhanced resonance Raman scattering, SERRS）。SERRS 常被用于受荧光干扰的化合物的拉曼检测，当该化合物分子吸附到粗糙化的金属表面时，其荧光会被猝灭，荧光干扰因此得以消除。

第六节　激光拉曼光谱的应用

拉曼光谱是一种无损的分析技术，它是基于光和材料内化学键的相互作用而产生的。拉曼光谱可以提供样品化学结构、相和形态、结晶度以及分子相互作用的详细信息。

一、分子结构的研究

拉曼光谱是一种测量分子振动的光谱技术，拉曼频移的产生是基于分子振动。拉曼频移值与分子的振动能级相对应，而不同的振动能级起源于不同方式的振动。化合物中的结构基团都有其特征的振动频率，据此，可以直接鉴定化合物的结构基团，判断化学键的性质及其变化。在许多化合物的拉曼光谱上有长的全对称振动泛频系列，可以利用它来进行分子振动的非谐性研究。相对于红外光谱，拉曼光谱数据库中分子的拉曼谱图数量还不够多，因而常将拉曼光谱与红外光谱数据结合用于表征分子的结构。

由于分子的拉曼谱线具有较好的分子指纹特性，因此利用拉曼光谱可以实现对样品中某些分子的定性分析。如图 7-12 所示，甲醇和乙醇的拉曼光谱具有明显不同的特征散射峰，因此利用拉曼光谱可以很容易地区分甲醇和乙醇。利用拉曼光谱技术对样品进行无损分析，除具有对测试样品的非接触性、非破坏性以外，还具有时间短、样品所需量小、样品无需制备等特点。在分析过程中不会对样品造成化学的、机械的、光化学和热的分解，是分析科学领域的研究热点，被广泛应用于医药、食品安全、文物考古、宝石鉴定和法庭科学等方面。

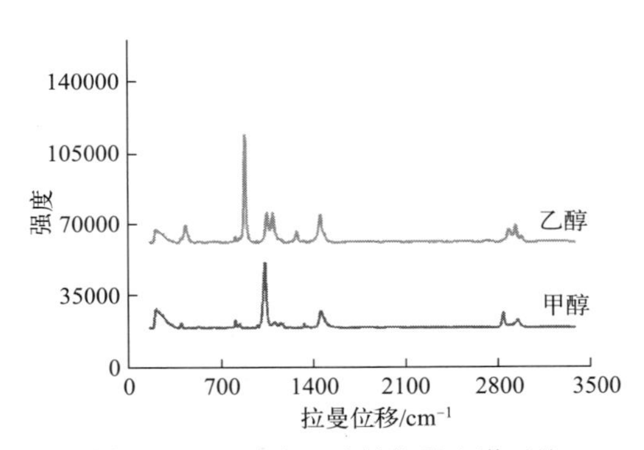

图 7-12　甲醇和乙醇的拉曼光谱对比

二、定量分析中的应用

依据拉曼谱线的强度与入射光的强度和样品分子浓度的正比例关系，可以利用拉曼谱线来进行定量分析。由于影响拉曼光谱强度的因素较多，如光源的稳定性、试样的自吸收效应等，因此，一般采用内标法定量。内标线可以是在试样中加入的内标物的谱线，也可以利用溶剂的拉曼线作为内标线。和红外光谱相比较，采用拉曼光谱定量的优点主要是能直接测定水溶液中的组分含量，具有较高的准确度。拉曼光谱较为尖锐，相比荧光而言，谱峰重叠不是很严重，因此更便于对多组分同时进行定量分析，前提是各组分的拉曼谱线互不干扰。例如，用 514 nm 的氩离子激光光源，以四氯化碳或硝酸根作为内标物，可同时测定 $Al(OH)_4^-$、CrO_4^{2-}、NO_3^-、NO_2^-、PO_4^{3-}、SO_4^{2-} 六种阴离子。

除了上述应用外，拉曼光谱及增强拉曼光谱在化学、材料、催化等领域的分析表征方面也有广泛的应用。例如利用拉曼光谱研究无机物中无机键的振动方式，确定结构；在固体材料中拉曼激活的机制很多，反映的范围也很广，如分子振动、各种元激发（电子、声子、等离子体等）、杂质、缺陷等；也用于表征晶相结构、颗粒大小、薄膜厚度、固相反应、细微结构、催化剂活性位、活性中间体等方面。当与拉曼成像系统相结合时，可以基于样品的多条拉曼光谱来生成拉曼成像。这些成像可以用于展示不同化学成分、相与形态以及结晶度的分布。如图 7-13 所示，拉曼光谱可以很轻松地区分单晶硅和多晶硅：单晶硅的拉曼谱峰表现为一个尖锐强烈的散射峰，而多晶硅则表现出一个较宽的、强度较弱的峰，两者区分很明显。拉曼光谱也可以区分同一化学组分物质的不同晶相，比如锐钛矿和金红石化学成分都是 TiO_2，元素分析方法不易区分，XRD 虽能区分，但试样用量较大。利用拉曼光谱可以很容易区分两种晶相，样品用量很少，测试简便快速。

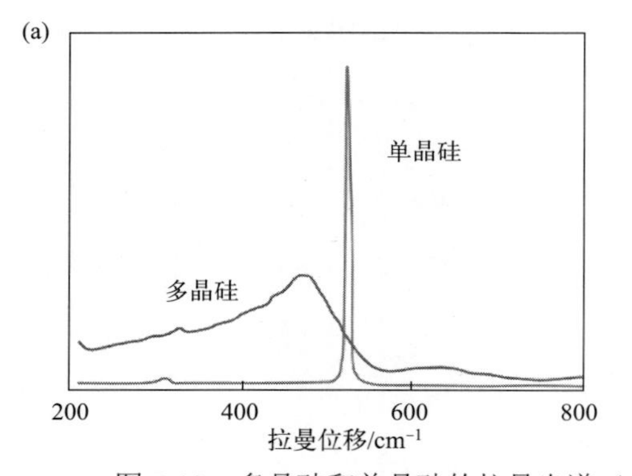

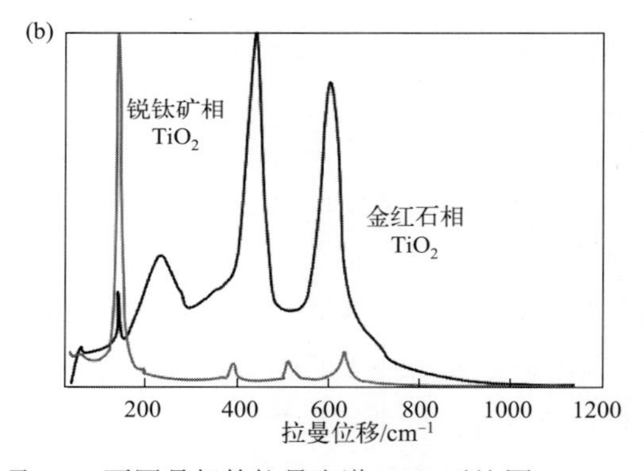

图 7-13 多晶硅和单晶硅的拉曼光谱（a）及 TiO_2 不同晶相的拉曼光谱（b）对比图

水的拉曼散射极弱，因此利用拉曼光谱可以对水溶液中的分子进行定性、定量或结构分析。这对于分析水中的生物分子（如氨基酸、蛋白质、核糖核酸、生物膜等）具有很好的优势。相比于将生物分子结晶后测试其结构的 X 射线衍射法，生物分子分散于溶剂中时，溶剂的干扰极小，其结构更接近于其天然结构。因此拉曼光谱有可能在接近自然状态、活性状态的极稀溶液下测定生物大分子的结构及其变化，如异构化、氢键、互变异构等。

除上述例子之外，拉曼光谱在其它多个领域也有广泛的应用，一些新的应用也陆续被开发出来。比如，拉曼光谱可用于艺术品和考古，对艺术品的颜料、陶瓷以及宝石的成分进行表征与鉴定；可用于新颖材料的表征，比如对石墨烯等新颖碳材料的结构与纯度、缺陷/无序度进行表征；可以用于化学反应的动态监控；用于地质学中矿物鉴别及其分布、包裹体、相变研究；用于生命科学，对单个细胞或组织进行表征，药物分析，疾病诊断；在半导体产业中对半导体材料的纯度、掺入成分、应力进行分析，等等。

思考与练习题

1. 什么是拉曼散射、斯托克斯散射、反斯托克斯散射？
2. 什么是拉曼位移，它的物理意义是什么？
3. 举例说明什么是共振拉曼效应，它有哪些特点？
4. 拉曼光谱如何表征分子结构的对称性信息？
5. 对同一物质，不同波长激光作为光源得到的拉曼光谱有何异同？
6. 色散型拉曼光谱仪和傅里叶变换型拉曼光谱仪有何异同？
7. 为什么提到拉曼光谱时，总要联想到红外光谱？
8. 为什么说拉曼光谱能提供较多的分子结构信息？
9. 增强拉曼光谱强度的技术有哪几种？它们的简称分别是什么？
10. 调研文献，列举几种常用的表面增强拉曼活性的材料。
11. 表面增强拉曼光谱与荧光光谱相比较有哪些优点和缺点？
12. 拉曼光谱仪在纳米材料表征方面有哪些前沿应用？

第八章　分子发光分析

第一节　概　述

一、分子发光分析发展概况

分子发光分析法（molecular luminescence analysis）是基于被测物质的基态分子吸收能量被激发到较高电子能态后，在返回基态过程中以发射辐射的方式释放能量，通过测量辐射光的强度及波长对被测物质进行定性、定量分析的一类方法，主要包括荧光、磷光、化学发光以及生物发光分析法等。

第一次记录荧光现象的是 16 世纪西班牙的内科医生和植物学家 N. Monardes。N. Monardes 于 1575 年提到，一种含有称为“Lignum Nephriticum”（肾木）的木头切片的水溶液，呈现出极为美丽的天蓝色。以后逐步有一些学者也观察和描述过荧光现象，但对其本质及含义的认识都没有明显的进展。

直到 1852 年，Stokes 在考察奎宁和绿色素的荧光时，用分光光度计观察到荧光的波长比入射光的波长稍长些，而不是由光的漫反射引起的，从而提出荧光是发射光的概念，并提出了“荧光”这一术语。他还研究了荧光强度与荧光物质浓度之间的关系，并描述了在高浓度或某些外来物质存在时的荧光猝灭现象。可以说，他是第一个提出应用荧光作为分析手段的科学家，同时也做了许多开拓性工作。

1867 年，Goppelsrode 利用铝-桑色素配位化合物的荧光测定铝，这是历史上首次进行的荧光分析工作。

进入 20 世纪以来，荧光现象被研究得更多了，在理论或实验技术上都得到极大的发展。特别是近几十年来，在其他学科迅速发展的影响下，激光、计算机和电子学的新成就等一些新的科学及技术的引入，大大推动了荧光分析法在理论上及实验技术上的发展，出现了许多新的理论和新的方法，如聚集诱导发光、比率荧光传感分析、荧光成像等。

磷光也是某些物质在紫外或可见光照射下发出的光，早期并没有与荧光进行明确的区分。1944 年 Lewis 和 Kasha 提出了磷光与荧光的不同概念，指出磷光是分子从亚稳的激发三重态跃迁回基态所发射出的光，它有别于从激发单重态跃迁回基态所发射的荧光。对磷光分析法的理论研究及应用也不断得到发展。

化学发光（chemiluminescence）又称为冷光（cold light），它是在没有任何光、热或电场等激发条件存在的情况下，由化学反应而产生的光辐射，即化学能转变成光辐射能。生命系统中也有化学发光，称生物发光（bioluminescence），如萤火虫、某些细菌或真菌、原生动物、蠕虫以及甲壳动物等所发射的光。化学发光分析（chemiluminescence analysis）就是利用化学反应所产生的发光现象进行分析的方法。它是近 30 多年来发展起来的一种新型、高灵敏度的痕量分析方法，在痕量分析、环境科学、生命科学及临床医学上得到愈来愈广泛的应用。

分子发光分析法已经成为当代分析化学领域的一个重要分支。

二、分子发光分析的特点

① 灵敏度高。检测限比吸收光谱法要低 1～3 个数量级，通常在μg・kg^{-1}级。

② 选择性好。选择性比吸收光谱法好，能产生紫外-可见吸收的分子不一定发射荧光或磷光。即便都有发光现象，但在吸收波长和发射波长方面不尽相同，这样就有可能通过调节激发波长和发射波长来达到选择性测定的目的，因此发射光谱具有较好的选择性。

③ 线性范围宽。发射光谱分析的线性范围比吸收光谱法要宽得多。

④ 提供较多的物理参数。发光参数多，可进行动力学分析。而吸收光谱法只能研究基态分子的反应。

⑤ 所需试样量少、方法简便。

⑥ 应用范围不及吸收光谱法广。由于能进行发光分析的体系有限，故应用范围不及紫外-可见吸收光谱法广。但采用探针技术可大大拓宽发光分析的应用范围。

第二节　分子荧光与磷光

一、荧光和磷光的产生

1. 电子激发态的多重度

正如第五章描述，分子能级比原子能级复杂，在每个电子能级上，都存在振动、转动能级。分子吸收特定频率的辐射，分子中的价电子将从基态（S_0）跃迁至激发态（S_1、S_2 等）各振动能级。如果分子中的价电子在跃迁过程中保持自旋方向不变，这种激发态被称为激发单重态，用 S_1、S_2……表示[图 8-1（b）]；如果分子中的价电子在跃迁过程中自旋方向发生了改变，这种激发态被称为激发三重态，用 T_1 、T_2……表示[图 8-1（c）]。电子激发态的多重性被称为电子激发态的多重度 M，可用 $M = 2s + 1$ 表示。式中，s 为电子自旋量子数的代数和，其数值为 0 或 1。根据泡利不相容原理，分子中同一轨道所占据的两个电子必须具有相反的自旋方向，即自旋配对，$s = 0$，此时，$M = 1$，即分子体系处于单重态，用 S_0 表示

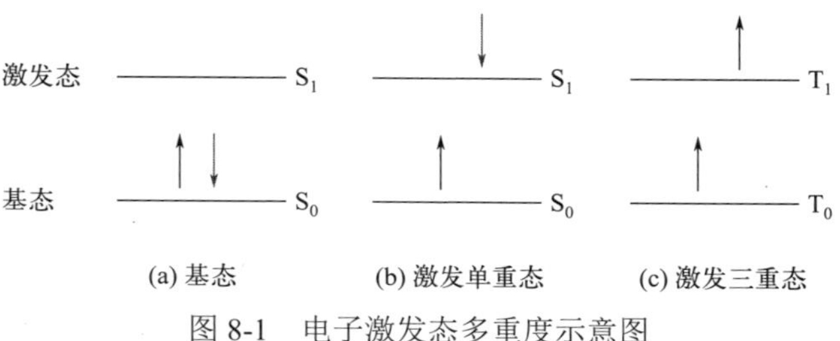

图 8-1　电子激发态多重度示意图

[图 8-1（a）]。大多数有机化合物分子的基态处于单重态。当电子在跃迁过程中自旋方向发生了改变，则分子具有两个自旋不配对的电子，即 $s=1$，$M=3$，此时，分子处于激发三重态。根据洪特规则，处于分立轨道上的非成对电子，平行自旋比成对自旋稳定，因此三重态能级总比相对应的单重态能级略低。

2. 激发态到基态的能量传递途径

电子处于激发态是不稳定状态，会很快通过辐射跃迁（荧光、磷光）和无辐射跃迁等多种途径和方式（见图 8-2）返回基态，其中速度最快、激发态寿命最短的途径占优势。

（1）振动弛豫　振动弛豫是电子在同一电子能级内以热能量交换形式由高振动能级至相邻低振动能级间的跃迁。当分子吸收光辐射（λ_1、λ_2）后可从基态的最低振动能级（$v=0$）跃迁到激发单重态 S_n（如图 8-2 中 S_1、S_2）的较高振动能级上。然后通过分子间的碰撞将过剩的振动能量以热的形式传递给周围环境，而自身从激发态的高振动能级跃迁至该电子能级的最低振动能级上，这个过程称为振动弛豫。发生振动弛豫的时间为 10^{-12} s 数量级。

（2）内转换　内转换是同多重度电子能级（$S \rightarrow S$ 或 $T \rightarrow T$）中，等能级间的无辐射电子跃迁。当高电子能级中的低振动能级与低电子能级中的高振动能级发生重叠时，常发生电子从高电子能级以无辐射跃迁形式转移至低电子能级。如图 8-2，S_2 和 T_2 中的低振动能级（$v=0, 1$）与 S_1 和 T_1 中的高振动能级（$v=5, 6$）重叠，电子可通过振动能级的重叠从 S_2 跃迁至 S_1，或从 T_2 跃迁至 T_1，这个过程称为内转换。内转换的时间一般为 10^{-11}～10^{-13} s 数量级。振动弛豫及内转换的速率比由高激发态直接发射光子的速率快得多，所以，分子吸收辐射能后不管激发到哪一个激发单（或三）重态，都能通过振动弛豫及内转换而跃迁到最低激发单（或三）重态的最低振动能级。

（3）荧光发射　荧光发射是电子由第一激发单重态的最低振动能级到基态的跃迁（$S_1 \rightarrow S_0$）。处于激发单重态的电子经振动弛豫及内转换后到达第一激发单重态（S_1）的最低振动能级（$v=0$）后，以辐射的形式跃迁回基态（S_0）的各振动能级，这个过程为荧光发射。由于经过振动弛豫和内转换使能量损失，因此荧光发射的能量比分子吸收的能量要小，故荧光发射的波长比分子吸收的波长要长。第一激发单重态最低振动能级的平均寿命为 10^{-7}～10^{-9} s，因此荧光寿命也在这一数量级。

（4）系间窜越　系间窜越是不同多重态（S 与 T 之间）有重叠的振动能级间的电子跃迁，它涉及受激发电子自旋方向的改变。如由第一激发单重态 S_1 跃迁至第一激发三重态 T_1，使原来两个自旋配对的电子不再配对。这种跃迁是禁阻的（不符合光谱选律），但如果两个能态的能级有较大重叠时，如图 8-2 中 S_1 的最低振动能级（$v=0$）与 T_1 的较高振动能级（$v=2$）重叠，就有可能通过自旋-轨道耦合等作用实现这一跃迁。系间窜越的速度很小，经历的时间较长。

（5）磷光发射　磷光发射是电子由第一激发三重态的最低振动能级到基态的跃迁（$T_1 \rightarrow S_0$）。激发态的电子经系间窜越到达激发三重态，接着发生快速的振动弛豫和内转换而跃迁至第一激发三重态（T_1）的最低振动能级，再以辐射形式跃迁回基态（S_0）的各振动能级，这个过程为磷光发射。磷光发射的跃迁仍然是自旋禁阻的，所以发光速度很慢。磷光的寿命

为 10^{-4}～10 s。因此，外光源照射停止后，磷光仍可持续一段时间。由于经过系间窜越（S → T）及振动弛豫和内转换丢失了一部分能量，所以磷光波长比荧光波长要长。

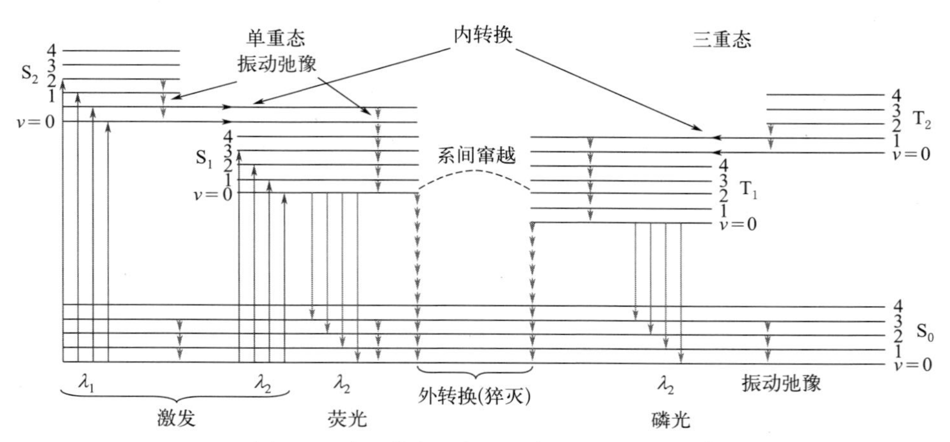

图 8-2　分子的电子能级及能级跃迁示意图

S_0、S_1 和 S_2 分别表示分子的基态、第一和第二电子激发的单重态；

T_1 和 T_2 分别表示分子的第一和第二电子激发的三重态；

$v = 0, 1, 2, 3, \cdots$ 表示基态和激发态的振动能级

必须指出的是，T_1 还可能通过热激发而重新跃回 S_1 然后再由 S_1 经辐射跃迁回 S_0，发出荧光，这种荧光称为延迟荧光，其寿命与磷光相近，但波长较磷光短。

（6）外转换　外转换是激发分子与溶剂或其他分子之间产生相互作用而转移能量的非辐射跃迁。外转换常发生在第一激发单重态或激发三重态的最低振动能级向基态转换的过程中。外转换使荧光或磷光的强度减弱甚至消失，这种现象称为猝灭。

以上过程中荧光发射、磷光发射、延迟荧光是辐射跃迁，而振动弛豫、内转换、系间窜越、外转换是无辐射跃迁。

二、激发光谱和发射光谱

1. 荧光（磷光）的激发光谱

将荧光（磷光）的发射波长固定在最大发射波长处，改变激发波长并测定相应的荧光（磷光）强度，由此得到的荧光（磷光）强度与激发波长的关系曲线即为荧光（磷光）激发光谱（见图 8-3 中相应曲线）。激发光谱曲线的最高处，处于激发态的分子最多，荧光强度也最大。

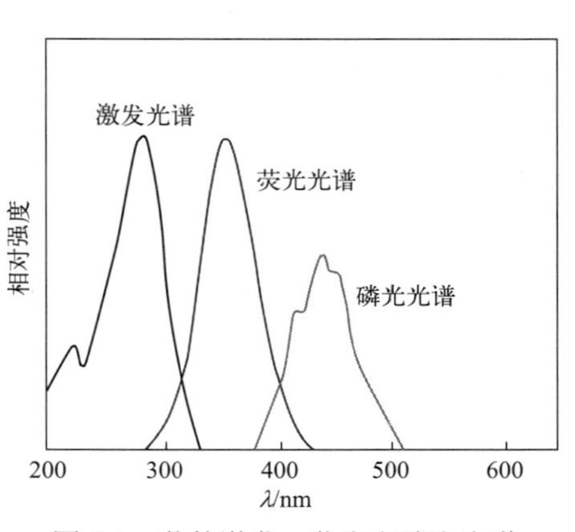

图 8-3　萘的激发、荧光和磷光光谱

2. 荧光（磷光）的发射光谱

将激发光波长固定在最大激发波长处，改变发射波长并测定相应的荧光（磷光）强度，由此得到的荧光（磷光）强度与发射波长的关系曲线即为荧光（磷光）发射光谱，见图 8-3

中相应曲线。

3. 激发光谱与发射光谱的关系

（1）斯托克斯（Stokes）位移　如图 8-3 所示，与激发光谱相比，发射光谱（荧光光谱或磷光光谱）的波长总是出现在更长的波长处。由于荧光发射是激发态的分子由第一激发单重态的最低振动能级跃迁回基态的各振动能级所产生的，所以不管激发光的能量多大，能把电子激发到哪种激发态，都将经过迅速的振动弛豫及内转换跃迁至第一激发单重态的最低能级，然后发射荧光。正是由于通过振动弛豫及内转换损失了一部分能量，所以发射的荧光光谱的波长总是大于激发光谱的波长。将激发光谱与发射光谱之间的波长差值称为斯托克斯位移。

（2）发射光谱的形状与激发波长无关　电子跃迁到不同激发态能级，吸收不同波长的能量（如图 8-2 能级图中 λ_1、λ_2），产生不同吸收带，但均通过振动弛豫及内转换回到第一激发单重态的最低振动能级再跃迁回到基态，产生波长一定的荧光（如 λ_2'）。因此，发射光谱只有一个发射带，其形状只与基态振动能级的分布情况与跃迁回到各振动能级的概率有关，而与激发波长无关。

（3）吸收光谱与发射光谱呈镜像对称　吸收光谱中的第一吸收带（波长较长的吸收带）是由于基态分子吸收光能量被激发到第一电子激发态的各不同振动能级，所以，其形状取决于第一电子激发态中各振动能级的分布情况（即能量间隔情况）。而荧光光谱是激发态分子从第一电子激发单重态的最低振动能级跃回基态中的各不同振动能级所致，所以荧光光谱的形状取决于基态中各振动能级的分布情况。一般情况下，基态和第一电子激发单重态中振动能级的分布情况相似，所以荧光发射光谱与吸收光谱的形状是类似的（见图 8-4）。

另一方面，吸收时分子由基态的最低振动能级跃迁到第一电子激发态的各振动能级，振动能级越高，所吸收的能量越大，即吸收峰的波长越短；而相反，荧光发射是由第一电子激发单重态的最低振动能级跃迁回基态的各振动能级，振动能级越大，所释放的能量越小，即发射的荧光波长越长。由于电子跃迁的速率非常快，以至于跃迁过程中分子中原子核的相对位置没有明显发生变化，其结果是：假如吸收时在 S_0 的 $v=0$ 与第一激发态 S_1 的 $v=2$ 之间的跃迁概率最大（即强度最大），那么在荧光发射时，由 S_1 的 $v=0$ 跃回 S_0 的 $v=2$ 的概率应该最大。这就导致吸收光谱与发射光谱呈镜像对称（见图 8-4）。

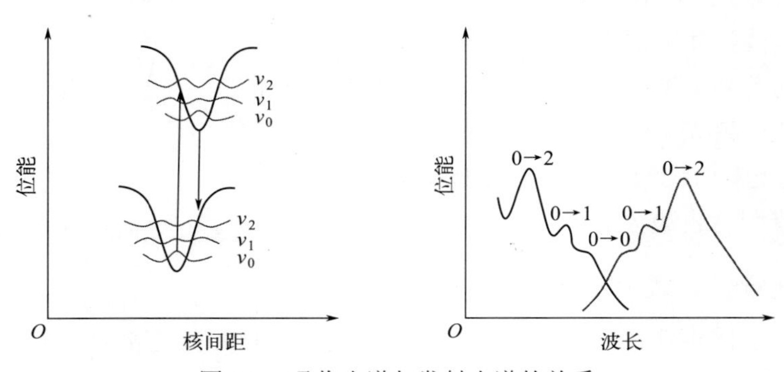

图 8-4　吸收光谱与发射光谱的关系

三、荧光、磷光和化学结构的关系

（一）荧光量子产率

分子产生荧光必须具备的条件：①分子应具有合适的结构；②分子应具有一定的荧光量子产率（Φ）。激发态分子的去激发包括两种过程，即无辐射跃迁过程和辐射跃迁过程。辐射跃迁可发射荧光（延迟荧光）或磷光。而有多少比例的激发分子能发射出荧光（或磷光）可以用荧光量子产率（或磷光量子产率）表示：

$$\Phi=\frac{\text{发射光的分子数}}{\text{激发分子总数}}=\frac{\text{发射的光量子数}}{\text{吸收的光量子数}}$$

荧光量子产率有时也叫荧光效率或荧光产率。

在产生荧光的过程中，涉及许多辐射和无辐射跃迁过程。很明显，荧光量子产率将与每一个过程的速率常数有关。

$$\Phi=\frac{k_{\mathrm{f}}}{k_{\mathrm{f}}+\sum k_i} \tag{8-1}$$

式中，k_{f}为荧光发射过程的速率常数；$\sum k_i$为无辐射跃迁各过程的速率常数之和。从上式可以看出，凡是能使 k_{f}值升高而使其它 k_i值降低的因素，都可以提高荧光量子产量，增强荧光。一般说来，k_{f}主要取决于化学结构，k_i则主要取决于化学环境，也与化学结构有关。分子的荧光量子产率往往小于 1，通常Φ在 0.1～1 之间具有应用价值。

荧光寿命（τ_{f}）是另一个重要的发光参数。荧光寿命指的是荧光分子处于 S_1 激发态的平均寿命，可由下式表示：

$$\tau_{\mathrm{f}}=\frac{1}{k_{\mathrm{f}}+\sum k_i} \tag{8-2}$$

τ_{f}可通过实验测定，通常在 10^{-8}～10^{-10} s。

（二）荧光、磷光与有机物结构的关系

1. 跃迁类型

正如前所述，荧光激发光谱是分子吸收光产生$\pi\rightarrow\pi^*$与 $n\rightarrow\pi^*$的跃迁过程，而荧光发射光谱是$\pi^*\rightarrow\pi$与$\pi^*\rightarrow n$ 的去活化辐射跃迁过程。与 $n\rightarrow\pi^*$跃迁相比，$\pi\rightarrow\pi^*$跃迁的ε大 100～1000 倍，寿命较短（约 10^{-7}～10^{-9} s，而 $n\rightarrow\pi^*$为 10^{-5}～10^{-7} s）。此外，通过系间窜越至三重态的速率较小，因此$\pi^*\rightarrow\pi$跃迁的荧光效率较高，是产生荧光的主要跃迁类型。

2. 共轭效应

既然产生荧光的主要跃迁类型为$\pi^*\rightarrow\pi$，那么要想产生荧光就要求分子具有不饱和结构。实验表明，芳香族化合物和极少数高度共轭的脂肪族和脂环族化合物容易产生荧光。一般而言，π电子共轭体系越大，荧光量子产率越高，且荧光光谱红移。如苯、萘、蒽分子随共轭体系变大，荧光量子产率变大，产生的荧光波长（λ）明显红移（表 8-1）。

表 8-1　苯、萘、蒽的σ、λ变化规律

化合物名称	结构式	φ	λ/nm
苯		0.07	283
萘	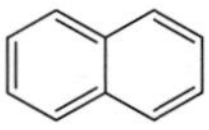	0.29	321
蒽	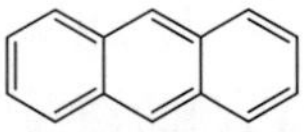	0.46	400

当二苯乙烯处于反式时，两个苯环与 C═C 产生较好的共轭而具有较强的荧光；而处于顺式时，由于空间障碍，苯环与 C═C 的共轭变差，则无荧光。

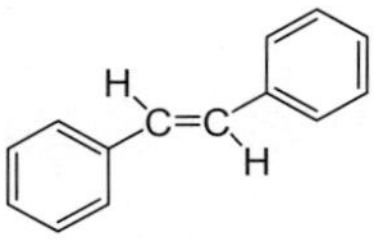

强荧光 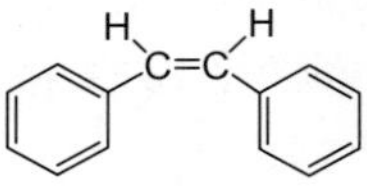　　　　无荧光

共轭效应使荧光增强主要是由于增大了荧光分子的摩尔吸光系数，有利于产生较多的激发态分子，从而增强了荧光发射。

3. 刚性平面结构

刚性平面结构可降低分子振动，减少与溶剂的相互作用，从而有利于提高荧光量子产率。例如酚酞与荧光黄（亦称荧光素）的结构十分相近，只是由于荧光黄分子中的氧桥使其具有刚性平面结构，在 0.1 mol · L^{-1} 的 NaOH 溶液中，荧光黄发射较强的荧光，荧光量子产率达 0.92，而酚酞却没有荧光。

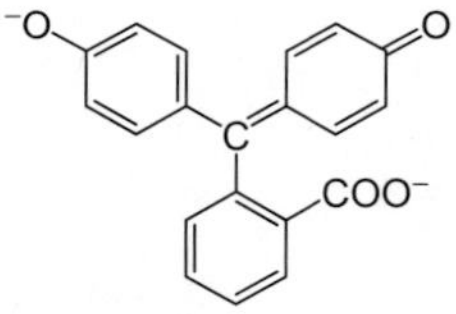

氧桥

酚酞(无荧光) 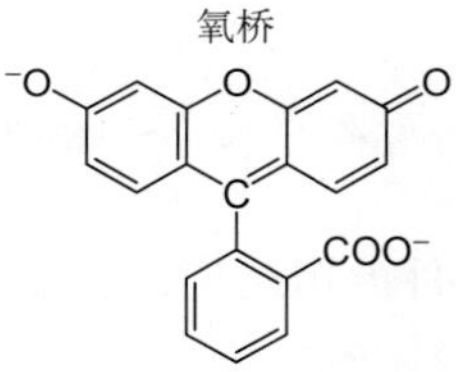　　　　荧光素(强荧光)

4. 取代基效应

给电子基团如—OH、—OR、—NH_2、—CN、—NR_2 等增强荧光。吸电子基团如—COOH、—C═O、—NO_2、—NO 等减弱甚至熄灭荧光。例如苯的衍生物荧光强度随取代基吸电/给电性的变化而变化（表 8-2）。

表 8-2　苯的衍生物荧光强度随取代基性质的变化

化合物名称	结构式	荧光相对强度
苯	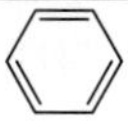	10
苯酚	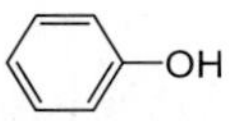 OH	18

续表

化合物名称	结构式	荧光相对强度
苯胺	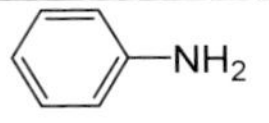 C_6H_5—NH_2	20
苯甲酸	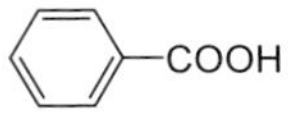 C_6H_5—COOH	3
硝基苯	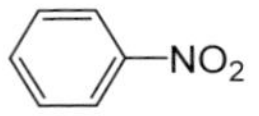 C_6H_5—NO_2	0

这是由于给电子基团与分子产生了 p-π超共轭作用，从而增强了π电子共轭程度导致荧光增强。而吸电子基团则通过吸电子减弱了π电子共轭程度导致荧光降低。

取代基的空间阻碍对荧光也有明显的影响。取代基位置对芳烃荧光的影响通过 p-π超共轭起作用。凡增强 p-π超共轭作用将导致荧光增强，而破坏 p-π超共轭作用将减弱荧光。如磺酸基的空间阻碍使—$N(CH_3)_2$ 与萘之间的键发生扭转而离开了平面构型，破坏了 p-π超共轭作用，导致荧光明显减弱。

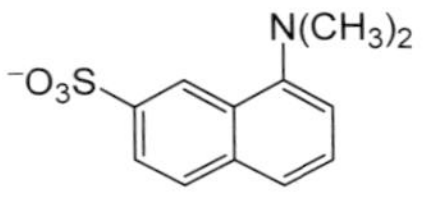

$\phi=0.75$ 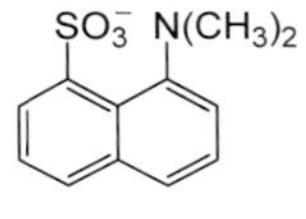　　　　$\phi=0.03$

当荧光分子上的氢原子被重原子取代后，其荧光强度减弱，而磷光强度往往相应地增强（如图 8-5 所示）。所谓重原子，一般指的是卤素（Cl、Br 和 I）原子。芳烃上氢被卤素原子取代后，其荧光强度随卤素原子量增加而减弱，而磷光强度通常相应地增强，这种效应称为“重原子效应”。这种效应是由于重原子中，能级之间的交叉现象比较严重，使得荧光分子中的电子自旋-轨道耦合作用加强，$S_1 \rightarrow T_1$ 系间窜越显著增加，结果导致荧光强度减弱，磷光强度增强。

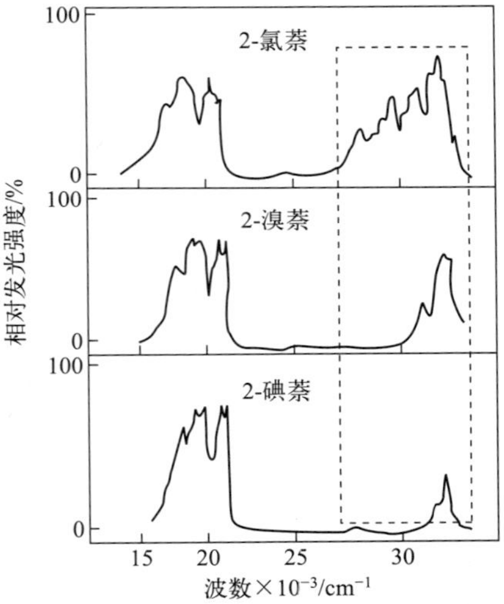

图 8-5　萘的卤代物的发射光谱

（三）无机化合物的荧光

1. 某些无机盐类的荧光

无机化合物本身能发荧光（或磷光）的不多，常见的主要有镧系元素(Ⅳ)的化合物、U(Ⅵ)化合物、类汞离子[Tl(Ⅰ)、Sn(Ⅱ)、P(Ⅱ)、As(Ⅲ)、Sb(Ⅲ)、Bi(Ⅲ)、Se(Ⅳ)]化合物等。这些化合物在低温（液氮）下都有较高的荧光效率和选择性，因此常用低温荧光法进行测定。然而，对于在顺磁性过渡金属离子如 Cu(Ⅱ)由于 d 轨道中只排了 9 个电子而有一个空轨道，因此能吸收光的能量产生跃迁使荧光猝灭，是一个典型的荧光猝灭剂。

2. 金属螯合物的荧光

不少不发荧光的无机离子与具有吸光结构的有机试剂发生配合作用，生成会发荧光的螯合物，可以进行荧光测定。这种能发荧光的螯合物可能是螯合物中的配位体发光，也可能是螯合物中的金属离子发光。

螯合物中的配位体发光如：

(刚性平面性差，无荧光)　　(刚性平面性增强，有荧光)

(不发荧光)　　(发黄绿荧光)

这是因为原来的配位体虽有吸收光构型，但其最低激发单重态 S_1 是 $n \rightarrow \pi^*$型，缺乏刚性平面结构，所以并不发荧光。而与金属离子配合后，配位体变为最低激发单重态的$\pi \rightarrow \pi^*$型，且由于螯合物的形成，而具有刚性平面结构，因此能发射荧光。

螯合物中金属离子的发光：螯合物中金属离子的发光过程，通常是螯合物首先通过配位体的$\pi \rightarrow \pi^*$跃迁而被激发，接着配位体把能量转移给金属离子，导致 $d \rightarrow d^*$ 或 $f \rightarrow f^*$跃迁，最终发射的是 $d \rightarrow d^*$或 $f \rightarrow f^*$跃迁光谱。例如镧系元素(Ⅳ)与配体形成配合物后，会促进其发光。

四、荧光强度和溶液浓度的关系

1. 荧光强度和溶液浓度的定量依据

如图 8-6 所示，当一束强度为 I_0 的光照射到厚度为 L 的吸收池后，一部分光被吸收，致使透过的光强度减弱为 I_t。分子吸收强度为 I_a 的光后，产生强度为 I_f 的荧光。产生的荧光强度 I_f 正比于吸收的光强 I_a 和荧光量子产率 Φ。

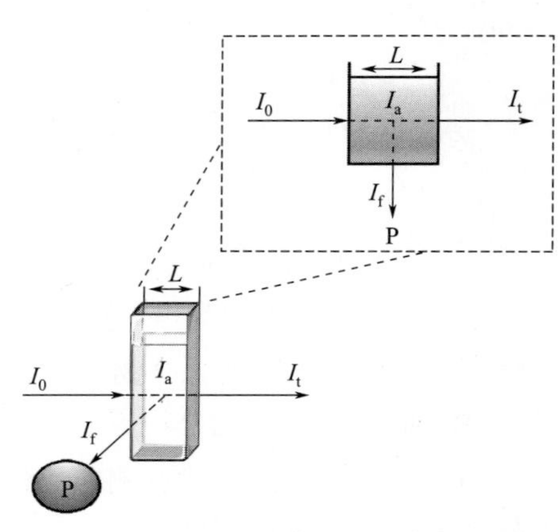

图 8-6　入射光、透射光、吸收光、荧光强度关系示意图

L—液池厚度；I_0—入射光强；I_t—透射光强；I_a—吸收光强；I_f—荧光；P—检测器

$$I_f = \Phi I_a \tag{8-3}$$

$$I_a = I_0 - I_t = I_0\left(1-10^{-\varepsilon cL}\right) \tag{8-4}$$

将式（8-4）代入式（8-3）中得

$$I_f = \Phi I_0\left(1-10^{-\varepsilon cL}\right) = \Phi I_0\left(1-e^{-2.3\varepsilon cL}\right) \tag{8-5}$$

当$\varepsilon cL \leqslant 0.05$ 时，$1-e^{-2.3\varepsilon cL} \approx 2.3\varepsilon cL$（浓度很低时，将括号项近似处理）。则有

$$I_f = 2.3\Phi I_0 \varepsilon cL = Kc \tag{8-6}$$

式（8-6）表示了荧光强度和溶液浓度 c 的关系，即为荧光光谱法进行定量分析的基本关系式。

2. 定量方法

（1）标准曲线法 配制一系列标准浓度试样测定荧光强度，绘制标准曲线，再在相同条件下测量未知试样的荧光强度，在标准曲线上求出浓度。具体可参见紫外-可见吸收光谱法。

（2）比较法 在线性范围内，测定标样和试样的荧光强度，再比较。具体可参见紫外-可见吸收光谱法。

五、影响荧光强度的环境因素

1. 溶剂的影响

一般来说，随着溶剂介电常数的增大，荧光发射峰的波长越大，荧光效率也越大。这可能是由于在介电常数大的溶剂中，荧光分子与溶质的静电作用显著变强，从而稳定了激发态，使荧光波长发生红移。在含有重原子的溶剂（如碘化乙酸、溴化正丙酯等）中，一般使荧光强度降低，而使磷光强度升高，这种现象称为“外重原子效应”。溶剂中重原子的高核电荷引起溶质分子的自旋与轨道之间强烈的耦合作用，结果使 $S_1 \rightarrow T_1$ 及 $T_1 \rightarrow S_0$ 的系间窜越等过程的概率增大。因此荧光削弱，而磷光增强。除一般溶剂效应外，溶剂的极性、氢键、配位键的形成都将使化合物的荧光发生变化。另外，溶剂产生的散射光对荧光光谱也会产生一定的影响，如与激发波长相同的瑞利散射光或与激发波长稍长/稍短的拉曼散射光。

2. 温度的影响

通常，随着温度的升高，荧光分子溶液的荧光量子产率及荧光强度都将降低。随着溶液温度的升高，介质黏度变小，分子运动速度变大，从而使荧光分子与溶剂分子或其它分子的碰撞概率增加，外转换的去活概率增加，因此，荧光量子产率降低。

溶液温度上升而使荧光强度降低的另一个主要原因是分子的内部能量转化作用。多原子分子的基态和激发态的位能曲线可能相交或相切于一点（见图 8-7）。当激发态分子接收到额外热能而沿激发位能曲线 AC 移动至交点 C 时，有可能转换至基态的位能曲线 NC，使激发态转化为基态的振动能，随后通过振动弛豫而丧失振动能量。

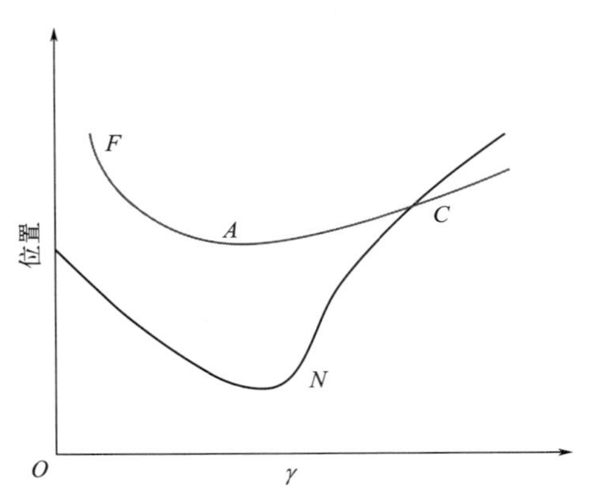

图 8-7 分子内部能量转化的位能曲线

3. 酸度的影响

带有酸性基团或碱性基团的大多数芳香族化合物，其荧光特性都与溶液的酸度（pH）有关。如 1-萘酚-6-磺酸在酸性条件下（pH＜6.4）无荧光，在偏碱性条件下（pH＞7.4）发蓝色荧光。而α-萘胺在中强酸（pH＜3.4）下发蓝色荧光，当 pH＞4.8 时不发光。

1-萘酚-6-磺酸

$^{-}O_3S$-萘-OH $\xrightarrow[pH = 6.4\sim7.0]{-H^+}$ $^{-}O_3S$-萘-O^-

无荧光　　　　　　　蓝色荧光

α-萘胺

萘-NH_2 $\xrightarrow[pH = 3.4\sim4.8]{+H^+}$ 萘-NH_3^+

蓝色荧光　　　　　　　无荧光

这是因为在不同酸度介质条件下，荧光体存在不同型体，不同的型体（分子与其离子）在电子构型上有所不同，而且基态和激发态所表现出来的酸、碱性也有所差别。因此不同酸度下，荧光光谱和荧光强度都可能发生变化。金属螯合物的荧光也受溶液酸碱度的影响：一方面溶液酸碱度会影响螯合物的形成，另一方面还会影响螯合物组成。

4. 氢键的影响

荧光分子形成分子内氢键，会增加分子的刚性平面也会增强共轭，因此将会增加其发光。荧光分子与溶剂分子或其它溶质分子所形成的分子间氢键可能有两种情况：一种是在激发之前荧光体的基态所形成的氢键，这种情况一般使摩尔吸光系数增大，即吸收增强，因此荧光强度增大，同时也可能发生分子极性及共轭程度的变化。因此吸收光谱（荧光激发光谱）及荧光发射光谱都可能发生变化。另一种情况是激发之后荧光体的激发态所形成的氢键，所以吸收光谱（荧光激发光谱）不受影响，而荧光发射光谱会发生变化。

除以上一些因素以外，荧光光谱还受激发光照射的影响。如激发光的照射使荧光分子发生分解，引起荧光强度的急剧降低。

六、荧光的猝灭

荧光的猝灭（熄灭）一词，从广义上说，指的是任何可使某给定荧光物质的荧光强度降低的作用，或者任何可使荧光强度不与荧光物质的浓度呈线性关系的作用。从狭义上说，指的是荧光分子与溶剂分子或其它溶质分子之间的相互作用，导致荧光强度降低的现象。与荧光物质发生相互作用而使荧光强度降低的物质，称为猝灭剂。

1. 碰撞猝灭

处于激发单重态的荧光分子 M^*与猝灭剂分子 Q 相碰撞，使 M^*释放热量给环境以无辐射的形式跃迁回基态，产生猝灭作用（这种猝灭也称动态猝灭），有如下几个具体过程：

$$M + h\nu \xrightarrow{K_a} M^*$$（吸收、激发过程）

$$M^* \xrightarrow{K_i} M^* \text{（振动弛豫/内转化过程）}$$

$$M^* \xrightarrow{K_f} M \text{（荧光发射过程）}$$

$$M^* + Q \xrightarrow{K_q} M + Q + \text{能量（猝灭过程）}$$

式中，K_a，K_i，K_f，K_q 分别为相应过程的平衡常数。

猝灭速率常数与各过程速率常数有如下关系：

$$K = \frac{k_q}{k_f + k_i} \tag{8-7}$$

猝灭速率常数与温度成正比，与溶液的黏度成反比。

2. 生成化合物的猝灭

生成化合物的猝灭也称为静态猝灭，它指的是基态的荧光物质与猝灭剂反应生成非荧光的化合物（如下式），导致荧光的猝灭。

$$M + Q \longrightarrow MQ$$

3. 能量转移猝灭

当猝灭剂吸收光谱与荧光体的荧光光谱有重叠时，处于激发单重态的荧光体激发分子的能量就可能转移到猝灭剂分子上或者猝灭剂吸收了荧光体发射的荧光，使荧光猝灭，而猝灭剂被激发（如下式），这俗称“内滤作用”。

$$M^* + Q \longrightarrow M + Q^*$$

4. 氧的猝灭

O_2 可以说是荧光和磷光最普遍的猝灭剂。对于溶液磷光来说，氧的猝灭作用是十分有效的，通常观察不到溶液的室温磷光现象。而对于溶液荧光来说，不同的荧光物质和同一荧光物质在不同的溶剂中，对氧的猝灭作用的敏感性有所不同。

5. 转入三重态的猝灭

溴化物和碘化物都能产生“重原子效应”，促使荧光分子的激发单重态转入激发三重态（$S_1 \rightarrow T_1$ 系间窜越），导致荧光的猝灭。

6. 荧光物质的自猝灭

当荧光物质的浓度较大时，会使荧光强度降低，荧光强度与浓度不呈线性关系，称为荧光物质的自猝灭。当荧光物质的浓度较大时，荧光物质分子之间的碰撞增加而损失激发态能量导致荧光猝灭，这种猝灭实际上是能量的外转换。此外，荧光物质的自吸收也能导致荧光的自猝灭。当荧光物质的吸收光谱与荧光发射光谱重叠时，会发生自吸收现象，处于 S_1 激发态的分子发射的荧光被处于基态的分子所吸收，使荧光强度降低。

荧光物质分子的缔合也导致荧光的自猝灭。某些荧光体分子处于基态时会形成二聚体或多聚体，或者激发态分子与基态分子形成激发态二聚体。这些聚合物与荧光单体一般都会具有不同的荧光特性，有的使荧光强度降低甚至不发射荧光，有的使光谱发生变化。

第三节　荧光和磷光分析仪

一、荧光分析仪

荧光光谱仪与紫外-可见吸收光谱仪的基本组成部件相同，即有光源、单色器、样品池、检测器等部分。荧光仪器的单色器有两个，分别用于选择激发波长和荧光发射波长（图 8-8）。除了这些基本部件的性能不同外，荧光光谱仪与紫外-可见吸收光谱仪的最大不同是：荧光的测量通常在与激发光垂直的方向上进行，以消除透射光和散射光对荧光测量的影响（图 8-7）。

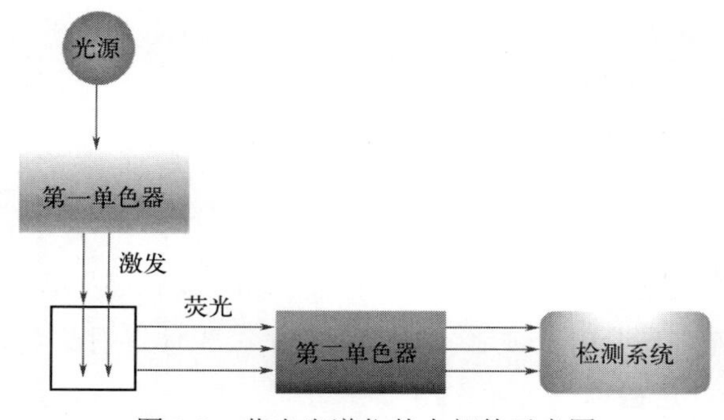

图 8-8　荧光光谱仪基本部件示意图

（1）光源　激发光源应具有足够的强度、适用波长范围宽、稳定等特点。常用的光源有高压汞灯和氙弧灯。高压汞灯是以汞蒸气放电发光的光源，主要有 365 nm、405 nm、436 nm 的三条谱线，尤以 365 nm 谱线最强，一般滤光片式的荧光计多采用它为激发光源。氙弧灯通常就叫氙灯，是目前荧光光谱仪中应用最广泛的一种光源。它是一种短弧气体放电灯，外套为石英，内充氙气，工作时压力为 20 atm，具有光强度大，在 200～800 nm 范围内是连续光源的特点。

（2）分光系统（双单色器）　荧光光谱仪中应用最多的单色器为光栅。光栅有两块，第一块为激发单色器，用于选择激发光的波长；第二块为发射单色器，用于选择荧光发射波长，一般是后者的光栅闪耀波长比前者长一些。

（3）样品池（荧光池）　通常采用弱荧光吸收的石英材料制成长方体形（如紫外-可见光谱样品池），四面透光，一般仅有厚度为 1 cm 的样品池。

（4）检测器　检测器与光源呈 90° 角，以避开激发光、杂散光的干扰，增加检测灵敏度。荧光的强度通常较弱，需要较高灵敏度的检测器，一般采用光电倍增管。

二、磷光分析仪

磷光分析仪器与荧光分析仪器同样由五个基本部件组成，但需要有一些特殊的配件，在比较好的荧光分析仪器上都配有磷光分析的配件，因此两种方法可以用同一仪器。磷光分析仪器与荧光分析仪器的主要区别有两点。

（1）样品池需配有冷却装置　对于溶液磷光的测定，常采用低温磷光分析法，即试样溶液需要低温冷冻。通常把试液装入内径约 1～3 mm 的石英细管（液池）中，然后将液池插入盛有液氮的石英杜瓦瓶内。

（2）磷光镜　有些物质会同时发射荧光和磷光，因此在测定磷光时，必须把荧光分离掉。为此，可利用磷光寿命比荧光长的特点，在激发单色器和液池之间及在发射单色器和液池之间各装上一个斩波片，并且由一个同步马达带动（见图 8-9）。这种装置称为磷光镜，它有转筒式和转盘式两种类型，尤以后者更为通用。当圆筒旋转时，来自激发单色器的入射光透过开孔间断式照射到试样池上，由试样发出的光也间断式到达发射单色器的入口狭缝，但与入射光的相位不同。当圆筒旋转至不遮断激发光的位置时，测得的是磷光和荧光的总强度；当圆筒旋转至遮断激发光的位置时，由于荧光的寿命短，一旦激发光被遮挡，荧光随即消失，而磷光寿命长，能持续一段时间，所以此时测得的仅为磷光信号。通过控制圆筒转速，还可以测量磷光的寿命。

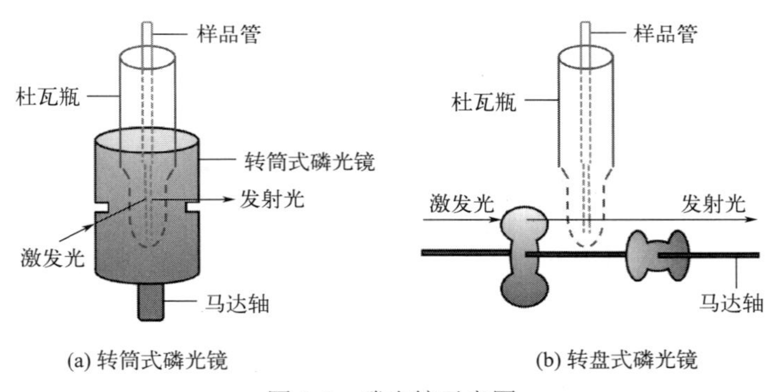

(a) 转筒式磷光镜　(b) 转盘式磷光镜

图 8-9　磷光镜示意图

第四节　荧光和磷光分析法的应用

一、无机化合物的分析

1. 直接荧光法

无机化合物的荧光测定主要依赖于待测元素与有机试剂所组成的能发荧光的配合物，通过测量配合物的荧光强度以测定该元素的含量，这种方法称为直接荧光法，具体步骤见定量分析方法。直接荧光法始于 1868 年发现的桑色素与 Al^{3+}反应的产物会发荧光，且可用于铝含量的测定。用有机试剂进行荧光法测定的元素有铍、铝、硼、镓、硒、镁、锌、镉及某些稀土元素等。

2. 荧光猝灭法

某些元素虽不与有机试剂组成会发光的配合物，但它们可以从其他会发荧光的金属离子-有机试剂配合物中取代金属离子或有机试剂，组成更稳定的不发荧光配合物或难溶化合物，而导致溶液荧光强度的降低，由荧光强度降低的程度来测定该元素的含量，这种方法称为荧光猝灭法。有些情况下，金属离子与能发荧光配位体反应，生成不发荧光的配位体，导致荧光配位体的荧光猝灭，同样可以测定金属离子的含量，这也属于荧光猝灭法。采用该法可以测定的元素及离子有氟、硫、氰离子、铁、银、钴、镍、铜、钨、钼、锑、钛等。

3. 间接荧光法

间接荧光法常用于某些阴离子如 F^-、CN^-等的分析，它们可以从某些不发荧光的金属有机配合物中夺取金属离子，而释放出能发荧光的配位体，从而测定这些阴离子的含量。

4. 催化荧光法

某些反应的产物虽能发生荧光，但反应速度很慢，荧光微弱，难以测定。若在某些金属离子的催化作用下，反应将加速进行，利用这些催化动力学的性质，可以测定金属离子的含量。铜、铍、铁、钴、锇、银、金、锌、铅、钛、钒、锰、过氧化氢及氰离子等都可采用这种方法测定。

二、有机化合物的分析

许多脂肪族化合物与某些有机试剂反应后的产物具有荧光性质，可用于它们的测定。芳香族化合物具有共轭的不饱和结构，多能发射荧光，可以直接进行荧光测定。有时为了提高测定方法的灵敏度和选择性，常使某些弱荧光的芳香族化合物与某些有机试剂反应生成强荧光的产物进行测定。

在生理科学研究工作及医疗工作中，所遇到的分析对象常常是分子庞大而结构复杂的有机化合物，如维生素、氨基酸和蛋白质、胺类和甾族化合物、酶和辅酶以及各种药物、毒物和农药等，这些复杂化合物许多均能发射荧光，可以用荧光分析法进行测定或研究其结构或生理作用机理。在现代的分离技术中，以荧光法作为检测手段，常可以测定低微含量的物质，荧光免疫分析法也是医学研究的一种重要手段。

第五节 荧光分析法新技术简介

一、同步荧光法

常规的荧光激发光谱和发射光谱是分别在固定荧光发射波长和激发波长下，扫描荧光激发波长和发射波长所得到的光谱。同步荧光法是同时扫描激发光和发射光波长下绘制的光谱，由测定的荧光强度信号与对应的激发波长（或发射波长）构成光谱图（如图 8-10）。

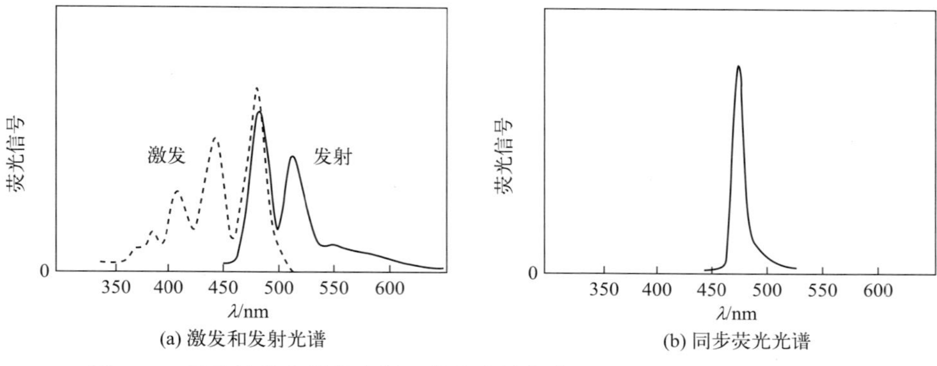

图 8-10　丁省的荧光激发光谱、荧光发射光谱（a）和同步荧光光谱（b）

根据激发单色器和发射单色器在同时扫描过程中彼此间所应保持的关系，同步荧光测定法还分为三种类型：

（1）固定波长同步扫描荧光测定法　在两个单色器同时扫描过程中使激发波长（λ_{ex}）和发射波长（λ_{em}）保持固定的波长间隔（即$\lambda_{ex}-\lambda_{em}=$常数）。

（2）固定能量同步扫描荧光测定法　在两个单色器同时扫描过程中，使激发波长和发射波长之间保持固定的能量差（即频率或波长差）。

（3）可变角同步扫描荧光测定法　使激发和发射单色器以不同的速率同时扫描（即$\lambda_{ex}-\lambda_{em}\neq$常数，而是时间的线性函数）。

同步荧光测定法的优点：光谱简单化，光谱窄化，光谱重叠减小，散射光影响减小，选择性提高。

二、导数荧光法

自从 20 世纪 50 年代初期导数光谱技术应用于分光光度测定之后，使分光光度法的选择性得到很大的改善。直到 1974 年，导数技术才引入荧光分析，在解决荧光测定中的背景干扰和谱带重叠问题上收到良好的效果，已被证明是一种提高荧光分析选择性的有效手段。导数荧光测定法的基本原理与分光光度法类似，这里不再叙述。

三、三维荧光光谱法

普通荧光分析所得的光谱是二维光谱，即荧光强度随波长（激发波长或发射波长）的变化而变化的曲线。如果同时考虑激发波长和发射波长对荧光强度的影响，则荧光强度应是激发波长和发射波长两个变数的函数。描述荧光强度同时随激发波长和发射波长变化的关系图谱，称为三维荧光光谱。

三维荧光光谱的表现形式有两种：一是等角三维投影图，这种表示法比较直观，x、y、z 三维坐标轴分别表示发射波长、激发波长和荧光强度[如图 8-11（a）所示]；二是等高线光谱图，以平面坐标的横轴表示发射波长，纵轴表示激发波长，平面上的点表示由两波长所决定的样品的荧光强度，将荧光强度相等的各点连接起来，便在$\lambda_{em}-\lambda_{ex}$构成的平面上显示出一系列等强度线组成的等高线光谱图[见图 8-11（b）]。

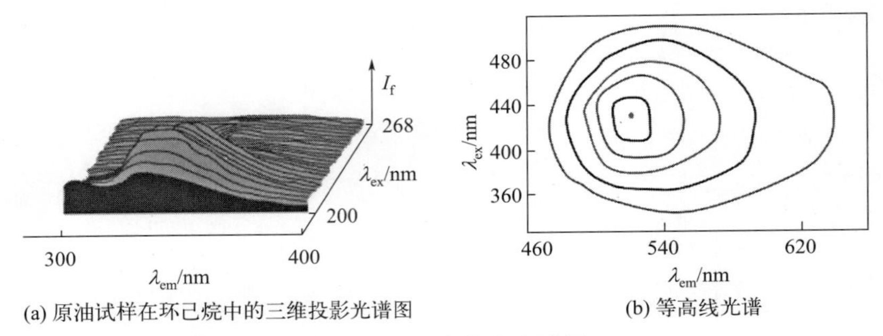

(a) 原油试样在环己烷中的三维投影光谱图　　(b) 等高线光谱

图 8-11　三维荧光光谱图

第六节　化学发光分析法

一、基本原理

1. 化学发光反应

在化学反应过程中，某些化合物接受化学反应释放的能量而被激发，从激发态返回基态时，发射出一定波长的光。如 A 与 B 反应生成 C 与 D，产物 D 接收了反应释放的化学能而被激发，变成激发态（D^*）；D^*在由激发态返回基态时，将多余的能量以光的形式释放出来而发光。

$$A + B \longrightarrow C + D^*$$

$$D^* \longrightarrow D + h\nu$$

① 能够发光的化合物大多为芳香族化合物和一些其他有机化合物。

② 化学发光反应多为氧化还原反应，激发能与反应能相当，$\Delta E = 170 \sim 300\ \text{kJ} \cdot \text{mol}^{-1}$，位于可见光区。

③ 发光持续时间较长，反应持续进行。

存在于生物体（萤火虫、海洋发光生物）中的化学发光反应，称为生物发光（bioluminescence）。

2. 化学发光效率（ϕ_{cl}）

$$\phi v_{cl} = \frac{发射光子的分子数}{参加反应的分子数} = \phi_{ce}\phi_{em} \tag{8-8}$$

式中，$\phi_{ce}=\dfrac{激发态分子数}{参加反应分子数}$为化学效率；$\phi_{em}=\dfrac{产生光子数}{激发态分子数}$为发光效率。

在 t 时刻的化学发光强度（单位时间发射的光量子数，I_{cl}）可表示为：

$$I_{cl}=\phi_{cl}\times\frac{dc}{dt} \tag{8-9}$$

式中，dc/dt 为分析物参加反应的速率。I_{cl} 与时间的关系见图 8-12。

3. 化学发光强度与化学发光定量分析的依据

在化学发光分析中，被分析物相对于发光试剂小得多，对于一级动力学反应有如下关系式：

$$dc/dt = Kc \tag{8-10}$$

式中，K 为反应速率常数。

定量依据：

① 在一定条件下，峰值光强度与被测物浓度呈线性关系；

② 在一定条件下，曲线下面积为发光总强度（S），其与被测物浓度呈线性关系：

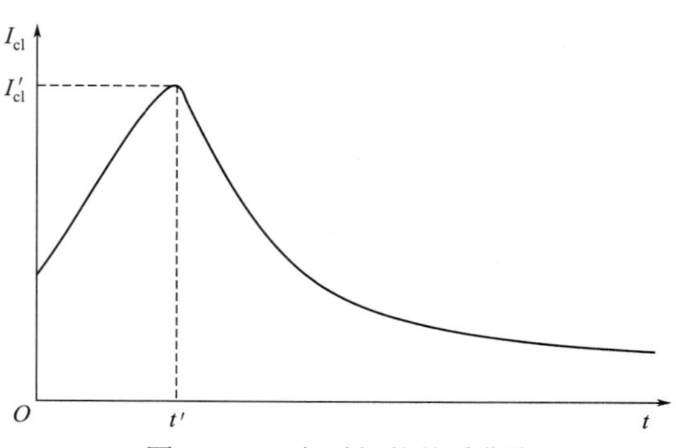

图 8-12　I_{cl} 与时间的关系曲线

$$S=\int_0^t I_{cl}(t)dt=\varphi_{cl}\int_0^t\frac{dc}{dt}dt=\varphi_{cl}c \tag{8-11}$$

这是化学发光分析定量的依据。

4. 化学发光反应的类型

（1）气相化学发光反应

① 一氧化氮与 O_3 的发光反应

$$NO + O_3 \longrightarrow NO_2^* + O_2$$
$$NO_2^* \longrightarrow NO_2 + h\nu$$

生成的激发态的 NO_2^* 发射的光谱范围为 600～875 nm，灵敏度为 1 ng・cm^{-3}。

② 氧原子与 SO_2、NO、CO 的发光反应

a. 氧原子与 SO_2 的发光反应：

$$O_3 \longrightarrow O_2 + O \text{（1000℃石英管中进行）}$$
$$SO_2 + O + O \longrightarrow SO_2^* + O_2$$
$$SO_2^* \longrightarrow SO_2 + h\nu$$

生成的激发态的 SO_2^* 最大发射波长为 200 nm，其灵敏度为 1 ng・cm^{-3}。

b. 氧原子与 NO 的发光反应：

$$O_3 \longrightarrow O_2 + O \text{（1000℃石英管中进行）}$$
$$NO + O \longrightarrow NO_2^*$$
$$NO_2^* \longrightarrow NO_2 + h\nu$$

生成的激发态的 NO_2^* 发射光谱范围为 400～1400 nm，其灵敏度为 1 ng・cm^{-3}。

c. 氧原子与 CO 的发光反应：

$$CO + O \longrightarrow CO_2^*$$

$$CO_2^* \longrightarrow CO_2 + h\nu$$

发射光谱范围为 300～500 nm，灵敏度为 1 ng・cm^{-3}。

③ 乙烯与 O_3 的发光反应。乙烯与 O_3 反应生成激发态甲醛：

$$CH_2{=}CH_2 + O_3 \longrightarrow [\text{环状臭氧化物}] \longrightarrow [\text{臭氧化物}] \longrightarrow HCOOH + CH_2O^*$$

$$CH_2O^* \longrightarrow CH_2O + h\nu$$

最大发射波长为 435 nm，对 O_3 的特效反应，线性响应范围为 1 ng・cm^{-3}～1 μg・cm^{-3}。

（2）火焰中的化学发光反应　在富氢火焰中，也存在着很强的化学发光反应。

① 一氧化氮。

$$NO_2 + 2H \longrightarrow NO + H_2O$$

$$NO + H \longrightarrow HNO^*$$

$$HNO^* \longrightarrow HNO + h\nu$$

发射光谱范围为 660～770 nm，最大发射波长为 690 nm。

② 硫化物。挥发性硫化物 SO_2、H_2S、CH_3SH、CH_3SCH_3 等在富氢火焰中燃烧，产生很强的化学发光（蓝色）：

$$SO_2 + 2H_2 \longrightarrow S + 2H_2O$$

$$S + S \longrightarrow 2S_2^*$$

$$S_2^* \longrightarrow S_2 + h\nu$$

发射光谱范围为 350～460 nm，最大发射波长为 394 nm，灵敏度为 0.2 ng・cm^{-3}。发射光强度与硫化物浓度的平方成正比。

（3）液相中的化学发光反应　可测痕量的 H_2O_2、Cu、Mn、Co、V、Fe、Cr、Ce、Hg、Th 等。应用最多的发光试剂为鲁米诺（3-氨基苯二甲酰肼），化学发光反应效率为 0.15～0.05。鲁米诺在碱性溶液中与双氧水的反应过程：

$$\text{鲁米诺} \xrightarrow{OH^-} \text{二氮醌} \xrightarrow[OH^-]{H_2O_2} \text{过氧桥中间体} \longrightarrow [\text{3-氨基邻苯二甲酸根}]^* + N_2 \longrightarrow \text{3-氨基邻苯二甲酸根} + h\nu$$

该发光反应速度慢，某些金属离子可催化反应，利用这一现象可测定这些金属离子。

二、特点

（1）优点：①灵敏度极高。例如荧光素酶和 ATP 的化学发光分析，可测定 2×10^{-17} mol・L^{-1} 的 ATP，即可检测出一个细菌中的 ATP 含量。②仪器设备简单。不需要光源、单色器和背景校正。③发射光强度测量无干扰。无背景光、散射光等干扰。④线性范围宽。⑤分析速度快。

（2）缺点：可供发光用的试剂少；发光反应效率低（大大低于生物体中的发光）；机理研究少。

三、装置与技术

装置流程如下：

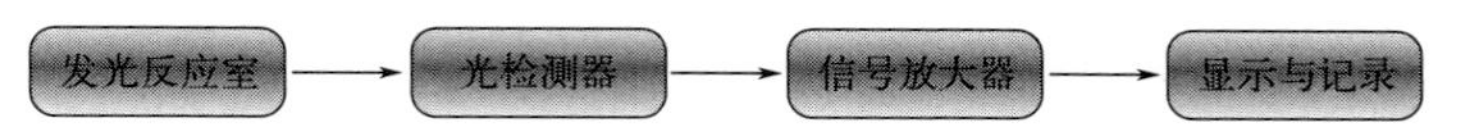

与荧光法相比，不需要光源与单色器。化学发光反应在试样室中进行，反应发出的光直照射在检测器上。因此，仪器较简单。

发光反应可采用静态或流动注射的方式进行：

① 静态方式。用注射器分别将试剂加入反应器中混合，测最大光强度或总发光量；试样量小，重复性差。

② 流动注射方式。用蠕动泵分别将试剂连续送入混合器，定时通过测量室，连续发光，测定光强度；试样量大。

思考与练习题

1. 试从原理、仪器两方面对分子荧光、磷光和化学发光进行比较。
2. 图文并茂阐述电子从激发态到基态的能量传递途径。
3. 何谓荧光的激发光谱和发射光谱？它们之间有什么关系？
4. 何谓荧光效率？荧光定量分析的基本依据是什么？
5. 影响荧光光谱的内部因素有哪些？并解释它们是如何影响荧光的？
6. 影响荧光强度的因素有哪些？并解释它们是如何影响荧光的？
7. 荧光猝灭的种类有哪些？
8. 何谓化学发光效率？化学发光定量分析的基本依据是什么？
9. 化学发光的类型有哪些？

第二部分　电化学分析法

第九章　电位分析法　187

第十章　伏安与极谱分析法　225

第十一章　库仑分析法　255

根据物质的电学和电化学性质，应用电化学的基本原理和技术，测定物质组分含量的方法，称为电化学分析法。电化学分析法是用两支电极与待测溶液组成工作电池，通过测定该工作电池的某些物理量，设法求出待测物质含量的分析方法。当测定工作电池的物理量不同，可有不同的电化学分析方法，如下表所示：

测量参数	方法类别
电位（电流≈0）	电位法
电位与标准溶液体积（电流≈0）	电位滴定法
电流（控制电位）	极谱法、伏安法
电流与标准溶液体积	安培滴定法（电流滴定法）
电阻（电导）	电导法
电阻与标准溶液体积	电导滴定法
电流与时间	库仑分析法
电解后电极增重	电重量分析法（电沉析法）

常用的电化学分析法有电位分析法、库仑分析法、伏安分析法三种。

（1）电位分析法（potentiometry）　用两支电极与待测溶液组成工作电池，通过测定该工作电池的电动势，设法求出待测物质含量的分析方法称作电位分析法。电位分析法还可分为直接电位法（direct potentiometry）和电位滴定法（potentiometric titration）。直接电位法是将参比电极与指示电极插入被测液中构成原电池，根据原电池的电动势与被测离子活度间的函数关系直接测定离子活度的方法。电位滴定法是借助测量滴定过程中电池电动势的突变来确定滴定终点的方法。

（2）库仑分析法（coulometric analysis）　测定电解过程中所消耗的电量，按法拉第定律求出待测物质含量的分析方法称作库仑分析法。库仑分析法还可分为控制电位库仑分析法和恒电流库仑滴定法。

（3）伏安分析法（voltammetry）　利用电解过程中测得的电流-电压关系曲线（伏安曲线）进行分析的方法称作伏安分析法。

电化学分析法具有以下特点：

① 灵敏度高。被测物质含量范围可在 10^{-2}～10^{-12} $mol \cdot L^{-1}$ 数量级。

② 准确度高，选择性好，不但可测定无机离子，也可测定有机化合物，应用广泛。

③ 电化学仪器装置较为简单，操作方便。

④ 电化学分析法在测定过程得到的是电信号，易于实现自动控制和在线分析，尤其适合于化工生产的过程控制分析。

第九章　电位分析法

第一节　电位分析法原理

电极电位的产生

一、电极电位的产生

两种导体接触时，因两相中的化学组成不同，故将在界面处发生物质迁移。若进行迁移的物质带有电荷，则在两相之间产生电荷分离。如任何金属晶体中都含有金属离子和自由电子，一方面金属表面的一些原子有把电子留在金属电极上而自身以离子形式进入溶液的倾向，金属活性越高，溶液越稀，这种倾向越大；另一方面，电解质溶液中的金属离子又有一种从金属表面获得电子而沉积在金属表面的倾向，金属活性越小，溶液浓度越大，这种倾向也越大。这两种倾向同时进行着，并达到暂时的平衡：$M \rightleftharpoons M^{n+} + ne^-$。若金属失去电子的倾向大于获得电子的倾向，达到平衡时将是金属离子进入溶液，使电极上带负电，电极附近的溶液带正电；反之，若金属失去电子的倾向小于获得电子的倾向，结果是电极带正电荷而其附近溶液带负电荷，见图 9-1。因此，在金属与电解质溶液界面形成双电层[图 9-1(a)]，该双电层相当于平板电容器两极[图 9-1（b）]，而电容器两极之间具有一定的电场强度，亦即在两相之间产生了一定的电位差，这种电位差就是电极电势。实验表明金属电极电位大小与金属本身的活性、金属离子在溶液中的浓度，以及温度等因素有关。如铜与 $CuSO_4$ 界面所产生的电极电位小于锌与 $ZnSO_4$ 界面所产生的电极电位。Zn^{2+}（Cu^{2+}）浓度越大，则平衡时电极电位也越大。

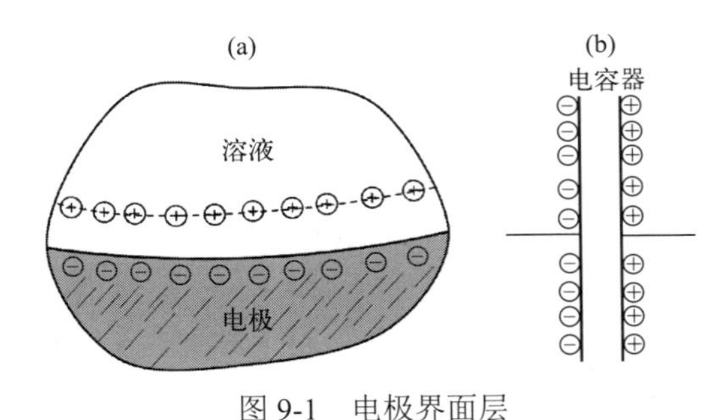

图 9-1　电极界面层

内部高斯界面
带电的导电相
内电势为零

图 9-2　导电相电荷分布

现在，让我们考虑两个更重要的问题：①某一导电相中的电势是否均匀？②如果均匀，它的值由什么来决定？导电相为有可移动电荷载体的相，如金属、半导体（电子导体）或电解质溶液（离子导体）。当没有电流通过导电相时，就没有电荷载体的净运动，因此相内所有点的电场均须为零。否则，电荷载体必定要在电场的作用下运动来抵消此电场。在这些条件下，相内任意两点之间的电势差也必然为零；这样，整个相是一个等电势体（equipotential volume）。用ϕ来表示它的电势，ϕ被称为该相的内电势（inner potential）或伽伐尼电势（Galvani potential）。因此必然得出过剩电荷实际上分布在导电相表面的结论，见图 9-2。导电相具有下列特征：

① 导电相电势的变化可由改变相表面或周边电荷分布来达到。

② 如果相的过剩电荷发生变化，其电荷载体将进行调整以使全部过剩电荷分布在整个相边界上。

③ 在无电流通过的条件下，电荷的表面分布将使相内电场强度为零。

④ 相内有一恒定的电势。

相间化学相互作用所产生的电势差某种程度上源于电荷分离。只要有电荷分离，在两个导电相的界面均可产生电势差，即电极电位。如苯与水的界面，由于苯是非极性疏水分子，这样极性的水分子（正电中心与负电中心不重合）会规则地排列于苯/水的界面。在该界面上由于水分子的正电中心与负电中心不重合而形成一双电层产生界面电势，见图 9-3。另外，当两种浓度不同的盐溶液（NaCl 溶液）被一膜分开，由于膜两侧的离子浓度不同，而在膜两侧形成一双电层产生膜电势。膜电位包括扩散电位与界面电位（Donnan 电位）。膜与接触溶液的界面由于电荷分布的不均产生双电层结构形成的电位差叫界面电位。膜内由于接触溶液正负离子扩散速率不同产生的电位叫扩散电位。当正负离子的迁移数相等时，扩散电位等于零。

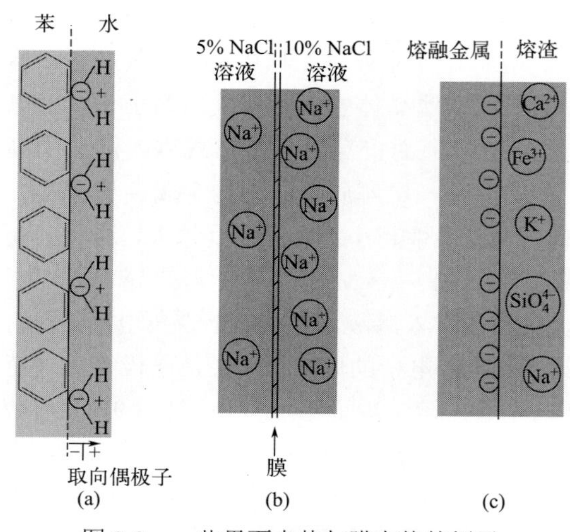

图 9-3　一些界面电势与膜电势的例子

二、能斯特方程

电极电位的大小，不但取决于电极的本质，而且与溶液中离子的浓度、温度等因素有关。从理论上来讲，电极电位的大小为组成电极两个导电相内电势 ϕ_1 与 ϕ_2 之差，但实际上无法通过测量获得。对于一个电极来说，其电极反应可以写成：$\mathrm{Ox}+n\mathrm{e}^- = \mathrm{Red}$，能斯特从理论上推导出电极电位的计算公式为：

$$\varphi=\varphi^{-}_{\frac{\mathrm{Ox}}{\mathrm{Red}}}+\frac{RT}{nF}\ln\frac{a_{\mathrm{Ox}}}{a_{\mathrm{Red}}} \tag{9-1}$$

式中，φ为平衡时的电极电位，V；$\varphi^{-}_{\mathrm{Ox/Red}}$为标准电极电位，V；$a_{\mathrm{Ox}}$、$a_{\mathrm{Red}}$分别为电极反应中氧化态和还原态的活度，$\mathrm{mol\cdot L^{-1}}$；$n$ 为电极反应中的得失电子数；R 为摩尔气体常数，8.31441 $\mathrm{J\cdot mol^{-1}\cdot K^{-1}}$；$F$ 为法拉第常数，96485.34 $\mathrm{C\cdot mol^{-1}}$；T 为热力学温度，K。在 25℃时，如以浓度（[Ox]、[Red]分别为电极反应中氧化态和还原态的浓度）代替活度，则上式可写成：

$$\varphi=\varphi^{-}_{\frac{\mathrm{Ox}}{\mathrm{Red}}}+\frac{0.059}{n}\lg\frac{\gamma_{\mathrm{Ox}}}{\gamma_{\mathrm{Red}}}+\frac{0.059}{n}\lg\frac{[\mathrm{Ox}]}{[\mathrm{Red}]} \tag{9-2}$$

前两项用 $\varphi^{\ominus\prime}_{Ox/Red}$ 表示，则有

$$\varphi = \varphi^{\ominus\prime}_{\frac{Ox}{Red}} + \frac{0.059}{n}\lg\frac{[Ox]}{[Red]} \tag{9-3}$$

$\varphi^{\ominus\prime}_{Ox/Red}$ 是氧化态与还原态浓度均等于 1 mol·L^{-1} 时的电极电位，称为条件电位。

如果电对中某一物质是固体或水，则它们的浓度均为常数，即[Ox]或[Red] = 1；如果电对中某一物质为气体，则它的浓度可用气体分压表示。

三、电极电位的测量

单个电极的电位是无法测量的，因此，由待测电极与参比电极组成电池，用电位计测量该电池的电动势，即可得到该电极的相对电位（见图 9-4）。相对于同一参比电极的不同电极的相对电位是可以相互比较的，并可用于计算电池的电动势。常用的参比电极有标准氢电极、甘汞电极、Ag/AgCl 电极等，现分别作以简单介绍。

1. 标准氢电极

标准氢电极（standard hydrogen electrode，SHE）是 Pt 电极在 H^+活度（a_{H^+}）为 1.0 mol·L^{-1} 的溶液中，并与 101325 Pa 压力下的 H_2 平衡共存时所构成的电极。电极具体构造为将镀有铂黑的铂电极浸入 H^+活度 a_{H^+} = 1.0 mol·L^{-1} 的 HCl 溶液中，通入氢气，使铂电极上不断有氢气泡冒出，保证电极既与溶液又与氢气持续接触，液相上氢气分压保持在 p_{H_2} = 101325 Pa，见图 9-5。

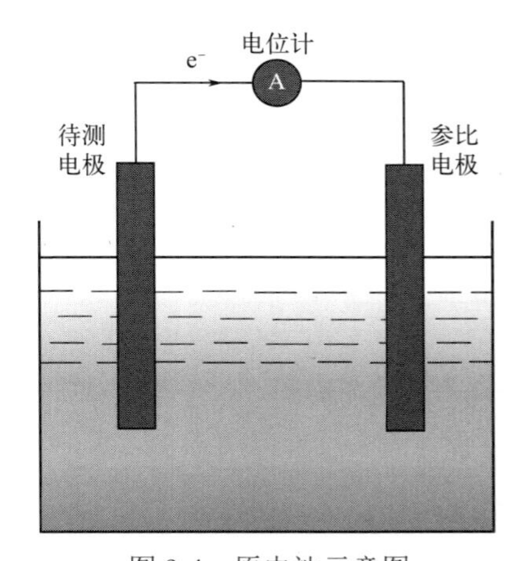

图 9-4　原电池示意图

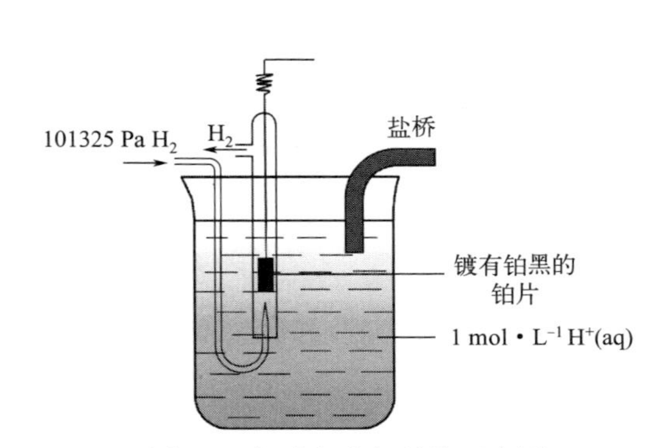

图 9-5　标准氢电极结构示意图

在标准氢电极中有如下平衡：

$$2H^+ + 2e^- \rightleftharpoons H_2$$

氢电极电位为：

$$\varphi_{H^+/H_2} = \varphi^{\ominus}_{H^+/H_2} + \frac{RT}{2F}\ln\frac{a^2_{H^+}}{p_{H_2}} \tag{9-4}$$

当 a_{H^+} = 1.0 mol·L^{-1}，p_{H_2} = 101325 Pa 时，

$$\varphi_{H^+/H_2} = \varphi^{\ominus}_{H^+/H_2} \tag{9-5}$$

称为标准氢电极。标准氢电极的条件为：①H^+活度为 1.0 mol • L^{-1}；②氢气分压为 101325 Pa。规定：任何温度下，氢电极的电位都为零。

习惯上以标准氢电极为负极，以待测电极为正极组成原电池：

– 标准氢电极||待测电极 +

此时，待测电极进行还原反应，作为正极，测得电动势为正值。若测得电动势为负值，则待测电极进行氧化反应，是负极，氢电极为正极。通常所说的电极电位值都是相对标准氢电极。

例如：

$$-\mathrm{Pt},\ \mathrm{H_2}\,(p_{\mathrm{H_2}}=101325\ \mathrm{Pa})\,|\,\mathrm{H^+}(a_{\mathrm{H^+}}=1.0\ \mathrm{mol\cdot L^{-1}})\,||\,\mathrm{Cu^{2+}}(c)\,|\,\mathrm{Cu}\ +$$

电池电动势为：

$$E_{电池}=\varphi_{右}-\varphi_{左}=\varphi_{\mathrm{Cu^{2+}/Cu}}-\varphi^{-}_{\mathrm{H^+/H_2}}$$

若 $a_{\mathrm{Cu^{2+}}}=1.0\ \mathrm{mol\cdot L^{-1}}$，电池的电动势为 +0.344 V，则：

$$\varphi_{\mathrm{Cu^{2+}/Cu}}=+0.344\ \mathrm{V}\left(相对\varphi^{-}_{\mathrm{H^+/H_2}}\right)$$

2. 甘汞电极

由于氢电极使用不便，且实验条件苛刻，故常用甘汞电极作为参比电极。甘汞电极有多种，但基本原理相同。甘汞电极由汞、氯化亚汞（Hg_2Cl_2，甘汞）和氯化钾溶液组成，见图 9-6。

电极反应如下：

$$\mathrm{Hg_2Cl_2(S)}+2\mathrm{e^-}=\!=\!=2\mathrm{Hg}+2\mathrm{Cl^-}$$

其电极电位为：

$$\varphi_{\mathrm{Hg_2Cl_2/Hg}}=\varphi^{-}_{\mathrm{Hg_2Cl_2/Hg}}-\frac{RT}{F}\ln a_{\mathrm{Cl^-}} \tag{9-6}$$

由式（9-6）可见，甘汞电极的电位取决于所用 KCl 的浓度。

根据 KCl 浓度不同，甘汞电极具有如下几种，见表 9-1。

表 9-1　甘汞电极种类及其电极电位

电极名称	KCl 溶液浓度	电极电位（25℃）/V
0.1 mol • L^{-1} 甘汞电极	0.1 mol • L^{-1}	+ 0.3365
标准甘汞电极（NCE）	1.0 mol • L^{-1}	+ 0.2828
饱和甘汞电极（SCE）	饱和 KCl 溶液	+ 0.2438

在其它温度 t 下使用时，应对其电极电位进行校正。饱和甘汞电极（SCE，所用 KCl 为饱和溶液）校正公式为：

$$\varphi_{\mathrm{Hg_2Cl_2/Hg}}=0.2438-7.6\times10^{-4}(t-25) \tag{9-7}$$

3. Ag/AgCl 电极

Ag/AgCl 电极的具体结构见图 9-7。将一根 Ag/AgCl（Ag 丝表面覆盖一层致密的 AgCl）插入底部装有多孔塞的玻璃管中，管中加入 AgCl 饱和的 KCl 溶液。

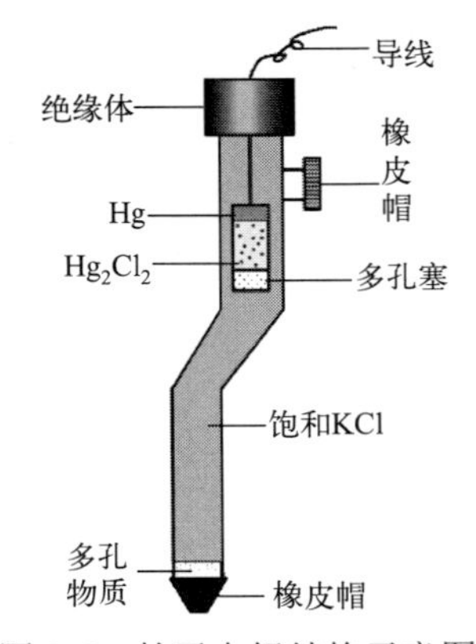

图 9-6　甘汞电极结构示意图

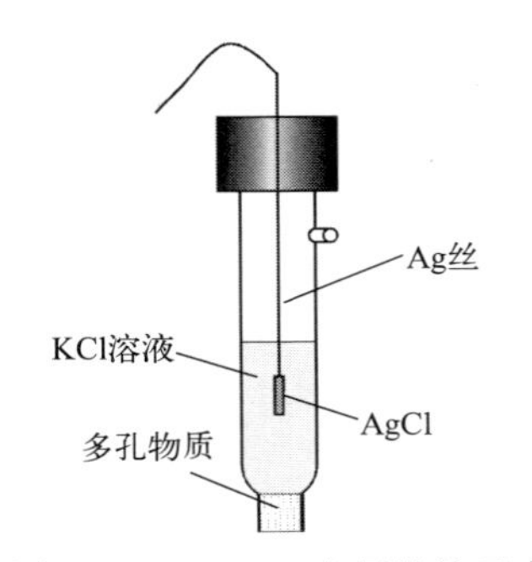

图 9-7　Ag/AgCl 电极结构示意图

电极反应为：

$$AgCl + e^- \rightleftharpoons Ag + Cl^-$$

电极电位为：

$$\varphi_{AgCl/Ag} = \varphi^{\ominus}_{AgCl/Ag} - \frac{RT}{F}\ln a_{Cl^-} \tag{9-8}$$

与甘汞电极相同，其电极电位取决于所用 KCl 的浓度，根据 KCl 浓度不同，Ag/AgCl 电极也具有如下几种，见表 9-2。

表 9-2　Ag/AgCl 电极种类及其电极电位

电极名称	KCl 溶液浓度	电极电位(25℃)/V
0.1 mol·L^{-1} Ag/AgCl 电极	0.1 mol·L^{-1}	+0.2880
标准 Ag/AgCl 电极	1.0 mol·L^{-1}	+0.2223
饱和 Ag/AgCl 电极	饱和 KCl 溶液	+0.2000

标准 Ag/AgCl 电极在温度为 t（℃）时，电极电位为：

$$\varphi_{AgCl/Ag} = 0.2223 - 6\times10^{-4}(t-25) \tag{9-9}$$

通常根据实验要求选择参比电极。Ag/AgCl 电极与 SCE 相比具有较小的温度系数，且可制作得更加紧凑，因此 Ag/AgCl 电极更适合温度变化较大及微观体系的测量，如活体在线分析等。当实验体系中不允许氯化物存在时，可采用硫酸亚汞电极 $Hg/Hg_2SO_4/K_2SO_4$（饱和水溶液）。对于非水溶剂，会涉及水溶液参比电极漏水的问题，因此采用 Ag/Ag^+（0.01 mol·L^{-1}，在乙腈中）体系为参比电极更合适。因为对于非水溶剂，选择一个对测试溶液没有污染的参比电极很困难，所以常采用准参比电极（QRE）。它通常是一根银丝或铂丝，若在实验中本体溶液组分基本上保持不变，尽管此金属丝的电势未知，但在一系列的测量中并不变化。在报告相对于 QRE 的电势之前，必须采用一个真正的参比电极对准参比电极的实际电位进行校正。

四、电极的极化

若一电极的电极反应可逆，通过电极的电流非常小，电极反应在平衡电位下进行，该电极称为可逆电极。如 Ag/AgCl 等都可近似为可逆电极。只有可逆电极的电位才满足能斯特方程。当较大电流通过电池时，电极电位将偏离平衡时的可逆电位，不再满足能斯特方程，电极电位改变很大，而电流变化很小，这种现象称为电极极化。电池的两个电极均可发生极化。

极化程度的影响因素有：①电极的大小、形状；②电解质溶液的组成；③温度；④搅拌情况；⑤电流密度。

极化可分为浓差极化和电化学极化。浓差极化是电极反应中电极表面附近溶液的浓度和主体溶液浓度发生了差别所引起的。电化学极化是由某些动力学因素引起的。若电化学反应的某一步反应速度较慢，为克服反应速度的障碍能垒，需多加一定的电压。这种由反应速度慢所引起的极化称为电化学极化或动力学极化。电极电位的测定是在无极化的情况下进行的。

第二节　电位分析中的指示电极

电位分析是根据参比电极和指示电极构成原电池，通过测量电池电动势来计算溶液中离子浓度。因此，必须对构成原电池的两电极的特性进行了解。参比电极前面已经介绍，现在重点来介绍指示电极。指示电极根据电极上是否发生电化学反应可分为电子交换反应的电极、离子选择性电极两种。

一、基于电子交换反应的金属基电极

1. 第一类电极

金属与其离子的溶液处于平衡状态时所组成的电极。这类电极主要有 Ag/Ag^{+}、Cu/Cu^{2+}、Zn/Zn^{2+}、Cd/Cd^{2+}、Pd/Pd^{2+}等。一般来说，条件电位大于零者，都可作电极使用。电极反应为：

$$M^{n+} + ne^{-} = M$$

电极电位为：

$$\varphi_{M^{n+}/M} = \varphi^{\ominus}_{M^{n+}/M} + \frac{RT}{nF}\ln a_{M^{n+}} = \varphi^{\ominus}_{M^{n+}/M} + \frac{2.303RT}{nF}\lg a_{M^{n+}} \qquad (9\text{-}10)$$

2. 第二类电极

金属表面覆盖其难溶盐并与此难溶盐具有相同阴离子的可溶盐的溶液处于平衡态时所组成的电极，或金属与其络离子的溶液处于平衡态时所组成的电极。

例如：$Ag\,|\,AgCl,Cl^{-}$

$$AgCl + e^{-} = Ag + Cl^{-}$$

$$\varphi_{AgCl/Ag} = \varphi^{\ominus}_{AgCl/Ag} - \frac{RT}{F}\ln a_{Cl^{-}} = \varphi^{\ominus}_{AgCl/Ag} - \frac{2.303RT}{F}\lg a_{Cl^{-}} \qquad (9\text{-}11)$$

$Ag|Ag(CN)_2^-, CN^-$

$$Ag(CN)_2^- + e^- \rightleftharpoons Ag + 2CN^-$$

$$\varphi_{Ag(CN)_2^-/Ag} = \varphi^{\ominus}_{Ag(CN)_2^-/Ag} - \frac{RT}{F}\ln\frac{a_{Ag(CN)_2^-}}{a^2_{CN^-}} = \varphi^{\ominus}_{Ag(CN)_2^-/Ag} - \frac{2.303RT}{F}\ln\frac{a_{Ag(CN)_2^-}}{a^2_{CN^-}} \quad (9\text{-}12)$$

这类电极是理想的去极化电极，常代替标准氢电极用作参比电极，如银-氯化银电极与甘汞电极，使用起来很方便。

3. 第三类电极

金属与两种具有相同阴离子的难溶盐（或难离解络合物）以及第二种难溶盐（或络合物）的阳离子所组成体系的电极。这两种难溶盐（或络合物）中，阴离子相同，而阳离子一种是组成电极的金属的离子，另一种是待测离子。

例如，$Ag|Ag_2C_2O_4, CaC_2O_4, Ca^{2+}(a_{Ca^{2+}})$

由两种盐的溶度积：

$$K_{sp(Ag_2C_2O_4)} = a^2_{Ag^+}a_{C_2O_4^{2-}} \quad (9\text{-}13)$$

$$K_{sp(CaC_2O_4)} = a_{Ca^{2+}}a_{C_2O_4^{2-}} \quad (9\text{-}14)$$

得

$$a_{C_2O_4^{2-}} = \frac{K_{sp(CaC_2O_4)}}{a_{Ca^{2+}}} \quad (9\text{-}15)$$

$$a_{Ag^+} = \left[\frac{K_{sp(Ag_2C_2O_4)}}{a_{C_2O_4^{2-}}}\right]^{\frac{1}{2}} = \left[\frac{K_{sp(Ag_2C_2O_4)}}{K_{sp(CaC_2O_4)}}a_{Ca^{2+}}\right]^{\frac{1}{2}} \quad (9\text{-}16)$$

代入银电极的能斯特方程中：

$$\begin{aligned}\varphi_{Ag^+/Ag} &= \varphi^{\ominus}_{Ag^+/Ag} + \frac{RT}{F}\ln a_{Ag^+} \\ &= \varphi^{\ominus}_{Ag^+/Ag} + \frac{RT}{2F}\ln\frac{K_{sp(Ag_2C_2O_4)}}{K_{sp(CaC_2O_4)}} + \frac{RT}{2F}\ln a_{Ca^{2+}} \\ &= K + \frac{RT}{2F}\ln a_{Ca^{2+}}\end{aligned} \quad (9\text{-}17)$$

式中，$K = \varphi^{\ominus}_{Ag^+/Ag} + \frac{RT}{2F}\ln\frac{K_{sp(Ag_2C_2O_4)}}{K_{sp(CaC_2O_4)}}$，为一常数。在本书中为了方便，在不同的公式中都用 K 表示常数，它在不同的公式中具有不同的含义。当在同一公式中出现两个或更多常数项时，分别用 K'、K''……表示。

在络合电位滴定中，常使用汞电极 $Hg|Hg^{2+}Y^{4-}, M^{n+}Y^{4-}, M^{n+}(a_{M^{n+}})$，其电极电位推导如下：两种络合物的稳定常数，

$$K_{Hg^{2+}Y^{4-}} = \frac{a_{Hg^{2+}Y^{4-}}}{a_{Y^{4-}}a_{Hg^{2+}}} \quad (9\text{-}18)$$

$$K_{M^{n+}Y^{4-}}=\frac{a_{M^{n+}Y^{4-}}}{a_{Y^{4-}}a_{M^{n+}}} \tag{9-19}$$

则得

$$a_{Hg^{2+}}=\frac{a_{Hg^{2+}Y^{4-}}}{K_{Hg^{2+}Y^{4-}}\alpha_{Y^{4-}}}=\frac{K_{M^{n+}Y^{4-}}\alpha_{Hg^{2+}Y^{4-}}a_{M^{n+}}}{K_{Hg^{2+}Y^{4-}}\alpha_{M^{n+}Y^{4-}}} \tag{9-20}$$

$$\begin{aligned}\varphi_{Hg^{2+}/Hg}&=\varphi^{\ominus}_{Hg^{2+}/Hg}+\frac{RT}{2F}\ln a_{Hg^{2+}}\\&=\varphi^{\ominus}_{Hg^{2+}/Hg}+\frac{RT}{2F}\ln\frac{K_{M^{n+}Y^{4-}}a_{Hg^{2+}Y^{4-}}a_{M^{n+}}}{K_{Hg^{2+}Y^{4-}}a_{M^{n+}Y^{4-}}}\\&=\varphi^{\ominus}_{Hg^{2+}/Hg}+\frac{RT}{2F}\ln\frac{K_{M^{n+}Y^{4-}}a_{Hg^{2+}Y^{4-}}}{K_{Hg^{2+}Y^{4-}}a_{M^{n+}Y^{4-}}}+\frac{RT}{2F}\ln a_{M^{n+}}\\&=K+\frac{RT}{2F}\ln a_{M^{n+}}\end{aligned} \tag{9-21}$$

该类电极的电极电位只与接触溶液的金属离子浓度有关。

4. 第零类电极

将一种惰性固态电极浸入氧化态与还原态同时存在于溶液中所构成的体系。电极本身不参与电极反应，仅作为氧化/还原电对在其上交换电子的媒介，又同时起传导电流的作用。这类电极主要有固体贵金属电极，如金、铂以及各种碳电极等。

例如: $Pt|Fe^{3+}, Fe^{2+}$ 或 $Pt|H_2, H^+$

$$Fe^{3+}+e^-=\!=\!=Fe^{2+}$$

$$\varphi_{Fe^{3+}/Fe^{2+}}=\varphi^{\ominus}_{Fe^{3+}/Fe^{2+}}+\frac{RT}{F}\ln a_{Fe^{3+}/Fe^{2+}} \tag{9-22}$$

电极电位只与溶液中的氧化还原电对浓度有关，与惰性固态电极无关。

二、离子选择性电极

离子选择性电极是以离子交换为基础的电极，也称膜电极。它能选择性地响应待测离子的活度而对其它离子不响应或响应很弱，其电极电位与溶液中待测离子活度的对数呈线性关系，即遵循能斯特方程式。1976 年 IUPAC 基于膜的特征，推荐分类如图 9-8 所示。下面着重介绍几种常用而重要的离子选择性电极。

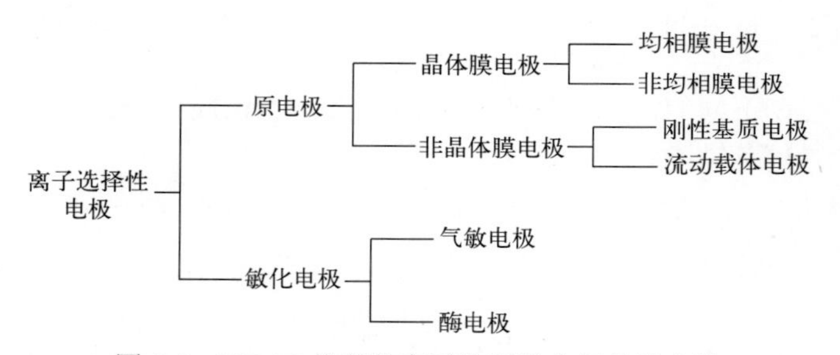

图 9-8 IUPAC 推荐的离子选择性电极分类方法

（一）pH 玻璃电极

pH 玻璃电极是非晶体膜电极中刚性基质电极中的一种。pH 玻璃电极是一种既古老又年轻并广泛应用的离子选择性电极，它的产生可追溯到一个世纪以前，由 Cremer 和 Haber 等人研制成功，并随其配套仪器的完善而投入使用，从而推动了整个电分析化学的发展。

1. 玻璃电极的构造

玻璃电极的构造如图 9-9(a) 所示。它的主要部分为一个玻璃泡，其组成为 22% Na_2O、6% CaO 和 72% SiO_2（摩尔分数），其厚度为 30～100 μm。玻璃泡中装有 pH 一定的溶液（内参比溶液，0.1 mol · L^{-1} HCl），其中插入一根银-氯化银电极作为内参比电极。实际应用中，常把 pH 玻璃电极与 Ag/AgCl（3.0 mol · L^{-1} KCl）参比电极组合在一起构成 pH 复合电极。玻璃膜的主体为—Si—O—Si—形成的空间笼状结构，由于在稳定的石英结构中引入 CaO 和 Na_2O，引起部分 Si—O 键断裂，形成对 H^+具有响应活性的 Si—O—M^{n+}的结构[图 9-9(b)]。

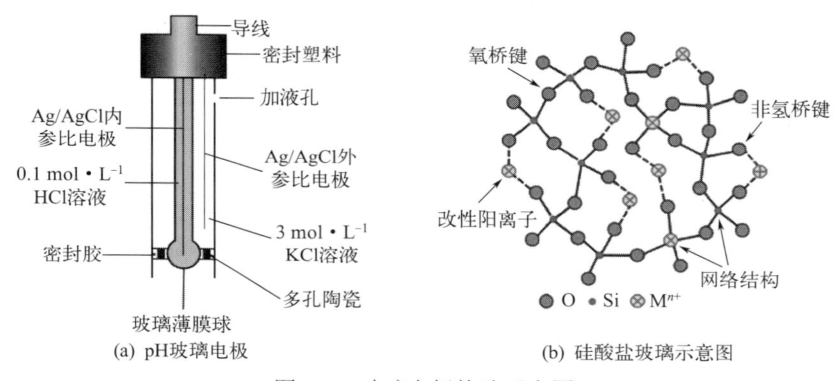

(a) pH玻璃电极　　(b) 硅酸盐玻璃示意图

图 9-9　玻璃电极构造示意图

玻璃电极的玻璃膜浸入水溶液中时，溶液中的水分子通过扩散作用会进入其内外表面形成一层厚度约为 0.01～10 μm 溶胀的硅酸层（又叫水合硅胶层或水化层。玻璃电极在使用前必须在水中浸泡足够的时间，使其形成足够厚的溶胀的水化层）。中间部分为 80～100 μm 厚的干玻璃层。一种浸泡很好的玻璃薄膜结构如图 9-10 所示。

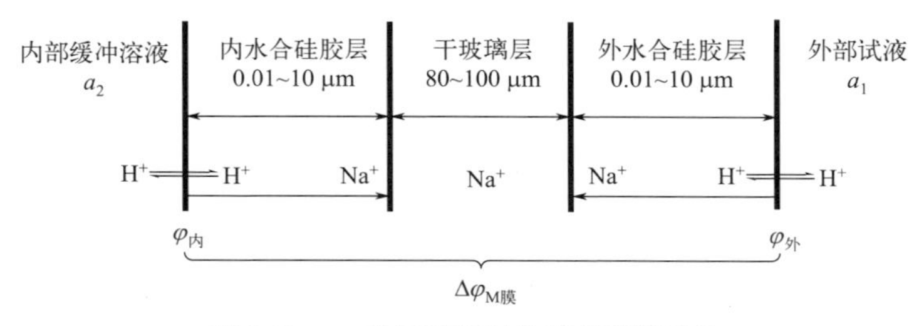

图 9-10　一种浸泡很好的玻璃薄膜结构

玻璃电极的膜电位

2. 玻璃电极的膜电位

当玻璃膜（GI^-）与水溶液接触时，因为带负电的硅酸骨架 Si—O^-与 H^+结合的强度远大于与 M^{n+}的强度（约为 10^{14} 倍），因而膜中的 M^{n+}将与 H^+发生交换反应而形成 H^+GI^-：

$$\underset{溶液}{H^+} + \underset{玻璃}{M^{n+}Gl^-} \rightleftharpoons \underset{溶液}{M^{n+}} + \underset{玻璃}{H^+Gl^-}$$

上述反应的平衡常数非常大，有利于反应向右进行，进而在酸性和中性环境下，在硅酸水化层中从液/固界面到膜内部，H^+逐渐减少，而 M^{n+}（Na^+）逐渐增加，中间干玻璃层中只有 M^{n+}（Na^+）。当将浸泡后的电极浸入待测溶液时，膜外层的水化层与试液接触，由于溶液中 H^+活度（$a_{H^+,试}$）不同于硅酸水化层中 H^+活度（$a'_{H^+,外}$），此时可能有额外的 H^+在浓度差的作用下由溶液扩散进入水化层或由水化层扩散进入溶液中，因而膜外层的固/液两相界面发生电荷分离形成界面电位（$\varphi_外$），该电位也叫唐南（Donnan）电位。玻璃膜内表面接触的溶液是 0.1 mol·L^{-1} HCl 内充液，它的活度（$a_{H^+,内}$）远大于膜内表面的水化层中 H^+活度（$a'_{H^+,内}$），因此会有额外的 H^+在浓度差的作用下由内充液扩散进入内表面的水化层而使膜内表面的固/液界面发生电荷分离形成界面电位（$\varphi_内$）。外表面与内表面情况相同。由于$\varphi_内$及$\varphi_外$不同而使跨越膜的两侧具有一定的电位差，这个电位差称为膜电位，如图 9-11 所示。

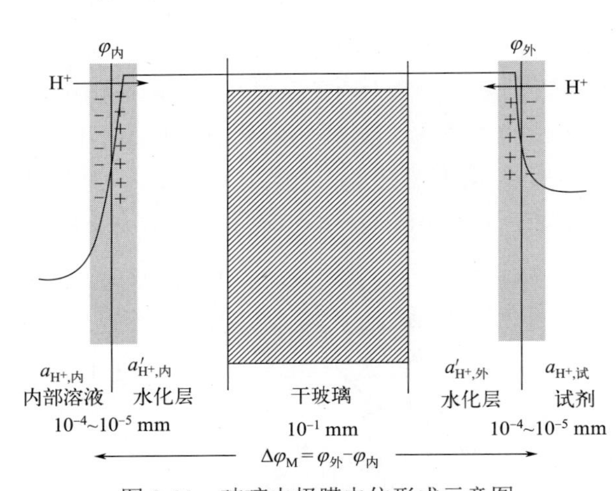

图 9-11 玻璃电极膜电位形成示意图

膜电位$\Delta\varphi_M$应为:

$$\Delta\varphi_M = \varphi_外 - \varphi_内 \tag{9-23}$$

当 H^+在两相间扩散速度达到平衡时，界面电位符合能斯特方程，可用下式表示：

$$\varphi_外 = k_1 + \frac{RT}{F}\ln\frac{a_{H^+,试}}{a'_{H^+,外}} \tag{9-24}$$

$$\varphi_内 = k_2 + \frac{RT}{F}\ln\frac{a_{H^+,内}}{a'_{H^+,内}} \tag{9-25}$$

式中，k 并不是标准电极电位，而是玻璃膜水化层离子的扩散电位，它与玻璃膜的构造及水化层水化程度有关。假定玻璃膜内外表面结构状态完全相同，玻璃膜两侧的水化程度也完全相同，因此玻璃膜两侧的水化层应该完全对称。故玻璃膜两侧内部扩散电位应该相等。据此，为简化讨论，假设 $k_1 = k_2$、$a'_{H^+,外} = a'_{H^+,内}$，则玻璃电极膜电位为

$$\Delta\varphi_M = \varphi_外 - \varphi_内 = \frac{RT}{F}\ln\frac{a_{H^+,试}}{a_{H^+,内}} \tag{9-26}$$

由于玻璃电极内参比溶液中的 $a_{H^+,内}$ 是常数，故

$$\Delta\varphi_M = K + \frac{RT}{F}\ln a_{H^+,试} = K - \frac{2.303RT}{F}\text{pH} \tag{9-27}$$

由上式可见，通过测量膜电位即可得到膜外溶液 $a_{H^+,试}$，这就是玻璃电极测溶液 pH 的理论依据。

根据玻璃电极的膜电位可推导出其它离子选择性电极的膜电位，对阳离子有响应的离子选择性电极的膜电位为:

$$\Delta\varphi_{\mathrm{M}} = K + \frac{RT}{nF}\ln a_{\text{阳离子}} = K + \frac{2.303RT}{nF}\lg a_{\text{阳离子}} \qquad (9\text{-}28)$$

对阴离子有响应的离子选择性电极的膜电位为:

$$\Delta\varphi_{\mathrm{M}} = K - \frac{RT}{nF}\ln a_{\text{阴离子}} = K - \frac{2.303RT}{nF}\lg a_{\text{阴离子}} \qquad (9\text{-}29)$$

式中，n 为离子所带的电荷数，这是离子选择性电极法测定离子活度的基础。

3. 玻璃电极的特点

① 不对称电位：在推导 pH 玻璃电极的电极电位时，为了简化计算，曾假设 $k_1 = k_2$，但实际上 k_1 并不完全等于 k_2，由此引起的电位差称为不对称电位。它与玻璃膜内外表面的几何形状、结构上的微小差异、水化作用的不同等有关。由于不对称电位的存在，pH 玻璃电极在使用前要充分浸泡并用标准 pH 缓冲溶液校正。

② 酸差：溶液的 H^+浓度（pH＜1）或盐分较高时，H^+的活度降低，由此造成的误差称为酸差。酸差使测定的值比实际的偏高。

③ 碱差或钠差：pH 玻璃电极的玻璃膜也能对其它离子如 Na^+响应，由此引起的误差称为碱差或钠差。碱差造成 pH 测定结果偏低。用 Li 玻璃代替 Na 玻璃制玻璃膜，pH 测定范围可在 1～14 之间。

④ pH 玻璃电极是对 H^+有高度选择性的指示电极。由于玻璃较好的疏水性与惰性，因此 pH 玻璃电极可以用于强氧化性或还原性、有色、浑浊或胶态溶液的 pH 测定，不沾污试液且响应快。

⑤ pH 玻璃电极的玻璃膜薄易破损，使用时注意保护玻璃膜。由于 HF 能刻蚀玻璃膜，因此不能用于含 F^-的溶液。玻璃电极的阻抗非常高，使用时须配用高阻抗的测量仪器。

4. 溶液 pH 值的测定

使用饱和甘汞电极为参比电极，pH 玻璃电极为指示电极，两电极同时插入待测液中形成如下电池：

$$-\underbrace{\text{Ag, AgCl}\,|}_{\varphi_{\text{Ag/AgCl}}}\underbrace{\text{HCl}\,|\,\text{玻璃膜}\,|\,\text{试液}}_{\Delta\varphi_{\mathrm{M}}}\underbrace{\text{溶液}\,\|}_{\varphi_{\text{液接}}}\underbrace{\text{KCl(饱和)}\,|\,\text{Hg}_2\text{Cl}_2\text{(固), Hg}}_{\varphi_{\text{SCE}}}+$$

电池电动势：

$$\begin{aligned} E_{\text{电池}} &= \varphi_{\text{右}} - \varphi_{\text{左}} \\ &= \varphi_{\text{SCE}} - \varphi_{\text{膜}} - \varphi_{\text{Ag/AgCl}} - \varphi_{\text{不对称}} - \varphi_{\text{液接}} \\ &= K + \frac{2.303RT}{F}\text{pH} \end{aligned} \qquad (9\text{-}30)$$

室温下（25℃），上式可简化为：

$$E_{\text{电池}} = K + 0.059\text{pH} \qquad (9\text{-}31)$$

式（9-30）与式（9-31）中，K 的影响因素主要有玻璃电极的成分、厚度、内外参比电极的电位差、不对称电位、液接电位、温度。K 在一定条件下为定值，但无法确定，故无法用上式直接求得 pH 值。实际测定中，试样的 pH 是同已知 pH 的标准缓冲溶液相比求得的。

设 pH 标准缓冲溶液为 S，待测溶液为 X，则有：

$$E_X = K_X + \frac{2.303RT}{F}\mathrm{pH}_X$$

$$E_S = K_S + \frac{2.303RT}{F}\mathrm{pH}_S$$

若测量时条件相同，则有 $K_S = K_X$，两式相减有：

$$E_X - E_S = \frac{2.303RT}{F}\mathrm{pH}_X - \frac{2.303RT}{F}\mathrm{pH}_S$$

$$\mathrm{pH}_X = \mathrm{pH}_S + \frac{F(E_X - E_S)}{2.303RT} \tag{9-32}$$

室温下（25℃），

$$\mathrm{pH}_X = \mathrm{pH}_S + \frac{(E_X - E_S)}{0.059} \tag{9-33}$$

可见，以标准缓冲溶液的 pH_S 为基准，通过比较 E_S 和 E_X 的值来求出 pH_X，这就是 pH 标度的意义。pH 计也是以此为理论依据进行工作的。常见 pH 标准溶液见表 9-3。

表 9-3　不同温度下 pH 标准溶液的 pH

温度 t/℃	各标准溶液 pH						
	0.05 mol·L^{-1} 草酸三氢钾	25℃饱和酒石酸氢钾	0.05 mol·L^{-1} 邻苯二甲酸氢钾	0.01 mol·L^{-1} 硼砂	25℃饱和 $Ca(OH)_2$	0.025 mol·L^{-1} 磷酸二氢钾 0.025 mol·L^{-1} 磷酸氢二钠	0.008695 mol·L^{-1} 磷酸二氢钾 0.03043 mol·L^{-1} 磷酸氢二钠
0	1.668		4.006	9.458	13.416	6.981	7.515
5	1.669		3.999	9.391	13.210	6.949	7.490
10	1.671		3.996	9.330	13.011	6.921	7.467
15	1.673		3.996	9.276	12.820	6.898	7.445
20	1.676		3.998	9.226	12.637	6.879	7.426
25	1.680	3.559	4.003	9.182	12.460	6.864	7.409
30	1.684	3.551	4.010	9.142	12.292	6.852	7.395
35	1.688	3.547	4.019	9.105	12.130	6.844	7.386
40	1.694	3.547	4.029	9.072	11.975	6.838	7.380

（二）晶体膜电极

晶体膜电极的感应膜是由难溶盐经加压或拉制成单晶、多晶或混合晶的活性膜，分为均相膜与非均相膜两类。由一种或多种化合物均匀混合的晶体压制而成的晶体膜称为均相膜。在多晶中加入惰性材料（如聚氯乙烯、石蜡等，主要是为了改善膜的力学性能）制成的感应膜称为非均相膜。活性膜中的晶体由于晶格缺陷能引起附近的离子迁移到缺陷而引起离子的传导作用。由于晶体的缺陷只允许与缺失离子大小、形状、电荷分布相似的离子进入，因没有其它离子进入晶格，干扰只能来自晶体膜表面的化学反应，因而其选择性较好。现主要介绍几种常用的晶体膜电极。

1. 氟离子选择性电极

氟离子选择性电极的晶体膜是在 LaF_3 单晶中掺入微量 EuF_2（约 0.1%～0.5%）和 CaF_2（1%～5%）压制而成的活性膜。Eu^{2+}/Ca^{2+}的掺入使晶格缺陷增多，从而改善了晶体膜的电导率，其电阻率仅为 2 MΩ。将 LaF_3 晶体膜封装在塑料管的一端，管内装 0.1 mol・L^{-1} NaF + 0.1 mol・L^{-1} NaCl 溶液作为内部溶液，在其中插入一根 Ag/AgCl 电极作为内参比电极，即构成氟离子选择性电极（图 9-12）。

由于溶液中的 F^-能扩散进入 LaF_3 晶体膜的缺陷中，从而在 LaF_3 晶体膜界面产生电荷分离形成膜电势。

$$\Delta\varphi_M = K - \frac{RT}{F}\ln a_{F^-} = K - \frac{2.303RT}{F}\lg a_{F^-} \tag{9-34}$$

室温下（25℃），上式可简化为：

$$\Delta\varphi_M = K - 0.059\lg a_{F^-} \tag{9-35}$$

可测定氟离子的浓度范围为 1.0～1.0×10^{-6} mol・L^{-1}。晶体膜电极的检测下限由单晶的溶度积决定。电极的选择性较好，主要干扰阴离子是 OH^-，由于 OH^-与 LaF_3 晶体膜产生如下的反应：

$$LaF_3 + 3OH^- = La(OH)_3 + 3F^-$$

释放的 F^- 造成正干扰。某些阳离子如 Ba^{2+}、Al^{3+}、Fe^{3+}、Th^{4+}、Zr^{4+}能与 F^- 生成稳定的配合物，从而降低游离 F^-的浓度，使测定结果偏低。在较高酸度时由于形成 HF_2 而降低 F^- 活度，因此测定时需控制试液 pH 在 5～6 之间。此外，镧的强络合剂会溶解 LaF_3，使 F^- 活度的响应范围缩短。

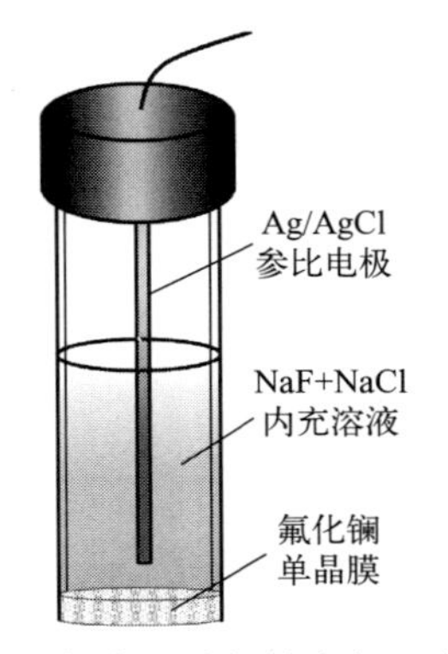

图 9-12　氟离子选择性电极示意图

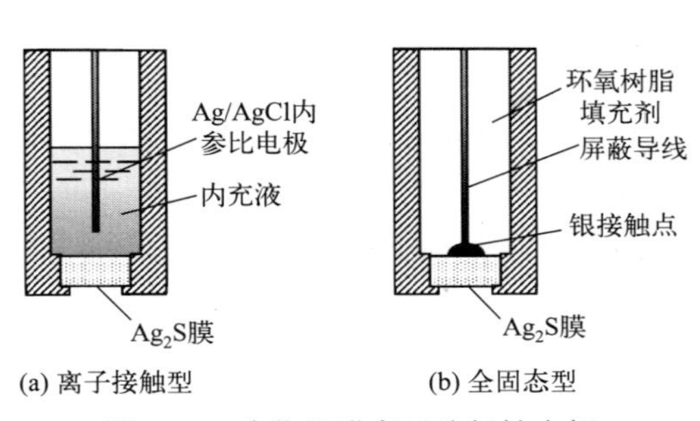

图 9-13　硫化银膜离子选择性电极

2. 硫化银膜离子选择性电极

硫化银膜电极的感应膜是由 Ag_2S 或 Ag_2S-AgX（X 为 Cl^-、Br^-、I^-）或 Ag_2S-MS（M 为 Cu^{2+}、Pb^{2+}、Cd^{2+}）粉末在约 4.9×10^8 Pa 以上压力下压制成厚度约为 1～2 mm 的致密薄膜，

再经抛光处理后制成。Ag_2S 在 176℃以下以单斜晶系β-Ag_2S 形式存在，具有离子传导及电子传导的导电性能。在 Ag_2S-AgX 和 Ag_2S-MS 膜中，Ag_2S 的加入能降低膜的电阻，又利于压片。在 Ag_2S-MS 膜中，要求 MS 的溶度积必须大于 Ag_2S，否则电极与含该金属离子的试液接触时，将发生置换反应。电极的构造如图 9-13 所示，一种为常规的离子接触型，另一种为全固态型。离子接触型类似于氟离子选择性电极，将活性膜封装在塑料或玻璃管的一端，管中加入内部溶液，在其中插入一根 Ag/AgCl 电极作内参比电极，即构成离子接触型硫化银膜电极。全固态型硫化银膜电极不需要内部溶液，将金属银丝与硫化银膜片直接接触，管内填充环氧树脂封装即可。电极制备简单，使用方便，可以在任意方向倒置使用，不受温度与压力的影响，对用于生产过程的监控检测特别有意义。

硫化银膜电极依据电极膜组成不同，能测定的离子也不同，现简单分类介绍。

（1）Ag_2S 膜离子选择性电极　Ag_2S 晶体膜中可移动的离子是 Ag^+，故膜电位对 Ag^+敏感。测量体系中存在如下平衡：

$$Ag_2S \rightleftharpoons 2Ag^+ + S^{2-}$$

故有：

$$K_{sp}(Ag_2S) = a_{Ag^+}^2 a_{s^{2-}}$$

$$a_{Ag^+} = \left[\frac{K_{sp}(Ag_2S)}{a_{s^{2-}}}\right]^{\frac{1}{2}}$$

$$\begin{aligned}\Delta\varphi_M &= K + \frac{RT}{F}\ln a_{Ag^+} \\ &= K + \frac{2.303RT}{F}\lg a_{Ag^+} \\ &= K + \frac{2.303RT}{F}\lg\left[\frac{K_{sp}(Ag_2S)}{a_{s^{2-}}}\right]^{\frac{1}{2}} \\ &= K + \frac{2.303RT}{2F}\lg K_{sp}(Ag_2S) - \frac{2.303RT}{2F}\lg a_{s^{2-}} \\ &= K' - \frac{2.303RT}{2F}\lg a_{s^{2-}}\end{aligned} \tag{9-36}$$

式中，K'为一新的常数。硫化银膜电极也能测定 S^{2-}，所以又称为 S^{2-}选择性电极。

在测试液中加入少量的银氰络离子使其浓度为 10^{-5}～10^{-6} mol・L^{-1}，硫化银膜电极也能测定 CN^-。溶液中存在如下的平衡：

$$Ag(CN)_2^- \rightleftharpoons Ag^+ + 2CN^-$$

$$K_{稳}\left[Ag(CN)_2^-\right] = \frac{a_{Ag(CN)_2^-}}{a_{Ag^+} a_{CN^-}^2}$$

由于 $K_{稳}$很大，故 $a_{Ag(CN)_2^-}$ 近似为一定值，

$$a_{Ag^+} = \frac{a_{Ag(CN)_2^-}}{K_{稳}\left[Ag(CN)_2^-\right] a_{CN^-}^2}$$

$$\Delta\varphi_{M}=K+\frac{RT}{F}\ln a_{Ag^{+}}=K+\frac{RT}{F}\ln\frac{a_{Ag(CN)_{2}^{-}}}{K_{稳}\left[Ag(CN)_{2}^{-}\right]a_{CN^{-}}^{2}}$$

$$=K+\frac{RT}{F}\ln\frac{a_{Ag(CN)_{2}^{-}}}{K_{稳}\left[Ag(CN)_{2}^{-}\right]}-\frac{2RT}{F}\ln a_{CN^{-}} \quad (9\text{-}37)$$

$$=K'-\frac{2RT}{F}\ln a_{CN^{-}}$$

（2）Ag_2S-AgX（X 为 Cl^-、Br^-、I^-）膜离子选择性电极　Ag_2S-AgX 膜离子选择性电极能测定相应的 X 离子，其膜电位如下：

$$\Delta\varphi_{M}=K-\frac{RT}{F}\ln a_{X^{-}}=K-\frac{2.303RT}{F}\lg a_{X^{-}} \quad (9\text{-}38)$$

（3）Ag_2S-MS 膜离子选择性电极　Ag_2S-MS 膜离子选择性电极能测定相应的金属离子，其膜电位如下（具体推导过程见基于电子交换反应的金属基电极中的第三类电极）：

$$\Delta\varphi_{M}=K+\frac{RT}{2F}\ln a_{M^{n+}} \quad (9\text{-}39)$$

晶体表面不存在离子交换平衡，因此电极不需要浸泡活化。晶体膜电极的干扰主要来自共存离子与晶格离子形成难溶盐或络合物，从而改变了膜表面的性质。电极的选择性与构成膜的物质的溶度积及共存离子和晶格离子形成难溶物的溶度积的相对大小等因素有关，检出限取决于膜物质的溶度积。部分晶体膜电极的测定活度范围及干扰情况见表 9-4。

表 9-4　晶体膜电极的性能

电极	膜材料	线性范围/（$mol \cdot L^{-1}$）	pH 范围	主要干扰离子	说明
F^-	LaF_3-Eu^{2+}	$5.0\times10^{-7}\sim1.0\times10^{-1}$	5～6.5	OH^-	
Cl^-	AgCl-Ag_2S	$5.0\times10^{-5}\sim1.0\times10^{-1}$	2～12	Br^-、$S_2O_3^{2-}$、I^-、CN^-、S^{2-}	
Br^-	AgBr-Ag_2S	$5.0\times10^{-6}\sim1.0\times10^{-1}$	2～12	$S_2O_3^{2-}$、I^-、CN^-、S^{2-}	
I^-	AgI-Ag_2S	$1.0\times10^{-7}\sim1.0\times10^{-1}$	2～11	S^{2-}	
CN^-	AgCN-Ag_2S	$1.0\times10^{-6}\sim1.0\times10^{-2}$	＞10	I^-	
SCN^-	AgSCN-Ag_2S	$1.0\times10^{-6}\sim1.0$			
Ag^+，S^{2-}	Ag_2S	$1.0\times10^{-7}\sim1.0\times10^{-1}$	2～12	Hg^{2+}	
Cu^{2+}	CuS-Ag_2S	$5.0\times10^{-7}\sim1.0\times10^{-1}$	2～10	Ag^+、Hg^{2+}、Fe^{3+}、Cl^-	
Pb^{2+}	PbS-Ag_2S	$5.0\times10^{-7}\sim1.0\times10^{-1}$	3～6	Cd^{2+}、Ag^+、Hg^{2+}、Cu^{2+}、Fe^{3+}、Cl^-	
Cd^{2+}	CdS-Ag_2S	$5.0\times10^{-7}\sim1.0\times10^{-1}$	3～10	Pb^{2+}、Ag^+、Hg^{2+}、Cu^{2+}、Fe^{3+}	

（三）流动载体电极（液膜电极）

1. 电极构造

流动载体电极用浸有某种液体离子交换剂（载体）的惰性多孔膜作电极感应膜，也称为液膜电极。其中可以与被测离子发生作用的活性物质是惰性多孔膜中的液体离子交换剂，它在膜中可以自由流动。如果液体离子交换剂带有电荷，称为带电荷的流动载体电极；如果液体离子交换剂不带电荷，则称为中性流动载体电极。电极构造见图 9-14，浸有某种液体离子交换剂的惰性多孔膜封装在圆柱形塑料管或玻璃管的一端，管内填充内参比溶液，插入 Ag/AgCl 丝作为内参比电极，管外为环绕圆柱形塑料管或玻璃管的第二体腔，填充液体离子交换剂，保证外管中液体与惰性多孔膜接触。惰性多孔膜一般用垂熔玻璃、素烧陶瓷或高分子材料如聚四氟乙烯、聚偏氟乙烯等制成，膜的孔彼此互通，孔径小于 1 μm。由于毛细力的作用，液体离子交换剂能稳定存在于惰性多孔膜中。常用的液体离子交换剂的溶剂有二羧酸的二元酯、磷酸酯、硝基芳香族化合物等。内参比溶液视被测离子而定：如果响应离子是阳离子，一般为该阳离子的氯化物溶液为内参比溶液；如果响应离子是阴离子，一般为该阴离子的碱金属盐及氯化钾溶液为内参比溶液。

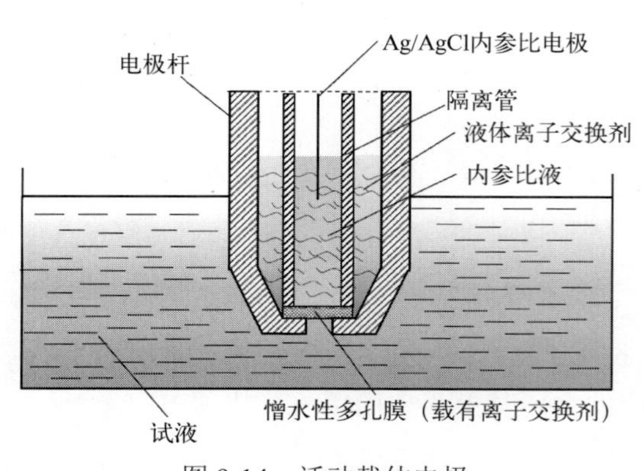

图 9-14　活动载体电极

2. 带电荷的流动载体电极

（1）Ca^{2+}选择性电极　是带电荷的流动载体电极中最常用的一种。电极的内参比溶液为 0.1 mol・L^{-1} $CaCl_2$ 水溶液，液体离子交换剂溶剂是疏水的 0.1 mol・L^{-1} 二癸基磷酸钙的苯基磷酸二辛酯溶液，疏水惰性多孔膜是纤维素渗析膜。液膜两相发生的离子交换反应为

$$\left[(RO)_2PO_2\right]_2^- Ca^{2+} = 2(RO)_2PO_2^- + Ca^{2+}$$

有机相　　　　　　　有机相　水相

反应机制与玻璃电极类似，其电极的电位为

$$\Delta\varphi_{Ca^{2+}} = K + \frac{RT}{2F}\ln a_{Ca^{2+}} \tag{9-40}$$

（2）Cu^{2+}、Pb^{2+}选择性电极　液体离子交换剂是疏水的 R—S—CH_2COO^-，由于在此基团中的硫及羧基可与重金属离子形成五元内环络合物，因而对 Cu^{2+}、Pb^{2+}等具有良好的选择性。

（3）阴离子流动载体电极　制作阴离子流动载体电极的液体离子交换剂应是带正电荷的载体，主要有以下几种：鎓类阳离子，主要是季铵、季鏻的大阳离子；邻二氮杂菲与过渡金属离子形成的络阳离子；碱性染料类阳离子，如亚甲基蓝、结晶紫、乙基紫、亮绿等。这些带正电荷的液体离子交换剂能与许多无机阴离子（Cl^-、NO_3^-、ClO_4^-等）、有机化合物（如苯甲酸、十六烷基苯磺酸、糖精等）、络阴离子[如 BF_4^-、TaF_4^-、$Nn(SCN)_4^{2-}$、$AuCl_4^-$等]缔合，用于制作相应的阴离子流动载体电极。各种带电荷的流动载体电极见表 9-5。

表 9-5　带电荷的流动载体电极

响应离子	液体离子交换剂活性材料	线性范围/（mol・L^{-1}）	pH 范围	主要干扰离子
Ca^{2+}	二（正辛基苯基）磷酸钙溶于苯基磷酸二辛酯	$1.0\times10^{-5}\sim1.0\times10^{-1}$	5.5～11	Nn^{2+}、Mn^{2+}、Cu^{2+}
水硬度 $Ca^{2+}+Mg^{2+}$	二癸基磷酸钙溶于癸醇	$1.0\times10^{-5}\sim1.0\times10^{-1}$		Na^+、K^+、Ba^{2+}、Sr^{2+}、Ni^{2+}、Cu^{2+}、Nn^{2+}、Fe^{2+}
Cu^{2+}	R—S—CH_2COO^-	$1.0\times10^{-5}\sim1.0\times10^{-1}$	4～7	Fe^{2+}、H^+、Nn^{2+}、Ni^{2+}

续表

响应离子	液体离子交换剂活性材料	线性范围/($mol \cdot L^{-1}$)	pH 范围	主要干扰离子
NO_3^-	四（十二烷基）硝酸铵	$5.0 \times 10^{-6} \sim 1.0 \times 10^{-1}$	1～5	NO_2^-、I^-、Br^-、ClO_4^-
ClO_4^-	邻二氮杂菲铁（Ⅱ）配合物	$1.0 \times 10^{-5} \sim 1.0 \times 10^{-1}$	1～5	OH^-
BF_4^-	三庚基十二烷基氟硼酸铵	$1.0 \times 10^{-6} \sim 1.0 \times 10^{-1}$	2～12	I^-、ClO_4^-、SCN^-
Cl^-	NR_4^+	$1.0 \times 10^{-5} \sim 1.0 \times 10^{-1}$	2～11	

3. 中性流动载体电极

中性流动载体电极使用的液体离子交换剂是一些不带电荷的具有环状空穴的化合物，如类放线菌素、缬氨霉素、冠醚、开链酰胺等。空穴的外围是非极性的疏水部分，因此中性流动载体溶于有机相（膜相）。环状空穴具有环氧排列的亲水空穴，空穴环境与水相似，因此能取代阳离子周围的水合层，使阳离子进入环状空穴形成带电的能够移动的络阳离子而产生膜电势。只有适当电荷与大小的离子(其离子半径与空穴大小相当)才能进入中心空穴，因此只要选择适当的液体离子交换剂，就可制备高选择性的中性流动载体电极。

中性流动载体电极的构造与带电荷的流动载体电极完全相同。例如使用 4,4′(5′)-二叔丁基二苯并-30-冠-10 构建的钾离子中性流动载体电极是将此化合物溶于邻苯二甲酸二辛酯中并使其分散于 PVC 微孔膜中，内部溶液为 10^{-2} $mol \cdot L^{-1}$ KCl，用银-氯化银作内参比电极。此电极在 pH 4.0～11.5 时，钾离子的测量线性范围为 $1 \sim 1 \times 10^{-5}$ $mol \cdot L^{-1}$，检测下限为 10^{-6} $mol \cdot L^{-1}$。

中性流动载体电极主要的测定对象是碱金属离子和碱土金属离子，其电极膜电势为

$$\Delta \varphi_M = K + \frac{RT}{nF} \ln a_{M^{n+}} \tag{9-41}$$

常见的中性流动载体电极及其性能见表 9-6。

表 9-6 常见的中性流动载体电极及其性能

响应离子	液体离子交换剂活性材料	线性范围/($mol \cdot L^{-1}$)	主要干扰离子
K^+	缬氨霉素	$1.0 \times 10^{-5} \sim 1.0 \times 10^{-1}$	Rb^+、Cs^+、NH_4^+
	4,4'(5')-二叔丁基二苯并-30-冠-10	$1.0 \times 10^{-5} \sim 1.0 \times 10^{-1}$	Rb^+、Cs^+、NH_4^+
Na^+	三甘酰双二苄胺	$1.0 \times 10^{-4} \sim 1.0 \times 10^{-1}$	K^+、Li^+、NH_4^+
	四甲氧苯基 24-冠醚-8	$1.0 \times 10^{-5} \sim 1.0 \times 10^{-1}$	K^+、Cs^+
Li^+	开链酰胺	$1.0 \times 10^{-5} \sim 1.0 \times 10^{-1}$	K^-、Cs^+
NH_4^+	类放线菌素 + 甲基类放线菌素	$1.0 \times 10^{-5} \sim 1.0 \times 10^{-1}$	K^+、Rb^+
Ba^{2+}	四甘酰双二苯胺	$1.0 \times 10^{-6} \sim 1.0 \times 10^{-1}$	K^+、Sr^{2+}

（四）气敏电极

气敏电极的构造见图 9-15，将一根离子选择性电极装在一个底部装有多孔性气体渗透膜的套管中作为指示电极，套管中装有电解质中介溶液，在其中插入一根参比电极，即构成气敏电极。多孔性气体渗透膜一般由醋酸纤维、聚四氟乙烯、聚偏氟乙烯等材料制成，它具有疏水性，可使电解液与外部试液隔开。电极的工作原理是待测气体通过多孔性气体渗透膜

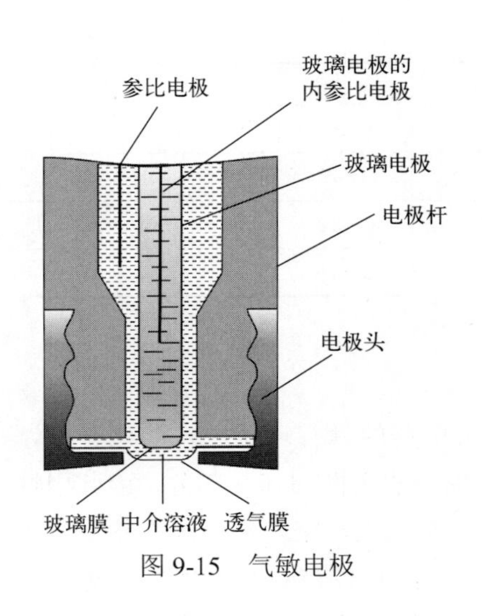

图 9-15　气敏电极

进入电解质中介溶液，使中介溶液中的某一化学平衡发生变化从而使平衡中的某离子活度变化，插入其中的离子选择性电极与参比电极组成的电池能随时感知该离子的活度变化。由此可见，气敏电极实际上是一种气体传感器。

例如 NH_3 气敏电极的内参比电极是 Ag/AgCl 电极，指示电极为 pH 玻璃电极，中介溶液为 0.1 mol・L^{-1} NH_4Cl，多孔性透气膜为聚偏氟乙烯。CO_2 气敏电极的中介溶液为 0.1 mol・L^{-1} $NaHCO_3$，指示电极也为 pH 玻璃电极。CO_2 与 H_2O 作用生成 H_2CO_3，影响 $NaHCO_3$ 电离平衡，从而改变了溶液的 pH。其电池电动势（pH 玻璃指示电极接负极，Ag/AgCl 参比电极接正极，如果相反，公式中的减号变为加号）为

$$E_{电池} = K - \frac{RT}{F}\ln p_{CO_2} \tag{9-42}$$

从中可以看出，使用不同的中介溶液与指示电极，可以构建不同的气敏化电极，各种气敏电极的构造及性能见表 9-7。

表 9-7　各种气敏电极的构造及性能

气敏电极	离子选择性指示电极	中介溶液	化学反应平衡	检出限/（mol・L^{-1}）	试液 pH	干扰物
CO_2	pH 玻璃电极	0.01 mol・L^{-1} $NaHCO_3$	$CO_2+H_2O \rightleftharpoons H^++HCO_3^-$	10^{-5}	<4	
NH_3	pH 玻璃电极	0.01 mol・L^{-1} NH_4Cl	$NH_3+H_2O \rightleftharpoons NH_4^++OH^-$	10^{-6}	>11	挥发性胺
NO_2	pH 玻璃电极	0.02 mol・L^{-1} $NaNO_2$	$2NO_2+H_2O \rightleftharpoons NO_3^-+NO_2^-+2H^+$	5×10^{-7}	柠檬酸缓冲液	SO_2、CO_2
SO_2	pH 玻璃电极	0.01 mol・L^{-1} $NaHSO_3$	$SO_2+H_2O \rightleftharpoons HSO_3^-+H^+$	10^{-6}	HSO_4^- 缓冲液	Cl_2、NO_2
H_2S	Ag_2S 膜电极	柠檬酸缓冲液（pH = 5）	$H_2S \rightleftharpoons HS^-+H^+$	10^{-8}	<5	O_2
HCN	Ag_2S 膜电极	0.01 mol・L^{-1} $KAg(CN)_2$	$Ag(CN)_2^- \rightleftharpoons Ag^++2CN^-$	10^{-7}	<7	H_2S
HF	F^-选择性电极	0.01 mol・L^{-1} H^+	$HF \rightleftharpoons F^-+H^+$	10^{-3}	<7	
HAc	pH 玻璃电极	0.01 mol・L^{-1} NaAc	$HAc \rightleftharpoons Ac^-+H^+$	10^{-3}	<2	
Cl_2	Ag_2S-AgCl 膜电极	HSO_4^- 缓冲液	$Cl_2+H_2O \rightleftharpoons ClO^-+Cl^-+2H^+$	5×10^{-3}	<2	

（五）生物电极

生物电极是将生物化学和电分析化学相结合而研制的电极。特点为：①生物化学与电分析化学相结合。②将电位法电极作为基础电极，生物酶膜或生物大分子膜作为敏感膜来实现对底物或生物大分子的分析。生物电极包括酶电极、组织电极、微生物电极、电位法免疫电极、生物传感器。

1. 酶电极

酶电极是基于用电位法直接测量酶促反应中反应物的消耗或生成物的产生而实现对底物分析的一种方法。它也是基于界面反应敏化的离子电极，此处的界面反应是酶催化反应。酶电极的构造与气敏电极相似，见图 9-16。在离子选择性电极的敏感膜上涂一层含酶凝胶构成酶膜，在酶膜外再涂一层多孔性保护膜，即构成酶电极。酶的固定方法主要有吸附、包埋、交联和共价键合等。酶电极的制作中，酶的固定是关键，它决定了酶电极的使用寿命，并对灵敏度、重现性等性能影响很大。

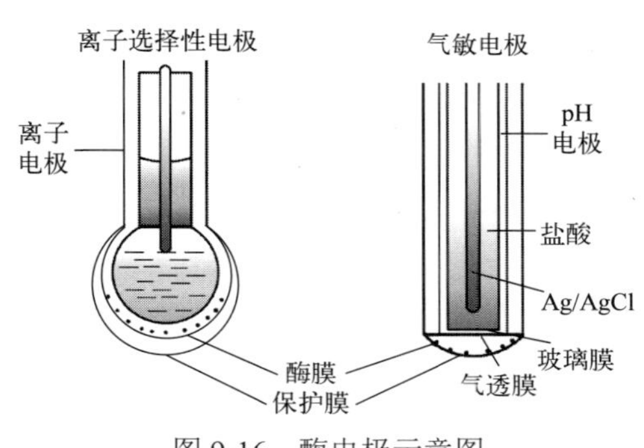

图 9-16　酶电极示意图

酶催化反应具有选择性强、效率高、大多数可在常温下进行等优点，反应产物如 CO_2、NH_3、NH_4^+、CN^- 等大多数离子可被现有离子选择性电极所响应。例如，可通过氨气敏电极检测反应产物 NH_3 或 CO_2 气敏电极检测产物 CO_2，从而可以探知 $CO(NH_2)_2$ 的含量。

$$CO(NH_2)_2 + H_2O \xrightarrow{\text{脲酶}} 2NH_3 + CO_2$$

可通过氧电极检测反应消耗的 O_2 或 pH 玻璃电极测定产生的葡萄糖酸，从而可以测定葡萄糖。

$$\text{葡萄糖} + O_2 + H_2O \xrightarrow{\text{葡萄糖氧化酶}} \text{葡萄糖酸} + H_2O_2$$

可使用氨气敏电极检测反应产生的铵离子（NH_4^+）或通过氧电极检测反应消耗的 O_2，从而可以测定氨基酸。

$$RCH(NH_2)COO^- + O_2 + H_2O \xrightarrow{\text{氨基酸氧化酶}} RCOCOO^- + NH_4^+ + H_2O_2$$

使用不同的酶与离子选择性电极，可以构建不同的酶电极，各种酶电极的构造及性能见表 9-8。

表 9-8　各种酶电极的构造及性能

测定物质	酶	指示电极或检测物	线性范围/（$mol \cdot L^{-1}$）
葡萄糖	葡萄糖氧化酶	O_2	$1.0\times10^{-4}\sim2.0\times10^{-2}$
尿素	脲酶	NH_3	$1.0\times10^{-5}\sim1.0\times10^{-2}$
胆固醇	胆固醇氧化酶	H_2O_2	$1.0\times10^{-5}\sim1.0\times10^{-2}$
L-谷氨酸	谷氨酸脱氢酶	NH_4^+	$1.0\times10^{-4}\sim1.0\times10^{-1}$
L-赖氨酸	赖氨酸脱羧酶	CO_2	$1.0\times10^{-4}\sim1.0\times10^{-1}$

2. 组织电极

目前，高纯度酶已有商品供应，但价格昂贵，且寿命较短，使应用受到一定限制。于是有以动植物组织代替酶作生物膜催化材料所构成的组织电极（tissue based membrane electrodes）出现，这是敏化电极的一种有意义的进展。其优点如下：

① 许多组织细胞中含有大量的酶，酶源丰富。

② 组织细胞中的酶处于天然状态和理想环境下，因而性质最稳定，功效最佳。

③ 某些酶分离后不稳定，只能在细胞中才能保持活性，因而组织电极有较长的寿命。

④ 生物组织一般具有一定的机械性和膜结构，适于固定，因而组织电极的制作简便而经济。

将生物组织用尼龙网紧贴在电极上，可制备成各种组织电极。各种组织酶源与测定的对象见表 9-9。

表 9-9　组织电极的酶源与测定对象

组织酶源	测定对象	组织酶源	测定对象
香蕉	草酸、儿茶酚	烟草	儿茶酚
菠菜	儿茶酚类	番茄种子	醇类
甜菜	酪氨酸	燕麦种子	精胺
土豆	儿茶酚、磷酸盐	猪肝	丝氨酸
花椰菜	L-抗坏血酸	猪肾	L-谷氨酰胺
莴苣种子	H_2O_2	鼠脑	嘌呤、儿茶酚胺
玉米脐	丙酮酸	大豆	尿素
生姜	L-抗坏血酸	鱼鳞	儿茶酚胺
葡萄	H_2O_2	红细胞	H_2O_2
黄瓜汁	L-抗坏血酸	鱼肝	尿酸
卵形植物	儿茶酚	鸡肾	L-赖氨酸

3. 微生物电极

微生物电极的分子识别部分是由固定化的微生物构成的。生物敏感膜的主要特征为：

① 微生物细胞内含有活性很高的酶体系；

② 传感器的寿命较长。

如，将大肠杆菌固定在二氧化碳气体敏感电极上实现了对赖氨酸的分析；球菌固定在氨敏电极上实现了对精氨酸的检测。

微生物菌体系含有天然的多酶系列，活性高，可活化再生，稳定性好，作为生物传感器，具有广阔的应用和发展前景。

4. 电位法免疫电极

生物中的免疫反应具有很高的特异性。生物免疫电极就是基于抗体与抗原结合后的电化学性质与单一抗体或抗原的电化学性质相比发生了较大变化来检测免疫反应的发生。其机制为固定在膜或电极表面上的抗原（或抗体），与抗体（或抗原）形成免疫复合物后，膜中电极表面的物理性质，如表面电荷分布、离子在膜中的扩散速度发生了改变，从而引起膜电位或电极电位的改变。

如将人绒毛膜促进腺激素（hCG）的抗体通过共价交联的方法固定在二氧化钛电极上，形成检测 hCG 的免疫电极（图 9-17）。当该电极上的 hCG 抗体与被测液中的 hCG 形成免疫复合物时，电极表面的电荷分布发生变化，该变化通过电极电位的测量被检测出来。

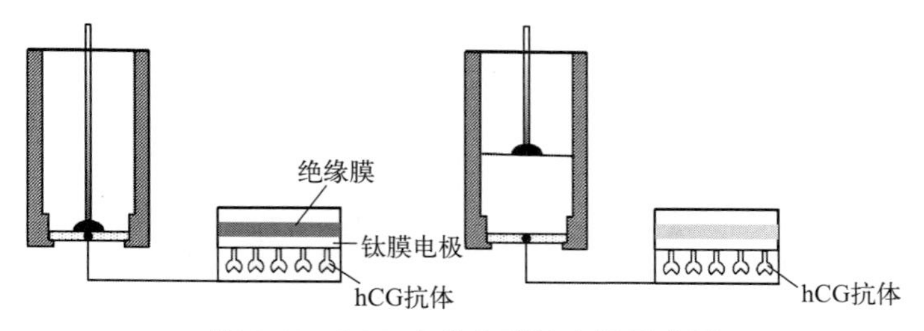

图 9-17　hCG 电位免疫法电极示意图

5. 离子敏感场效应晶体管（ISFET）

ISFET 的构造见图 9-18，是根据金属-氧化物-半导体场效应晶体管（MOSFET）制备而成。如图 9-18 所示，MOSFET 为在一块低掺杂浓度的 P 型半导体衬底上利用扩散工艺制作两个高掺杂的 N 型区，并引出两个电极分别为源极和漏极。在半导体上制作一层 SiO_2 绝缘层，再在 SiO_2 上制作一层金属铝，引出电极，作为栅极。MOSFET 是一种利用输入回路的电场效应来控制输出回路电流（源极与漏极之间的电流）的半导体器件，即利用改变栅源电压来改变导电沟道的宽度和高度，从而改变沟道电阻，最终达到对漏极电流的控制作用。它体积小、工艺简单，器件特性便于控制，是目前制造大规模集成电路的主要有源器件。ISFET 是将 MOSFET 的金属栅极代之以离子选择性电极的敏感膜。当它与试液接触并与参比电极组成测量体系时，由于膜与溶液的界面产生膜电位叠加在栅极上，ISFET 的漏极电流 I_d 就会发生变化，I_d 与响应离子活度之间具有相似于能斯特公式的关系，这就是 ISFET 的工作原理和定量关系基础。ISFET 具有以下优点：它既具有离子选择性电极对敏感离子响应的特性，又保留场效应晶体管的性能。全固体器件、体积小、易于微型化，本身具有高阻抗转换和放大功能等优点。可应用于生物医学、临床诊断、环境分析、食品工业、生产过程监控等方面。

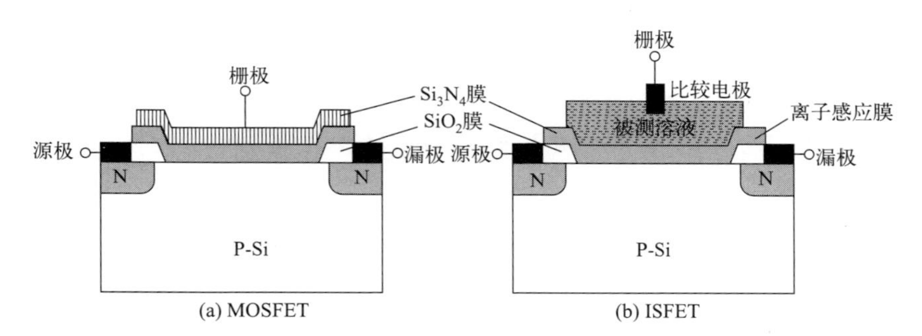

图 9-18　金属-氧化物-半导体场效应晶体管（MOSFET）和离子敏感场效应晶体管（ISFET）的比较

三、离子选择性电极的选择性及误差

离子选择性电极响应离子的原理是具有一定大小与电荷的离子进入电极敏感膜而产生膜电势。因此，具有类似响应离子大小与电荷的离子也能进入电极敏感膜，这就会对离子测定造成干扰。干扰离子 j 对待测离子 i 的干扰可用尼柯尔斯基（Nicolsky）方程式表示：

$$\Delta\varphi_M = K \pm \frac{RT}{n_i F}\ln\left[a_i + K_{i,j}^{\text{Pot}}\left(a_j\right)^{\frac{n_i}{n_j}}\right] \tag{9-43}$$

当有多种干扰离子存在时，式（10-43）可写成：

$$\Delta\varphi_{\mathrm{M}} = K \pm \frac{RT}{n_i F}\ln\left[a_i + \sum_j K_{i,j}^{\mathrm{Pot}}\left(a_j\right)^{\frac{n_i}{n_j}}\right] \tag{9-44}$$

式中，n_i 与 n_j 分别为待测离子 i 与干扰离子 j 所带的电荷数；$K_{i,j}^{\mathrm{Pot}}$ 为干扰离子 j 对待测离子 i 的选择性系数。式中 $\frac{RT}{n_i F}\ln\left[a_i + \sum_j K_{i,j}^{\mathrm{Pot}}\left(a_j\right)^{\frac{n_i}{n_j}}\right]$ 对阳离子为正号，对阴离子为负号。$K_{i,j}^{\mathrm{Pot}}$ 可由如下公式定义

$$K_{i,j}^{\mathrm{Pot}} = \frac{a'_i}{\left(a'_j\right)^{\frac{n_i}{n_j}}} \tag{9-45}$$

即在其它条件相同时，进入电极膜产生相同膜电势的待测离子活度 a'_i 和干扰离子活度 a'_j 的比值。例如干扰离子与待测离子具有相同的电荷数（$n_i = n_j$），干扰离子活度 a'_j 是待测离子活度 a'_i 的 1000 倍时，干扰离子进入电极膜产生的膜电势等于待测离子进入电极膜产生的膜电势。此时 $a'_j = 1000a'_i$，$n_i/n_j = 1$，代入式（9-45）中得 $K_{i,j}^{\mathrm{Pot}} = 10^{-3}$。这说明电极对 i 离子比 j 离子敏感性高达 1000 倍。$K_{i,j}^{\mathrm{Pot}}$ 愈小，说明 j 离子对 i 离子的干扰愈小，亦即此电极对待测离子的选择性愈好。应该注意，$K_{i,j}^{\mathrm{Pot}}$ 是表示某一离子选择性电极对各种不同离子的响应能力，它随被测离子活度及溶液条件的不同而异，并不是一个热力学常数。其数值可从手册里查到，也可以通过实验方法测定，但不能直接利用它的文献值作分析测定时的干扰校正。它仅为判断一种离子选择性电极在已知杂质存在时的干扰程度，对拟定有关分析方法及构建离子选择性电极具有重要指导意义。

例如基于不同组分的玻璃膜可以构建不同类型的玻璃电极：①具有选择性顺序为 H^+>>>Na^+>K^+、Rb^+、Cs^+>>Ca^{2+}的 pH 玻璃电极；②具有选择性顺序为 Ag^+>H^+>Na^+>>K^+、Li^+>>Ca^{2+}的钠离子选择性电极；③具有较窄选择性范围，选择性顺序为 H^+>K^+>Na^+>NH_4^+、Li^+>>Ca^{2+}的通用阳离子选择性电极。改变玻璃膜的化学成分和结构，如用 Al_2O_3 代替 CaO 形成 Na_2O-Al_2O_3-SiO_2 结构，并改变其相对含量，会使玻璃膜的选择性表现出很大的差异，具体见表 9-10。

表 9-10 阳离子玻璃电极的玻璃膜组成及其选择性系数

被测离子	玻璃膜组成（摩尔比）	选择性系数
Li^+	$15Li_2O + 25Al_2O_3 + 60SiO_2$	$K_{Li^+,Na^+} = 0.3$ $K_{Li^+,K^+} < 1.0\times10^{-3}$
Na^+	$11Na_2O + 18Al_2O_3 + 71SiO_2$	$K_{Na^+,K^+} = 3.6\times10^{-4}$（pH = 11）
		$K_{Na^+,K^+} = 3.3\times10^{-4}$（pH = 7）
		$K_{Na^+,Ag^+} = 500$
Na^+	$10.4Li_2O + 22.6Al_2O_3 + 67SiO_2$	$K_{Na^+,K^+} = 1.0\times10^{-5}$
K^+	$27Na_2O + 5Al_2O_3 + 68SiO_2$	$K_{K^+,Na^+} = 5.0\times10^{-2}$
Ag^+	$11Na_2O + 18Al_2O_3 + 71SiO_2$	$K_{Ag^+,Na^+} = 1.0\times10^{-3}$
	$28.8Na_2O + 19.1Al_2O_3 + 52.1SiO_2$	$K_{Ag^+,H^+} = 1\times10^{-5}$

另外，借助 $K_{i,j}^{\text{Pot}}$ 可估量干扰离子 j 对待测离子 i 测定造成的误差

$$\text{相对误差} = K_{i,j}^{\text{Pot}} \times \frac{(a_j)^{\frac{n_i}{n_j}}}{a_i} \times 100\% \tag{9-46}$$

式中，a_i 和 a_j 是待测试液中两种离子的活度；$K_{i,j}^{\text{Pot}}(a_j)^{\frac{n_i}{n_j}}$ 的物理含义为能与干扰离子提供等同电位的待测离子的活度。

例如，当 $K_{i,j}^{\text{Pot}} = 10^{-3}$，$a_j = 100a_i$，$\frac{n_i}{n_j} = 1$，则

$$\text{相对误差} = 10^{-3} \times \frac{100a_i}{a_i} \times 100\% = 10\%$$

当 $K_{i,j}^{\text{Pot}} = 10^{-3}$，$a_j = 10a_i$，$\frac{n_i}{n_j} = 1$，则

$$\text{相对误差} = 10^{-3} \times \frac{10a_i}{a_i} \times 100\% = 1\%$$

说明如果 $K_{i,j}^{\text{Pot}} = 10^{-3}$，干扰离子活度是待测离子活度的 100 倍时，测定的误差为 10%，但当干扰离子活度是待测离子活度的 10 倍时，测定的误差为 1%，结果较准确。所以相对误差可以判断干扰离子 j 存在下的测定是否可行。

第三节　直接电位分析法

一、测量离子浓（活）度的方法

离子选择性电极可以直接用来测定离子的活（浓）度。与用 pH 指示电极测定溶液 pH 时类似，用离子选择性电极测定离子活度时也是将它与参比电极浸入待测溶液而组成一电池，并测量其电动势。例如，使用饱和甘汞参比电极作为负极，氟离子选择性电极作为正极，组成如下电池测定 F^- 活度:

$$-\underbrace{\text{Hg, Hg}_2\text{Cl}_2(\text{固}) \mid \text{KCl}(\text{饱和})}_{\varphi_{\text{SCE}}} \underbrace{\parallel}_{\varphi_{\text{液接}}} \underbrace{\text{试液溶液} \mid \text{LaF}_3 \mid \text{NaF, NaF}}_{\Delta\varphi_{\text{M}}} \mid \underbrace{\text{AgCl, Ag}}_{\varphi_{\text{Ag/AgCl}}}+$$

电池电动势为

$$\begin{aligned} E_{\text{电池}} &= \varphi_{\text{右}} - \varphi_{\text{左}} \\ &= \varphi_{\text{Ag/AgCl}} + \Delta\varphi_{\text{M}} + \varphi_{\text{不对称}} + \varphi_{\text{液接}} - \varphi_{\text{SCE}} \\ &= K - \frac{RT}{F}\ln a_{\text{F}^-} \\ &= K - \frac{2.303RT}{F}\lg a_{\text{F}^-} \end{aligned} \tag{9-47}$$

对各种离子选择性电极可得如下通式（指示电极为正极）：

$$E_{\text{电池}} = K \pm \frac{RT}{nF}\ln a = K \pm \frac{2.303RT}{nF}\lg a_i \tag{9-48}$$

式中，$\frac{2.303RT}{nF}\lg a_i$ 对阳离子为正号，对阴离子为负号。

在 25℃时，

$$E_{电池}=K\pm\frac{0.059}{n}\ln a_i \tag{9-49}$$

可见，一定条件下，电池电动势与待测离子活度的对数呈线性关系。因此可通过测量电池的电动势求出待测离子的活度。下面介绍几种常用的离子浓度的测量方法。

1. 直接测量法

对以活度的负对数来表示结果的测定如 pH 或 pA，可以使用该方法。测定前先用 1～2 个标准溶液校正仪器，然后直接测量试液，即可从仪器上直接读取出试液的 pH 或 pA 值。如 pH 的测量，可先使用 pH 标准溶液（见表 9-3）校正 pH 计，然后直接将玻璃电极放入溶液中测量，溶液的 pH 由 pH 计的显示屏直接读出。

2. 标准曲线法

由式（9-28）可得

$$E_{电池}=K\pm\frac{2.303RT}{nF}\lg a_i=K\pm\frac{2.303RT}{nF}\lg\gamma_i c_i \tag{9-50}$$

如果活度系数γ_i保持不变，上式可改写成

$$E_{电池}=K\pm\frac{2.303RT}{nF}\lg\gamma_i c_i=K'\pm\frac{2.303RT}{nF}\lg c_i \tag{9-51}$$

电池的电动势 $E_{电池}$与待测离子浓度的对数 $\lg c_i$ 成正比。因此，可配制一系列浓度已知的待测离子的标准溶液，将离子选择性电极与参比电极插入该系列标准溶液中，在相同的条下测出相应的电池电动势 $E_{电池}$（标）。然后以测得的 $E_{电池}$（标）值与对相应的 $\lg c_i$ 值绘制标准曲线。在同样条件下，测出对应于待测溶液的 $E_{电池}$（测）值，即可从标准曲线上查出浓度值。

问题的关键在于如何保持γ_i不变。已知γ_i与离子的种类和离子溶液的离子强度有关。对于确定的待测离子，γ_i只受离子溶液的离子强度影响。如果能保持待测离子溶液与绘制标准曲线时的标准溶液离子强度一致，就可以做到这一点。一般控制溶液离子强度的方法有恒定离子背景法和离子强度调节剂法。恒定离子背景法：当试样中某离子含量很高且为非测定离子时，则在绘制标准曲线时，在标准溶液中加入该种非测定离子并使其浓度相同。该法要求事先知道待测试样的大致组成及非测离子的浓度。离子强度调节剂：是浓度很大的电解质溶液，它对待测离子没有干扰，加到标准溶液及待测试样溶液中后，它们的离子强度都达到很高，二者近乎一致，从而使活度系数基本相同，同时可调节溶液的 pH 值，掩蔽干扰离子。离子强度调节剂法主要适用于试液组成不能确定或变动较大的待测试液。由于大部分待测试液的组成都不能确定，所以该方法是一种比较通用的控制溶液离子强度的方法。例如使用氟离子选择性电极测定自来水中 F^-的浓度，应加入一定量的“总离子强度调节缓冲剂”（total ionic strength adjustment buffer, TISAB）。其组成为 0.1 mol • L^{-1} NaCl + 0.25 mol • L^{-1} HAc + 0.75 mol • L^{-1} NaAc + 0. 001 mol • L^{-1} 柠檬酸钠，pH = 5.0，总离子强度为 1.75。一些常用的 TISAB 的配制方法见表 9-11。

表 9-11 一些常用的 TISAB 的配制方法

TISAB 种类	TISAB 配制方法
硝酸钾-柠檬酸三钠溶液（TISAB A）	称取 294 g 柠檬酸三钠和 20 g 硝酸钾溶解于 800 mL 水中，用硝酸溶液（1 + 5）调节 pH 为 6，用水稀释至 1000 mL，摇匀
柠檬酸-柠檬酸三钠缓冲溶液（TISAB B）	pH 为 5.5～6.0。称取 270 g 柠檬酸三钠和 24 g 柠檬酸，用水溶解，稀释至 1000 mL，摇匀
氯化钠-环己烷二胺四乙酸（CDTA）缓冲溶液（TISAB C）	量取 500 mL 水于 1000 mL 烧杯内，加入 57 mL 冰乙酸、58 g 氯化钠和 4.0 g 环己烷二胺四乙酸（CDTA），搅拌溶解。置烧杯于冷水浴中，用氢氧化钠溶液（240 g · L^{-1}）调节 pH 为 5.0～5.5 之间，用水稀释至 1000 mL，摇匀
六亚甲基四胺-硝酸钾-钛铁试剂缓冲溶液（TISAB D）	称取 42 g 六亚甲基四胺和 85 g 硝酸钾、9.97 g 钛铁试剂加水溶解，调节 pH 为 5.0～6.0 之间，稀释至 1000 mL，摇匀
硝酸钠-柠檬酸三钠溶液（TISAB E）	称取 58.8 g 柠檬酸三钠和 85 g 硝酸钠，溶解于 800 mL 水中，用盐酸调节 pH 为 5.0～6.0 之间，用水稀释至 1000 mL，摇匀

由于式（9-51）中 K'值受温度、搅拌速度、盐桥液接电位、离子选择性电极的膜表面状态影响，常使标准曲线平移。实际工作中，可每次检查标准曲线上的 1～2 点。在取直线部分工作时，通过这 1～2 点作一直线与原标准曲线的直线部分平行，即可用于未知液的分析。

3. 标准加入法

标准曲线法要求标准溶液与待测溶液具有接近的离子强度和组成，否则将会因γ_i值的改变而引起误差。标准加入法可在一定程度上避免这种误差。标准加入法又称为添加法或增量法，由于加入前后试液的性质（组成、活度系数、pH、干扰离子、温度……）基本不变，所以准确度较高。标准加入法比较适合用于组成较复杂以及非成批试样的分析。标准加入法有单次标准加入法与连续多次标准加入法两种，现分别作以简单介绍。

（1）单次标准加入法　首先将离子选择性电极与参比电极插入体积为 V_x、浓度为 c_x 的待测试液中，测得电池的电动势为 $E_试$。将 c_x 与 $E_试$代入式（9-31）得

$$E_{试}=K'\pm\frac{2.303RT}{nF}\lg c_x \tag{9-52}$$

然后往待测试样中加入小体积（体积 V_s 约为 V_x 的 1/1000）大浓度（浓度 c_s 约为 c_x 的 100 倍）的待测离子的标准溶液，再次测得电池的电动势为 $E_{标+试}$。此时溶液的待测离子浓度为

$$c_{s+x}=\frac{c_xV_x+c_sV_s}{V_s+V_x} \tag{9-53}$$

将 c_{x+s} 与 $E_标$代入式（9-51）得

$$E_{标+试}=K''\pm\frac{2.303RT}{nF}\lg\frac{c_xV_x+c_sV_s}{V_s+V_x} \tag{9-54}$$

由于原测试液中有大量的电解质，且加入的标准溶液的量非常少（$V_s<<V_x$），所以标准溶液加入后离子强度基本不变，可以近似地认为 $K'\approx K''$，$V_s+V_x\approx V_x$。若 $E_{标+试}>E_试$，将式（9-54）与式（9-52）相减，可得

$$\Delta E=E_{标+试}-E_{试}=\frac{2.303RT}{nF}\lg\frac{c_xV_x+c_sV_s}{(V_s+V_x)c_x}=\frac{2.303RT}{nF}\lg\frac{c_xV_x+c_sV_s}{V_xc_x} \tag{9-55}$$

令 $S=\dfrac{2.303RT}{nF}$，得

$$\Delta E = S\lg\frac{c_xV_x + c_sV_s}{V_xc_x} \tag{9-56}$$

式（9-56）重整得：

$$c_x = \frac{c_sV_s}{V_x}\left(10^{\frac{\Delta E}{S}} - 1\right)^{-1} \tag{9-57}$$

式中，V_s、V_x、c_s 均为已知，S 是常数，所以根据加入标准溶液前后电池电动势的变化值ΔE，并将其代入式（9-57）中即可求出被测离子的浓度 c_x。使用该公式时要特别注意的是式（9-57）是基于式（9-51）推导而来，而式（9-51）推导时假定离子选择性电极为正极，参比电极为负极。另外对数前面的符号取了正号，假定被测离子为阳离子，因此，此公式适用于离子选择性电极为正极，被测离子为阳离子的测定。

例题：用直接电位法测定水样中的钙离子浓度。移取 100.0 mL 水样于烧杯中，将饱和甘汞电极（SCE）和钙离子选择性电极浸入溶液中。测得钙离子选择性电极的电位为 -0.0619 V（相对 SCE）。往上述试液中加入 1.00 mL 0.0731 mol • L^{-1} $Ca(NO_3)_2$ 标准溶液，混合后测得钙离子选择性电极的电位为 -0.0483 V（相对 SCE）。计算原水样中钙离子的浓度。

解：由题意可知 $V_s = 1.00$ mL、$V_x = 100.0$ mL、$c_s = 0.0731$ mol • L^{-1}、$\Delta E = -0.0483-(-0.0619) = 0.0136$（V）、$S = 0.0592\div2 = 0.0296$，代入式（9-57）中，可得

$$c_x = \frac{0.0731\times1.00}{100}(10^{\frac{0.0136}{0.0296}} - 1)^{-1} = 3.89\times10^{-4}\text{（mol}\cdot\text{L}^{-1}\text{）}$$

（2）连续多次标准加入法　单次加入标准溶液法虽然简单快速，但一旦所加入的标准溶液存在误差或在操作上存在误差都会导致测定结果存在误差。为了提高分析结果的准确度，通常采用连续多次加入标准溶液，即连续多次标准加入法。连续多次标准加入法与单次标准加入法操作相似，具体做法如下：

由式（9-54）可得

$$E_{标+试} = K'' + S\lg\gamma\frac{c_xV_x + c_sV_s}{V_s + V_x} \tag{9-58}$$

重排式（9-58）得

$$E_{标+试} + S\lg(V_s + V_x) = K'' + S\lg\gamma(c_xV_x + c_sV_s)$$

$$\frac{E_{标+试}}{S} + \lg(V_s + V_x) = \frac{K''}{S} + \lg\gamma(c_xV_x + c_sV_s)$$

$$(V_s + V_x)10^{\frac{E_{标+试}}{S}} = (c_xV_x + c_sV_s)10^{\frac{K'}{S}} \tag{9-59}$$

由式（9-59）可知，$(V_s + V_x)10^{\frac{E_{标+试}}{S}}$ 与加入的标准溶液体积 V_s 呈线性关系。在每次加入标准溶液 V_s（1 mL)后测量电池电动势 $E_{标+试}$，计算出 $(V_s + V_x)10^{\frac{E_{标+试}}{S}}$ 值，以该值作纵坐标，加入的标准溶液体积 V_s（加入 1 次为 V_s，加入 2 次为 $2V_s$，加入 3 次为 $3V_s$ 等）作为横坐标作图可得一直线，见图 9-19。

延长直线使之与横轴相交，求出此时加入标准溶液的体积（应该是一负值）。由于 $(V_s + V_x)10^{\frac{E_{标+试}}{S}} = 0$，则 $c_xV_x + c_sV_s = 0$，由此可得

$$c_x = -\frac{c_s V_s}{V_x} \qquad (9-60)$$

将直线延长得到的体积值代入式（9-60）即可求出被测试样的浓度。通过此方法求得的浓度是多次测量的平均值，较为准确。

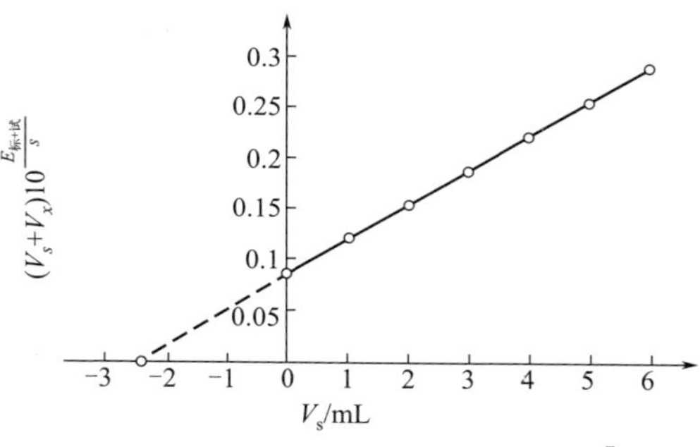

图 9-19　连续多次标准加入法 $(V_s+V_x)10^{\frac{E_{标+试}}{S}}$ 与 V_s 关系曲线

二、影响测定的因素

1. 温度

由式（9-48）可知，$E_{电池}$与待测离子浓度的对数 $\lg c_i$ 呈线性关系。公式中常数项 K 包括参比电极电位、液接电位、离子选择性电极的内参比电极电位等，因此 K 是与温度有关的一个常数。温度的改变不仅影响直线的截距还影响直线的斜率。在测定过程中应保持温度恒定，提高测定的准确度。

2. 电动势测量

电动势测量的准确度主要取决于测量电位的仪器，也受工作电池本身电动势影响（如温度、电极状态等）。电动势测量误差对测定结果造成的影响是本部分需要重点讨论的内容。对式（9-31）求导得：

$$\mathrm{d}E_{电池} = \pm\frac{RT}{nF}\times\frac{\mathrm{d}c_i}{c_i} \qquad (9-61)$$

重新整理式（9-61）得

$$\frac{\mathrm{d}c_i}{c_i} = \pm\frac{nF\mathrm{d}E_{电池}}{RT} \qquad (9-62)$$

由电动势测量误差造成测定结果的相对误差为

$$相对误差 = \frac{\mathrm{d}c_i}{c_i}\times 100\% = \pm\frac{nF\mathrm{d}E_{电池}}{RT}\times 100\% \qquad (9-63)$$

25℃，$E_{电池}$的单位为 mV 时，则

$$相对误差 = \pm\frac{n\mathrm{d}E_{电池}}{0.02568\times 1000}\times 100\% \approx 4\% n\mathrm{d}E_{电池} \qquad (9-64)$$

由式（9-64）可知，电动势测量误差造成测定结果的相对误差与待测离子的价态（电荷数）有关。离子的价态数越小，由电动势测量误差造成测定结果的相对误差越小。因此，对于高价离子可以将它们转变成电荷数较低的络离子或转换成另一种与之相关的低价离子进行测定。例如测定 B^{3+}时，可以将它转化为 BF_4^- 后用 BF_4^- 液膜电极测定。测定 S^{2-} 时，加入过量 Ag^+使之形成 Ag_2S 沉淀，过量的 Ag^+可用硫化银膜电极测定。

3. 干扰离子

共存离子对离子选择性电极测定的干扰分为两方面，一方面是直接影响，即与待测离子具有相似电荷与大小的离子可以进入电极敏感膜影响膜电势，它的影响可由离子选择性系数评估，前面已经详细介绍过。另一方面是间接影响，主要有以下几种情况：

① 干扰离子和电极膜反应生成可溶性配合物，释放待测离子，产生正干扰。如：

$$LaF_3(s) + Ct^{3-}(aq) = LaCt(aq) + 3F^-$$

② 干扰离子在电极膜上反应生成一种不溶性化学物质，影响待测离子进入电极敏感膜而产生负干扰。如：

$$SCN^- + AgBr(s) = AgSCN(s) + Br^-$$

③ 共存离子影响溶液的离子强度，因而影响欲测离子的活度，使活度降低产生负干扰。

④ 与待测离子形成配合物或发生氧化还原反应，从而使自由的待测离子的活度变小，产生负干扰。如：

$$Al^{3+} + F^- = AlF^{2+}$$

另外，共存离子对电极的响应时间也会产生影响，通常会使电极的影响时间增加。消除共存离子干扰的办法较方便的是加掩蔽剂，如测定 F^-时，加入 TISAB 的目的之一是掩蔽铁、铝等离子。必要时进行预分离处理。

4. 溶液的 pH

由离子选择性电极的原理可知，溶液的 pH 能影响待测离子与电极敏感膜的状态，从而让待测离子进入电极敏感膜影响膜电势。另外 H^+或 OH^-可能本身就是一个干扰离子，如 H^+对阳离子玻璃电极测定的干扰，以及 OH^-对 F^-测定的干扰等。因此要使用缓冲溶液，维持一个恒定的 pH 范围。

5. 被测离子的浓度

离子选择性电极可以检测的线性范围一般为 10^{-1}～10^{-6} mol·L^{-1}。检测下限主要取决于组成电极膜的活性物质，还与共存离子的干扰和 pH 等因素有关。

6. 响应时间

电极浸入溶液后达到稳定的电位所需时间，一般把达到稳定电位的 95%所需的时间叫做响应时间。它与以下几个因素有关：①与待测离子到达电极表面的速度有关。②与待测离子活度有关，活度越小，响应时间越长。③与介质的离子强度有关，含有大量非干扰离子响应快。④共存离子的存在对响应时间有影响。⑤与膜的厚度、表面光洁度等有关。膜越薄，光洁度越好，影响时间越快。在应用离子选择性电极进行自动测定时，要特别注意响应时间。

7. 迟滞效应

这是与电位响应时间有关的一个现象，即对同一活度值的离子溶液，测出的电位值与电极在测定前接触的溶液的成分有关，是直接电位分析法的重要误差来源之一。

三、测试仪器

测量离子浓度需要离子选择性电极、参比电极、试液容器、搅拌装置及测量电动势的仪器。离子选择性电极与参比电极前面已经作过详细介绍，这部分重点介绍测量电动势的仪器。离子选择性电极的阻抗较高，最高的玻璃电极可达 10^8 Ω 数量级以上，因此要求仪器的输入

阻抗不应低于 $10^9\ \Omega$。对测量电动势仪器的另一要求是稳定性好和灵敏度高。正如前面讨论的，± 1 mV 电动势的测量误差对一价离子的测定将产生约± 4%浓度相对误差，因此要使用高精密仪器。测量电动势的仪器主要有精密毫伏计、pH 计、离子计等。离子计工作原理流程框图见图 9-20。商品化的离子计主要包括电极输入插座、放大器、A/D 数模转换器、显示器、定位调节器、斜率调节器、温度补偿器等部件。

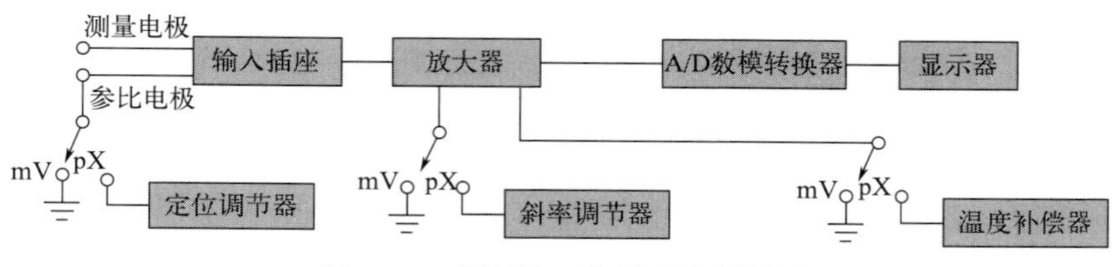

图 9-20　离子计工作原理流程框图

（1）电极输入插座　商品化的离子计可以测定多种离子，电极输入插座为不同离子测定时更换离子选择性电极提供了方便。测试前将离子选择性电极与参比电极插入电极插座，被测信号从此输入。

（2）放大器　离子计测定离子浓度的原理是基于能斯特公式，要求在近乎零电流条件下测定电池的电动势。而离子选择性电极的阻抗较高，确保了测定回路中的电流近乎为零，因此需要仪器配备放大器以放大产生的微弱信号。它主要包括阻抗放大、比例放大等。

（3）A/D 数模转换器　将模拟信号转换成数字信号。通常采用双积分的原理来实现转换，它分别对被测溶液的信号电压和基准电压进行二次积分，将输入信号电压转换成与其平均值成精确正比的时间间隔，用计数器测出这个时间间隔的脉冲数目，即可得到被测电压的数值。

（4）显示器　显示器显示测量结果，根据功能开关置放的挡位，可以直接显示电压值或 pX 值。

（5）斜率调节器　用来补偿电极的实验斜率使其符合理论斜率。通常在测试前使用两种标准溶液进行校正，要求两标准溶液的 pX_1、pX_2 与待测溶液的 $pX_{测}$满足如下关系 $pX_1>pX_{测}>pX_2$。将指示电极与参比电极插入标准溶液，调节斜率调节器使显示器显示的数值为标准溶液的 pX 值。

（6）定位调节器　用来校正式（9-51）中的常数项。使用的标准溶液与校正方法同斜率的校正。

（7）温度补偿器　式（9-51）中的斜率与常数项都与温度有关，因此测量离子浓度时必须进行温度补偿校正。根据被测溶液的温度调节补偿器使补偿器示值与液温一致。

（8）功能选择开关　现在仪器都配有功能选择开关，可以在 mV、pXⅠ、pXⅡ之间切换。mV 为电位测量，pXⅠ为一价离子测量，pXⅡ为二价离子测量。根据测量需选择适当的开关。

四、直接电位分析法的特点及应用

直接电位分析法具有许多独特的优点：①直接电位分析法使用的离子选择性电极具有

较好的选择性，因此试样可以不用分离直接进行测定。②直接电位分析法在测定阴离子方面具有较大的优势。③直接电位分析法测定的是离子的活度，而不是总离子浓度，这具有非常重要的意义。④直接电位分析法是一种简单、迅速、非破坏性的分析方法，电极响应非常迅速，易实现自动、连续测量及控制。⑤直接电位分法所用仪器设备简单易携带、操作简单，十分适用于野外及现场分析。⑥直接电位分析法用样量少，对于有色、浑浊、悬浮物或黏度较大的试样均可进行测定。通过电极的微型化直接电位分析法能直接观察体液甚至细胞内某些重要离子的活度变化。直接电位分析对象十分广泛，它已成功地应用于环境监测、水质和土壤分析、临床化验、海洋考察、工业流程控制以及地质、冶金、农业、食品和药物分析等领域。

第四节　电位滴定分析

一、电位滴定法的原理

电位滴定法是一种应用电位法确定终点的滴定方法。进行电位滴定时，在待测溶液中插入指示电极，并与参比电极组成工作电池。随着滴定剂的加入，由于发生化学反应，待测离子或与之有关的离子的浓度不断变化，指示电极电位也发生相应的变化，而在化学计量点附近发生电位的突跃，因此，测量电池电动势的变化，就能确定滴定终点。由此可见，电位滴定与电位测定法不同，它是以测量电位的变化情况为基础的滴定分析方法。电位滴定法比电位测定法更准确，但费时稍多。电位滴定法的基本仪器装置如图 9-21 所示。

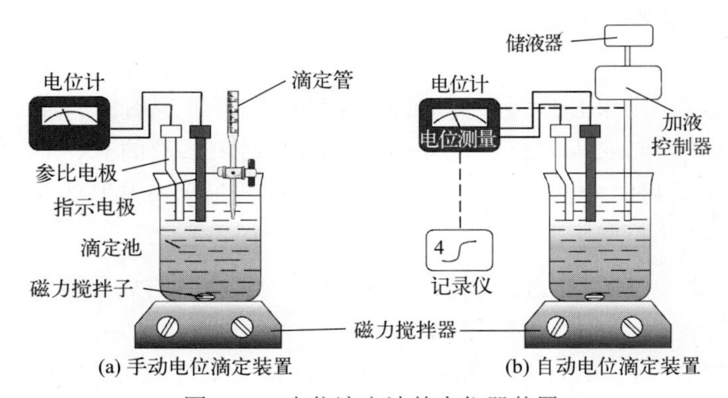

图 9-21　电位滴定法基本仪器装置

二、电位滴定终点的确定

电位滴定终点确定的方法很多，现简单介绍几种常用的方法。

1. 绘制 *E*-*V* 曲线

用加入滴定剂的体积（V）作横坐标，电动势读数（E）作纵坐标，绘制 E-V 曲线，见图

9-22。曲线分为三部分：起始部分（随滴定剂的加入电动势基本不变化或有微小的变化）、突跃部分（随滴定剂的加入电动势迅速变化）和平台部分（在突跃部分后，随滴定剂的加入电动势基本不变化或有微小的变化）。如果突跃部分近乎直线，可延长突跃部分使之与横坐标相交，交点对应的体积即为化学计量点。如果突跃部分不为直线，而起始部分近乎直线可延长起始部分作一直线，过突跃部分与平台部分的拐点作该直线的平行线，两条直线的等分线与滴定曲线交点对应的体积即为化学计量点。如果起始部分也不为直线，可过起始部分与突跃部分的拐点作一条与横坐标成45°夹角的切线，再过突跃部分与平台部分的拐点作一条与横坐标成45°夹角的切线，两条切线的等分线与滴定曲线交点对应的体积即为化学计量点。该方法简单，但准确性稍差。

2. 绘制（$\Delta E/\Delta V$）-V曲线法

用加入滴定剂的体积（V）作横坐标，加入滴定剂后电动势的变化（$\Delta E/\Delta V$）作纵坐标，绘制$\Delta E/\Delta V$-V曲线，见图9-23。$\Delta E/\Delta V$为E的变化值与相对应的加入滴定剂的体积的增量的比。曲线上存在着极值点，该点对应着E-V曲线中的突跃部分的拐点。该极值点对应的体积即为化学计量点。该法虽然计算$\Delta E/\Delta V$有些麻烦，但通过极值确定计量点较容易和准确。

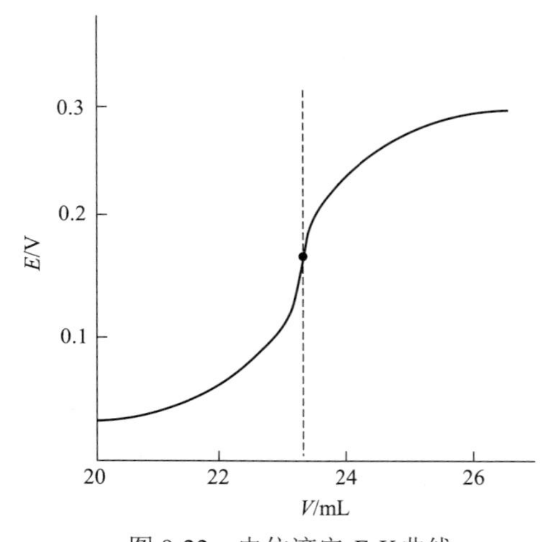

图9-22　电位滴定E-V曲线

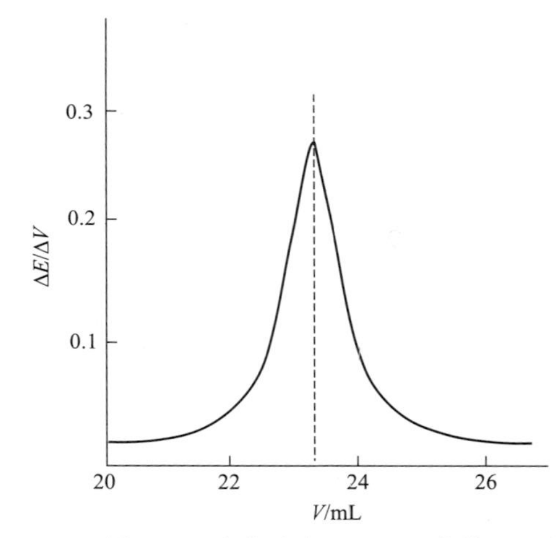

图9-23　电位滴定$\Delta E/\Delta V$-V曲线

3. 二级微商法

由高等数学可知，曲线如果有拐点，那么它的一阶微商有最大值，而二阶微商应该等于零。因此，可以用V作横坐标，二阶微商（$\Delta^2E/\Delta V^2$）作纵坐标绘制$\Delta^2E/\Delta V^2$-V曲线，见图9-24。二阶微商$\Delta^2E/\Delta V^2$的计算方法为

$$\frac{\Delta^2 E}{\Delta V^2}=\frac{\left(\dfrac{\Delta E}{\Delta V}\right)_2-\left(\dfrac{\Delta E}{\Delta V}\right)_1}{V_2-V_1}$$

$\Delta^2E/\Delta V^2=0$时就是化学计量点。

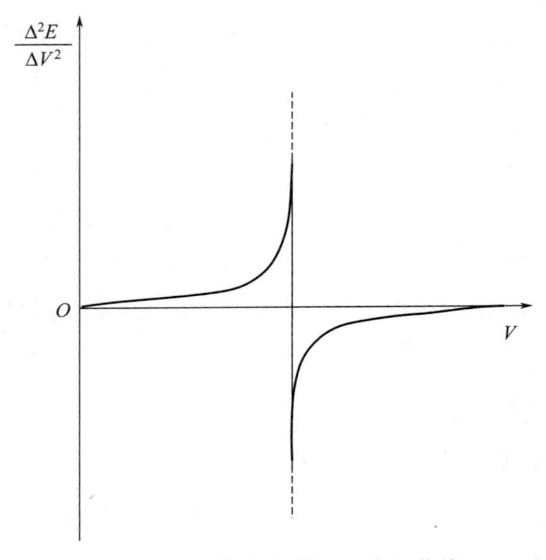

图 9-24　电位滴定$\Delta^2E/\Delta V^2$-V 曲线

现举例说明具体如何确定化学计量点。

用 0.1000 mol · L^{-1} $AgNO_3$ 标准溶液滴定 10 mL NaCl 溶液，所得电池电动势与溶液体积的关系如表 9-12 所示。

表 9-12　电池电动势与溶液体积的相关性数据

$AgNO_3$ 体积 V/ mL	电动势 E/mV	$AgNO_3$ 体积 V/ mL	电动势 E/mV
5.00	130	11.30	250
8.00	145	11.40	303
10.00	168	11.50	328
11.00	202	12.00	364
11.10	210	13.00	389
11.20	224	14.00	401

求 NaCl 溶液的浓度。

解：（1）由 E-V 曲线确定终点：以 E 为纵坐标，V 为横坐标作图，得到如图 9-25 所示曲线。

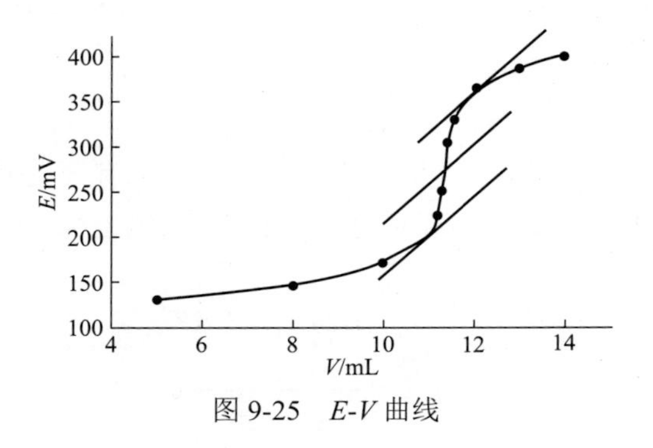

图 9-25　E-V 曲线

曲线的突跃部分的拐点即为终点。突跃部分的拐点的确定方法为：作两条与曲线相切且与横坐标呈 45° 倾斜角的直线，两条直线的等分线与曲线交点就是滴定的终点。由此法得到的终点为 11.35 mL。

（2）由$\Delta E/\Delta V$-V 曲线确定终点：$\Delta E/\Delta V$ 的计算方法是用 2 个相邻体积所对应的电位值之差除以两相邻的体积之差。例如：加入 $AgNO_3$ 溶液从 11.30mL 到 11.40mL 时的$\Delta E/\Delta V$ 的计算。

$$\Delta E/\Delta V = (303-250)/(11.40-11.30) = 530\ (\text{mV} \cdot \text{mL}^{-1})$$

其它两个相邻体积之间的$\Delta E/\Delta V$ 可按同样的方法求得，结果列于表 9-13 中。

表 9-13　平均体积与$\Delta E/\Delta V$的相关性数据

平均体积 V/ mL	$(\Delta E/\Delta V)$ / $(\text{mV} \cdot \text{mL}^{-1})$	平均体积 V/ mL	$(\Delta E/\Delta V)$ / $(\text{mV} \cdot \text{mL}^{-1})$
6.5	5.0	11.35	530
9	11.5	11.45	250
10.50	34	11.75	72
11.05	80	12.50	25
11.15	140	13.50	12
11.25	260		

然后，用$\Delta E/\Delta V$ 与对应的体积（对应的体积为两个体积的平均值）作图（图 9-26）。为了明确标明这一点，可在计算所得$\Delta E/\Delta V$ 的下标上注明所对应的体积，例如上面求得的$\Delta E/\Delta V$ 可表示为 $(\Delta E/\Delta V)_{11.35} = 530$。曲线上最高点所对应的体积就是滴定终点时的体积 $V_{终} = 11.35$。

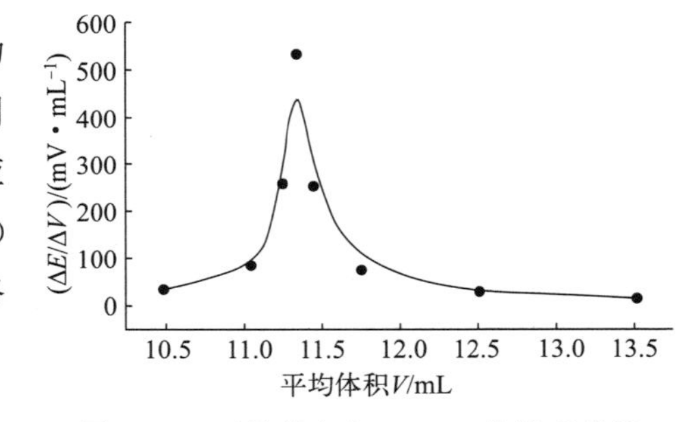

图 9-26　平均体积与$\Delta E/\Delta V$ 的关系曲线

（3）由二次微商求终点

计算加入 $AgNO_3$ 11.10 mL 时的$\Delta^2 E/\Delta V^2$：

$$\frac{\Delta^2 E}{\Delta V^2} = \frac{\left(\frac{\Delta E}{\Delta V}\right)_{11.15} - \left(\frac{\Delta E}{\Delta V}\right)_{11.05}}{11.15-11.05} = \frac{140-80}{0.10} = 600\,(\text{mV} \cdot \text{mL}^{-2})$$

11.30 mL 时：

$$\frac{\Delta^2 E}{\Delta V^2} = \frac{\left(\frac{\Delta E}{\Delta V}\right)_{11.35} - \left(\frac{\Delta E}{\Delta V}\right)_{11.25}}{11.35-11.25} = \frac{530-260}{0.10} = 2700\,(\text{mV} \cdot \text{mL}^{-2})$$

11.40 mL 时：

$$\frac{\Delta^2 E}{\Delta V^2} = \frac{\left(\frac{\Delta E}{\Delta V}\right)_{11.45} - \left(\frac{\Delta E}{\Delta V}\right)_{11.35}}{11.45-11.35} = \frac{250-530}{0.10} = -2800\,(\text{mV} \cdot \text{mL}^{-2})$$

计算各体积对应的$\Delta^2 E/\Delta V^2$ 列于表 9-14 中。

表 9-14　$\Delta^2E/\Delta V^2$ 数据

体积 V/ mL	$(\Delta^2E/\Delta V^2)/(\mathrm{mV\cdot mL^{-2}})$	体积 V/ mL	$(\Delta^2E/\Delta V^2)/(\mathrm{mV\cdot mL^{-2}})$
8.00	2.6	11.30	2700
10.00	15	11.40	–2800
11.00	83.6	11.50	–593.3
11.10	600	12.00	–62.7
11.20	1200	13.00	–13

由此可知终点在 11.30～11.40 mL 之间，可由比例关系求出终点体积。设终点体积为（11.30＋x）mL，体积由 11.30 mL 到 11.40 mL 时的$\Delta^2E/\Delta V^2$ 的变化值为 2700 mV・mL^{-2}–（–2800 mV・mL^{-2}） ＝5500 mV・mL^{-2}，而体积由 11.30 mL 到（11.30＋x）mL 时的$\Delta^2E/\Delta V^2$ 的变化值为 2700 mV・mL^{-2}－0 mV・mL^{-2}。

$$\frac{(11.30+x)-11.30}{2700}=\frac{11.40-11.30}{5500}$$

$$x=\frac{0.10\times2700}{5500}=0.05$$

终点体积为 11.30 mL + 0.05 mL = 11.35 mL。所以 NaCl 溶液的浓度为：

$$c_{\mathrm{NaCl}}=\frac{0.1000\times11.35}{10.00}=0.1135(\mathrm{mol\cdot L^{-1}})$$

三、自动电位分析仪简介

商品电位滴定仪有半自动、全自动两种。半自动电位滴定仪通过电磁感应阀控制滴定，电磁感应阀周期性开关控制滴定剂从滴定管中滴落，滴定速度可通过预先设定的程序及滴定管的旋塞控制，终点时会自动停止滴定（根据预先设定的终点电位）或根据电位突跃手工停止滴定。滴定过程中溶液由磁力搅拌器带动磁子搅拌溶液，无须手工摇动或搅拌。从滴定前后滴定管体积差得出消耗滴定剂的体积，通过手工计算算出待测试液的浓度。

全自动电位滴定仪至少包括两个单元，即自动更换试样系统（取样系统）和测量系统，测量系统包括自动加试剂部分（量液计）以及数据处理部分。仪器结构框架见图 9-27。全自动电位滴定仪自动加液、自动测量、自动控制和自动评估，结果可自动给出。如某公司 877 Titrino Plus 自动电位滴定仪（见图 9-27）设有三种滴定模式：动态等当点滴定（DET）、等量等当点滴定（MET）和终点设定滴定（SET）。DET 是一种可用于所有标准滴定的滴定模式，其试剂的添加量为可变，每步所加体积量根据曲线斜率变化而变化。在此过程中应力求做到每次加液时测量值的变化相同。最佳加液体积可由之前每次加液后测量值变化得出。测量值的应用将通过漂移控制（平衡滴定）或在一段等待时间后得以实现。将对等当

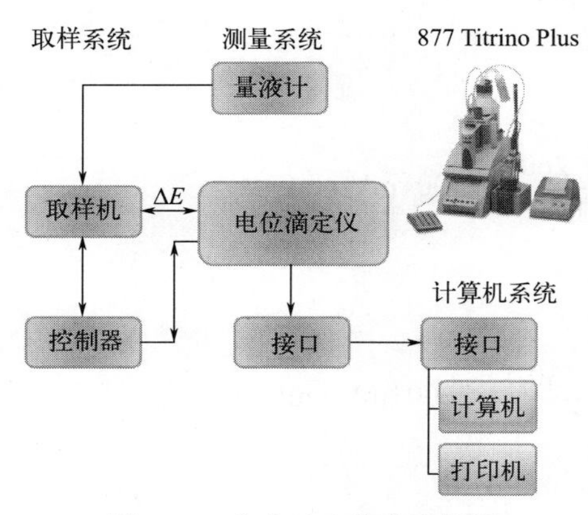

图 9-27　全自动电位滴定框图

点进行自动分析。MET 可用于信号波动相对较高或突然出现电位突变的滴定，也可用于缓慢滴定或缓慢反应的电极，其试剂的添加量为等量。测量值将由信号漂移控制或等待一定时间后，以确保每次加液滴定反应完全而后得到。该模式也对等当点进行自动评估。SET 可用于滴定到一个规定终点的快速常规测量（例如按照特殊标准进行滴定）以及那些必须避免试剂过剩的滴定。通过漂移控制或等待时间控制确定停止滴定的滴定终点。到达终点前所添加的试剂体积，将用于计算样品的水分含量。滴定时，要根据不同的滴定事先建立滴定方法，选择适当的滴定模式，设定相应的参数。滴定时可直观清晰地显示滴定的曲线及重要实验数据，终点时自动显示实验结果。

四、电位滴定法的应用和指示电极的选择

分析化学中的酸碱滴定、氧化还原滴定、沉淀滴定、配位滴定都可以使用电位滴定。电位滴定终点判断较指示剂法更客观、准确。电位滴定还可以用于有色的、浑浊的、不透明的、非水的溶液，某些反应没有适合的指示剂可选用时皆可用电位滴定。电位滴定中的指示电极可以根据不同滴定类型及具体体系来选用，现作以简单介绍。

1. 酸碱滴定

酸碱滴定的指示电极一般选用 pH 玻璃电极，参比电极选用甘汞电极或银-氯化银电极。因电位滴定确定终点较灵敏，所以很多弱酸碱以及多元酸（碱）或混合酸（碱）可用电位滴定法测定。对于非水滴定，使用饱和氯化钾无水乙醇溶液的甘汞电极或银/氯化银电极作参比电极。溶剂一般使用介电常数较大的溶剂，可在其中加入一定比例介电常数较小的溶剂以获得较大的电位突跃。

2. 氧化还原滴定

氧化还原滴定时待测物质与滴定剂在溶液中发生氧化还原反应，因此，指示电极可选用以电子交换为基础的零类电极，如铂电极、玻碳电极等固态电极。参比电极选用甘汞电极或银-氯化银电极。随着滴定剂的加入，待测物质不断消耗，电极电位不断改变。终点后电极电位的改变是由于过量的滴定剂与还原态的滴定剂组成电对。

氧化还原滴定曲线突跃的大小和氧化剂与还原剂两电对的条件电位（或标准电位）的差有关。电位差越大，滴定突跃越大。两个电对的条件电位（或标准电位）之差大于 0.20 V 时，突跃范围才明显，才有可能进行滴定。差值在 0.20～0.40 V 之间，可采用电位滴定法确定终点。在氧化剂和还原剂两个半电池反应中，若电子转移数相等，则等当点应为滴定突跃的中点。若电子转移数不相等，则化学计量点偏向电子转移数较多的电对一方，此时采用一次微商或二次微商确定终点，则与等当点有误差，但可忽略不计。

3. 沉淀滴定

对于沉淀电位滴定，应根据不同的沉淀反应采用不同的指示电极。如用 $Hg(NO_3)_2$ 滴定 Cl^-、I^-、CNS^-、$C_2O_4^{2-}$ 等可选用汞电极——金汞齐电极、铂丝上镀汞［见图 9-28（a）］或汞池电极作为指示电极；如用 $AgNO_3$ 标准溶液滴定 Cl^-、Br^-、I^-、CNS^-、S^{2-}、CN^- 时，可以用

银离子选择性电极或银丝电极作为指示电极。参比电极通常选用甘汞电极或银/氯化银电极。为了避免甘汞电极或银/氯化银电极漏出的 Cl^- 对测定的干扰，通常使用硝酸钾盐桥将试液与甘汞电极或银/氯化银电极隔开（双盐桥参比电极）。更为简便的方法是在试液中加入少量 HNO_3，然后用 pH 玻璃电极作为参比电极。

使用沉淀电位滴定法可对一些盐溶度积相差很大的共混离子直接进行分级滴定。如用银量法滴定 I^-、Br^-、Cl^-的混合溶液，由于它们的银盐溶度积相差很大[$K_{sp(AgI)}=8.67\times10^{-17}$、$K_{sp(AgBr)}=3.3\times10^{-13}$和 $K_{sp(AgCl)}=1.72\times10^{-10}$]，可以用 $AgNO_3$ 标准溶液分级滴定，滴定的顺序为 I^-、Br^-、Cl^-，见图 9-28（b）。当滴定到 Br^-刚开始沉淀时，剩余 I^- 浓度为 2.6×10^{-5} mol・L^{-1}，其误差仅为 0.02%。当滴定到 Cl^- 刚开始沉淀时，剩余 Br^- 浓度为 1.9×10^{-4} mol・L^{-1}，其误差仅为 0.19%。而由沉淀的吸附作用和沉淀易于附着在指示电极上引起反应迟钝等原因测得的 I^-、Br^-的浓度偏高约 1%～2%。因此，由于三者共存引起的误差完全可以忽略。

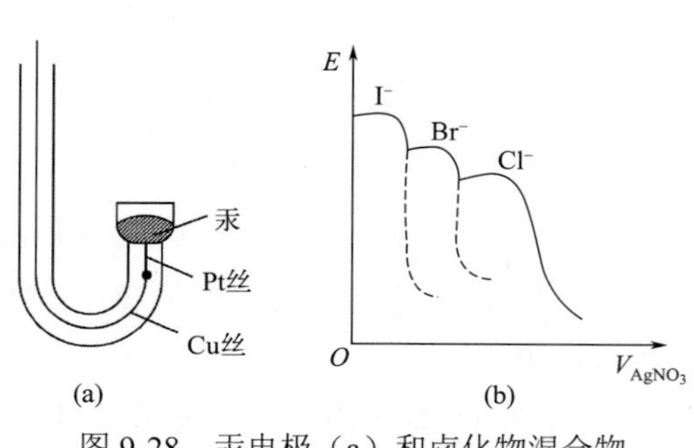

图 9-28　汞电极（a）和卤化物混合物滴定曲线（b）

对于一些滴定反应，如用 $K_4Fe(CN)_6$ 标准溶液滴定 Pb^{2+}、Cd^{2+}、Nn^{2+}、Ba^{2+}等时，滴定反应为:

$$2Pb^{2+} + [Fe(CN)_6]^{4-} = Pb_2Fe(CN)_6 \downarrow$$

在此滴定过程中，$[Fe(CN)_6]^{4-}$浓度是变化的，在化学计量点附近变化最为剧烈。若在滴定前在试液中加入少量$[Fe(CN)_6]^{3-}$，它并不与 Pb^{2+}、Cd^{2+}等生成沉淀，但与$[Fe(CN)_6]^{4-}$组成$[Fe(CN)_6]^{4-}/[Fe(CN)_6]^{3-}$电对，而此体系的浓度比在滴定过程中同样发生变化。在此溶液中插入一铂电极，即可反映出因浓度比突变而引起的电位突跃。

4. 络合滴定

① 铂电极作指示电极（基于电子交换反应的金属基电极），甘汞电极或银/氯化银电极作参比电极。测定体系如 Fe^{3+}/Fe^{2+}、Cu^{2+}/Cu^{+}等。随滴定剂（如 EDTA）的加入并与 Fe^{3+}配位，使 Fe^{3+}不断减少，结果 Fe^{3+}/Fe^{2+}电对电位不断变化，计量点附近 Fe^{3+}/Fe^{2+}电对电位产生突跃确定终点。

② 使用汞电极[见图 9-28(b)]作为指示电极，甘汞电极或银/氯化银电极作为参比电极，要求在滴定溶液中加入 3～5 滴（0.05 mol・L^{-1}）Hg^{2+}-EDTA 络合物（基于电子交换反应的金属基电极）。只要 Hg^{2+}-EDTA 络合物比待测金属离子（M）与 EDTA 的络合物稳定都可以进行电位滴定，如 Cu^{2+}、Zn^{2+}、Cd^{2+}、Pb^{2+}、Ni^{2+}、Ca^{2+}、Mg^{2+}、Co^{2+}、Al^{3+}等。汞电极适用的 pH 范围为 2～11。当溶液酸度过大时，Hg^{2+}-EDTA 不稳定，碱度过大时，Hg^{2+}生成 HgO 沉淀。

③ 用离子选择性电极作为指示电极，如以氟离子选择性电极为指示电极可以用镧滴定氟化物或用氟化物滴定铝离子，以钙离子选择性电极作指示电极可以用 EDTA 滴定钙等。

五、电位滴定法的特点

测定准确度高。与化学容量法一样，测定相对误差可低于 0.2%。可用于无法用指示剂判断终点的混浊体系或有色溶液的滴定、非水溶液的滴定、微量组分测定以及连续滴定和自动滴定等。

思考与练习题

1. 电位测定法的依据是什么？
2. 何谓指示电极及参比电极？试各举例说明其作用。
3. 试以 pH 玻璃电极为例简述膜电位的形成。
4. 为什么离子选择性电极对欲测离子具有选择性？如何评估这种选择性？
5. 直接电位法的主要误差来源有哪些？应如何消除之？
6. 为什么电位滴定法的误差一般都比电位测定法要小？
7. 简述离子选择性电极的类型及一般工作原理。
8. 请画图说明氟离子选择性电极的结构，并说明这种电极薄膜的化学组成是什么。同时，写出测定时氟离子选择性电极与参比电极构成电池的表达式及其电池电动势的能斯特方程表达式。
9. 当下述电池中的溶液是 pH 等于 4.00 的缓冲溶液时，在 25℃时用毫伏计测得下列电池的电动势为 0.209 V：

玻璃电极|$H^+(a=x)$|饱和甘汞电极

当缓冲溶液由三种未知溶液代替时，毫伏计读数如下：①0. 312 V；②0. 088 V；③−0.017 V。试计算每种未知溶液的 pH。

10. 设溶液中 pBr = 3，pCl = 1。如用溴离子选择性电极测定 Br^-活度，将产生多大误差？已知电极的选择性系数 $k_{Br^-,\ Cl^-}=6\times10^{-3}$。
11. 如果用溴离子选择性电极测定 $pBr^-=3.0$ 溴离子活度，其中 $pCl^-=2.0$，已知 $K^{Pot}_{Br^-,Cl^-}=6.0\times10^{-3}$，试计算它将产生多大误差？
12. 在干净的烧杯中准确加入试液 50.0 mL，用铜离子选择性电极（为正极）和另一个参比电极组成测量电池，在 25℃测得其电动势 $E_x=-0.0225$ V。然后向试液中加入 0.10 mol·L^{-1} Cu^{2+}的标准溶液 0.50 mL（搅拌均匀），测得电动势 $E=-0.0145$ V，试计算原试液中 Cu^{2+}的浓度。
13. Ca^{2+}选择电极为负极与另一参比电极组成电池，测得 0.010 mol·L^{-1} 的 Ca^{2+}溶液的电动势为 0.250 V，同样情况下，测得未知钙离子溶液电动势为 0.271 V。两种溶液的离子强度相同，计算求未知Ca^{2+}溶液的浓度。

14. 在100 mL Ca^{2+}溶液中添加0.100 mol · L^{-1} Ca^{2+}标准溶液1.0 mL后，电动势有4 mV增加，求原来溶液中Ca^{2+}的浓度。

15. 现用氟离子选择性电极法测定某试样中的氟含量，通常情况下，下列各离子Cl^-、Br^-、I^-、OH^-、SO_4^{2-}、HCO_3^-、Al^{3+}、NO_2^-、Fe^{3+}中哪些有干扰？若有干扰，简单说明产生干扰的原因。

第十章　伏安与极谱分析法

伏安法（voltammetry）是基于电解过程中电流-电压曲线（伏安曲线）进行分析测定的一类电化学分析方法。它使用小面积的工作电极与大面积的参比电极组成电解池，电解分析低浓度的物质，是一种特殊的电解分析法。当使用面积不断周期性连续更新的滴汞电极为工作电极时称为极谱法（polarography），而使用面积固定的悬汞、汞膜、炭、金属等电极时称为伏安法。伏安分析法始于 1922 年捷克科学家海洛夫斯基（J. Heyrovsky）创立的极谱法（海洛夫斯基因此获得了 1959 年的诺贝尔化学奖）。1934 年尤考维奇（Ilkovič）提出了扩散电流理论，从理论上定量解释了伏安曲线。20 世纪 40 年代以来提出了各种特殊的伏安技术，主要有交流极谱法（1944 年）、方波极谱法（1952 年）、脉冲极谱法（1958 年）、卷积伏安法（1970 年）等。如今主要采用特殊材料制备的固体电极进行伏安分析，包括微电极、超微阵列电极、化学修饰电极、纳米电极、金刚石电极、生物酶电极、旋转圆盘电极等，结合各种伏安技术进行微量分析、生化物质分析、活体分析等。汪尔康院士于 1955—1959 年师从海洛夫斯基学习极谱法，归国后他在中国率先用极谱法研究络合物的电极过程和均相动力学，领导研制了中国第一台脉冲极谱仪和新极谱仪，在极谱理论、应用和痕量分析方面都取得了一些创造性的成果，也为中国培养了一批电分析化学方面的现代化建设人才。

第一节　伏安分析的基本原理

一、电极反应基本历程

待测物质的电解过程并不是一个简单的氧化还原过程，它涉及待测物质在电极与电解质界面上发生的一系列复杂的基本过程的串联组合。对于一个氧化态物质 Ox 的电极还原反应 $Ox + ne^- \longrightarrow Red$ 过程如图 10-1 所示，主要包括如下几个基本过程：

① Ox 传质过程 Ox 从本体溶液（离电极表面区足够远，待测物质在该区域的浓度不随其在电极表面的还原而减少）通过扩散、对流、电迁移等移向电极表面区域（待测物质在该区域的浓度随其在电极表面的还原而低于本体溶液的浓度，也称为扩散层）。

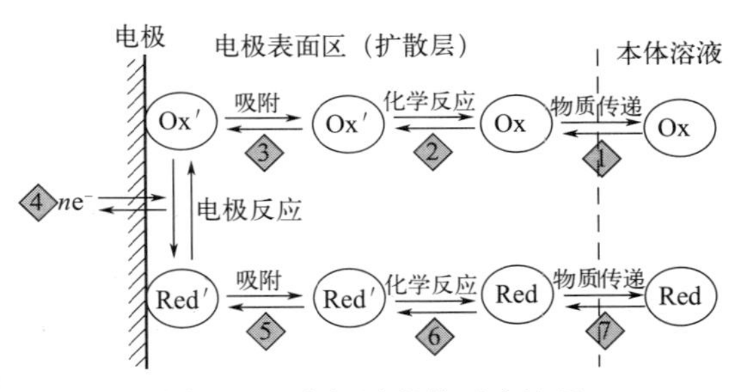

图 10-1　电极过程的反应途径

② Ox 化学反应。Ox 在电极表面区进行某些化学反应转变成 Ox′，由于该化学反应发生在电极反应之前，所以又称为前置反应。

③ Ox′吸附过程。Ox′吸附到电极表面上。

④ Ox′还原过程。吸附在电极表面上的 Ox′从电极上获得电子转变成还原态物质 Red′，这一步骤为电子传递步骤。根据 Macus 理论，Ox′在电场（电极电位施加在扩散层上形成的电场）的作用下发生空间构形改变而使其费米能级发生改变，当它的费米能级与电极的费米能级接近或相等时，电子从电极传递到 Ox′使之还原成 Red′。

⑤ Red′脱附过程。吸附在电极表面上的 Red′从电极表面解吸附，进入电极表面扩散区溶液。

⑥ Red′化学反应。Red′在电极表面区进行某些化学反应转变成 Red，由于该化学反应发生在电极反应之后，所以又称为后置反应。

⑦ Red 传质过程。Red 从电极表面区进入本体溶液中。

还原态物质 Red 的电化学氧化反应过程正好与之相反。任何一个电极反应，这 7 个基本过程不一定都会出现，但①、④、⑦对于每一个电极过程而言都会发生。而对于较复杂的电极过程，除了串联这 7 个基本过程以外还可能发生平行基本过程，如极谱催化波。极谱分析法最主要的基本过程是传质过程。

二、电极表面的液相传质过程

待测物质在电极表面的传质过程主要包括对流、电迁移和扩散，下面分别作以简单介绍。

1. 对流

对流是指溶液中一部分液体相对另一部分液体的运动，是一种非常重要的传质过程，主要有自然对流与强制对流。液体内不同部分之间因温度差而形成的对流称为自然对流，而由外力搅拌引起的对流称为强制对流。在电位分析中主要使用强制对流使溶液浓度迅速达到均匀。

2. 电迁移

电解质溶液中带电粒子在电场力的作用下沿着一定方向的定向移动称为电迁移。电迁移使正离子向负极移动，负离子向正极移动。电解池中总是加入大量非参与电解的离子，这些离子被称为支持电解质。支持电解质的电迁移增强了电解质溶液的导电性，降低了溶液电阻。同时大量的支持电解质也减弱了电迁移造成的待测离子的传质。

3. 扩散

扩散是由于溶液中不同区域浓度不同引起组分自发地从高浓度区域向低浓度区域的移动。扩散可分为暂态扩散和稳态扩散。

某一组分在电极表面区域的浓度随其在电极表面的还原或氧化而低于本体溶液的浓度产生浓度差，从而引发该组分从本体溶液向电极表面区域扩散。反应初期，反应粒子浓度变化不太大，浓度梯度较小，扩散较慢，扩散发生范围主要在离电极较近的区域。随反应进行，扩散过来的反应粒子的数量远小于电极反应的消耗量，梯度较大，扩散范围也增大，反应粒子的浓度随时间和电极表面距离变化而不断变化。扩散层中各点的反应粒子浓度是时间 t 和

距离 x 的函数，即 $c_i = f(x, t)$。反应物浓度随 x 和 t 不断变化的扩散过程，是一种不稳定的扩散传质过程，称为非稳态扩散或暂态扩散。随着反应进行，扩散补充的反应粒子数与电极反应所消耗的反应粒子数相等，达到一种动态平衡状态，即扩散速度与电极反应速度相等。此时，反应粒子在扩散层中各点的浓度分布不再随时间变化而变化，而仅仅是距离的函数，即 $c_i=f(x)$。此时，有浓度差的范围即扩散层的厚度不再变化，离子的浓度梯度是一常数，整个过程处于稳定状态，此阶段的扩散过程就称为稳态扩散。此时，由扩散传质输送到电极表面的反应粒子，恰好补偿了电极反应所消耗的反应粒子。

如果只考虑平面电极上 x 方向的一维扩散传质，反应物在 x 方向的扩散流量 $J_{x,t}$（单位：$mol \cdot cm^{-2} \cdot s^{-1}$）由菲克（Fick）第一定律确定，即

$$J_{x,t} = -D\frac{dc(x,t)}{dx} \tag{10-1}$$

式中，dc/dx 为浓度梯度（反应物浓度随电极表面距离的变化率），$mol \cdot cm^{-4}$；D 为扩散系数（单位浓度梯度作用下反应物的扩散传质速率）$cm^2 \cdot s^{-1}$；“−”表示扩散传质方向与浓度增大的方向相反。

反应物在无限短的时间 dt 内，在 x 处浓度的变化等于在 x 与 $x+dx$ 的流量差与 dx 之比，即

$$\frac{\partial c(x,t)}{\partial t} = -\frac{J_{x+dx,t} - J_{x,t}}{dx} \tag{10-2}$$

反应物在 $x+dx$ 处 t 时的流量 $J_{x+dx,t}$ 为

$$J_{x+dx,t} = J_{x,t} + \frac{\partial J_{x,t}}{\partial x}dx \tag{10-3}$$

重整式（10-3）为

$$\frac{J_{x+dx,t} - J_{x,t}}{dx} = \frac{\partial J_{x,t}}{\partial x} \tag{10-4}$$

式（10-1）对 x 求导，得

$$\frac{\partial J_{x,t}}{\partial x} = -D\frac{\partial^2 c(x,t)}{\partial x^2} \tag{10-5}$$

将式（10-4）与式（10-5）代入式（10-2）得

$$\frac{\partial c(x,t)}{\partial t} = D\frac{\partial^2 c(x,t)}{\partial x^2} \tag{10-6}$$

式（10-6）为菲克（Fick）第二定律，也称为线性扩散方程。它给出了反应物在 x 处 t 时浓度的变化关系式，后面将基于此公式导出极谱分析中的极限扩散电流的基本公式。

三、基本装置

1. 滴汞电极（DME）

滴汞电极的结构如图 10-2 所示，电极的上端为一储汞瓶，并配有一活塞控制汞的流出与流速，瓶中插入一根金属丝作为导线。中间部分为一橡胶管或塑料管连接上端储汞瓶与下

端毛细管，以方便更换下端的毛细管。毛细管的内径约为0.05 mm，汞滴由毛细管滴入电解池的溶液中。汞滴作周期性滴落，不断更新以获得新的表面，避免了沉积在电极表面上的还原产物的影响，且汞滴滴落时带走了汞滴表面扩散层因而不影响后一滴汞扩散层的形成和扩散电流的大小，使实验结果的重复性较好。汞柱的高度与汞滴滴落的速度会影响极谱法的极限扩散电流大小，因此，实验时要保持汞柱的高度不变。

滴汞电极具有如下特点：①电极毛细管口处的汞滴很小，易形成浓差极化；②汞滴不断滴落，使电极表面不断更新，重复性好（受汞滴周期性滴落的影响，汞滴面积的变化使电流呈快速锯齿性变化）；③氢在汞上的超电位较大，氢波对测定无影响；④金属与汞生成汞齐，降低其析出电位，使碱金属和碱土金属也可分析。

2. 极谱法的基本装置

极谱法的基本装置见图 10-3，以小面积的滴汞电极接直流电源的负极（工作电极，阴极），大面积的饱和甘汞电极接直流电源的正极（参比电极，阳极）。施加在工作电极上的电位由滑线电阻控制，并由电位计读出。流过回路的电流可由串联的电流计直接读出。

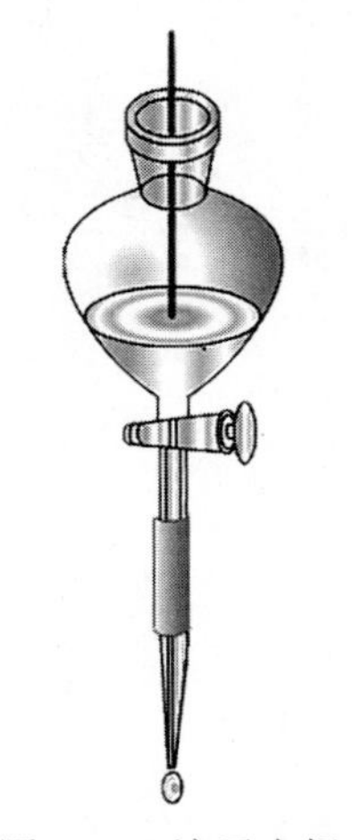

图 10-2　滴汞电极

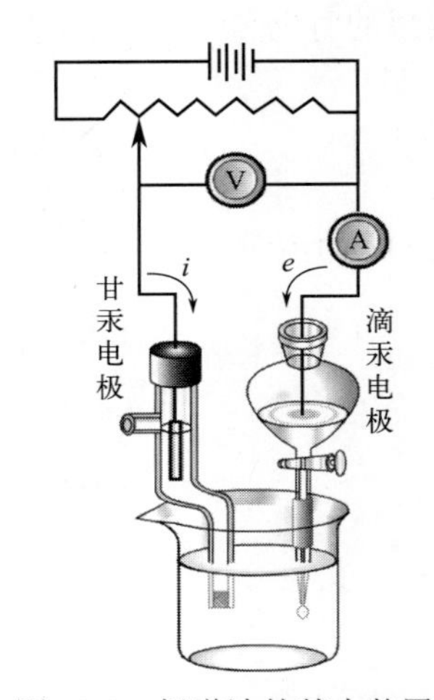

图 10-3　极谱法的基本装置

在极谱分析中，电路关系如下

$$E_{外} = \varphi_a - \varphi_c + iR \tag{10-7}$$

式中，$E_{外}$为外加电压；φ_a为阳极电位；φ_c为阴极电位；i为回路电流；R为电路中的电阻。极谱分析中电流i很小且加入了大量的支持电解质的R也很小，故iR项可忽略，式（10-7）可写为

$$E_{外} = \varphi_a - \varphi_c \tag{10-8}$$

因φ_a（SCE）电位恒定，可作为参比标准，规定为$\varphi_a = 0$，则有

$$E_{外} = -\varphi_c（相对SCE） \tag{10-9}$$

所以滴汞电极电位完全由外加电压控制。

目前，很多极谱仪都采用了三电极系统，即在工作电极与参比电极之外还加入了一个对电极（也称辅助电极），以确保工作电极的电极电位完全由外加电压控制。其工作原理如图

10-4 所示，电流在工作电极与对电极之间流过，参比电极与工作电极之间组成一个电位监控回路。因为回路中运算放大器具有较高的阻抗，因此没有明显的电流流过参比电极，故参比电极的电极电位保持恒定。极谱分析时为了降低残余电流的影响，在极谱分析中使用低浓度的支持电解质或使用陶瓷甘汞电极或在非水介质中测定时，回路的电阻较大，电解池的 iR 降相当大，滴汞电极的电位就不能简单地随外加电压的线性变化进行相应的电压扫描。而在三电极体系中，当参比电极和工作电极间的电位差由此而产生偏离时，其偏差信号通过参比电极电路反馈回放大器的输入端，调整放大器的输出使工作电极电位恢复到预计值，于是工作电极电位就能完全受外加电压 U 的控制，起到消除电位失真的作用。

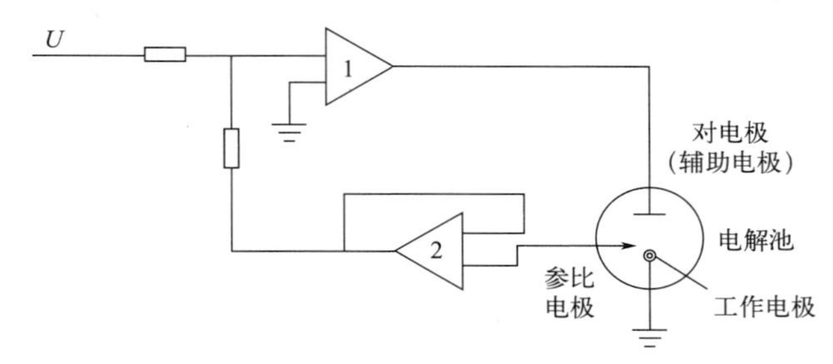

图 10-4　三电极体系电路框图

1—主运算放大器；2—跟随器

极谱分析的理论基础

四、极谱曲线——极谱波

极谱分析中的电流-电压曲线（又称极谱波）是极谱分析中的定性定量依据。现以电解 Pb^{2+}来讨论极谱波的形成。

（1）残余电流部分　当外加电压 $E_{外}$小于待测离子 Pb^{2+}的分解电压时，无反应发生，只有微弱电流（该电流称为残余电流，i_r）通过，如图 10-5 中①～②段。

图 10-5　Pb^{2+}极谱图

（2）电流开始上升阶段　当增加 $E_{外}$达到 Pb^{2+}的分解电压时，此时滴汞电极的电位等于 Pb^{2+}的分解电压，Pb^{2+}在汞阴极上还原析出形成 Pb(Hg)。甘汞电极中的汞被氧化生成 Hg_2Cl_2。两个电极界面有电子交换，电解池回路中开始有微小电流通过，如图中②点。电极反应如下

阴极　　$Pb^{2+} + 2e^- + Hg = Pb(Hg)$

阳极　　$2Hg + 2Cl^- = Hg_2Cl_2 + 2e^-$

滴汞电极的电极电位（φ_{de}）为

$$\varphi_{de} = \varphi_{析(Pb^{2+})} = \varphi^{\ominus}_{Pb^{2+}/Pb} + \frac{RT}{2F}\ln a_{Pb^{2+}} \qquad (10\text{-}10)$$

（3）电流上升阶段　$E_{外}$继续增大，电解反应加剧，电解池中电流也加剧，如图中②～④段。此时，滴汞电极汞滴周围的Pb^{2+}浓度迅速下降而低于本体溶液中的Pb^{2+}浓度，产生浓差极化。于是本体溶液中的Pb^{2+}向电极表面扩散以使电解反应继续进行。这时在溶液本体与电极表面之间形成一扩散层。这种Pb^{2+}不断扩散，不断电解而形成的电流称为扩散电流。对于可逆电极过程，电极反应的速度是非常快的，因此扩散电流的大小取决于Pb^{2+}的扩散速率。设扩散层（其厚度为δ）内电极表面上Pb^{2+}浓度为c_0，扩散层外本体溶液中Pb^{2+}浓度为c，则浓度梯度为

$$\frac{\mathrm{d}c}{\mathrm{d}x}=\frac{c-c_0}{\delta} \tag{10-11}$$

又因为扩散电流$i_{扩散}$正比于扩散速率$\frac{\mathrm{d}c}{\mathrm{d}x}$，所以有

$$i_{扩散}=k\left(c-c_0\right) \tag{10-12}$$

（4）极限电流阶段　当$E_{外}$增大到一定值时，电流上升到最大值，$E_{外}$继续增大而电流不再增加，曲线出现一个平台，如图中④～⑤段。此时的电流称为极限电流（i_l）。极限电流减去残余电流称为极限扩散电流（$i_d=i_l-i_r$）。由于此时c_0非常小，相对c而言完全可忽略，电流大小完全由溶液中待测离子浓度控制，此时极限扩散电流大小为

$$i_d=kc \tag{10-13}$$

可见，极限扩散电流i_d与溶液中待测离子浓度c成正比，这是极谱分析的基本理论基础。

极谱波的产生是由在滴汞电极上出现浓差极化现象而引起的，所以该电流-电压曲线被称为极化曲线，因此而建立的方法被称为极谱法。由于工作电极上的电位以缓慢的线性扫描速率（约150 mV · min^{-1}）变化，在相对短的滴汞周期（3～5 s）内其电位基本不变，所以又称为“直流”极谱法。极谱图中电流随汞滴的生长与滴落会出现振荡式的变化，如图10-6（a）所示。经整流后的极谱图如10-6（b）呈锯齿状。

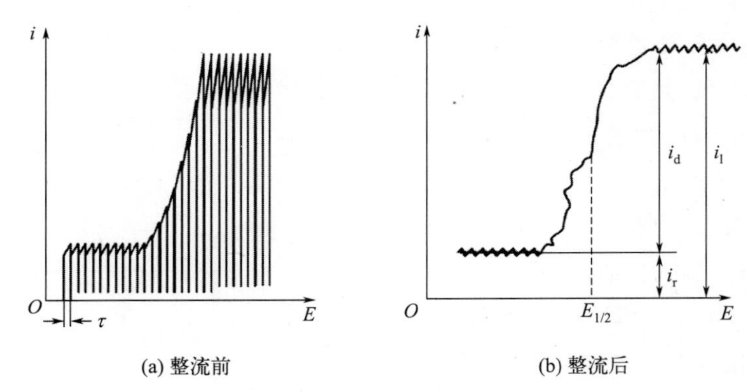

图10-6　整流前后的极谱图

五、极谱波类型与极谱波方程

（一）极谱波类型

极谱波按不同方法可分为不同类型，下面简单介绍。

（1）按电极反应的可逆性分类　可分为可逆极谱波与不可逆极谱波。可逆极谱波的电子传递过程（见图 10-1 电极反应过程中第 4 步）速度非常快，极谱电流完全受反应物的扩散速率控制，能斯特公式完全适用。波型较好，如图 10-7 中曲线 1。而不可逆极谱波的电子传递过程较慢，极谱电流不完全受待测离子的扩散控制，还受电子传递过程控制。要使待测离子在电极上反应产生电流就需增加额外的电压，这部分超出平衡时电极电位（能斯特公式计算出的电极电位）的电压称为超电位或过电位（η）。如图 10-7 曲线 2 所示，不可逆极谱波曲线明显负移（对还原极谱波负移，对氧化极谱波正移），上升部分的斜率变小。极限扩散电流部分由于过电位被完全克服，因此与可逆极谱波相同。一般极谱波的底部 AB 段电流（$i<\frac{1}{10}i_d$）完全受电子传递过程控制，中部 BC 段极谱电流受电子传递过程和扩散过程控制，顶部 CD 段受扩散控制。

一般认为电极反应速率常数 $K>2\times10^{-2}$ cm·s^{-1} 时为可逆，$K<3\times10^{-5}$ cm·s^{-1} 为不可逆，在两者之间为部分可逆（准可逆）。在极谱分析中不可逆极谱波虽然最后极限扩散电流与可逆极谱波相同，但波型拉长，不易测量极限扩散电流且易受干扰，因此极谱分析适用于准可逆与可逆极谱波。

（2）按电极反应的氧化、还原过程分类　可分为还原波、氧化波及综合波。溶液中只有氧化态物质在电极上还原产生的极谱波称为还原波，如图 10-8 中曲线 1。溶液中只有还原态物质在电极上氧化产生的极谱波称为氧化波，如图 10-8 中曲线 2。通常定义还原电流为正电流，氧化电流为负电流。溶液中既有氧化态物质又有还原态物质产生的极谱波称为极谱综合波，如图 10-8 中曲线 3 与曲线 4。当氧化还原反应为可逆反应时得到的极谱综合波如图 10-8 中曲线 3，当氧化还原反应为不可逆反应时得到的极谱综合波如图 10-8 中曲线 4。

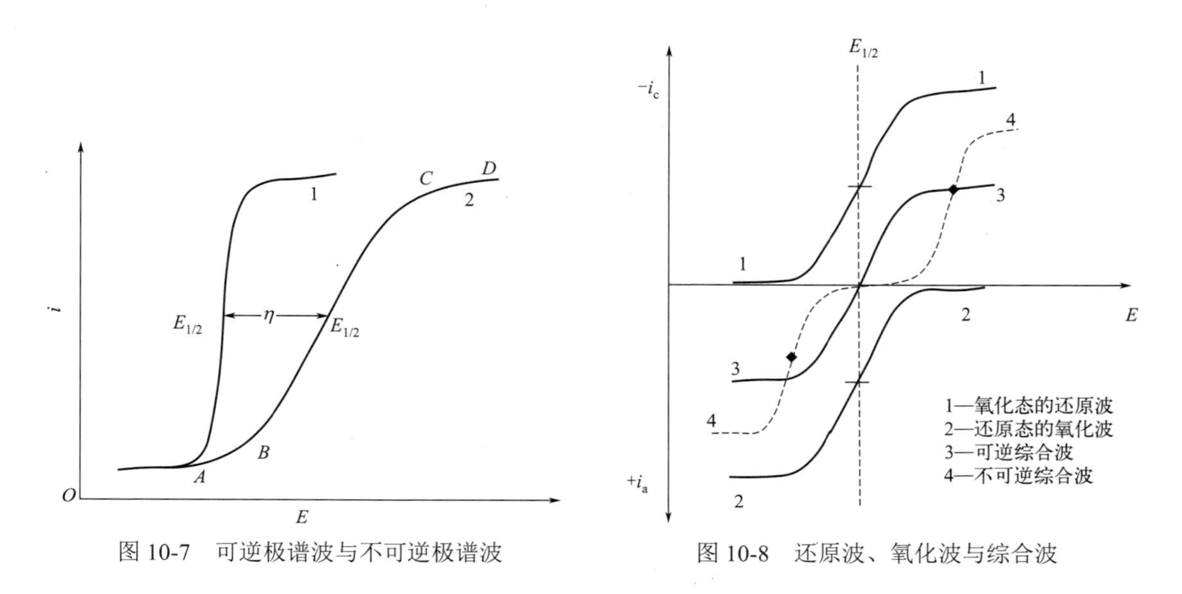

图 10-7　可逆极谱波与不可逆极谱波

图 10-8　还原波、氧化波与综合波

（3）按进行电极反应的物质分类　可分为简单离子的极谱波、络合物的极谱波和有机物的极谱波。

(二) 极谱波方程

极谱波是电池与电压的关系曲线，它们之间的关系式称为极谱波方程。不同类型的极谱波具有不同的方程，现在讨论简单离子的极谱波与络合物的极谱波这两种最常用的极谱波。

1. 简单离子的极谱波方程

对于如下的电极反应

$$A + ne^- = B$$

设 c_{Ae}、c_A、c_{Be} 分别为反应物 A 在电极表面的浓度、反应物 A 在本体溶液中的浓度、产物 B 的浓度。由式（10-9）可知，施加在两电极间的电压等于滴汞电极的电极电位，所以

$$\varphi_{de} = \varphi^{-}_{A/B} + \frac{RT}{nF}\ln\frac{a_A}{a_B} = \varphi^{-}_{A/B} + \frac{RT}{nF}\ln\frac{\gamma_A c_{Ae}}{\gamma_B c_{Be}} \tag{10-14}$$

式中，γ_A 与 γ_B 分别为物质 A 与 B 的活度系数；$\varphi^{-}_{A/B}$ 为标准电极单位。根据式（10-13）可得

$$i_d = k_A c_A \tag{10-15}$$

在电流未达到极限扩散电流之前，扩散电流为

$$i = k_A(c_A - c_{Ae}) \tag{10-16}$$

由式（10-15）和式（10-16）得

$$c_{Ae} = \frac{i_d - i}{k_A} \tag{10-17}$$

根据法拉第电解定律，还原产物 B 的浓度 c_{Be} 应与通过的电流 i 成正比，设比例常数为 $\frac{1}{k_B}$，可得

$$c_{Be} = \frac{i}{k_B} \tag{10-18}$$

将式（10-17）与式（10-18）代入式（10-14）中，可得

$$\varphi_{de} = \varphi^{-}_{A/B} + \frac{RT}{nF}\ln\frac{\gamma_A k_B}{\gamma_B k_A} + \frac{RT}{nF}\ln\frac{i_d - i}{i} \tag{10-19}$$

当扩散电流达到极限扩散电流一半，即 $i = \frac{1}{2}i_d$ 时，相应的电极电位称为半波电位（$\varphi_{1/2}$或$E_{1/2}$）。此时，$\ln\frac{i_d - i}{i} = \ln 1 = 0$，则式（10-19）变为

$$\varphi_{1/2} = \varphi^{-}_{A/B} + \frac{RT}{nF}\ln\frac{\gamma_A k_B}{\gamma_B k_A} \tag{10-20}$$

由式（10-20）可知，$E_{1/2}$ 为物质的特征常数，它不随反应物浓度的变化而变化（如图 10-9 所示），只要反应条件（如电解质的种类与浓度）不变，$E_{1/2}$ 就不变，因此可以基于 $E_{1/2}$ 进行极谱定性分析。

将式（10-20）代入式（10-19），得

$$\varphi_{de}=\varphi_{1/2}+\frac{RT}{nF}\ln\frac{(i_d)_c-i_c}{i_c} \qquad (10\text{-}21)$$

式中，$(i_d)_c$ 为氧化态物质还原的极限扩散电流；i_c 为氧化态物质的还原电流。该式为氧化态物质的极谱波方程。

同理，可得还原态物质的极谱波方程

$$\varphi_{de}=\varphi_{1/2}+\frac{RT}{nF}\ln\frac{(i_d)_a-i_a}{i_a} \qquad (10\text{-}22)$$

式中，$(i_d)_a$ 为还原态物质氧化的极限扩散电流；i_a 为还原态物质的氧化电流。

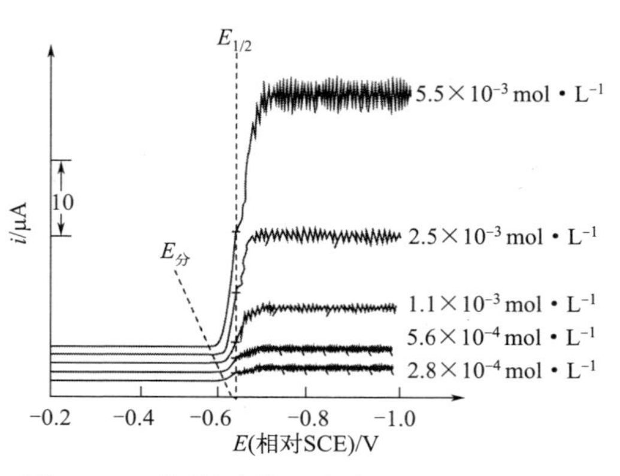

图 10-9　不同浓度的 Cd^{2+} 在 1.0 mol・L^{-1} KCl 中的极谱图

极谱综合波方程为

$$\varphi_{de}=\varphi_{1/2}+\frac{RT}{nF}\ln\frac{(i_d)_c-i}{(i_d)_a-i} \qquad (10\text{-}23)$$

如图 10-8 所示，对于可逆体系，其极谱还原波、氧化波以及综合波的 $E_{1/2}$ 相同。根据极谱波方程，可以测定半波电位进行定性分析，求出电极反应的电子转移数 n，也可判断极谱波的可逆性。

2. 络合物的极谱波方程

设 $MX_p^{(n-pb)+}$ 为金属络离子，M^{n+} 为自由金属离子，X^{b-} 为络合剂离子，p 为金属络离子的配位数。M^{n+} 只形成一种 $MX_p^{(n-pb)+}$ 络离子，$MX_p^{(n-pb)+}$ 的解离平衡能瞬间建立，金属络离子 M^{n+} 还原为金属并形成汞齐 M(Hg)。金属络离子的电极反应由两步组成：首先金属络离子解离出自由金属离子，然后自由金属离子还原成金属汞齐，具体如下

$$MX_p^{(n-pb)+} = M^{n+} + pX^{b-}$$

$$M^{n+} + ne^- + Hg = M(Hg)$$

总的电极反应为

$$MX_p^{(n-pb)+} + ne^- + Hg = M(Hg) + pX^{b-}$$

根据前面相似的推导过程，可得络合物的极谱波方程

$$\varphi_{de}=\varphi^{\ominus}_{MX_p^{(n-pb)+}/M(Hg)}+\frac{RT}{nF}\ln\frac{\gamma_{M^{n+}}k_{M(Hg)}K_{稳}}{\gamma_{M(Hg)}k_{M^{n+}}}-\frac{pRT}{nF}\ln c_{X^{b-}}+\frac{RT}{nF}\ln\frac{i_d-i}{i} \qquad (10\text{-}24)$$

式中，$K_{稳}$ 为 $MX_p^{(n-pb)+}$ 的稳定常数；$c_{X^{b-}}$ 为配合剂离子的浓度。半波电位为

$$\varphi_{1/2}=\varphi^{\ominus}_{M^{n+}/M(Hg)}+\frac{RT}{nF}\ln\frac{\gamma_{M^{n+}}k_{M(Hg)}K_{稳}}{\gamma_{M(Hg)}k_{M^{n+}}}-\frac{pRT}{nF}\ln c_{X^{b-}} \qquad (10\text{-}25)$$

将式（10-25）代回式（10-24）中，得

$$\varphi_{de}=\varphi_{1/2}+\frac{RT}{nF}\ln\frac{i_d-i}{i} \qquad (10\text{-}26)$$

式（10-26）是络合物的极谱波方程。

从络合物的极谱波方程可知，络合物的半波电位与络合剂的浓度有关。当络合剂的浓度

一定时，半波电位是常数。络合物的半波电位与配位数有关，可基于络合物的半波电位求出络合物的配位数 p。金属络离子的半波电位与简单金属离子的半波电位之差为 $\frac{RT}{nF}\ln K_{稳}-\frac{pRT}{nF}\ln c_{X^{b-}}$，可见金属络离子的半波电位比简单金属离子的半波电位要负。因此可以使用络合的方法改变金属离子的半波电位来消除干扰。

第二节　极谱定量分析

一、扩散电流

1. 扩散电流方程式

由式（10-13）可知，极限扩散电流 i_d 与溶液中待测离子浓度 c 成正比，为了求出比例系数 k 需要对线性扩散方程——菲克第二定律求解。在电解开始前，反应物在电极表面的浓度等于本体溶液的浓度，即 $t=0$，$c_0=c$。当达到极限扩散电流时，反应物在电极表面的浓度等于零，即 $t>0$，$x=0$，$c_0=0$。而本体溶液中反应物的浓度不变，即 $t\geqslant 0$，$x=\infty$，$c_0=c$。在这些给定的边界条件下，解式（10-6）偏微分方程，得到

$$\left(\frac{\partial c}{\partial x}\right)_{x=0}=\frac{c-c_0}{\sqrt{\pi Dt}} \tag{10-27}$$

根据法拉第电解定律，电解电流可表示为

$$i=nFA\frac{\mathrm{d}N}{\mathrm{d}t} \tag{10-28}$$

式中，n 为电极反应的电子转移数；F 为法拉第常数；A 为电极面积；$\frac{\mathrm{d}N}{\mathrm{d}t}$ 为单位时间扩散到电极表面反应物的量，它与电极表面的浓度梯度 $\frac{\partial c}{\partial x}$ 成正比

$$\frac{\mathrm{d}N}{\mathrm{d}t}=D\left(\frac{\partial c}{\partial x}\right)_{x=0} \tag{10-29}$$

将式（10-29）代入式（10-28）中，得

$$i=nFAD\left(\frac{\partial c}{\partial x}\right)_{x=0} \tag{10-30}$$

再将式（10-27）代入式（10-30）中，得

$$i=nFAD\frac{c-c_0}{\sqrt{\pi Dt}} \tag{10-31}$$

当达到极限扩散电流 $i_{\mathrm{d,t}}$ 时，反应物在电极表面的浓度等于零，即 $t>0$，$x=0$，$c_0=0$，代入式（10-31）中得极限扩散电流方程式

$$i_{\mathrm{d,t}}=nFAD\frac{c}{\sqrt{\pi Dt}} \tag{10-32}$$

式（10-32）也称为柯泰尔（Cottrell）方程式。式中 $\sqrt{\pi Dt}=\delta$，为扩散层的厚度。球形汞滴的

生长，会使扩散的厚度变薄，它大约是线性扩散层厚度的 $\sqrt{\frac{3}{7}}$。于是可得极谱法的扩散方程

$$i_{\mathrm{d,t}} = nFA\frac{c}{\sqrt{\frac{3}{7}\pi Dt}} \tag{10-33}$$

假设汞滴为球形，其面积 A 随时间变化，某一时间 A 为

$$A = 8.49\times10^{-3} m^{\frac{2}{3}} t^{\frac{2}{3}} \left(\mathrm{cm}^2\right) \tag{10-34}$$

式中，m 为汞滴流量，$\mathrm{mg \cdot s^{-1}}$；t 为时间，s。将式（10-34）代入式（10-33）得

$$i_{\mathrm{d,t}} = 708nD^{\frac{1}{2}} m^{\frac{2}{3}} t^{\frac{1}{6}} c \tag{10-35}$$

在汞滴生长期内，任一瞬间的电流都不同。当 $t = 0$ 时，电流为 0，当 $t = \tau$（汞滴从开始生成到滴下所需的时间，称为汞滴周期）时，电流最大（$i_{\max}$），见图 10-10。

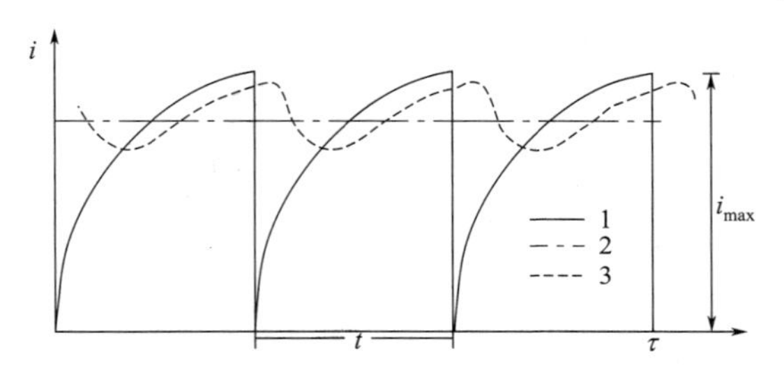

图 10-10　扩散电流随时间的变化

1—真正的电流-时间曲线；2—平均扩散电流；3—记录仪上得到的振荡曲线

在极谱分析中，测量的是整个汞滴周期内的平均扩散电流，它等于整个汞滴周期内的电量 $\int_0^t i\mathrm{d}t$ 除以汞滴的周期 τ，则平均极限扩散电流为

$$i_{\mathrm{d}} = \frac{1}{\tau}\int_0^t i\mathrm{d}t = 607nD^{\frac{1}{2}} m^{\frac{2}{3}} \tau^{\frac{1}{6}} c \tag{10-36}$$

式中，i_{d} 为平均极限扩散电流，μA；n 为电极反应的电子转移数；D 为扩散系数，$\mathrm{cm^2 \cdot s^{-1}}$；$m$ 为汞滴流量，$\mathrm{mg \cdot s^{-1}}$；τ 为汞滴的周期，s；c 为被测物的浓度，$\mathrm{mmol \cdot L^{-1}}$。式（10-36）为扩散电流方程式，也称为尤考维奇（Ilkovič）方程式。式（10-13）中比例系数 $k = 607nD^{\frac{1}{2}} m^{\frac{2}{3}} \tau^{\frac{1}{6}}$ 称为尤考维奇，在其它各项因数不变时是一常数。

2. 扩散电流的影响因素

（1）溶液组成的影响　这体现在 i_{d} 与 $D^{\frac{1}{2}}$ 成正比上，D 是与溶液的组成有关，所以实验中要求标准溶液组成和试样保持一致。另外，$607nD^{\frac{1}{2}}$ 称为扩散电流常数，与毛细管特征值无关，它是电活性物质和介质的常数。

（2）毛细管特性的影响　尤考维奇方程表明 i_{d} 与 $m^{\frac{2}{3}}\tau^{\frac{1}{6}}$ 成正比（$i_{\mathrm{d}} \propto m^{\frac{2}{3}}\tau^{\frac{1}{6}}$），而 m 与 τ 均与毛细管的特征有关，故 $m^{\frac{2}{3}}\tau^{\frac{1}{6}}$ 被称为毛细管的特征常数。汞滴流量 m 正比于汞柱高度 h（$m \propto h$），汞滴周期 τ 反比于汞柱高度 h（$m \propto h^{-1}$），所以 $i_{\mathrm{d}} \propto h^{\frac{1}{2}}$。故在极谱分析中不仅要用

同一根毛细管还要保持汞柱高度不变。

（3）温度的影响 在扩散电流方程中除 n 以外，都受温度的影响，所以实验过程需控制温度。实验结果表明，温度控制在± 0.5℃，扩散电流因温度变化而产生的误差不大于 1%，所以标准试样与待测试样在同一条件下测定时，可不必采用恒温装置。

二、干扰电流及消除

在极谱分析中，除前面讨论的扩散电流外，还有其它因素产生的电流，这些电流与被测物质的浓度无关，因此对测定会造成干扰，称为干扰电流。干扰电流主要有以下几种。

1. 残余电流及其扣除

在进行极谱分析中，当外加电压还未达到待测离子的分解电压时，就有微小的电流通过电解池，这种电流称为残余电流。残余电流一般很小，约为十分之一微安。在极谱波中，极限电流包括残余电流与扩散电流，因此残余电流的存在会使测量精确度下降，且残余电流越大误差越大，也会影响测定的灵敏度。残余电流包括电解电流和电容电流。溶液中存在的易在滴汞电极上还原的微量杂质所引起的残余电流称为电解电流。电容电流又称充电电流，它是残余电流的主要组成部分。电容电流是由于汞滴不断地生长和落下而形成的，滴汞电极与溶液的两相界面之间存在着相当于电容器的双电层，其电容量随滴汞面积的变化而变化。充电电流的大小为 10^{-7} A 数量级，这与 10^{-5} mol・L^{-1} 物质所产生的扩散电流相当。残余电流可通过作图法、作空白实验法进行扣除。电解电流可通过试剂提纯、预电解等方法扣除。

2. 迁移电流和支持电解质

由于电解池正负极之间存在的电场所产生的静电吸引力或排斥力，会使一定时间内更多的离子移向正极或负极，使观测到的总扩散电流变大。这种由于电极对分析离子的静电吸引力而使更多的离子移向电极表面，并在电极上还原而产生的电流称为迁移电流。因迁移电流与被分析物质的浓度无定量关系，故会产生误差。消除迁移电流的影响可加大量支持电解质（能导电但在测定条件下不起电解反应的惰性电解质称为支持电解质）。大量支持电解质的加入，会解离出大量的正负离子，这样正负极电场作用于待测离子的作用力就大大减弱了，以至于电场作用力引起的待测离子的迁移电流接近零。

3. 极谱极大

极谱极大如图 10-11 所示。这种在极谱曲线上出现的比极限扩散电流大得多的不正常的电流峰称为极谱极大。它会影响半波电位及扩散电流的测量。极谱极大是由滴汞电极毛细管末端对汞滴上部的屏蔽作用引起的溪流运动所产生的。可以通过加少量极大抑制剂，如动物胶、聚乙烯醇表面活性剂等去除。极谱极大按畸峰形状和在极谱波中出现的位置不同，可分为两类：

（1）第一类极大（锐峰） 这类极大出现在还原（或氧化）波以前，通常是尖锐的峰状

[如图 10-11（a）所示]。由滴汞电极表面电荷密度不均匀引起，可加入极少量的表面活性剂（极大抑制剂）进行抑制。

（2）第二类极大（半圆形）　它出现在极限扩散电流线段中部[如图 10-11（b）所示]。由汞滴流速过大引起，可加入表面活性物质或降低储汞瓶的高度。

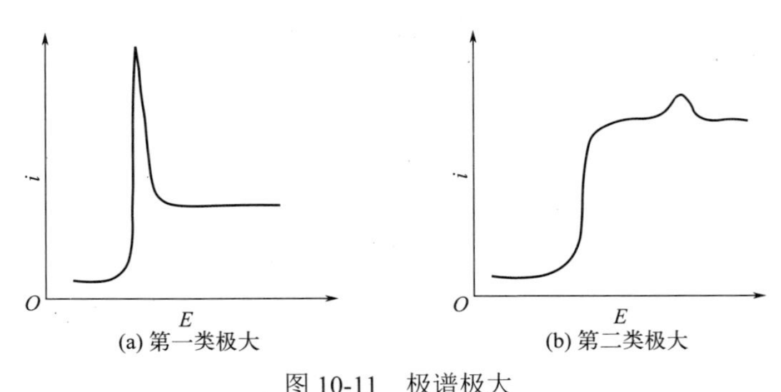

图 10-11　极谱极大

4. 氧波

溶解氧在滴汞电极上还原产生两个极谱波，分别为：

第一个极谱波　　$\varphi_{1/2} = -0.05$ V (相对 SCE)

$O_2 + 2H^+ + 2e^- \longrightarrow H_2O_2$　　（酸性溶液）

$O_2 + 2H_2O + 2e^- \longrightarrow H_2O_2 + 2OH^-$　　（中性或碱性溶液）

第二个极谱波　　$\varphi_{1/2} = -0.94$ V（相对 SCE）

$O_2 + 2H^+ + 2e^- \longrightarrow 2H_2O_2$　　（酸性溶液）

$H_2O_2 + 2e^- \longrightarrow 2OH^-$　　（中性或碱性溶液）

这两个极谱波的电位范围正是极谱分析中最常使用的电位范围（0～–1.2 V），故会对被测物的极谱波产生干扰。氧是极谱分析中具有普遍性的干扰元素，必须予以消除。

常用消除方法：

① 在惰性气体环境下进行极谱分析，通入惰性气体（H_2，N_2，CO_2）驱除溶液中的氧。CO_2 适用于酸性溶液，常用 N_2。

② 在中性或碱性溶液中，可加入 Na_2SO_3。

$$2SO_3^{2-} + O_2 \longrightarrow 2SO_4^{2-}$$（中性或碱性溶液）

Na_2SO_3 与溶解的氧反应而去除溶解的氧。

③ 在酸性溶液中，可加入 Na_2CO_3，这会释放出大量的 CO_2 来驱除 O_2，或加入还原剂（如铁）生成 H_2 来驱除 O_2。

④ 在微酸性溶液中可加入抗坏血酸。抗坏血酸与溶解的氧反应从而去除溶解的氧。

5. 氢波

极谱分析一般都是在水溶液中进行的，溶液中的氢离子在足够负的电位时会在滴汞电极上析出而产生氢波。在酸性溶液中，氢离子在–1.2～–1.4 V（视酸度的高低）处开始被还原，故半波电位较–1.2 V 更负的物质就不能在酸性溶液中测定。

三、极谱定量分析方法

极谱定量分析是依据尤考维奇方程式，从极谱图上量出极限扩散电流后带入公式中即可计算出待测离子的浓度。

1. 极限电流的测量

极谱图上的波高代表极限扩散电流，波高的测量一般采用三切线法，如图 10-12 所示。在极谱图上作底部 *AB*、上升部分 *GF* 和顶部 *CD* 的切线，交点分别为 *M* 和 *P*。过 *M* 与 *P* 点作平行于横轴的平行线，这两条平行线间的距离即为极谱的波高。极谱法的计算中，波高的测量只需取相对波高即可（以 mm 或记录纸表格格数表示均可），而不需要绝对值。

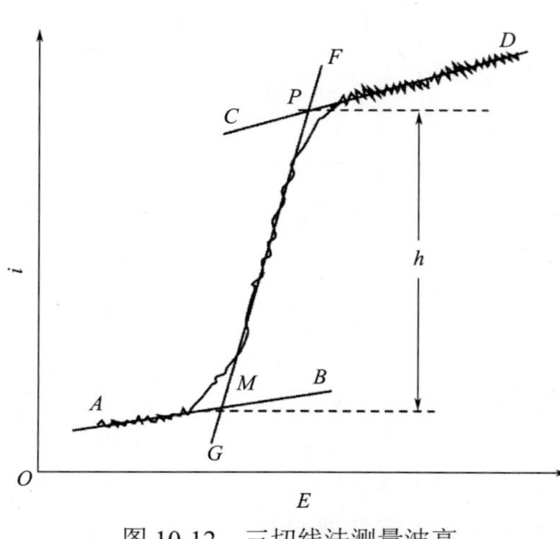

图 10-12　三切线法测量波高

2. 定量方法

极谱定量方法一般有如下几种。

（1）直接比较法　将浓度为 c_s 的标准溶液及浓度为 c_x 的未知溶液在同一实验条件下，分别测极谱波的波高 h_s 及 h_x，由尤考维奇方程式可得

$$c_x = \frac{h_x}{h_s} c_s \tag{10-37}$$

根据式（10-37）求出未知液的浓度。注意测定应在同一条件下进行，即应使两个溶液的底液组成、温度、毛细管、汞柱高度等保持一致。

（2）标准曲线法　配制一系列标准溶液，在相同的实验条件下，进行极谱测定，绘制浓度-波高标准曲线。然后在相同条件下测定试液的波高，由工作曲线查得试液中待测组分的浓度。

（3）标准加入法　对于组成复杂的试样，使用此方法往往能获得较为准确的结果。设未知溶液体积 V_x，浓度 c_x，极谱图波高 h_x；加入的已知溶液体积 V_s，浓度 c_s，极谱图波高 h_{s+x}。由扩散电流方程得

$$h_x = kc_x$$

$$h_s = k\frac{V_x c_x + V_s c_s}{V_x + V_s}$$

以上两式相除重整后可求得未知液的浓度 c_x

$$c_x = \frac{h_x V_s c_s}{h_s\left(V_x + V_s\right) - h_x V_x} \tag{10-38}$$

一般加入的标准溶液体积为被测试液体积的 1/20～1/10，加入标准溶液后测得的波高约为被测试液波高的 0.5～1 倍为宜。

例题：准确量取 25.0 mL 未知 Cd^{2+}试液（内含 0.1 mol・L^{-1} KCl，0.5%动物胶数滴），于

电解池中通氮气除氧。在 883 笔录式极谱仪上，于–1.00 V（相对于饱和甘汞电极）电压下电解，测得波高为 39.5 mm。然后加入 5.00 mL 0.012 mol • L^{-1} Cd^{2+}，电解测得波高为 99.0 mm，试计算试液中的 Cd^{2+}浓度。

解：根据式（10-38）可得

$$c_x = \frac{h_x V_s c_s}{h_s(V_x + V_s) - h_x V_x}$$
$$= \frac{39.5 \times 5.00 \times 0.012}{99.0(25.0 + 5.00) - 39.5 \times 25.0} = 0.00120 (\text{mol} \cdot \text{L}^{-1})$$

四、极谱分析的特点及存在问题

1. 极谱分析的特点

极谱分析具有如下一些特点：①极谱法最适宜的浓度范围为 10^{-2}～10^{-4} mol • L^{-1}。②极谱分析相对误差小，一般为 ± 2%，可与比色法媲美。③在合适的情况下，可同时测定 4～5 种物质，不必预先分离。④用样量小，有良好的重现性。⑤分析速度快，适用于同一品种大量试样的分析测定。⑥电解时通过的电流很小，分析后的溶液组成基本不变。⑦凡在滴汞电极上可发生氧化还原反应的物质，包括金属离子、金属络合物、阴离子和有机化合物，都可用极谱法测定。某些不发生氧化还原反应的物质，也可设法应用间接法测定，因而极谱法的应用范围很广泛。

2. 极谱分析存在的问题

极谱分析法存在的问题为：①灵敏度受到一定的限制，这主要是电容电流造成的。②当试样中含有大量干扰离子时，极谱分析会遇到困难。③分辨能力低，需两种物质的半波电位相差 100 mV 以上。为解决上述困难，科学家们发展了一些新的极谱技术，如极谱催化波、单扫描极谱、方波极谱等。

第三节　极谱催化波

极谱催化波（polarographic catalytic wave）是将电极反应与化学反应偶联起来以提高极谱分析灵敏度和选择性的一种方法，即在电极反应过程中伴随有化学反应发生。其电流的大小除受扩散控制外，还受化学反应的速率常数控制，因此又称为极谱动力波。

一、极谱动力波类型

偶联的化学反应与电极反应的关系主要有三种情况。

（1）化学反应超前于电极反应

$$Y \xrightarrow{k} A + ne^- \longrightarrow B$$

物质 Y 先通过化学反应生成 A，然后生成的 A 发生电极反应还原为 B。

（2）化学反应滞后于电极反应

$$A + ne^- \longrightarrow B \xrightarrow{k} P$$

物质 A 先通过电极反应还原为产物 B，然后生成的 B 再通过化学反应生成 P。

（3）化学反应平行于电极反应

$$A + ne^- \longrightarrow B \text{（电极反应）}$$

$$B + X \xrightarrow{k} A \text{（化学反应）}$$

物质 A 先通过电极反应还原为产物 B，然后生成的 B 再通过化学反应被 X 氧化生成 A。

上述三种类型的极谱动力波中，只有第三种能增加极谱分析的灵敏度与选择性。在第三种类型的极谱动力波中，物质 A 在电极反应中被消耗，在化学反应中又重生，重生的 A 又在电极反应中还原，因此组成了一个“电极反应-化学反应-电极反应”的循环。正是由于这个循环，A 的消耗及时得到补充，而 A 的重生又是通过特定的催化反应实现的，所以极谱催化波的灵敏度与选择性都得到了较大的提高。其灵敏度一般达 10^{-6}～10^{-8} mol·L^{-1}，甚至可以达到 10^{-10} mol·L^{-1}。在整个循环中物质 A 浓度基本不变，因此相当于催化剂。而 X 不断消耗，所以从整个反应来看，是 A 催化了 X 还原。就这一点而言，X 的氧化性强于 A。但由于 X 在电极上有很强的超电势，因此 X 并不会在电极上发生电化学还原。

二、催化电流方程

从上面的讨论可知，催化电流还受化学反应的速率 k 所控制，k 愈大，反应速度愈快，催化电流也愈大。当电极过程不存在吸附反应时，极谱动力波的波形与常规极谱相同，其催化电流方程为

$$i_{ca} = 0.51nD^{\frac{1}{2}}m^{\frac{2}{3}}\tau^{\frac{1}{6}}k^{\frac{1}{2}}c_x^{\frac{1}{2}}c \qquad (10\text{-}39)$$

式中，i_{ca} 为极限催化电流；c 与 c_x 分别为被测物与催化剂在溶液中的浓度；k 为化学反应的速率常数；D 为反应物的扩散速率，其它与式（10-36）相同。从式（10-39）可知，i_{ca} 与 $k^{\frac{1}{2}}$ 及 $c_x^{\frac{1}{2}}$ 成正比。如果使用高浓度的催化剂并选择快速的催化反应，可以大大提高催化电流以提高检测的灵敏度。在实验中，只要保持 c_x 一定，i_{ca} 与 c 成正比，这是极谱催化波定量分析的基础。

另外，催化电流与毛细管的特性 $m^{\frac{2}{3}}\tau^{\frac{1}{6}}$ 有关。由于汞滴流量 m 正比于汞柱高度 h（$m \propto h$），汞滴周期 τ 反比于汞柱高度 h（$m \propto h^{-1}$），所以 $i_{ca} \propto m^{\frac{2}{3}}\tau^{\frac{1}{6}} \propto h^{\frac{2}{3}}h^{-\frac{2}{3}} \propto h^0$。催化电流与汞柱高度无关。从前面的讨论可知，常规极谱的极限扩散电流与汞柱高度 $h^{\frac{1}{2}}$ 成正比，这是两者的主要区别。由于催化电流受 k 的温度系数影响，因此其温度系数较大，一般为 4%～5%，所以实验时应严格控制温度。

三、极谱动力波体系

构成催化动力波体系的催化剂应有较强的催化活性，能催化待测物还原产物发生氧化，同时在电极上还应具有较大的超电势，在待测物发生电化学还原反应的电势下不发生电化学还原。另外，催化反应应具有较大的催化速率常数。待测物的氧化性应弱于催化剂，且具有较低的还原电位。符合上述要求的体系都可以构成极谱动力波体系，如过氧化氢与Fe^{3+}的体系，其反应如下：

$Fe^{3+} + e^- \longrightarrow Fe^{2+}$　　（电极反应，Fe^{3+}为待测物）

$Fe^{2+} + H_2O_2 \longrightarrow OH^- + \cdot OH + Fe^{3+}$　　（催化反应，H_2O_2为催化剂）

$Fe^{2+} + \cdot OH \longrightarrow OH^- + Fe^{3+}$

Fe^{3+}通过电极反应还原为Fe^{2+}，H_2O_2氧化Fe^{2+}成Fe^{3+}，重生的Fe^{3+}在电极上还原构成了催化循环。

H_2O_2与Mo(Ⅵ)、W(Ⅵ)、V(Ⅴ)共存时也产生催化电流。常被用作催化剂的物质还有氯酸盐、高氯酸及其盐、硝酸盐、亚硝酸盐等，被分析的金属离子多为变价性质的高价离子，如Mo(Ⅵ)、W(Ⅴ)、V(Ⅴ)、U(Ⅵ)、Co^{2+}、Ni^{2+}、Ti(Ⅳ)、Te(Ⅳ)等。

第四节　脉冲极谱法

为了克服常规极谱充电电流的影响，以提高极谱分析的灵敏度，发展了脉冲极谱法。脉冲极谱法主要包括方波极谱法、常规脉冲极谱法和微分（示差）脉冲极谱法。下面分别作简单介绍。

一、方波极谱法

1. 方波极谱法的基本原理

方波极谱法（square wave polarography）是交流极谱方法的一种，它是在向电解池施加线性变化的直流电压的同时，再叠加一个每秒225周振幅很小（一般为10～30 mV）的交流方波形电压ΔE，如图10-13所示。

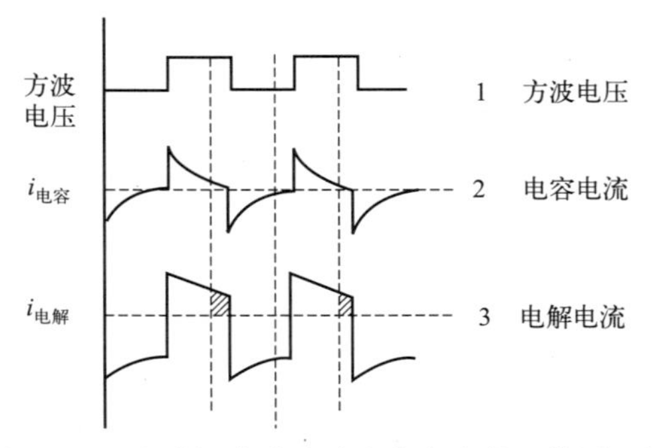

图10-13　方波极谱法消除电容电流的工作原理图

当施加的线性变化直流电压达到待测离子分解电压时，此时回路中有电解电流。叠加的交流方波形电压ΔE使电解电流迅速变大，同时也给电极/电解质界面的双电层充电，并产生充电电流，其电流大小为

$$i_c = \frac{\Delta E}{R} e^{-\frac{t}{RC}} \qquad (10\text{-}40)$$

式中，i_c为电容电流；ΔE为方波电压；t为时间；R为回路电阻；C为电极/电解质界面的双电层电容。完成一次充放电所需的时间取决于RC的乘积值，所以RC称为电容器的时间常数。

由于方波具有一个持续不变的电压阶段，电极表面附近的待测离子随着电解越来越少，而溶液中的待测离子又来不及补充，根据式（10-33），电解电流按$i \propto t^{-\frac{1}{2}}$规律衰减，衰减较慢，如图10-13所示。根据式（10-40），电容电流是按指数规律衰减，相对电解电流衰减得非常快，如图10-13所示。当$t=5RC$时，i_c只剩原来电容电流的0.67%。此时电容电流衰减到可以忽略的程度。因此，在方波改变电压方向以前的一个很短时间记录电流，此时记录的电流基本上是电解电流，如图10-13中的阴影部分。由于电容电流对电解电流的影响基本消除，所以方波极谱的灵敏度可达4×10^{-8} mol·L^{-1}。在方波改变电压方向后，电还原的产物将发生氧化而使电解电流变小，电极/电解质界面的双电层电容开始放电。因此，电解电流除直流成分外，还有交流成分。可通过测量不同外加直流电压时交变电流的大小，得到交变电流-直流电压曲线以进行定量分析。

由于方波电压变化的一瞬间电极电位变化速率很大，离子在极短时间内迅速反应，因此电解电流值大大超过同样条件下经典极谱的扩散电流值，使电流-直流电压曲线在$\varphi_{1/2}$（常规极谱的半波电位）处出现一最大峰。峰值电流为

$$i_p = KAn^2D^{\frac{1}{2}}\Delta Ef^{\frac{1}{2}}c \tag{10-41}$$

式中，A为电极面积；D为被测物的扩散系数；n为电极反应的电子转移数；ΔE为方波电压；f为方波频率；c为被测物的浓度；K为比例常数。

2. 方波极谱的特点

① 灵敏度提高的两个因素是：一方面能比较彻底地消除电容电流的干扰；另一方面瞬时变化的方波电压是电解峰电流极大增强的主要原因。

② 待测物质电极反应的可逆程度决定了方波极谱法的应用范围。不能测定电极反应可逆性比较差的物质。

③ 为保持电解池有较小的时间常数（RC），一般要在高浓度的支持电解质条件下进行测定。

④ 方波极谱法不需要加入表面活性剂来消除极大现象，表面活性剂的存在能增加电容值和阻滞电极反应，不利于分析。

⑤ 毛细管噪声是交流极谱法的常见干扰，所以滴汞电极的性能对方波极谱法的影响较大。其产生原因是每滴汞落下时毛细管汞线的收缩，在靠近溶液的毛细管管壁上引进溶液，溶液与汞线形成一层很薄的不规则的液层，因而产生不规则的电解电流和电容电流，而该液层对于所有滴汞来说又是不同的，因此就以噪声的形式显示出来。

⑥ 峰形曲线使方法极谱法具有较高的分辨能力，半波电位相差40 mV即可分开。

⑦ 对可逆性良好的金属离子可不加分离直接测定——前极化电流影响小。

二、常规脉冲极谱法

由于方波极谱中存在着严重的毛细管噪声，因此发展了常规脉冲极谱（normal pulse polarography），它降低了方波频率以及改变了叠加电压的方式。电压不是与缓慢的直流电压叠加在一起，而是采用振幅随时间增加而增加的脉冲电压。它改变了方波极谱中方波电压连续施加的方式，代之以在每一滴汞生长后期施加一个矩形的脉冲，脉冲持续 40～60 ms 后再回到起始电压 E_1 处，见图 10-14（a）。

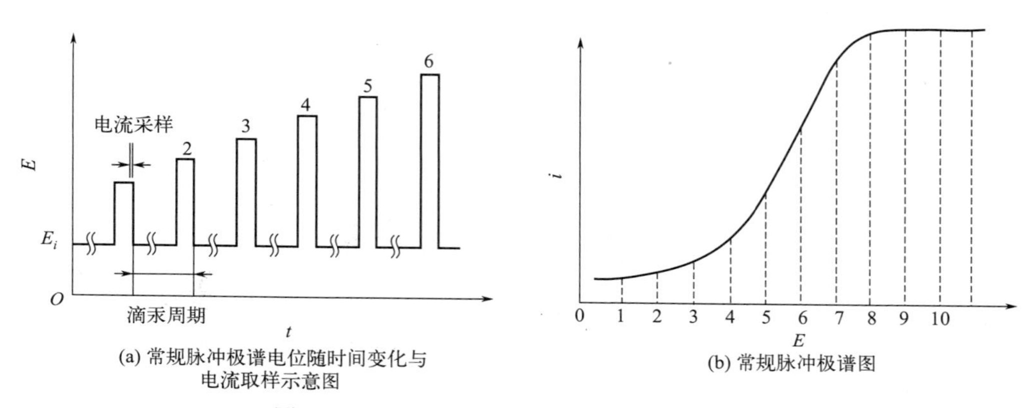

(a) 常规脉冲极谱电位随时间变化与电流取样示意图　(b) 常规脉冲极谱图

图 10-14　常规脉冲极谱电压施加方式与极谱图

在脉冲结束前某一固定时刻，记录采集电流，然后汞滴被敲落。所得极谱图与经典极谱图相同，见图 10-14(b)。它同样能消除电容电流，但分辨力差。对于可逆的极谱波，常规脉冲极谱的极限电流（i_n）方程为

$$i_n = nFAD^{\frac{1}{2}}(\pi t_m)^{-\frac{1}{2}}c \tag{10-42}$$

式中，t_m 为每个周期内开始施加脉冲到进行电流采样所经历的时间；D 为被测物的扩散系数；A 为电极面积；n 为电极反应的电子转移数；c 被测物的浓度。

三、微分（示差）脉冲极谱法

1. 微分脉冲极谱法的基本原理

示差脉冲极谱法也称为微分脉冲极谱法（differential pulse polarography）。微分脉冲极谱法的脉冲电压是在每一滴汞滴增长到一定的时间时（例如 3 s），在直流线性扫描电压上叠加一个 10～100 mV 的脉冲电压，脉冲持续 4～80 ms（如 50 ms），见图 10-15（a）。

当直流扫描电压到达有关电活性物质的还原电压时，所加的脉冲电压就使电极产生脉冲电解电流和电容电流。与方波极谱一样，经适当延长时间后，电容电流几乎衰减为零。如果在脉冲电压叠加前的 t_1（20 ms）先取一次电流，在脉冲叠加后并经适当延时的 t_2（20 ms）再取一次电流，将这两次电流进行差分，则两者的差别Δi 便是加除了电容电流后的纯的脉

冲电解电流[图 10-15（b）]。微分脉冲极谱图是与方波极谱图相似的峰形极谱图。对于可逆的极谱波，微分脉冲极谱的峰值电流方程为

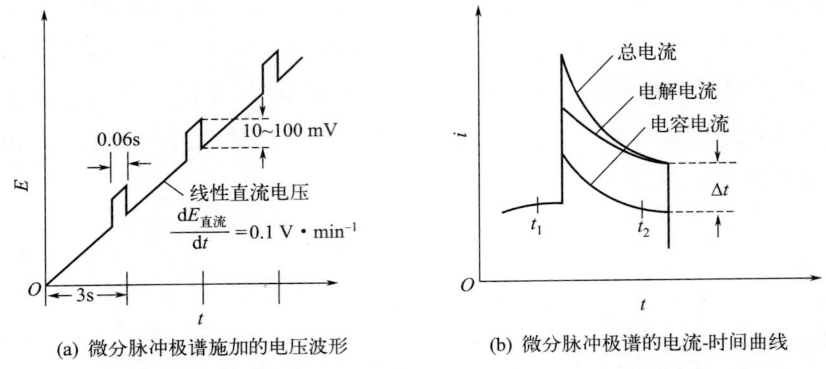

图 10-15　微分脉冲极谱电压施加方式与电流-时间曲线

$$\Delta i_p=\frac{n^2F^2}{4RT}A\Delta ED^{\frac{1}{2}}(\pi t_m)^{-\frac{1}{2}}c \tag{10-43}$$

式中，A 为电极面积；D 为被测物的扩散系数；n 为电极反应的电子转移数；ΔE 为脉冲电压；t_m 为每个周期内开始施加脉冲到进行电流采样所经历的时间；c 为被测物的浓度；其他同前。其峰电位为

$$\varphi_p=\varphi_{1/2}\pm\frac{\Delta E}{2} \tag{10-44}$$

式中，还原过程 ΔE 取负值，氧化过程取正值。

2. 微分脉冲极谱法的特点

① 脉冲极谱叠加脉冲电压的持续时间（60 ms）比方波极谱（2 ms）长 30 倍以上，因此，在满足电容电流足够衰减的前提下，R 的数值可以容许增加 10 倍。这样应用电解质的浓度可以低得多（0.01～0.1 mol・L^{-1}），这有利于降低痕量分析的空白值。

② 因毛细管噪声随时间快速衰减，较长的脉冲持续时间还降低了毛细管噪声。

③ 采用较长的脉冲持续时间的另一个重要的好处是，对于电极反应较慢的不可逆电对，其灵敏度亦有所提高，这就使脉冲极谱可应用于许多有机物的测定中。

④ 它是目前最灵敏的一种极谱方法。该方法记录的是一个汞滴上叠加脉冲电压前后所引致电流的差分值，故称为差示或微分脉冲极谱法。

第五节　伏安分析法

前面已经讲过，伏安法是使用面积固定的悬汞、汞膜、炭、金属电极代替面积不断变化的滴汞电极进行电解过程分析的一类电化学分析方法。它包括线性扫描伏安法/单扫描极谱法、循环伏安法和溶出伏安法。

一、线性扫描伏安法/单扫描极谱法

线性扫描伏安法（linear sweep voltammetry）与单扫描极谱法（single sweep polarography）的基本原理相同，不同之处在于前者使用固体电极或面积不变的悬汞电极，后者使用滴汞电极。单扫描极谱法与经典极谱法相似，也是根据电流-电压曲线来进行分析测定。不同之处在于它是在一个汞滴生成的后期，在电解池两极上快速施加一锯齿波脉冲电压，记录在一个滴汞上所产生的整个电流-电压曲线。扫描速率非常快，过去只有采用长余辉的阴极射线示波器才能观察其电流-电压曲线，故曾称为示波极谱法。由于汞滴生成的后期面积基本不变（若控制汞滴的周期为 7 s，前 5 s 静止不扫描，在最后 2 s 汞滴的面积基本不变时加快速扫描的电压，见图 10-16），所以这种方法实质上是伏安法，但由于使用了滴汞电极，故称为单扫描极谱法。

1. 线性扫描伏安法/单扫描极谱法的基本电路与装置

如图 11-16 所示，常规极谱法的直流电压扫描非常慢，约为 0.2 V • min^{-1}，一个极谱波要用约 100 滴汞。单扫描极谱法的直流电压扫描非常快，约为 0.25 V • s^{-1}，单滴汞记录一个极谱波。单扫描极谱法有较小的电容电流。

线性扫描伏安法/单扫描极谱法使用三电极体系，如图 10-17 所示。在电解池两个电极上加一个随时间作线性变化的直流电压 E，所得的电解电流在电阻 R 上产生一个电位 iR，将此电位经放大后加到示波器的垂直偏向板上，同时将加到电解池两个电极上的电压经放大后加到示波器的水平偏向板上。这样就可在示波器的荧光屏上观察到完整的 i-E 曲线。

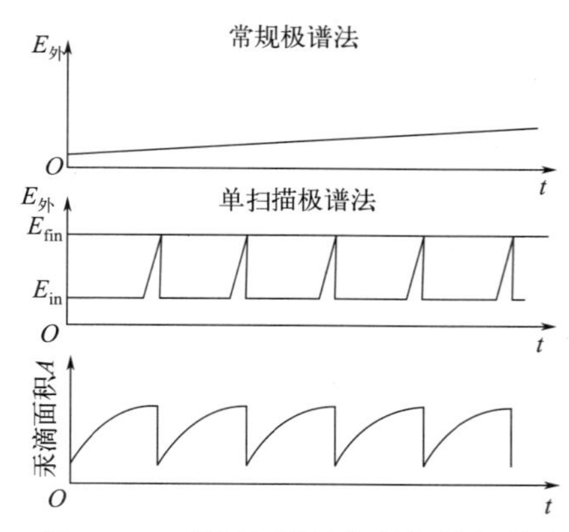

图 10-16　常规极谱法与单扫描极谱法电压施加方式与汞滴面积随时间的变化

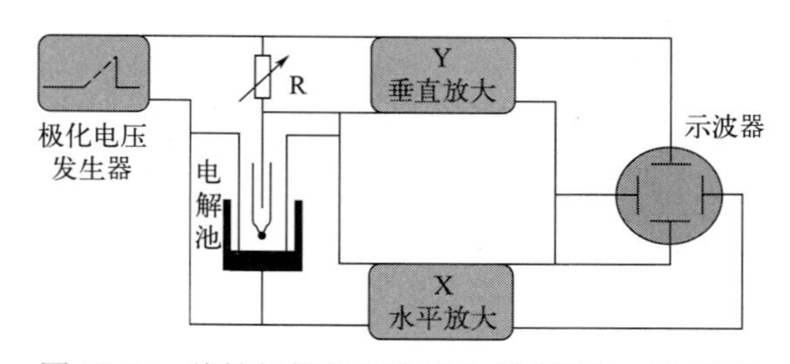

图 10-17　线性扫描伏安法/单扫描极谱法工作原理

2. 线性扫描伏安法/单扫描极谱法的基本原理

线性扫描伏安法/单扫描极谱法的电流-电压曲线见图 10-18。曲线由如下几个部分组成：①ab 段。扫描开始时，外加电压还没有使电极电位达到可还原物质的析出电位，电解池中只有少量电流通过，为残余电流。②bc 段。当外加电压使电极电位值达到可还原物质的析出电位时，电极表面附近的可还原物质在短时间内迅速还原，造成电解电流迅速变大，曲线急剧上升，达到

线性扫描伏安法/单扫描极谱法的基本原理

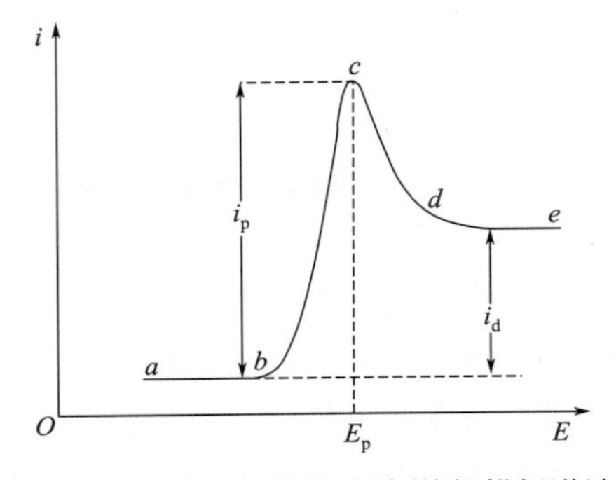

图 10-18　线性扫描伏安法/单扫描极谱法电流-电压曲线
i_p—峰电流；i_d—极化电流；*ab*—基线；*de*—波尾；*c*—波峰

一个最高点（*c* 点）。③*cd* 段。当电解电流达到 *c* 点后，再增加电压时，由于电极表面的可还原物质已被还原，浓度变小，而本体溶液中的可还原物质又来不及扩散到电极表面，所以，电解电流不但不增大，反而略有减小。④*de* 段。当电解电流降低到 *d* 点后，扩散到电极表面的可还原物质与电极反应消耗的可还原物质的量相等，达到平衡，电解电流不再变化。此时的电流为极限电流。其中 *ab* 段叫基线，*c* 点叫波峰，*de* 段叫波尾。从波峰到基线的垂直距离叫峰电流（波高），用 i_p 表示，*c* 点所对应的电位叫峰电位，用 E_p（或φ_p）表示。

对于可逆极谱波，峰电流方程为

$$i_p = 2.69\times10^5 n^{\frac{2}{3}} D^{\frac{1}{2}} v^{\frac{1}{2}} Ac \qquad (10\text{-}45)$$

式中，i_p 为峰电流，A；*n* 为电极反应的电子转移数；*D* 为被测物的扩散系数，$cm^2\cdot s^{-1}$；*v* 为电位扫描速率，$V\cdot s^{-1}$；*A* 为电极面积，cm^2；*c* 为被测物的浓度，$mol\cdot L^{-1}$。可见，在一定的底液与实验条件下峰电流与被测物浓度成正比，这是线性扫描伏安法/单扫描极谱法定量分析的基础。

峰电位 E_p 与常规极谱的半波电位的关系为

$$E_p = E_{1/2} \pm 1.1\frac{RT}{nF} = E_{1/2} \pm 1.1\frac{28.5}{n} \quad (25℃) \qquad (10\text{-}46)$$

式中，对于氧化态物质的还原第二项（$1.1\frac{RT}{nF}$，$1.1\frac{28.5}{n}$）为负号，对于还原态物质的氧化第二项为正号。可见，E_p 是被测物质的特征常数，可作为定性指标。

3. 线性扫描伏安法/单扫描极谱法的特点

① 灵敏度高，检测限一般可达 10^{-7}～10^{-8} $mol\cdot L^{-1}$。

② 方法快速简便，只需几秒至十几秒钟就可完成一次测量。

③ 分辨率高，可分辨两个半波电位相差 35～50 mV。

④ 峰高测量较容易。

⑤ 前还原物质干扰小，在数百甚至近千倍前还原物质存在时，不影响后还原物质的测定。这是由于在电压扫描前有 5 s 的静止期，相当于电极表面附近进行了电解分离。

⑥ 氧波为不可逆波，干扰作用大为降低。

二、循环伏安法

循环伏安法（cyclic voltammetry）使用固体电极或面积不变的悬汞电极，以等腰三角形脉冲电压代替单扫描极谱法的锯齿形脉冲电压施加于电解池的两个电极上[图 10-19（a）]，所获得的电流响应与电位信号的关系，称为循环伏安扫描曲线[图 10-19（b）]。

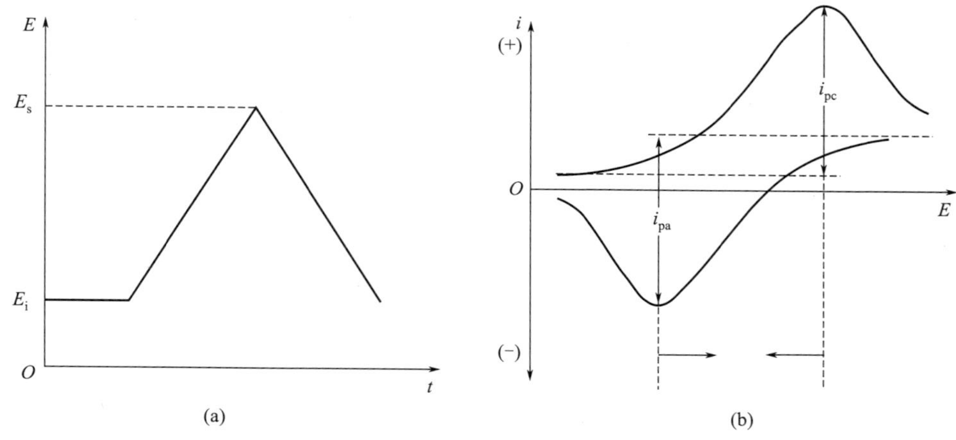

图 10-19　循环伏安法的三角波电位扫描曲线（a）和电流-电位曲线（b）

当外加电压由起始电压 E_i 开始按一定方向作线性扫描达到 E_s 后，将扫描反向，以相同的扫描速率回到原来的起始扫描电压 E_i。若开始扫描的方向使工作电极电位不断变负时，电解液中某物质在电极上发生还原的阴极过程。而反向扫描时，在电极上将发生使还原产物重新氧化的阳极过程，于是一次三角波扫描可完成一个完整的还原-氧化过程循环，故称为循环伏安。图 10-19（b）循环伏安曲线上半部为还原波，其峰电流与峰电位分别为 i_{pc} 与 E_{pc}；下半部为氧化波，其峰电流与峰电位分别为 i_{pa} 与 E_{pa}。它们的峰电流与峰电位方程式与线性扫描伏安法/单扫描极谱法相同。循环伏安法是最常用的电化学研究方法，可以用以研究电化学反应的性质、机理和电极过程动力学等，下面作以简单介绍。

1. 电极过程可逆性判断

在循环伏安曲线中，最重要的两个参数是峰电位差$\Delta E_p = E_{pa} - E_{pc}$和峰电流之比 i_{pa}/i_{pc}。当$\Delta E = E_{pa} - E_{pc} = 2.2\times\dfrac{RT}{nF} = \dfrac{56.5}{n}$ mV（25℃），$i_{pa}/i_{pc} \approx 1$ 时，电极反应过程可逆，此时曲线上半部与下半部基本对称（图 10-20 中曲线 A）。对于不可逆的电极反应过程，$\Delta E_p > 56.5/n$（mV），$i_{pa}/i_{pc} < 1$ 或> 1。ΔE_p 越大，阴阳峰电流比值越小或越大，则电极反应过程越不可逆，见图 10-20 中曲线 B 和 C。因此，可以根据这两个重要参数判断电化学反应的可逆程度。对于准可逆的电极反应过程，峰电位随电位扫描速率的增加而变化，阴极峰电位变负，阳极峰电位变正，ΔE_p 变大。对于不可逆的电极反应过程，反扫描时不出现阳极峰。此外，i_{pa} 与 i_{pc} 均与 $v^{\frac{1}{2}}$ 成正比，即峰电流是由扩散速率控制。

2. 电极反应机理的判断

循环伏安法还可研究电极吸附现象、电化学反应产物、电化学-化学偶联反应等，也可用于有机物、金属有机化合物及生物物质的氧化还原机理研究。

三、溶出伏安法

溶出伏安法（stripping voltammetry），又称反向溶出伏安法。溶出伏安法使用固体电极或面积不变的悬汞电极，使被测物质以某种方式富集在电极表面，如在适当的条件下电解或吸附一段时间，然后借助线性电位扫描或脉冲技术使富集在电极上的待测物质重新溶出，根据溶出过程中所得到的伏安曲线来进行定量分析。使用悬汞电极在富集阶段和溶出阶段要有一个静置阶段（一般为 30 s），以便使汞滴中待测物质的浓度均一化并使溶液中对流作用减缓。沉积金属在汞中的扩散，降低了悬汞电极的灵敏度。在搅拌富集阶段，悬汞汞滴易脱落或变形。因此，溶出伏安法常使用汞膜电极或固态电极。电解富集时工作电极作为阴极，溶出时作为阳极，称为阳极溶出伏安。相反工作电极作为阳极富集，溶出时作为阴极，称为阴极溶出伏安。如果通过吸附实现富集，则称为吸附溶出伏安。溶出伏安法具有较高的灵敏度，可达 10^{-10}～10^{-15} mol・L^{-1}。

1. 阳极溶出伏安法

阳极溶出伏安法富集时工作电极电位选在被测物质的极限扩散电流区域或波尾区域，待测物质在电极表面还原而富集。溶出时如以快速的阳极极化电位扫描方式，则富集的待测物迅速地被氧化产生氧化电流，但当电位继续变正时，由于电极表面层的待测物氧化减少，而电极内部的待测物来不及扩散补充，故电流减小而出现峰形溶出曲线（如图 10-21）。

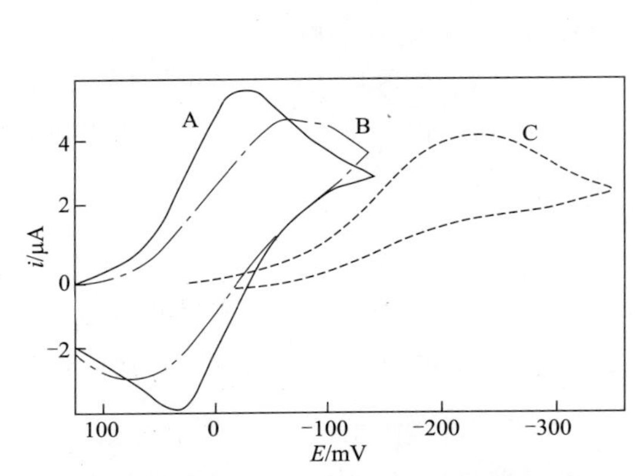

图 10-20　可逆（A）、准可逆（B）和不可逆（C）电极反应过程的循环伏安曲线

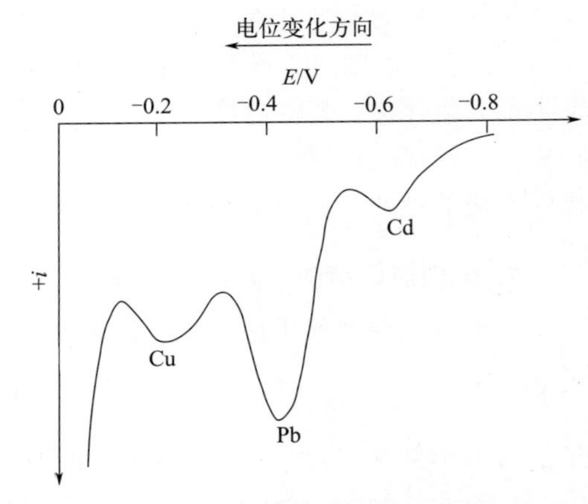

图 10-21　盐酸介质中的 Cu、Pb 和 Cd 溶出伏安图

例如，测定 HCl 中微量的 Cu^{2+}（5×10^{-7} mol・L^{-1}）、Pb^{2+}（1×10^{-6} mol・L^{-1}）及 Cd^{2+}（5×10^{-7} mol・L^{-1}）时，首先在−0.8 V 下电解一定时间，此时溶液中一部分离子便在悬汞电极还原生成汞齐并富集在汞滴上。电解完毕后，使悬汞电极的电位均匀地由负向正变化。首先 Cd 氧化溶出，当电位继续变正，Pb 和 Cu 依次溶出，见图 10-21。

待测物的溶出峰高与富集时间（电解还原时间）直接相关，富集时间可以通过下式评估

$$t_x = -\frac{V\delta \lg(1-x)}{0.43AD} \tag{10-47}$$

式中，t_x 为富集完全分数 X 时的富集时间（电解还原时间）；D 为扩散系数；A 为电极面积；V 为溶液体积；δ为扩散层厚度；x 为富集完全分数。富集时间越长，富集完全分数越高，溶出峰电流越大，灵敏度越高，但需要较长的时间才能完成实验。所以实验时合理选择

富集时间，以在获得较高的灵敏度时用较少的时间完成实验。

溶出曲线的峰高与溶液中金属离子的浓度、电解富集时间、电解时溶液的搅拌速度、悬汞电极的大小及溶出时的电位变化速度等因素有关。在悬汞电极上溶出峰电流为

$$i_p=-K'n^{\frac{3}{2}}D_{Ox}^{\frac{2}{3}}\omega^{\frac{1}{2}}\mu^{-\frac{1}{6}}D_{Red}^{\frac{1}{2}}rv^{\frac{1}{2}}c_{Ox}t \tag{10-48}$$

在悬膜电极上溶出峰电流为

$$i_p=-K''n^{\frac{3}{2}}D_{Ox}^{\frac{2}{3}}\omega^{\frac{1}{2}}\mu^{-\frac{1}{6}}AV^{\frac{1}{2}}c_{Ox}t \tag{10-49}$$

式中，i_p为峰电流；K'与K''为数字表示的常数；n为电极反应的电子转移数；D_{Ox}为氧化态被测物在溶液中的扩散系数；D_{Red}为还原态被测物在汞中的扩散系数；r为悬汞滴半径；v为电压扫描速率；ω为富集搅拌的速率；μ为溶液的黏度；c_{Ox}为氧化态被测物的浓度；t为富集时间；A为电极面积。当其它条件固定不变时，峰高与溶液中金属离子的浓度成比例，故式（10-47）与式（10-48）可简化写成

$$i_p=-Kc \tag{10-50}$$

式中，K为常数；c为待测物浓度。这是溶出伏安法定量的基础。

2. 阴极溶出伏安法

阴极溶出伏安法可测定一些在阳极过程中与电极材料氧化产物形成难溶化合物的阴离子，它们在阳极过程中与电极材料氧化产物形成难溶化合物沉积在电极表面上，在工作电极向负的方向扫描时，该难溶化合物被还原而产生还原峰电流。这些阴离子主要有卤素、硫、钨酸根等。如卤素离子（X^-）在汞电极上的阳极富集过程为

$$Hg+2X^-=\!=\!=HgX_2\downarrow+2e^-$$

阴极溶出过程为

$$HgX_2\downarrow+2e^-=\!=\!=Hg+2X^-$$

阴极溶出伏安法也可测定一些在阳极过程中氧化后与溶液中某种试剂在电极表面形成难溶化合物的离子，如Tl^+在石墨炭电极上的阳极富集为

$$Tl^++3OH^-=\!=\!=Tl(OH)_3\downarrow+2e^-$$

阴极溶出过程为

$$Tl(OH)_3\downarrow+2e^-=\!=\!=Tl^++3OH^-$$

3. 吸附溶出伏安法

某些生物分子、药物分子或有机化合物如血红素、多巴胺、尿酸和可卡因等在电极上具有强烈的吸附性，它们能吸附到电极表面上而富集。这种富集不同于上述两种方法，要通过控制电极电位使之发生氧化或还原而富集，分子在吸附到电极表面后并未发生任何价态的改变。分子的富集可通过物理吸附也可借助共价交联、离子交换、静电作用等。在溶出时，因电极表面的浓度远大于本体溶液中的浓度而获得较大的溶出电流，从而提高了测定的灵敏度。利用吸附溶出伏安法可测定一些析出电位很正或很负的Mg^{2+}、Ca^{2+}、Al^{3+}及稀土等离子。将这些金属离子与某些配体形成吸附性很强的络合物而富集，在溶出时，通过配体的还原或氧化而间接地测定络合的金属离子。

第六节　安培滴定分析法

安培滴定法（amperometric titration）是在滴定时保持两电极间的电位恒定，通过观察电流的变化来确定终点。根据使用的电极性质，安培滴定分析法可分为单指示电极安培滴定分析法和双指示电极安培滴定分析法两种。

一、单指示电极安培滴定分析法

在极谱仪的电解池上增加一支装有滴定剂的滴定管，就组成单指示电极安培滴定分析的仪器。其参比电极可以为甘汞电极或汞池电极，工作电极为滴汞电极或固体微电极。单指示电极安培滴定分析法依据被测物与滴定剂是否在指示电极上反应，可以分为如下四种情况。

① 待测离子 A 在指示电极上反应而滴定剂 B 在指示电极上不反应，如图 10-22（a）右所示。待测离子于固定外加电压下（A、B 之间）在极化电极上还原产生扩散电流。滴定剂加入后与待测离子发生反应，而使待测离子浓度降低，电流就会降低。当达到化学计量点时，电流降低至最低值或趋于零。因此，在某一固定电压下，将滴定剂的体积对每加一次试剂后相应的电流读数作图，可得一条斜率为负（向下倾斜）的直线。超过化学计量点后由于滴定剂 B 在此电压下不能在电极上还原，则没有电流产生，电流仍保持在最低值，即得一水平直线[图 10-22（a）左]。把化学计量点前后两直线延长相交，相交点即为滴定终点。

② 待测离子 A 在指示电极上不反应而滴定剂 B 在指示电极上反应（固定外加电压在 A、B 之间），如图 10-22（b）左所示。滴定剂加入后与待测离子发生反应而消耗，因此没有电流产生，得一水平直线。超过化学计量点后，加入的滴定剂在电极上还原产生电流，电流随滴定剂的加入不断线性增加而得一向上倾斜的直线[图 10-22（b）右]。把化学计量点前后两直线延长相交，相交点即为滴定终点。

③ 待测离子 A 与滴定剂 B 均在指示电极上反应（固定外加电压在 A、B 之间），如图 10-22（c）左所示。滴定剂加入后与待测离子发生反应而消耗，因此待测离子的极限扩散电流直线下降得一向下倾斜的直线，化学计量点时电流最低。超过化学计量点后，滴定剂的加入在电极上还原产生电流，电流随滴定剂的加入不断线性增加而得一向上倾斜的直线[图 10-22（c）右]。把化学计量点前后两直线延长相交，相交点即为滴定反应的终点。

④ 待测离子 A 在指示电极上氧化而滴定剂 B 在指示电极上还原（固定外加电压在 A、B 之间），如图 10-22（d）左所示。滴定曲线为一条具有一定斜率的直线，电流为零时即为化学计量点，如图 10-22（d）右所示。

⑤ 待测离子 A 与滴定剂 B 均不在指示电极上发生反应，也可设法进行单指示电极安培滴定分析。例如氟化物溶液滴定 Al^{3+}或 Th^{4+}，滴定时在溶液中加入 Fe^{3+}，则 Fe^{3+}可作为“指示剂”来指示终点的到达。由于 Fe^{3+}在电极上还原而产生电流，F^-与 Al^{3+}或 Th^{4+}的络合能力较之与 Fe^{3+}的络合能力强，滴定时 F^-先与 Al^{3+}或 Th^{4+}络合，而 Al^{3+}或 Th^{4+}在电极上都不还原，故对电流无影响。直至 Al^{3+}或 Th^{4+}全部络合后，过量的 F^-才开始与 Fe^{3+}络合而使 Fe^{3+}浓度降低，此时 Fe^{3+}的扩散电流开始降低，见图 10-23。把化学计量点前后两直线延长相交，相交点即为滴定终点。

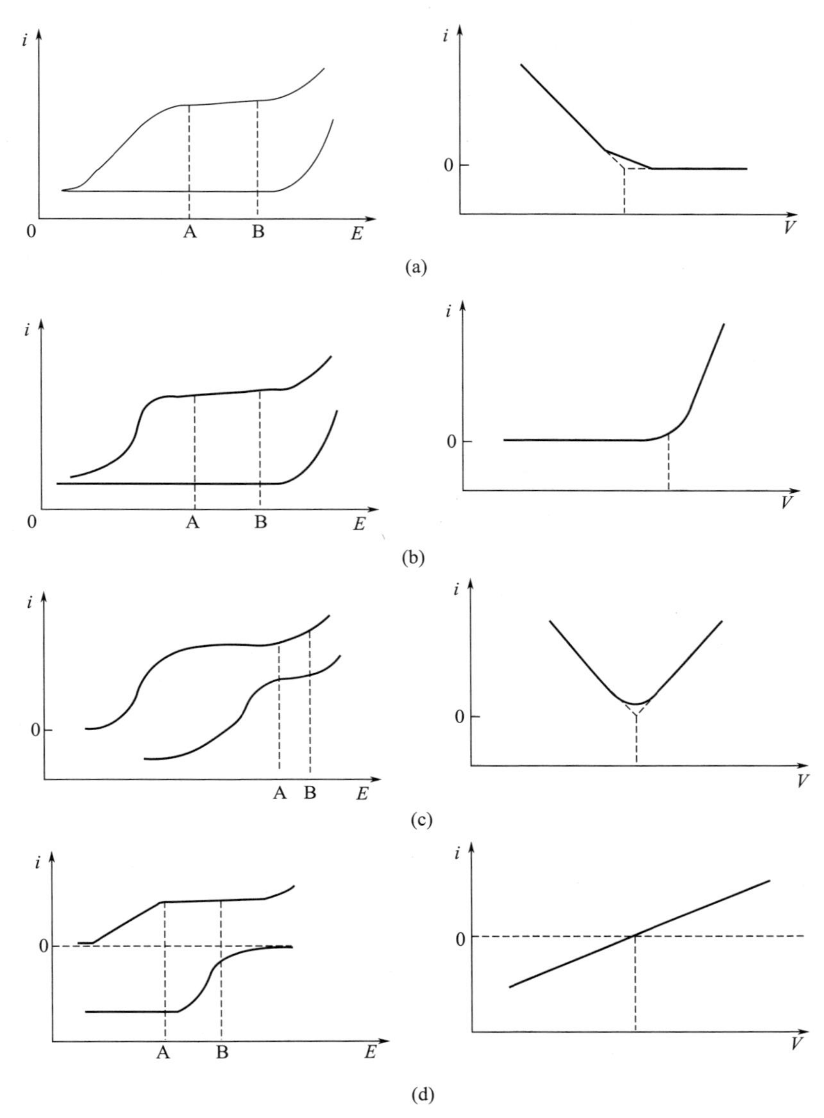

图 10-22　单指示电极安培滴定分析法：*i-E* 曲线（左）和 *i-V* 曲线（右）

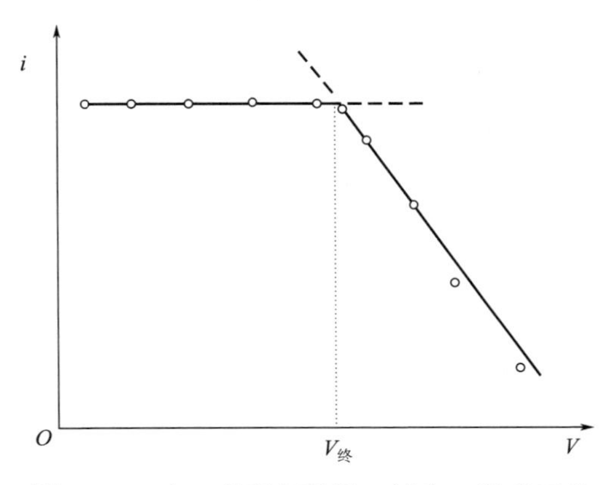

图 10-23　在 Fe^{3+}存在下用 F^{-}滴定 Al^{3+}或 Th^{4+}

与电位滴定法相似，某些找不到合适指示剂而不能用容量分析测定的物质，常可用单指示电极安培滴定分析法测定，有些不能用电位滴定法测定的，有时亦可用单指示电极安培滴定分析法测定。与极谱分析相比，本法的优点如下：①可使用固体电极。②测定的浓度范围比极谱分析宽。③某些非电活性物质虽然能用极谱法间接测定，但间接法受到许多条件限制，而用极谱滴定法只要选用电活性的滴定剂或加入电活性“指示剂”经适当设计就可进行滴定，因此单指示电极安培滴定分析法的应用更广泛。主要缺点是选择性差，易受其它物质干扰。

二、双指示电极安培滴定分析法

在试液中浸入两个相同的微铂电极作为指示电极，电极间施加一个恒定的微小电压（一般为 10～100 mV），就组成了双指示电极安培滴定分析法装置。双指示电极安培滴定分析法的两个电极都是极化电极，因此要想在如此微小电压下使回路中有电流通过，那么就要求待测物和滴定剂与其对应的产物之一必须是可逆电对。例如，Fe^{3+}在一个指示电极上还原成Fe^{2+}释放出电子，而相应的还原产物 Fe^{2+}在另一个指示电极上获得电子氧化成 Fe^{3+}，如此循环就使回路中产生了电流。依据待测物和滴定剂与其对应的产物是否可逆电对，双指示电极安培滴定分析法可分为如下几种情况。

（1）待测物和滴定剂与其对应的反应产物都是可逆电对。如用 Ce^{4+}滴定 Fe^{2+}，其滴定过程中电流变化见图 10-24。滴定之前，溶液中只有 Fe^{2+}，缺少 Fe^{3+}与之组成可逆电对，溶液中无电流。随滴定剂 Ce^{4+}加入，部分 Fe^{2+}被氧化成 Fe^{3+}形成了 Fe^{3+}/Fe^{2+}可逆电对，回路中开始有电流。随着滴定剂 Ce^{4+}不断加入，产生的 Fe^{3+}越来越多，电流也不断增大（图 10-24 中 *AB* 部分）。当滴定完成 50%时，此时溶液中 Fe^{3+}的浓度与 Fe^{2+}浓度相等时，电流达最大（*B* 点）。进一步增加滴定剂，Fe^{2+}的量少于 Fe^{3+}的量，电流开始下降（*BC* 部分）。计量时，溶液中只有 Fe^{3+}与 Ce^{3+}，都没有组成可逆电对，因此回路中没有电流。继续滴加滴定剂，过量的 Ce^{4+}与其还原产物 Ce^{3+}组成可逆电对，回路中又开始有电流产生。随 Ce^{4+}继续加入，电流直线上升得一上升的直线 *CE*，因此点 *C* 即为化学计量点。

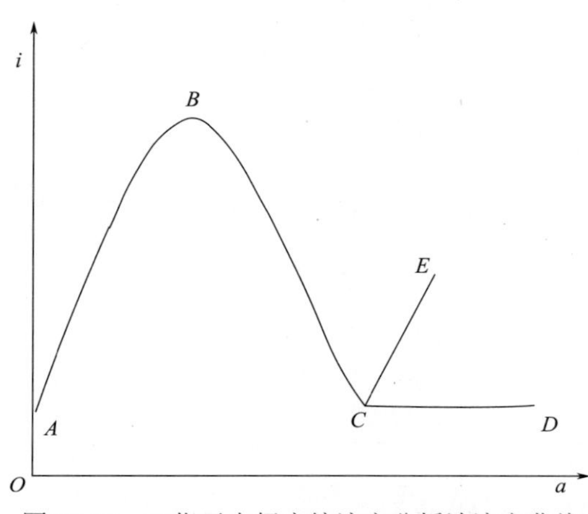

图 10-24　双指示电极安培滴定分析法滴定曲线

（2）待测物与其对应的反应产物是可逆电对，而滴定剂与其对应的反应产物不是可逆电对。如用 $S_2O_3^{2-}$ 滴定 I_2（$S_2O_3^{2-}$ 的氧化产物为 $S_4O_6^{2-}$，$S_2O_3^{2-}/S_4O_6^{2-}$ 并不是可逆电对；I_2 的还原产物为 I^-，I_2/I^-是可逆电对），其滴定曲线见图 10-24。化学计量点之前与待测物和滴定剂与其对应的反应产物都是可逆电对的情况相同，不同之处是化学计量点之后。由于 $S_2O_3^{2-}/S_4O_6^{2-}$ 是不可逆电对，过量的 $S_2O_3^{2-}$ 与 $S_4O_6^{2-}$ 形成的电对在如此小的电压下不能使回路产生电流，因电流随 $S_2O_3^{2-}$ 加入不改变而得一水平直线 *CD*，同样地点 *C* 即为化学计量点。

（3）待测物与其对应的反应产物不是可逆电对，而滴定剂与其对应的反应产物是可逆电对。如用 I_2 滴定 $S_2O_3^{2-}$，化学计量点之前随滴定剂的加入由于回路中没有可逆电对，因此回路中没有电流。化学计量点之后，随滴定剂加入，过量的 I_2 与之还原产物 I^- 组成可逆电对 I_2/I^-。回路中有电流产生，随 I_2 继续加入，电流直线上升得一上升的直线，两直线的交点即为化学计量点。

思考与练习题

1. 简述电极反应的基本历程。

2. 电极表面液相传质过程有哪几种？并作以简单介绍。

3. 极谱分析是一种特殊的电解分析，请说明它特殊在哪里。并简单介绍滴汞电极及其特点。

4. 论述极谱波的形成过程。

5. 极谱波有哪些类型？对应的极谱波方程是什么？

6. 极谱分析中干扰电流主要有几种？可通过哪些措施加以消除或减少？

7. 极谱分析用作定量分析的依据是什么?有哪几种定量方法?如何进行?

8. 极谱动力波有哪几种类型？并说明平行催化波改善检测灵敏度的机制。

9. 画出直流极谱、交流极谱、示波极谱、常规脉冲极谱、示差脉冲极谱中每一滴汞上电位随时间的变化曲线及得到的极谱图。

10. 单扫描极谱法和经典直流极谱法都是在滴汞电极上加上线性扫描电压，为什么它们的极谱波不同?

11. 比较方波极谱及脉冲极谱的异同点。

12. 在 0.1 mol • L^{-1} 氢氧化钠溶液中，用阴极溶出法测定 S^{2-}，以悬汞电极为工作电极，在–0. 4 V 时电解富集，然后溶出:

（1）分别写出富集和溶出时的电极反应式;

（2）画出它的溶出伏安图。

13. 溶解 0.2000 g 含镉试样，测得其极谱波高为 41.7 mm。在同等实验条件下测得含镉 150、350、500 μg 的标准溶液的极谱波高分别为 19.3、45.0、64.3 mm，试计算试样中镉的质量分数。

14. 用极谱法测定某 $CaCl_2$ 溶液中的微量铅，取试液 5 mL，加 0.1%动物胶 5 mL，用水稀释至 50 mL，倒出部分溶液于电解杯中，通 N_2 10 min，然后在 –0.20～–0.60 V 间记录极谱图，得到波高 50 分度；另取 5 mL 试液，加标准铅液(0.50 mg • mL^{-1}) 1.0 mL，然后同上述分析得波高 80 分度，计算试样中 Pb 的质量浓度。

15. 将 3.000 g 锡矿试样，经溶样化学处理后配制成 250 mL 溶液，吸取 25.0 mL 试样进行极谱分析，其极限扩散电流为 24.9 μA，然后在电解池中再加入 5.0 mL

6.0×10^{-3} mol·L^{-1} 的标准锡溶液，测得混合溶液的极限扩散电流为 28.3 μA，计算试样中锡的质量分数。

16. 已知Al的原子量为26.98，试根据下列数据计算Al^{3+}的质量浓度（mg·L^{-1}）。

溶液	在 −1.1 V 下的电流/μA
20.0 mL mol·L^{-1} HCl + 20.0 mL H_2O	10.2
20.0 mL 0.20 mol·L^{-1} HCl + 10.0 mL H_2O + 10.0 mL 试液	33.3
20.0 mL 0.20 mol·L^{-1} HCl + 10.0 mL 试液 + 10.0 mL 6.32×10^{-3} mol·L^{-1} Al^{3+}溶液	52.0

第十一章　库仑分析法

电解分析法（electrolytic analysis）是将被测物的溶液置于电解装置中进行电解，使被测离子在电极上以金属或其它形式析出，由电解所增加的重量求算出其含量的方法。这种方法实质上是重量分析法，因而又称为电重量分析法（electric gravity analysis）。库仑分析法是在电解分析法的基础上发展起来的一种分析方法。它不是通过称量电解析出物的重量，而是通过测量被测物质在100%电流效率下电解所消耗的电量来进行定量分析的方法。库仑分析要求：工作电极上只发生单纯的电极反应；电流效率应为100%。共同点为分析时不需要基准物质和标准溶液，是一种绝对的分析方法，并且准确度高。不同点为电重量分析法只能用来测量高含量物质，而库仑分析法特别适用于微量、痕量成分的测定。

第一节　电解分析法

一、电解分析的基础

当直流电通过某种电解质溶液时，电极与溶液界面发生电化学变化，引起溶液中物质分解，这种现象称为电解。

以电解酸性（H_2SO_4）硫酸铜溶液为例，简单介绍电解过程。将两个铂电极插入装有酸性硫酸铜溶液的烧杯中，两电极接上电压可调的直流电源，当逐渐增加电压达到一定值后，与电源正极连接的铂电极上有气泡逸出，而与电源负极相连的铂电极颜色由灰白变红，说明在两电极上发生了电化学反应。与电源负极相连的铂电极上发生的反应为

$$Cu^{2+} + 2e^- = Cu \downarrow$$

与电源正极相连的铂电极上的反应为

$$2H_2O = O_2 \uparrow + 4H^+ + 4e^-$$

对于电解反应，与电源负极相连的电极上发生还原反应，该电极称为阴极。与电源正极相连的电极发生氧化反应，该电极称为阳极。在电解液中具有多种物质，如酸性（H_2SO_4）硫酸铜溶液中有 H^+、OH^-、SO_4^{2-}、Cu^{2+}、H_2O 等，哪种物质先发生电极反应与其在金属活动性顺序表中的相对位置有关，还与它们的浓度，甚至电极材料有关。通常电极电位较正的离子优先在阴极上还原析出，电极电位较负的离子优先在阳极上氧化析出。

二、理论分解电压与析出电位

1. 理论分解电压

仍以电解酸性（H_2SO_4）硫酸铜溶液为例。正如前面讨论，电解时阴极上析出了 Cu，与溶液中的 Cu^{2+} 组成了电对，而阳极氧化产生的 O_2 与 H_2O 组成了电对，因此，电解时产生了一个极性与电解池相反的原电池，其电动势称为“反电动势”（$E_{反}$）。该原电池的两电极上发生的反应正好与电解池反应相反：$Cu = Cu^{2+} + 2e^-$ 为原电池负极反应，$O_2 + 4H^+ + 4e^- = 2H_2O$ 为原电池的正极反应。因此，要使电解能顺利进行，至少要使分解电压等于这个反电动势，该电压称为理论分解电压 $E_{理分}$

$$E_{理分} = E_{反} = \varphi_{正} - \varphi_{负} \quad (11\text{-}1)$$

式中，$\varphi_{正}$ 和 $\varphi_{负}$ 分别为原电池正极与负极平衡时的电极电位。由于原电池的电动势可以通过两电极的平衡时的电极电位计算出来，所以，理论分解电压也可以通过计算得到。例如，计算酸性（$0.5\ mol \cdot L^{-1}\ H_2SO_4$）硫酸铜溶液中 $CuSO_4$ 和 H^+ 浓度均为 $1\ mol \cdot L^{-1}$ 的理论分解电压，此原电池的电动势为 $E_{理分} = \varphi_{正} - \varphi_{负} = 1.23 - 0.34 = 0.89\ V$。

2. 实际分解电压与析出电位

对于 $CuSO_4$ 和 H^+ 浓度均为 $1\ mol \cdot L^{-1}$ 的酸性（$0.5\ mol \cdot L^{-1}\ H_2SO_4$）硫酸铜溶液，实验发现，如果外加电压增加到 0.89 V 时，与电源正极连接的铂电极上并没有气泡逸出。直至外加电压达到 1.36 V 时，与电源正极连接的铂电极上才有气泡逸出，说明电解反应才开始发生。这种电解反应按一定速度进行所需的实际电压称为实际分解电压（$E_{实分}$）。此时，在与电源正极连接的铂电极上有 O_2 析出，而与电源负极连接的铂电极上有 Cu 析出。这种使物质在电极上产生迅速的、连续不断的电极反应而被还原析出时所需的最正的阴极电位，或在阳极上被氧化析出时所需的最负的阳极电位称为析出电位。对于可逆过程，析出电位等于其平衡时的电极电位，此时实际分解电压应为

$$E_{实分} = \varphi_{a析} - \varphi_{c析} \quad (11\text{-}2)$$

式中，$\varphi_{a析}$ 为阳极析出电位；$\varphi_{c析}$ 为阴极析出电位。实际开始发生电解反应时的电压，其值大于理论分解电压。这主要是由于电池回路的电压降和阴、阳极的极化所产生的超电位（也称过电位，η_a、η_c），使得实际上的分解电压要比理论分解电压大：

$$E_{实分} = (\varphi_a + \eta_a) - (\varphi_c + \eta_c) + iR \quad (11\text{-}3)$$

式中，φ_a 为平衡时的阳极电位；φ_c 为平衡时的阴极电位；i 为电流；R 为回路电阻。过电位是指当电解过程以显著的速度进行时，实际析出电位超出平衡电极电位的数值，它主要是由电极极化造成的。极化使阳极的析出电位变得更正，阴极的析出电位变得更负。究竟哪种物质优先在电极上析出，不能只看其电极电位，还要看它们在该电极上的过电位，即析出电位较正的离子优先在阴极上还原析出，析出电位较负的离子优先在阳极上氧化析出。

三、电解分析法与电解分离

1. 恒电流电解分析法

恒电流电解分析法的装置见图 11-1（a）。将两个电极插入装有待测物溶液的烧杯中，再

将一可调压的直流电源的正负极分别与两电极连接，即构成了恒电流电解分析的装置。加于电解池的电压，可用可变电阻器 R 调节，并由电压表 V 指示。通过电解池的电流可从电流表 A 读出。恒电流电解分析使用的电极通常是固态电极，如铂、金、玻璃态的炭电极等。为了增大电极面积，一般用铂网作阴极，用螺旋形铂丝作阳极兼带搅拌。

恒电流电解分析法是在电解的过程中，维持电解电流不变。电流越小，镀层越均匀牢固，但所需时间就越长。所以电流一般控制在 0.5～2 A。当被电解物浓度降低时，适度增加外加电压，以保持电流不变，如图 11-1（b）所示。当被电解物的浓度降低到不能达到电解电流，此时为了保持回路中电流恒定，溶液中另一种物质开始电解并出现增加电压突变而停止。随后称量电极上析出物质的质量以确定物质含量的电化学分析法，又称恒电流电重量分析法。该法仪器简单、快速、准确，相对误差小于 0.1%，但选择性差。该方法不能将金属活动性顺序表中氢前的金属离子分离，只能分析金属活动性顺序表中氢前的金属离子。

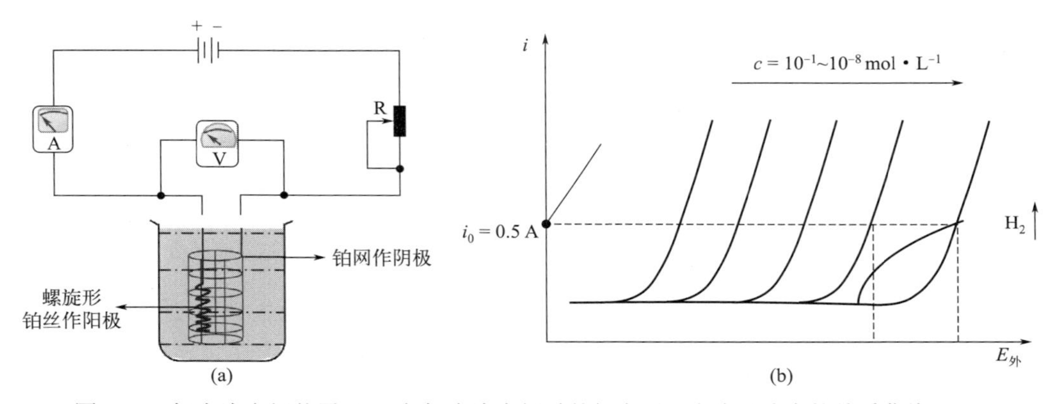

图 11-1　恒电流电解装置（a）与恒电流电解时外加电压、电流及浓度的关系曲线（b）

2. 控制电位电解分析法

控制电位电解分析法是控制工作电极（阴极或阳极）电位为恒定值的电解分析方法。它与恒电流电解法的不同之处在于具有测量工作电极电位的装置，其装置见图 11-2。该装置能自动调节外电压，使阴极电位保持恒定，因此具有较好的选择性。

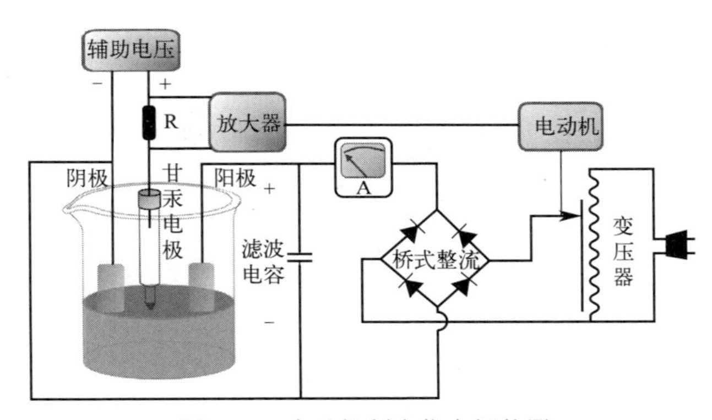

图 11-2　自动控制电位电解装置

在控制电位下，可选择性地还原物质，如图 11-3 所示。图中 a、b 分别代表 A、B 物质

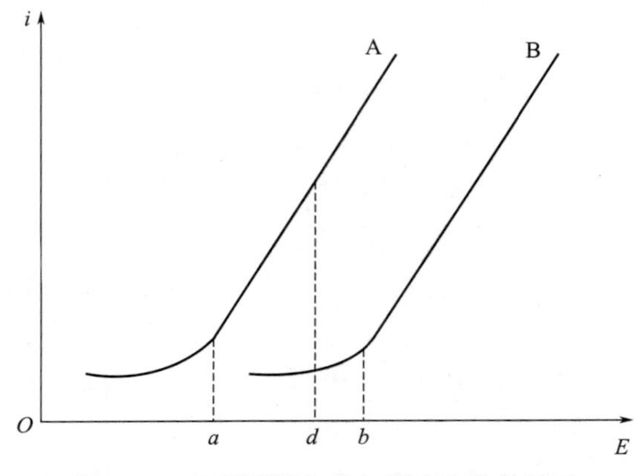

图 11-3　控制阴极电位与析出电位的关系

的阴极析出电位。当控制电解时阴极电位负于 a 而正于 b，如图中 d 点的电位，则 A 能在阴极上析出而 B 不能，从而实现分离与分别分析 A 与 B 物质。电解开始时，物质浓度较大，电解电流也较大；随着电解的进行，物质的浓度逐渐降低，电解电流减小；直到电解电流为零时停止。一般来说，二价离子达到定量分离，它们的析出电位必须相差 0.15 V 以上；一价离子的析出电位必须相差 0.3 V 以上。此时，析出电位较正的离子，浓度已降至 10^{-6} mol • L^{-1} 以下，可以忽略不计。

现以在 Pt 电极上电解 0.10 mol • L^{-1} H_2SO_4 中的 0.01 mol • L^{-1} Ag^+、2.0 mol • L^{-1} Cu^{2+}为例来说明控制电位电解分析法。已知 $\varphi^{\ominus}_{Cu^{2+}/Cu}=0.337\text{ V}$ 和 $\varphi^{\ominus}_{Ag^+/Ag}=0.799\text{ V}$。首先求出 Cu^{2+}与 Ag^+的析出电位，由式（11-3）可知，它们的析出电位等于它们的平衡电位加上超电位，由于超电位很小，可忽略不计。因此，Cu^{2+}与 Ag^+的平衡电位即为其析出电位

$$\varphi_{Cu^{2+}/Cu}=\varphi^{\ominus}_{Cu^{2+}/Cu}+\frac{0.059}{2}\lg[Cu^{2+}]=0.337+\frac{0.059}{2}\lg2=0.346\text{（V）}$$

$$\varphi_{Ag^+/Ag}=\varphi^{\ominus}_{Ag^+/Ag}+0.059\times\lg[Ag^+]=0.799+0.059\times\lg0.01=0.681\text{（V）}$$

由于 Ag^+的析出电位更正，所以 Ag^+首先在阴极上还原析出。阴极电极反应为

$$Ag^+ + e^- = Ag\downarrow$$

在阳极上则发生水氧化反应析出 O_2，其电极反应为

$$2H_2O = O_2\uparrow + 4H^+ + 4e^-$$

已知 $\varphi^{\ominus}_{O_2/H_2O}=1.23\text{ V}$，$O_2$ 在铂电极上的超电势为 0.47 V，则 O_2 的析出电位为

$$\varphi_{O_2/H_2O}=\varphi^{\ominus}_{O_2/H_2O}+\frac{0.059}{4}\lg[H^+]^4+0.47$$
$$=1.23+\frac{0.059}{4}\lg\left(0.2^4\right)+0.47=1.659\text{（V）}$$

由于电路的电阻与电流都很小，所以电路的 iR 降可以忽略，由式（11-3）可求出分析电压

$$E_{实分}=1.659-0.681=0.978\text{（V）}$$

所以，当外加电压大于 0.978 V 时或控制阴极电极电位小于 0.681 V 就可使 Ag^+在阴极上还原析出。当 Ag^+浓度降至 10^{-6} mol • L^{-1} 时可以认为 Ag^+已经完全析出，此时 Ag^+的析出电位为

$$\varphi_{Ag^+/Ag}=\varphi^{\ominus}_{Ag^+/Ag}+0.059\times\lg[Ag^+]=0.799+0.059\times\lg10^{-6}=0.445\text{（V）}$$

此时的外加电压为

$$E_{实分}=1.659-0.455=1.204\text{（V）}$$

由上述计算可知，随电解的进行，溶液中的 Ag^+浓度不断降低，其析出电位不断负移。只有外加电压不断增加，才能使电解继续进行。

由前面的计算可知，Cu^{2+}的析出电位为 0.337 V，小于 Ag^+完全析出时的析出电位。Cu^{2+}

开始析出时的外加电压 = 1.659 V − 0.337 V = 1.322 V，大于 Ag^+完全析出时的外加电位。可见在 Ag^+完全析出时的电压并未达到 Cu^{2+}析出时的分析电压。即此时 Cu^{2+}不析出或者说 Cu^{2+}不干扰测定。因此，可以通过控制外加电压在 1.204～1.322 V 或阴极电极电位在 0.337～0.455 V 之间某一恒定值来进行电解分离分析上述溶液中的 Ag^+与 Cu^{2+}。

控制电位电解法在电解时，电流不断变小，电流与时间的关系为

$$i_t = i_0 10^{-\frac{26.1DAt}{V\delta}} = i_0 10^{-kt} \tag{11-4}$$

式中，i_t为电流，A；D 为扩散系数，$cm^2 \cdot s^{-1}$；A 为电极表面积，cm^2；V 为溶液体积，cm^3；δ为扩散层的厚度，cm；t 为电解时间，min；当各实验条件一定时，k 为一常数，min^{-1}。由式（11-4）可知，要缩短电解时间，就要求电极面积要大，溶液的体积要小，增加溶液的温度以及要有良好的搅拌以提高扩散系数和降低扩散层的厚度。控制电位电解法可用于分离银与铜，铜与铅、银、镍、铋，铋与铅、锡、锑，镉与锌等。

第二节　库仑分析原理与过程

根据物质在电解过程中消耗的电量来确定物质含量的分析方法，称为库仑分析法。库仑分析法分为恒电流库仑滴定法和控制电位库仑分析法两种。恒电流库仑滴定法是根据电解产生等物质的量的滴定剂所消耗的电量来计算被测物含量的方法，控制电位库仑分析法是根据电解完被测物质所消耗的电量来计算被测物含量的方法。

一、库仑分析基本原理

库仑分析法是根据电极反应-电量-物质的量相互关系来进行分析，其理论基础为法拉第电解定律，基本要求为电极反应单纯，电流效率 100%。

1. 法拉第电解定律

法拉第第一定律为电极上析出产物的质量 m 与通过电解池的电量 Q 成正比。法拉第第二定律为通过相同量的电量时，电极上沉积的物质的质量 m 与其 M/n 成正比，用数学式表示如下

$$m = \frac{Q}{F} \times \frac{M}{n} \tag{11-5}$$

式中，M 为物质的摩尔质量，$g \cdot mol^{-1}$；Q 为电量，1 C = 1 A×1 s；F 为法拉第常数，$F = 96487\ C \cdot mol^{-1}$；$n$ 为电极反应中转移的电子数。如通过电解池的电流是恒定的，则 $Q = it$，将其代入式（11-5），得

$$m = \frac{M}{nF} it \tag{11-6}$$

式中，i 为电解时的电流，A；t 为电解时间，s。如电流不恒定，而随时间不断变化，则

$$Q = \int_0^\infty i \mathrm{d}t = \int_0^\infty i_0 10^{-kt} \mathrm{d}t = \frac{i_0}{2.303k}\left(1 - 10^{-kt}\right) \tag{11-7}$$

式中，k 为常数。

法拉第定律的正确性已被许多实验所证明。它不仅可应用于溶液和熔融电解质，也可应用于固体电解质导体。它不受温度、压力、电解质浓度、电极材料和形状、溶剂性质等因素影响。

2. 装置与过程

库仑分析法的装置见图 11-4。电解池采用三电极体系，用以在电解过程中控制工作电极的电位，使被测物质以 100%的电流效率进行电解。电路中串联的电流表 A 用以指示电解过程中的电流，而用串联的库仑计可精确地测定电解所需的电量 Q。

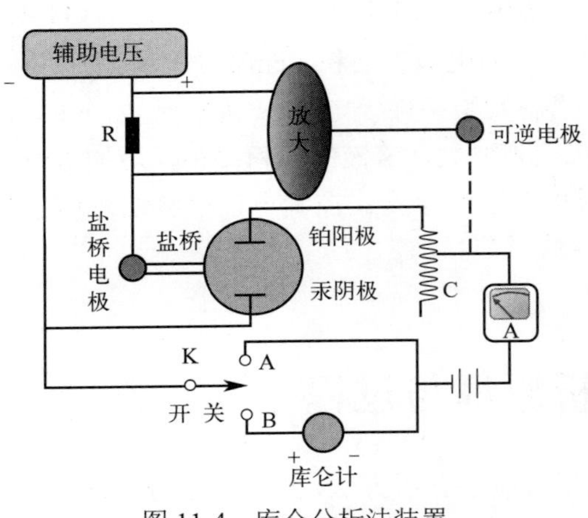

图 11-4 库仑分析法装置

库仑分析法的电解过程：①首先通 N_2 除氧；②然后将转换开关置于 A 档进行预电解，消除电活性杂质。预电解达到背景电流前不接通库仑计；③达到背景电流后，将一定体积的试样溶液加入电解池中，将开关置于 B 档接通库仑计电解；④当电解电流降低到背景电流时，断开电源停止电解；⑤由库仑计记录的电量计算待测物质的含量。

3. 电流效率

在一定的外加电压条件下，通过电解池的总电流 i_T，实际上是所有在电极上进行反应产生的电流的总和。它包括：①被测物质发生电极反应所产生的电解电流 i_e；②溶剂及其离子电解所产生的电流 i_s；③溶液中参加电极反应的杂质所产生的电流 i_{imp}。电流效率 η_e 为

$$\eta_e = \frac{i_e}{i_e + i_s + i_{imp}} \times 100\% = \frac{i_e}{i_T} \times 100\% \qquad (11\text{-}8)$$

由式（11-8）可知，影响电流效率的主要因素有：①溶剂的电极反应；②电活性杂质在电极上的反应；③溶液中可溶性气体的电极反应；④电极自身参与了反应；⑤电解产物的再反应；⑥共存元素电解。

提高电流效率的方法及具体措施有：①克服极化。加大电极面积，搅拌溶液，减小电解电流。②克服副反应。控制电位分离；控制 pH；分开阴阳极，防止电解产物反应；通氮除氧。

4. 库仑法的误差来源

库仑法的误差来源主要有：①电解期间的电流变化；②非 100%的电流效率；③电流测量误差；④时间测量误差；⑤终点与化学计量点不一致的滴定误差。

二、控制电位库仑分析

1. 电量的计算

当采用恒电流电解时，由于电解过程中电流值恒定，因此电解消耗的电量可用 $Q=it$ 直接计算。当采用控制电位电解时，由于电解过程中电流随电解时间不断变化，因此可采用作

图法求电解所消耗的电量。由式（11-7）可知，当 $kt\to\infty$时，

$$Q=\frac{i_0}{2.303k} \tag{11-9}$$

将式（11-4）两端取对数为

$$\lg i_t=\lg i_0-kt \tag{11-10}$$

以 $\lg i_t$ 对 t 作图，斜率为 k，截距为 $\lg i_0$，i_0 与 k 代入式（11-9）中，就可以求出电量 Q 的值。

2. 库仑计

如果在电路中串联一库仑计，则不需要繁琐的计算求电量，可通过串联的库仑计直接读出电解所用的电量。库仑计本身也是一种电解电池，可以应用不同的电极反应来构成。下面重点介绍最常用的氢氧库仑计。

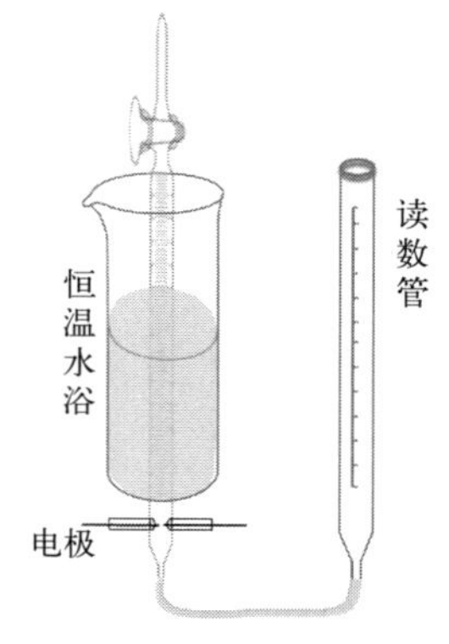

图 11-5　氢氧库仑计

氢氧库仑计的构造见图 11-5。它是由一支刻度管用橡皮管与电解管相接，电解管中焊接两片铂电极，管外装有恒温水套。氢氧库仑计是一个电解硫酸钾或硫酸钠水溶液，在阳极上析出氧，在阴极上析出氢，计量氢气和氧气的总体积来计量电量的装置。硫酸钾或硫酸钠实为支持电解质，其浓度为 0.5 mol・L^{-1}，实际电解的是 H_2O，电极反应为：

阳极　　$2H_2O = O_2\uparrow + 4H^+ + 4e^-$

阴极　　$2H^+ + 2e^- = H_2\uparrow$

总反应　　$2H_2O = 2H_2\uparrow + O_2\uparrow$

通过上述电极反应可知，电子交换数为 4，产生 3 mol 气体（1 mol H_2 和 2 mol O_2）。所以 4×96487 C 电量产生标准状态下的 3×22.4 L 气体，故 1 C 电量相当于 0.1741 mL（$\frac{3\times22.4\times1000}{4\times96487}$mL）气体。通过读数管读出电解过程产生的气体体积 V，就可求出电量 Q（$Q=V/0.1741$），将 Q 代入式（11-5）中，即可求出被测物的质量

$$m=\frac{V}{0.1741}\times\frac{1}{96487}\times\frac{M}{n} \tag{11-11}$$

氢氧库仑计的准确度可达±0.1%，使用与读数非常方便，是最常用的一种库仑计。但在微量电量的测定上，若电极上电流密度低于 0.05 A・cm^{-2}，常能产生较大的负误差，例如电流密度为 0.01 A・cm^{-2} 时，负误差可达 4%。这可能是由于在阳极上同时能产生少量的过氧化氢，而过氧化氢没有来得及进一步在阳极上被氧化为氧，就跑到溶液中去并在阴极上被还原，使氢、氧气体的总量减少（当电流密度高时，阳极电位很正，有利于过氧化氢的氧化）。如果用 0.1 mol・L^{-1} 硫酸肼代替硫酸钾，阴极析出的仍是氢气，而阳极析出的则为氮气

$$N_2H_5^+ = N_2\uparrow + 5H^+ + 4e^-$$

而产生的 H^+在铂阴极上被还原为氢气。这种气体库仑计称为氢氮库仑计。氢氮库仑计每库仑电量产生气体的体积与氢氧库仑计相同，它在电流密度很低时，测定误差小于百分之一，适合于微量分析。

此外，还有银库仑计，它以银棒为阳极，铂坩埚为阴极，1.0 mol・L^{-1} $AgNO_3$ 溶液为电

解液。电解时阳极银棒氧化产生 Ag^+，阴极上 Ag^+还原生成 Ag。称量电解后铂坩埚的增重（银量），从而换算成通过电解池的电量。滴定库仑计以银为阳极，铂为阴极，0.03 mol · L^{-1} KBr + 0.2 mol · L^{-1} K_2SO_4 为电解质。电解时阴极上随氢气的析出而产生大量的 OH^-，用标准溶液滴定生成的 OH^-，根据消耗的标准酸量可计算电量。这两种库仑计使用非常不方便，现在很少使用。随着计算机的飞速发展，现在可用电流积分库仑计（电子式库仑计）直接显示电解过程中消耗的电量。

3. 控制电位库仑分析的优点与应用

控制电位库仑分析法具有准确、灵敏、选择性高等优点。特别适用于混合物质的测定，因而得到了广泛的应用。可用于五十多种元素及其化合物的测定，其中包括氢、氧、卤素等非金属元素，钠、钙、镁、铜、银、金、铂族等金属元素以及稀土和钢系元素等。在有机和生化物质的合成和分析方面的应用也很广泛，涉及的有机化合物达五十多种。例如，三氯乙酸的测定，血清中尿酸的测定，以及在多肽合成和加氢二聚作用等的应用。

第三节　库仑滴定

库仑滴定是在特定的电解液中，以电极反应产物作为滴定剂（称为电生滴定剂，相当于化学滴定中的标准溶液）与待测物质定量作用，借助于电位法或指示剂来指示滴定终点。故库仑滴定并不需要化学滴定和其它仪器滴定分析中的标准溶液和体积计量。

一、恒电流库仑滴定

1. 恒电流库仑滴定原理

恒电流库仑滴定是建立在控制电流电解过程基础上发展起来的以电解产物作为滴定剂（实际的滴定剂应该是回路中的电子）的容量分析方法，也称为库仑滴定法。该法以强度一定的恒电流 i（A）通过电解池，在 100%电流效率下使电解池中事先加入的大量物质电解产生一种新物质作为滴定剂，与被测物进行定量的化学反应。反应的等当点可由指示剂或仪器方法确定，准确记录反应的时间 t（s）。将反应的时间 t（s）与电流值 i（A）代入式（11-6）的库仑定律中，由反应的化学计量关系即可求出被测物质的质量 m（g）。该法不需要化学滴定和其它仪器滴定分析中的标准溶液和体积计量，是一种绝对的分析方法，但要求电流效率必须 100%。

如在酸性介质中测定 Fe^{2+}的含量时，可于电解液中先加入高浓度的 Ce^{3+}溶液作为辅助体系，由恒电流发生器产生的恒电流通过电解池，此时阳极将发生如下反应：

$$Ce^{3+} = Ce^{4+} + e^-$$

电解生成的 Ce^{4+}作为滴定剂，Ce^{4+}与 Fe^{2+}发生如下的化学反应

$$Ce^{4+} + Fe^{2+} = Ce^{3+} + Fe^{3+}$$

所以电解生成的 Ce^{4+}充当了所谓的“滴定剂”，即电生滴定剂。由于 Ce^{3+}氧化为 Ce^{4+}的析出电位 – 1.61 V，远高于氧的析出电位–1.90 V，从而可以保证 Ce^{3+}氧化为 Ce^{4+}的电流效率为 100%。该法类似于 Ce^{4+}滴定 Fe^{2+}，根据反应可知，阳极上虽发生了 Ce^{3+}的氧化反应，但产生的 Ce^{4+}又将 Fe^{2+}氧化为 Fe^{3+}。因此，电解所消耗的总电量与单纯 Fe^{2+}完全氧化为 Fe^{3+}的电量是相当的。可见，用这种间接库仑分析方法，既可将工作电极的电位稳定，防止发生副反应，又可使用较大的电流密度，以缩短滴定的时间。

2. 恒电流库仑滴定装置

恒电流库仑滴定的装置如图 11-6 所示。恒电流发生器可用 45～90 V 乙型干电池串联可变高电阻，亦可使用晶体管恒电流源。通过电解池工作电极的电流强度可用电位计测定标准电阻 R 上的电压降 iR 而求出。时间可用计时器（如电子计数式频率计）或停表测量。电解池（滴定池）有各种形式。工作电极 1 一般为产生试剂的电极，直接浸于溶液中。辅助电极 2 则经常需要套一多孔性隔膜（如微孔玻璃），以防止由于辅助电极所产生的反应干扰测定。库仑滴定的终点如果用电化学方法确定则需要在溶液中再浸入另一对电极 3、4 作终点指示。如用化学指示剂法则不需要再加入指示电极。

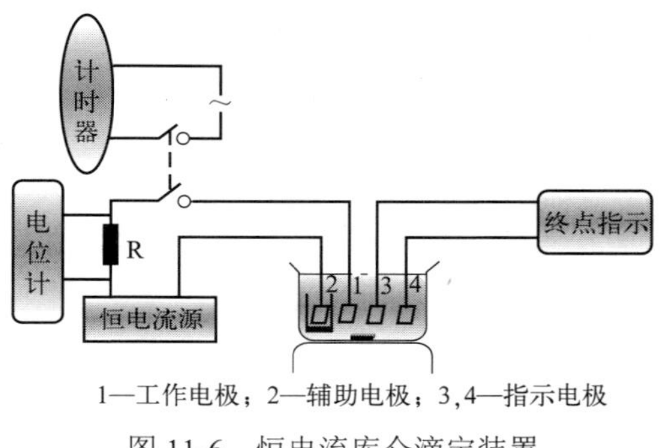

1—工作电极；2—辅助电极；3,4—指示电极

图 11-6　恒电流库仑滴定装置

3. 指示滴定终点的方法

（1）化学指示剂法　化学指示剂指示终点可省去上述滴定装置中的指示电极。化学指示剂法指示终点多用于酸碱恒电流库仑滴定分析，也可用于氧化还原、络合和沉淀滴定。如用溴甲酚绿为指示剂，以电解产生的 OH^-测定硫酸或盐酸。用甲基橙为指示剂，以电生 Br_2 测定 $NH_2—NH_2$、NH_2OH 或 SCN^-，通电时阳极上生成的 Br_2 与被测物质作用，化学计量点后溶液中过量的 Br_2 使甲基橙褪色。这种指示终点的方法虽然简单，但灵敏度较低，对于常量的库仑滴定可得到满意的测定结果。选择化学指示剂时应注意：①所选的指示剂不能在电极上同时发生反应；②指示剂与电生滴定剂的反应，必须在被测物质与电生滴定剂的反应之后，即前者反应速度要比后者慢。

（2）电位法　用库仑滴定法测定溶液中酸的浓度时，可用连接在 pH 计上的 pH 玻璃电极和饱和甘汞电极作指示系统指示终点。滴定中电解发生系统是以铂阴极为工作电极，以银电极为辅助电极，试液中加入大量辅助电解质 KCl。电极反应为：

工作电极　　$2H_2O + 2e^- = 2OH^- + H_2$

辅助电极　　$Ag + Cl^- = AgCl + e^-$

由工作电极上产生的 OH^-滴定试液中的 H^+，终点时，溶液的 pH 发生突变，突变由 pH 计来指示。

（3）伏安法 具体见第十一章第六节安培滴定分析法。

4. 恒电流库仑滴定的特点

① 不必配制标准溶液，因此简化了操作过程。

② 可实现容量分析中不易实现的用 Cu^+、Br_2、Cl_2 作为滴定剂的滴定。

③ 滴定剂来自电解时的电极产物，产生后立即与溶液中待测物质反应，因此滴定速度快。

④ 库仑滴定中的电量较容易控制和准确测量，因此，分析的准确度可达 0.2%。

⑤ 方法的灵敏度、准确度较高，可检测出物质量达 10^{-5}～10^{-9} g·mL^{-1}，可用于基准物测定。

⑥ 易自动化，可实现自动滴定。

5. 恒电流库仑滴定的应用

容量分析的酸碱滴定、氧化还原滴定、沉淀滴定以及络合滴定等都可应用恒电流库仑滴定测定，如表 11-1 所示。

表 11-1 恒电流库仑滴定的应用

电生滴定剂	介质	工作电极反应	被测定的物质
Br_2	0.1 mol·L^{-1} H_2SO_4 + 0.2 mol·L^{-1} NaBr	$2Br^- = Br_2 + 2e^-$ (Pt)	Sb(Ⅲ)、I^-、Tl(Ⅰ)、U(Ⅳ)、有机化合物
I_2	0.1 mol·L^{-1} 磷酸盐缓冲溶液 (pH=8) + 0.1 mol·L^{-1} KI	$2I^- = I_2 + 2e^-$ (Pt)	As(Ⅲ)、Sb(Ⅲ)、$S_2O_3^{2-}$、S^{2-}
Cl_2	2 mol·L^{-1} HCl	$2Cl^- = Cl_2 + 2e^-$ (Pt)	As(Ⅲ)、I^-、脂肪酸
Ce^{4+}	1.5 mol·L^{-1} H_2SO_4 + 0.1 mol·L^{-1} $Ce_2(SO_4)_3$	$Ce^{3+} = Ce^{4+} + e^-$ (Pt)	Fe(Ⅱ)、$Fe(CN)_6^{4-}$
Mn^{3+}	1.8 mol·L^{-1} H_2SO_4 + 0.45 mol·L^{-1} $MnSO_4$	$Mn^{2+} = Mn^{3+} + e^-$ (Pt)	草酸、Fe(Ⅱ)、As(Ⅲ)
Ag^{2+}	5 mol·L^{-1} HNO_3 + 0.1 mol·L^{-1} $AgNO_3$	$Ag^+ = Ag^{2+} + e^-$ (Ag)	As(Ⅲ)、V(Ⅳ)、Ce(Ⅲ)、草酸
$Fe(CN)_6^{4-}$	0.2 mol·L^{-1} $K_3Fe(CN)_6$，pH = 2	$Fe(CN)_6^{3-} = Fe(CN)_6^{4-} - e^-$ (Pt)	Zn(Ⅱ)
Cu(I)	0.02 mol·L^{-1} $CuSO_4$	$Cu^{2+} = Cu^+ - e^-$ (Pt)	Cr(Ⅳ)、V(Ⅴ)、IO_3^-
Fe^{2+}	2 mol·L^{-1} H_2SO_4 + 0.6 mol·L^{-1} 铁铵矾	$Fe^{3+} = Fe^{2+} - e^-$ (Pt)	Cr(Ⅵ)、V(Ⅴ)、MnO_4^-
Ag(Ⅰ)	0.5 mol·L^{-1} $HClO_4$	$Ag = Ag^+ + e^-$ (Ag)	Cl^-、Br^-、I^-
EDTA (Y^{4-})	0.02 mol·L^{-1} $HgNH_4Y^{2-}$ + 0.1 mol·L^{-1} NH_4NO_3 (pH = 8，除 O_2)	$HgNH_4Y^{2-} = Y^{4-} + NH_4^+ + Hg - e^-$ (Hg)	Ca(Ⅱ)、Zn(Ⅱ)、Pb(Ⅱ)等
H^+或 OH^-	0.1 mol·L^{-1} Na_2SO_4 或 KCl	$2H_2O = 2OH^- + H_2 - 2e^-$ (Pt) $2H_2O = 4H^+ + O_2 + 4e^-$ (Pt)	OH^-或 H^+、有机酸或碱

二、自动库仑分析

自动库仑分析法是基于库仑滴定法发展起来的自动滴定分析方法，也称为微库仑分析法。与库仑滴定法相似，在 100%电流效率下电解生成滴定剂，该电生滴定剂与被测物进行定量的化学反应，反应的等当点由电化学方法确定，并自动停止滴定。不同之处在于输入的电流随被测物质的浓度变化而不断变化，因此采用电子积分仪记录电解消耗的电量，再由计算机代入库仑定律中完成计算，自动给出滴定结果，整个滴定过程完全由仪器自动完成。正是由于滴定过程中电流不断变化，因此该法又称为动态库仑滴定分析法。

1. 工作原理

现以电生 Ag^+ 测定 Cl^- 为例讲解自动库仑分析法的原理。如图 11-7 所示，微库仑分析仪的电解池有四根电极，一根电极作为发生阴极（辅助电极），一根电极作为发生阳极（Ag 电极作为工作电极），它们组成一对工作电极，用于电解产生电生滴定剂。一根电极（饱和甘汞）为参比电极，一根电极（银电极或 Pt 电极）为指示电极，它们组成一对指示电极，用于指示滴定终点。电解质溶液为 $AgNO_3$ 溶液，为了防止干扰，通常将参比电极与辅助电极隔离放置在电解池较远处。在滴定开始前，指示电极在含 Ag^+ 的底液中的电极电位与参比电极的电极电位之间的差为 $E_{测}$。调节外加偏压 $E_{偏}$，使 $E_{测}=E_{偏}$，此时放大控制器的输入信号为零，其输出信号 $\Delta E=0$，电解电极对之间没有电流通过，$I_{电解}=0$，体系处于平衡。当被测物加入电解池后（含 Cl^- 的试样进入滴定池），由于被测物（Cl^-）与电生滴定剂（Ag^+）发生反应而使其浓度变化（$Ag^+ + Cl^- = AgCl\downarrow$，$Ag^+$ 浓度变小）。则 $E_{测} \neq E_{偏}$，$\Delta E \neq 0$，即平衡状态被破坏。此时放大控制器的输入信号为 ΔE，其输出信号产生一个对应于 ΔE 量的电流 I 流过滴定池。在阳极（银电极）上发生反应：$Ag = Ag^+ + e^-$；滴定池中继续发生次级反应：$Ag^+ + Cl^- = AgCl\downarrow$。当 Cl^- 未反应完全之前，$E_{测}$ 将始终不等于 $E_{偏}$，电解将不断进行。当加入的 Cl^- 反应完全后，Ag^+ 浓度低于初始值，电解电流将持续流过电解池直到溶液中 Ag^+ 浓度达到初始值。此时 $E_{测}=E_{偏}$，$\Delta E=0$，使 $I_{电解}=0$，体系重新平衡，电解停止。随着试样的不断加入，上述过程不断重复。在滴定过程中采用积分仪直接记录电解过程中消耗的电量，由仪器代入式（11-6）的库仑定律中，自动计算被测物质的含量。

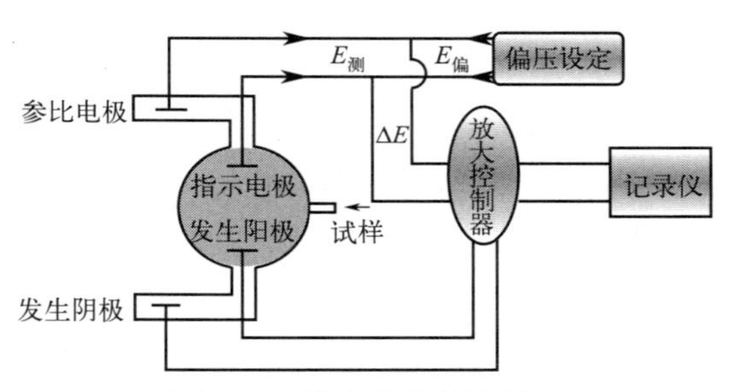

图 11-7　微库仑分析法原理

2. 几种重要的自动库仑分析方法

由于自动库仑分析法在整个滴定过程完全由仪器自动完成，该方法又具灵敏、快速、方便等特点，因此受到了广泛的关注。经科学家不断的努力研究和工业生产的发展，目前已经发展了许多自动库仑分析方法，下面介绍几种重要的自动库仑分析方法。

（1）钢铁试样中含碳量的自动库仑测定　应用库仑滴定自动测定钢铁中含碳量，其原理为：使钢样在通氧气的情况下在 1200℃左右燃烧，其中的碳经燃烧产生 CO_2 气体，导入一预定 pH 值的高氯酸钡溶液中，CO_2 被吸收后发生下述反应

$$Ba(ClO_4)_2 + H_2O + CO_2 = BaCO_3\downarrow + 2HClO_4$$

生成的 $HClO_4$ 使溶液的酸度提高。此时在铂工作电极上通过一定量的脉冲电流进行电解，产生一定量的 OH^-：

$$2H_2O + 2e^- = 2OH^- + H_2 \text{（阴极反应）}$$

产生的 OH^-中和上述反应中生成的 $HClO_4$，直至使溶液恢复到原来的 pH 值为止。所消耗的电量（即电解产生 OH^-所消耗的电量）相当于产生的 $HClO_4$ 量，而每摩尔的 $HClO_4$ 相当于一摩尔的碳，故可求出钢样中的含碳量。测定仪器用玻璃电极作指示电极，饱和甘汞电极作参比电极，以电位法指示溶液 pH 值的变化，到达终点时自动停止滴定，由计数器直接读出试样中的含碳量。如果对 CO_2 的吸收效率和电解效率都能够达到 100%，则此法可作为分析钢样的绝对方法。但实际上吸收效率难以达到 100%，因此在分析试样之前应使用已知含碳量的标准钢样校正仪器。

（2）污水中化学耗氧量的测定　化学耗氧量（COD）是评价水质污染程度的重要指标，它是指 1 dm^3 水中可被氧化的物质（主要是有机化合物）发生氧化反应所需的氧量。基于库仑滴定法设计的 COD 测定仪原理：用一定量的高锰酸钾标准溶液与水样加热反应后，剩余的高锰酸钾的量，用电解产生的亚铁离子进行库仑滴定

$$5Fe^{2+} + MnO_4^- + 8H^+ = Mn^{2+} + 5Fe^{3+} + 4H_2O$$

根据产生亚铁离子所消耗的电量，由仪器代入式（11-6）的库仑定律中，自动计算溶液中剩余高锰酸钾量，计算出水样的 COD。

（3）卡尔·费休法测定微量水　卡尔·费休（Karl Fisher）首先提出测定试剂中微量水含量的滴定分析方法，称为卡尔·费休法。该法所用的试剂为含有碘、二氧化硫、吡啶按 1∶3∶10 的摩尔比配成的甲醇溶液，称为卡尔·费休试剂。后来，Meyer 和 Bogd 等将卡尔·费休滴定法与库仑分析法相结合，用电解产生的 I_2 代替滴定加入的 I_2，建立了卡尔·费休法测定试剂中水含量的自动库仑分析法。该法可用来测定那些不与 SO_2 或 I_2 发生反应的试剂中的微量水，它不仅能用于测定液体、气体和固体试样中的微量水分含量，而且操作简单，易于自动化。其基本原理为利用 I_2 氧化 SO_2 时，水定量参与其化学反应

$$I_2 + SO_2 + 2H_2O \rightleftharpoons 2HI + H_2SO_4$$

以上反应为平衡反应，但吡啶的存在破坏了平衡，使平衡向右移动：

$$C_5H_5N\cdot I_2 + C_5H_5N\cdot SO_2 + C_5H_5N + H_2O = 2C_5H_5N\cdot HI + C_5H_5N{<}^{SO_2}_{O}$$

$$C_5H_5N{<}^{SO_2}_{O} + HOCH_3 \longrightarrow C_5H_5N{<}^{SO_4CH_3}_{H}$$

试剂中的吡啶中和生成的 HI，而甲醇能防止副反应发生。1 μg 水对应 10.722 mC 电量。

思考与练习题

1. 论述电解分析与库仑分析的关系。
2. 比较理论分析电压与析出电位的关系。
3. 析出电位与哪些因素有关？控制电位电解分离两物质，要求两物质的析出电

位相差多少？

4. 库仑分析法的基本依据是什么?库仑分析的误差来源有哪些？

5. 影响电流效率的因素有哪些?

6. 库仑分析与极谱分析都是在进行物质的电解，请问它们有什么不同？在实验操作上各自采用了什么措施？

7. 论述氢氧库仑计的工作原理。

8. 库仑滴定和极谱分析都需加入某一量较大的电解质，请问它们的作用是否相同，为什么？

9. 库仑分析要求 100%的电流效率，请问在恒电位和恒电流两种方法中采用的措施是否相同，是如何进行的？

10. 试比较微库仑分析法与库仑滴定法的主要异同点。

11. 用控制电位电解法分离 0.005 mol • L^{-1} Cu^{2+}和 0.50 mol • L^{-1} Ag^{+}，计算当阴极电位达到 Cu^{2+}开始还原时 Ag^{+}的浓度为多少?

12. 一种溶液中含有的 0.20 mol • L^{-1} Cu^{2+}和 0.10 mol • L^{-1} H^{+}于两个铂电极组成的电解池中进行电解。

（1）假定氢超电位忽略不计，问当氢气开始在阴极析出时，Cu^{2+}浓度是多少？

（2）假定氢超电位为 0.50 V，当氢气开始在阴极析出时，Cu^{2+}浓度是多少？

13. 用库仑滴定法测定防蚁制品中砷的含量。称取试样 6.39 g，溶解后用肼将 As（Ⅴ）还原为 As(Ⅲ）。在弱碱介质中由电解产生的 I_2 来滴定 As（Ⅲ）：

$$2I^- \longrightarrow I_2 + 2e^-$$

$$HAsO_3^{2-} + I_2 + 2HCO_3^- \longrightarrow HAsO_4^{2-} + 2I^- + 2CO_2 + H_2O$$

电流强度为 95.4 mA，经过 14 min 2 s 达到终点，计算试样中 As_2O_3（[$M_r(As_2O_3)$ = 197.8]）的质量分数。

14. 用库仑滴定法测定水中钙的含量。在 50.0 mL 氨性试液中加入过量的 $HgNH_3Y^{2-}$，使其电解产生的 Y^{4-}来滴定 Ca^{2+}。若电流强度为 0.018 A，则需要 3.50 min 到达终点，计算每毫升水中 $CaCO_3$ 的浓度为多少，并写出其电极反应方程。

15. 化学需氧量（COD）是指在一定条件下，1 L 水中可被氧化的物质，氧化时所需氧气的质量。现取水样 100 mL，在 10.2 mol • L^{-1} 硫酸介质中，以 $K_2Cr_2O_7$ 为氧化剂，回流消化 15 min，通过 Pt 阴极电极产生的亚铁离子与剩下的 $K_2Cr_2O_7$ 作用，电流 50.00 mA，20.0 s 后达到终点。Fe^{2+}标定电解池中的 $K_2Cr_2O_7$ 时用了 1.00 min，求水样的 COD 量。

第三部分　色谱分析法

第十二章　色谱分析法导论　270

第十三章　气相色谱法　300

第十四章　高效液相色谱法和超临界流体色谱法　330

第十二章　色谱分析法导论

第一节　色谱法的发展历史及其分类

一、色谱法的发展历史

色谱法（chromatography）是一种相对较新的非破坏性分离分析方法，它可以将多组分混合物分离成各个不同成分。色谱法在1906年由俄国的植物学家M. Tswett首次提出。如图12-1所示，他将植物提取物加在装有干燥固体碳酸钙颗粒（称固定相）的玻璃长管（称为填充色谱柱）上端，然后让洗脱剂（亦称流动相）石油醚自上而下流过。在石油醚不断冲洗下，原来在柱子上端的色素混合液逐渐向下移动。由于色素中各组分性质的差异，其与碳酸钙的作用力大小不同，作用力小的组分移动速度快，作用力大的组分移动速度慢，最后分离成不同颜色的清晰色带，分离出叶绿素、叶黄素和其他几种有色物质。由于希腊词"chroma"和"graphos"分别代表"颜色"和"谱图"的意思，Tswett把这种色带称为"chromatogram"，将这种方法称为"chromatography"。随着色谱法的不断发展，它的分离对象早已不限于有色物质了，如今已广泛用于无色物质的分离，也就是说，待分析样品的各组分被分离后，并非都是呈现有颜色的色谱带。"色谱法"虽已失去原来的含义，但色谱法这个名词却一直沿用至今。

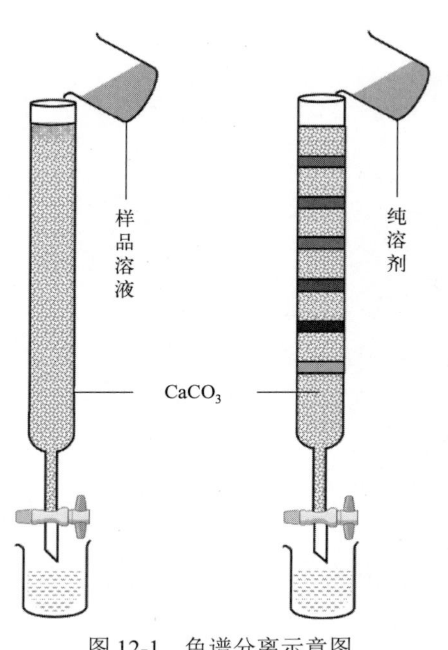

图12-1　色谱分离示意图

Tsweet发明色谱后，这种分析技术在相当长的时间内不受重视。直到1931年，德国Kuhn重复了Tswett的实验并分离出类胡萝卜素后，人们才开始重新重视这项分离技术。1935年人工合成离子交换树脂的成功，为Adams和Holmes发明离子交换色谱的广泛应用提供了物质基础。1938年苏联人Izmailov发明了薄层色谱，并将此法用于药物分析。1941年英国科学家Martin和Synge把含有一定量水分的硅胶填充到色谱柱中，然后将氨基酸的混合物溶液加入柱中，再用氯仿（三氯甲烷）淋洗，结果各种氨基酸得到分离。这种实验方法与Tswett的方法虽然在形式上相同，但是其分离原理完全不同，这种分离方法称为分配色谱法。1944年，Consden、Cordon和Martin首先描述了纸色谱法。Martin和Synge用此法成功地分离了氨基酸的各种成分。基于液液分配色谱的研究成果，Martin和Synge于1952年发表了第一篇气液色谱论文，提出了可分离和分析复杂多组分混合物质的气相色谱（GC）方法，为 GC 奠定了基础。Martin 和 Synge 也因在色谱法的研究中作出的重大贡献而荣获 1952 年的诺贝尔化学奖。1953 年 Janak 发明了气固色谱，1954 年 Ray 发明了热导池气相色谱检测器。1956 年荷兰学者 van Deemter 在总结前人经验的基础上提出 van Deemter（范第姆特）方程，使气相色谱的理论更加完善。1957 年，Golay 发明了高效能的毛细管柱，使色谱分离效能显著提高。20 世纪 50 年代末，Holme 将气相色谱与质谱联用，这是近代仪器分析发展的重要标志之一。1979 年气相色谱发展成毛细管气相色谱，并在很大程度上逐渐取代了传统的填充柱气相色谱。今天，GC 已成为应用最广泛的常规分析仪器之一。20 世纪 60 年代末，法国的 G. Aubouin 和美国的 Scott 等人，几乎同时各自创立了高效液相色谱法（HPLC）。由于 HPLC 比起 GC 来，对于挥发性小或无挥发性、热稳定性差、极性强的物质都能进行很好的分离和分析，使它的应用更为广泛，包括生物化学、生物医学、药物分析、石油化工、合成化学、环境监测、食品卫生等许多领域。随着 20 世纪 70 年代为仪器提供自动化控制的计算机技术的迅速发展，使 GC、HPLC、超临界流体色谱等色谱技术得到迅猛的发展。随着生物技术的兴起，20 世纪 80 年代后期毛细管电泳在全世界范围内迅速发展起来，它是一种新型的液相分离分析技术，是经典电泳和微柱分离的结合，被认为是 20 世纪 90 年代在色谱领域中最有影响的分支学科之一，它是继 HPLC 之后分离科学中的重大飞跃事件。与此同时，毛细管电泳与液相色谱技术的融合，又产生了毛细管电色谱。1954 年我国成功研制出第一台色谱仪，1974 年上海药物所成功研制出我国第一台自制高速液相色谱仪，在党的二十大实施科教兴国战略方针的指引下，中国科学家将在色谱领域创造出更多具有自主知识产权的新成果与新仪器。

色谱法由于能同时进行分离和分析而区别于其它方法，特别在对复杂样品、多组分混合物的分离等方面，色谱法的优势更为明显。但是色谱法的鉴别能力相对较弱，因此常将色谱分离法与其它方法联用，如气相色谱-质谱、气相色谱-傅里叶变换红外光谱、液相色谱-质谱、液相色谱-核磁共振波谱等。目前，色谱技术无论是在科学研究上，还是在国民经济发展领域及广大人民的生活中，都发挥着极其重要的作用。

二、色谱法的分类

色谱法从不同角度出发，有多种分类方法，例如：

（1）按流动相的物态，色谱法可分为气相色谱法（gas chromatography，GC，流动相为气体）、液相色谱法（liquid chromatography，LC，流动相为液体）和超临界流体色谱法（supercritical fluid chromatography，SFC，流动相为超临界流体）；按固定相的物态，又可分为气固色谱法（固定相为固体吸附剂）、气液色谱法（固定相为涂在固体载体上或毛细管壁上的液体）、液固色谱法和液液色谱法等。

（2）按固定相使用的形式，可分为柱色谱法（固定相装在色谱柱中）、纸色谱法（滤纸为固定相）和薄层色谱法（将吸附剂粉末制成薄层作固定相）等。

（3）按分离过程的机制，可分为吸附色谱法（利用吸附剂表面对不同组分的物理吸附性能的差异进行分离）、分配色谱法（利用不同组分在两相中有不同的分配系数来进行分离）、离子交换色谱法（利用离子交换原理）和尺寸排阻色谱法（利用多孔性物质对不同大小分子的排阻作用）等。

第二节　色谱流出曲线和术语

一、色谱流出曲线

色谱流出曲线

在色谱法中，当样品加入后，如图 12-2 样品中各组分随着流动相的不断向前移动而在两相间反复进行溶解/挥发或吸附/解吸。如果各组分在固定相中的分配系数（表示溶解或吸附的能力）不同，它们就有可能被分离。分配系数大的组分，在固定相中滞留的时间长，在柱内的移动速度慢，因而后流出柱子，分配系数小的组分则相反。

分离后的各组分的浓度经检测器转换成电信号而被记录下来，得到一条信号随时间变化的曲线，称为色谱流出曲线，也称为色谱峰，如图 12-3 所示。理想的色谱流出曲线应该是正态分布曲线。

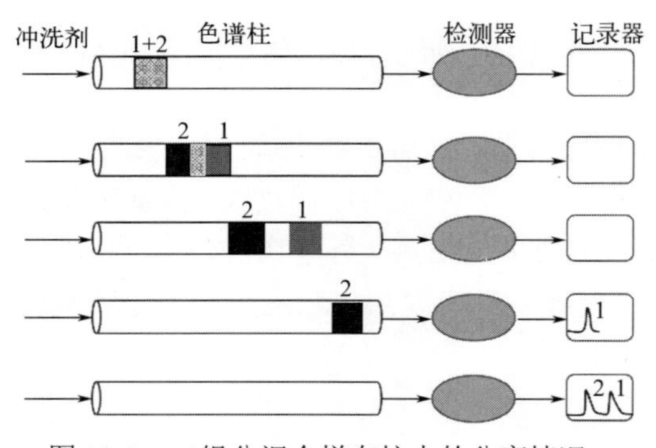

图 12-2　二组分混合样在柱中的分离情况

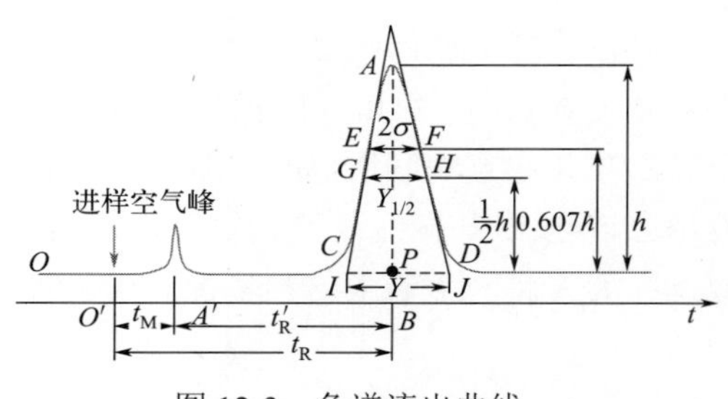

图 12-3　色谱流出曲线

二、基线

在正常操作条件下，仅有载气通过检测器时的色谱流出曲线称为基线。它反映仪器（主要是检测器）的噪声随时间的变化，换言之，基线反映了实验条件（包括检测器噪声、固定液流失、载气流速、温度等）的稳定情况。稳定的基线应是一条平行于横轴的直线，如图 12-3 的 *OD* 线。

（1）基线漂移　基线漂移指基线随时间定向的缓慢变化。

（2）基线噪声　无样品通过时，由仪器本身和工作条件等偶然因素引起的基线起伏被称为基线噪声。

（3）色谱峰　色谱峰指组分进入检测器时，检测器响应信号随时间（也可以用体积或纸距）变化的峰形曲线，如图 12-3 所示。通常在吸附等温线的线性范围内（进样浓度很低），流出曲线可视作正态分布曲线。不正常色谱峰则有两种：拖尾峰和前伸峰(一个组分的色谱)。

三、峰高

色谱峰顶点与基线之间的垂直距离，如图 12-3 中的 h。

四、区域宽度

色谱峰区域宽度是色谱流出曲线中的一个重要参数。从色谱分离角度着眼，区域宽度越窄越好。通常度量色谱峰区域宽度有三种方法。

（1）标准偏差（σ）　标准偏差为 0.607 倍峰高处色谱峰宽度的一半，如图 12-3 中 EF 的一半。

（2）半峰宽度（$Y_{1/2}$ 或 $W_{1/2}$）　又称半宽度或区域宽度，即峰高为一半处的宽度，如图 12-3 中 GH。半峰宽度与标准偏差的关系为

$$Y_{1/2} = 2\sigma\sqrt{2\ln 2} = 2.35\sigma \tag{12-1}$$

由于 $Y_{1/2}$ 易于测量，使用方便，所以常用它表示区域宽度。

（3）峰底宽度（Y 或 W）　自色谱峰两侧的转折点所作切线在基线上的截距为峰底宽度，如图 12-3 中的 IJ 所示。峰底宽度与标准偏差的关系为

$$Y = 4\sigma \tag{12-2}$$

五、保留值

表示试样中各组分在色谱柱中滞留时间的数值。通常用时间或用将组分带出色谱柱所需载气的体积来表示。如前所述，被分离组分在色谱柱中的滞留时间，主要取决于其在两相间的分配过程，因而保留值是由色谱分离过程中的热力学因素所控制的。在一定的固定相和操作条件下，任何一种物质都有一确定的保留值，这样保留值就可以作为定性参数。

（1）死时间（t_M）　指不被固定相吸附或溶解的气体（如空气、甲烷）从进样开始到柱后出现浓度最大值时所需的时间，如图 12-3 中 $O'A'$所示。显然，死时间正比于色谱柱的空隙体积。

（2）保留时间（t_R）　指被测组分从进样开始到柱后出现浓度最大值所需的时间，如图 12-3 中 $O'B$。

（3）调整保留时间（t'_R）　指扣除死时间后的保留时间，如图 12-3 中 $A'B$，即

$$t'_R = t_R - t_M \tag{12-3}$$

此参数可理解为：某组分由于溶解或吸附于固定相，比不溶解或不被吸附的组分在色谱柱中多滞留的时间。

（4）死体积（V_M）　指色谱柱在填充后柱管内固定相颗粒间所剩余的空间、色谱仪中管

路和连接头间的空间以及检测器的空间的总和。当后两项很小而可忽略不计时，死体积可由死时间与色谱柱出口的载气体积流量（$q_{V,0}$，单位为 mL • min^{-1}）来计算，即

$$V_M = t_M q_{V,0} \tag{12-4}$$

（5）保留体积（V_R） 指从进样开始到柱后被测组分出现浓度最大值时所通过的载气体积，即

$$V_R = t_R q_{V,0} \tag{12-5}$$

载气流量大，保留时间相应降低，两者乘积仍为常数，因此 V_R 与载气流量无关。

（6）调整保留体积（V'_R） 指扣除死体积后的保留体积，即

$$V'_R = V_R - V_M \tag{12-6}$$

同样，V'_R 与载气流量无关。死体积反映了柱和仪器系统的几何特性，它与被测物的性质无关，故保留体积值中扣除死体积后将更合理地反映被测组分的保留特性。

（7）相对保留值（r_{21}或α_{21}） 相对保留值指某组分 2 的调整保留值与另一组分 1 的调整保留值之比，即

$$r_{21} = \frac{t'_{R(2)}}{t'_{R(1)}} = \frac{V'_{R(2)}}{V'_{R(1)}} \neq \frac{t_{R(2)}}{t_{R(1)}} = \frac{V_{R(2)}}{V_{R(1)}} \tag{12-7}$$

相对保留值的优点是：只要柱温、固定相性质不变，即使柱径、柱长、填充情况及流动相流速有所变化，r_{21}值仍保持不变，因此它是色谱定性分析的重要参数。

r_{21}亦可用来表示固定相（色谱柱）的选择性。r_{21}值越大，相邻两组分的调整保留时间相差越大，分离得越好；$r_{21}=1$时，两组分不能被分离。

（8）保留指数（I） 1958 年 E. Kovats 提出了保留指数，又称 Kovats 指数。他把组分的保留行为换算成相当于含有几个碳的正构烷烃的保留行为，也就是以正构烷烃系列作为度量被测物质相对保留值的标准物。规定正构烷烃的保留指数为碳原子数的 100 倍。如正庚烷 $I=700$。若要测定某物质的保留指数，先选取两个正构烷烃，它们相差的碳数最好为 1 或 2，且它们其中一个的调整保留时间比待测物长，另一个比待测物短。设低碳数的正构烷烃碳数为 Z，高碳数的正构烷烃碳数为 $Z+n$。假定与待测物具有相同调整保留时间的正构烷烃碳数为 X，根据同系物调整保留时间的对数与碳原子数具有线性关系，则

$$\lg t'_{R(Z)} = aZ + b \tag{12-8a}$$

$$\lg t'_{R(Z+n)} = a(Z+n) + b \tag{12-8b}$$

$$\lg t'_{R(X)} = aX + b \tag{12-8c}$$

式中，a、b 为常数。消除上面三个公式中的常数 a、b 便得保留指数的公式为

$$I = 100\times\left(n\frac{\lg t'_{R(X)} - \lg t'_{R(Z)}}{\lg t'_{R(Z+n)} - \lg t'_{R(Z)}} + Z\right) = 100\times\left(n\frac{\lg\alpha_{(x,z)}}{\lg\alpha_{(z+n,z)}} + Z\right) \tag{12-9}$$

I 也可以使用调整保留体积 V_R'、k 等，其通用的公式为

$$I = 100\times\left(n\frac{\lg X_i - \lg X_Z}{\lg X_{Z+n} - \lg X_Z} + Z\right) \tag{12-10}$$

式中，X 为保留值，可以用调整保留时间 t_R'、调整保留体积 V_R'等；i 为被测物质；Z、$Z+n$ 为具有 Z 个和 $Z+n$ 个碳原子数的正构烷烃。被测物质的 X 值应恰在这两个正构烷烃的碳原子数值之间，即 $X_Z < X_i < X_{Z+n}$。

保留指数具有如下特点：

① 具有很好的重现性和准确度，其精密度可达正负 0.1 指数单位或更低，相对误差<1%。

② 保留指数与温度具有线性关系。

③ 保留指数与分子结构密切相关。

六、色谱流出曲线的意义

① 根据色谱峰的位置（保留值）可以进行定性鉴定；

② 根据色谱峰的面积或峰高可以进行定量测定；

③ 根据色谱峰的位置及其宽度，可以对色谱柱分离情况（柱效）进行评价。

第三节　色谱分析基本原理

色谱分离是一个非常复杂的过程，它是色谱体系热力学过程和动力学过程的综合表现。热力学过程是指与组分在体系中分配系数相关的过程；动力学过程是指组分在该体系两相间扩散和传质的过程。因此，要从热力学和动力学两方面来研究色谱行为。

一、分配过程

1. 分配系数（K）

色谱分离过程中，组分、流动相和固定相三者的热力学性质使不同组分在流动相和固定相中具有不同的分配系数，分配系数的大小反映了组分在固定相上的溶解/挥发或吸附/解吸的能力。分配系数大的组分在固定相上的溶解或吸附能力强，因此在柱内的移动速度慢。反之，分配系数小的组分在固定相上的溶解或吸附能力弱，在柱内的移动速度快。经过一定时间后，由于分配系数的差异，各组分在柱内形成差速移行，最终达到分离的目的。

在色谱分配过程中，假设考虑柱内极小一段的情况（图 12-2）。在一定的温度、压力条件下，组分在该一小段柱内发生的溶解/挥发或吸附/解吸的过程称为分配过程。当分配达到平衡时，组分在两相间的浓度之比为一常数，该常数称分配系数（或称分布系数，K）。其定义为

$$K=\frac{\text{组分在固定相中的浓度}}{\text{组分在流动相中的浓度}}=\frac{c_S}{c_M} \tag{12-11}$$

分配系数取决于组分和两相的热力学性质。在一定温度下，分配系数 K 小的组分在流动相中浓度大，先流出色谱柱；反之，分配系数 K 大的组分后流出色谱柱。两组分 K 值之比大

（不是指每一组分的 K 的绝对值越大），是获得良好色谱分离的关键。柱温是影响分配系数的一个重要参数，在其它条件一定时，分配系数与柱温的关系为：

$$\ln K = -\frac{\Delta_r G_m}{RT_c} \tag{12-12}$$

式中，$\Delta_r G_m$ 为标准状态下组分的自由能；R 为摩尔气体常数；T_c 为柱温。这是色谱分离的热力学基础。

组分在固定相中的 $\Delta_r G_m$ 通常是负值，所以分配系数与温度成反比，温度升高，分配系数变小。在气相色谱分离中，柱温是一个很重要的操作参数，温度的选择对分离影响很大，而对液相色谱分离的影响小。

2. 分配比（k）

在一定的温度、压力条件下，分配达平衡时，组分在两相中的总质量之比称为分配比 k，又称容量因子、容量比或分配容量。在实际工作中，常用分配比作为表征色谱分配平衡过程的参数。

$$k = \frac{m_S}{m_M} \tag{12-13}$$

式中，m_S 为分配在固定相中组分的质量；m_M 为分配在流动相中组分的质量。

3. 分配系数 K 与分配比 k 的关系

$$K = \frac{c_S}{c_M} = \frac{m_S / V_S}{m_M / V_M} = k\frac{V_M}{V_S} = k\beta \tag{12-14}$$

式中，V_M 为色谱柱中流动相的体积，即柱内固定相颗粒间的空隙体积；V_S 为色谱柱中固定相的体积，也称为柱的死体积（无效体积或孔隙体积），包括固定相颗粒之间和颗粒内部孔隙中的流动相体积。对于不同类型色谱分析，V_S 有不同含义，例如在气液色谱分析中它为固定液体积，在气固色谱分析中则为吸附剂表面容量。V_M 与 V_S 之比称为相比，以 β 表示，它反映了各种色谱柱柱型及其结构的重要特性。例如，填充柱的 β 值约为 6～35，毛细管柱的 β 值为 50～1500。

分配比与分配系数的不同在于分配比不但与组分和两相性质有关，而且还与两相体积有关。

由式（12-13）可得出如下结论：

① 分配系数是组分在两相中浓度之比，分配比则是组分在两相中质量之比。它们都与组分及固定相的热力学性质有关，并随柱温、柱压的变化而变化。

② 分配系数只取决于组分和两相性质，与两相体积无关。分配比不仅取决于组分和两相性质，还与相比有关，即组分的分配比随固定相的量而改变。

③ 对于一给定色谱体系（分配体系），组分的分离最终取决于组分在每相中的相对量，而不是相对浓度，因此分配比是衡量色谱柱对组分保留能力的重要参数。k 值越大，保留时间越长，k 值为零的组分，其保留时间即为死时间 t_M。

4. 基本保留方程

若流动相（载气）在柱内的线速度为 u，即一定时间里载气在柱中流动的距离（单位：

cm·s^{-1})。由于固定相对组分有保留作用，所以组分在柱内的线速度 u_S 将小于 u，则两速度之比称为滞留因子 R_s，即

$$R_s = \frac{u_S}{u} \tag{12-15}$$

若某组分的 $R_s = 1.3$，表明该组分在柱内的移动速度只有流动相速度的 1/3，显然 R_S 亦可用质量分数 ω 表示，即

$$R_S = \omega = \frac{m_M}{m_M + m_S} = \frac{1}{1+\frac{m_S}{m_M}} = \frac{1}{1+k} \tag{12-16}$$

组分和流动相通过长度为 L 的色谱柱，所需时间分别为

$$t_R = \frac{L}{u_S} \tag{12-17}$$

$$t_M = \frac{L}{u} \tag{12-18}$$

由式（12-15）～式（12-18）可得

$$t_R = t_M(1+k) \tag{12-19}$$

$$k = \frac{t_R - t_M}{t_M} = \frac{t'_R}{t_M} \tag{12-20}$$

式（12-19）和式（12-20）为色谱分离过程的基本保留方程。k 值可根据式（12-20）由实验测得。

二、塔板理论

1. 组分在各块塔板上的分配过程

Martin 等人于 1952 年提出的塔板理论是将色谱分离过程比作蒸馏过程，因而直接引用了处理蒸馏过程的概念、理论和方法来处理色谱过程，即将连续的色谱过程看作是许多小段平衡过程的重复。这个半经验理论把色谱柱比作一个分馏塔，这样，色谱柱可由许多假想的塔板组成（即色谱柱可分成许多个小段）。在每一小段（塔板）内，一部分空间为涂在担体上的液相占据，另一部分空间充满着载气（气相），载气占据的空间称为板体积（ΔV）。当欲分离的组分随载气进入色谱柱后，就在两相间进行分配。由于流动相在不停地移动，组分就在这些塔板间隔的气液两相间不断地达到分配平衡。塔板理论假定：

① 色谱柱内存在许多塔板，组分在塔板间隔（即塔板高度，H）内可以很快达到分配平衡。

② 载气进入色谱柱，不是连续的而是脉动式的，即每次进入一个板体积。

③ 试样开始时都加在 0 号塔板上，且试样沿色谱柱方向的扩散（纵向扩散）可忽略不计。

④ 分配系数在各塔板上是常数。

为简单起见，设色谱柱由 5 块塔板（$n=5$，n 为柱子的理论塔板数）组成，并以 r 表示塔板编号，等于 0, 1, 2, …, n–1，某组分的分配比 $k=1$，则根据上述假定，在色谱分离过程中该组分的分布可计算如下。

开始时，若有单位质量即 $m = 1$（单位：mg 或 μg）的该组分加到第 0 号塔板上，分配

达平衡后，由于 $k=1$，即 $m_S=m_M$，故 $m_S=m_M=0.5$，$m_M+m_S=1$。

当一个板体积（$1\Delta V$）的载气以脉动形式进入 0 号板时，就将气相中含有 m_M 部分组分的载气顶到 1 号板上，此时 0 号板液相中 m_S 部分组分及 1 号板气相中的 m_M 部分组分，将各自在两相间重新分配，故 0 号板上所含组分总量为 0.5，其中气液两相各为 0.25；而 1 号板上所含总量同样为 0.5，气液两相亦各为 0.25。以后每当一个新的板体积载气以脉动式进入色谱柱时，上述过程就重复发生，经数次分离后，各塔板上气液两相中组分如下：

塔板理论

塔板号r	0	1	2	3
进样$N=0$ $\begin{cases} m_M \\ m_S \end{cases}$	$\frac{0.5}{0.5}$			
进气$1\Delta V$ $\begin{cases} m_M \\ m_S \end{cases}$	$\frac{0.25}{0.25}$	$\frac{0.25}{0.25}$		
进气$2\Delta V$ $\begin{cases} m_M \\ m_S \end{cases}$	$\frac{0.125}{0.125}$	$\frac{0.125}{0.125}$	$\frac{0.125}{0.125}$	
进气$3\Delta V$ $\begin{cases} m_M \\ m_S \end{cases}$	$\frac{0.063}{0.063}$	$\frac{0.063+0.125}{0.125+0.063}$	$\frac{0.125+0.063}{0.063+0.125}$	$\frac{0.063}{0.063}$

按上述分配过程，对于 $n=5$，$k=1$，$m=1$ 的体系，随着脉动形式进入柱中板体积载气的增加，组分分布在柱内任一板上的总量（气相、液相总质量）见表 12-1。由表中数据可见，当 $\Delta V=5$ 时，即 5 个板体积载气进入柱子后，组分就开始在柱出口出现，进入检测器产生信号（见图 12-4，图中纵坐标 x 为组分在柱口出现的质量分数）。

表 12-1　组分在 $n=5$，$k=1$，$m=1$ 柱内任一板上的分配表

载气板体积数 N	不同塔板号 r 上的组分分配比					柱出口的组分分配比
	0	1	2	3	4	
0	1	0	0	0	0	0
1	0.5	0.5	0	0	0	0
2	0.25	0.5	0.25	0	0	0
3	0.125	0.375	0.375	0.125	0	0
4	0.063	0.25	0.375	0.25	0.063	0
5	0.032	0.157	0.313	0.313	0.157	0.032
6	0.016	0.095	0.235	0.313	0.235	0.079
7	0.008	0.056	0.164	0.274	0.274	0.118
8	0.004	0.0320	0.110	0.219	0.274	0.137
9	0.002	0.018	0.071	0.164	0.247	0.137
10	0.001	0.010	0.044	0.118	0.206	0.123
11	0	0.005	0.027	0.081	0.162	0.103
12	0	0.002	0.016	0.054	0.121	0.081
13	0	0.001	0.009	0.035	0.088	0.061
14	0	0	0.005	0.022	0.062	0.044
15	0	0	0.002	0.014	0.042	0.031
16	0	0	0.001	0.008	0.028	0.021

2. 流出曲线方程

由图 12-4 可以看出，组分从具有 5 块塔板的柱中冲洗出来的最大浓度是在载气板体积数为 8 和 9 时，流出曲线呈峰形但不对称。这是由于柱子的塔板数太少。当 $n>50$ 时，就可以得到对称的峰形曲线。在气相色谱中，n 值是很大的，约为 10^3～10^6，因而这时的流出曲线可趋近于正态分布曲线。

如果 $k \neq 1$，即 $m_M \neq m_S$，则组分在色谱柱中任一板上分配的质量分数，是符合 $(m_M + m_S)^N$ 二项式规律的，见表 12-2。

表 12-2　组分在 $n = 7$，$k = m_S / m_M$ 柱内任一板上的分配表

N \ 分配 r	0	1	2	3	4	5	6
0	1						
1	m_S	m_M					
2	m_S^2	$2m_Sm_M$	m_M^2				
3	m_S^3	$3m_S^2m_M$	$3\ m_Sm_M^2$	m_M^3			
4	m_S^4	$4m_S^3m_M$	$6\ m_S^2m_M^2$	$4\ m_Sm_M^3$	m_M^4		
5	m_S^5	$5m_S^4m_M$	$10\ m_S^3m_M^2$	$10\ m_S^2m_M^3$	$5\ m_Sm_M^4$	m_M^5	
6	m_S^6	$6m_S^5m_M$	$15\ m_S^4m_M^2$	$20\ m_S^3m_M^3$	$15\ m_S^2m_M^4$	$6\ m_Sm_M^5$	m_M^6

由表 12-2 可知，组分在色谱柱内的分配状态，可以用二项式准确地表示出来：

$$(m_M + m_S)^N \tag{12-21}$$

假设 $N=4$，则式（12-21）展开后得：

$$(m_M + m_S)^4 = m_S^4 + 4m_S^3m_M + 6m_S^2m_M^2 + 4m_Sm_M^3 + m_M^4 \tag{12-22}$$

当 $m_S = m_M = 0.5$，代入式（12-22）中得：

r	0	1	2	3	4
分配比	0.063	0.25	0.375	0.25	0.063

与表 12-1 中 $N=4$ 时相同。

当有 N 个脉冲进气体积的载气通入色谱柱后，被冲洗的组分在柱内任一板上的质量分数用 ${}^Nx_r$ 表示，可用第 r 板上二项式展开式给出：

$${}^Nx_r = \frac{N!}{r!(N-r)!}m_S^{N-r}m_M^r \tag{12-23}$$

例如当 $N=4$、$r=2$、$m_M = m_S = 0.5$ 时，代入式（12-23）中得：

$${}^4x_r = \frac{4!}{2!(4-2)!}\times 0.5^2 \times 0.5^2 = 0.375$$

与表 12-1 中 $N=4$、$r=2$ 时结果相一致。同时，从表 12-1 和图 12-4 还可以看出，当流出曲线进入极大值范围时，即 $N=8$、9 时，柱出口的值皆为 0.137，此时的载气板体积为 N_{max}。

实际上，在色谱分析过程中，N 和 r 的值都非常大，因此式（12-21）是不能用于真实计

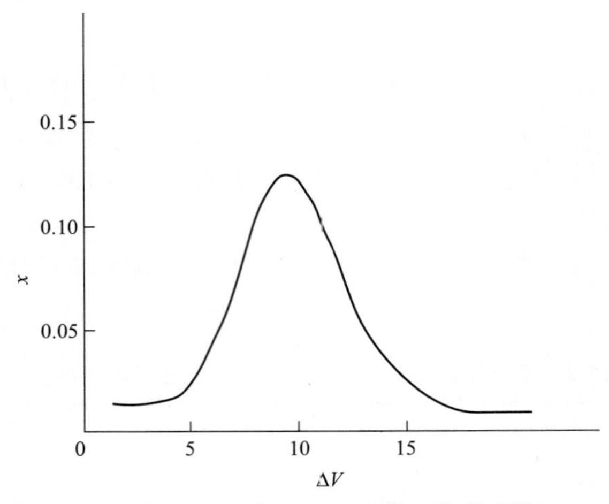

图 12-4　组分从 $n=5$ 柱中流出的曲线图

算的，要经过数学的泊松方法处理后，可变成：

$$^{N}x_{r}=\frac{1}{\sqrt{2\pi r}}\mathrm{e}^{-\frac{r}{2}\left(\frac{1-N}{N_{\max}}\right)^{2}} \tag{12-24}$$

从上式可以看出，$^{N}x_{r}$ 是一个概率分布函数，表示当色谱柱内有 N 个板体积载气通过时，色谱柱第 r 块塔板上的组分质量分数与 r、N、$N_{\max}$ 之间的关系。随着 N 数的增加，组分将逐渐离开色谱柱而进入检测器，此时检测器所量测的信号是柱内气相中的组分浓度 c_{G}（$\mathrm{g\cdot mL^{-1}}$ 或 $\mathrm{mg\cdot mL^{-1}}$）。所以需将 $^{N}x_{r}$ 换算成浓度。当进样量 ω 为克或毫克，单位板体积 ΔV 为毫升，$N_{\max}=r/m_{\mathrm{M}}$，而 $^{N}x_{r}\,m_{\mathrm{M}}$ 为第 r 板上组分在气相中的总质量分数。因此，组分在流动相中的浓度则为：

$$c_{\mathrm{G}}=m_{\mathrm{M}}\,{}^{N}x_{r}\frac{\omega}{\Delta V}=\frac{r\left({}^{N}x_{r}\right)\omega}{N_{\max}\Delta V} \tag{12-25}$$

由于式（12-25）中 $N_{\max}\Delta V=V_{\mathrm{R}}$，当 r 很大时，$r+1\approx n$，将此关系和式（12-24）代入式（12-25），最终可以得到流出曲线上的浓度 c_{G} 的关系式：

$$c_{\mathrm{G}}=\frac{\sqrt{n}\omega}{\sqrt{2\pi}V_{\mathrm{R}}}\mathrm{e}^{-\frac{n}{2}\left(1-\frac{V}{V_{\mathrm{R}}}\right)^{2}} \tag{12-26}$$

此式就是所求的塔板理论方程式，即色谱流出曲线方程式，呈正态分布。

以上讨论了单一组分在色谱柱中的分配过程。若试样为多组分混合物，则经过很多次的分配平衡后，如果各组分的分配系数有差异，则在柱出口处出现最大浓度时所需的载气板体积数亦将不同。由于色谱柱的塔板数相当多，因此分配系数有微小差异，仍可获得好的分离效果。

3. 柱效能指标——塔板数的计算

由塔板理论可导出 n 与色谱峰半峰宽度或峰底宽度的关系，即

$$n=5.54\times\left(\frac{t_{\mathrm{R}}}{Y_{1/2}}\right)^{2}=16\times\left(\frac{t_{\mathrm{R}}}{Y}\right)^{2} \tag{12-27}$$

而

$$H=\frac{L}{n} \tag{12-28}$$

式中，L 为色谱柱的长度；t_R 及 $Y_{1/2}$ 或 Y 用同一物理量的单位（时间或距离的单位）。由式（12-27）及式（12-28）可见，色谱峰越窄，塔板数 n 越多，理论塔板高度 H 就越小，此时柱效能越高，因而 n 或 H 可作为描述柱效能的一个指标。

理论塔板数 n 和理论塔板高度 H，似乎可以作为描述柱效能的一个很好的指标。但是在实际工作中，有时计算出来的 n 尽管很大，H 很小，色谱柱表现出来的实际分离效能却并不好，特别是对较早流出色谱柱的组分（t_R 较小）更为突出，其原因是 t_R 中包括死时间 t_M，而 t_M 并不参加柱内的分配，为此，提出了扣除死时间 t_M 的有效塔板数（$n_{有效}$）和有效塔板高度（$H_{有效}$）作为柱效能指标。其计算式为：

$$n_{有效}=5.54\times\left(\frac{t'_R}{Y_{1/2}}\right)^2=16\times\left(\frac{t'_R}{Y}\right)^2 \tag{12-29}$$

$$H_{有效}=\frac{L}{n_{有效}} \tag{12-30}$$

有效塔板数和有效塔板高度消除了死时间的影响，因而能较为真实地反映柱效能的好坏。应该注意，同一色谱柱对不同分离物的柱效能是不一样的，当用这些指标表示柱效能时，必须说明这是对什么物质而言的。

色谱柱的理论塔板数越大，表示组分在色谱柱中达到分配平衡的次数越多，固定相的作用就越显著，因而对分离越有利。但还不能预言并确定各组分是否有被分离的可能，因为分离的可能性取决于试样混合物在固定相中分配系数的差别，而不是取决于分配次数的多少，因此不应把 $n_{有效}$ 看作能否实现分离的依据，而只能把它看作是在一定条件下柱分离能力发挥程度的标志。

三、色谱的速率理论

（一）典型的色谱图

速率理论是在塔板理论的基础之上发展起来的，它吸收了塔板理论中理论塔板高度的概念，并同时考虑理论塔板高度的动力学因素。指出，填充性的柱效能受涡流扩散、分子扩散、传质阻力、载气流速等因素的影响，从而较好地解释了影响理论塔板高度的各种因素：

$$H=A+\frac{B}{u}+Cu \tag{12-31}$$

式中，A 为涡流扩散项系数；$\frac{B}{u}$ 为气体分子扩散项；C 为传质阻力项系数；u 为载气的流速。在 u 一定时，只有当 A、B、C 较小时，H 才能小，柱效才会高，反之则柱效较低，色谱峰扩张。

1. 涡流扩散项（A）

在填充色谱柱中，流动相通过填充物的不规则空隙时，其流动方向不断地改变，因而形成紊乱的类似“涡流”的波动。由于填充物的大小、形状各异以及填充的不均匀性，组分各分子在色谱柱中经过的通道直径和长度不同，因此它们在柱中的停留时间不等，最终导致色谱峰变宽（图 12-5）。色谱峰变宽的程度由下式决定：

$$A = 2\lambda d_p \tag{12-32}$$

上式表明，A 与填充物的平均直径 d_p 的大小和填充的不规则因子 λ 有关，而与流动相的性质、线速度和组分性质无关，使用粒度细和颗粒均匀的填料，均匀填充，是减小涡流扩散的有效途径。

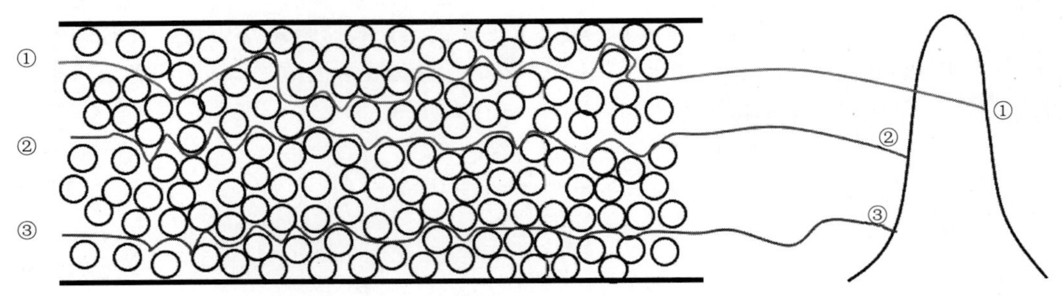

图 12-5　涡流扩散对色谱峰的影响

2. 气体分子扩散项（$\frac{B}{u}$）

当样品以“塞子”形式进入色谱柱后，便在色谱柱的轴向上造成浓度梯度，使组分分子产生浓差扩散（图 12-6），故该项也称为纵向扩散项。气体分子扩散项系数 B 为：

$$B = 2\gamma D_g \tag{12-33}$$

式中，γ 为填充柱内气体扩散路径弯曲的因素，也称弯曲因子；D_g 为组分在气相中的扩散系数，$m^2 \cdot s^{-1}$。气体分子扩散项系数 B 与组分在气相中的扩散系数 D_g 成正比，由于 D_g 除与组分性质有关外，还与组分在气相中的停留时间、载气的性质、柱温等因素有关。因此，为了减小 B 项，可采用较高的载气流速，使用分子量较大的载气，控制较低的柱温。

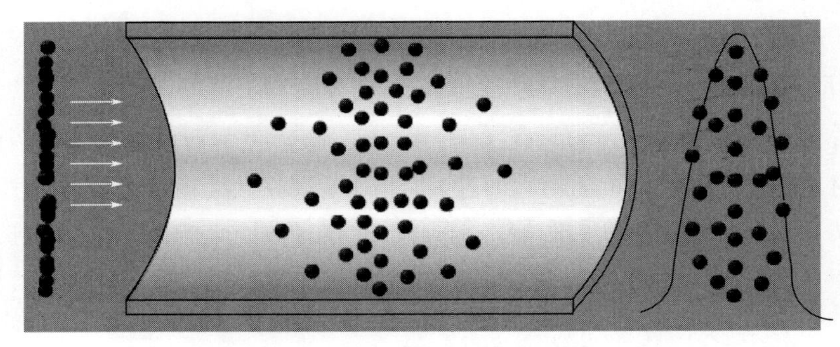

图 12-6　分子扩散导致色谱峰峰宽变宽

3. 传质阻力项（Cu）

样品混合物被载气带入色谱柱后，组分在气、液两相中分配，由于组分与固定相分子间的作用力，组分由气-液界面溶入固定相，进而扩散到固定相内部，而后趋向“分配平衡”。

由于载气流动，这种“平衡”被破坏。当纯净载气或含有组分的载气（比平衡时浓度低）到达后，固定相中组分的部分分子将回到气-液界面，而被载气带走（转移），如图 12-7 所示。这种溶解、平衡及转移的整个过程称为传质过程。影响此过程进行的阻力，称为传质阻力。由于传质阻力的存在，溶质分子在两相间不可能瞬间达到平衡，而造成分子超前和滞后。正是由于这种作用，增加了组分在固定相中的停留时间，使组分晚回到流动相中去，因此落后于原在气相中随同载气流动的该组分，使色谱峰展宽。传质阻力系数 C 包括气相传质阻力系数 C_g 和液相传质阻力系数 C_l，即 $C = C_g + C_l$。

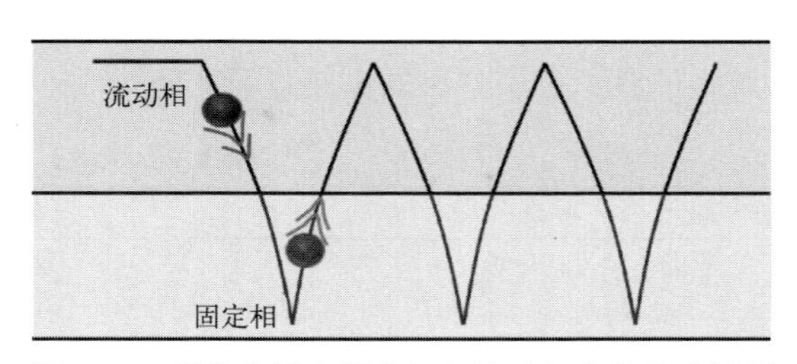

图 12-7　组分分子在固定相与流动相中的分配过程

气相传质阻力系数 C_g 为：

$$C_g=\frac{0.01^2}{(1+k)^2}\times\frac{d_p^2}{D_g} \tag{12-34}$$

式中，k 为容量因子。从上式可以看出，气相传质阻力与填充物粒度的平方成正比，与组分在载气流中的扩散系数成反比，因此，采用粒度小的填充物和分子量小的气体作载气，可减小 C_g，提高柱效。

与气相传质阻力一样，在气液色谱中，液相传质阻力也会引起谱峰的扩张，不过它是发生在气液界面和固定相之间，液相传质阻力系数 C_l 为：

$$C_l=\frac{2}{3}\times\frac{k}{(1+k)^2}\times\frac{d_f^2}{D_l} \tag{12-35}$$

由上式可见,减小固定液的液膜厚度 d_f，增大组分在液相中的扩散系数 D_l，可以减小 C_l。显然，降低固定液的含量，可以降低液膜厚度。但 k 值随之变小,又会使 C_l 增大,当固定液含量一定时，液膜厚度随载体的比表面积增加而降低。因此，一般采用比表面积较大的载体来降低膜厚度。应该指出，提高柱温，虽然可以增大 D_l，但会使 k 值减小，为了保持适当的 C_l 值，应该控制适宜的柱温。

综上得范第姆特方程：

$$H=2\lambda d_p+\frac{2\gamma D_g}{u}+\left[\frac{0.01^2}{(1+k)^2}\times\frac{d_p^2}{D_g}+\frac{2}{3}\times\frac{k}{(1+k)^2}\times\frac{d_f^2}{D_l}\right]\times u \tag{12-36}$$

这一方程对选择色谱分离条件具有实际指导意义，它指出了色谱柱填充的均匀程度、填充粒度的大小、流动相的种类及流速、固定相的液膜厚度等对柱效的影响。

但是应该指出，除上述造成谱峰扩宽的因素外，还应该考虑柱径、柱长等因素的影响。

速率理论能较好地解释色谱过程，得到了大家的公认。但是，速率理论却无法解决组分分配系数 K 的计算，有待色谱过程热力学来解释。

（二）液相速率理论

高效液相色谱法的基本概念及理论基础，如保留值、分配系数、分配比、分离度、塔板理论、速率理论等与气相色谱法是一致的，但有其不同之处。液相色谱法与气相色谱法的主要区别可归结于流动相的不同。液相色谱法的流动相为液体，气相色谱法的流动相为气体。液体的扩散系数只有气体的万分之一至十万分之一，液体的黏度比气体大一百倍，而密度为气体的一千倍左右（见表 12-3）。这些差别显然将对色谱过程产生影响。现根据速率理论对色谱峰扩展及色谱分离的影响讨论如下。

表 12-3 影响峰扩展的主要物理性质

参数	气体	液体
扩散系数 $D_m/(cm^3 \cdot s^{-1})$	10^{-1}	10^{-5}
密度 $\rho/(g \cdot cm^{-3})$	10^{-3}	1
黏度 $\eta/(g \cdot cm^{-1} \cdot s^{-1})$	10^{-4}	10^{-2}

1. 涡流扩散项（H_e）

$$H_e = 2\lambda d_p \tag{12-37}$$

其含义与气相色谱法的相同。

2. 纵向扩散项（H_d）

当试样分子在色谱柱内被流动相带向前时，由分子本身运动所引起的纵向扩散同样导致色谱峰的扩展。它与分子在流动相中的扩散系数 D_m 成正比，与流动相的线速度 u 成反比：

$$H_d = \frac{C_d D_m}{u} \tag{12-38}$$

式中，C_d 为一常数。由于分子在液体中的扩散系数比在气体中要小 4～5 个数量级，因此在液相色谱法中，当流动相的线速度大于 0.5 $cm \cdot s^{-1}$ 时，这个纵向扩散项对色谱峰扩展的影响实际上是可以忽略的；而气相色谱法中这一项却是重要的。

3. 传质阻力项

传质阻力项分为固定相传质阻力项和流动相传质阻力项。

（1）固定相传质阻力项（H_s） 试样分子从流动相进入固定液内进行质量交换的传质过程取决于固定液的液膜厚度 d_f，以及试样分子在固定液内的扩散系数 D_s：

$$H_s = \frac{C_s d_f^2}{D_s} u \tag{12-39}$$

式中，C_s 是与 k（容量因子）有关的系数。由上式可以看出，它与气相色谱法中液相传质项含义是一致的。由上式可见，对由固定相的传质所引起的峰扩展，主要从改善传质、加快溶质分子在固定相上的解吸等方面着手加以解决。对液-液分配色谱法，可使用薄的固定相层；而对吸附、排阻和离子交换色谱法，则可使用小的颗粒填料来解决。当然，使用扩散系数大的液相固定液，可改善传质。另外，减小流动相流速，亦可改善传质。不过这些都是与分子扩散作用相矛盾的，而后者还会增加分析时间。

（2）流动相传质阻力项 试样分子在流动相的传质过程有两种形式，即在流动的流动相中的传质和滞留的流动相中的传质。

① 流动的流动相中的传质阻力项（H_m）。当流动相流过色谱柱内的填充物时，靠近填充

物颗粒的流动相流动得稍慢一些，所以流动相在柱内的流速并不是均匀的，亦即靠近固定相表面的试样分子走的距离比中间的要短些。这种引起塔板高度变化的影响与线速度 u 和固定相粒度 d_p 的平方成正比，与试样分子在流动相中的扩散系数 D_m 成反比：

$$H_m = \frac{C_m d_p^2}{D_m} u \tag{12-40}$$

式中，C_m 是一常数，是容量因子 k 的函数，其值取决于柱直径、形状和填充的填料结构。当柱填料规则排布并紧密填充时，C_m 降低。

② 滞留的流动相中的传质阻力项（H_{sm}）。这是由于固定相的多孔性造成了某部分流动相滞留，这种滞留在固定相空隙间和微孔内的流动相一般是停滞不动的。流动相中的试样分子要与固定相进行质量交换，必须先自流动相扩散到滞留区。如果固定相的微孔既小又深，此时传质速率就慢，对峰的扩展影响就大，这种影响在整个传质过程中起着主要的作用。固定相的粒度愈小，它的微孔孔径愈大，传质途径也就愈小，传质速率也愈高，因而柱效就高。由于滞留区传质与固定相的结构有关，所以改进固定相就成为提高液相色谱柱效的一个重要问题。

滞留区传质阻力项 H_{sm} 为：

$$H_{sm} = \frac{C_{sm} d_p^2}{D_m} u \tag{12-41}$$

式中，C_{sm} 是一常数，它与颗粒微孔中被流动相所占据部分的分数以及容量因子有关。

综上所述，由柱内色谱峰扩展所引起的塔板高度的变化可归纳为：

$$H = 2\lambda d_p + \frac{C_d D_m}{u} + \left(\frac{C_m d_p^2}{D_m} + \frac{C_{sm} d_p^2}{D_m} + \frac{C_s d_f^2}{D_s} \right) u \tag{12-42}$$

若将上式简化，可写作：

$$H = A + \frac{B}{u} + Cu \tag{12-43}$$

上式与气相色谱的速率方程式在形式是一致的，其主要区别在于纵向扩散项可以忽略不计，影响柱效的主要因素是传质项。

根据以上讨论可知，要提高液相色谱分离的效率，必须提高柱内填料装填的均匀性并减小粒度以加快传质速率。薄壳型担体，即 30～40 μm 的实心核上覆盖 1～2 μm 厚的多孔硅胶，其有大的孔径和浅的孔道，这种担体可大大地提高传质速率，而大小均一的球形又为柱内填充均匀创造了良好的条件。由式（12-42）可以看出，H 近似正比于 d_p^2，减小粒度是提高柱效的最有效途径。早期，由于装柱技术的困难，小于 10 μm 的填料没有得到实际应用。只是 1973 年以后采用了湿法匀浆装柱技术，才使微粒型（＜10 μm）填料进入了实用阶段，目前 5 μm 的填料是广泛应用的高效柱的填料。选用低黏度的流动相，或适当提高柱温以降低流动相的黏度，都有利于提高传质速率，但提高柱温将降低色谱峰分辨率。降低流动相流速可降低传质阻力项的影响，但又会使纵向扩散增加并延长分析时间。可见在色谱分析过程中，各种因素是互相联系和互相制约的。

图 12-8 为典型的气相色谱法和液相色谱法的 H-u 曲线。由图可见，两者的形状有些相似，对应某一流速（最佳流速）都有一个板高的最小值，这个极小值就是柱效最高点；HPLC

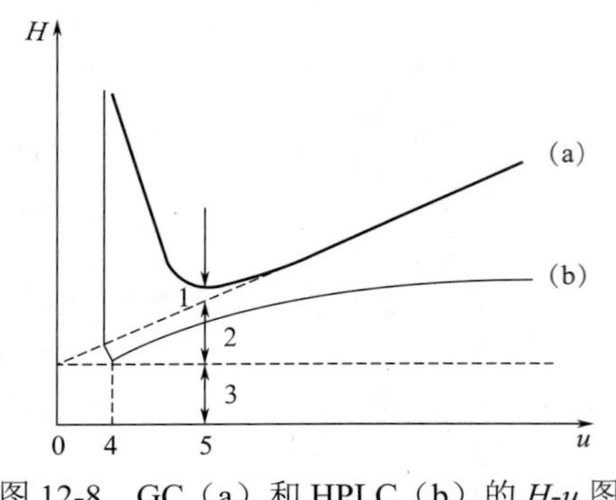

图 12-8 GC（a）和 HPLC（b）的 H-u 图

的板高极小值比GC的极小值要小很多，说明HPLC的柱效比 GC 的高很多；HPLC 的板高极小值对应的流速比 GC 的也要小很多。这也说明液相色谱分离在高的流动相流速下，不至于使柱效损失太多，有利于实现快速分离。然而应该指出的是，上述是早期使用较大颗粒度（几十微米）填料所得的结果。随着填料颗粒度的不断减少（<10 μm），它们的 H-u 曲线与气相色谱法基本相似，也出现一个最低值，只是分子扩散项对 H 的贡献要小得多，最佳线速度也小得多。

（三）影响谱带展宽的其它因素

1. 非线性色谱

速率理论虽然比较全面地考虑了两相中的传质和扩散，但仍假定等温线是线性的。事实上，等温线经常是非线性的。特别是在吸附色谱中，由于等温线的非线性决定了分配系数不是常数，而是浓度的函数，使谱带的高浓度区域（中心附近）和低浓度区域（前沿和尾部）的分子的移动速率不等，造成色谱峰“拖尾”或“伸舌”现象，从而使峰展宽。

2. 活性中心的影响

由于载体表面不完全惰性，即使涂布少量固定液后，在它表面存在的活性中心（如酸或碱活性中心）对极性强的组分仍会产生吸附，使这些组分释放的速度慢于其它分子而造成拖尾。解决办法是将载体预处理，除去或减少这些活性中心。

3. 柱外效应

在色谱柱以外的某些因素，使谱带展宽、降低柱的实际分离效率的现象称为柱外效应。造成柱外效应的因素有两类：柱前后死体积和与进样有关的技术。前者包括较大的气化器体积、连接管体积和检测器死体积等；后者包括进样速度慢、进样量大及汽化温度不够高等。这些因素对组分在两相中的分配系数不起任何作用，反而使组分初始带宽增加，加剧分子扩散，造成谱带展宽。因此，必须将柱外效应抑制到最低程度。

第四节 分离度

分离度是对两色谱峰分离程度的量度。图 12-9 说明柱效和选择性对分离度的影响。图 12-9(a) 两组分的保留值相差大，表示固定相对它们有足够的选择性，但柱效差，色谱峰宽。图 12-9（b）中两色谱峰窄，柱效高，但距离相差小，说明固定相的选择性差，选择因子(α)小。图 12-9（c）中两色谱峰窄，又有一定的距离，柱效和选择性都好。由此可知，柱效或柱选择性只能说明两组分在柱中的分离情况的一个方面，因此采用分离度来表示两色谱峰的实际分离程度。

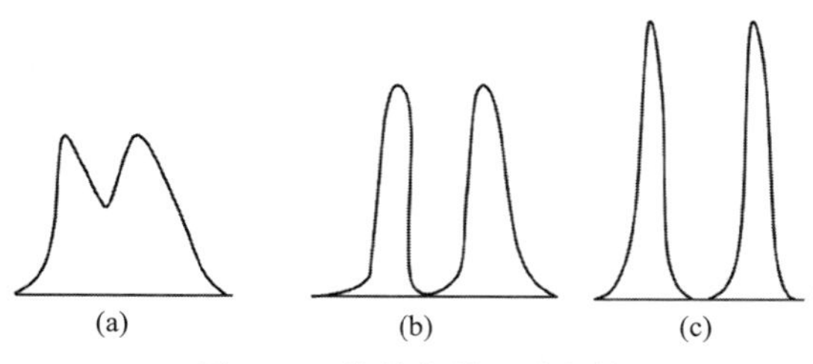

图 12-9　柱的柱效和选择性

分离度（R）又称分辨率或总分离效能指标，它的定义为相邻两组分的色谱峰保留值之差与峰底宽总和的一半的比值：

$$R=\frac{t_{R(2)}-t_{R(1)}}{\frac{1}{2}(Y_1+Y_2)} \quad (12\text{-}44)$$

式中，下角标（1）和（2）分别为第一和第二组分。分离度的另一种表示方法是用半峰宽代替峰底宽，这主要用在峰底宽度难以测量时：

$$R'=\frac{t_{R(2)}-t_{R(1)}}{\frac{1}{2}\left[Y_{1/2(1)}+Y_{1/2(2)}\right]} \quad (12\text{-}45)$$

R 和 R'的物理意义是一致的，但数值不同，$R = 0.59R'$，应用时要注意所采用的分离度的计算方法。

两组分保留时间的差别取决于固定相的热力学性质，差别越大，表示固定相对组分的选择性越高；两峰底宽越窄，表示柱效越高。

分离度可全面反映柱选择性和柱效，如图 12-9（c）所示。对于两个峰高相同的对称峰，达到基线分离时，$R = 1.5$，此时，两组分的分离程度达 99.87%，因此用 $R = 1.5$ 作为相邻两峰完全分离的指标。当 $R = 1.0$ 时，两峰分离程度达 97.72%。

对分离度的要求可以根据分析目的而定。在一般分析中，使用峰面积定量，$R = 1.0$ 已可满足要求。如用峰高定量，R 还可小些，但对于制备色谱，为了保证纯度，要求有足够大的 R。

第五节　基本分离方程

色谱分析中，对于多组分混合物的分离分析，在选择合适的固定相及实验条件时，主要针对其中难分离物质对，这就是说要抓主要矛盾。对于难分离物质对，由于它们的保留值差别小，可合理地认为 $Y_1 = Y_2 = Y$，$k_1 \approx k_2 = k$。由式（12-27）得：

$$\frac{1}{Y}=\frac{\sqrt{n}}{4}\times\frac{1}{t_R} \quad (12\text{-}46)$$

将上式及式（12-19）代入式（12-44），整理后可得：

$$R=\frac{\sqrt{n}}{4}\times\frac{\alpha-1}{\alpha}\times\frac{k}{1+k} \quad (12\text{-}47)$$

上式称为色谱分离基本方程式，它表明 R 随体系的热力学性质的改变而变化，也随色谱柱条件改变。若将式（12-27）除以式（12-29），并将式（12-19）代入，可得 n 与 $n_{有效}$（有效理论塔板数）的关系式：

$$n=\left(\frac{1+k}{k}\right)^2 n_{有效} \tag{12-48}$$

将式（12-48）代入式（12-47），则可得用有效理论塔板数表示的色谱分离基本方程式：

$$R=\frac{\sqrt{n_{有效}}}{4}\times\frac{\alpha-1}{\alpha} \tag{12-49}$$

1. 分离度与柱效的关系（柱效因子）

分离度与 n 的平方根成正比。当固定相确定，亦即被分离物质对的 α 确定后，欲使被分离物质达到一定的分离度，取决于 n。增加柱长可改进分离度，但增加柱长使各组分的保留时间增长，延长了分析时间并使峰产生扩展，因此在达到一定的分离度条件下应使用短一些的色谱柱。除增加柱长外，增加 n 值的另一办法是减小柱的 H 值，这意味着应制备一根性能优良的柱子，并在最优化条件下进行操作。

2. 分离度与容量比的关系（容量因子 k）

k 值大一些对分离有利，但并非越大越有利。观察表 12-4 中的数据，可见 $k>10$ 时 $k/(k+1)$的改变不大，对 R 的改进不明显，反而使分析时间人为延长。因此 k 值的最佳范围是 $1<k<10$，在此范围内，既可得到大的 R 值，亦可使分析时间不至过长，使峰的扩展不会太严重而对检测产生影响。

表 12-4　k 值对 $k/(k+1)$的影响

k	0.5	1.0	3.0	5.0	8.0	10	30	50
$k/(k+1)$	0.33	0.50	0.75	0.83	0.89	0.91	0.97	0.98

使 k 改变的方法包括改变柱温和改变相比。改变柱温会影响分配系数而使 k 改变；改变相比包括改变固定相量 V_s 及柱的死体积 V_M［见式（12-13）］，其中 V_M 影响 $k/(1+k)$，当组分的保留值较大而 V_M 又相当小时，$k/(1+k)$随 V_M 增加而急剧下降，导致达到相同的分离度所需 n 值大为增加。由此可见，使用死体积大的柱子，分离度要受到大的损失。采用细颗粒固定相，填充得紧密而均匀，可使柱死体积降低。

3. 分离度与柱选择性（选择因子 α）的关系

α是柱选择性的量度，α 越大，柱选择性越好，分离效果越好。在实际工作中，可由一定的α值和所要求的分离度，用式（12-49）计算柱子所需的有效理论塔板数。表 12-5 列出了根据式（12-49）计算得到的一些结果。这些结果表明，分离度 R 从 1.0 增加至 1.5，对应于各α 值所需的有效理论塔板数大致增加一倍。从表 12-5 还可看出，在一定的分离度下，大的α 值可在有效理论塔板数小的色谱柱上实现分离。例如，当α 值为 1.25 时，获得分离度为 1 的色谱柱的有效理论塔板数为 400，只要把α 值增至 1.50，在此柱上的分离度就可增大到 1.50 以上。因此，增大α值是提高分离度的有效办法。

表 12-5　在给定的α值下，获得所需分离度对有效塔板数的要求

α	$n_{有效}$	
	$R=1.0$	$R=1.5$
1.00	∞	∞
1.005	650000	1450000
1.01	163000	367000
1.02	42000	94000
1.05	7100	16000
1.07	3700	8400
1.10	1900	4400
1.15	940	2100
1.25	400	900
1.50	140	320
2.0	65	145

当α值为 1 时，分离所需的有效理论塔板数为无穷大，故分离不能实现。在α值相当小的情况下，特别是当$\alpha<1.1$ 时，实现分离所需的有效理论塔板数很大，此时首要的任务应当是增大α值。如果两相邻峰的α值已足够大，即使色谱柱的理论塔板数较小，分离亦可顺利地实现。

增加α简便而有效的方法是改变固定相，使各组分的分配系数有较大差别。应用上述同样的处理方法可将分离度、柱效和选择性参数联系起来：

$$R=\frac{t_{R(2)}-t_{R(1)}}{\frac{1}{2}(Y_1+Y_2)}=\frac{2\left[t'_{R(2)}-t'_{R(1)}\right]}{Y_1+Y_2}=\frac{t'_{R(2)}-t'_{R(1)}}{Y} \tag{12-50}$$

$$Y=\frac{t'_{R(2)}-t'_{R(1)}}{R} \tag{12-51}$$

$$n_{有效}=16\left[\frac{t'_{R(2)}}{Y}\right]^2=16\left[\frac{t'_{R(2)}R}{t'_{R(2)}-t'_{R(1)}}\right]^2=16R^2\left[\frac{\alpha}{\alpha-1}\right]^2 \tag{12-52}$$

$$L=16R^2\left(\frac{\alpha}{\alpha-1}\right)^2 H_{有效} \tag{12-53}$$

因而只要已知两个指标，就可估算出第三个指标。

例题：两个色谱峰的调整保留时间分别是 55 s 和 83 s，若所用柱的塔板高度为 1.1mm，两个峰具有相同的峰宽，完全分离两组分需要的色谱柱为多长？

解：

$$\alpha=\frac{t'_{R(2)}}{t'_{R(1)}}=\frac{83}{55}=1.5$$

$$L=16R^2\left(\frac{\alpha}{\alpha-1}\right)^2 H_{有效}$$

$$=16\times1.5^2\left(\frac{1.5}{1.5-1}\right)^2\times1.1=356.4(\text{mm})$$

第六节 定性分析

色谱分析的依据为利用色谱图确定各色谱峰所代表的化合物。常用的方法：纯物质对照保留值定性、利用检测器的选择性定性和与其它方法结合定性等。

一、根据色谱保留值进行定性分析

各种物质在一定的实验条件下（固定相、操作条件），均有确定不变的保留值。利用已知成分的纯物质与未知试样的色谱峰对照可进行定性分析。

1. 利用保留值定性

当已知某试样推测为某化合物（例如已用其他方法确定）时，用相应化合物的纯物质进行比较，有相同的峰形和保留值的则为同一种化合物。例如混合物中丙醇的定性：在同一色谱柱中，注入色谱纯丙醇。如果保留时间相同，峰形不同，仍不能认为是同一种物质。此时，可将试样与纯物质混合后注入色谱柱，若色谱峰增高而半峰宽并不相应增加，则两者可能是同一种物质。其缺点为重复性较差。

2. 利用相对保留值定性

利用相对保留值定性可以消除某些操作条件的影响，只要柱温、固定相不变，即使柱径、柱长、填充情况及流动相的流速有所变化，相对保留值γ仍然不变，它是色谱定性分析的重要参数。

二、GC中的联用方法定性

气相色谱法具有很高的分离效能，然而它不能对已分离的组分直接定性。用以上所提到的方法定性，也常因没有纯物质或保留值相近而无法直接定性分析。

质谱法、红外光谱法、核磁共振等，特别适用于单一组分定性。因此，将气相色谱与这些仪器联用，就能发挥各自的长处，解决组成复杂的混合物的定性问题。

近几年，联用技术发展的特点是：提高了仪器的灵敏度并加快了谱图的扫描速度，使色谱与质谱、色谱与红外直接联用，分离和定性同时进行，当色谱分离完毕，质谱或红外谱图也同时得到。这时，质谱和红外就是色谱的定性检测器。

（1）色谱-质谱联用

色谱-质谱联用是最常用的一种联用方式。这是由于质谱灵敏度高，扫描速度快，并能准确测得未知物分子量。因此，色谱-质谱联用是目前解决复杂未知物定性分析的有效工具之一。

（2）色谱-红外联用

红外光谱对纯物质有特征性很高的红外光谱图，因此常用它对官能团定性，而且红外光谱有大量的标准谱图可查。红外光谱的缺点是灵敏度较低，色谱馏出的组分需收集后才能用红外定性。

近年来，红外光谱仪器系统不断改进、发展，所需样品量大为减少。已有红外与色谱直接相连的仪器。色谱分离后的样品，可用红外直接定性，大大缩短了分析时间，简化了分析步骤。

三、LC中的辅助技术定性

液相色谱中，对于未知物结构的确定，也常常使用一些辅助技术，最常用的有质谱、红外、核磁共振等。

使用非在线联用技术时首先收集色谱分离后的纯样品。

收集后的组分要尽快进行分析，避免在放置时发生变化。去除收集液中流动相的方法是将收集液置于红外灯下加热，往收集液中缓缓通入纯的氮气流，或通过减压蒸馏去除。存在于流动相中的不挥发缓冲剂，可用提取等方法除去。显然，选择哪种除溶剂方法，要根据使用流动相的组成及性质而定。

去除溶剂的组分，即可进行质谱、红外等的分析。

四、与化学方法配合进行定性分析

带有某些官能团的化合物，经一些特殊试剂处理，发生物理变化或化学反应后，其色谱峰将会消失、提前或移后，比较处理前后色谱图的差异，就可初步辨认试样含有哪些官能团。使用这种方法时可直接在色谱系统中装上预处理柱。如果反应过程进行较慢或进行复杂的试探性分析，也可使试样与试剂先在注射器内或者其它小容器内反应，再将反应后的试样注入色谱柱。

五、利用检测器的选择性进行定性分析

不同类型的检测器对各种组分的选择性和灵敏度是不相同的，例如热导池检测器对无机物和有机物都有响应，但灵敏度较低；氢焰电离检测器对有机物灵敏度高，而对无机气体、水分、二硫化碳等响应很小，甚至无响应；电子捕获检测器只对含有卤素、氧、氮等电负性强的组分有较高的灵敏度。又如火焰光度检测器只对含硫、磷的物质有信号。碱盐氢焰电离检测器对含卤素、硫、磷、氮等杂原子的有机物特别灵敏。利用不同检测器具有不同的选择性和灵敏度，可以对未知物大致分类定性。

第七节　定量分析

在一定操作条件下，分析组分 i 的质量（m_i）或其在载气中的浓度与检测器的响应信号

（色谱图上表现为峰面积 A_i 或峰高 h_i）成正比，可写作：

$$m_i = f_i' A_i \tag{12-54}$$

这就是色谱定量分析的依据。由上式可见，在定量分析中需要：①准确测量峰面积；②准确求出比例常数 f_i'（称为定量校正因子）；③根据上式正确选用定量计算方法，将测得组分的峰面积换算为质量分数。下面分别讨论。

一、峰面积测量法

峰面积的测量直接关系到定量分析的准确度。常用且简便的峰面积测量方法（根据峰形的不同）有如下几种。但应注意，在同一分析中，只能用同一种近似测量方法。

1. 峰高乘半峰宽法

当色谱峰为对称峰时可采用此法。根据等腰三角形面积的计算方法，可以近似认为峰面积等于峰高乘以半峰宽：

$$A = hY_{1/2} \tag{12-55}$$

这样测得的峰面积为实际峰面积的 0.94 倍，实际上峰面积应为：

$$A = 1.065hY_{1/2} \tag{12-56}$$

显然，在作绝对测量时（如测灵敏度），应乘以 1.065。但在相对计算时，1.065 可约去。

由于此法简单、快速，所以经常在实际工作中使用；但对于不对称峰、很窄或很小的峰，由于 $Y_{1/2}$ 测量误差较大，就不能应用此法。

2. 峰高乘峰底宽度法

这是一种作图求峰面积的方法。这种作图法测得的峰面积约为真实面积的 0.98 倍。对于矮而宽的峰，此法更准确些。

3. 峰高乘平均峰宽法

对于不对称色谱峰使用此法可得较准确的结果。所谓平均峰宽是指在峰高 0.15 和 0.85 处峰宽的平均值：

$$A = h\frac{(Y_{0.15} + Y_{0.85})}{2} \tag{12-57}$$

4. 峰高乘保留值法

在一定操作条件下，同系物的半峰宽与保留时间成正比，即 $Y_{1/2} \propto t_R$，在相对计算时，把系数约去，可得：

$$A = hY_{1/2} = ht_R \tag{12-58}$$

此法适用于狭窄的峰，是一种简便快速的测量方法，常用于工厂控制分析。

5. 积分仪

积分仪或称数据处理机是测量峰面积最方便的工具，速度快，线性范围宽，精度一般可达 0.2%～2%，对小峰或不对称峰也能得出较准确的结果。数字电子积分仪能以数字的形式把峰面积和保留时间打印出来。

随着计算机技术在分析仪器上的广泛应用，许多色谱仪器已配有称为“色谱工作站”的微型计算机控制系统，它不仅具有积分仪的所有功能，还能对仪器进行实时控制，对色谱输出信号进行自动数据采集和处理，以可视的图像和数据形式监控整个分析过程，以报告格式给出定量、定性分析结果，使测定的精度、灵敏度、稳定性和自动化程度都大为提高。

二、定量校正因子

色谱定量分析是基于被测物质的量与其峰面积的正比关系。但是由于同一检测器对不同的物质具有不同的响应值，所以两个相等量的物质出的峰面积往往不相等，这样就不能用峰面积来直接计算物质的含量。为了使检测器产生的响应信号能真实地反映出物质的含量，就要对响应值进行校正，因此引入“定量校正因子”（quantitative calibration factor）。

前已述及，在一定的操作条件下，进样量（m_i）与响应信号（峰面积 A_i）成正比：

$$m_i = f'_i A_i$$

或写作：

$$f'_i = \frac{m_i}{A_i} \tag{12-59}$$

式中，f'_i 为绝对质量校正因子，也就是单位峰面积所代表物质的质量。f'_i 主要由仪器的灵敏度决定，它既不易准确测定，也无法直接应用。所以在定量工作中都是用相对校正因子，即某物质与一标准物质的绝对校正因子之比值，平常所指及文献查得的校正因子也都是相对校正因子。常用的标准物质，热导池检测器使用的是苯，氢焰检测器是正庚烷。按被测组分使用计量单位的不同，可分为质量校正因子、摩尔校正因子和体积校正因子（通常把相对二字略去）。

1. 质量校正因子（f_m）

这是一种最常用的定量校正因子，即：

$$f_m = \frac{f'_{i(m)}}{f'_{s(m)}} = \frac{A_s m_i}{A_i m_s} \tag{12-60}$$

式中，下标 i、s 分别代表被测物和标准物质。

2. 摩尔校正因子（f_M）

如果以摩尔质量计量，则：

$$f_M = \frac{f'_{i(M)}}{f'_{s(M)}} = \frac{A_s m_i M_s}{A_i m_s M_i} = f_m \frac{M_s}{M_i} \tag{12-61}$$

式中，M_i、M_s 分别为被测物和标准物质的摩尔质量。

3. 体积校正因子（f_V）

如果以体积计量（气体试样），则体积校正因子就是摩尔校正因子，这是因为 1 mol 任何气体在标准状态下其体积都是 22.4 L。

$$f_{V}=\frac{f'_{i(V)}}{f'_{s(V)}}=\frac{A_s m_i M_s \times 22.4}{A_i m_s M_i \times 22.4}=f_m \frac{M_s}{M_i} \tag{12-62}$$

对于气体分析，使用摩尔校正因子可得体积分数。

4. 相对响应值（s'）

相对响应值是物质 i 与标准物质 s 的响应值（灵敏度）之比。单位相同时，它与校正因子 f' 互为倒数，即：

$$s'=\frac{1}{f'} \tag{12-63}$$

s' 和 f' 只与试样、标准物质以及检测器类型有关，而与操作条件和柱温、载气流速、固定液性质等无关，因而是一个能通用的常数。表 12-6 列出了一些校正因子数据。

表 12-6 一些化合物的校正因子

化合物	沸点/℃	分子量	热导检测器		氢火焰检测器
			f_M	f_m	f_m
甲烷	−160	16	2.8	0.45	1.03
乙烷	−85	30	1.96	0.59	1.03
丙烷	−42	44	1.55	0.68	1.02
丁烷	−0.5	58	1.18	0.68	0.91
乙烯	−104	28	2.08	0.59	0.98
乙炔	−83.6	26	—	—	0.94
苯	80	78	1	0.78	0.89
甲苯	110	92	0.86	0.79	0.94
环己烷	81	84	0.88	0.74	0.99
甲醇	65	32	1.82	0.58	4.35
乙醇	78	46	1.39	0.64	2.18
丙酮	56	58	1.16	0.68	2.04
乙醛	21	44	1.54	0.68	—
乙醚	35	74	0.91	0.67	—
甲酸	100.7	—	—	—	1
乙酸	118.2	—	—	—	4.17
乙酸乙酯	77	88	0.9	0.79	2.64
氯仿	—	119	0.93	1.1	—
吡啶	115	79	1	0.79	—
氨	33	17	2.38	0.42	—
氮	—	28	2.38	0.64	—
氧	—	32	2.5	0.8	—
CO_2	—	44	2.08	0.92	—
CCl_4	—	154	0.93	1.43	—
水	100	18	3.03	0.55	—

校正因子的测定方法是，准确称量被测组分和标准物质，混合后，在实验条件下进样分析（注意进样量应在线性范围之内），分别测量相应的峰面积，由式（12-60）、式（12-61）计算质量校正因子、摩尔校正因子。如果数次测量数值接近，可取其平均值。

三、几种常用的定量计算方法

1. 归一化法（normalization method）

当试样中各组分都能流出色谱柱，并在色谱图上显示色谱峰时，可用此法进行定量计算。

假设试样中有 n 个组分，每个组分的质量分别为 m_1，m_2，…，m_n，各组分质量的总和 m 为 100%，其中组分 i 的质量分数 ω_i 可按下式计算：

$$\begin{aligned}\omega_i &= \frac{m_i}{m}\times 100\% = \frac{m_i}{m_1+m_2+\cdots+m_i+\cdots+m_n}\times 100\% \\ &= \frac{A_i f_i}{A_1 f_1 + A_2 f_2 + \cdots + A_i f_i + \cdots + A_n f_n}\times 100\%\end{aligned} \tag{12-64}$$

若 f_i 为质量校正因子，则得质量分数；如为摩尔校正因子，则得摩尔分数或体积分数（气体）。

若各组分的 f 值相近或相同，例如同系物中沸点接近的各组分，则上式可简化为：

$$\omega_i = \frac{A_i}{A_1 + A_2 + \cdots + A_i + \cdots + A_n}\times 100\% \tag{12-65}$$

对于狭窄的色谱峰，也有用峰高代替峰面积来进行定量测定的。当各种操作条件严格保持不变时，在一定的进样量范围内，峰的半宽度是不变的，因此峰高就直接代表某一组分的量。这种方法快速简便，最适合于工厂和一些具有固定分析任务的化验室使用。此时

$$\omega_i = \frac{h_i f''_i}{h_1 f''_1 + h_2 f''_2 + \cdots + h_i f''_i + \cdots + h_n f''_n}\times 100\% \tag{12-66}$$

式中，f''_i 为峰高校正因子。此值需自行测定，测定方法同峰面积校正因子，不同的是用峰高来代替峰面积。

归一化法的优点是：简便、准确；当操作条件，如进样量、流速等变化时，对结果影响小。

2. 内标法（internal standard method）

当只需测定试样中某几个组分，而且试样中所有组分不能全部出峰时，可采用此法。

所谓内标法是将一定量的纯物质作为内标物，加入准确称取的试样中，根据被测物和内标物的质量及其在色谱图上相应的峰面积比，求出某组分的含量。例如要测定试样中组分 i（质量为 m_i）的质量分数 ω_i，可于试样中加入质量为 m_s 的内标物，试样质量为 m，则

$$m_i = f'_i A_i$$

$$m_s = f'_s A_s$$

$$\frac{m_i}{m_s} = \frac{f'_i A_i}{f'_s A_s}$$

$$m_i = \frac{f'_i A_i}{f'_s A_s} m_s$$

$$\omega_i = \frac{m_i}{m}\times 100\% = \frac{A_i f'_i}{A_s f'_s}\times\frac{m_s}{m}\times 100\% \tag{12-67}$$

一般常以内标物为基准，则 $f_s=1$，此时计算可简化为

$$\omega_i=\frac{A_i}{A_s}\times\frac{m_s}{m}\times f_i\times100\% \tag{12-68}$$

由上述计算式可以看到，本法是通过测量内标物及欲测组分的峰面积的相对值来进行计算的，因而由于操作条件变化而引起的误差，都将同时反映在内标物及欲测组分上而得到抵消，所以可得到较准确的结果。这是内标法的主要优点，并在很多仪器分析方法上得到了应用。

内标物的选择是相当重要的。它应该是试样中不存在的纯物质；加入的量应接近于被测组分；同时要求内标物的色谱峰位于被测组分色谱峰附近，或几个被测组分色谱峰的中间，并与这些组分完全分离；还应注意内标物与欲测组分的物理及物理化学性质（如挥发度、化学结构、极性以及溶解度等）要相近，这样当操作条件变化时，更有利于内标物及欲测组分作匀称的变化。

此法优点是定量较准确，而且不像归一化法有使用上的限制；但每次分析都要准确称取试样和内标物的质量，因而它不宜作快速控制分析。

例题：取二甲苯生产母液 1500 mg，母液中含有乙苯、对二甲苯、邻二甲苯、间二甲苯及溶剂和少量苯甲酸，其中苯甲酸不能出峰。以 150 mg 壬烷作内标物，测得有关数据如下：

物质	壬烷	乙苯	对二甲苯	间二甲苯	邻二甲苯
A_i/cm^2	98	70	95	120	80
f'_m	1.02	0.97	1.00	0.96	0.98

求各组分的含量。

解：母液中苯甲酸不能出峰，所以只能用内标法计算。由各组分的绝对校正因子计算得壬烷、乙苯、对二甲苯、间二甲苯、邻二甲苯的相对校正因子分别为 1.00、0.95、0.98、0.94、0.96。

根据内标法计算公式，对于乙苯有：

$$\omega_i=\frac{m_i}{m}\times100\%=\frac{A_if'_i}{A_sf'_s}\times\frac{m_s}{m}\times100\%=0.95\times\frac{70\times150}{98\times1500}\times100\%=6.79\%$$

同样可以计算出对二甲苯、间二甲苯、邻二甲苯的质量分数分别为 9.5%、11.5%、7.84%。

3. 内标标准曲线法

内标标准曲线法是简化的内标法。若称量同样量的试样混合物，加入恒定量的内标物，则式（12-67）中 $f'_im_s/(f'_sm)\times100\%$ 为一常数，此时

$$\omega_i=\frac{A_i}{A_s}\times 常数 \tag{12-69}$$

亦即被测物的质量分数与 A_i/A_s 成正比关系，以 ω_i 对 A_i/A_s 作图将得一直线（图 12-10）。

制作标准曲线时，先将欲测组分的纯物质配成不同浓度的标准溶液。取固定量的标准溶液和内标物（m 与 m_s 固定），混合后进样分析，由色谱图可测得 A_i 和 A_s，以 A_i/A_s 对标准溶液中物质 i 的质量分数 ω_i 作图。分析时，取与制作标准曲线时所用量相同的试样和内标物，测出其峰面积比，从标准曲线上直接查出被测物的含量。若各组分相对密度比较接近，可用

量取体积代替称量，则方法更为简便。此法不必测出校正因子，消除了某些操作条件的影响，也不需严格定量进样，适合于液体试样的常规分析。

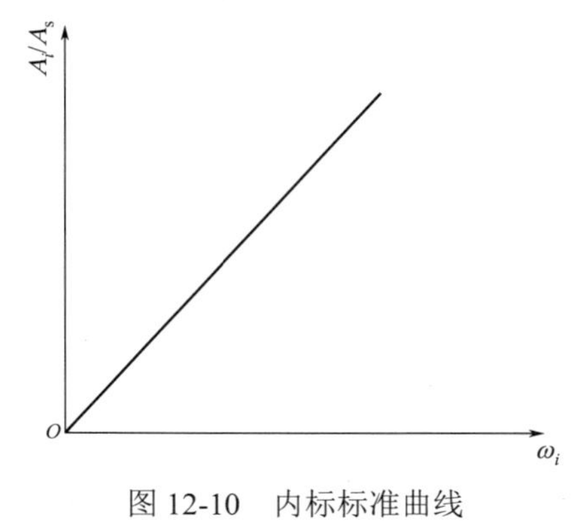

图 12-10　内标标准曲线

4. 外标法

所谓外标法（external standard method，又称定量进样-标准曲线法）就是应用欲测组分的纯物质来制作标准曲线，这与在分光光度分析中的标准曲线法是相同的。此时用欲测组分的纯物质加稀释剂（对液体试样用溶剂稀释，气体试样用载气或空气稀释）配成不同质量分数的标准溶液，取固定量标准溶液进样分析，从所得色谱图上测出响应信号（峰面积或峰高等），然后绘制响应信号（纵坐标）对质量分数（横坐标）的标准曲线。分析试样时，取和制作标准曲线时同样量的试样（固定量进样），测得该试样的响应信号，由标准曲线即可查出其质量分数。

此法的优点是操作简单，计算方便；但结果的准确度主要取决于进样量的重现性和操作条件的稳定性。

5. 单点校正法

当被测试样中各组分浓度变化范围不大时（例如工厂控制分析往往是这样的），可不必绘制标准曲线，而用单点校正法。即配制一个和被测组分含量十分接近的标准溶液，定量进样，由被测组分和外标组分峰面积比或峰高比来求被测组分的质量分数。

$$\frac{\omega_i}{\omega_s}=\frac{A_i}{A_s}$$

$$\omega_i=\frac{A_i}{A_s}\omega_s$$

由于 ω_s 与 A_s 均为已知，故可令 $K_i=\omega_s/A_s$，得

$$\omega_s=A_iK_i \tag{12-70}$$

式中，K_i 为组分 i 的单位面积质量分数校正值。这样，测得 A_i，乘以 K_i 即得被测组分的质量分数。此法假定标准曲线是通过坐标原点的直线，因此可由一点决定这条直线，K_i 即直线的斜率，因而称之为单点校正法。

思考与练习题

1. 何谓色谱热力学过程和动力学过程？判断哪些实验参数属于热力学参数，哪些属于动力学参数。

2. 分析分别改变下列色谱实验条件时，色谱峰变化的情况，并解释原因。

（1）增加柱温；

（2）柱长增加 1 倍；

（3）增加流动相线速度；

（4）使用颗粒更细的载体；

（5）使用黏度大的固定液；

（6）流动相速度处于低速区，使用分子量大的流动相。

3. 载体粒度由 60 目改变为 100 目，若其它条件不变，*H-u* 曲线有何变化（在原图上画出变更的曲线）？为什么？

4. 色谱图上两峰间的距离大小的本质是什么？峰的宽度的本质又是什么？

5. 一柱长 100 cm，某组分停留在固定相中的时间分数为 0.70，在流动相中则为 0.30。计算：

（1）组分的移动速度是流动相线速度的几倍？

（2）组分洗脱出柱的时间是它停留在流动相中时间的几倍？

6. 某组分的移动速度与流动相速度之比为 0.10，柱内流动相的体积为 2.0 mL，若流动相的流量为 10 mL・min^{-1}，则该组分滞留在固定相中的时间为多少？若固定相体积为 0.5 mL，则组分的分配系数为多少？

7. 一柱内的固定相体积为 1.5 mL，死体积为 16.6 mL，组分 A 在该柱上保留体积为 76.2 mL，计算组分 A 的分配系数。

8. 在一色谱柱上，组分 A、B 和非滞留组分的保留时间分别为 6.0 min、16.0 min 和 1.0 min，问：

（1）B 的分配比是 A 的几倍？

（2）B 滞留在固定相中的时间是 A 的几倍？

（3）B 的分配系数是 A 的几倍？

9. 一柱长为 50.0 cm，从色谱图上获得庚烷的保留时间为 59s，半峰宽为 4.9s，计算该柱的理论塔板为多少？塔板高度又为多少？

10. 从色谱图上测得组分 X 和 Y 的保留时间分别为 10.52 min 和 11.36 min，两峰的峰底宽为 0.38 min 和 0.48 min，问该两峰是否达到完全分离？

11. 一色谱柱长 122 cm，160℃时空气、庚烷和辛烷的保留时间分别为 0.90 min、1.22 min 和 1.43 min，辛烷的峰底宽为 0.20 min，计算分离度达到 1.5 时的柱长。

12. 若用 He 为载气，范第姆特方程中，$A = 0.080$ cm，$B = 0.024$ cm^2・s^{-1}，$C = 0.040$ s。试求：

(1) 最小塔板高度；

(2) 最佳线速度。

13. 一色谱柱的效率相当于 4.2×10^3 个理论塔板数，对于十八烷和 2-甲基十七烷的保留时间分别为 15.05 min 和 14.82 min。试问：

（1）该柱能将这个化合物分离到什么程度？

（2）若保留时间不变，分离度要达到 1.0，需要理论塔板数多少？

（3）在分离度 1.0 时，若塔板高度为 0.10mm，应采用多少柱长？

14. 色谱定量分析中，为什么要用定量校正因子？在什么情况下可以不用校正因子？

15. 测得石油裂解气的色谱图（前面四个组分为经过衰减 1/4 得到的），从色谱图得到各组分峰面积及已知的组分的 f 值分别为：

出峰次序	峰面积	校正因子 f	出峰次序	峰面积	校正因子 f
空气	34	0.84	C_2H_6	77	1.05
CH_4	214	0.74	C_3H_6	250	1.28
CO_2	4.5	1.00	C_3H_8	47.3	1.36
C_2H_4	278	1.00			

用归一法定量，求各组分的质量分数各为多少。

16. 有一试样含甲酸、乙酸、丙酸及不少水、苯等物质，称取此试样 1.055 g。以环己酮作内标，称取 0.1907 g 环己酮，加到试样中，混合均匀后，吸取此试液 3 μL 进样，得到色谱图。从色谱图上测得的各组分峰面积及已知的 S 值如下表所示：

参数	甲酸	乙酸	环己酮	丙酸
峰面积/（mV · min）	14.8	72.6	133	42.4
响应值 S/mV	0.261	0.562	1.00	0.938

求甲酸、乙酸、丙酸的质量分数。

17. 在测定苯、甲苯、乙苯、邻二甲苯的峰高校正因子时，称取的各组分的纯物质质量，以及在一定色谱条件下所得色谱图上各种组分色谱峰的峰高分别如下：

参数	苯	甲苯	乙苯	邻二甲苯
质量/g	0.5967	0.5478	0.6120	0.6680
峰高/mV	180.1	84.4	45.2	49.0

求各组分的峰高校正因子，以苯为标准。

第十三章　气相色谱法

第一节　气相流程

国内外生产的气相色谱仪器品种繁多，性能和应用范围均有差别，但基本结构和流程大同小异，基本流程如图 13-1 所示。气相色谱仪一般由载气系统、进样系统、分离系统、检测系统和记录系统等五部分组成。

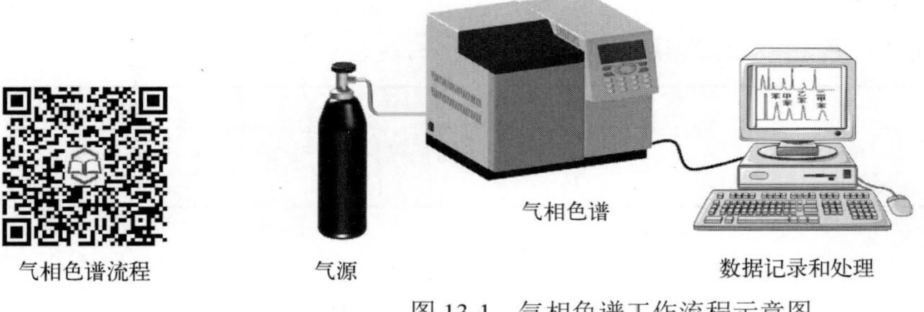

图 13-1　气相色谱工作流程示意图

一、载气系统

载气系统又称气路系统。气相色谱仪的气路是一个载气连续运行的密闭管路系统，气路系统的气密性、载气流速的稳定性及测量的准确性，都会影响色谱仪的稳定和分析结果。

1. 载气

作为流动相的气体称作载气，要求不与被分析物质和固定相起作用。常用的载气有氮气、氢气、氩气及二氧化碳。具体应根据分析对象和所用检测器而定。

2. 气路结构

气路结构分为单柱单气路和双柱双气路两种结构。简单的色谱仪大多是单柱单气路结构。载气由高压钢瓶供给，经减压阀、净化器、稳压阀、转子流速计、色谱柱、检测器，然后放空。单柱单气路结构简单，使用方便。双柱双气路是将经过稳压阀后的载气分成两路进入各自的色谱柱和检测器（或分别进入热导池检测器的两臂）。其中一路作为分析用，另一路供补偿用（图 13-2）。这种结构的优点是可以补偿由于载气流速不稳、固定液流失等使检测器产生的噪声和基线漂移，从而提高仪器的稳定性。所以，双柱双气路特别适用于程序升温和痕量分析。

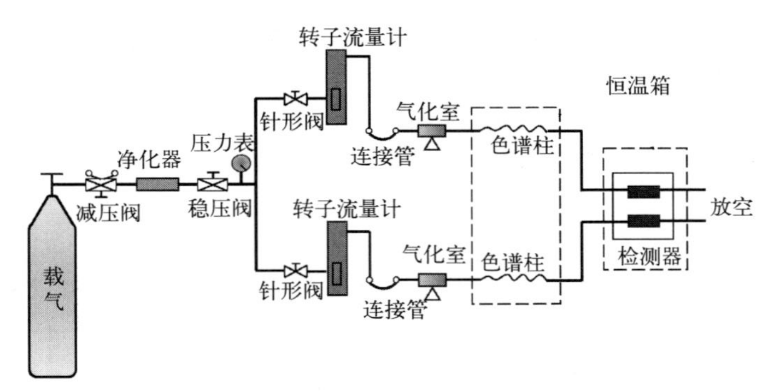

图 13-2 双柱双气路气相色谱仪流程示意图

3. 载气的净化

载气的净化要求主要取决于所用的色谱柱、检测器和分析项目。一般痕量分析，对载气纯度要求更高。水分因会影响气固色谱吸附剂的活性和寿命，也会影响部分气液色谱固定液的分离效率，所以必须将水从载气中除去。对氢火焰离子化检测器，还必须把载气、燃气和助燃气中微量烃类杂质除去；对电子捕获检测器，则要把载气中电负性较强的组分（如氧等）除去，一般要求低于 5 mg • kg^{-1}。

净化器通常是一根金属或塑料制成的管子，串联在气路里，管内装有不同净化剂，如硅胶、分子筛可除去水分，活性炭可除去烃类杂质；105 型催化剂可使氢中微量氧脱至 10 mg • kg^{-1} 以下，氮、氩中微量氧则用脱氧剂除去。

4. 气流的调节和稳定

使用内径为 2～4 mm 的填充柱，流速范围常选在 30～70 mL • min^{-1}，变化程度要求小于 1%。由于色谱系统在一定操作条件下阻力不变，柱出口一般又均保持为常压，所以只要控制载气在入柱时的压力不变，则其流速也就稳定不变。通常流速的调节和稳定多是将减压阀和稳压阀（针形阀）串联使用，当用程序升温操作时，因柱温不断升高，引起柱阻力不断增加、载气流量发生变化，此时应该用稳流阀进行自动稳流控制。为了保证载气流速的重复性，希望在所有调节阀开度不动的情况下关闭和打开气源，一般可用开关阀来完成。因此一台较好的仪器应该在进样系统前装有开关阀、稳压阀、稳流阀、针形阀、阻尼管等。

二、进样系统

进样系统包括进样装置和气化室。

1. 气体进样

气体进样常用的有旋转式六通阀（如图 13-3 所示）或推拉式拉杆阀等。取样时，气样进入定量管，而载气由 A 到 B，进样时转动阀瓣 60°，载气由 A 口进入，通过定量管，把管内气样带入色谱柱。定量管有 1、3、5、10 mL 等规格，根据需要选择使用。此外，气体也可用 0.25～5 mL 注射器（图 13-4）直接量取进样，进样量一般为 0.2～1 mL。

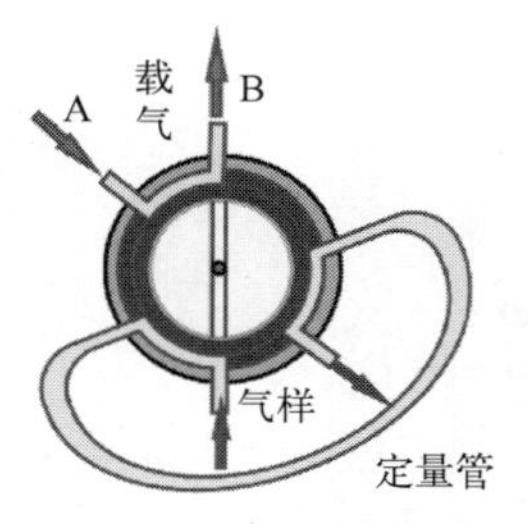

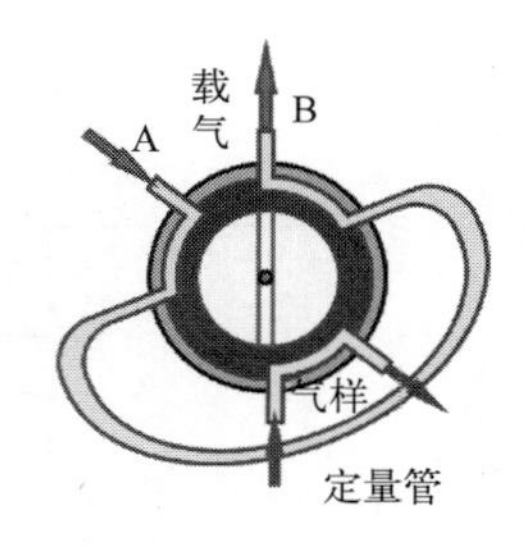

图 13-3　旋转式六通阀

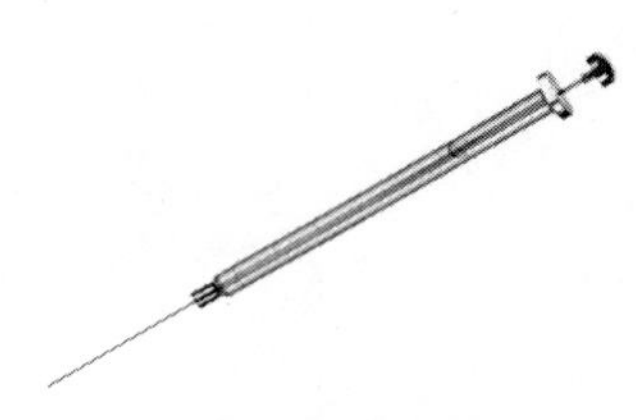

图 13-4　微量注射器

2. 进样

液体进样一般采用微量注射器（图 13-4），其规格主要有 0.5、1、5、10、50、100 μL 等，对于填充柱，一般进样 0.2～10 μL。

对于固体试样，最容易的办法是溶解在溶剂里，以溶液方式进样，所选溶剂对分析组分应无影响。

3. 气化室

气化室作用是将液体或固体样品瞬间气化为蒸气。要求气化室热容量大，死空间小，内壁无催化作用，载气进气化室前要预热。

三、分离系统

分离系统包括色谱柱、柱箱和温度控制装置。

色谱柱的材质可以是铜、铝、不锈钢和玻璃，由于铜柱对某些样品（胺、乙炔、萜烯和甾族）会发生吸附或反应，所以常用的是不锈钢柱和玻璃柱。柱形可以是直形、U 形或螺旋形。直形柱易装，柱效高，但占有空间较大，使用不方便。螺旋形管，使用方便，但填装较困难，为了克服扩散和跑道效应，螺旋直径必须是柱直径的十五倍以上。柱结构主要分为填充柱和空心毛细管柱两类（图 13-5），填充柱因制备简单，可供使用的担体、固定液、吸附剂种类繁多，所以目前应用较为普遍。但空心毛细管柱因渗透性好，分析速度快，可使用较长柱子（最长可达数百米），总柱效高，适用于分离复杂组分。这类柱子主要缺点是进样量太小，定量较困难，且制备也不容易。近年来，有一种填充毛细管柱，可综合填充和空心两类柱的优点。

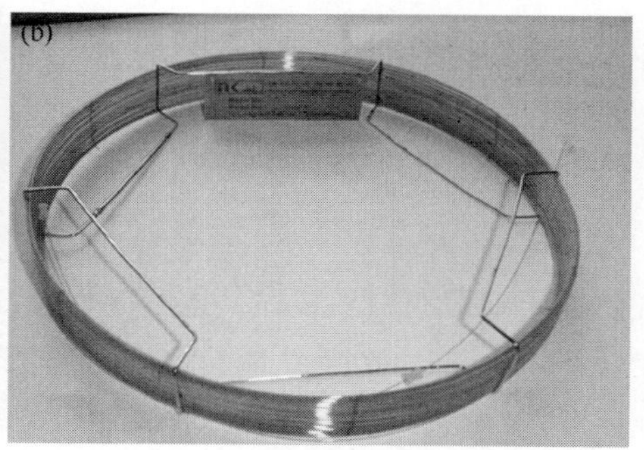

图 13-5　不锈钢填充柱（a）和空心毛细管柱（b）

填充柱柱长通常为1～6 m，内径2～6 mm；空心毛细管柱长通常为50～300 m，内径0.1～0.5 mm。

柱箱要求保温性能好，并能提供适宜的柱温。因为柱温对分离影响很大，所以需要有温度控制装置使得柱箱温度梯度小，控温精度高，升温降温速度快。

四、检测系统

包括检测器、放大器和检测器的电源控温装置。

检测器是色谱仪的重要部件，可将从色谱柱流出的各组分浓度的变化转变成电信号，经放大器放大后送到数据记录装置显示出来，以进行定性、定量分析。目前已被商品化的检测器有10多种，其中常用的有热导检测器（TCD）、氢火焰离子化检测器（FID）、电子捕获检测器（ECD）、火焰光度检测器（FPD）等。它们具有各自的特点和性能。

因为温度变化直接影响检测器的灵敏度和稳定性，所以检测器要装在检测室内，由单独的温度控制器精密地控制检测室的温度。

五、记录系统

早期采用记录仪，现采用积分仪或色谱工作站。

记录仪是一种能自动记录由检测器输出的电信号的装置，是色谱仪的重要附属设备。积分仪提供的信息比色谱图多，它除能把保留时间、峰面积以数字形式打印出来外，还能加上校正因子并把被分析物质的百分含量显示打印出来。配备微处理机的色谱仪还可以自动控制色谱仪操作过程。

第二节　气相色谱固定相

在气相色谱分析中，某一多组分混合物中各组分能否完全分离开，主要取决于色谱柱的效能和选择性，后者在很大程度上取决于固定相选择得是否适当，因此选择适当的固定相就成为色谱分析中的关键问题。

一、气固色谱固定相

在气相色谱分析中，气液色谱法的应用范围最广，选择性最好，但在分离常温下的气体及气态烃类时，因为气体在一般固定液中溶解度甚小，所以分离效果并不好。若采用吸附剂作固定相，由于其对气体的吸附性能常有差别，因此往往可取得满意的分离效果。

在气固色谱法中作为固定相的吸附剂，常用的有非极性的活性炭、弱极性的氧化铝、强极性的硅胶等。它们对各种气体吸附能力的强弱不同，因而可根据分析对象选用。一些常用的吸附剂及其一般用途列于表 13-1 中。由于吸附剂种类不多，不是同批制备的吸附剂的性能又往往不易重复，且进样量稍多时色谱峰就不对称，有拖尾现象等。近年来，通过对吸附剂表面进行物理化学改性，研制出表面结构均匀的吸附剂（例如石墨化炭黑、碳分子筛、金属有机框架等），这不但使极性化合物的色谱峰不致拖尾，而且可以成功地分离一些顺、反式空间异构体。

表 13-1　气固色谱常用吸附剂及其性能

吸附剂	主要化学成分	最高使用温度/℃	性质	活化方法	分离特征	备注
活性炭	C	<300	非极性	粉碎过筛，用苯浸泡几次，以除去其中的硫黄、焦油等杂质，然后在 350℃下通入水蒸气吹至乳白色物质消失为止，最后在 180℃烘干备用	分离永久性气体及低沸点烃类，不适于分离极性化合物	商品色谱用活性炭可不用水蒸气处理
石墨化炭黑	C	>500	非极性	同上	分离气体及烃类，对高沸点有机化合物也能获得较对称的峰形	
硅胶	$SO_2 \cdot xH_2O$	<400	氢键型	粉碎过筛后，用 6 mol·L^{-1} HCl 浸泡 1～2 h，然后用蒸馏水洗到没有 Cl^-为止。在 180℃烘箱中烘 6～8 h。装柱后于使用前在 200℃下通载气活化 2 h	分离永久性气体及低级烃	商品色谱用硅胶，只需在 200℃下活化处理
氧化铝	Al_2O_3	<400	弱极性	200～1000℃下烘烤活化	分离烃类及有机异构体，在低温下可分离氢的同位素	
分子筛	$x(MO) \cdot y(Al_2O_3) \cdot z(SiO_2) \cdot nH_2O$	<400	极性	粉碎过筛后，用前在 350～550℃下活化 3～4 h，或在 350℃真空下活化 2 h	特别适用于永久性气体和惰性气体的分离	
GDX	多孔共聚物	见表 13-2	聚合时原料不同，极性不同	170～180℃下烘去微晶水分后，在 H_2 或 N_2 中活化处理 10～20h	见表 13-2	

多孔聚合物固定相是芳香族的高分子多孔微球，常用的有苯乙烯和二乙烯基苯的共聚物、乙基乙烯基苯和二乙烯基苯的共聚物、聚苯醚型等。它既是一种新型的、性能优良的吸附剂，能直接作为气相色谱的固定相，又可作为载体，所以也把这种色谱单独称为“气胶色谱”。多孔聚合物分离物质的机理一般认为，物质在其表面上既存在着吸附作用又存在着溶解吸收作用，也有人认为在低温时它起吸附作用，在高温时才起分配作用。在其柱上往往是按分子量大小的顺序分离。目前有把极性基团如乙二胺类引入高分子多孔微球中的方法，这时对分子量相近的物质就按极性顺序分离。

高分子多孔微球大致分为非极性和极性两类。例如国产 GDX-1 是一种非极性物质，它以苯乙烯和二乙烯基苯作为单体，经悬浮共聚所得的交联多孔聚合物，是一种应用日益广泛的气固色谱固定相。例如有机物或气体中水的含量测定，若应用气液色谱柱，由于组分中含水会给固定液、载体的选择带来麻烦与限制；若采用气固色谱柱，由于水的吸附系数很大，以至于实际上无法进行分析；而采用高分子多孔微球固定相，由于多孔聚合物和羟基化合物的亲和力极小，且基本按分子量顺序分离，故分子量较小的水分子可在一般有机物之前出峰，峰形对称，特别适于分析试样中的痕量水含量，也可用于多元醇、脂肪酸、腈类等强极性物质的测定。由于这类多孔微球具有耐腐蚀和耐辐射性能，可用以分析如 HCl、Cl_2、SO_2 等。高分子多孔微球随共聚体的化学组成和共聚后的物理性质不同，不同商品牌号具有不同的极性及应用范围（表 13-2）。该固定相除应用于气固色谱外，又可作为载体涂上固定液后使用。

表 13-2　国内外高分子多孔微球性能比较

来源	牌号	化学组成	极性	温度上限/℃	分离特征
国内产品	GDX-101	二乙烯基苯交联共聚物	非极性	270	气体及低沸点化合物
	GDX-201	二乙烯基苯交联共聚物	非极性	270	高沸点化合物
	GDX-301	二乙烯基苯、三氯乙烯共聚物	弱极性	250	乙炔，氯化氢
	GDX-401	二乙烯基苯、含氮杂环共聚物	中极性	250	氯化氢中微量水
	GDX-501	二乙烯基苯、含氮极性有机物共聚物	中强极性	270	G 烯烃异构体
	GDX-601	含强极性基团的二乙烯苯共聚物	强极性	200	分析环己烷
国外产品	Porapak-P	苯乙烯、乙基苯乙烯、二乙烯基苯共聚物	最小极性	250	乙烯与乙炔
	Porapak-P-S	Porapak-P 硅烷化	—	250	
	Porapak-Q	乙基苯乙烯、二乙烯基苯共聚物	最小极性	250	正丙醇与叔丁醇
	Porapak-Q-S	Porapak-Q 硅烷化	—	250	
	Porapak-R	苯乙烯、二乙烯基苯及极性单体共聚物	中极性	250	正丙醇与叔丁醇
	Porapak-S	苯乙烯、二乙烯基苯及极性单体共聚物	中强极性	300	
	Porapak-N	苯乙烯、二乙烯基苯及极性单体共聚物	中极性	200	
	Porapak-T	苯乙烯、二乙烯基苯及极性单体共聚物	强极性	200	

二、气液色谱固定相

（一）载体

载体是一种化学惰性、多孔性的固体颗粒，它的作用是提供一个大的惰性表面，用以承担固定液，使固定液以薄膜状态分布在其表面上。对载体有以下几点要求：①表面应是化学惰性的，即表面没有吸附性或吸附性很弱，更不能与被测物质起化学反应。②多孔性，即表面积较大，使固定液与试样的接触面积较大。③热稳定性好，有一定的机械强度，不易破碎。④载体粒度要求均匀、细小，这样有利于提高柱效。但粒过细，会使柱压降增大，对操作不利。一般选用 40～60 目、60～80 目或 80～100 目等。

气液色谱中所用载体可分为硅藻土型和非硅藻土型两类。常用的是硅藻土型载体，它又可分为红色载体和白色载体两种。它们都是由天然硅藻土经煅烧而成，不同的是白色载体会在煅烧前于硅藻土原料中加入少量助熔剂，如碳酸钠。这两种硅藻土载体的化学组成和内部结构基本相似，但它们的表面结构却不同。

红色载体（如 6201 红色载体、201 红色载体、Chromosorb P 等）表面孔穴密集，孔径较小，比表面积大（比表面积为 4.0 $m^2 \cdot g^{-1}$），平均孔径为 1 m。由于比表面积大，涂固定液量多，在同样大小柱中分离效率就比较高。此外，由于结构紧密，因而机械强度较好。缺点是表面有吸附活性中心。如与非极性固定液配合使用，影响不大，分析非极性试样时效果也比较好；然而与极性固定液配合使用时，可能会造成固定液分布不均匀，从而影响柱效，故一般适用于分析非极性或弱极性物质。

白色载体（如 101 白色载体、Chromosorb W 等）则与之相反，由于在煅烧时加入了助熔剂（碳酸钠），成为较大的疏松颗粒，其机械强度不如红色载体。表面孔径较大，约 8～9 μm，比表面积较小，只有 1.0 $m^2 \cdot g^{-1}$。但表面极性中心显著减少，吸附性小，故一般用于分析极性物质。

硅藻土型载体表面含有相当数量的硅醇基团 $-\overset{|}{\underset{|}{Si}}-OH$ 以及 $>Al-O-$、$>Fe-O-$ 等基团，具有细孔结构，并呈现不同的 pH，故载体表面既有吸附活性，又有催化活性。如涂上极性固定液，会造成固定液分布不均匀。分析极性试样时，极性试样与活性中心的相互作用，会造成色谱峰的拖尾。而在分析萜烯、二烯、含氮杂环化合物、氨基酸衍生物等化学性质活泼的试样时都有可能发生化学变化和不可逆吸附。因此在分析这些试样时，载体需进行钝化处理，以改进载体孔隙结构，屏蔽活性中心，提高柱效率。处理方法可用酸洗、碱洗、硅烷化（silanization）等。

① 酸洗、碱洗即用浓盐酸、氢氧化钾甲醇溶液分别浸泡，以除去铁等金属氧化物杂质及表面的氧化铝等酸性作用点。

② 硅烷化用硅烷化试剂和载体表面的硅醇、硅醚基团发生反应，以消除载体表面的氢键结合能力，从而改进载体的性能。常用的硅烷化试剂有二甲基二氯硅烷和六甲基二硅烷胺，其反应为：

$$-\overset{OH}{\underset{|}{Si}}-O-\overset{OH}{\underset{|}{Si}}- + (CH_3)_2SiCl_2 \longrightarrow -\underset{|}{Si}(-O-)-O-\underset{|}{Si}(-O-)\ [\text{两个 O 共同连接 } Si(CH_3)_2] + 2HCl$$

$$-\overset{OH}{\underset{|}{Si}}-O-\overset{OH}{\underset{|}{Si}}- + (CH_3)_3Si-NH-Si(CH_3)_3 \longrightarrow -\overset{O-Si(CH_3)_3}{\underset{|}{Si}}-O-\overset{O-Si(CH_3)_3}{\underset{|}{Si}}- + NH_3$$

非硅藻土型载体有氟载体、玻璃微球载体、高分子多孔微球等。

载体的选择往往对色谱分离很有影响。例如分析试样中含有 10^{-9} $g \cdot L^{-1}$ 的 4 个有机磷农药，若用未处理的载体，涂 3%OV-1 固定液不出峰；用硅烷化白色载体，出三个峰，柱效很低；用酸洗 DMCS（二甲基二氯硅烷）硅烷化的载体，出四个峰，且柱效很高。但若固定液质量分数在 10%左右，进行常量分析，则未处理的白色载体效果也很好。选择载体的大致原则为：

① 当固定液质量分数大于 5%时，可选用硅藻土型（白色或红色）载体。

② 当固定液质量分数小于 5%时，应选用处理过的载体。

③ 对于高沸点组分，可选用玻璃微球载体。

④ 对于强腐蚀性组分，可选用氟载体。

（二）固定液

1. 对固定液的要求

① 挥发性小，在操作温度下有较低蒸气压，以免流失。

② 热稳定性好，在操作温度下不发生分解。在操作温度下呈液体状态。

③ 对试样各组分有适当的溶解能力，否则易被载气带走而起不到分配作用。

④ 具有高的选择性，即对沸点相同或相近的不同物质有尽可能高的分离能力。

⑤ 化学稳定性好，不与被测物质发生化学反应。

为了满足第①、②个要求，固定液一般都是高沸点的有机化合物，而且各有其特定的使用温度范围，特别是最高使用温度极限。可用作固定液的高沸点有机物很多，现在已有上千种固定液，而且数量还在增加。为了满足③～⑤的要求，就必须针对被测物质的性质选择合适的固定液。

2. 固定液的分离特征

固定液的分离特征是选择固定液的基础。固定液的选择，一般根据“相似相溶”原理进行，即固定液的性质和被测组分有某些相似性时，其溶解度就大。在气相色谱中常用“极性”来说明固定液和被测组分的性质。由电负性不同的原子所构成的分子，它的正电中心和负电中心不重合时，就形成具有正、负极的极性分子。如果组分与固定液分子性质（极性）相似，固定液和被测组分两种分子间的作用力就强，被测组分在固定液中的溶解度就大，分配系数就大，也就是说，被测组分在固定液中的溶解度或分配系数的大小与被测组分和固定液两种分子之间相互作用力的大小有关。

组分与固定液分子间的相互作用力是一种较弱的分子间的吸引力，不像分子内化学键那么强。它包括静电力、诱导力、色散力和氢键等。

（1）静电力（定向力）　这种力是由极性分子的永久偶极间存在静电作用而引起的。在极性固定液柱上分离极性试样时，分子间的作用力主要就是静电力。被分离组分的极性越大，与固定液间的相互作用力就越强，因而该组分在柱内滞留的时间就越长。因为静电力的大小与绝对温度成反比，所以在较低柱温下依靠静电力有良好选择性的固定液，在高温时选择性就变差，亦即升高柱温对分离不利。

（2）诱导力　极性分子和非极性分子共存时，在极性分子永久偶极的电场作用下，非极性分子极化而产生诱导偶极，此时两分子相互吸引而产生诱导力。这个作用力一般是很小的。

在分离非极性分子和可极化分子的混合物时，可以利用极性固定液的诱导效应来分离这些混合物。例如苯和环己烷的沸点很相近（80.10℃和 80.81℃）。若用非极性固定液（例如角鲨烷）是很难将它们分离的。但苯比环己烷容易极化，所以用一个中等极性的邻苯二甲酸二辛酯固定液，使苯产生诱导偶极，苯的保留时间是环己烷的 1.5 倍；若选用强极性的β,β'-氧二丙腈固定液，则苯的保留时间是环己烷的 6.3 倍，这样就很易分离了。

（3）色散力　非极性分子间虽没有静电力和诱导力相互作用，但其分子却具有瞬间的周期变化的偶极矩（由于电子运动、原子核在零点间的振动而形成的）,只是这种瞬间偶极矩的平均值等于零，在宏观上显示不出偶极矩而已。这种瞬间偶极矩带有一个同步电场，能使周围的分子极化，被极化的分子又反过来加剧瞬间偶极矩变化的幅度，产生所谓的色散力。色散力存在于一切分子之间。

对于非极性和弱极性分子而言，分子间作用力主要是色散力。例如用非极性的角鲨烷固定液分离 C_1～C_4烃类时，它的色谱流出次序与色散力大小有关。由于色散力与沸点成正比，所以组分基本按沸点顺序分离。

（4）氢键　氢键也是一种定向力，当分子中一个 H 原子和一个电负性（原子的电负性是原子吸引电子的能力，电负性愈大，吸引电子的能力愈强）很大的原子（以 X 表示，如 F、O、N 等）构成共价键时，它又能和另一个电负性很大的原子（以 Y 表示）形成一种强有力的有方向性的静电吸引力，这种力就叫氢键作用力。这种相互作用关系表示为“X—H…Y”，X 与 H 之间的实线表示共价键，H 与 Y 之间的点线表示氢键。X、Y 的电负性愈大，即吸引电子的能力愈强，氢键作用力就愈强。同时，氢键的强弱还与 Y 的半径有关，半径愈小，愈易靠近 X—H，因而氢键愈强。氢键的类型和强弱次序为：

$$\mathrm{F{-}H\cdots F > O{-}H\cdots O > O{-}H\cdots N > N{-}H\cdots N > N{\equiv}C{-}H\cdots N}$$

因为—CH_2—中的碳原子电负性很小，因而 C—H 键不能形成氢键，即饱和烃之间没有氢键作用力存在。固定液分子中含有—OH、—COOH、—NH_2、═NH 官能团时，对含氟、氧、氮化合物常有显著的氢键作用力，作用力强的在柱内保留时间长。氢键型固定液基本上属于极性化合物，但它对氢键作用力更为敏感。

由上述可见，分子间的相互作用力是与分子的极性有关的。固定液的极性可以采用相对极性（relative polarity）P 来表示。这种表示方法规定强极性的固定液β,β'-氧二丙腈的相对极性 $P=100$，非极性的固定液角鲨烷的相对极性 $P=0$。然后用一对物质正丁烷-丁二烯或环己烷-苯进行试验，分别测定这一对试验物质在β,β'-氧二丙腈、角鲨烷及欲测极性固定液的色谱柱上的调整保留值，然后按下列两式计算欲测固定液的相对极性 P_x：

$$P_x = 100 - \frac{100(q_1 - q_x)}{q_1 - q_2} \tag{13-1}$$

$$q = \lg\frac{t'_R(苯)}{t'_R(环己烷)} \tag{13-2}$$

式中，下标 1、2 和 x 分别表示β,β'-氧二丙腈、角鲨烷及欲测固定液。这样测得的各种固定液的相对极性均在 0～100 之间。为了便于在选择固定液时参考，又将其分为五级，每 20 为一级，P 在 0～+1 间的为非极性固定液，+1～+2 间的为弱极性固定液，+3 为中等极性固定液，+4～+5 间的为强极性固定液，非极性亦可用“–”表示。

应用相对极性表征固定液性质，显然并未能全面反映被测组分和固定液分子间的全部作用力，为能更好地表征固定液的分离特性，罗胥耐特（Rohrschneider L）及麦克雷诺（McReynolds W O）在上述相对极性概念的基础上提出了改进的固定液特征常数。

罗胥耐特选用了 5 种代表不同作用力的化合物作为探针（probe），即苯（电子给予体）、乙醇（质子给予体）、甲乙酮（偶极定向力）、硝基甲烷（电子接受体）和吡啶（质子接受体），以非极性固定液角鲨烷为基准来表征不同固定液的分离性质，得到罗氏常数。麦克雷诺在罗胥耐特工作的基础上，选用了苯、丁醇、2-戊酮、1-硝基丙烷、吡啶 2-甲基-2-戊醇、碘丁烷、2-辛炔、二氧六环、顺八氢化茚等 10 种物质来表征固定液的分离特性。实际上测得的特征常数（麦氏常数）已能表征固定液的相对极性。麦氏常数也以角鲨烷固定液为基准，其计算方法为：

$$X' = I_{\mathrm{p}}^{苯} - I_{\mathrm{s}}^{苯}$$

$$Y' = I_{\mathrm{p}}^{丁醇} - I_{\mathrm{s}}^{丁醇}$$

$$Z' = I_{\mathrm{p}}^{2\text{-}戊酮} - I_{\mathrm{s}}^{2\text{-}戊酮}$$

$$U' = I_{\mathrm{p}}^{硝基丙烷} - I_{\mathrm{s}}^{硝基丙烷}$$

$$S' = I_{\mathrm{p}}^{吡啶} - I_{\mathrm{s}}^{吡啶}$$

式中，采用重现性好的保留指数 I 来代替调整保留值；下标 p 为待测固定液；s 为角鲨烷固定液；$I_{\mathrm{p}}^{苯}$ 为以苯作为探测物时在待测固定液上的保留指数；$I_{\mathrm{s}}^{苯}$ 为以苯作探测物时在角鲨烷固定液上的保留指数；其余类同。显而易见，两者的差值可表征以标准非极性固定液角鲨烷为基准时欲测固定液的相对极性——麦氏常数，以 X'、Y'、Z'、U'、S' 符号表示各相应作用力的麦氏常数。将这 5 种探测物 ΔI 值之和 $\Sigma\Delta I$ 称为总极性，其平均值称为平均极性。固定液的总极性越大，则极性越强；不同固定液的麦氏常数相近，表明它们的极性基本相同；麦氏常数值越小，则固定液的极性越接近于非极性固定液的极性；麦氏常数中某特定值如 X' 或 Y' 值越大，则表明该固定液对相应的探测物（作用力）所表征的性质越强。因而利用麦氏常数将有助于固定液的评价、分类和选择。表 13-3 列出了一些常用固定液的麦氏常数。较详细的麦氏常数表可从气相色谱手册中查找。表 13-3 中固定液的极性随序号增大而增加。其中标有序号的 12 种是李拉（Leary J J）用其近邻技术（nearest neighbor technique）从品种繁多的固定液中选出分离效果好、热稳定性好、使用温度范围宽且有一定极性间距的典型固定液，它对固定液的选择是有用的依据。

3. 固定液的选择

在固定液选择中“相似相溶”原理具有一定的实际意义，并能给予初学者一个简单清晰的思考途径。应用此原理的色谱流出规律为：

① 分离非极性物质时，一般选用非极性固定液，这时试样中各组分按沸点次序先后流出色谱柱，沸点低的先出峰，沸点高的后出峰。

② 分离极性物质时，选用极性固定液，这时试样中各组分主要按极性顺序分离，极性小的先流出色谱柱，极性大的后流出色谱柱。

③ 分离非极性和极性混合物时，一般选用极性固定液，这时非极性组分先出峰，极性

组分（或易被极化的组分）后出峰。

④ 对于能形成氢键的试样，如醇、酚、胺和水等，一般选择极性的或者氢键型的固定液，这时试样中各组分按与固定液分子间形成氢键的能力大小先后流出，不易形成氢键的先流出，最易形成氢键的最后流出。

然而，相似相溶原理是一个原则性提法，应用时有一定局限性。例如，欲分离组分为乙醇（沸点 78℃）和乙酸乙酯（沸点 77℃）的混合物，根据相似相溶原理，则固定液应为醇类或酯类，比较聚乙二醇十八醚、苯二甲酸二癸酯和聚乙二醇-20000 的麦氏常数（列于表 13-3），若将乙醇比拟为丁醇探针、乙酸乙酯比拟为 2-戊酮探针，它们相应在醚类固定液上 Y'与 Z'比值为 1.6，在酯类固定液上为 1.2，在醇类固定液上为 1.5，其结果反而是醚类固定液分离效果好。从这一简例中可显示麦氏常数在固定液选择上的作用。

表 13-3　常见固定液的麦氏常数

序号	固定液	型号	苯 X'	丁醇 Y'	2-戊酮 Z'	硝基丙烷 U'	吡啶 S'	平均极性	总极性 $\Sigma\Delta I$	最高使用温度/℃
1	角鲨烷	SQ	0	0	0	0	0	0	0	100
2	甲基硅橡胶	SE-30	15	53	44	64	41	43	217	300
3	苯基（10%）甲基聚硅氧烷	OV-3	44	86	81	124	88	85	423	350
4	苯基（20%）甲基聚硅氧烷	OV-7	69	113	111	171	128	118	592	350
5	苯基（50%）甲基聚硅氧烷	DC-710	107	149	153	228	190	165	827	225
6	苯基（60%）甲基聚硅氧烷	OV-22	160	188	191	283	253	219	1075	350
—	苯二甲酸二癸酯	DDP	136	255	213	320	235	232	1159	175
7	三氟丙基（50%）甲基聚硅氧烷	QF-1	144	233	355	463	305	300	1500	250
—	聚乙二醇十八醚	Emulphor ON-270	202	396	251	395	345	318	1589	200
8	氰乙基（25%）甲基硅橡胶	XE-60	204	381	340	493	367	357	1785	250
9	聚乙二醇-20000	PEG-20M	322	536	368	572	510	462	2308	225
10	己二酸二乙二醇聚酯	DEGA	378	603	460	665	658	553	2764	200
11	丁二酸二乙二醇聚酯	DEGS	492	733	581	833	791	686	3504	200
12	三（2-氰乙氧基）丙烷	TCEP	593	857	752	1028	915	829	4145	175

对于试样性质不够了解的情况，一种较简便且实用的方法是从前述李拉提出的 12 种固定液（表 13-3）中选出几种固定液，一般选用 4 种固定液（SE-30，DC-710，PEG-20M，DEGS），以适当的操作条件进行色谱初步分离，观察未知样分离情况，然后进一步按 12 种固定液的极性程序作适当调整或更换，以选择较适宜的一种固定液。

值得注意的是，毛细管柱气相色谱现在已经得到了广泛应用。由于毛细管柱的柱效很高，如以每米 3000 理论塔板数计，50 m 的毛细管柱具有 15 万块理论塔板，那么α>1.015 的难分离物质对已可得到分离（见表 13-4），所以有人主张大部分分析任务可用三根毛细管柱完成：甲基硅橡胶柱（非极性，$\Sigma\Delta I = 217$）、三氟丙基甲基聚硅氧烷柱（中等极性，$\Sigma\Delta I = 1500$）、聚乙二醇-20M 柱（中强极性，$\Sigma\Delta I = 2308$）。因而固定液选择就变得容易得多。但还有少数分析问题，如高沸点多组分试样、沸点与结构极相近的对映异构体等还需选用特殊的、耐高温、高选择性的固定液。鉴于分子的手性是生命现象的基础，各种类型手性固定相的研制已引起广泛关注并取得了成果，使气相色谱在生命物质的分离、分析中起重要作用。

第三节　气相色谱检测器

检测器的作用是将经色谱柱分离后的各组分按其特性及含量转换为相应的电信号。因此检测器是测定试样的组成及各组分含量的部件，是气相色谱仪中的主要组成部分。

根据检测原理的不同，可将检测器分为浓度型检测器（concentration sensitive detector）和质量型检测器（mass flow rate sensitive detector）两种。浓度型检测器测量的是载气中某组分浓度瞬间的变化，即检测器的响应值和组分的浓度成正比，如热导池检测器和电子捕获检测器等。质量型检测器测量的是载气中某组分进入检测器的速度变化，即检测器的响应值和单位时间内进入检测器某组分的质量成正比，如氢火焰离子化检测器和火焰光度检测器等。

一、热导池检测器

热导池检测器（thermal conductivity detector，TCD）是气相色谱中应用最广泛的通用检测器之一，具有结构简单、价格便宜、灵敏度适宜、稳定性较好的特点，而且它对所有物质均有响应。

1. 热导池的结构

热导检测器由热导池与电路连接构成。不锈钢池体钻有对称的孔道，内装热丝或热导元件，一般由电阻率和电阻温度系数较大的金属丝如铜、铂、钨或镍等制成，目前普遍采用铼钨丝。对称的孔道之一为测量臂，另一为参比臂。又可分双臂热导池和四臂热导池两种（图 13-6）。热导池有两根钨丝（采用 220 V，40 W 白炽灯钨丝）的是双臂热导池，其中一臂是

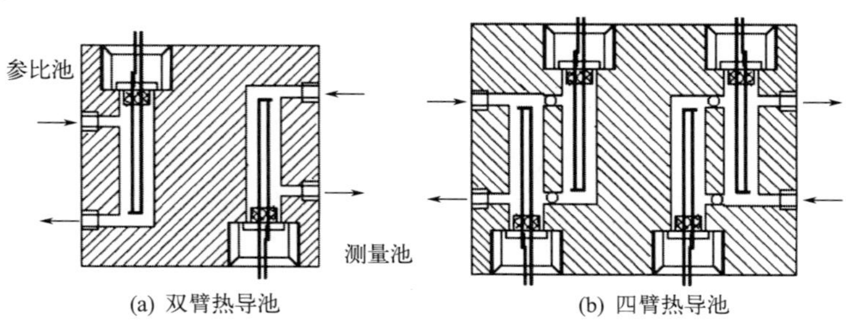

图 13-6　热导池示意图

参比池，一臂是测量池；有四根钨丝（采用 220 V，5 W 白炽灯钨丝）的是四臂热导池，其中两臂是参比池，两臂是测量池。其流型可分为直通型、扩散型和半扩散型。直通型热敏丝在气路之中，响应快，灵敏度高，但对气流波动很敏感。扩散型比较稳定，灵敏度低，但响应时间长。半扩散型性能介于两者之间。

热导池体两端有气体进口和出口，参比池仅通过载气气流，从色谱柱出来的组分由载气携带进入测量池。

2. 热导池检测器的基本原理

热导池检测器是基于不同物质具有不同的热导率而设计的。一些物质的热导率见表 13-4。

表 13-4　一些气体与蒸气的热导率（λ）

气体或蒸气	λ/（10^{-4} J・cm^{-1}・s^{-1}・℃$^{-1}$）	
	0℃	100℃
空气	2.17	3.14
氢气	17.41	22.4
氦气	14.57	17.14
氧气	2.47	3.18
氮气	2.43	3.14
二氧化碳	1.47	2.22
氨气	2.18	3.26
甲烷	3.01	4.56
乙烷	1.8	3.06
丙烷	1.51	2.64
正丁烷	1.34	2.34
异丁烷	1.38	2.43
正己烷	1.26	2.09
环己烷	—	1.8
乙烯	1.76	3.1
乙炔	1.88	2.85
苯	0.92	1.84
甲醇	1.42	2.3
乙醇	—	2.22
丙酮	1.01	1.76
乙醚	1.3	—
乙酸乙酯	0.67	1.72
四氯化碳	—	0.92
氯仿	0.67	1.05

当电流通过钨丝时，钨丝被加热到一定温度，钨丝的电阻值也就增加到一定值（一般金属丝的电阻值随温度升高而增加）。在未进试样时，通过热导池两个池孔（参比池和测量池）的都是载气。由于载气的热传导作用，钨丝的温度下降，电阻减小，此时热导池的两个池孔中钨丝温度下降和电阻减小的数值是相同的。在试样组分进入以后，载气流经参比池，而载气带着试样组分流经测量池。由于被测组分与载气组成的混合气体的热导率和载气的热导

率不同，因而测量池中钨丝的散热情况就发生变化，使两个池孔中的两根钨丝的电阻值之间有了差异。此差异可以利用电桥进行测量。气相色谱仪中的桥路，如图 13-7 所示。图中，R_1 和 R_2 分别为参比池和测量池的钨丝的电阻，将钨丝分别连于电桥中作为两臂。在安装仪器时，挑选配对的钨丝，使 $R_1 = R_2$。从物理学中知道，电桥平衡时，$R_1R_4 = R_2R_3$。

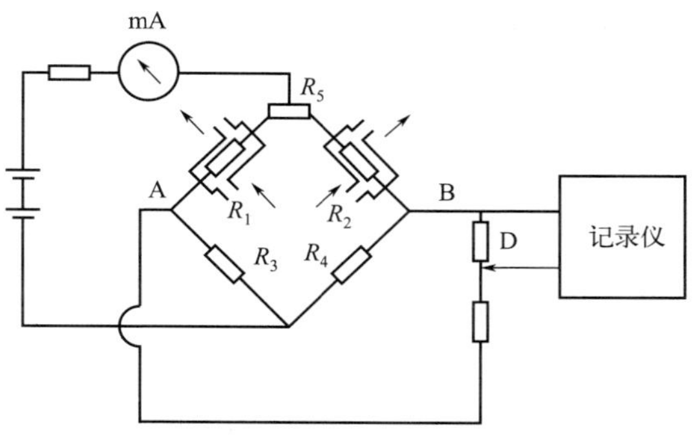

图 13-7　气相色谱中的惠斯通电桥

当电流通过热导池中两臂的钨丝时，钨丝被加热到一定温度，其电阻值也增加到一定值，两个池中电阻增加的程度相同。如果用氢气作载气，当载气经过参比池和测量池时，由于氢气的热导率较大，被氢气转走的热量也较多，钨丝温度就迅速下降，电阻减小。在载气流速恒定时，在两只池中的钨丝温度下降和电阻值的减小程度是相同的，亦即 $\Delta R_1 = \Delta R_2$，因此当两个池都通过载气时，电桥处于平衡状态，能满足 $(R_1 + \Delta R_1)R_4 = (R_2 + \Delta R_2)R_3$。此时，A、B 两端的电位相等，$\Delta E = 0$，就没有信号输出，电位差计记录的是一条零位直线，称为基线。如果从进样器注入试样，经色谱柱分离后，由载气先后带入测量池。此时由于被测组分与载气组成的二元体系热导率与纯载气不同，使测量池中钨丝散热情况发生变化，导致测量池中钨丝温度和电阻值的改变，而与只通过纯载气的参比池内的钨丝的电阻值之间有了差异，这样电桥就不平衡，即

$$\Delta R_1 \neq \Delta R_2$$
$$(R_1 + \Delta R_1)R_4 \neq (R_2 + \Delta R_2)R_3$$

这时电桥 A、B 之间产生不平衡电位差，就有信号输出。载气中被测组分的浓度愈大，测量池钨丝的电阻值改变亦愈显著，因此检测器所产生的响应信号，在一定条件下与载气中组分的浓度存在定量关系。电桥上 A 与 B 间不平衡电位差用一自动平衡电位差计记录其响应电位，在记录纸上即可记录出各组分的色谱峰。

3. 热导池的特点

根据输出原理，热导池属浓度型检测器。进样量一定时，峰面积与载气流速成反比：流速加大，峰形窄，面积小。在一定的流速范围内峰高不受载气流速影响；当流速较大时，峰高下降。所以在测定组分含量时用峰高定量较为合适。若采用峰面积进行定量计算，则需严格控制载气流速恒定。

热导池的工作原理是利用组分与载气间的热导率的差值进行检测的，因此无论是无机物或有机物，只要其热导率与载气的热导率有差异，都会产生信号。两臂的热导差异愈大，响应信号愈大，灵敏度愈高。

检测后各组分的蒸气与载气共同排出，组分不受破坏，因此热导池检测器可以和其它大型仪器联用，以充分发挥色谱分离检测的完整性。例如，与质谱、红外或拉曼光谱联用可以对未知结构的组分在分离后进行结构鉴定。

由于测量臂和参考臂都在同一腔体内，操作条件一致，所以性能较稳定。

4. 影响热导池检测器灵敏度的因素

（1）桥路工作电流的影响　电流增加，钨丝温度升高，钨丝和热导池体的温差加大，气体就容易将热量传出去，灵敏度就提高。一般响应值与工作电流的三次方成正比，即增加电流能使灵敏度迅速增加；但电流太大，将使钨丝处于灼热状态，引起基线不稳，呈不规则抖动，甚至会将钨丝烧坏。一般桥路电流控制在 100～200 mA 左右，当以 N_2 作载气时，由于 N_2 的导热能力较差，桥路电流应＜120 mA。

（2）热导池体温度的影响　当桥路电流一定时，钨丝温度一定。如果池体温度低，池体和钨丝的温差就大，会使灵敏度提高。但池体温度不能太低，否则被测组分将在检测器内冷凝。一般池体温度不应低于柱温。

（3）载气的影响　载气与试样的热导率相差愈大，灵敏度愈高。由于一般物质的热导率都比较小，故选择热导率大的气体（例如 H_2 或 He）作载气，灵敏度就比较高。另外，载气的热导率大，在相同的桥路电流下，热丝温度较低，桥路电流就可升高，从而使热导池的灵敏度大为提高，因此通常采用氢气作载气。如果用氮气作载气，除了由于氮气和被测组分热导率差别小、灵敏度低外，还常常由于二元体系热导率呈非线性，以及因热导性能差而使对流作用在热导池中影响增大等原因，有时会出现不正常的色谱峰（如倒峰、W 峰等）。因此，当采用热导池检测器时，一般都以 H_2 或 He 作载气。载气流速对输出信号有影响，因此载气流速要稳定。

（4）热敏元件阻值的影响　选择阻值高、电阻温度系数较大的热敏元件（如钨丝），当温度有一些变化时，就能引起电阻明显变化，灵敏度就高。

（5）热导池死体积的影响　一般热导池的死体积较大，且灵敏度较低，这是其主要缺点。为提高灵敏度并能在毛细管柱气相色谱仪上配用，应使用具有微型池体（2.5 μL）的热导池。

二、氢火焰离子化检测器

氢火焰离子化检测器（flame ionization detector，FID），简称氢焰检测器。通常蒸气分子是不导电的，但受一定能源激发后，蒸气分子离子化，在电场作用下定向运动形成离子流被记录下来。当组分浓度大时，形成的离子流强度大，因此，由离子流的强度变化就可得到组分浓度变化的信号，这就是离子化检测器的一般机理。它对含碳有机化合物有很高的灵敏度，一般比热导池检测器的灵敏度高几个数量级，能检测到 10^{-12} g・s^{-1} 的痕量物质，故适宜于痕量有机物的分析。因其结构简单、灵敏度高、响应快、稳定性好、死体积小、线性范围宽，可达 10^6 以上，它也是一种较理想的检测器。

1. 氢焰检测器的结构

氢焰检测器主要部分是一个离子室。离子室一般用不锈钢制成，包括气体入口、火焰喷嘴、一对电极和外罩，如图 13-8 所示。

组分气体分子离子化过程在离子室中进行。离子室由不锈钢制成，用铂-铱合金制成的极化极与圆筒形的收集极和喷嘴共同组成离子头。喷嘴下端与色谱柱出口相连接，自色谱柱流出的气体进入喷嘴，与氢气混合。接电后极化极烧红，点燃氢气，在空气的助燃下形成氢焰，此时施加恒定电压于极化极，与收集极之间形成静电场。当载气中不存在试样组分时，两极间离子很少，基流很低。载气中出现有机物时，有机物在氢焰中燃烧，电离成带电的离子团，在电场作用下带电粒子向收集极移动形成微弱的电流，通过高阻值的电阻，使两端形成强电压信号，经放大器放大，由记录仪所记录。燃烧后的废气由排气口排出。由于形成的离子流很微弱，极化极和收集极必须有良好的绝缘，防止信号泄露。

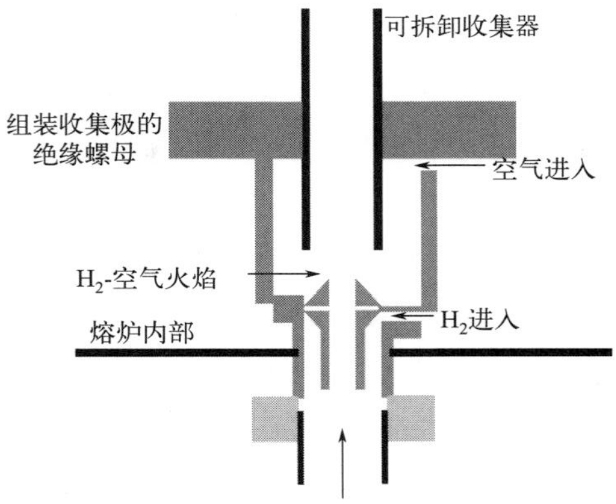

图 13-8　氢焰检测器离子室示意图

2. 氢焰检测器离子化的作用机理

对于氢焰检测器离子化的作用机理，至今还不十分清楚。根据有关研究结果，目前认为火焰中的电离不是热电离而是化学电离，即有机物在火焰中发生自由基反应而被电离。火焰性质如图 13-9 所示，A 为预热区，B 层为点燃火焰，C 层温度最高，为热裂解区。有机物 C_nH_m 在此发生裂解而产生含碳自由基 • CH：

$$C_nH_m \longrightarrow \cdot CH$$

然后进入 D 层反应层，与外面扩散进来的激发态原子或分子氧发生反应，生成 CHO^+及 e^-：

$$\cdot CH + O^* \longrightarrow CHO^+ + e^-$$

形成的 CHO^+与火焰中大量水蒸气碰撞发生分子-离子反应，产生 H_3O^+：

$$CHO^+ + H_2O \longrightarrow H_3O^+ + CO$$

化学电离产生的正离子（CHO^+和 H_3O^+）和电子（e^-）在外加 150～300 V 直流电场作用下向两极移动而产生微电流。经放大后，记录下色谱峰。

FID 离子室与放大器联结的线路如图 13-10 所示。此处高电阻的作用是使产生的微电流通过高电阻，在高电阻两端产生电压降，使其作为放大器的输入信号。在电流大小一定时，高电阻的数值越大，在高电阻两端产生的电压降就越大，灵敏度也就越高。放大器输出的电流信号（或电压信号）经 A/D 转换器，将模拟信号转换成数字信号，由计算机记录下来并进行数据处理。

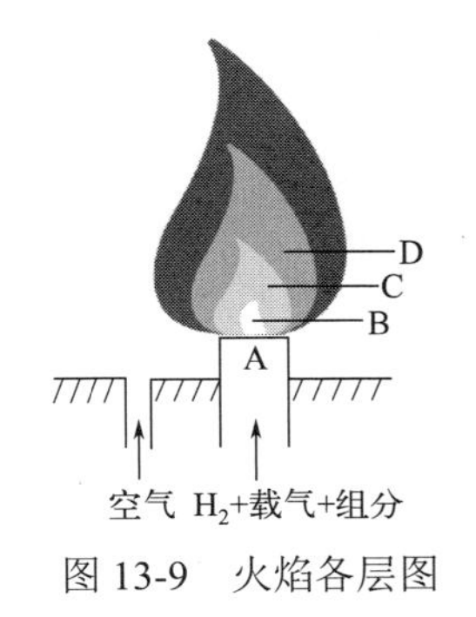

图 13-9　火焰各层图

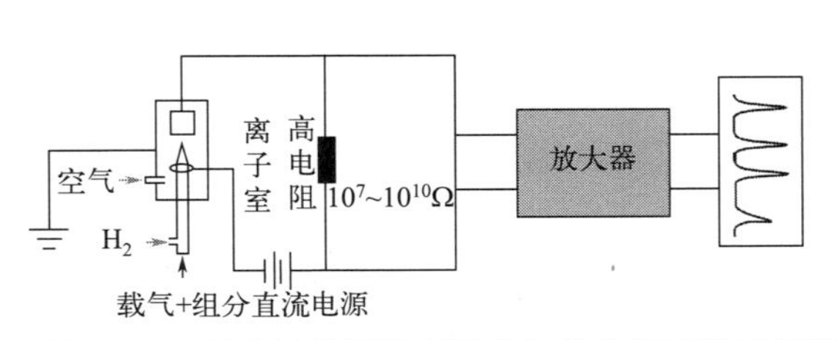

图 13-10　氢火焰检测器离子室与放大器连接示意图

由此可见，要获得灵敏的检测信号，首先要使离子化效率高，其次要收集效率高。

（1）离子化效率　取决于组分的性质和操作条件。研究表明，有机物在氢焰中离子化效率很低，只有 0.01%～0.05%，其原因是生成 CHO^+所需的氧，必须由火焰外部扩散进来。助燃空气中氧含量增加，扩散进火焰的速度加快，可使离子数增加，响应信号增强。因此，有充足的氧可提高离子化效率。此外，组分在 H_2 中燃烧时应能有最高的能量释放速度，才能生成最多的离子流。由此可见，H_2 的流速和空气的量是影响离子化效率的主要因素。

（2）收集效率　取决于离子头设计的合理性。化学电离生成的离子对由收集极收集。如果收集极和发射极距离过大，则收集不完全；过小会造成离子和电子的复合。通常要求两极间距离调整在 0.5～1 cm，而且收集极、喷嘴、发射极三者位置应为同心。收集效率高也提高了检测限的线性范围。由于收集极的电流很微弱，因此两极的绝缘很重要，稍有漏电即影响灵敏度。

此外，喷嘴的粗细对收集效率也有一定的影响，喷嘴过细则火焰太细、过高，可能超出收集极的收集范围而影响收集效率，通常制成 0.5 mm 内径。

3. 特点

FID 检测器输出信号的大小取决于单位时间内进入检测器物质的量。当进样量一定时，峰面积与流速无关。流速加大时，单位时间内进入检测器物质的量增多，峰高增大但峰形变窄，峰面积不变，组分保留时间缩短。据此，利用氢焰检测器测定含量时，以峰面积计算为宜。若用峰高计算，则应严格控制恒定的流速。

根据氢焰的检测机理，原则上凡含—CH 基的物质都能在氢焰中裂解，给出响应信号，因此氢焰广泛使用于烃类及各种有机物的测定。对烃类响应值最高，而且对不同烃类的响应灵敏度都很接近。对含有氧、卤素、硫、磷、硅等元素的有机物，其响应值降低。杂原子愈多，响应值下降愈显著。对于 CO_2、CO、H_2O、H_2S、CS_2、CCl_4 及 HCN、NH_3、HCl 等都无响应或响应值很小。由于对惰性气体及水都无响应，所以适用于大气和水中痕量有机物的测定。

FID 灵敏度比 TCD 高 10^2～10^4 倍，死体积几乎为零，响应快，且线性范围很宽约为 10^7，对于含碳有机物的检出限可达 10^{-11} g • s^{-1}，所以常用它接毛细管柱做痕量分析和快速分析。由于灵敏度高，因此对载气的纯度要求较高，特别应当注意脱烃。

试样最后被燃烧破坏，因此不能收集馏分或与大型仪器联用。由于本身温度较高，对温度变化不敏感，因而对恒温要求不严，比较稳定。FID 结构较简单，操作和维修比较容易。

4. 操作条件的选择

（1）气体流量

① 载气流量　一般用 N_2 作载气，载气流量的选择主要考虑分离效能。对一定的色谱柱和试样，要找到一个最佳的载气流速，使柱的分离效果最好。

② 氢气流量　氢气流量与载气流量之比影响氢火焰的温度及火焰中的电离过程。氢焰温度太低，组分分子电离数目少，产生电流信号就小，灵敏度就低。氢气流量低，不但灵敏度低，而且易熄火。氢气流量太高，热噪声就大。故对氢气必须维持足够流量。当氮气作载气时，一般氢气与氮气流量之比是（1∶1）～（1∶1.5）。在最佳氢氮比时，不但灵敏度高，而且稳定性好。

③ 空气流量　空气是助燃气，并为生成 CHO^+提供 O_2。空气流量在一定范围内对响应值有影响。当空气流量较小时，对响应值影响较大，流量很小时，灵敏度较低。空气流量高于某一数值（例如 400 mL · min^{-1}），此时对响应值几乎没有影响。一般氢气与空气流量之比为 1∶10。

气体中存在机械杂质或载气中含有微量有机杂质时，对基线的稳定性影响很大，因此要保证管路的干净并使用高纯载气。

（2）极化电压　外加电压于极化极和收集极之间形成电场，使组分离子化后尽快向两极移动，避免复合，所以响应值与电压有一定的关系。当电压小于 40 V 时，离子信号随极化电压的增加而迅速增大；当电压升至 50 V 以上时，增大电压对输出信号的大小影响不大；当电压超过 300 V 时，离子室内产生辐射，同时由于离子大量增加形成的竞争吸收，出现噪声和基线不稳的现象。一般操作电压在 100～250 V 信号比较稳定。

（3）使用温度　与热导池检测器不同，氢焰检测器的温度不是主要影响因素，在 120～200℃范围内，灵敏度几乎相同。检测器内水蒸气冷凝会使灵敏度显著下降，因此温度一般高于 120℃。

三、电子捕获检测器

电子捕获检测器（electron capture detector，ECD）也称电子俘获检测器，是应用广泛的一种具有高选择性、高灵敏度的浓度型检测器。它的高选择性是指它只对具有电负性的物质（如含有卤素、硫、磷、氮、氧的物质）有响应，电负性愈强，灵敏度愈高。高灵敏度表现在能测出 10^{-14} g · mL^{-1} 的电负性物质。

电子捕获检测器的构造如图 13-11 所示。在检测器池体内有一圆筒状 β 放射源（^{63}Ni 或 ^{3}H）作为阴极，一个不锈钢棒作为阳极。在此两极间施加一直流或脉冲电压。当载气（一般采用高纯氮）进入检测器时，在放射源发射的β射线作用下发生电离：

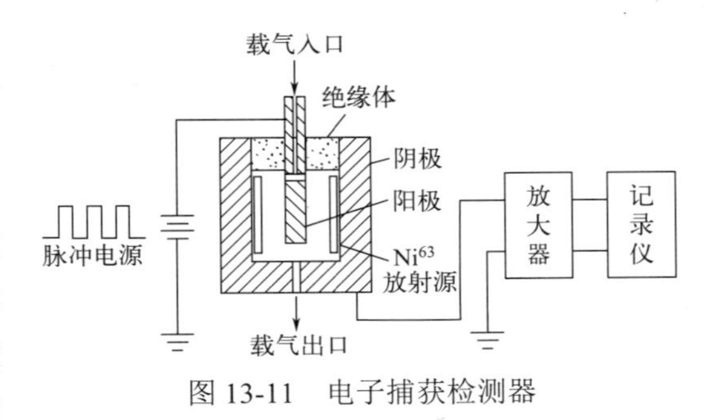

图 13-11　电子捕获检测器

$$N_2 \longrightarrow N_2^+ + e^-$$

生成的正离子和慢速低能量的电子，在恒定电场作用下向极性相反的电极运动，形成恒定的电流即基流。当具有电负性的组分进入检测器时，它捕获了检测器中的电子而产生带负电荷的分子离子并放出能量（E）：

$$AB + e^- \longrightarrow AB^- + E$$

带负电荷的分子离子和载气电离产生的正离子复合成中性化合物，被载气携出检测器外：

$$AB^- + N_2^+ \longrightarrow N_2 + AB$$

由于被测组分捕获电子，其结果使基流降低，产生负信号而形成倒峰。组分浓度愈高，倒峰愈大。

ECD 对电负性物质如卤素、硫、磷、氧、氮等有很强的响应，是高选择性检测器，其响应值随物质电负性的增强而增大。对中性物质如烃类无响应，例如它对 CCl_4 的响应值比对正己烷要高 10^8 倍。它的灵敏度较高，检出限可达 10^{-14} g·mL^{-1}，常用于食品、农副产品中农药残留量的分析。但线性范围较窄，为 10^3～10^4。当进样量一定时，载气流速在 40～100 mL·min^{-1} 的范围内，峰高与流速无关；流速大于 100 mL·min^{-1} 时，峰高下降。因此在定量分析中应用峰高为宜。由于 ECD 的选择性，它常和 FID 配合使用，以确定试样中有无电负性官能团的组分。方法是在柱出口处将分离后的组分分成两路，引入 ECD 和 FID 两个检测器，用双笔同时记录。

四、火焰光度检测器

火焰光度检测器（flame photometric detector，FPD）是对含磷、含硫的化合物有高选择性和高灵敏度的一种色谱检测器。这种检测器主要由火焰喷嘴、滤光片、光电倍增管三部分组成，见图 13-12。

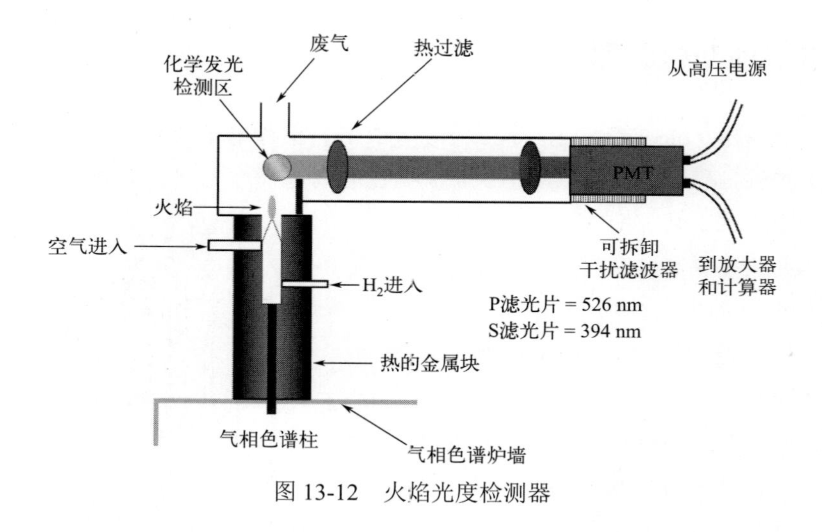

图 13-12　火焰光度检测器

当含有硫（或磷）的试样进入氢焰离子室，在富氢-空气焰中燃烧时，有下述反应：

$$RS + 空气 + O_2 \longrightarrow SO_2 + CO_2$$

$$2SO_2 + 8H \longrightarrow 2S + 4H_2O$$

$$S + S \longrightarrow S_2^*$$

$$S_2^* \longrightarrow S_2 + h\nu$$

亦即有机硫化物首先被氧化成 SO_2，然后被氢还原成 S 原子，S 原子在适当温度下生成激发态的 S_2^*分子，当其跃迁回基态时，发射出 350～430 nm 的特征分子光谱。

含磷试样主要以 HPO 碎片的形式发射出 480～600 nm 波长的特征分子光谱。这些发射光通过滤光片而照射到光电倍增管上，将光转变为光电流，经放大后在记录系统上记录下含硫或磷化合物的色谱图。至于含碳有机物，在氢焰高温下进行电离而产生微电流，经收集极收集，放大后可同时记录下来。因此火焰光度检测器可以同时测定硫、磷和含碳有机物，即火焰光度检测器和氢焰检测器联用。

五、氮磷检测器

氮磷检测器（nitrogen phosphorus detector, NPD）为碱盐离子化检测器之一。它是由 FID 发展而来，在喷嘴和收集极之间加一个小玻璃珠，表面涂一层硅酸铷作为离子源。向两极间加负电压（–130 V），采用低氢气流速（约 3 mL • min^{-1}），玻璃球用电加热。该检测器只对含磷和含氮化合物有很高的选择性和灵敏度，对氮的灵敏度约 10^{-13} g • s^{-1}，对磷为 10^{-14} g • s^{-1}。NPD 主要用于食品、药物、农药残留以及亚硝胺类等的分析。

六、检测器的性能指标

对检测器的要求是响应快、灵敏度高、稳定性好、线性范围宽，并以这些作为衡量检测器质量的指标。现将检测器的主要指标分述如下。

1. 灵敏度 S（sensitivity）

检测器的灵敏度，亦称响应值或应答值。实验表明，一定浓度或一定质量的试样进入检测器后，就产生一定的响应信号 R。如果以进样量 Q 对检测器响应信号作图，就可得到一直线，如图 13-13 所示。图中直线段的斜率就是检测器的灵敏度，以 S 表示。因此灵敏度就是响应信号对进样量的变化率：

$$S = \frac{\Delta R}{\Delta Q} \tag{13-3}$$

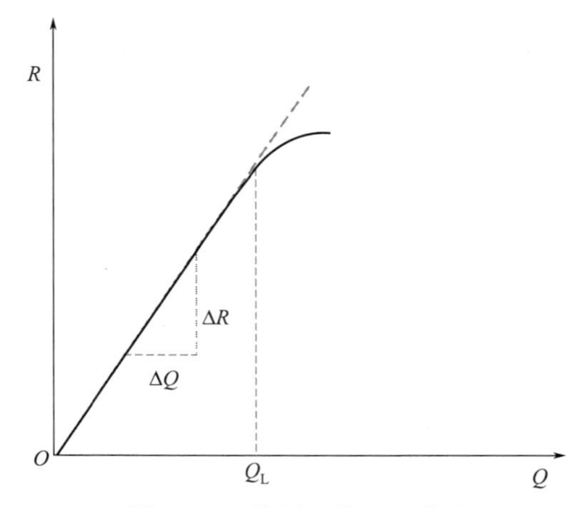

图 13-13　检测器的 R-Q 关系

图中 Q_L 为最大允许进样量，超过此量时进样量与响应信号将不呈线性关系。由于各种检测器作用机理不同，灵敏度的计算式和量纲也不同。

对于浓度型检测器，其响应信号（峰高 h）正比于载气中组分的质量浓度ρ，即 $h \propto \rho$，故可写作：

$$\rho = \frac{h}{S_c} \tag{13-4}$$

式中，S_c 为比例常数，即检测器的灵敏度，下标 c 表示浓度型。

为了导出实际测定 S_c 的计算式，图 13-14 展示了检测器和记录仪的信号关系。图 13-14（a）是进入检测器的载气体积 V 和载气中组分质量浓度的关系，若进样量为 m（mg），则

$$m = \int \rho \mathrm{d}V \tag{13-5}$$

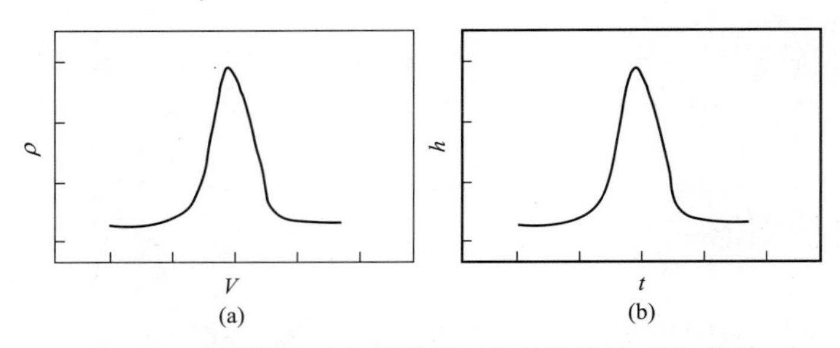

(a)　　(b)

图 13-14　检测器（a）和色谱工作站的信号（b）关系

图 13-14（b）为与此相对应的在色谱工作站上所记录的色谱流出曲线，显然，此流出曲线所包的面积为：

$$A=\int_0^{\infty} h\mathrm{d}t \tag{13-6}$$

式中，A 为峰面积；t 为所花去的时间，min；h 为流出曲线的高度，mV。

根据载气流速 $q_{V,0}$ 的定义：

$$q_{V,0}=V/t$$

在色谱分析过程中，当 $q_{V,0}$ 保持不变，则式（13-5）变为

$$m=\int_0^{\infty}\rho\mathrm{d}\left(q_{V,0}t\right)=\int_0^{\infty}\rho q_{V,0}\mathrm{d}t$$

将式（13-4）、式（13-6）代入上式，则

$$m=\int_0^{\infty}\frac{q_{V,0}}{S_\mathrm{c}}h\mathrm{d}t=\frac{q_{V,0}A}{S_\mathrm{c}}$$

上式变形后可得：

$$S_\mathrm{c}=\frac{q_{V,0}A}{m} \tag{13-7}$$

式（13-7）即浓度型检测器的灵敏度计算式。式中，$q_{V,0}$ 为校正检测器温度和压力为大气压时的载气流速，即色谱柱出口流速，$\mathrm{mL \cdot min^{-1}}$；$A$ 为峰面积，mV•min。如果进样是液体或固体，则灵敏度的单位是 $\mathrm{mV \cdot mL \cdot mg^{-1}}$，即每毫升载气中有一毫克试样时检测器所能产生的响应信号（单位为 mV）。同样，若试样为气体，灵敏度的单位是 $\mathrm{mV \cdot mL \cdot mL^{-1}}$。

由式（13-7）可见，进样量与峰面积成正比，当进样量一定时，峰面积与流速成反比。前者是色谱定量的基础，后者要求定量时要保持载气流速恒定。

对于质量型检测器（如氢焰检测器），其响应值取决于单位时间内进入检测器某组分的量。浓度型与质量型检测器之所以有这样的差别，主要是因为前者对载气有响应，而后者则对载气没有响应。因此

$$h=S_\mathrm{m}\frac{\mathrm{d}m}{\mathrm{d}t} \tag{13-8}$$

式中，S_m 为质量型检测器的灵敏度，$\mathrm{mV \cdot s \cdot g^{-1}}$。此时在检测器中其信号的关系为速率对时间作图，即 $\frac{\mathrm{d}m}{\mathrm{d}t}$-$t$，故：

$$m=\int_0^{\infty}\frac{\mathrm{d}m}{\mathrm{d}t}\mathrm{d}t \tag{13-9}$$

将式（13-8）代入式（13-9）得

$$m = \int_0^{\infty} \frac{h}{S_m} dt = \frac{A}{S_m}$$

$$S_m = \frac{A}{m} \tag{13-10}$$

上式即质量型检测器的灵敏度计算式，符号意义同前，但式中 A 的单位为 mV•s，m 的单位为 g。由此式可见，峰面积与进样量成正比；进样量一定时，峰面积与载气流速无关。

2. 检出限 D（detection limit）

检出限也称敏感度，是指检测器恰能产生和噪声相鉴别的信号时，在单位体积或时间需向检测器进入的物质质量（单位：g）。通常认为恰能鉴别的响应信号至少应等于检测器噪声的 3 倍（图 13-15）。

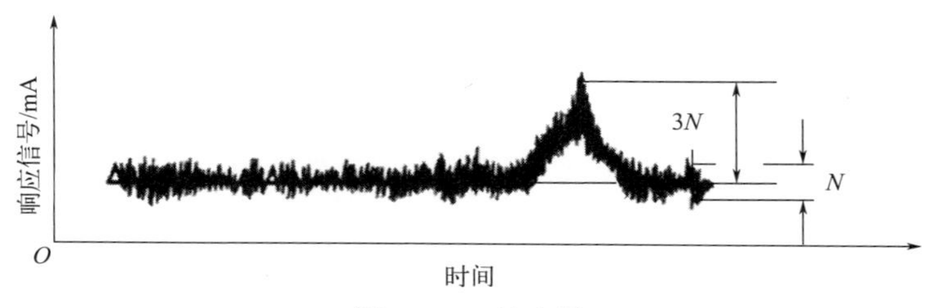

图 13-15　检出限

检出限以 D 表示，则可定义为：

$$D = \frac{3N}{S} \tag{13-11}$$

式中，N 为检测器的噪声，指由于各种因素所引起的基线在短时间内左右偏差的响应数值，mV；S 为检测器的灵敏度。一般来说，D 值越小，说明机器越敏感。

3. 最小定量限 Q_0（minimum detectable quantity）

指检测器恰能产生和噪声相鉴别的信号时所需进入色谱柱的最小物质质量（或最小浓度），以 Q_0 表示。

由于 $A = 1.065Y_{1/2}h$，h 为峰高（单位：cm），将其代入质量型检测器灵敏度公式[式（13-10）]，可得：

$$m = \frac{1.065Y_{1/2}h}{S_m}$$

因为 $h = 3N$（单位为 mV），并以时间（单位：s）表示色谱峰的半宽度，根据式（13-11），最小定量限（Q_0）为：

$$Q_0 = 1.065Y_{1/2}D \tag{13-12}$$

上式是对质量型检测器而言的，对于浓度型检测器，

$$Q_0 = 1.065Y_{1/2}q_{V,0}D \tag{13-13}$$

由式（13-12）及式（13-13）可见，Q_0 与检测器的检出限成正比；但与检出限不同，Q_0 不仅与检测器的性能有关，还与柱效率及操作条件有关。所得色谱峰的半宽度越窄，Q_0 就越小。

4. 响应时间（response time）

响应时间是指在试验条件下，从检测器接触被测气体至达到稳定指示值的时间。要求检测器能迅速地和真实地反映通过它的物质的浓度变化情况，即要求响应速度快。为此，检测器的死体积要小，电路系统的滞后现象要尽可能小，一般都小于 1 s。

5. 线性范围（linear range）

这是指试样量与信号之间保持线性关系的范围，用最大进样量与最小检出量的比值来表示，这个范围愈大，愈有利于准确定量。

第四节　分离操作条件的选择

一、载气及其流速的选择

对一定的色谱柱和试样，有一个最佳的载气流速，此时柱效最高，根据式（12-31）

$$H = A + \frac{B}{u} + Cu$$

用在不同流速下测得的塔板高度 H 对载气流速 u 作图，得 H-u 曲线图（图 13-16）。在曲线的最低点，塔板高度 H 最小（$H_{最小}$）。此时柱效最高，该点所对应的载气流速即为最佳流速（$u_{最佳}$），$u_{最佳}$及 $H_{最小}$可由式（12-31）微分求得：

$$\frac{\mathrm{d}H}{\mathrm{d}u} = -\frac{B}{u^2} + C = 0$$

$$u_{最佳} = \sqrt{\frac{B}{C}} \tag{13-14}$$

将式（13-14）代入式（12-31）得

$$H_{最小} = A + 2\sqrt{BC} \tag{13-15}$$

在实际工作中，为了缩短分析时间，往往使流速稍高于最佳流速。

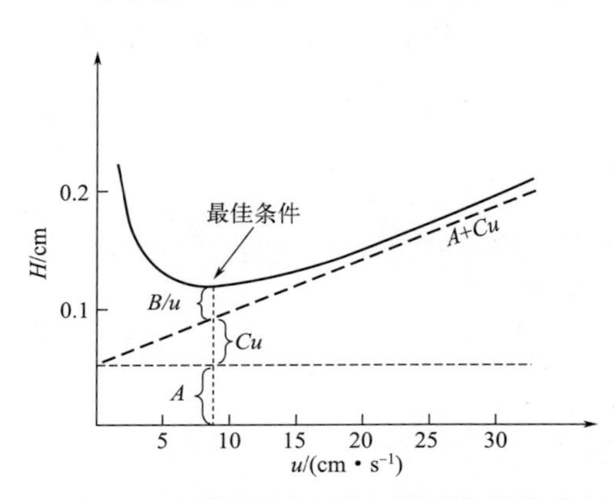

图 13-16　塔板高度与载气线速度的关系

从式（12-31）及图 13-16 可见，当载气流速较小时，分子扩散项（B 项）就成为色谱峰扩张的主要因素，此时应采用分子量较大的载气（N_2，Ar），使组分在载气中有较小的扩散系数。而当流速较大时，传质项（C 项）为控制因素，宜采用分子量较小的载气（H_2，He），此时组分在载气中有较大的扩散系数，可减小气相传质阻力，提高柱效。选择载气时还应考虑对不同检测器的适应性。

对于填充柱，N_2 的最佳实用线速度为 10～12 cm・s^{-1}，H_2 为 15～20 cm・s^{-1}。通常载气的流速习惯上用柱前的体积流量（mL・min^{-1}）来表示，也可通过皂膜流量计在柱后进行测定。若色谱柱内径为 3 mm，N_2 的流量一般为 15～25 mL • min^{-1}，H_2 的流量为 30～40 mL • min^{-1}。

二、柱温的选择

柱温是一个重要的操作变数，直接影响分离效能和分析速度。首先要考虑到每种固定液都有一定的使用温度。柱温不能高于固定液的最高使用温度，否则固定液挥发流失。

柱温对组分分离的影响较大，提高柱温会使各组分的挥发物靠拢，不利于分离，所以从分离的角度考虑，宜采用较低的柱温。但柱温太低，被测组分在两相中的扩散速率大为减小，分配不能迅速达到平衡，峰形变宽，柱效下降，分析时间延长。选择的原则是：在使最难分离的组分能尽可能好分离的前提下，尽可能采取较低的柱温，但以“保留时间适宜、峰形不对称”为度。具体操作条件的选择应根据不同的实际情况而定。

对于高沸点混合物（300～400℃），希望在较低的柱温下（低于其沸点 100～200℃）分析。为了改善液相传质速率，可用低固定液含量（质量分数 1%～3%）的色谱柱，使液膜薄一些，但允许最大进样量减小，因此应采用高灵敏度检测器。

对于沸点不太高（200～300℃）的混合物，可在中等柱温下操作，固定液质量分数为 5%～10%，柱温比其平均沸点低 100℃。

对于沸点在 100～200℃的混合物，柱温可选在其平均沸点 2/3 左右，固定液质量分数为 10%～15%。

对于气体、气态烃等低沸点混合物，柱温选在其沸点或沸点以上，以便能在室温或 50℃以下分析。固定液质量分数一般在 15%～25%，或采用吸附剂作固定相。

对于沸点范围较宽的试样，宜采用程序升温，即柱温按预定的加热速度随时间作线性或非线性的增加。升温的速度一般是呈线性的，即单位时间内温度上升的速度是恒定的，例如 2、4、6℃ • min^{-1} 等。在较低的初始温度下，沸点较低的组分，即最早流出的峰可以得到良好的分离。随柱温增加，较高沸点的组分也能较快地流出，并和低沸点组分一样也能得到分离良好的尖峰。图 13-17 为宽沸程试样在恒定柱温及程序升温时的分离结果比较。图 13-17（a）为柱温（T_c）恒定于 45℃时的分离结果，此时只有五个组分流出色谱柱，但低沸点组分分离良好；图 13-17（b）为柱温恒定于 120℃时的分离情况，因柱温升高，保留时间缩短，低沸点组分峰密集，分离不好；图 13-17（c）为程序升温时的分离情况，从 30℃起始，升温速度为 5℃ • min^{-1}，低沸点及高沸点组分都能在各自适宜的温度下得到良好的分离。

程序升温法

三、固定液的性质和用量

固定液的性质对分离起决定作用。一般来说，载体（也称担体）的表面积越大，固定液用量越高，允许的进样量也就越多。但从式（12-34）可见，为了改善液相传质，应使液膜薄

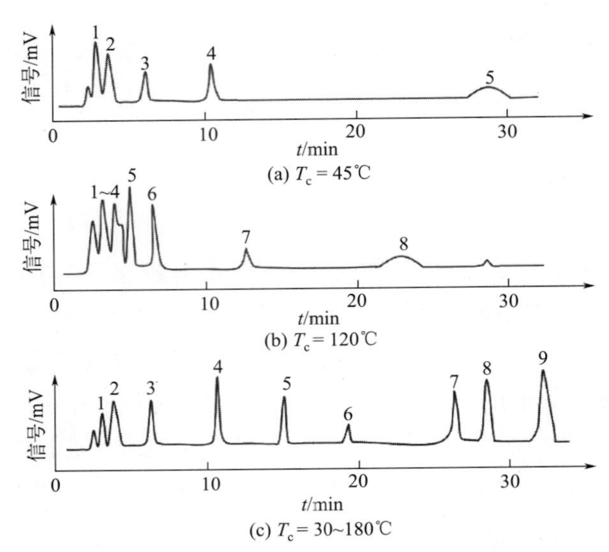

图 13-17　宽沸程试样在恒定柱温及程序升温时的分离结果比较

色谱峰：1—丙烷（−42℃）；2—丁烷（−0.5℃）；3—戊烷（36℃）；4—己烷（68℃）；5—庚烷（98℃）；6—辛烷（126℃）；7—溴仿（150.5℃）；8—间氯甲苯（161.6℃）；9—间溴甲苯（183℃）

一些。固定液液膜薄，柱效能提高，并可缩短分析时间。但固定液用量太低，液膜越薄，允许的进样量也就越少。因此固定液的用量要根据具体情况决定。

固定液的配比（指固定液与载体的质量比）一般从 5∶100 到 25∶100，也有低于 5∶100 的。不同的载体为达到较高的柱效能，其固定液的配比往往是不同的。一般来说，载体的表面积越大，固定液的含量越高。

四、载体的性质和粒度

载体的表面结构和孔径分布决定了固定液在载体上的分布以及液相传质和纵向扩散的情况。要求载体表面积大，表面和孔径分布均匀。这样，固定液涂在载体表面上形成均匀的薄膜，液相传质就快，就可提高柱效。对载体粒度要求均匀、细小，这样有利于提高柱效。但粒度过细，阻力过大，使柱压降增大，对操作不利。对 3～6 mm 内径的色谱柱，使用 80～100 目的载体较为合适。

五、进样时间和进样量

进样速度必须很快，一般用注射器或进样阀进样时，进样时间都在 1 s 以内。若进样时间过长，试样原始宽度变大，半峰宽必将变宽，甚至使峰变形。进样量一般是比较少的。液体试样一般进样 0.1～5 μL，气体试样 0.1～10 mL。进样量太多，会使几个峰叠在一起或峰形变差，分离不好。但进样量太少，又会使含量少的组分因检测器灵敏度不够而不出峰。最大允许的进样量，应控制在峰面积或峰高与进样量呈线性关系的范围内。

六、气化温度

进样后要有足够的气化温度，使液体试样迅速汽化后被载气带入柱中。在保证试样不分解的情况下，适当提高气化温度对分离及定量有利，尤其当进样量大时更是如此。一般选择气化温度比柱温高 30～70℃。

第五节　毛细管柱气相色谱法

毛细管柱气相色谱法（capillary column gas chromatography）是 1957 年由戈雷（Golay）在填充柱气相色谱的基础上提出的，是一种使用具有高分辨能力的毛细管色谱柱来分离复杂组分的色谱法。毛细管色谱柱内径只有 0.1～0.5 mm，长度可达 100 m 甚至更长，空心。虽然每米理论塔板数与填充柱相近，但因可以使用 50～300 m 的柱子，而柱压降只相当于 4 m 长的填充柱，总理论塔板数可达几十万至上百万。毛细管柱气相色谱法的出现使色谱分离能力大大提高，为分析复杂的有机混合物样品开辟了广阔的应用前景，已成为色谱学科中一个独具特色的重要分支。随着我国石油化工、轻化工、食品工业、环境科学、天然产物加工等的迅速发展，对毛细管柱气相色谱法提出了更高的要求。近年来，许多新型毛细管柱、新技术不断出现，使毛细管色谱法不断完善，日益广泛应用于各个领域中。

一、毛细管色谱柱

毛细管柱可由不锈钢、玻璃等制成，不锈钢毛细管柱由于惰性差，有一定的催化活性，加上不透明，不易涂渍固定液，现已很少使用。玻璃毛细管柱表面惰性较好，表面易观察，因此长期在使用，但易折断，安装较困难。1979 年出现了使用熔融石英制作的柱子，由于这种色谱柱具有化学惰性、热稳定性及机械强度好并具有弹性，因此它已占主要地位。

毛细管柱按其固定液的涂渍方法可分为如下几种：

（1）壁涂开管柱（wall-coated open tubular，WCOT）　将固定液直接涂在毛细管内壁上，这是戈雷最早提出的毛细管柱。由于管壁的表面光滑，润湿性差，对表面接触角大的固定液，直接涂渍制柱，重现性差，柱寿命短。现在的 WCOT 柱，其内壁通常都先经过表面处理，以增加表面的润湿性，减小表面接触角，再涂固定液。

（2）多孔层开管柱（porous-layer open tubular，PLOD）　在管壁上涂一层多孔性吸附剂固体微粒，不再涂固定液，实际上是使用开管柱的气固色谱。

（3）载体涂渍开管柱（support-coated open tubular，SCOT）　为了增大开管柱内固定液的涂渍量，先在毛细管内壁上涂一层很细的（＜2 μm）多孔颗粒，然后再在多孔层上涂渍固定液，这种毛细管柱，液膜较厚，因此柱容量较 WCOT 柱高。

（4）化学键合相毛细管柱　将固定相用化学键合的方法键合到硅胶涂敷的柱表面或径表面处理的毛细管内壁上。经过化学键合，大大提高了柱的热稳定性。

（5）交联毛细管柱　由交联引发剂将固定相交联到毛细管管壁上。这类柱子具有耐高温、抗溶剂抽提、液膜稳定、柱效高、柱寿命长等特点，因此得到迅速发展。

二、毛细管色谱柱的特点

1. 渗透性好，可用长色谱柱

柱渗透性好，即载气流动阻力小。柱渗透性一般用比渗透率（B_0）表示：

$$B_0 = \frac{L\eta\bar{u}}{j\Delta p} \tag{13-16}$$

式中，L 为柱长；η为载气黏度；$\bar{u}$ 为载气平均线速度；Δp 为柱压降；j 为压力校正因子。

毛细管色谱柱的比渗透率约为填充柱的 100 倍，这样就有可能在同样的柱压降下，使用 100 m 以上的柱子，而载气线速度仍可保持不变。

2. 相比（β）大，有利于实现快速分析

根据式（12-14）及式（12-47）得：

$$n = 16R^2\left(\frac{\alpha}{\alpha-1}\right)^2\left(1+\frac{1}{k}\right)^2 = 16R^2\left(\frac{\alpha}{\alpha-1}\right)^2\left(1+\frac{\beta}{K}\right)^2 \tag{13-17}$$

可见β值大（固定液液膜厚度小），有利于提高柱效。毛细管柱的 k 值比填充柱小，加上由于渗透性大可使用很高的载气流速，从而使分析时间变得很短。为了弥补由于上述两因素所损失的柱效，通过增加柱长来解决很方便，这样既可有高的柱效，又可实现快速分析。

3. 柱容量小，允许进样量少

进样量取决于柱内固定液的含量。毛细管柱涂渍的固定液仅几十毫克，液膜厚度为 0.35～1.50 μm，柱容量小，因此进样量不能大，否则将导致过载而使柱效率降低，色谱峰扩展、拖尾。对液体试样，进样量通常为 10^{-3}～10^{-2} μL。因此毛细管柱气相色谱在进样时需要采用分流进样技术。

4. 总柱效高，分离复杂混合物的能力大为提高

从单位柱长的柱效看，毛细管柱的柱效优于填充柱，但二者仍处于同一数量级，由于毛细管柱的长度比填充柱大 1～2 个数量级，所以总的柱效远高于填充柱，可解决很多极复杂混合物的分离分析问题。

毛细管柱与填充柱的比较见表 13-5。

表 13-5　毛细管柱与填充柱的比较

项目		填充柱	毛细管柱
色谱柱参数	内径/mm	2～6	0.1～0.5
	长度/m	0.5～6	20～200
	比渗透率 B_0	1～20	约 10^2
	相比β	6～35	50～1500
	总塔板数 n	约 10^3	约 10^6

续表

项目		填充柱	毛细管柱
动力学方程式	方程式	$H=A+\frac{B}{u}+\left(C_g+C_l\right)u$	$H=\frac{B}{u}+\left(C_g+C_l\right)u$
	涡流扩散项	$A=2\lambda d_p$	$A=0$
	分子扩散项	$B=2\gamma D_g;\gamma=0.5\sim0.7$	$B=2D_g;\gamma=1$
	气相传质项	$C_g=\frac{0.01k^2}{(1+k)^2}\times\frac{d_p^2}{D_g}$	$C_g=\frac{\left(1+6k+11k^2\right)}{24(1+k)^2}\times\frac{r^2}{D_g}$
	液相传质项	$C_l=\frac{2}{3}\times\frac{k}{(1+k)^2}\times\frac{d_f^2}{D_l}$	$C_l=\frac{2}{3}\times\frac{k}{(1+k)^2}\times\frac{d_f^2}{D_l}$
其它因素	进样量/μL	0.1～10	0.01～0.2
	进样器	直接进样	附加分流装置
	检测器	TCD、FID 等	常用 FID
	柱制备	简单	复杂
	定量结果	重现性较好	与分流器设计性能有关

三、毛细管柱的色谱系统

毛细管柱和填充柱的色谱系统，基本上是相同的。但由于毛细管柱内径小，如果柱两端连接管路的接头部件、进样器、检测器死体积大，就会使试样组分在这些部分扩散而影响毛细管系统的分离和柱效（柱外效应），所以毛细管柱色谱仪器对死体积的限制是很严格的。为了减少组分的柱后扩散，可在色谱系统中增加尾吹气，即在毛细管柱出口到检测器流路中增加一股叫尾吹气的辅助气路，以增加柱出口到检测器的载气流速，减少这段死体积的影响。又由于毛细管柱系统的载气 N_2 流速低（1～5 mL · min^{-1}），使氢焰电离检测器所需 N_2/H_2 比过小而影响灵敏度，因此尾吹 N_2 还能增加 N_2/H_2 比而提高检测器的灵敏度。

另外一个不同之处是由于毛细管柱的柱容量很小，用微量注射器很难准确地将小于 0.01 的液体试样直接送入，为此常采用分流进样方式。毛细管柱色谱系统以分流进样为例和填充柱色谱系统的流路比较，如图 13-18 所示。由图可见，主要不同是毛细管柱色谱仪柱前增加了分流进样装置，柱后增加了尾吹气。

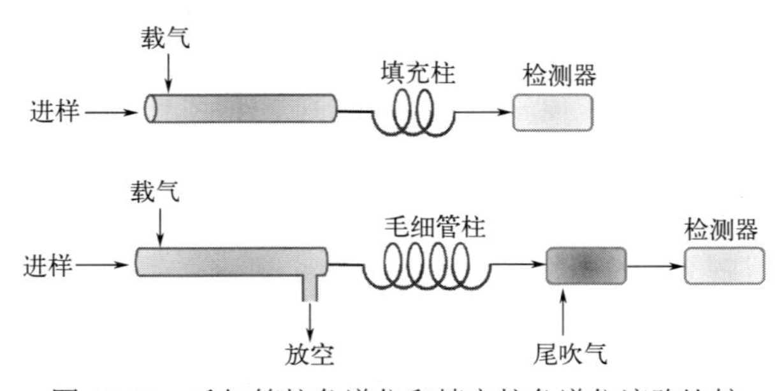

图 13-18　毛细管柱色谱仪和填充柱色谱仪流路比较

所谓分流进样，是将液体试样注入进样器使其气化，并与载气均匀混合，然后如图 13-18 所示，让少量试样进入色谱柱，大量试样放空。放空的试样量与进入毛细管柱试样的比称分流比，通常控制在 50∶1 至 500∶1。分流后的试样组分能否代表原来的试样与分流器的设计有关。分流进样器由于简便易行而得到广泛应用。然而它尚未能很好地适用于痕量组分的定量分析以及定量要求高的分析，为此已发展了多种进样技术，如不分流进样、冷柱头进样等。

第六节　气相色谱分析的特点及其应用范围

由前面的讨论可以看到，气相色谱分析是一种高效能、选择性好、灵敏度高、操作简单、应用广泛的分析、分离方法。

色谱分离主要是基于组分在两相间反复多次的分配过程。一根长 1～2 m 的色谱柱，一般可有几千个理论塔板，对于长柱（毛细管柱），甚至有一百多万个理论塔板，这样就可使一些分配系数很接近的以及极为复杂、难以分离的物质，经过多次分配平衡，最后仍能得到满意的分离。例如用空心毛细管色谱柱，一次可以解决含有一百多个组分的烃类混合物的分离及分析，因此气相色谱法的分离效能很高。

在气相色谱分析中，由于使用了高灵敏度的检测器，可以检测 10^{-11}～10^{-13} g 的物质。因此在痕量分析上，它可以检出超纯气体、高分子单体和高纯试剂等中质量分数为 10^{-6} 甚至 10^{-10} 数量级的杂质；在环境监测上可用来直接检测（即试样不需事先浓缩）大气中质量分数为 10^{-6}～10^{-9} 数量级的污染物；在农药残留量的分析中可测出农副产品、食品、水质中质量分数为 10^{-6}～10^{-9} 数量级的卤素、硫、磷化物等。

气相色谱分析操作简单，分析快速，通常一个试样的分析可在几分钟到几十分钟内完成。某些快速分析，一秒钟可分析好几个组分。但若使用手工计算数据，常使分析速度受到很大限制。目前一些先进的色谱仪器，通常都带有微处理机，使色谱操作及数据处理实现了自动化，这样就使气相色谱分析变得更加高效。

气相色谱法可以应用于分析气体试样，也可分析易挥发或可转化为易挥发的液体和固体，不仅可分析有机物，也可分析部分无机物。一般地说，只要沸点在 500℃以下，热稳定性良好，分子量在 400 以下的物质，原则上都可采用气相色谱法。目前气相色谱法所能分析的有机物，约占全部有机物的 15%～20%，而这些有机物恰是目前应用很广的那一部分，因而气相色谱法的应用是十分广泛的。

气相色谱法并不适用于难挥发和热不稳定的物质，但近年来裂解气相色谱法（将分子量较大的物质在高温下裂解后进行分离鉴定，已应用于聚合物的分析）、反应气相色谱法（利用适当的化学反应将难挥发试样转化为易挥发的物质，然后用气相色谱法分析）等的应用，大大扩展了气相色谱法的适用范围。

思考与练习题

1. 气相色谱仪的基本设备包括哪几部分？各有什么作用？
2. 试述热导池检测器的工作原理。有哪些因素影响热导池检测器的灵敏度？
3. 试述FID检测器的工作原理。如何考虑其操作条件？
4. 在使用火焰光度检测器时，为什么要保持富氢火焰？
5. 什么原因使电子捕获检测器的基始电流下降，如何克服？
6. 在气相色谱检测器中通用型检测器是（　　）：

A. 氢火焰离子化检测器　　B. 热导池检测器
C. 示差折光检测器　　D. 火焰光度检测器

7. 在气相色谱分析中为了测定下面组分，宜选用哪种检测器？为什么？

（1）蔬菜中含氯农药残留量；　　（2）测定有机溶剂中微量水；
（3）痕量苯和二甲苯的异构体；　　（4）啤酒中微量硫化物。

8. 对载体和固定液的要求分别是什么？
9. 试比较红色载体和白色载体的性能。何谓硅烷化载体？它有什么优点？
10. 试述“相似相溶”原理应用于固定液选择的合理性及其存在的问题。
11. 在气液色谱中，色谱柱的使用上限温度取决于（　　）：

A. 样品中沸点最高组分的沸点　　B. 样品中各组分沸点的平均值
C. 固定液的沸点　　D. 固定液的最高使用温度

12. 载气流量为25 mL·min^{-1}，进样量为0.5 mL 饱和苯蒸气，其质量经计算为0.11 mg，得到的色谱峰的实测面积为384 mV·s，求该热导池检测器的灵敏度。

第十四章　高效液相色谱法和超临界流体色谱法

第一节　概　述

高效液相色谱法（high performance liquid chromatography，HPLC）是20世纪60年代末至70年代初发展起来的一种新型分离分析技术，随着它的不断改进与发展，目前已成为应用极为广泛的化学分离分析的重要手段。HPLC是在经典液相色谱基础上，引入了气相色谱的理论，在技术上采用了高压泵、高效固定相和高灵敏度检测器，因而具备速度快、效率高、灵敏度高、操作自动化的特点。为了更好地了解高效液相色谱法的优越性，现从两方面进行比较。

一、高效液相色谱法与经典液相色谱法

比起经典液相色谱法，高效液相色谱法的最大优点在于高速、高效、高灵敏度、高自动化。高速是指在分析速度上比经典液相色谱法快数百倍。由于经典色谱是重力加料，流出速率极慢；而高效液相色谱配备了高压输液设备，流速最高可达10 $mL \cdot min^{-1}$。例如分离苯的羟基衍生物，7个组分只需1 min就可完成。又如对氨基酸分离，用经典色谱法，柱长约170 cm，柱径0.9 cm，流动相速率为30 $mL \cdot h^{-1}$，需用20多小时才能分离出20种氨基酸；而用高效液相色谱法，只需1 h即可完成。又如用25 cm×0.46 cm的Lichrosorb-ODS（5 μm）柱，采用梯度洗脱，可在不到0.5 h内分离出尿液中的104个组分。高效是由于高效液相色谱应用了颗粒极细（几微米至几十微米直径）、规则均匀的固定相，传质阻力小，分离效率很高。因此，在经典色谱法中难分离的物质，一般在高效液相色谱法中能得到满意的结果。高灵敏度是由于现代高效液相色谱仪普遍配有高灵敏度检测器，使其分析灵敏度比经典色谱有较大提高。例如，紫外检测器的检出限可达 10^{-9} $g \cdot mL^{-1}$，而荧光检测器则可达 10^{-12} $g \cdot mL^{-1}$。

由于高效液相色谱具有以上优点，又称高速液相色谱或高压液相色谱。

二、高效液相色谱法与气相色谱法

高效液相色谱法与气相色谱法相比，具有以下三方面的优点：

① 气相色谱法分析对象只限于分析气体和沸点较低的化合物，它们仅占有机物总量的20%。对于占有机物总数近80%的那些高沸点、热稳定性差、摩尔质量大的物质，目前主要采用高效液相色谱法进行分离和分析。

② 在气相色谱中，流动相是惰性气体，分离主要取决于组分分子与固定相之间的作用

力，而在高效液相色谱中，流动相与组分之间有一定亲和力，分离过程的实现是组分、流动相和固定相三者间相互作用的结果，分离不但取决于组分和固定相的性质，还与流动相的性质密切相关。

③ 气相色谱一般都在较高温度下进行的，高效液相色谱一般可在室温下进行。由于采用颗粒极细的固定相，柱内压降很大，加上流动相黏度高，必须采用高入口压，以维持一定的流动相线速度。

总之，高效液相色谱法吸取了气相色谱和经典液相色谱的优点，并用现代化手段加以改进，因此得到迅猛的发展。目前，高效液相色谱法已被广泛用于生物学和医药上有重大意义的大分子物质，例如蛋白质、核酸、氨基酸、多糖类、植物色素、高聚物、染料及药物等的分离和分析。

第二节　高效液相色谱仪器

高效液相色谱仪的结构示意于图 14-1，一般可分为四个主要部分：高压输液系统、进样系统、分离系统和检测系统。此外，还配有辅助装置，如梯度淋洗、自动进样及数据处理等。其工作过程如下：首先是高压泵将储液器中的流动相溶剂经过进样器带入色谱柱，然后从控制器的出口流出。当注入欲分离的样品时，流入进样器的流动相再将样品同时带入色谱柱进行分离，然后依先后顺序进入检测器，记录仪将检测器送出的信号记录下来，由此得到液相色谱图。

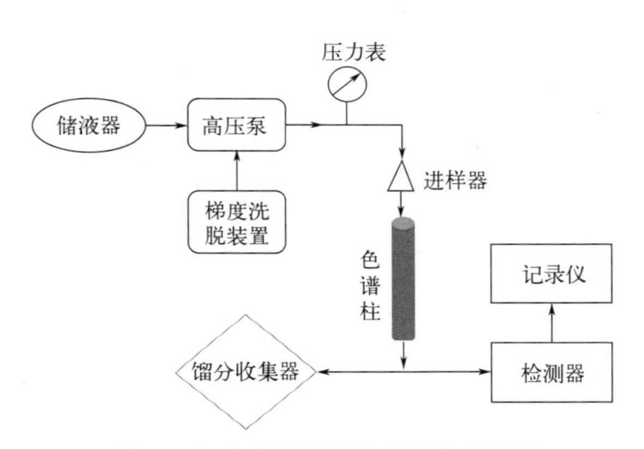

图 14-1　高效液相色谱仪结构示意图

一、高压输液系统

由于高效液相色谱法所用的固定相颗粒极细，因此对流动相阻力很大，为使流动相较快流动，必须配备高压输液系统。它是高效液相色谱仪最重要的部件，一般由储液罐、高压输液泵、过滤器、压力脉动阻力器等组成。其中，高压输液泵是核心部件。储液罐用于存放溶剂。溶剂必须很纯，储液罐材料要耐腐蚀，对溶剂呈惰性。通常采用 1～2 L 的大容量玻璃瓶，也可用不锈钢制成。储液罐应配有溶剂过滤器，以防止流动相中的颗粒进入泵内。溶剂过滤器一般用耐腐蚀的镍合金制成，孔隙大小一般为 2 μm。高压泵用于输送流动相，其压力一般为几兆帕至数十兆帕。这是因为液体的黏度大，是气体的 100 倍以上，同时固定相的颗粒极细，柱内压降大，为保证一定的流速，必须借助高压迫使流动相通过柱子。高压泵应无脉动或脉动极小，以保证输出的流动相具有恒定的流速。采用脉动阻尼装置可将产生的脉动除去，使流动相的流量变动范围不宜超过 2%～3%。一个好的高压输液泵，应符合密封性好、输出流量恒定、压力平稳、可调范围宽、便于迅速更换溶剂及耐腐蚀等要求。

常用的输液泵分为恒流泵和恒压泵两种，二者各有优缺点。恒流泵的特点是在一定操作条件下，输出流量保持恒定且与色谱柱引起阻力变化无关，如往复柱塞泵、螺旋传动注射泵等。它与恒压泵不同，通常用电驱动活塞，当活塞迅速向上运动时，由于减压使入口止逆阀开启，出口止逆阀关闭，储液器中的流动相被吸入泵内。当活塞反向运动时，入口止逆阀关闭，出口止逆阀开启，泵内流动相被压入柱内，然后再开始下一个循环。使用这种泵时一定要连接脉动阻尼器，将产生的脉动除去。若采用双活塞泵，使双活塞在相移 180° 下工作，可使脉动互相抵消，减小噪声。往复柱塞泵的流量与外界阻力无关，体积小，非常适于梯度洗脱。恒压泵是指能保持输出压力恒定，但其流量则随色谱系统阻力而变化，故保留时间的重现性差，如气动放大泵。其原理是具有一定压力的气体作用在一个大面积活塞上，大面积活塞又驱动一个小面积活塞，小面积活塞承受的压力是大面积活塞的几十倍，从而得到压力恒定的流出液。缺点是泵腔体积大，且流量随外界阻力而改变，不适于梯度洗脱。目前恒流泵逐渐取代恒压泵。恒流泵又称机械泵，它又分机械注射泵和机械往复泵两种，应用最多的是机械往复泵。

螺旋传动注射泵用电以很慢的恒定速率驱动活塞，使流动相连续输出。当活塞到达末端时，输出中止，然后由另一个吸入冲程使溶剂重新充满，再开始第二次输出。输出时间的长短决定于泵腔体积及输出流量。

二、进样系统

高效液相色谱柱比气相色谱柱短得多（约 5～30 cm），所以柱外展宽（又称柱外效应）较突出。柱外展宽是指色谱柱外的因素所引起的峰展宽，影响因素主要包括进样系统、连接管道及检测器中存在的死体积。柱外展宽可分柱前和柱后展宽，进样系统是引起柱前展宽的主要因素，因此高效液相色谱法中对进样技术要求较严。进样装置一般有两类：

（1）隔膜注射进样器　这种进样方式与气相色谱类似。它是在色谱柱顶端装入耐压弹性隔膜，进样时用微量注射器刺穿隔膜将试样注入色谱柱。其优点是装置简单、价廉、死体积小，缺点是允许进样量小、重复性差。

（2）高压进样阀　目前多采用六通阀进样，其结构和工作原理与气相色谱中所用六通阀完全相同（见图 14-3）。由于进样可由定量管的体积严格控制，因此进样准确，重复性好，适于做定量分析。可更换不同体积的定量管，以调整进样量。

三、分离系统——色谱柱

色谱柱是高效液相色谱的核心部件，它包括柱管与固定相两部分。柱管材料有玻璃、不锈钢、铝、铜及内衬光滑的聚合材料的其它金属。玻璃管耐压有限，故金属管用得较多。柱内壁要求光洁平滑，否则内壁的纵向沟痕和表面多孔性也会引起谱带的展宽，而且柱接头的死体积应尽可能小。一般色谱柱长 5～30 cm，内径为 4～5 mm；凝胶色谱柱内径 3～12 mm，制备柱内径较大，可达 25 mm 以上。一般在分离柱前备有一个前置柱，约数厘米长。前置柱内填充物和分离柱完全一样，这样可使淋洗溶剂由于经过前置柱被其中的固定相饱和，使它在流过分离柱时不再洗脱其中的固定相，保证分离柱的性能不受影响。

柱子装填得好坏对柱效影响很大。对于细粒度的填料（＜20 μm），一般采用匀浆填充法装柱，先将填料调成匀浆，然后在高压泵作用下，快速将其压入装有洗脱液的色谱柱内，经冲洗后即可备用。

四、检测系统

高效液相色谱仪中检测器的要求与气相色谱检测器的要求基本相同。衡量检测器性能的指标，如灵敏度、检出限、最小定量限、线性范围等，仍可沿用气相色谱的表示方法。

在液相色谱中，有两种基本类型的检测器：一类是溶质性检测器，它仅对被分离组分的物理或化学特性有响应，属于这类检测器的有紫外、荧光、电化学检测器等；另一类是总体检测器，它对试样和洗脱液总的物理或化学性质有响应。属于这类检测器的有示差折光检测器、电导检测器和蒸发光散射检测器等。常用的检测器介绍如下。

1. 紫外-可见检测器和光电二极管阵列检测器

紫外-可见检测器（ultraviolet-visible detector，UVD）是 HPLC 中应用最广泛的一种检测器，它适用于对紫外光（或可见光）有吸收的样品的检测。据统计，在高效液相色谱分析中，约有 80%的样品可以使用这种检测器。它分为固定波长型和可调波长型两类：固定波长型紫外检测器常采用汞灯的 254 nm 或 280 nm 谱线，许多有机官能团可吸收这些波长；可调波长型实际是以紫外-可见分光光度计作检测器。紫外检测器灵敏度较高，通用性也较好，它要求试样必须有紫外吸收，但溶剂必须能透过所选波长的光，选择的波长不能低于溶剂的紫外截止波长。

图 14-2 为紫外-可见吸收检测器的光路结构示意图，它主要由光源、光栅、波长狭缝、吸收池和光电转换器件组成。光栅主要将混合光源分解为不同波长的单色光，经聚焦透过吸收池，然后被光敏元件测量出吸光度的变化。紫外流通池有 Z 型和 H 型，H 型具有抵消流动相对光线的干扰，减少噪声和漂移的特点。为了减少峰的展宽，池体积约在 1～10 μL。

紫外吸收检测器的灵敏度很高，许多官能团在紫外区有很高的摩尔吸光系数。若采用可调波长的氘灯作光源，在组分的最大吸收波长处进行检测，其检测灵敏度可达 0.002AUFS（满刻度吸收单位），最小检测量为几纳克。

紫外吸收检测器适用于梯度洗脱，其对流动相速度变化不敏感，且流动相组成的变化对检测器响应几乎无影响。但是只有在检测器所提供的波长下有较大吸收的分子才能进行检测，而且流动相的选择受到一定限制，即具有一定紫外吸收的溶剂不能作流动相。每种溶剂都有紫外截止波长。当小于该截止波长的紫外光通过溶剂时，溶剂的透光率降至 10%以下。因此检测器的工作波长不能小于溶剂的紫外截止波长。

近年来，已发展了一种应用光电二极管阵列的紫外检测器，由于采用计算机快速扫描采集数据，可得三维的色谱-光谱图像。光电二极管阵列检测器（photodiode array detector，PAD）的工作原理如图 14-3 所示。

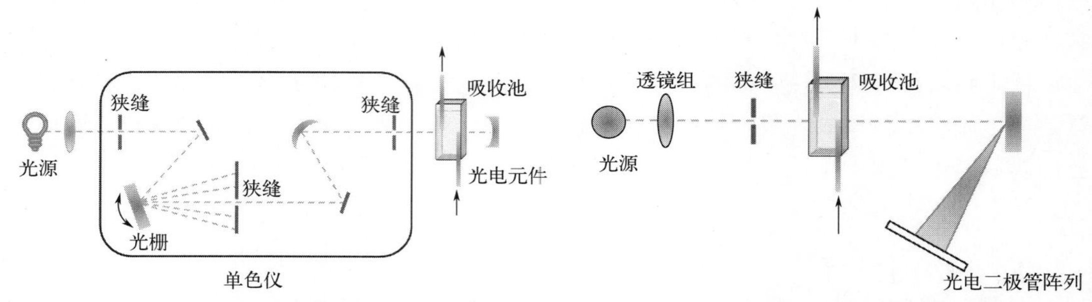

图 14-2　紫外-可见吸收检测器的光路结构示意图

图 14-3　PAD 检测器的结构原理图

PAD 检测器的检测原理与 UV-Vis 的相同，只是 PAD 可同时检测到所有波长的吸收值，相当于全扫描光谱图。它采用 2048 个或更多的光电二极管组成阵列，混合光首先经过吸收池，被样品吸收，然后通过一个全息光栅经色散分光，得到吸收后的全光谱，并投射到光电二极管阵列器上，每个光电二极管输出相应的光强信号，组成吸收光谱。其特点是不再需要机械扫描就可瞬间获得全波长光谱。

PAD 的优点是可获得样品组分的全部光谱信息，可很快地定性判别或鉴定不同类型的化合物。同时，对未分离组分可判断其纯度。尽管 PAD 已具有较高的灵敏度，但其灵敏度和线性范围仍不如单波长吸收检测器，主要是因为单波长吸收检测器可采用效率极高的光敏元件和光电倍增管。

2. 荧光检测器

荧光检测器（fluorescence detector，FLD）是目前各种检测器中灵敏度最高的检测器之一，它是利用某些试样具有荧光特性来进行检测的。许多有机化合物具有天然荧光活性，其中带有芳香基团的化合物具有的荧光活性很强。在一定条件下，荧光强度与物质浓度成正比。荧光检测器是一种选择性很强的检测器，适合于稠环芳烃、甾族化合物、酶、氨基酸、维生素、色素、蛋白质等荧光物质的测定，灵敏度高，检出限可达 10^{-12}～10^{-13} g · mL^{-1}，比紫外检测器高出 2～3 个数量级，也可用于梯度淋洗。缺点是适用范围有一定局限性。另外，尽管 FLD 的灵敏度很高，但其线性范围却较窄，通常在 10^3～10^4。造成非线性的主要原因有：

① 样品浓度较高时，产生非线性响应。因为仅在样品浓度较低时，或对激发光吸收较小时，荧光强度才与浓度成正比。

② 滤光效应。由于进入吸收池光路上的激发光随光程的增加不断地被吸收，造成实际强度减弱，荧光响应线性下降。

图 14-4 是荧光检测器的结构示意图。FLD 的原理与荧光分光光度计完全相同，多采用氙灯为激发光源，流通池与 UV 检测器类似，只是收集荧光的方向垂直于激发光入射方向，因为荧光的收集率与采光角度大小直接相关。将收集的荧光聚焦后再经荧光分光后，得到荧光光谱。

3. 示差折光检测器

示差折光检测器（refractive index detector，RID）按工作原理可分偏转式和反射式两种。现以偏转式为例。它是基于折射率随介质中的成分变化而变化，如入射角不变，则光束的偏转角是流动相（介质）中成分变化的函数。因此，测量折射角偏转值的大小，便可得到试样的浓度。图 14-5 是偏转式示差折光检测器的光路图。

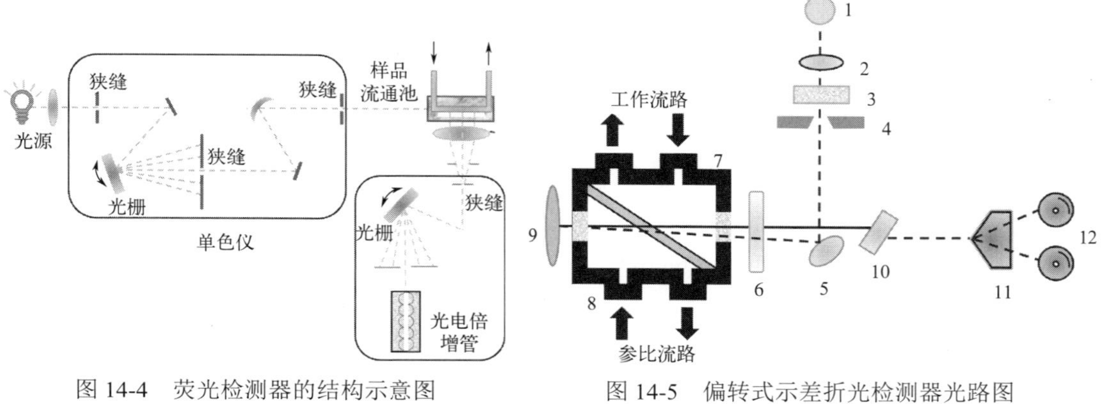

图 14-4　荧光检测器的结构示意图

图 14-5　偏转式示差折光检测器光路图

1—钨丝灯光源；2—透镜；3—滤光片；4—遮光板；5—反射镜；6—透镜；7—工作池；8—参比池；9—平面反射镜；10—平面细调透镜；11—棱镜；12—光电倍增管

光源 1 射出的光线由透镜 2 聚焦后，从遮光板 4 的狭缝射出一条细窄光束，经反射镜 5 反射后，由透镜 6 穿过工作池 7 和参比池 8，被平面反射镜 9 反射，成像于棱镜 11 的棱口上；然后光束均匀分解为两束，到达左右两个对称的光电倍增管 12 上。如果工作池和参比池都通过纯流动相，光束无偏转，左右两个光电倍增管的信号相等，此时输出平衡信号。如果工作池有试样通过，由于折射率改变，造成了光束的偏移，左右两个光电倍增管所接受的光束能量不等，因此输出一个代表偏转角大小，即反映试样浓度的信号。滤光片 3 可阻止红外光通过，以保证系统工作的热稳定性。透镜 10 用以调整光路系统的不平衡。

几乎所有物质都有各自不同的折射率。因此，示差折光检测器是一种通用型检测器，灵敏度为 10^{-7} g • mL^{-1}。主要缺点是对温度变化敏感，并且不能用于梯度淋洗。

4. 电化学检测器

广义上来看，电化学检测器（electrochemical detector，ED）包括四种类型：介电型、电导型、电位型和安培型，其中安培检测器最常用。介电型检测器是基于流动池中样品的浓度的变化导致介电常数变化，通过测量两电极之间电容介质的介电常数变化，即可测得样品浓度的一种电化学检测器。电导型检测器的作用原理是基于物质在某些介质中电离后所产生电导变化来对电离物质含量进行测定，它是使用较多的一种电化学检测器，主要用于离子型化合物浓度的测定。电位型检测器的检测原理是测定电流为零时电极之间的电位差值。它应用较少。安培型检测器灵敏度很高（10^{-8}～10^{-9} g • mL^{-1}），它由一恒电位仪和一个薄层反应池构成。其工作原理是在特定的外界电位下，测定电极之间的电流随样品浓度的变化量。安培型检测器所测定的样品必须是能进行氧化还原反应的化合物。

图 14-6 为一个典型的薄层安培型检测器的示意图，下部的薄层反应池由两块有机玻璃夹着一层中心挖空的聚四氟乙烯薄膜（厚度约为 50～150 μm）所组成，通过三电极系统将它与恒电位仪相连接。工作电极一般为玻碳电极或石墨电极；参比电极一般为 Ag-AgCl 电极，辅助电极一般为 Pt 丝。当柱后流出物进入反应池，在工作电极表面发生氧化或还原反应，两电极之间就有电流流过，此电流大小与被测物的浓度成比例。采用安培检测器时，流动相必须含有电解质，且呈电化学惰性。它最适合于与反相色谱匹配。但它只能检测电化学活性物质，即在工作电极的电位范围内，可以氧化或还原的物质。若采用衍生化技术，可扩大它的应用范围。安培型检测器的选择性好，灵敏度较高，例如对肾上腺素和去甲肾上腺素，检测限达 10^{-12} mol。但是电极表面容易被活性物质如蛋白质以及表面活性物质等毒化。

5. 蒸发光散射检测器

蒸发光散射检测器（evaporation light-scatter detector，ELSD）是比 RID 优越得多的一种通用型检测器，其灵敏度比 RID 高，检出限可达纳克级，对温度的敏感程度也比 RID 低得多，而且适用梯度淋洗。它为那些结构中不具有紫外生色团的样品提供了一种新型的检测手段。ELSD 是基于光线通过微小粒子时会产生光散射现象的原理而制成的，其主要工作原理如图 14-7 所示。由色谱柱分离的组分随流动相进入雾化器中，被高速的载气流（氮气或空气）喷成一种薄雾，进入蒸发器后蒸发成蒸气，然后被光阱捕集。蒸气态的溶剂通过光路后，光线反射到检测器后被记录成基线。云雾状溶质颗粒通过光路时，使光线散射后被光电倍增管收集，得到样品信号。

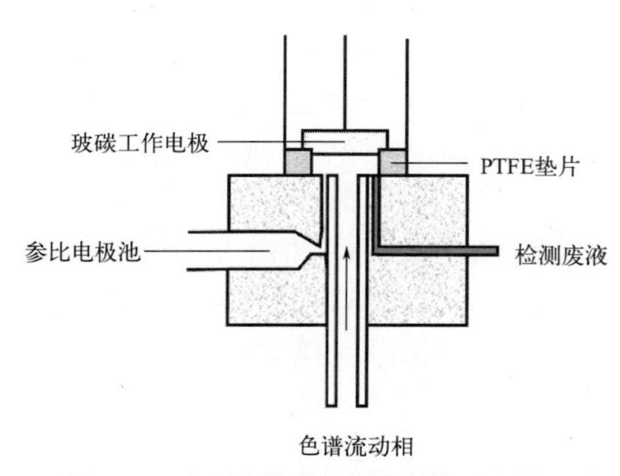

图 14-6　薄层安培型检测器结构示意图

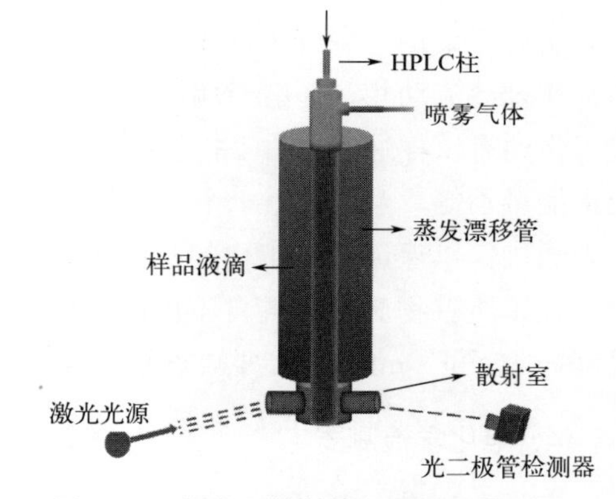

图 14-7　蒸发光散射检测器的工作原理

6. 质谱检测器

质谱检测器（mass spectrometry detector，MSD）的灵敏度高，专属性强，能提供分子结构信息，是非常理想的检测器。它作为一种质量型检测器在近年来有较大的发展，其中以分析生物大分子的生物质谱发展尤为迅速。例如飞行时间质谱（TOF-MS）、离子阱质谱（ion trap mass spectrometry）以及离子回旋共振傅里叶变换质谱（FT-ICR-MS）等，它们是蛋白质和药物研究的重要工具。其中与 HPLC 联用的质谱仪中，最普遍的是电喷雾离子（electrospray ionization，ESI）质谱。图 14-8 为 ESI-MS 工作原理示意图。

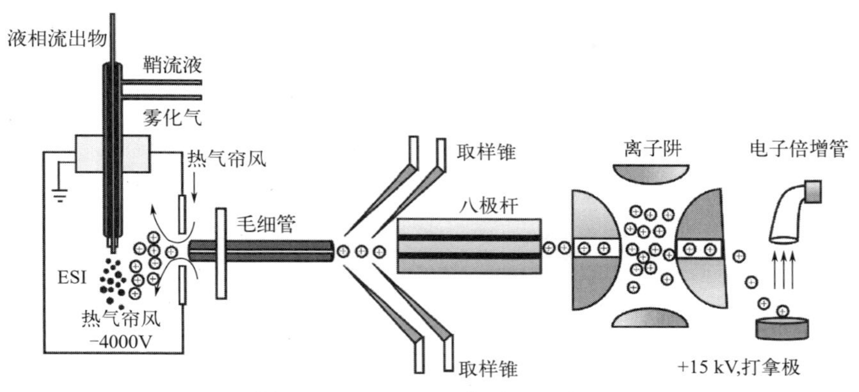

图 14-8 ESI-MS 工作原理示意图

ESI-MS 的工作原理：色谱流出物通过一个毛细管进入喷口，喷口毛细管的外层有一同轴套管，一种辅助电离液（酸性的鞘流液）经套管流出，在出口处与色谱流出物混合，并用干燥气体使之产生雾化液珠；通过热气帘风，使雾化液体充分蒸发，只留下带电粒子，在喷口与质谱之间的电场（－4000 V）作用下，离子逆气流而上，通过毛细管进入真空系统，不带电的溶剂被气流吹掉。然后经过八极杆、离子阱和打拿极，通过电子倍增器测得物质的质荷比。

五、附属系统

附属系统包括脱气、梯度淋洗、恒温、自动进样、馏分收集以及数据处理等装置。脱气的目的是防止流动相从高压柱内流出时，释放出的气泡进入检测器而使噪声剧增，甚至不能正常检测。通常用氦气鼓泡来驱除流动相中溶解的气体，因为氦气在各种液体中的溶解度极低。先用氦气快速清扫溶剂数分钟，然后以极小流量不断流过此溶剂。

梯度淋洗装置是高效液相色谱仪中尤为重要的附属装置。所谓梯度淋洗，是指在分离过程中使流动相的组成随时间而改变。通过连续改变色谱柱中流动相的极性、离子强度或 pH 等因素，使被测组分的相对保留值得以改变，提高分离效率。梯度淋洗对于一些组分复杂及容量因子值范围很宽的样品分离尤为必要。在高效液相色谱中的梯度淋洗作用十分类似于气相色谱中的程序升温，两者的目的都是使样品的组分在最佳容量因子值范围内流出柱子，使保留时间过短而拥挤不堪、峰形重叠的组分或保留时间过长、峰形扁平、宽大的组分，都能获得良好的分离。气相色谱是通过改变柱温来达到改变组分容量因子的目的，而高效液相色谱则是通过改变流动相的组成。通过梯度装置将两种或三种、四种溶剂按一定比例混合进行二元或三元、四元梯度洗脱。梯度洗脱一般采用低压梯度，而低压梯度采用低压混合设计，只需一个高压泵。在常压下，将两种或两种以上溶剂按一定比例混合后，再由高压泵输出，梯度改变可呈线性、指数型或阶梯型。现举例说明之。

图 14-9 对梯度淋洗与分段淋洗进行了比较。图 14-9（a）说明，以某一固定组成 A 作流

动相，洗脱样品时，各组分的容量因子 k 数据相差较大，并且 k 大的组分，其峰宽而矮，所需分析时间长。图 14-9（b）以溶解力较强的固定组成 B 作流动相，洗脱时，样品各组分很快被洗脱下来，但 k 小的组分得不到分离。若将 A、B 两种溶剂以适当比例混合，组成的流动相的浓度可随时间而改变，找出合适的梯度淋洗条件，就可使样品各组分在适宜的 k 下全部流出，既能获得好的峰形又能缩短分析时间，正如图 14-9（c）所示。

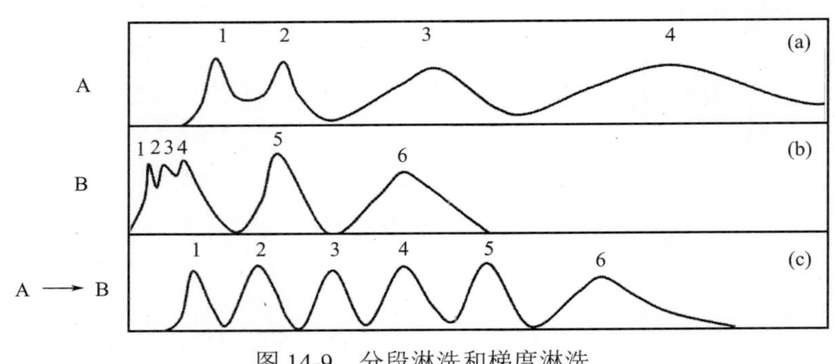

图 14-9　分段淋洗和梯度淋洗

梯度淋洗的优点是显而易见的，它可改进复杂样品的分离，改善峰形，减少拖尾并缩短分析时间。另外，由于滞留组分全部流出柱子，可保持柱性能长期良好。当用完梯度淋洗后，在更换流动相时，要注意流动相的极性与平衡时间，由于不同溶剂的紫外吸收程度有差异，可能引起基线漂移。

第三节　高效液相色谱的固定相和流动相

一、固定相

高效液相色谱的固定相以能承受高压的能力来分类，可分为刚性固体和硬胶两大类。刚性固体以二氧化硅为基质，能承受 7.0×10^8～1.0×10^9 Pa 的高压，可制成直径、形状、孔隙度不同的颗粒。如果在二氧化硅表面键合各种官能团，就是键合固定相，可扩大应用范围，它是目前使用最广泛的一种固定相。硬胶由聚苯乙烯与二乙烯苯基交联而成，承受压力较低，其承受压力上限为 3.5×10^8 Pa，主要用于离子交换和尺寸排阻色谱。固定相按孔隙深度分类，可分为表面多孔型和全多孔型固定相两类。

1. 表面多孔型固定相

它的基体是实心玻璃珠，在玻璃珠外面覆盖一层多孔活性材料，如硅胶、氧化铝、离子交换剂、分子筛、聚酰胺等。表面活性材料为硅胶的固定相，其厚度为 1～2 μm，有无数向外开放的浅孔。表面多孔型固定相的多孔层厚度小、孔浅、相对死体积小、出峰快、柱效高。但因多孔层厚度小，最大允许进样量受限制。此类产品有 Zipax、Corasil Ⅰ和Ⅱ、Vydac、Pellosil 以及薄壳玻璃珠等。表面活性材料为氧化铝的固定相如 Pellumina 和聚酰胺固定相如 Pellion。

2. 全多孔型固定相

它由直径为 10 nm 的硅胶微粒凝聚而成，也可由氧化铝微粒凝聚成全多孔型固定相，如 Lichrosorb ALOXT，这类固定相由于颗粒很细（5～10 μm），孔较浅，传质速率快，柱效高，但需更高的操作压力。最大允许进样量比表面多孔型大 5 倍，特别适合复杂混合物的分离及痕量分析。因此，通常采用此类固定相。此类产品有 Porasil、Zorbex、Lichrosorb 系列，堆积硅珠，YWG 系列，DG 系列等。

两类固定相的性能比较见表 14-1。

表 14-1　两类固定相的性能比较

性能	表面多孔型	全多孔型
平均粒度/μm	30～40	5～10
最佳 HETP①/mm	0.2～0.4	0.01～0.03
典型柱长/cm	50～100	10～30
典型柱径/mm	2～3	2～5
压降②/($Pa \cdot cm^{-1}$)	1.4×10^5	1.4×10^6
样品容量/($mg \cdot g^{-1}$)	0.05～0.1	1～5
比表面积（液固色谱）/($m^2 \cdot g^{-1}$)	10～15	400～600
键合相覆盖率 ω/%	0.5～1.5	5～25
离子交换容量/($\mu mol \cdot g^{-1}$)	10～40	2000～5000
装柱方式	干装法	匀浆法

① HETP 为理论塔板高度。

② 系指柱径为 2.1 mm、流动相速率 1 $mL \cdot min^{-1}$ 以及流动相黏度为 3×10^{-4} $Pa \cdot s$ 时的压降。

二、流动相

由于高效液相色谱中流动相是不同极性的液体，它对组分有亲和力，并参与固定相对组分的竞争。因此，在固定相选定之后，流动相的选择是最关键的。

1. 对流动相溶剂的要求

① 溶剂要能完全浸润固定相，即溶剂对所测定的组分要有合适的极性，最好选择样品的溶剂作流动相，否则会发生溶剂与流动相不相溶的情况，使分离变差。

② 溶剂要适合于检测器，例如采用示差折光检测器，必须选择折射率与样品有较大差别的溶剂作流动相；若采用紫外吸收检测器，选用的检测器波长比溶剂的紫外截止波长要长。所谓溶剂的紫外截止波长，是指当小于截止波长的辐射通过溶剂时，溶剂对此辐射产生强烈吸收，此时溶剂被看作是光学不透明的，它会严重干扰组分的吸收测量。表 14-2 列出了一些常用溶剂的紫外截止波长。

③ 高纯度。溶剂的纯度极大地影响色谱系统的正常操作和色谱分离效果。溶剂中若存在杂质会污染柱子，存在固体颗粒会损害高压泵或输液通道，不纯的溶剂会引起基线不稳，

或产生“伪峰”。痕量杂质的存在，将使截止波长值增加 50～100 nm。

④ 化学稳定性好。不能选用与固定相或样品发生反应或聚合的溶剂。

⑤ 低黏度。高效液相色谱中为获得一定流速必须使用高压，若使用高黏度溶剂，势必增加 HPLC 的流动压力，不利于分离。高的压力会使色谱柱性能降低，而且泵也容易损坏。常用的低黏度溶剂有丙酮、甲醇、乙腈等。但黏度过低的溶剂也不宜采用，例戊烷、乙醚等，它们易在色谱柱或检测器中形成气泡，影响分离。

⑥ 溶剂沸点要高于 55℃，低沸点溶剂挥发度大，容易使流动相浓度或组成发生变化，也容易产生气泡。

⑦ 毒性小，安全性好。

2. 溶剂的特性参数

在 HPLC 中分离好坏的关键是选择合适的流动相，因此了解溶剂的相关特性参数，有助于对流动相的选择。其中主要有溶剂强度参数、溶解度参数和极性参数等。HPLC 最常用的溶剂及其参数见表 14-2。

表 14-2　HPLC 流动相常用溶剂的特性参数

溶剂①	截止波长 λ/nm	折射率（25℃）	沸点/℃	黏度（25℃）η/（mPa·s）	极性参数 P'	溶剂强度参数 $\varepsilon^0$②	相对介电常数 ε（20℃）	溶解度参数 δ
正庚烷	195	1.385	98	0.40	0.2	0.01	1.92	7.4
正己烷	190	1.372	69	0.30	0.1	0.01	1.88	7.3
环己烷	200	1.404	49	0.42	–0.2	0.05	1.97	8.2
1-氯丁烷	220	1.400	78	0.42	1.0	0.26	7.4	
溴乙烷		1.421	38	0.38	2.0	0.35	9.4	
四氢呋喃	212	1.405	66	0.46	4.0	0.57	7.6	9.1
丙胺		1.385	48	0.36	4.2		5.3	
乙酸乙酯	256	1.370	77	0.43	4.4	0.53	6.0	8.6
氯仿	245	1.443	61	0.53	4.1	0.40	4.8	9.1
甲乙酮	329	1.376	80	0.38	4.7	0.51	18.5	
丙酮	330	1.356	56	0.3	5.1	0.56	37.8	9.4
乙腈	190	1.341	82	0.34	5.8	0.65	32.7	11.8
甲醇	205	1.326	65	0.54	5.1	0.95	80	12.9
水	187	1.333	100	0.89	10.2			21

① 本表选用黏度≤0.5 mPa·s、沸点＞45℃的溶剂，水除外。

② 在氧化铝上液固色谱的溶剂强度参数。

3. 溶剂强度与极性

在液相色谱中溶质的容量因子 k 主要通过改变溶剂的性质和组成来控制。描述溶剂与样品作用力的主要指标用溶剂强度来表示。溶剂与样品作用力强，则洗脱能力强，组分 k 值小；反之，组分 k 值大，保留时间长，洗脱能力弱。目前还没有统一的标准来描述不同类型液相色谱体系中的溶剂强度，而是采用相对极性和溶解度参数等作为溶剂强度指标。溶剂强度与极性可用溶解度参数（δ）、溶剂强度参数（ε^0）和极性参数（P'）来表示。以下分别述之。

（1）溶解度参数　溶解度参数（solubility parameter）δ是溶剂极性的尺度。表 14-2 中给出溶剂的δ是纯液体中各个相互作用力的总和，它包括色散力、偶极矩力和氢键力。对正相色谱来说，δ越大，洗脱强度越大，容量因子 k 越小；对反相色谱而言，情况正好相反，δ越大，洗脱强度越小，容量因子 k 越大。

（2）极性参数　极性参数（polarity parameter）P'是溶剂极性的另一尺度。表 14-2 中的P'值是根据 Rohrschneider 报道的溶解度数据导出的。分配色谱溶质的 k 取决于它在两相中的溶解度，因此，P'可准确地度量分配色谱的溶剂强度。在正相色谱中，P'越大，则容量因子 k 越小；相反，在反相色谱中，P'越大，则容量因子 k 越大。例如在反相色谱中，以甲醇与水的混合溶剂作流动相，若希望 k 变小，那就必须增加甲醇的比例而减少水的比例。

（3）溶剂强度参数　溶剂强度参数（solvent strength parameter）是表示溶剂对化合物洗脱能力的一种指标。在液固色谱中，常用ε^0来表示，其定义是溶剂分子在单位吸附剂表面积上的吸附自由能，表征溶剂分子对吸附剂的亲和程度。如果ε^0数值大，表明溶剂分子对吸附剂的亲和力大，越容易从吸附剂上将被吸附的物质洗脱下来，则容量因子 k 小。在不同的吸附剂上，ε^0是不同的。对于氧化铝和硅胶，ε^0的换算关系为：ε^0（SiO_2）$=0.77\varepsilon^0$（Al_2O_3）。图 14-10 描述了各种纯溶剂在硅胶上ε^0、P'和δ之间的关系。

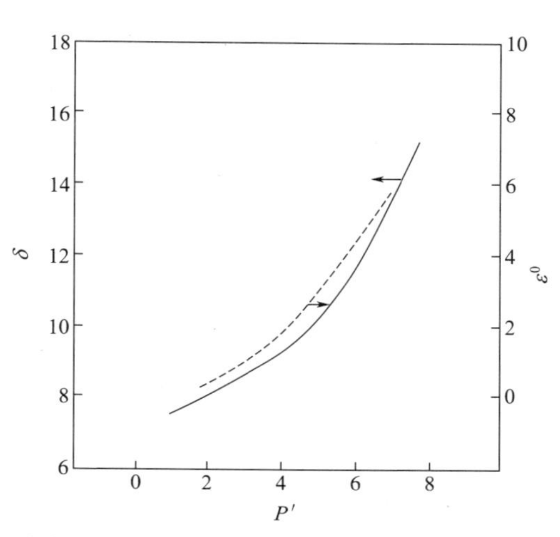

图 14-10　溶剂参数ε^0、P'和δ之间的关系图

4. 混合溶剂

无论吸附、分配或其它液相色谱方法，经常采用混合溶剂作流动相，以改变溶剂组成来调节溶剂强度。

例如，一个弱溶剂 A 与一个强溶剂 B 混合，改变其组成能获得一系列合适的中间溶剂强度的混合溶剂，其极性 P 由下式计算得到：

$$P=\varphi_a P'_a+\varphi_b P'_b$$

式中，φ_a与φ_b分别表示溶剂 A 和溶剂 B 在混合溶剂中的体积分数；P'_a和P'_b分别表示溶剂 A 和溶剂 B 的P'。上式在实践工作中是很有用的。例如应用紫外检测器测定甲醇与水的混合溶剂的流动相时，由于甲醇的紫外吸收截止波长λ为 205 nm，如果待测物紫外吸收值小于 205 nm，那就会产生很强的紫外吸收干扰。因此，有必要换用乙腈与水的混合溶剂作流动相替代之，则可利用上式计算。

5. 溶剂的选择性和溶剂分类

选择流动相的极性能使被分离样品的分配容量在 2～10 之间。这时，如果有两个或几个色谱峰重叠，可通过调节溶剂的选择性来解决。调节溶剂的选择性，要考察溶剂的类别。对溶剂的选择性分类是按照 Rohrschneider 的数据将其分为八类，同类型的溶剂分在同一组，表 14-3 列出了不同类型的代表性溶剂。把每一个溶剂的三种作用力数据交汇标识在三角形

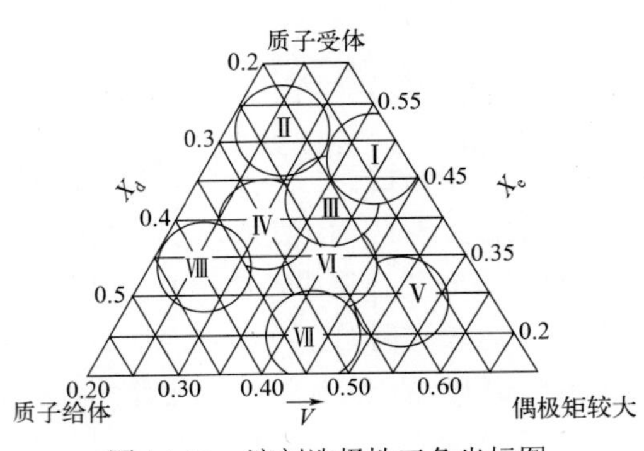

图 14-11　溶剂选择性三角坐标图

的某一位置上。这三种作用力为静电力（X_n）、给质子力（X_d）和受质子力（X_e）。图 14-11 为溶剂选择性三角坐标图，图中：Ⅰ类是纯质子受体（如醚类和胺类）；Ⅷ类是纯质子给予体（如氯仿）；Ⅴ类是偶极矩强的溶剂（如 1,2-二氯乙烷）。对于同一类溶剂组成的混合流动相，由于两者的结构相似，则与样品分子的相互作用和选择性影响就不大。若要改变流动相的选择性，就应当选择不同类型的溶剂组成混合流动相。

表 14-3　溶剂分类表

类别	代表性溶剂
Ⅰ	脂肪族醚，三级烷胺，四甲基胍，六甲基磷酰胺
Ⅱ	脂肪醇
Ⅲ	吡啶衍生物，四氢呋喃，乙二醇醚，亚砜，酰胺（除甲酰胺外）
Ⅳ	乙二醇，苯甲醇，甲酰胺，乙酸
Ⅴ	二氯甲烷，二氯乙烷
Ⅵ	磷酸三甲苯酯，脂肪族酮和酯，聚醚，二　烷，乙腈
Ⅶ	硝基化合物，芳香醚，芳烃，卤代芳烃
Ⅷ	氯代烷醇，间甲基苯酚，氯仿，水

另外，在 HPLC 分析中，常需要在保持溶剂强度和极性不变的情况下，通过采用不同的溶剂来改变选择性，从而优化分离。比如，用甲醇-水（40∶60，体积比，下同）体系分析某样品，可获得较合适的分析时间，但分离选择性却很差。如改用乙腈-水（46∶54）体系或四氢呋喃-水（33∶67）体系，可在保持分析时间基本不变的情况下，获得不同的分离选择性。因为这三种溶剂体系的极性参数很相似。溶剂选择性的分类对于根据样品性质，设计分离体系和选择分离条件具有一定的实用价值。

第四节　高效液相色谱法的主要类型及分离类型的选择

高效液相色谱法根据分离机制不同，可分为液液分配色谱法、化学键合相色谱法、液固吸附色谱法、离子交换色谱法、尺寸排阻色谱法与亲和色谱法等类型。

一、液液分配色谱法

在液液分配色谱法（liquid liquid partition chromatography，LLPC）中，流动相和固定相均为液体，作为固定相的液体是涂在很细的惰性载体上。它能适用于各种类型样品的分离和分析，无论是极性和非极性的、水溶性和油溶性的、离子型和非离子型的化合物。

1. 分离原理

液液分配色谱的分离原理基本与液液萃取相同，都是根据物质在两种互不相溶的液体中溶解度的不同，具有不同的分配系数。所不同的是液液分配色谱的分离是在柱中进行的，使这种分配平衡可反复多次进行，造成各组分的差速迁移，提高了分离效率，从而能分离各种复杂组分。

2. 固定相

由于液液分配色谱中流动相参与选择竞争，因此，对固定相选择较简单，只需使用几种极性不同的固定液即可解决分离问题。例如，最常用的强极性固定液β,β-氧二丙腈、中等极性的聚乙二醇和非极性的角鲨烷等。

为了更好解决固定液在载体上流失的问题，产生了化学键合固定相。它是将各种不同的有机基团通过化学反应键合到载体表面的一种方法。由于它代替了固定液的机械涂渍，因此它对液相色谱法的迅速发展起着重大作用，可以认为它的出现是液相色谱法的一个重大突破。它是目前应用最广泛的一种固定相。据统计，约有 3/4 以上的分离问题是在化学键合固定相上进行的。

3. 流动相

在液液色谱中，为了避免固定液的流失，对流动相的一个基本要求是流动相尽可能不与固定相互溶，而且流动相与固定相的极性差别越显著越好。根据所使用的流动相和固定相的极性程度，将其分为正相分配色谱和反相分配色谱。如果采用流动相的极性小于固定相的极性，称为正相分配色谱，它适用于极性化合物的分离，其流出顺序是极性小的先流出，极性大的后流出。如果采用流动相的极性大于固定相的极性，称为反相分配色谱，它适用于非极性化合物的分离，其流出顺序与正相色谱恰好相反。

二、化学键合相色谱法

采用化学键合相的液相色谱称为化学键合相色谱法（chemically bonded phase chromatography，CBPC），简称键合相色谱法。由于键合固定相非常稳定，在使用中不易流失，适用于梯度淋洗，特别适用于分离容量因子 k 值范围宽的样品。由于键合到载体表面的官能团可以是各种极性的，因此它适用于种类繁多样品的分离。

1. 键合固定相类型

用来制备键合固定相的载体，几乎都是硅胶。硅胶表面的硅醇基（Si—OH）能与合适的有机化合物反应，使具有不同极性官能团的有机分子键合在表面而获得不同性能的化学键合相。一般可分三类：

（1）疏水基团　如不同链长的烷烃（C_8 和 C_{18}）和苯基等。

（2）极性基团　如氨丙基、氰乙基、醚和醇等。

（3）离子交换基团　如作为阴离子交换基团的氨基、季铵盐，作为阳离子交换基团的磺酸等。

2. 键合固定相的制备

（1）硅酸酯（R′R″R‴Si—OR）键合固定相 它是最先用于液相色谱的键合固定相，用醇与硅醇基发生酯化反应：

$$R''-\underset{R'''}{\overset{R'}{Si}}-OH + ROH \longrightarrow R''-\underset{R'''}{\overset{R'}{Si}}-OR + H_2O$$

生成 Si—O—C 键合相。由于这类键合固定相的有机表面是一些单体，具有良好的传质性能。这种固定相对热不稳定，遇水、醇等强极性溶剂会发生水解，使酯链断裂。因此仅适用于不含水或醇的流动相体系。

（2）Si—C 或 Si—N 共价键键合固定相 先氯化，再与有机锂或格氏试剂反应，生成 Si—Cl 键，或与 $H_2NCH_2CH_2NH_2$ 反应，生成 Si—N 键合相。

$$R''-\underset{R'''}{\overset{R'}{Si}}-OH \xrightarrow{SOCl_2} R''-\underset{R'''}{\overset{R'}{Si}}-Cl$$

$$R''-\underset{R'''}{\overset{R'}{Si}}-Cl \xrightarrow{RLi或RMgCl} R''-\underset{R'''}{\overset{R'}{Si}}-R$$

$$R''-\underset{R'''}{\overset{R'}{Si}}-Cl \xrightarrow{H_2NCH_2CH_2NH_2} R''-\underset{R'''}{\overset{R'}{Si}}-NH-CH_2CH_2NH_2$$

此类共价键键合固定相不易水解，并且热稳定性较硅酸酯好。缺点是格氏反应不方便；当使用水溶液时，必须限制 pH 在 4～8 范围内。

（3）硅烷化（Si—O—Si—C）键合固定相 用有机氯硅烷与硅羟基发生反应

$$R''-\underset{R'''}{\overset{R'}{Si}}-OH + R_3SiCl \longrightarrow R''-\underset{R'''}{\overset{R'}{Si}}-O-SiR_3 + HCl$$

生成 Si—O—Si—C 键合相。这类键合固定相热稳定性好，不易吸水，由于有机分子与载体间的牢结合，固定相不易流失；能在 70℃以下、pH = 2～8 范围内正常工作，应用较广泛。

3. 反相键合相色谱法

反相键合相色谱法的流动相极性大于固定相极性。此法的固定相是采用极性较小的键合固定相，如硅胶—$C_{18}H_{37}$、硅胶—苯基等；流动相是采用极性较强的溶剂，如甲醇-水、乙腈-水、水和无机盐的缓冲溶液等。在反相键合相色谱中，极性大的组分先流出，极性小的组分后流出。它多用于分离多环芳烃等低极性化合物；若采用含一定比例的甲醇或乙腈的水溶液为流动相，也可用于分离极性化合物；若采用水和无机盐的缓冲液为流动相，则可分离一些易离解的样品，如有机酸、有机碱、酚类等。反相键合相色谱法具有柱效高、能获得无拖尾色谱峰的优点。

关于反相键合相色谱的分离机理，可用所谓疏溶剂作用理论来解释。这种理论是把非极性烷基键合相看作一层键合在硅胶表面上的十八烷基的“分子毛”，这种“分子毛”有较强的疏水特性。当用极性溶剂作为流动相来分离含有极性官能团的有机化合物时：一方面，分子中的非极性部分与固定相表面上的疏水烷基产生缔合作用，使它保留在固定相中；而另一方面，被分离物的极性部分受到极性流动相的作用，促使它离开固定相，并减小其保留作用（见图 14-12）。显然，两种作用力之差，决定了被测分子在色谱中的保留行为。

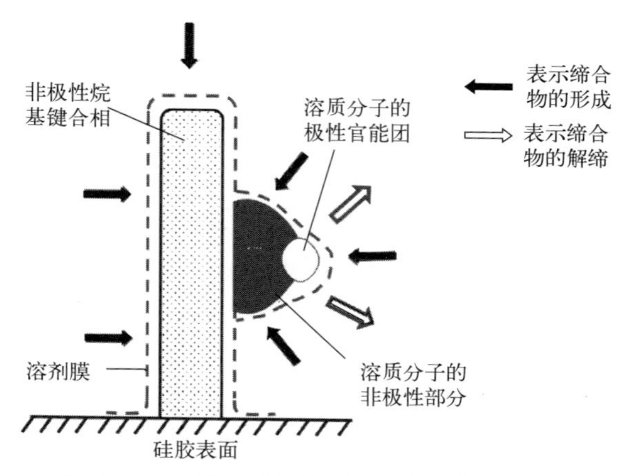

图 14-12　有机分子在烷基键合相上的分离机制

在反相色谱中，影响组分保留值的因素有：

① 碳链长度保留值随着碳链长度增加而增加。除常用的 C_8、C_{18} 外，还有其它烷基，其保留值增加次序为 $C_1<C_6<C_8<C_{18}<C_{22}$。

② 碳的负载量和表面覆盖率保留值随碳负载量和载体上烷基覆盖率增加而增加。

③ 载体孔径尺寸和纯度硅胶载体的孔径大，组分出入自由，受到排阻的概率小。硅胶中的杂质，如金属等，都有可能与组分发生选择性作用而影响保留值。

④ 由于位阻等各种原因，不是硅胶表面所有的硅羟基都能发生键合反应，残余的硅羟基将会与组分发生相互作用而影响保留值和发生峰拖尾现象等。

反相键合相色谱的流动相是以水为底溶剂，再加入一种与水相混溶的有机溶剂组成。根据分离需要，溶剂强度可通过改变有机溶剂的含量来调节。甲醇、乙腈和四氢呋喃为常用有机溶剂。溶剂的极性越强，在液固色谱中洗脱能力越强，而在反相色谱中的洗脱能力越弱。

反相键合相色谱法得到最广泛的应用，是由于它以水为底溶剂，在水中可以加入各种添加剂，以改变流动相的离子强度、pH 和极性等，以提高选择性；而且水的紫外截止波长低，有利于痕量组分的检测。反相键合相稳定性好，不易被强极性组分污染。同时，水廉价易得。还有一个很重要的原因就是可以利用二次化学平衡，使原来不易用反相色谱分析的样品也可以采用反相色谱进行分析。

4. 正相键合相色谱法

此法是以极性的有机基团，如 CN、NH_2、双羟基等键合在硅胶表面作为固定相。正相键合相色谱法的流动相极性小于固定相极性，它往往是一种混合溶剂，以向非极性或极性小的溶剂（如己烷、庚烷、异辛烷等烃类）中加入适量的极性溶剂（如氯仿、醇、乙腈等）作为流动相，以此分离极性化合物。此时，组分的分配比 k 随其极性的增加而增大，但随流动相极性的增加而降低。这种色谱方法主要用于分离异构体、极性不同的化合物，特别适用于分离不同类型的化合物，如脂溶性维生素、甾族、芳香醇、芳香胺、脂、有机氯农药等。

5. 离子型键合相色谱法

当以薄壳型或全多孔微粒型硅胶为基质，化学键合各种交换基团，如—SO_3H、—CH_2NH_2、—COOH、—$CH_2N(CH_3)_3Cl$ 等时，就形成了离子型键合相色谱法的固定相。流动相一般采用缓冲溶液，其分离原理与离子交换色谱类同。

以上讨论了各种类型的化学键合相色谱法。归纳起来，键合相色谱的最大优点是：通过改变流动相的组成和种类，可有效地分离各种类型的化合物（非极性、极性和离子型）。此外，由于键合载体上的基团不易流失，特别适用于梯度淋洗。此法的主要缺点是不能用于酸、碱度过大或存在氧化剂的缓冲溶液作流动相的体系。如何根据样品极性种类来选择化学键合的固定相，请参看表 14-4。

表 14-4 化学键合固定相的选择

样品种类	键合基团	流动相	色谱类型	实例
低极性 溶解于烃类	—C_{18}	甲醇-水	反相	多环芳烃
		乙腈-水		甘油三酯、类脂、脂溶性维生素
		乙腈-四氢呋喃		甾族化合物、氢醌
中等极性 可溶于醇	—CN	乙腈、正己烷、氯仿	正相	脂溶性维生素、甾族、芳香醇、胺、类脂止痛药
	—NH_2	异丙醇		芳香胺、脂类、氯化农药、苯二甲酸
	—C_{18}	甲醇	反相	甾族、可溶于醇的天然产物、维生素、芳香酸、黄嘌呤
	—C_8	水		
	—CN	乙腈		
极性 可溶于水	—C_8	甲醇、乙腈、水、缓冲溶液	反相	水溶性维生素、胺、芳醇、抗微生物类药、止痛药
	—CN			
	—C_{18}	水、甲醇、乙腈	反相离子对	酸、磺酸类染料、儿茶酚胺
	—SO_3^-	水和缓冲溶液	阳离子交换	无机阳离子、氨基酸
	—NR_3^+	磷酸缓冲液	阴离子交换	核苷酸、糖、无机阴离子、有机酸

三、液固吸附色谱法

液固吸附色谱法（liquid solid adsorption chromatography，LSAC）是以固体吸附剂作为固定相，吸附剂通常是多孔的固体颗粒物质，在它们的表面存在吸附中心。液固色谱实质是根据物质在固定相上的吸附作用不同而进行分离的。

1. 分离原理

当流动相通过固定相（吸附剂）时，吸附剂表面的活性中心就要吸附流动相分子。同时，当试样分子（X）被流动相带入柱内时，只要它们在固定相有一定程度的保留，就会取代数目相当的已被吸附的流动相溶剂分子（S）。于是，在固定相表面发生竞争吸附

$$X + nS_{ad} \rightleftharpoons X_{ad} + nS \tag{14-1}$$

达到平衡时，有

$$K_{ad} = \frac{[X_{ad}][S]^n}{[X][S_{ad}]^n} \tag{14-2}$$

式中，K_{ad}为吸附平衡常数。K_{ad}大，表示组分在吸附剂上保留强，难于洗脱；K_{ad}小，则保留弱，易于洗脱，试样中各组分据此得以分离。K_{ad}可通过吸附等温线数据求出。

在一定温度下的吸附等温线可用被吸附溶质的量随溶液浓度变化的曲线来表示。通常吸附等温线分为直线型、凸线型和凹线型三种（见图 14-13）。图 14-13（a）中的横坐标和纵坐标分别表示溶液中溶质的量和被吸附溶质的量。也就是说横坐标是指溶质在流动相中的浓度（c_m），纵坐标是指溶质在固定相中的浓度（c_s）。图 14-13（b）为相对应的色谱峰形状。

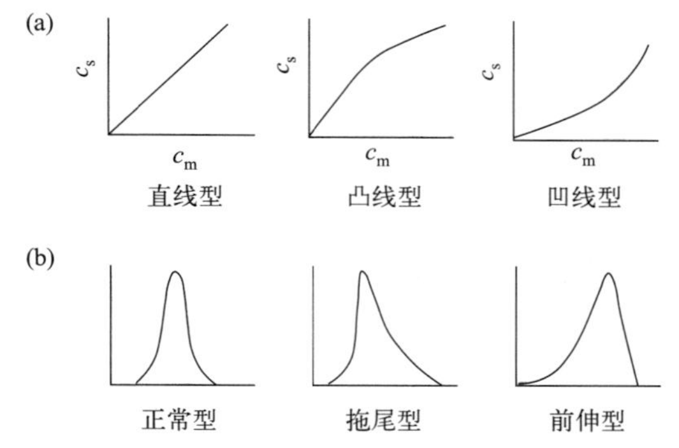

图 14-13 三种吸附等温线和对应的色谱峰形状

在实际分离中，往往凸线型的情况居多。这是因为吸附剂表面常有几种不同吸附力的吸附点位，而溶质分子总是先占据吸附力强的点位，然后再占据吸附力弱的。这样，溶质在浓度低时，被吸附得较牢固；而浓度高时，吸附力相对减弱，造成了色谱峰中心部分前进速率较快；而后沿部分的吸附较牢，前进速率较慢，这就出现了拖尾峰。由凸线型等温线不难看出，浓度低时，它近似为一条直线，这说明在低浓度下可得到较好的峰形。为了防止拖尾，控制较小的进样量是必要的。

2. 固定相

吸附色谱所用固定相大多是一些吸附活性强弱不等的吸附剂，如硅胶、氧化铝、聚酰胺等。由于硅胶具有线性容量较高、力学性能好、不产生溶胀、与大多数试样不发生化学反应等优点，因此用得最多。

在高效液相色谱法中，表面多孔型和全多孔型填料都可作吸附色谱中的固定相，它们具有填料均匀、粒度小、孔穴浅的优点，能极大地提高柱效。但表面多孔型由于试样容量较小，目前最广泛使用的还是全多孔型微粒填料。

3. 流动相

一般把吸附色谱中的流动相称作洗脱剂。在吸附色谱中，对极性大的试样，往往采用极性强的洗脱剂；对极性弱的试样，宜用极性弱的洗脱剂。洗脱剂的极性强弱可用溶剂强度参数（ε^0）来衡量。ε^0越大，表示洗脱剂的极性越强。表 14-2 中列出了一些常用溶剂在氧化铝吸附剂中的ε^0值。在硅胶吸附剂中ε^0值的顺序相同，数值换算关系为：$\varepsilon^{0(\text{硅胶})} = 0.77\varepsilon^{0(\text{氧化铝})}$。

四、离子交换色谱法

离子交换色谱法（ion exchange chromatography，IEC）是利用离子交换原理和液相色谱技术的结合来测定溶液中阳离子和阴离子的一种分离分析方法。凡在溶液中能够电离的物质，通常都可用离子交换色谱法进行分离。它不仅适用于无机离子混合物的分离，亦可用于有机物的分离，例如氨基酸、核酸、蛋白质等生物大分子。因此，应用范围较广。

1. 离子交换原理

离子交换色谱的固定相是离子交换剂，根据交换剂性质，可分为阳离子交换剂和阴离子交换剂。交换剂由固定的离子基团和可交换的平衡离子组成。当被分析物质电离后，流动相带着组分离子通过离子交换柱时，组分离子与交换剂上可交换的平衡离子进行可逆交换，其交换反应通式如下：

阳离子交换　　$R—SO_3^-H^+ + M^+ \rightleftharpoons R—SO_3^-M^+ + H^+$

阴离子交换　　$R—NR_3^+Cl^- + X^- \rightleftharpoons R—NR_3^+X^- + Cl^-$

一般形式　　$R—A + B \rightleftharpoons R—B + A$

平衡时，以浓度表示的平衡常数（离子交换反应的选择系数）$K_{B/A}$为

$$K_{B/A} = \frac{[B]_r[A]}{[B][A]_r}$$

式中，$[A]_r$、$[B]_r$分别代表树脂相中洗脱剂离子（A）和试样离子（B）的平衡浓度；[A]、[B]代表它们在溶液中的平衡浓度。$K_{B/A}$表示试样离子B对于A型树脂亲和力的大小：$K_{B/A}$越大，说明B离子交换能力越大，越易保留而难于洗脱。一般说来，B离子电荷越大，水合离子半径越小，$K_{B/A}$就越大。

对于典型的磺酸型阳离子交换树脂，各阳离子的$K_{B/A}$大小顺序为：

$Ba^{2+} > Pb^{2+} > Sr^{2+} > Ca^{2+} > Cd^{2+} > Cu^{2+} > Zn^{2+} > Mg^{2+} > Cs^+ > Rb^+ > K^+ > NH_4^+ > Na^+ > H^+ > Li^+$

对于季铵型强碱性阴离子交换树脂，各阴离子的选择性顺序为：

$ClO_4^- > I^- > HSO_4^- > SCN^- > NO_3^- > Br^- > NO_2^- > CN^- > Cl^- > BrO_3^- > OH^- > HCO_3^- > H_2PO_4^- > IO_3^- > CH_3COO^- > F^-$

2. 固定相

作为固定相的离子交换剂，其基质大致有三大类：合成树脂（聚苯乙烯）、纤维素和硅胶。根据离子交换基团性质，离子交换剂又可分为阳离子交换剂或阴离子交换剂。阳离子交换剂又可分为强酸性和弱酸性两类，前者的可交换基团为$—SO_3H$，后者的为—COOH。阴离子交换剂也可分为强碱性和弱碱性两类，前者的可交换基团为$—N(CH_3)_3C1$，后者的为$—NH_2$。常用的离子交换剂为磺酸型（RSO_3H）和季铵盐[$RN(CH_3)C1$]（见表14-5）。

表 14-5　离子交换剂上的官能基团

类型	官能基团	类型	官能基团
强阳离子交换剂 SCX	$—SO_3H$	强阴离子交换剂 SAX	$—N^+R_3$
弱阳离子交换剂 WCX	$—CO_2H$	弱阴离子交换剂 WAX	$—NH_2$

其中强酸或强碱性离子交换树脂较稳定，因此在高效液相色谱中应用较多。

常用的离子交换剂固定相大致可分以下几种：

（1）多孔型离子交换树脂　它主要是聚苯乙烯和二乙烯苯基的交联聚合物，直径约为5～20 μm，有微孔型和大孔型之分[见图 14-14（a）和（b）]。由于交换基团多，具有高的交换容量；对温度的稳定性亦好。其主要缺点是在水或有机溶剂中易发生膨胀，导致传质速率慢，柱效低，难以实现快速分离。

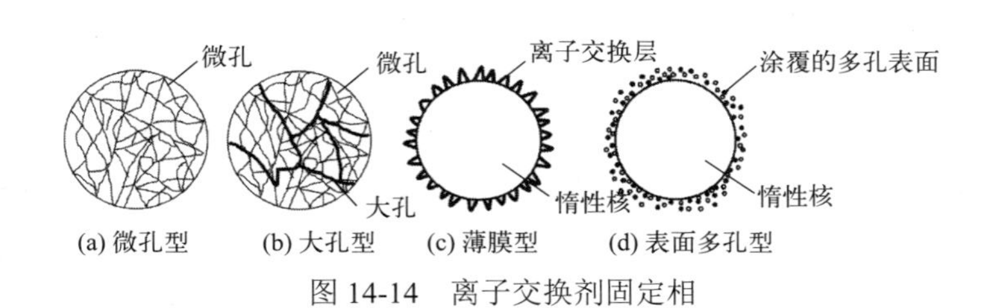

图 14-14　离子交换剂固定相

（2）薄膜型离子交换树脂　它是在直径约 30 μm 的固体惰性核上，凝聚 1～2 μm 厚的树脂层，如图 14-14（c）所示。

（3）表面多孔型离子交换树脂　它是在固体惰性核上覆盖一层微球硅胶，再在上面涂一层很薄的离子交换树脂，如图 14-14（d）所示。

薄膜型和表面多孔型树脂传质速率快，柱效高，能实现快速分离，同时很少发生溶胀；但由于表层上离子交换树脂量有限，交换容量低，柱子容易超负荷。

（4）离子交换键合固定相　它是用化学反应将离子交换基团键合到惰性载体表面。它也分为两种类型：一种是键合薄壳型，其载体是薄壳玻珠；另一种是键合微粒载体型，它的载体是多孔微粒硅胶。后者是一种优良的离子交换固定相，它的优点是力学性能稳定，可使用小粒度固定相和柱的高压来实现快速分离。

3. 流动相

离子交换色谱的流动相是盐类的缓冲溶液。通过改变流动相的 pH、缓冲剂（平衡离子）的类型、离子强度以及加入有机溶剂、配位剂等都会改变交换剂的选择性，影响样品的分离。

流动相的 pH 会影响酸或碱的离解平衡，它能控制组分以离子形式存在的分数。若组分以分子形式存在，则不被固定相保留。离子形式所占的分数越大，保留值也越大；反之，保留值越小。流动相的 pH 可用缓冲剂调节。常用的缓冲剂有磷酸盐、柠檬酸盐、甲酸盐、乙酸盐、氨水等。

流动相离子强度的变化对保留值的影响比 pH 更显著。组分的保留值受流动相中盐类的总浓度控制。增加外加阴离子或阳离子总数，会增强它们对 R^+或 R^-的竞争能力，使组分离子的保留值减小。因为不同外加离子对交换剂的固定基团的亲和力大小不同，因此通过加入不同性质的外加盐类，可以影响柱的选择性。

若在流动相中加入配位剂 L，它会与金属离子 M（与离子交换剂形成离子对）形成配合物。当组分 X 随流动相进入柱后，发生配位剂交换反应：

$$RM\text{-}L + X \rightleftharpoons RM\text{-}X + L$$

RM-X 比 RM-L 稳定，X 将 L 从金属改性的树脂上取代下来。这种方法可用于分离各种氨基酸或碱类。例如使阳离子交换树脂与 Cu^{2+}或 Ni^{2+}作用，形成金属改性树脂。当氨基酸进入色谱柱后，在金属中心上发生各种氨基酸与流动相中配位剂的竞争作用，由于竞争能力不同，从而达到分离目的。这种分离方法称作配体交换色谱法。

五、离子色谱法

离子色谱法（ion chromatography，IC）是由离子交换色谱法派生出来的一种分离分析方法。由于离子交换色谱法在无机离子的分析中受到限制，例如，对于那些不能采用紫外检测器分析的被测离子，如果采用电导检测器，因被测离子的电导信号被强电解质流动相的高背景电导信号淹没而无法检测。为了解决这一问题，1975 年 Small 等人提出一种能同时测定多种无机和有机离子的新技术。他们在离子交换分离柱后加一根抑制柱，抑制柱中装填与分离柱电荷相反的离子交换树脂。通过分离柱后的样品再经过抑制柱，使具有高背景电导的流动相转变成低背景电导的流动相，从而用电导检测器可直接检测各种离子的含量。这种色谱技术称为离子色谱法。若样品为阳离子，用无机酸作流动相，抑制柱为高容量的强碱性阴离子交换剂。当试样经阳离子交换剂分离柱后，随流动相进入抑制柱，在抑制柱中发生两个重要反应：

$$ROH + HCl \longrightarrow RCl + H_2O$$

$$ROH + MCl \longrightarrow RCl + MOH$$

式中，ROH 为抑制柱中的阴离子交换剂；M 为样品中的被测阳离子。由反应式可见：经抑制柱后，一方面将大量酸转变为电导很小的水，消除了流动相本底电导的影响。同时，又将样品阳离子 M^+转变成相应的碱。由于 OH^-的淌度为 Cl^-的 2.6 倍，提高了所测阳离子电导的检测灵敏度。

若样品为阴离子，分离柱为阴离子交换剂，用 NaOH 溶液作为流动相。抑制柱为高容量的强酸性阳离子交换剂。当流动相进入抑制柱时，发生下列反应：

$$RH + NaOH \longrightarrow RNa + H_2O$$

$$RH + NaA \longrightarrow RNa + HA$$

抑制柱使碱生成 H_2O，其背景电导率大大降低。样品中的阴离子生成了相应的酸，由于 H^+的淌度比 Na^+大得多，因此提高了组分电导检测的灵敏度。

在分离柱后加一个抑制柱的离子色谱被称为抑制型离子色谱或双柱离子色谱。由于离子交换反应，抑制柱逐渐失去了抑制能力，因此必须定期再生，但再生期较短。为了克服这一缺点，以膜离子抑制器来代替。这实际上是具有磺酸基团或季铵基团的聚苯乙烯多孔纤维制成的离子交换膜管，管内流过洗脱液，管外流过离子交换剂再生液。这与前面介绍的抑制柱的差别主要在于交换膜管始终处于动态再生状态下。

如果所采用的分离柱的离子交换容量很低,且洗脱液的浓度也很低,这时就不必采用离子抑制柱。例如在分离阴离子时，离子交换剂的交换容量约为普通交换剂的千分之一，洗脱液为 10^{-4} mol·L^{-1} 有机酸盐，如苯甲酸钠或邻苯二甲酸钠溶液，因此背景电导值都很小。当被分析的阴离子从柱后流出进入电导检测器时仍能被检测出来。这就是单柱离子色谱。

离子色谱法应用广泛，它可用于简单的无机阴离子和许多金属离子混合物的分离，也可用于有机酸、胺、糖、醇、表面活性剂、氨基酸等的分离。

六、离子对色谱法

离子对色谱法（ion pair chromatography，IPC）是分离分析强极性有机酸和有机碱的极好方法。它是离子对萃取技术与色谱法相结合的产物。在 20 世纪 70 年代中期，Schill 等人首先提出离子对色谱法，后来，这种方法得到十分迅速的发展。

1. 离子对色谱法原理

离子对色谱法是将一种(或数种)与溶质离子的电荷相反的离子(称作对离子或反离子)加入流动相或固定相中，使其与溶质离子结合形成离子对，从而控制溶质离子保留行为的一种色谱法。

关于离子对色谱法的原理，至今仍不十分明确，已提出三种机理：离子对形成机理；离子交换机理；离子相互作用机理。现以离子对形成机理说明之。假如有一离子对色谱体系，其固定相为非极性键合相，流动相为水溶液，并在其中加入一种电荷与组分离子 A^-相反的离子 B^+，B^+由于静电引力与带负电的 A^-生成离子对化合物 AB。离子对生成反应式如下

$$A^-_{\text{水相}} + B^+_{\text{水相}} \xrightleftharpoons{K_{AB}} AB_{\text{有机相}} \qquad (14\text{-}3)$$

由于离子对化合物 A^-B^+具有疏水性，因而被非极性固定相（有机相）提取。组分离子的性质不同、反离子形成离子对的能力不同以及形成离子对疏水性质的不同，导致各组分离子在固定相中滞留时间不同，因而出峰先后不同。这就是离子对色谱法分离的基本原理。

2. 键合相反相离子对色谱法

离子对色谱法类型很多。根据流动相和固定相的极性，可分为反相离子对和正相离子对色谱法。其中以键合相反相离子对色谱法最为重要。这种色谱法的固定相采用非极性的疏水键合相［如十八烷基键合相（ODS）等］，流动相为加有平衡离子（反离子）的极性溶液（如甲醇-水或乙腈-水）。

根据离子对生成反应式（14-3），平衡常数 K_{AB} 表示为

$$K_{AB} = \frac{[A^-B^+]_{\text{有机相}}}{[A^-]_{\text{水相}}[B^+]_{\text{水相}}} \qquad (14\text{-}4)$$

根据定义，溶质的分配系数为

$$K = \frac{[A^-B^+]_{\text{有机相}}}{[A^-]_{\text{水相}}} = K_{AB}[B^+]_{\text{水相}} \qquad (14\text{-}5)$$

根据式（14-5）与式（12-14），有

$$k = K\frac{V_s}{V_m} = \frac{1}{\beta}K_{AB}\left[B^+\right]_{水相} \quad (14-6)$$

式中，β为相比；容量因子 k 随 K_{AB} 和 $[B^+]_{水相}$ 的增大而增大。

键合相反相离子对色谱法操作简便，只要改变流动相的 pH、平衡离子的浓度和种类，就可在较大范围内改变分离的选择性，能较好地解决难分离混合物的分离问题。此法发展迅速，应用较广泛。

七、尺寸排阻色谱法

尺寸排阻色谱法（size exclusion chromatography，SEC）又称凝胶色谱法（gel chromatography，GC），主要用于较大分子的分离。与其它液相色谱方法原理不同，它不具有吸附、分配和离子交换作用机理，而是基于试样分子的尺寸和形状不同来实现分离的。

SEC 被广泛应用于大分子的分级，即用来分析大分子物质分子量的分布。它的特点是：①保留时间是分子尺寸的函数，有可能提供分子结构某些信息。②保留时间短，谱峰窄，易检测，可采用灵敏度较低的检测器。③固定相与分子间作用力极弱，趋于零。由于柱子不能很强保留分子，因此柱寿命长。④不能分辨分子大小相近的化合物，分子量差别必须大于 10% 才能得以分离。

1. 分离原理

尺寸排阻色谱法是按分子大小顺序进行分离的一种色谱方法。其固定相为化学惰性多孔物质——凝胶，它类似于分子筛，但孔径比分子筛大。凝胶具有一定大小的孔穴，体积大的分子不能渗透到孔穴中去而被排阻，较早地被淋洗出来；中等体积的分子部分渗透；小分子可完全渗透入内，最后洗出色谱柱。这样，样品分子基本上按其分子大小先后排阻，从柱中流出。其渗透过程模型见图 14-15。

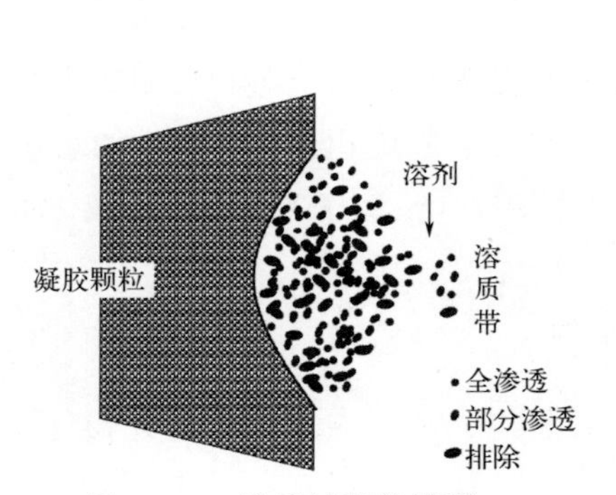

图 14-15 渗透过程的模型

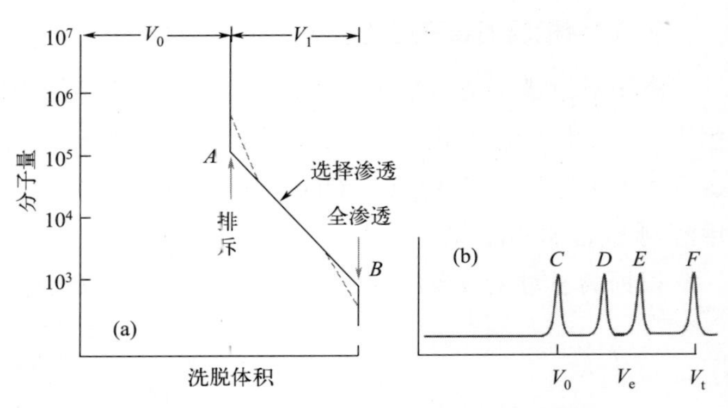

图 14-16 尺寸排阻色谱法示意图

在尺寸排阻色谱分离中，试样分子量与洗脱体积的关系如图 14-16 所示。图 14-16(a) 表示洗脱体积和聚合物分子大小之间的关系，图 14-16(b) 为各有关聚合物的洗脱曲线。图

14-16（a）中 A 点表示：比 A 点相应的分子量大的分子，均被排斥在所有的凝胶孔穴之外，称为排斥极限点。这些物质将以一个单一的谱带 C 出现，在保留体积 V_0 时一起被洗脱。很明显，V_0 表示柱中凝胶颗粒之间的体积。另外，凝胶还有一个全渗透极限点 B，凡比 B 点相应的分子量小的分子都可以完全渗入凝胶孔穴中。当然，这些化合物也将以一个单一的谱带 F 出现，以保留体积 V_t 被洗脱。对于分子量介于上述两个极限点之间的化合物，将根据它们的分子尺寸大小，部分进入孔穴，部分被排斥在孔穴外，进行选择渗透。这样，试样物质将按分子量降低的次序被洗脱。

2. 固定相

排阻色谱的固定相种类很多，一般可分为软性、半刚性和刚性凝胶三类。所谓凝胶，指含有大量液体（一般是水）的柔软而富有弹性的物质，它是一种经过交联而具有立体网状结构的多聚体。

（1）软性凝胶　葡聚糖凝胶和琼脂糖凝胶都具有较小的交联结构，其微孔能吸入大量的溶剂，并能溶胀，溶胀后体积是干体的许多倍。它们适合以水溶性溶剂作流动相，一般用于分子量小的物质的分析，不适宜用在高效液相色谱中。

（2）半刚性凝胶　如高交联度的聚苯乙烯比软性凝胶稍耐压，溶胀性不如软性凝胶。常以有机溶剂作流动相。当用于 HPLC 时，流速不宜大。

（3）刚性凝胶　如多孔硅胶、多孔玻璃等。它们既可用水溶性溶剂又可用有机溶剂作流动相，可在较高压强和较高流速下操作。一般控制压强小于 7 MPa，流速≤1 mL·s^{-1}；否则将影响凝胶孔径，造成不良分离。

表 14-6 列出了常用的一些固定相。

表 14-6　尺寸排阻色谱固定相

类型	材料	型号	流动相
软性凝胶	葡聚糖	Sephadax	水
	聚苯乙烯	Bio-Bead-S	有机溶剂
半刚性凝胶	聚苯乙烯	Styragel	有机溶剂（丙酮和醇除外）
	交联聚乙烯醋酸酯	EMgel type OR	有机溶剂
刚性凝胶	玻璃珠	CPG-1	有机溶剂和水
	硅胶	Porasil	有机溶剂和水

3. 流动相

排阻色谱所选用的流动相必须能溶解样品，并必须与凝胶本身非常相似，这样才能浸润凝胶。当采用软性凝胶时，要求溶剂也必须能溶胀凝胶。另外，溶剂的黏度要小，因为高黏度溶剂往往会限制分子扩散作用而影响分离效果。这对于具有低扩散系数的大分子物质分离，尤需注意。选择溶剂还必须与检测器相匹配。常用的流动相有四氢呋喃、甲苯、氯仿、二甲基甲酰胺和水等。以水溶液为流动相的凝胶色谱适用于水溶性样品的分析，以有机溶剂为流动相的凝胶色谱适用于非水溶性样品。

尺寸排阻色谱法可用于分离分子量大的分子，如蛋白质、核酸等，也可用于测定合成高聚物的分子量的分布，研究聚合机理等。

八、亲和色谱法简介

亲和色谱法（affinity chromatography，AC）是利用生物大分子和固定相表面存在某种特异性亲和力，进行选择性分离的一种方法。它通常是在载体（无机或有机填料）的表面先键合一种具有一般反应性能的所谓间隔臂（如环氧、联氨等）；随后连接上配基（如酶、抗原或激素等）。这种固载化的配基因为只能和具有亲和力特性吸附的生物大分子相互作用而被保留，没有这种作用的分子不被保留。图 14-17 为亲和色谱的原理示意图。

许多生物大分子化合物具有这种亲和特性。例如酶与底物、抗原与抗体、激素与受体、RNA 与和它互补的 DNA 等。当含有亲和物的复杂混合试样随流动相经过固定相时，亲和物与配基先结合，而与其它组分分离。此时，其它组分先流出色谱柱；然后通过改变流动相的 pH 和组成，以降低亲和物与配基的结合力，将保留在柱上的大分子以纯品形态洗脱下来。

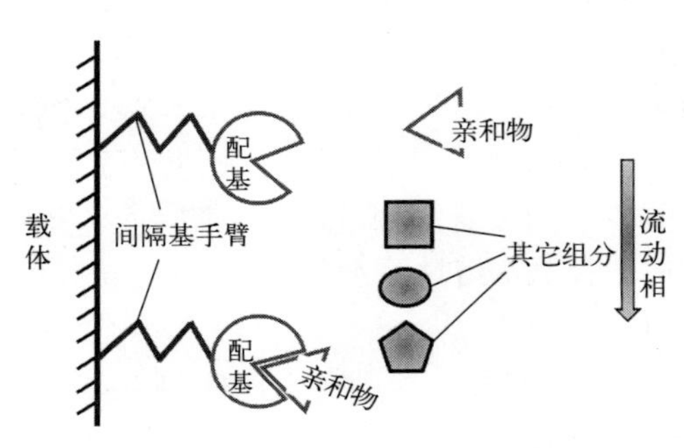

图 14-17　亲和色谱法原理示意图

亲和色谱也可被认为是一种选择性过滤，它选择性强，纯化效率高，往往可以一步获得纯品，是当前进行生物大分子分离和分析的重要手段。

九、分离类型的选择

高效液相色谱法的各种类型都各有其自身特点和应用范围，一种方法不可能是万能的，它们往往相互补充。应根据分离分析的目的、试样的性质和质量多少、现有设备条件等选择最合适的方法。一般可根据试样的分子量大小、溶解度及分子结构等进行分离方法的初步选择。

1. 根据分子量选择

分子量小的样品，其挥发性好，适用于气相色谱。标准液相色谱类型（液固、液液及离子交换色谱）最适合的分子量范围是 200～2000。对于分子量大于 2000 的样品，采用尺寸排阻色谱法为最佳。

2. 根据溶解度选择

弄清样品在水、异辛烷、苯、四氯化碳和异丙醇等溶剂中的溶解度是很有用的。如果样品可溶于水并属于能离解物质，以采用离子交换色谱为佳；如样品可溶于烃类（如苯或异辛烷），则可采用液固吸附色谱；如样品溶解于四氯化碳，则多采用常规的分配和吸附色谱法分离；如果样品既溶于水又能溶于异丙醇时，常用水和异丙醇的混合液作为液液分配色谱的流动相，以憎水性化合物作固定相。

3. 根据分子结构选择

用红外光谱法，可预先简单地判断样品中存在什么官能团；然后，确定采用什么方法合适。例如，酸、碱性化合物用离子交换色谱；对于脂肪族或芳香族化合物用液液分配色谱或液固吸附色谱；异构体用液固吸附色谱；同系物不同官能团及含强氢键的用液液分配色谱。

表 14-7 可作为选择分离类型的参考。

表 14-7　基于样品特征选择液相色谱分离类型参考表

分子量	水溶性	其他特征	液相色谱分离类型
＞2000	溶于水		排阻色谱（水为流动相）
	不溶于水		排阻色谱（非水流动相）
＜2000	不溶于水	同系物	分配色谱
		异构体	吸附色谱
		分子大小差异	排阻色谱
	溶于水	不离解	反相液液色谱
			排阻色谱（水为流动相）
	溶于水	可离解的碱性化合物	阳离子交换色谱
		可离解的酸性化合物	阴离子交换色谱
	溶于水	离子与非离子	反相离子对色谱

高效液相色谱法的应用远远广于气相色谱法，它非常适合于挥发性差或不挥发以及具有某种生物活性的化合物的分析。它广泛用于合成化学、石油化工、生命科学、临床化学、药物研究、环境监测、商品检验及法学检验等领域。

液固色谱由于吸附剂数目有限及其固有的缺点，应用面不广，不少分析逐渐被反相键合相色谱所取代。但是，它仍适合于异构体分离、族组分（如烷、烯和芳烃）分离。由于硅胶比较便宜，有利于进行制备色谱分离。

离子交换色谱可用于分离许多无机与有机阳离子和阴离子，特别在分离氨基酸、蛋白质、核糖核酸、药物等方面得到较广泛的应用。离子色谱特别适合于测定空气、环境水、工业废水、食品工业及临床化学中各种体液内的离子的测定。

尺寸排阻色谱在高分子领域研究中用途很广。它可用于高聚物材料的组成分析，多孔膜材料形态与结构的表征，研究高聚物分子量的分布，及其与加工、性能、老化等过程的关系。

在高效液相色谱中，应用最为广泛的是反相键合相色谱。它除了可以分离常见的化工产品及其中间产物外，还可分离氨基酸、甾体、维生素、糖、合成药物、天然药物、核糖核酸、多肽、蛋白质、酶等。至今，可以用反相键合相色谱法测定的蛋白质和酶（如各种胰岛素、激素、细胞色素、干扰素、酶等）已达 100 多种。

第五节　超临界流体色谱法

超临界流体色谱法（supercritical fluid chromatography，SFC）是以超临界流体作为流动相的一种色谱方法。所谓超临界流体，是指既不是气体也不是液体的一些物质，它们的物理性质介于气体和液体之间。超临界流体色谱技术是 20 世纪 80 年代发展起来的一种崭新的色谱技术。由于它具有气相和液相所没有的优点，并能分离和分析气相色谱和液相色谱不能解决的一些对象，应用广泛，发展十分迅速，据 Chester 估计，至今在全部已经分离的物质中，约有 25%的物质通过超临界流体色谱能取得较为满意的分离结果。

一、超临界流体的特性

1. 物质的临界点

某些纯物质具有三相点和临界点，其相图见图 14-18。由三相图可以看出：物质在三相点下，气、液、固三态处于平衡状态。而在物质的超临界温度下，其气相和液相具有相同的密度。当处于临界温度以上，则不管施加多大压力，气体也不会液化。在临界温度和临界压力以上，物质是以超临界流体状态存在。即在超临界状态下，随温度、压力的升降，流体的密度会变化。此时的物质既不是气体也不是液体，却始终保持为流体。临界温度通常高于物质的沸点和三相点。

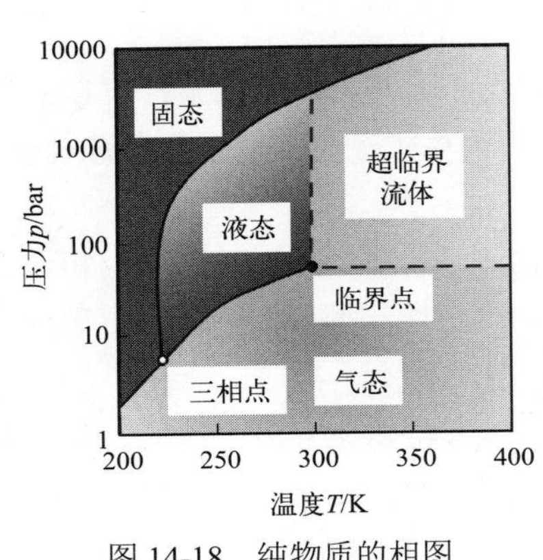

图 14-18　纯物质的相图

（1 bar = 10^5Pa）

2. 超临界流体的特性

超临界流体具有对于分离极其有利的物理性质，它们的这些性质恰好介于气体和液体之间（表 14-8）。超临界流体的扩散系数和黏度接近于气相色谱的流动相，因此溶质的传质阻力小，可以获得快速高效分离。另一方面，其密度与液相色谱类似，这样就便于在较低温度下分离和分析热稳定性差、分子量大的物质。另外，超临界流体的物理性质和化学性质，如扩散、黏度和溶剂力等，都是密度的函数。因此，只要改变流体的密度，就可以改变流体的性质，从类似气体到类似液体，无须通过气液平衡曲线。超临界流体色谱中的程序升密度相当于气相色谱中程序升温和液相色谱中的梯度淋洗。

表 14-8　超临界流体与气体、液体的物理性质比较

物理性质	气体	超临界流体	液体
密度/（$g \cdot cm^{-2}$）	（0.6～2）$\times 10^{-3}$	0.2～0.5	0.6～2
扩散系数（$cm^2 \cdot s^{-1}$）	（1～4）$\times 10^{-1}$	10^{-3}～10^{-4}	（0.2～2）$\times 10^{-5}$
黏度/（$g \cdot cm^{-1} \cdot s^{-1}$）	（1～3）$\times 10^{-4}$	（1～3）$\times 10^{-4}$	（0.2～2）$\times 10^{-2}$

通常作为超临界流体色谱流动相的一些物质，其物理性质列在表 14-9 中。

表 14-9　一些超临界液体的性质

流体	超临界温度/℃	超临界压力/（$\times 10^6$ Pa）	超临界点的密度/（$g \cdot cm^{-3}$）	在 4×10^7 Pa 下的密度/（$g \cdot cm^{-1}$）
CO_2	31.1	72.9	0.47	0.96
N_2O	36.5	71.7	0.45	0.94
NH_3	132.5	11.28	0.24	0.40
n-C_4H_{10}	152.0	37.5	0.23	0.50

表中提供的数据表明：这四种流体的临界温度和压力，通常在实验室中很容易实现；另外，这些流体的高密度特性，使它们具有足够的能力溶解大量非挥发性分子。其中 CO_2 流体在超临界流体色谱中的应用尤为普遍。CO_2 流体能很好地溶解含 5～30 个碳原子的正构烷烃和各种多环芳烃。

二、超临界流体色谱仪

1985 年出现第一台商品型的超临界流体色谱仪。图 14-19 表示了超临界流体色谱仪的一般流程，图中很多部分类似于高效液相色谱和气相色谱。同样需要流动相源、净化系统、高压泵、进样系统、色谱柱和检测器及数据处理系统，关键的差别有以下几点。

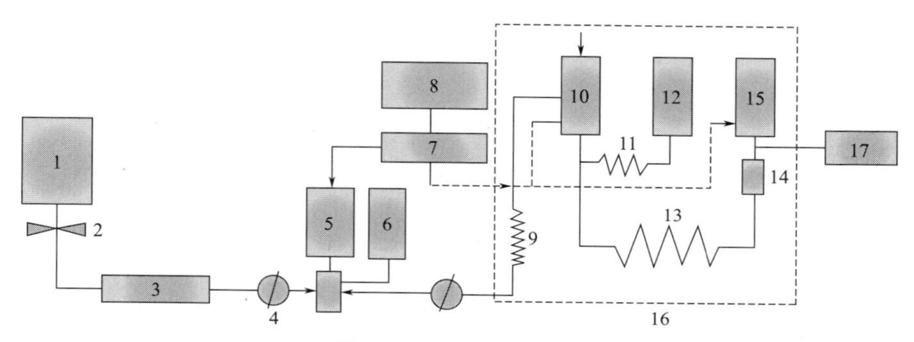

图 14-19　SFC 仪器流程

1—流动相贮罐；2—调节阀；3—干燥净化管；4—截止阀；5—高压泵；6—泵头冷却装置；7—微处理机；8—显示打印装置；9—热交换柱；10—进样阀；11—分流阻力管；12—分流加热出口；13—色谱柱；14—限流器；15—检测器；16—恒温箱；17—尾吹气

① 在高效液相色谱仪中，只有在柱入口加高压，而超临界流体色谱仪整个体系都处在足够高压下。只有高压，才能使流动相处于高密度状态，洗脱能力才强。因此必须有程序升压的精密控制设备。若以 CO_2 为例，压力从 7 MPa 升至 9 MPa，保留时间可以缩短为原来的 1/5。

② 具有一根恒温的色谱柱。这点类似于气相色谱中的色谱柱，目的是提供对流动相的精确温度控制。

③ 超临界流体在柱出口则以气体形式释放出来，一般进入氢火焰离子化检测器。因此在柱后必须装有毛细管限流器，以实现限流器两端的相的瞬时转变。毛细管限流器一般长约 2～10 cm，内径要比开管柱细得多，约 5～10 μm。由于限流器两端的相变过程属吸热过程，并防止高沸点组分冷凝，限流器温度应保持在约 300～400℃。

三、压力效应

在超临界流体色谱中，压力的变化对容量因子 k 产生显著影响。由于以超流体作为流动相，它的密度随压力增加而增加，而密度的增加引起流动相溶剂效率的提高，同时可缩短淋洗时间。例如，采用 CO_2 流体作流动相，当压力由 7.0×10^6 Pa 增加到 9.0×10^6 Pa 时，对于十六碳烷烃的淋洗时间可由 25 min 缩短到 5 min。在 SFC 中，通过程序升压实现了流体的程序升密度，达到改善分离的目的。

四、固定相和流动相

超临界流体色谱可以使用填充柱，这与普通高效液相色谱柱相似，直径为数毫米，长度不超过 25 cm，固定相颗粒直径 3～10 μm。也可采用开管柱，如聚硅氧烷键合柱，长 10～20 m，内径 0.05～1.0 μm，固定液膜厚约 0.05～1 μm。用作超临界流体色谱流动相的化合物见表 14-10。由于 CO_2 廉价易得，温度与压力可在较宽范围内调节，紫外截止波长小于 190 nm，且无毒，因此是常用流动相。为改进选择性，与高效液相色谱类似，在流动相中也可以加入某些改性剂。

表 14-10　用于超临界流体色谱的流动相的临界性质

超临界流体	温度/℃	压力/MPa	密度/（g・cm^{-3}）
CO_2	31.3	7.4	0.468
N_2O	36.5	7.3	0.457
NH_3	132.5	11.4	0.235
甲醇	239.4	8.1	0.272
正丁烷	152.0	3.8	0.228
二氯二氟甲烷	111.8	4.1	0.558
二乙基醚	195.6	3.6	0.265

五、检测器

由于氢火焰离子化检测器的通用性好，对 CO_2 等无机流体无响应。因此得到广泛使用。而 CO_2 的紫外辐射透过性好，有利于紫外吸收检测器的使用。目前，超临界流体色谱已与不少检测技术，如质谱、傅里叶变换红外光谱等联用，进一步拓宽了它的应用范围。

六、应用

超临界流体色谱法特别适用于气相色谱和高效液相色谱法不能分析的样品，如某些天然产物、农药、高聚物、药物活性剂或原油等。例如对于聚苯醚低聚物的分析测定可以使用超临界流体色谱。还有人通过毛细管超临界流体色谱分离了四种甘油三酸酯。但是超临界流体色谱的仪器更复杂，可选择的流动相数目有限。

思考与练习题

1. 从色谱基本理论出发，试述高效液相色谱法能实现高效、高速分离的原因。

2. 为什么一般都采用全多孔微粒型固定相？

3. 试比较程序升温与梯度洗脱的异同之处。

4. 试述各种检测器的应用范围。若某样品不适合某检测器，而仪器又不配置其他检测器，此时该怎么办？能否举例说明？

5. 试分析液固色谱法的主要用途及主要缺陷。

6. 现有下列溶剂：正己烷、甲醇、水、乙酸乙酯、二氯甲烷、丙酮、乙腈和四氯化碳。若采用波长为254 nm，则哪些溶剂可以选作流动相？以谁为优（若分别对正相色谱和反相色谱而言）？

7. 目前在高效液相色谱法所能解决的问题中，约有 70%是用反相色谱解决的，为什么？影响反相色谱的保留值因素有哪些？

8. 为什么离子色谱法的应用比较广泛？它与普通的离子交换色谱法相比，有何优缺点？

9. 采用离子交换色谱法分离含酚样品。流动相的 pH 值从比它的 pK_a 值小一个单位，改变到大一个单位时，该酚的分配比将如何变化？为什么？

10. 有人说："尺寸排阻色谱的分离机理截然不同于其它三种分离方式。"这句话你是否同意，为什么？

11. 什么是超临界流体色谱法？与气相色谱法和高效液相色谱法相比，它各有什么优缺点？

12. 在学习过气相色谱法、高效液相色谱法和超临界流体色谱法之后，当你接收一个实际样品时，如何进行合理的分析，提出比较合适的分析方法及分析思路？（样品和分析对象可以自己假设，如大气、水、土壤和植物中的无机和有机物质。）

第四部分　核磁共振波谱与质谱分析法

第十五章　核磁共振波谱分析　362

第十六章　质谱分析　395

第十五章　核磁共振波谱分析

第一节　概　述

核磁共振（nuclear magnetic resonance，NMR）波谱分析，是一种主要用来研究处于强磁场中的原子核能级跃迁对射频辐射的吸收，进而获得有关化合物分子结构信息的分析方法。按照目前主要的研究方向，以 ^{1}H 核为研究对象所获得的谱图称为核磁共振氢谱（^{1}H NMR）；以 ^{13}C 核为研究对象所获得的谱图称为核磁共振碳谱（^{13}C NMR）。随着技术的更新与发展，又相继出现了 ^{19}F NMR、^{31}P NMR、^{15}N NMR 等系列波谱，这种方法不仅能用于有机化合物分子结构的鉴定，而且能用于生物成像（MRI）研究，是化学、材料学、医学领域重要的研究工具。

核磁共振波谱起源于 1946 年美国斯坦福大学的费尔德（Felix Bloch）和哈佛大学的华伦（Edward Purcell）发现的核磁共振现象，他们证明了磁力作用可以引起核能级裂分——将核处于磁场中，磁核会吸收辐射产生能级跃迁。科学家们根据该现象开发设计了核磁共振波谱仪。这一重要发现在当时大大加速了对分子结构的研究进程，他们在 1952 年凭借此研究成果获得了诺贝尔物理学奖，以表彰他们对分子结构研究做出的突出贡献。核磁共振波谱与红外光谱具有很强的互补性，早期的 NMR 研究主要关注溶液样品，而随着技术的进步，也越来越多地应用于固体样品的结构研究，二者目前已成为有机和无机化合物结构分析强有力的工具之一。

核磁共振波谱也是吸收光谱的一种，常见的能级跃迁有分子能级的跃迁、电子能级的跃迁，而它来源于原子核能级间的跃迁。在核磁共振中，电磁辐射的频率为兆赫数量级，属于射频区。核磁共振信号的产生是由于原子核在强磁场作用下发生能级裂分，即当射频辐射的能量与核的磁能级差相等时，原子核吸收辐射能量而发生核能级之间的跃迁。

该方法发展至今，作为细分研究领域的核磁共振波谱学，已具有严密的理论基础、广泛的应用范围和很高的实用价值，因此自问世以来一直保持着高速的发展，最突出的体现为核磁共振已变成化学家测定有机化合物结构的有力工具和解决物质结构分析问题的必要手段。目前，核磁共振与其它仪器相配合，已经鉴定了非常多的化合物。由此可见，该方法在分子结构的研究领域具有重大潜力。

此外，核磁共振信号具有多方面的特性，例如谱线的宽度、谱线的形状、谱线的面积和谱线在频率或磁场刻度上的准确位置、谱线的精细结构以及弛豫时间 T_1 与 T_2 等特性。这些特性不仅取决于被测原子核的性质，还取决于被测原子核所处的环境。因此可以通过测定核磁共振谱线的各项参数来确定物质的分子结构和性质。核磁共振谱图可以直接提供样品中某一特定原子的各种化学状态或物理状态，并得出它们各自的定量数据，反映出诸多信息，如待测定的原子核是什么，它在分子内位于什么地方，总共有多少个，它的近邻者是什么并在什么位置，它与近邻者之间是什么关系，等等。总之，通过对核磁共振波谱图的解析，可以描绘出分子内原子团或原子完整的排列顺序。可以说，该方法在分子结构的研究中非常实用。

近几十年来，核磁共振波谱分析技术得到迅速发展，超导核磁、二维和三维核磁以及脉冲傅里叶变换核磁等技术相继成熟，应用也日益广泛，技术革新也是研究的热点之一。如高强磁场超导核磁共振仪的发展，大大提高了仪器的灵敏度，使核磁共振波谱图的解析变得更加简单了；超导核磁共振在生物学领域也发挥着至关重要的作用。与此同时，脉冲傅里叶变换核磁共振仪的问世极大地推动了 NMR 技术，以 ^{13}C、^{15}N 等核磁共振的广泛应用为代表。此外，计算机技术的发展让激发核共振的脉冲序列和数据采集得到了严格而精确的控制，也让大量数据的变换和处理变得简单可行，因而出现了二维核磁（2D-NMR）和多维核磁，这从根本上改变了 NMR 技术用于解决复杂问题的方式，成为获取分子结构信息的重要物理方法之一。

到目前为止，核磁共振技术发展得最成熟、应用最广泛的是 ^{1}H 核磁共振，因此本章主要介绍 ^{1}H 核磁共振的原理、仪器和在结构分析方面的应用，对于 ^{13}C 的核磁共振和其余方法只做简单的介绍。

第二节　核磁共振基本原理

首先简要介绍下核磁共振的基本原理。原子核可能具有一定的磁性，而这些具有磁性的原子核存在着不同的能级，如果此时外加一个能量，在磁场的激发下，使外加能量恰等于原子核相邻 2 个能级之差，则该原子核就可能吸收能量（把这种现象称之为共振吸收）并从低能态跃迁至高能态，而且所吸收能量的数量级相当于射频率范围的电磁波。所谓核磁共振就是研究磁性原子核对射频能的吸收。看完上述内容，可能对核磁共振原理的认识还是不够清晰，因此提出几个问题方便大家掌握本章内容：

- 是否所有原子核都具有磁性？
- 如何描述原子核的磁性？
- 哪些原子核可以进行核磁共振波谱分析？
- 能级的能量之差与磁通密度的关系是什么？
- 如何利用核磁共振法对物质定性分析？

这些问题的答案都在文中有体现，若能快速且准确回答以上问题，将对核磁共振波谱分析有一个清晰的认识。

核磁共振的产生

一、原子核的磁性

是否所有的原子核都具有磁性？要解决这个问题，需了解什么是原子核的自旋。首先，核自旋是原子核的重要性质之一，是核自旋角动量的简称。原子核是由质子和中子组成的，质子和中子各自有确定的自旋角动量，此外，它们在核内还有轨道运动，因此它们相应地具有轨道角动量。把所有这些角动量的总和称为原子核的自旋角动量，核自旋在一定程度上反映了原子核的内在特性。

对于核自旋，在过去几十年里，科学界对此主要有两类解释：一种观点认为这种旋转是在原子核裂变之前产生的，即原子核内粒子受自身弯曲、扭动、倾斜等因素影响，粒子产生了热激发或量子波动的现象而拥有了动能；另一种观点则认为这是在原子核裂变之后发生的，即碎片内质子间的相互作用力导致了碎片自旋。无论是何种观点，均有助于人们理解核磁共振波谱分析的工作原理。

由于原子核是带电荷的粒子，若有自旋现象，即产生磁矩。有自旋现象的原子核，应具有自旋角动量（P）。由于原子核是带正电粒子，故在自旋时产生磁矩μ。磁矩的方向可用右手定则确定。磁矩 μ 和角动量 P 都是矢量，方向相互平行，且磁矩随角动量的增加成正比地增加：

$$\mu = \gamma P \tag{15-1}$$

式中，γ为磁旋比。不同的核具有不同的磁旋比。

原子核有自旋运动，在量子力学中用自旋量子数 I 描述原子核的运动状态，I 值与核的质量数和所带核电荷数有关。P 的数值与 I 的关系如下：

$$P = \sqrt{I(I+1)}\frac{h}{2\pi} \tag{15-2}$$

式中，h 为普朗克常量；I 可以为 0、1/2、1、3/2 等值。根据公式，显然可知，当 $I=0$，$P=0$，即原子核没有自旋现象；只有当 $I>0$ 时，原子核才具有自旋角动量和自旋现象。

物理学的研究证明，各种不同的原子核，自旋的情况不同。不同原子核自旋的情况如表 15-1。

表 15-1　各种原子核的自旋量子数

质量数 A	原子序数 Z	自旋量子数 I	自旋核电荷分布	NMR 信号	原子核
偶数	偶数	0	—	无	^{16}O，^{12}C，^{32}S
奇数	奇数或偶数	1/2	球形	有	^{1}H，^{13}C，^{19}F，^{15}N，^{31}P
奇数	奇数或偶数	3/2，5/2，…	扁平椭圆形	有	^{17}O，^{33}S
偶数	奇数	1,2,3	伸长椭圆形	有	^{2}H，^{14}N

显然，根据式（15-2）和表 15-1 可知，自旋量子数等于零的原子核有 ^{16}O、^{12}C、^{32}S、^{28}Si 等。实验证明，这些原子核没有自旋现象，因而没有磁矩，无法产生共振吸收谱，不能用于核磁共振的研究。自旋量子数等于 1 或大于 1 的原子核，如：I = 3/2 的有 ^{11}B、^{35}Cl、^{79}Br、^{81}Br 等；I = 5/2 的有 ^{17}O、^{127}I；I = 1 的有 ^{2}H、^{14}N 等。这类原子核电荷分布可看作是一个椭圆体，电荷分布是不均匀的，它们的共振吸收常会产生复杂情况，目前在核磁共振的研究上应用还很少。

而自旋量子数等于 1/2 的原子核，如 ^{1}H、^{19}F、^{31}P、^{13}C 等，这些核可当作一个电荷均匀分布的球体，并像陀螺一样地自旋，故有磁矩形成，这些原子核特别适用于核磁共振实验。

且前面三种原子在自然界的丰度接近100%，核磁共振容易测定。尤其是氢核（质子），不但易于测定，而且它又是组成有机化合物的主要元素之一，因此对于氢核核磁共振谱的测定，在有机化学物质结构分析中有着非常重要的作用。一般有关讨论核磁共振的书籍主要讨论氢核的核磁共振。当然，对于 ^{13}C 的核磁共振的研究目前也有重大进展，并已成为有机化合物结构分析的重要手段，但不如 ^{1}H 核磁共振使用得普遍。

二、自旋核在磁场中的行为描述

现在已经了解了原子核的磁性是由原子核的自旋产生的，那人们是如何利用原子核的磁性呢？于是，必然需要研究自旋核在磁场中的行为。

若将自旋核放入场强为 B_0 的磁场中，由于磁矩与磁场相互作用，核磁矩相对外加磁场有不同的取向。按照量子力学原理，它们在外磁场方向的投影是量子化的，可用磁量子数 m 述之。m 可取下列数值：

$$m = I,\ I-1,\ I-2,\ \cdots,\ -I \tag{15-3}$$

因此自旋量子数为 I 的核在外磁场中可有（$2I+1$）个取向，每种取向各对应于一定的能量。对于具有自旋量子数 I 和磁量子数 m 的核，量子能级的能量（E）可用下式确定：

$$E = -\frac{m\mu}{I}B_0 \tag{15-4}$$

式中，B_0 是外加磁场的磁通密度，T；μ是粒子或原子核的磁矩，常以核磁子μ_N的倍数表示，$\mu_N = 5.051\times10^{-27}\ \mathrm{A\cdot m^2} = 5.051\times10^{-27}\ \mathrm{J\cdot T^{-1}}$，质子（$^{1}H$）的磁矩为 $2.79278\mu_N$。

根据表15-1可知，^{1}H 的自旋量子数为1/2。根据式（15-3）可知，^{1}H 在外磁场中只有 $m=+1/2$ 及 $m=-1/2$ 两种取向，由式（15-4）可知两种状态 ^{1}H 的能量分别为：

当 $m=+1/2$ 时，$E_{+1/2} = -\dfrac{m\mu}{I}B_0 = -\dfrac{\frac{1}{2}\mu B_0}{\frac{1}{2}} = -\mu B_0$

当 $m=-1/2$ 时，$E_{-1/2} = -\dfrac{m\mu}{I}B_0 = -\dfrac{-\frac{1}{2}\mu B_0}{\frac{1}{2}} = +\mu B_0$

对于低能态（$m=+1/2$），核磁矩方向与外磁场同向；对于高能态（$m=-1/2$），核磁矩与外磁场方向相反，其高低能态的能量差（ΔE）应由下式确定：

$$\Delta E = E_{-1/2} - E_{+1/2} = 2\mu B_0 \tag{15-5}$$

图15-1表示出了 $I=1/2$ 自旋核的磁矩取向和能级。一般来说，自旋量子数为 I 的核，其相邻两能级之差为

$$\Delta E = \mu B_0/I \tag{15-6}$$

了解了自旋核在磁场中的行为后，接下来着重讨论氢核。

已如前述，自旋量子数 I 为1/2的原子核（如氢核），可当作电荷均匀分布的球体。当氢核围绕着它的自旋轴转动时就会产生磁场。由于氢核带正电荷，转动时产生的磁场方向可由

右手螺旋定则确定，如图 15-1（a）所示。由此可将旋转的核看作是一个小的磁铁棒，如图 15-1（b）所示。

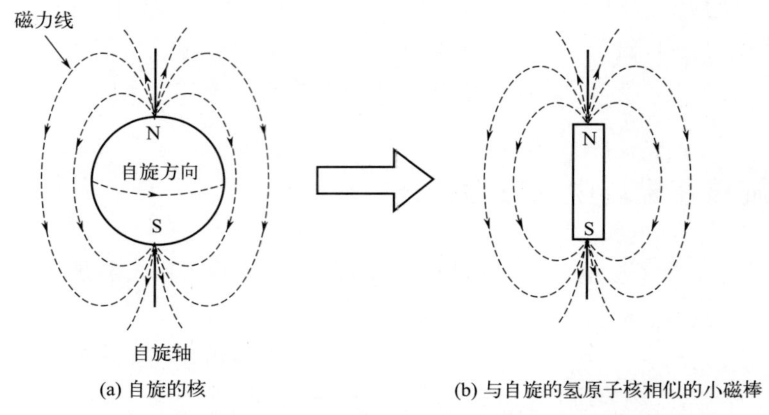

图 15-1　氢核自旋产生的磁场

如果将氢核置于外加磁场 B_0 中，则它对于外加磁场可以有（$2I+1$）种取向。又由于氢核的 $I=1/2$，因此它只能有两种可能的取向：一种与外磁场平行，这时氢核的能量较低，以磁量子数 $m=+1/2$ 来表征；另一种与外磁场逆平行，这时氢核的能量稍高，以 $m=-1/2$ 来表征，如图 15-2 上方所示。在低能态（或高能态）的氢核中，如果有些氢核的磁场与外磁场不完全平行，外磁场就有使氢核的磁场与外磁场的方向平行的趋势。换句话说，当具有磁矩的核置于外磁场中，它在外磁场的作用下，核自旋产生的磁场将与外磁场发生相互作用。因此，原子核的运动状态除了自旋外，还要附加一个以外磁场方向为轴线的回旋，它一面自旋，一面围绕着磁场方向发生回旋，这种回旋运动称之为进动（precession）或者拉摩尔进动（Larmor precession）。拉摩尔进动类似于陀螺的运动，陀螺旋转时，若陀螺的旋转轴与重力的作用方向有偏差，陀螺将产生摇摆运动，氢核也是如此。进动时有一定的频率，把该频率称为拉摩尔频率。若用 ω_0 表示自旋核的角速度，ν_0 表示进动频率（拉摩尔频率），则外加磁场的磁通密度 B_0 与它们之间的关系可用拉摩尔公式表示：

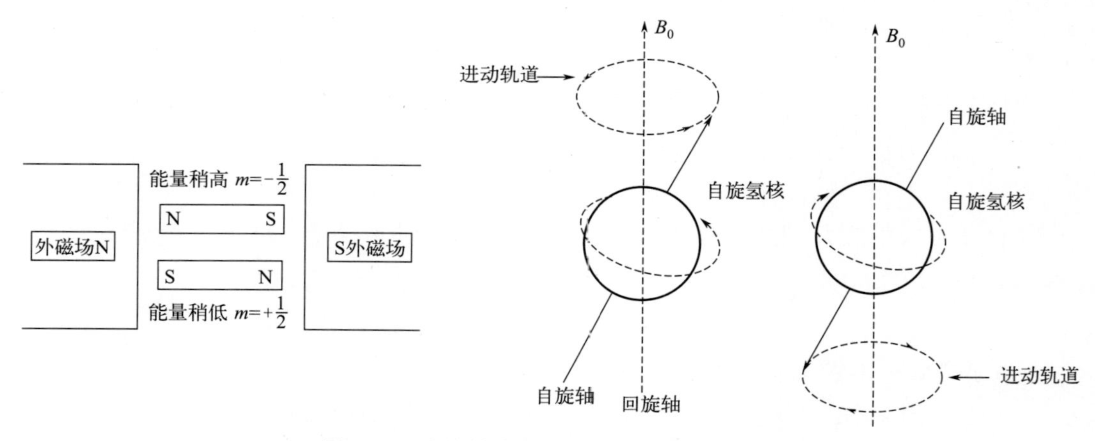

图 15-2　自旋核在外磁场中的两种取向示意

$$\omega_0 = 2\pi\nu_0 = \gamma B_0 \tag{15-7}$$

式中，γ表示各种核的特征常数，称磁旋比（magnetogyric ratio），有时也可称为旋磁比（gyromagnetic ratio），各种核都有它的固定值。

图 15-2 表示了自旋核（氢核）在外磁场中的两种不同的取向，图中斜箭头表示氢核自旋轴的取向。在这种情况下，当氢核的取向为 $m = -1/2$ 时，取向与外磁场方向相反，能量比氢核的取向为 $m = +1/2$ 时高。根据能量越高越不稳定、能量越低越稳定的原理，显然，氢核在磁场中更倾向于取向为 $m = +1/2$ 的低能态。这两种进动取向不同的氢核，其能量差$\Delta E = \mu B_0/I$。由于氢核的自旋量子数 $I = 1/2$，可知 $\Delta E = 2\mu B_0$，μ为自旋核产生的磁矩。

在外加磁场作用下，自旋核能级的裂分可用图 15-3 表示。由该图可知，当磁场不存在时，自旋量子数 $I = 1/2$ 的原子核对两种可能的磁量子数并不优先选择任何一个，此时具有简并的能级；若置于外加磁场中，则能级发生裂分，其能量差与核磁矩μ有关（由核的性质决定），也和外磁场磁通密度有关[式（15-5）]。因此在磁场中，自旋核要从低能态向高能态跃迁，就必须吸收 $2\mu B_0$ 的能量。换言之，核吸收 $2\mu B_0$ 的能量后，便产生共振，此时核由 $m = +1/2$ 的取向跃迁至 $m = -1/2$ 的取向，即当氢核吸收了射频能量，核磁矩的取向发生了逆转，从低能级跃迁到高能级。所以，与吸收光谱相似，为了产生共振，可以用具有一定能量的电磁波照射自旋核。

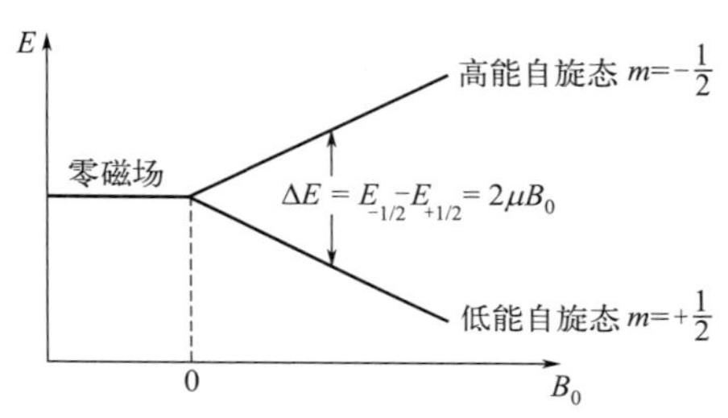

图 15-3　在外磁场作用下核自旋能级的裂分示意图

当电磁波的能量符合下式时：

$$\Delta E = 2\mu B_0 = h\nu_0 \tag{15-8}$$

进动核便与辐射光子相互作用（产生共振），体系吸收外界能量，自旋核由低能态跃迁至高能态。式（15-8）中 ν_0 =光子频率=进动频率。在核磁共振中，此频率相当于射频范围。如果在与外磁场垂直方向放置一个射频振荡线圈，产生射电频率的电磁波，使之照射原子核，当磁通密度为某一数值时，核进动频率与振荡器所产生的旋转磁场频率相等，原子核将与电磁波产生共振，吸收电磁波的能量跃迁至较高能态（$m = -1/2$），如图 15-4 所示。

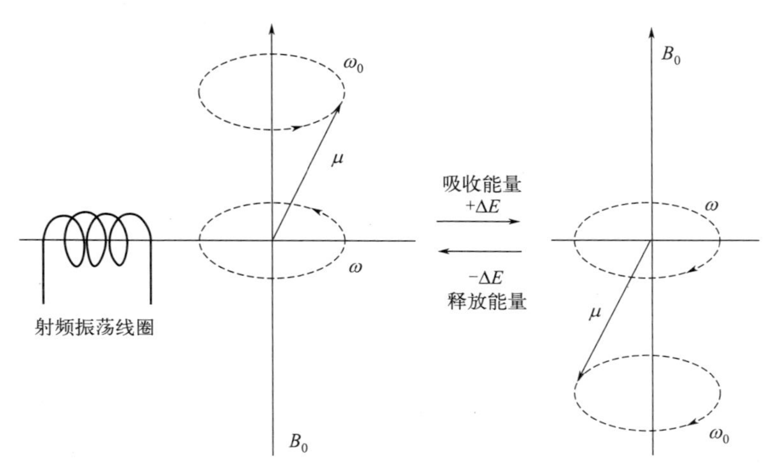

图 15-4　在外加磁场中电磁辐射（射频）与进动核的相互作用

现在已经了解了核磁共振的原理，接下来讨论核磁共振的条件。将式（15-7）改写可得：

$$\nu_0 = \frac{\gamma B_0}{2\pi} \tag{15-9}$$

式（15-7）或式（15-9）就是发生核磁共振时的条件，由上式可知发生共振时射电频率的ν_0与磁通密度B_0之间的关系。通过此式还可以说明以下两点：

① 对于不同的原子核，其γ（磁旋比）是不同的，可知发生共振的条件也不同，发生共振时ν_0和B_0的相对值不同。表15-2列举了几个不同的磁性核的磁旋比和它们发生共振时ν_0和B_0的相对值。即使在相同的磁场中，不同原子核发生共振时的频率也是各不相同，正因如此，可以通过核磁共振的方法鉴别各种元素及其同位素。例如，已知D_2O和H_2O的化学性质是十分相似的，但两者的核磁共振频率却相差极大，因此可以用核磁共振的方法测定重水中的H_2O含量。可见，核磁共振法是一种十分敏感而准确的方法。

表15-2　几种磁性核的磁旋比及共振时ν_0和B_0的相对值

同位素	γ（ω_0/B_0）/（10^8 rad・Hz・T^{-1}）	ν_0/MHz	
		B_0 = 1.409 T	B_0 = 2.350 T
^1H	2.68	60.0	100
^2H	0.411	9.21	15.4
^{13}C	0.675	15.1	25.2
^{19}F	2.52	56.4	94.2
^{31}P	1.086	24.3	40.5
^{203}Tl	1.528	32.2	57.1

② 对于同一种核，γ值一定。当外加磁场B_0一定时，共振频率ν_0也一定；当B_0改变时，ν_0也随之改变。例如氢核在1.409 T的磁场中，共振频率为60 MHz，而在2.350 T时，共振频率为100 MHz。

以前者为例，已知^1H的磁矩$\mu = 2.793\mu_N$，$\mu_N = 5.05\times10^{-27}$ J・T^{-1}，h（普朗克常量）= 6.63×10^{-34} J・s。根据式（15-8）可得：

$$\nu_0 = \frac{2\mu B_0}{h}$$

因此氢核在1.409 T的磁场中，应吸收电磁波的频率可计算如下：

$$\nu_0 = \frac{2\times2.793\times5.05\times10^{-27}\,\mathrm{J\cdot T^{-1}}\times1.409\mathrm{T}}{6.63\times10^{-34}\,\mathrm{J\cdot s}} \approx 60\times10^6\,\mathrm{s^{-1}} = 60\ \mathrm{MHz}$$

三、弛豫的类型以及核磁共振现象的运用

前已述及，当磁场不存在时，$I = 1/2$的原子核对两种可能的磁量子数并不优先选择任何一个。在一大群$I = 1/2$的原子核中，$m = +1/2$及$m = -1/2$的原子核数目完全相等，即两种取向的概率是一样的。而在磁场中，原子核取向为$m = +1/2$的能量较低，原子核也倾向于

$m=+1/2$ 的取向，此种核的进动是在磁场中定向有序排列的，和指南针在地球磁场内定向排列的情况相似。所以，在磁场的存在下，$m=+1/2$ 比 $m=-1/2$ 的能态更为有利，然而核处于 $m=+1/2$ 的取向时，又可被热运动所破坏。根据玻尔兹曼分布定律，可以计算，在室温（300 K）及磁通密度为 1.409 T 的磁场中，处于低能态的核仅比高能态的核稍多一些，约多百万分之一：

$$\frac{N_{(+1/2)}}{N_{(-1/2)}}=e^{\Delta E/kT}=e^{\gamma hB_0/2\pi kT}=1.0000099$$

虽然说两者之间数量上的差别如此之小，但核磁共振就是由这部分稍微过量的低能态的原子核吸收射频能量产生共振信号的。对于每一个原子核来讲，由低能态跃迁到高能态或由高能态跃迁到低能态，两种情况的发生概率是相同的，但由于低能态的原子核数略高，所以仍有净吸收信号。然而，在射频电磁波的照射下（尤其在强照射下），这种跃迁会一直继续下去，而高能态的原子核没有其他途径回到低能态，其结果就使在数量上有微弱优势的低能态氢原子核趋于消失，导致能量的净吸收逐渐减少，共振吸收峰渐渐降低，甚至消失，使吸收无法测量，这时就发生了“饱和”现象。因此，若高能态的原子核能够及时回复到较低能态，就可以保持稳定信号。由于核磁共振中氢核发生共振时吸收的能量ΔE 是很小的，因而跃迁到高能态的氢核不可能通过发射谱线的形式失去能量而返回到低能态（即无法像发射光谱那样以发射谱线的形式释放能量），但它们却可以另一种方式失去能量，这种由高能态回复到低能态，由不平衡状态恢复到平衡状态而不发射原来所吸收的能量的过程称为弛豫（relaxation）过程。

目前这种不发射原来所吸收的能量的方式有两种，即弛豫过程有两种——自旋-晶格弛豫（spin-lattice relaxation）和自旋-自旋弛豫（spin-spin relaxation）。接下来详细介绍这两种弛豫过程。

1. 自旋-晶格弛豫

既然不是以发射电磁波的形式释放能量，那就有可能是能量转移到别处去了。处于高能态的氢核，把能量转移给周围的分子（固体为晶格，液体则为周围的溶剂分子或同类分子），产成热运动，能量转移走了，氢核也就回到了低能态。这样，对于全体的氢核而言，总的能量是下降了，故又称纵向弛豫（longitudinal relaxation）。

但是，这里的能量转移又不像分子之间能量转移那么简单。由于原子核外围有电子云包围着，因而氢核能量的转移不可能和分子一样由热运动的碰撞来实现。自旋-晶格弛豫的能量交换可以描述如下：当一群氢核处于外磁场中时，每个氢核不但受到外磁场的作用，也受到其余氢核所产生的局部场的作用。局部场的强度及方向取决于核磁矩、核间距及相对于外磁场的取向。在液体中分子快速运动，各个氢核对外磁场的取向一直在变动，于是就引起局部场的快速波动，即产生波动场。如果某个氢核的进动频率与某个波动场的频率刚好相符，则这个自旋的氢核就会与波动场发生能量弛豫，即高能态的自旋核把能量转移给波动场变成动能，这就是自旋-晶格弛豫的详细过程。

这样，在一群核的自旋体系中，经过共振吸收能量以后，处于高能态的核增多，不同能态原子核的相对数目就不符合玻尔兹曼分布定律。通过自旋-晶格弛豫，高能态的自旋核渐渐减少，低能态的渐渐增多，直到符合玻尔兹曼分布定律（平衡态）。自旋-晶格弛豫时间以

T_1 表示，气体、液体的 T_1 约为一秒，固体和高黏度的液体 T_1 较大，有的甚至可达数小时。

2. 自旋-自旋弛豫

两个进动频率相同、进动取向不同的磁性核，即两个能态不同的相同核，在一定距离内时，它们会互相交换能量，改变进动方向，这就是自旋-自旋弛豫。通过自旋-自旋弛豫，磁性核的总能量未变，因而又称横向弛豫（transverse relaxation）。

自旋-自旋弛豫时间以 T_2 表示，一般气体、液体的 T_2 也是一秒左右。固体及高黏度试样中由于各个核的相互位置比较固定，有利于相互间能量的转移，故 T_2 极小，约十万分之一至百万分之一秒。弛豫时间决定了原子核在高能级上的平均寿命，根据海森堡测不准原理，它将影响 NMR 吸收峰（谱线）的宽度，且弛豫时间越短，谱线越宽。由于在固体中 T_2 极小，各个磁性核在单位时间内迅速往返于高能态与低能态之间，虽然前面提到高能态的原子核能够及时回复到较低能态就可以保持稳定信号，但回复太快的结果是使共振吸收峰的宽度增大，分辨率降低，不利于解读图谱，因此在核磁共振分析中固体试样宜先配成溶液后进行表征。

第三节　核磁共振波谱仪

一、核磁共振波谱仪的基本结构

经过上述核磁共振基本原理的介绍，接下来了解一下核磁共振波谱仪的结构。核磁共振波谱仪主要由磁体、射频（RF）发射器、射频接收器、探头等器件组成，简图如图 15-5 所示。

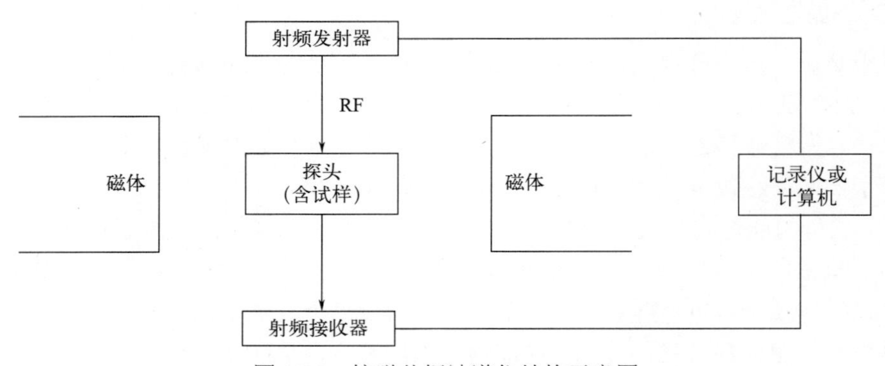

图 15-5　核磁共振波谱仪结构示意图

接下来详细介绍各个器件的基本结构及作用。

（1）磁体　磁体是必不可少的，可以是永久磁铁，也可以是电磁铁或超导磁体，但相比之下，永久磁铁稳定性最好。不管哪一个，都是为了提供强且稳定的外加磁场，且让磁场的范围足够大且十分均匀。当磁通密度为 1.409 T 时，其不均匀性应小于六千万分之一。如果是永久磁体，这个要求很高，即使细心加工也极难达到。为了弥补工艺上的不足，在磁铁上备有特殊的绕组，以抵消磁场的不均匀性，同时磁铁上还备有扫描线圈，可以连续改变磁通密度的百万分之十几。这样，可实现在射频振荡器的频率固定的同时，改变磁通密度，进行扫描。

另外，永久磁铁和电磁铁获得的磁场所能达到的磁通密度有限，一般不能超过 2.4 T，这相当于氢核的共振频率为 100 MHz，即最多只能用于制作 100 MHz 的波谱仪。为了得到更高的分辨率，开始使用超导磁体提供磁场，此时可获得高达 10～17.5 T 的磁场，其相应的氢核共振频率为 400～750 MHz。目前已能制造共振频率高达 1000 MHz 的核磁共振仪，技术的革新大大提高了仪器的分辨率。当下最常见的超导磁体是应用银-钛或银-锡合金导线绕成空心螺旋管线圈，见图 15-6（a），将其置于超低温的液氦杜瓦瓶中，安装时用大电流一次性励磁。在接近热力学零度的温度时，螺管线圈内阻几乎为零而成为超导体，消耗的电功也接近零。将线圈闭合（称为升场），超导电流仍保持循环流动，形成永久磁场。为减少液氦损失，须使用双层杜瓦瓶，在外层放置液氮以保持低温。如果按要求补充液氦和液氮，维持其超导状态，磁场将长年保持不变。由于运行时液氦和液氮有所消耗，需要及时补充，导致日常维持费用较高。如非必要，使用永久磁铁和电磁铁也可满足核磁共振波谱分析的要求。

（2）射频（RF）发射器　该部件主要作用是用来产生一个与外磁场磁通密度相匹配的射频区电磁波，提供的能量使磁核从低能级跃迁至高能级。由于不同的磁核有不同的旋磁比而有不同的共振频率，因此，当用同一台仪器测定不同的核时，就需要有不同频率的射频发射器。射频发射器产生基频，经倍频、调谐及功率放大后，馈入射频发射线圈中。随着数字技术的不断发展，多数核磁共振波谱仪都采用了高度集成的射频脉冲发生器，以实现不同频率的射频场脉冲照射。例如，从一个很稳定的晶体控制的振荡器发生 60 MHz（对于 1.409 T 磁场）或 100 MHz（对于 2.350 T 磁场）的电磁波以进行氢核的核磁共振测定，测定其它的核，如 ^{9}F、^{13}C、^{11}B 时，则使用其它频率的振荡器。一般把磁场固定改变频率以进行扫描的称扫频，扫场反之，但一般以扫场较方便，扫频应用较少。

（3）射频（RF）接收器　已如前述，当振荡器发生的电磁波的频率 ν_0 和磁通密度 B_0 达到特定的组合时，放置在磁场和射频线圈中间的试样中的氢核就要发生共振而吸收能量，这个能量的吸收情况为射频接收器所检出，再通过放大后记录下来。所以核磁共振波谱仪测量的是共振吸收。可见，射频（RF）发射器和射频（RF）接收器是核磁共振波谱仪的主要组成部分，计算机将射频（RF）接收器检测到的信号以图像的形式呈现即为人们看到的波谱图。

（4）探头　探头一般由样品管（试样管）座、发射线圈、接收线圈、预放大器和变温元件等构成。磁场方向、射频线圈轴和接受线圈轴三者相互垂直，其中发射线圈和接受线圈分别与射频发生器和射频接收器相连。分析试样配成溶液后装在玻璃管中密封好，插在射频线圈中间的试管插座内，同时试样管座还连接着压缩空气管，压缩空气使得插座和试样不断旋转（频率一般为 20～40 Hz），以消除任何不均匀性。探头的基本结构见图 15-6（b）。

除以上部件之外，核磁共振波谱仪一般还配有以下装置：

积分仪——能自动画出积分线，以指出各组共振吸收峰的面积。

去耦仪——可进行双照射，以简化图谱，方便解析。

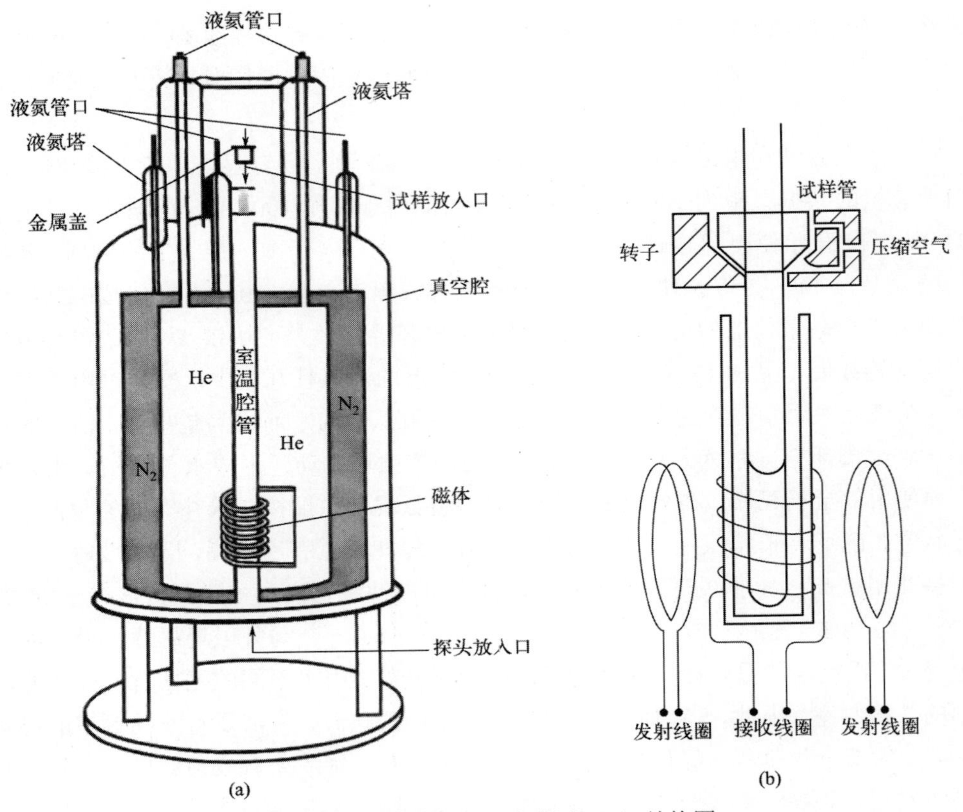

图 15-6　超导磁体（a）和探头（b）结构图

温度可变装置——黏稠的试液可在较高的温度下分析，使试液流动性较好，否则黏稠的试样会使共振吸收峰变宽，影响分辨率。

信号累计平均仪——核磁共振波谱分析的缺点是灵敏度较低，试样要求量较多（例如数毫克至数十毫克），试液要求较浓（例如 0.1～0.5 mol/L）。为了克服这个困难，可用信号累计平均仪，对于极稀的试液，可以重复扫描，累加所得信号，提高灵敏度和信噪比。

总之，一套核磁共振波谱仪包含有计算机控制系统及数据采集、转换、处理等系统，这样，使得核磁共振波谱分析变得自动化、智能化、高效化。

二、核磁共振波谱仪的种类

目前，已有非常多种类型的核磁共振波谱仪，现在简要介绍几种常见的类型。上述的核磁共振波谱仪中射频线圈和射频接收线圈是分开的，因此叫做双线圈核磁共振波谱仪。若将射频线圈和射频接收线圈合并为一个，并把它接入惠斯通电桥的一臂，射频振荡器的频率固定不变，改变磁通密度进行扫场，不发生共振吸收时，电桥处于平衡状态，而当发生共振吸收时，射频强度发生改变，引起电桥不平衡，产生信号，经放大后记录下来，这样的核磁共振波谱仪称为单线圈核磁共振波谱仪。

为了满足发生核磁共振的条件，所采用的扫场（固定电磁波频率 ν_0）或扫频（固定磁通

密度 B_0）为连续扫描方式，因此称为连续波核磁共振波谱仪（continuous wave NMR，CW-NMR）。它连续变化一个参数（如 B_0），使不同基团的原子核依次满足共振条件而获得核磁谱图，在某一瞬间只有一种原子核处于共振状态，其它核则处于"等待"状态。为记录无畸变的核磁谱，扫描速度必须很慢（如扫描一张氢谱的时间一般为 250 s）。此外，CW-NMR 的灵敏度很低，对于低浓度或小量试样须采用累加的方法以增强信号。信号强度 S 与累加次数 n 成正比，但噪声 N 也将随之而增加，信噪比 S/N 与 $\sqrt{n}$ 成正比，因此若使 S/N 提高 10 倍就需要累加 100 次，即 25000 s（约 7 h），进一步提高还需更长时间，这不仅耗时，且 CW-NMR 也难以保证信号长期不漂移。目前已经基本淘汰。

20 世纪 70 年代发展的新一代仪器——脉冲傅里叶变换核磁共振波谱仪（pulse and Fourier transform NMR，PFT-NMR）解决了这一难题。在 PFT 技术中，采用了恒定磁场，在整个频率范围内施加具有一定能量的强而短的脉冲，使射频场中包括所有各种氢核（对于氢谱）的共振频率，这样在给定的谱宽范围内所有的氢核都被激发而跃迁，从低能态跃迁到高能态，然后弛豫逐步恢复玻尔兹曼平衡。此时在感应线圈中可接收到一个随时间衰减的信号，称为自由感应衰减信号（free induction decay，FID），在 FID 信号中包含了各个激发核的时间域上的波谱信号，经快速傅里叶变换后以得到频域上的谱图，即常见的 NMR 谱，如图 15-7 所示。与 CW-NMR 相比，PFT-NMR 使检测灵敏度大为提高，对氢谱而言，试样也由几十毫克降低至 1 毫克，甚至更低；这样，测量时间大为降低，对试样的累加测量大为有利。这对碳谱（^{13}C）等的测量是十分重要的（见本章第八节），PFT-NMR 已成为当前主要的 NMR 波谱仪器，在物质结构的测定中得到了广泛的运用。

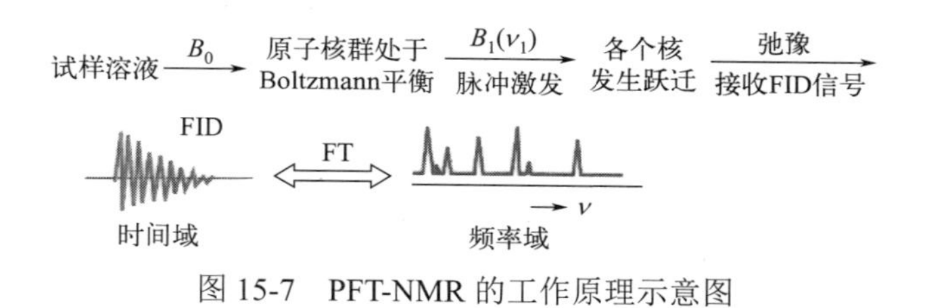

图 15-7　PFT-NMR 的工作原理示意图

第四节　化学位移和核磁共振谱图

一、低分辨核磁共振仪

由前几节可知，共振时的条件是 $\nu_0 = \dfrac{\gamma B_0}{2\pi}$，不同的原子核，由于 γ 不同，发生共振时 ν_0 和 B_0 的相对值不同。若把 B_0 固定，改变射频频率（称之为扫频），则不同的原子核在不同的频率时发生共振，进而实现物质的定性鉴定。同样，如果把频率 ν_0 固定，如固定为 5 MHz，改变 B_0（称之为扫场），则不同的原子核将在不同 B_0 时发生共振，也可实现物质的定性鉴定。无论是固定扫频还是扫场，均可以进行物质的定性测定。例如，在玻璃试管中放置蒸馏水，插入核磁共振波谱仪的试样插座中，可测得水、玻璃和射频线圈铜丝中的各个组分在不同的磁通密度时发生的共振谱，如图 15-8 所示。由此可见，对于无机化合物的定性鉴定，不需要较高的 B_0 和 ν_0，对仪器的分辨率要求也不高。因此，核磁共振波谱方法在鉴定各种元素中具有很大的应用价值。但实际中却由于仪器较昂贵，它的应用受到了很大的限制。

另外，应用上述低分辨核磁共振波谱仪，每种原子核只出一个共振峰。如果应用高分辨核磁共振波谱仪（一般常用 60 MHz、100 MHz，也有用 200～600 MHz 的，目前 400 MHz 和 600 MHz 居多)，可以发现有机物中氢核的共振谱线有许多条，而且存在许多精细结构。科学家们对这些谱线及其精细结构进行了深入研究，发现它和氢核所处的化学环境密切相关，该现象使得核磁共振波谱成为研究有机物分子结构的重要手段。以下数节均围绕有机物分子中氢核（质子）核磁共振波谱的产生原因展开讨论。

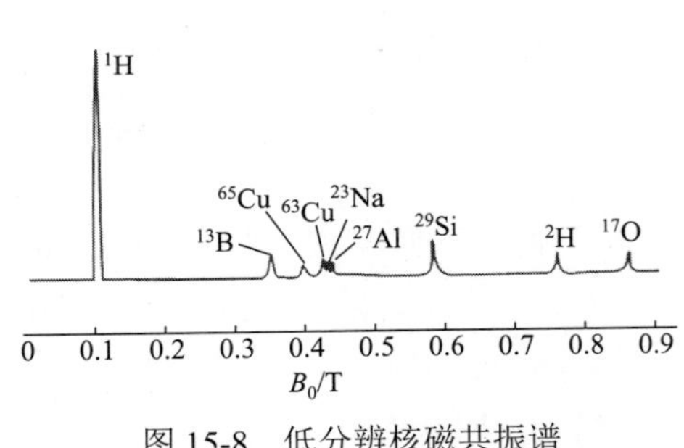

图 15-8　低分辨核磁共振谱

化学位移的产生

二、化学位移的产生

上面的讨论都基于一个前提——假定所研究的氢核为一裸露的核且受到磁场的全部作用，当频率 ν_0 和磁通密度 B_0 符合式（15-9）时，试样中的氢核发生共振，产生一个单一的峰。然而实际上并不是这样，因每个原子核都被不断运动着的电子云所包围，氢核并不是一个裸露的原子核且磁场也不可能完全作用于原子核。当氢核处于磁场中时，在外加磁场的作用下，电子的运动产生感应磁场，且其方向与外加磁场相反，因而外围电子云对外加磁场产生对抗的作用，将这种对抗磁场的作用称为屏蔽作用（shielding effect）。由于核外电子云的屏蔽作用，原子核实际受到的磁场作用将减小，若要使氢核发生共振，则必须增加外加磁场的磁通密度以抵消电子云的屏蔽作用。如图 15-9 中，a 是赤裸裸的核（实际不存在），共振时外加磁场的磁通密度为 B_1；b 是被屏蔽的核，共振时外加磁场的磁通密度为 B_2，$B_2 > B_1$，核外电子对核的屏蔽作用用屏蔽常数（shielding constant）σ来表示：

$$B = B_0 - B_0\sigma = B_0(1-\sigma) \tag{15-10}$$

式中，B 为原子核实际受到的磁通密度。

由图 15-9 可知，屏蔽常数的数值由核外电子云密度决定。屏蔽作用的大小也与核外电子云密度密切相关，电子云密度愈大，屏蔽作用也愈大，共振时所需的外加磁场磁通密度也愈强。而电子云密度又和氢核所处的化学环境有关，尤其受与之相邻的基团是推电子基团还是吸电子基团等因素影响。在核磁共振中，把原子核由屏蔽作用引起的磁通密度移动现象称为化学位移（chemical shift）。且由上述分析可知，化学位移的大小与氢核所处的化学环境密切相关，因此，就有可能通过化学位移的大小来考虑氢核所处的化学环境，进而推断有机物分子结构的相关情况。

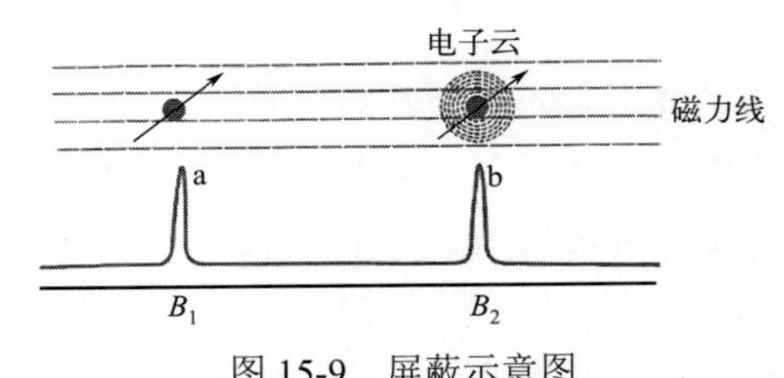

图 15-9　屏蔽示意图

一般用δ来表示化学位移。

三、化学位移大小的表示方法

已如前述，扫频或扫场均可对物质结构进行定性鉴定。化学位移δ在扫场时使用磁场强度的改变量来表示；在扫频时使用频率的改变量来表示。由于不可能用一个赤裸裸的氢核来进行核磁共振测定，即图 15-9 中 a 的情况根本不存在，因此化学位移没有一个绝对标准。那么，就必须人为设定一个标准，一般采用四甲基硅烷[tetramethyl silane，$Si(CH_3)_4$，TMS]作内标，即在试样中加入少许 TMS，以 TMS 中氢核共振时的磁通密度作为标准，人为地将其δ定为 0。以 TMS 为标准，主要出于下列几个因素：

① TMS 中的 12 个氢核处于完全相同的化学环境中，它们的共振条件完全一样，因此只有一个尖峰，非常适合作为内标物质；

② 它们原子核外围的电子云密度和一般有机物相比是最密的，因此这些氢原子核受到的屏蔽作用最为强烈，共振时需要的外加磁场磁通密度也是最强的，δ的数值最大，不会和其它化合物的峰重叠，利于辨别和定位；

③ TMS 是化学惰性物质，不会和试样反应，不干扰检测；

④ 易溶于有机溶剂，且沸点低（27℃），因此回收试样较容易。

需要注意的是，TMS 并不是所有场景都适用。TMS 沸点低，因而在较高温度测定时可使用较不易挥发的六甲基二硅醚[HMDS，$(CH_3)_3SiOSi(CH_3)_3$，$\delta=0.055$]；此外，TMS 不溶于水，故水溶液中可改用 3-三甲基硅丙烷磺酸钠（DSS，$(CH_3)_3Si(CH_2)_3SO_3Na$，$\delta=0.015$）作为内标物。以上三种物质几乎覆盖了所有物质的检测。

已如前述，TMS 共振时的磁通密度 B 最高，现在人为地把它的化学位移定为零作为标准，而 TMS 与其它有机物相比δ又是最大的，因而一般有机物中氢核的δ都是负值。为了方便起见，负号都不加，且作以下规定：凡是δ值较大的氢核，就称为低场，位于谱图中的左边，凡是δ值较小的氢核，就称为高场，位于谱图的右边，显然，TMS 峰位于谱图的最右边。这样，就可以根据低场、高场大致判断有机物属于哪一类了。

由此可见，δ一般使用相对值来表示，且量纲是 1。又因氢核的δ值数量级很小，为百万分之几到百万分之十几，因此表示的时候常在相对值上乘以 10^6，即：

$$\delta=\frac{B_{TMS}-B_{试样}}{B_{TMS}}\times10^6\approx\frac{\nu_{试样}-\nu_{TMS}}{\nu_{TMS}}\times10^6 \qquad (15\text{-}11)$$

由于现在的核磁仪器主要是 PFT-NMR，谱的横坐标是频率，且式（15-11）右端分子相对分母小几个数量级，ν_{TMS} 也很接近仪器的公称频率ν_0，故式（15-11）可写作：

$$\delta\approx\frac{\nu_{试样}-\nu_{TMS}}{\nu_{TMS}}\times10^6 \qquad (15\text{-}12)$$

现举例说明核磁共振谱图中如何使用δ的相对值来表示化学位移。

图 15-10 为 CH_3CH_2I 的核磁共振谱图。最右端$\delta=0$ 处为 TMS 中的质子的共振吸收峰；$\delta=1.6\sim2.0$ 处的三重峰为—CH_3 中的质子峰，$\delta=3.0\sim3.5$ 处的四重峰为—CH_2I 中的质子峰

（至于为什么是三重峰或四重峰，下面会进行详细讨论）。δ= 7.2～7.4 处的小峰是溶剂 $CDCl_3$（氘代氯仿）中未氘化完全的氯仿的残留的质子峰。在核磁共振分析中，由于不能用含有氢的溶剂——否则有很大的溶剂的质子信号，只能用 CCl_4、$CDCl_3$、D_2S、CS_2、D_2O、CD_3OD 等溶剂，且试剂不纯将出现上述的小峰。

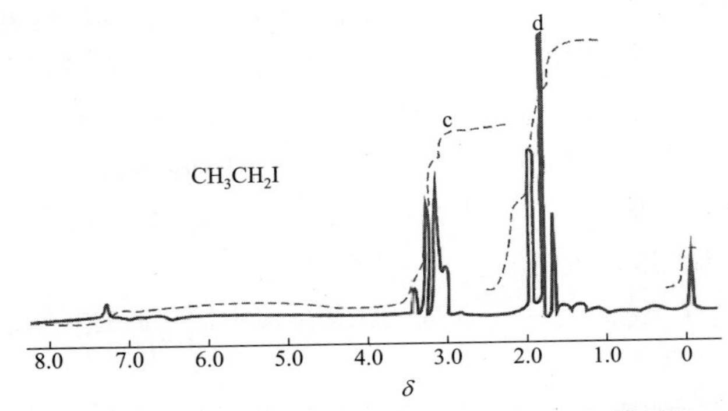

图 15-10　$CDCl_3$ 溶液中 CH_3CH_2I 的氢核磁共振谱

δ采用相对值来表示化学位移，故它与所用仪器的磁通密度无关。科学家们已经测定了常见的各种基团中质子的化学位移范围，具体见表 15-3，方便人们日常进行核磁共振波谱分析。

图中τ是化学位移的另一种表示方法。该方法将 TMS 的化学位移定为 10，此时

$$\tau = 10 - \delta \tag{15-13}$$

这样，绝大多数试样的化学位移都成为较小的正值。τ值小，屏蔽效应小，共振峰位于低场。但此表示方法不常用，常用的依旧是将 TMS 的化学位移定为 0，其余物质取相对值。不管是何种方法均适用于物质结构的定性鉴定。

四、影响化学位移的因素

已经了解什么是化学位移，接下来讨论影响化学位移的因素。首先，化学位移是由核外电子云密度决定的，因此影响电子云密度的各种因素都将影响化学位移。其中包括与质子相邻元素或基团的电负性、磁各向异性效应、范德华效应及氢键作用等。下面通过电负性及磁各向异性效应等来说明影响化学位移的因素。

（1）电负性　前面的内容提到，质子由电子云包围，在外部磁场中，核周围的电子在对外部磁场垂直的平面上产生电子的诱导环流，于是产生了与外部磁场方向相反的感应磁场（图 15-9）。电子的循环（环流）产生了屏蔽效应（图 15-11），且这个屏蔽效应显然与质子周围的电子云密度有关。影响电子云密度的一个非常重要的因素就是与质子连接的原子的电负性，电负性越强，质子周围的电子云密度就越弱，进而导致质子信号在较低的磁场出现。这可用图 15-8 为例说明。图中—CH_3 的质子，δ= 1.6～2.0，高场；—CH_2I 的质子，δ = 3.0～3.5，较低场。这是由于 I（碘）具有一定的电负性，电子向 I 移动，使质子外围的电子云密度减小，电子云的屏蔽效应就比较小，因此—CH_2I 的质子信号出现在较低场。又如将 O—H 键与 C—H 键相比较，由于氧原子的电负性比碳原子大，因此 O—H 的质子周围电子云密度比 C—H 键上的质子要小，因此 O—H 键上的质子峰在较低场。

表 15-3　各种不同基团在不同化学环境中质子的化学位移

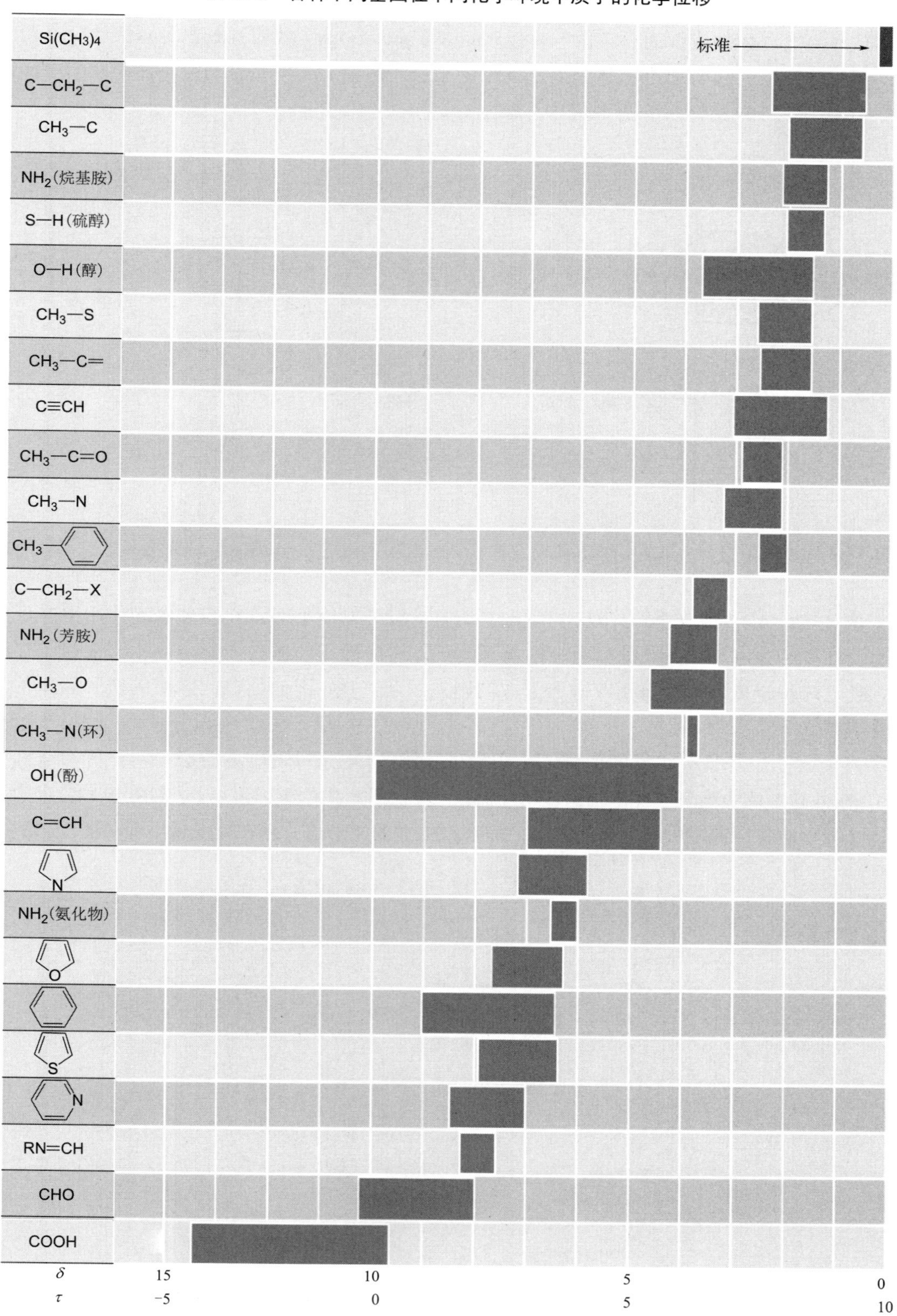

（2）磁各向异性效应　在分子中，质子与某一官能团的空间关系，有时也会影响质子的化学位移，把这种效应称为磁各向异性（magnetic anisotropy）效应。磁各向异性效应是通过空间而起作用的，它与通过化学键而起作用的效应（例如上述电负性对 C—H 键及 O—H 键的作用）是不一样的，在分析过程中注意区分。

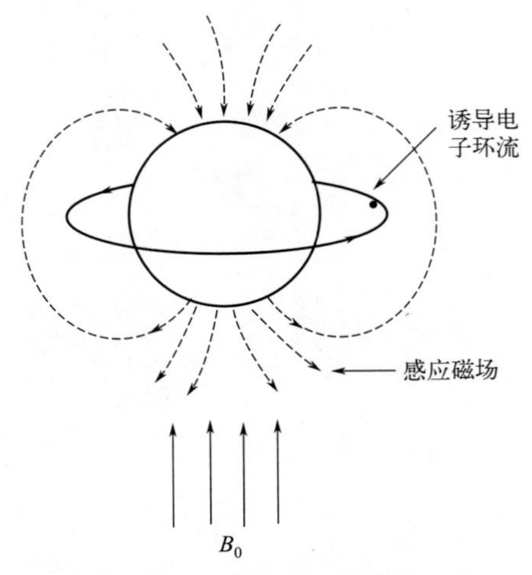

图 15-11　电子对质子的屏蔽作用

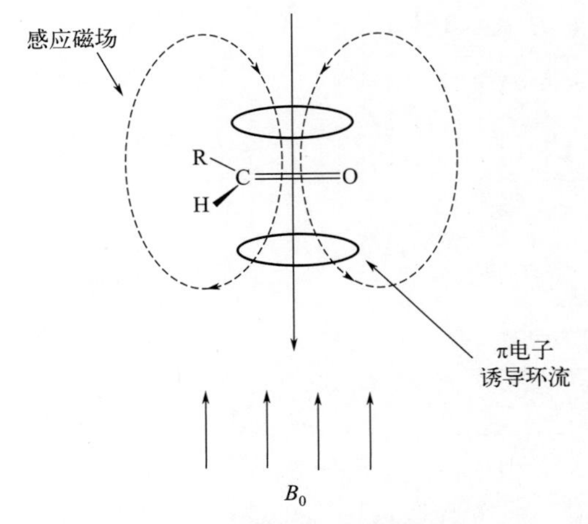

图 15-12　双键质子的去屏蔽

例如，C═C 或 C═O 双键中的π电子云垂直于双键平面，它在外磁场作用下产生环流。由图 15-12 可见，在双键平面上的质子周围，感应磁场的方向与外磁场相同而产生去屏蔽，吸收峰位于低场。然而在双键上下方向则是屏蔽区域，因而处在此区域的质子共振信号将在高场出现。

然而，乙炔基具有相反的效应。由于碳碳三键的π电子以键轴为中心呈对称分布（圆柱体），在外磁场诱导下形成绕键轴的电子环流。此环流所产生的感应磁场，使处在键轴方向上下的质子受屏蔽，因此吸收峰位于较高场，而在键上方的质子信号则在较低场出现（图 15-13）。

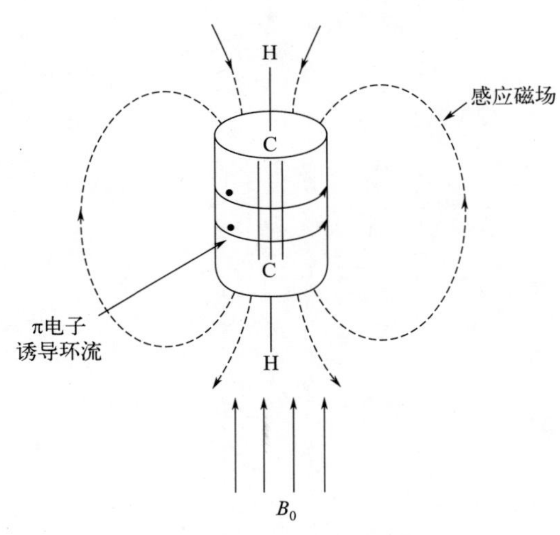

图 15-13　乙炔质子的屏蔽作用

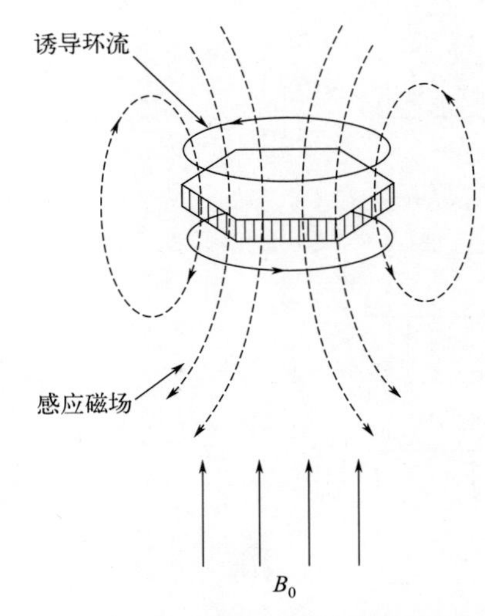

图 15-14　芳环中由π电子诱导环流产生的磁场

如果是芳环，情况则有些不一样。芳环有三个共轭双键，它的电子云可看作是上下两个面包圈似的π电子环流，环流半径与芳环半径相同，如图 15-14 所示。在芳环中心是屏蔽区，而四周则是去屏蔽区。因此芳环质子共振吸收峰位于显著低场（δ在 7 左右）。

由上述可见，磁各向异性效应对化学位移的影响，可以是反磁屏蔽（感应磁场与外磁场反方向），也可能是顺磁屏蔽（去屏蔽）。它们使化学位移变化的方向可用图 15-15 表示。

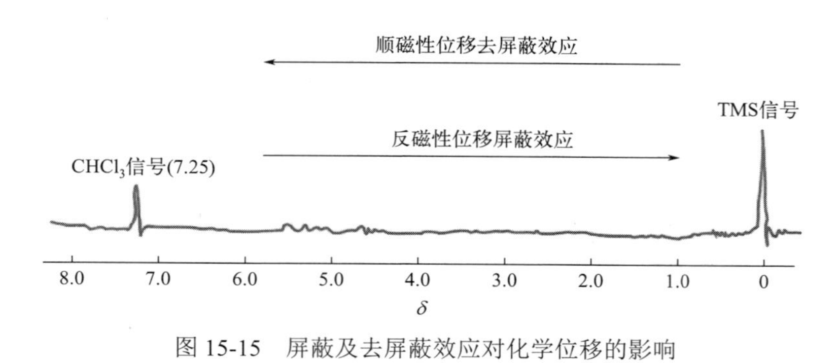

图 15-15　屏蔽及去屏蔽效应对化学位移的影响

（3）范德华效应　当两个原子相互靠近时，由于受范德华力作用，电子云相互排斥，导致原子核周围的电子云密度降低，屏蔽减小，谱线向低场移动，这种效应称为范德华效应。这种效应与相互影响的两个原子之间的距离有关。当两个原子相隔 0.17 nm（即范德华半径之和）时，该作用对化学位移的影响约为 0.5，距离为 0.20 nm 时影响约为 0.2，当原子间距离大于 0.25 nm 时，可不再考虑。范德华力的影响总体上不如前两者大。

（4）氢键作用　氢键的形成会降低核外电子云密度，所以形成氢键的质子的共振信号将移向低场，化学位移变大。并不是每个物质都有氢键，有氢键的物质其数量不一定多，因此氢键的影响不算大。

除了上述 4 种影响因素之外，溶剂、温度以及 pH 值都对化学位移产生影响，但分析影响因素的时候主要考虑上述 4 种，其余的一般可忽略。

虽然影响质子化学位移的因素较多，但化学位移和这些因素之间存在着一定的规律性，而且在每一系列给定的条件下，化学位移数值可以重复出现，因此根据化学位移来推测质子的化学环境是很有价值的。现在某些基团或化合物（如次甲基、烯氢、取代苯、稠环芳烃等）的质子化学位移δ_H可用经验式予以估算，这些经验式是根据取代基对化学位移的影响具有加和性的原理并结合大量实验数据归纳总结而来，在一定程度上具有实用价值。具体情况可查阅本章末所列的参考文献自行了解。

五、积分曲线

由图 15-10 可以看到由左到右呈阶梯形的曲线（图中以虚线表示），称之为积分线。它是将各组共振峰的面积加以积分而得。积分线的高度代表了积分值的大小。由于谱图上共振峰的面积是和质子的数目成正比的，因此只要将峰面积加以比较，就能确定各组质子的数目，积分线的各阶梯高度代表了各组峰面积。根据积分线的高度可计算出各组峰相对应的质子峰，如图 15-10 中 c 组峰积分线高 24 mm，d 组峰积分线高 36 mm，故可知 c 组峰为两个质子，是—CH_2I；而 d 组峰为三个质子，是—CH_3。这些都是计算机自动操作，非常方便快捷。

第五节　自旋耦合及自旋裂分

一、自旋耦合与自旋裂分的关系

从 CH_3CH_2I 的核磁共振谱图（15-10）中可以看到，δ= 1.6～2.0 处的—CH_3 峰是个三重峰，在δ = 3.0～3.4 处的—CH_2 峰是个四重峰，这种峰的裂分是由质子之间相互作用所引起的，这种作用称自旋-自旋耦合（spin-spin coupling），简称自旋耦合。由自旋耦合所引起的谱线增多的现象称自旋-自旋裂分（spin-spin spliting），简称自旋裂分。耦合表示质子间的相互作用，裂分表示谱线增多的现象。

为什么会发生这种现象呢？以碘乙烷为例进行分析：

H_d H_c
H_d—C—C—I
H_d H_c

碘乙烷中存在着两组质子，即 H_d（结合在一个碳原子上，组成甲基）和 H_c（组成亚甲基）。在进行核磁共振分析时，在甲基中的 H_d 除了受到外界磁场的作用外，还会受到相邻碳原子上 H_c 的影响。由于质子是在不断自旋的，自旋的质子产生一个小磁矩，这个在前面已经讨论过。因此，对于 H_d 来说，在其相邻碳原子上的两个 H_c 犹如两个小磁铁安放在 H_d 的附近，它们之间的相互作用通过成键的价电子传递，H_d 受到的磁通密度也就发生改变。另外，由于质子的自旋有两种取向，两个 H_c 的自旋就可能有三种不同的组合，即①(→→)、②(←←)、③(→←)(←→)。假使①这种情况产生的核磁与外界磁场方向一致，使 H_d 受到的磁场力增强，于是 H_d 的共振信号将出现在比原来稍低的磁通密度处；②的情况与外磁场方向相反，使 H_d 受到的磁场力降低，于是使 H_d 的共振信号出现在比原来稍高的磁通密度处；③的情况对于 H_d 的共振不产生影响，共振峰仍在原处出现。由于 H_c 的影响，H_d 的共振峰一分为三，形成三重峰。又由于③这种组合出现的概率是①或②的两倍，于是中间的共振峰的强度也是①或②的两倍，如图 15-16 所示，其强度比为 1∶2∶1。

同理，H_d 也影响 H_c 的共振，三个 H_d 的自旋取向有八种，但这八种只有四个组合是有影响的，故三个 H_d 质子使 H_c 的共振峰裂分为四重峰，各个峰的强度比为 1∶3∶3∶1（图 15-16）。

为什么碘乙烷中氢原子核的耦合裂分出现了上述的几种情况呢？其实，耦合作用也有规律可循。接下来讨论什么是核的等价性并介绍耦合作用的一般规律。

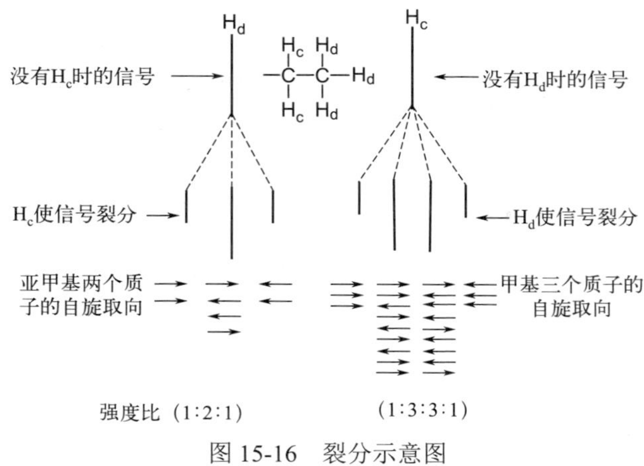

图 15-16　裂分示意图

二、核的等价性

讨论耦合作用的一般规律之前，必须知道一个概念——核的等价性。在核磁共振中核的等价性有以下两个层次。

（1）化学等价　化学等价又称化学位移等价。若分子中有两个相同的原子（或基团）处于相同的化学环境时，它们是化学等价的，这些核具有相同的化学位移。

（2）磁等价　两个核（或基团）磁等价，应同时满足下述两个条件：它们是化学等价的原子核并且它们对任意另一个原子核的耦合常数相同，也就是说，谈及磁等价必须先满足化学等价，如果化学等价未能满足则毫无磁等价可言。

这里举两个例子来说明两种等价情况。例如，上述碘乙烷中三个 H_d 是化学等价核，甲基中任意一个 H_d 与亚甲基中任意一个 H_c 其耦合常数都相同，所以这两组核是磁等价的。而在二氟乙烯中两个 H 和两个 F 都是化学等价的，但是，H_a 与 F_a 是顺式耦合，H_a 与 F_b 是反式耦合；同理可知，H_b 与 F_b 是顺式耦合，H_b 与 F_a 是反式耦合。现在用耦合常数 J（coupling constant）来表示裂分后各个多重峰之间的距离，其值的大小表示的是相邻质子间相互作用力的大小。

那么，在二氟乙烯中，由上述分析可知 $J_{H_aF_a} \neq J_{H_bF_a}$ 且 $J_{H_bF_b} \neq J_{H_aF_b}$，因此两个 H（$H_a$ 和 H_b）虽满足化学等价但是磁不等价。在解析谱图时必须搞清核的等价性质，才能更好地做出判断。

三、耦合作用的一般规律和规则

现在，就可以用下面的规律和规则来解释碘乙烷中氢原子核的耦合裂分出现的几种情况。一般情况下，较简单的有机分子在较强外磁场下出现的耦合现象（一级谱图）有以下几个规律和规则：

① 耦合裂分峰数目一般符合 $n+1$ 规则。一组相同的磁性核所具有裂分峰的数目，是由邻近磁核的数目 n 来决定的，即裂分数目 $=2nI+1$，对质子而言，$I=1/2$，故裂分数目等于 $n+1$。于是可知：二重峰表示相邻碳原子上有一个质子；三重峰表示有两个质子；四重峰则表示有三个质子等。如果某组核既与 n 个磁等价的核耦合，又与另一组 m 个磁等价的核耦合，则裂分数目为（$n+1$）($m+1$)；若有着相同的耦合常数，这时谱线裂分数目为 $n+m+1$。例如，$CH_3CH_2CH_2I$，由于与中间亚甲基质子相邻的亚甲基和甲基这两组质子的耦合常数大致相同，所以中间亚甲基谱线的数目为 $2+3+1=6$，而不是 12。耦合裂分峰数目需根据具体情况具体分析，不可盲目使用该规则。

② 裂分后各组多重峰的强度比为：二重峰 1∶1；三重峰 1∶2∶1；四重峰 1∶3∶3∶1 等，即比例数为$(a+b)^n$展开后各项的系数。

③ J 值的大小与相互作用的两核相隔的距离有关，而与外部磁场的强度无关，原因是耦合裂分只是由质子之间相互作用所引起的，而不是外部磁场引起的。这种相互作用力是通过成键的价电子进行传递的，且当质子间相隔三个键时，这种力比较显著，随着结构的不同，J 值在 1～20 Hz；如果相隔四个单键或四个以上单键，相互间作用力已很小，J 值减小至 1 Hz 左右或趋于零。根据相互耦合的氢核之间相隔键数，将耦合作用分为：同碳耦合——相隔两个键、邻碳耦合——相隔三个键、远程耦合——相隔三个键以上，并用^2J、^3J 分别表示同碳和邻碳耦合，此处 J 的左上角所标注的是相距的化学键数目。总之，质子间的耦合作用较小，一般不超过 20 Hz。

④ 由于耦合是质子相互之间彼此作用的，因此互相耦合的两组质子，其耦合常数 J 值相等。

⑤ 磁等价质子之间也有耦合，但不裂分，谱线仍是单一尖峰。

⑥ 裂分峰组的中心位置是该组磁核的化学位移值，裂分峰之间的裂距反映耦合常数的大小。

符合上述规律和规则的核磁共振谱图称之为一级谱图。一般相互耦合的两组核的化学位移差$\Delta\nu$（以频率 Hz 表示，即$\Delta\delta\times$仪器频率）至少是它们的耦合常数的 6 倍，即$\Delta\nu/J>6$ 时所得到谱图为一级谱图。这时化学位移的差值比耦合常数大得多，各组裂分峰互不干扰，谱图较为简单，易于解释。若$\Delta\nu/J<6$，此时的谱图称之为高级谱图。高级自旋耦合行为较复杂，磁核间耦合作用不符合上述的一般规律和规则。由于近年来强磁场谱仪（>300 MHz）的广泛使用，多数情况下测得的都是一级谱图，原因可用下式进行解释：

$$\nu=\frac{\gamma(1-\sigma)B_0}{2\pi} \tag{15-14}$$

两种化学不等价核 H_a 和 H_b 的共振频率差$\Delta\nu$为

$$\Delta\nu=\nu_a-\nu_b=\frac{\gamma(\sigma_a-\sigma_b)B_0}{2\pi} \tag{15-15}$$

因此，增大 B_0，可增大$\Delta\nu$，而 J 与外加磁场磁通密度无关，因此增大 B_0 可增大$\Delta\nu/J$，使之满足$\Delta\nu/J>6$ 的要求，得到较为清晰的一级谱图。

由于耦合裂分现象的存在，使人们可以从核磁共振谱上获得更多的信息，如根据耦合常数及其图像可判断相互耦合的磁性核的数目、种类，以及它们在空间所处的相对位置等。这对有机化合物的结构剖析极为有用。目前已累积大量耦合常数与结构关系的实验数据，并据此得到一些估算耦合常数的经验式。一些质子的自旋-自旋耦合常数见表 15-4，更为详细的数据可查阅有关 NMR 及有机结构解析专著，如书后所列参考文献。至此，基本上对核磁波谱解析有了一个整体上的把握。

表 15-4　一些质子的自旋-自旋耦合常数

结构类型	*J*/Hz	结构类型	*J*/Hz
>C(H)(H)（同碳质子）	12～15	环状 H：间位	2～3
		环状 H：对位	0～1
>C=C(H)(H)	0～3	>C=C(H)—CH<	4～10
>C=C(H)—…—H（H—C=C—H）	顺式 6～14 反式 11～18	>C=CH—CH=C<	10～13
		>CH—C≡CH	2～3
>CH—CH< （自由旋转）	5～8	>CH—OH（不交换）	5
		>CH—CHO	1～3
环状 H：邻位	7～10	$—CH(CH_3)_2$	5～7
		$—CH_2—CH_3$	7

第六节　一级谱图解析示例

我们对核磁共振波谱解析已经有了一个整体上的把握，接下来通过一些示例进一步说明如何通过核磁共振谱图解析物质结构。总的来讲，从一张核磁共振谱图上可以获得三方面的信息——化学位移、耦合裂分情况、积分线。下面举几个例子说明如何运用这三个信息来解释谱图并推测物质结构。

例 1　图 15-17 是一种只含碳和氢的无色化合物的核磁共振谱图，请根据核磁共振谱图判断是何种有机物。

解： 首先，从左至右出现单峰、七重峰和双重峰。$\delta=7.2$ 处的单峰表明有一个苯环结构，这个峰的相对面积相当于 5 个质子。因此可推测此化合物是苯的单取代衍生物。在 $\delta=2.9$ 处出现单一质子的七个峰和在 $\delta=1.25$ 处出现六个质子的双重峰，只能解释为结构中有异丙基存在。这是由于异丙基的两个甲基中的六个质子是等效的。而且苯环质子以单峰出现，表明异丙基对苯环的诱导效应很小，不致使苯环质子发生分裂。所以可以初步推断这一化合物为异丙苯。

$$C_6H_5-\overset{H}{\underset{CH_3}{C}}-CH_3$$

例 2　图 15-18 是化合物 $C_5H_{10}O_2$ 在 CCl_4 溶液中的核磁共振谱，试根据此谱图鉴定它是什么化合物。

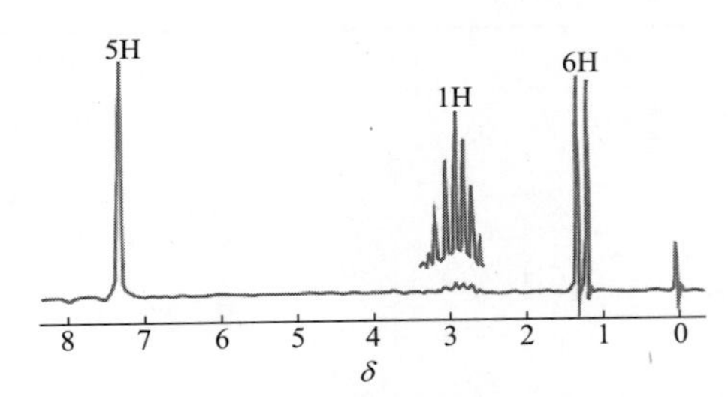

图 15-17　未知物的核磁共振谱图

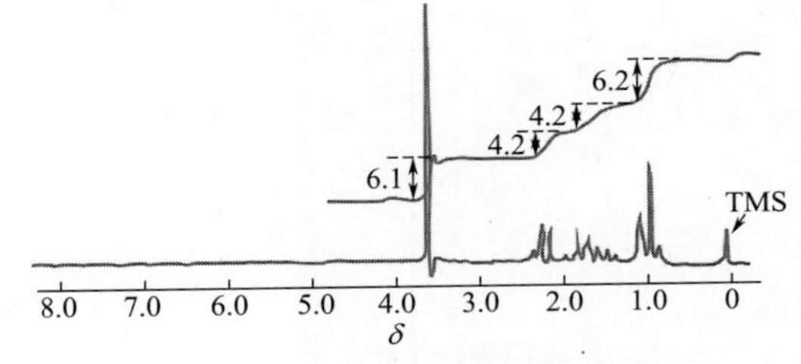

图 15-18　$C_5H_{10}O_2$ 的核磁共振谱

解：从积分线可见，自左到右峰的相对面积比为 6.1∶4.2∶4.2∶6.2，这表明 10 个质子的分布为 3、2、2、3。在 δ = 3.6 处的单峰是一个孤立的甲基，查阅化学位移表（章末参考文献[4]，第 131 页）有可能是 $CH_3O—CO—$基团。根据经验式和其余质子的 2∶2∶3 的分布情况，表示分子中可能有一个正丙基。由分子式计算出其不饱和度等于 1，该化合物含一双键，所以结构式可能为 $CH_3OCOCH_2CH_2CH_3$（丁酸甲酯）。其余三组峰的位置和分裂情况是完全符合这一设想的：δ = 0.9 处的三重峰是典型的同 CH_2 基相邻的甲基峰，由化学位移数据 δ = 2.2 处的三重峰是同羰基相邻的 CH_2 基的两个质子，另一个 CH_2 基在 δ = 1.7 处产生 12 个峰，这是由于受两边的 CH_2 及 CH_3 的耦合裂分所致[(3 + 1)(2 + 1) = 12]，但是在图中只观察到 6 个峰，这是由于仪器分辨率还不够高。

例 3　已知 $H_3C-\overset{O}{\overset{\|}{C}}-O-C(H_c)=C(H_a)(H_b)$ 的核磁共振谱图如图 15-19 所示。试解释各个吸收峰。

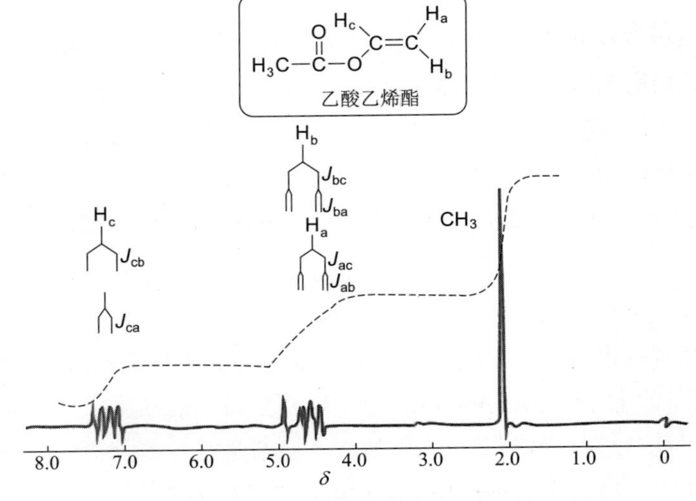

图 15-19　乙酸乙烯酯的核磁共振谱

解：根据化学位移规律（参阅章末参考书），在δ= 2.1 处的单峰应属于—CH_3 的质子峰；═CH_2 中 H_a 和 H_b 在δ = 4～5 处，其中 H_a 应在δ = 4.43 处，H_b 应在δ = 4.74 处；而 H_c 因受吸电子基团—COO—的影响，显著移向低场，其质子峰组在δ = 7.0～7.4 处。

从裂分情况来看：由于 H_a 和 H_b 并不完全化学等性（或磁全同），互相之间稍有一定的裂分作用。

H_a 受 H_c 的耦合作用裂分为二（J_{ac} = 6.4 Hz）；又受 H_b 的耦合作用裂分为二（J_{ab} = 1.4 Hz），因此 H_a 是两个二重峰。

H_b 受 H_c 的耦合作用裂分为二（J_{bc} = 14 Hz）；又受 H_a 的耦合作用裂分为二（J_{ba} = 1.4 Hz），因此 H_b 也是两个二重峰。

H_c 受 H_b 的耦合作用裂分为二（J_{cb} = 14 Hz）；又受 H_a 的耦合作用裂分为二（J_{ca} = 6.4 Hz），因此 H_c 也是两个二重峰。

从积分线高度来看，三组质子数符合 1∶2∶3，因此谱图解释合理。

例 4　已知 $C_6H_3FN_2O_4$ 的核磁共振谱如图 15-20 所示，试确定其结构式。

解：这是个苯环，其上有两个—NO_2、一个 F 和三个质子，通过核磁共振谱确定它们的相对位置。

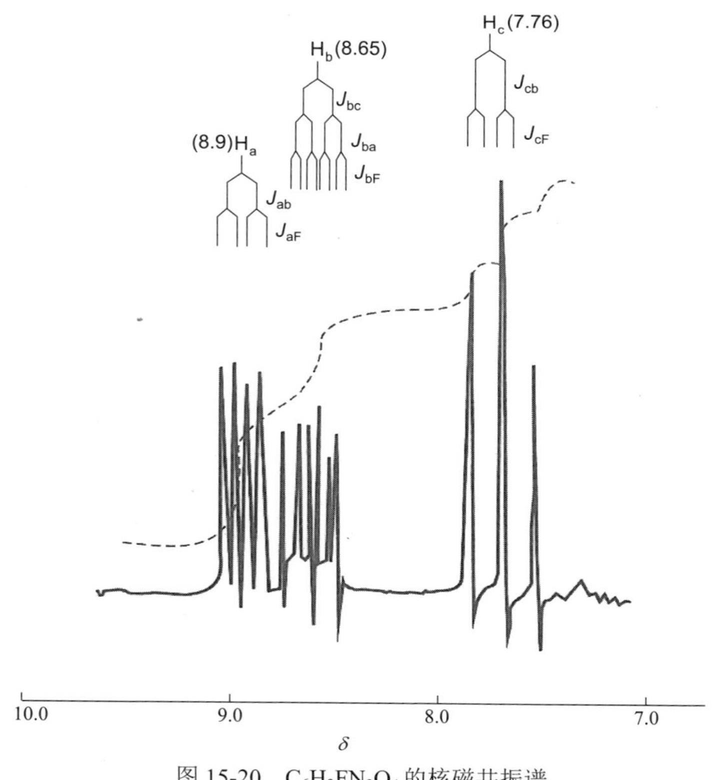

图 15-20　$C_6H_3FN_2O_4$ 的核磁共振谱

从δ值来看，三个质子都处于低场，故都在苯环上。从δ值和积分线看，三个质子中有两个δ值在 8.5～9.0 之间，处于很低场，可能在—NO_2 的邻位，两个之中有一个在更低场；另一个质子在稍高场，可能在间位，因此可能为下面的结构：

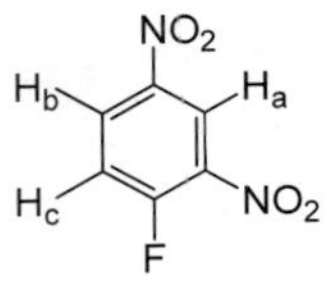

从谱图上的裂分情况来看：

H_c：δ= 7.76，由于 ^{19}F 和 H_b 都位于它的邻位，^{19}F（I = 1/2）也是磁性核，对质子有耦合裂分作用，故 ^{19}F 及 H_b 使 H_c 裂分为两个二重峰，但 J 值较近，中间的峰有些重合，像三重峰。

H_a：δ= 8.9，间位的 H_b 和 ^{19}F 使之裂分为两个二重峰。

H_b：δ= 8.65，邻位的 H_c 使之裂分为二重峰，间位的 ^{19}F 和 H_a 各使之裂分为二，于是共裂分成四个二重峰。因此从耦合裂分来看，上面的考虑也是合理的。

上述例子中，各组峰的化学位移相差较大，化学位移的差值比耦合常数大得多，即 $\Delta\nu/J>6$，这时各组裂分峰互不干扰，图谱较为简单，易于解释，称为一级谱图（first-order spectra）。若 $\Delta\nu/J<6$，属于高级耦合，高级自旋耦合行为较复杂，可参阅专著，本章不拟讨论。

第七节　高级谱图的简化方法

之前提到，自旋耦合和耦合-裂分使谱图形成许多精细结构，对于确定有机物的结构是很有价值的。然而在比较复杂的分子中，它会使谱图过于复杂，以致难以辨认和解释。高级谱图比一级谱图复杂得多，具体表现在如下几方面：

① 由于发生了附加裂分，谱线裂分的数目不再像一级谱图那样符合 $(2nI + 1)$ 规律；

② 吸收峰的强度（面积）比不能用二项展开式系数来预测；

③ 峰间的裂距不一定等于耦合常数；多重峰的中心位置不等于化学位移值。因此，一般无法从共振谱图上直接读取 J 和 δ 值。

由于高级谱图的解析比较复杂，在此不作介绍。但可以将谱图简化，方便解析。

对于高级谱图，通常可以采用以下三种实验手段进行简化——加大磁场强度法、双照射法、加入位移试剂法，下面将对这三种方法分别加以叙述。

一、加大磁场强度法

已如前述，耦合常数 J 是不随外磁场强度的改变而变化的。但是，共振频率的差值 $\Delta\nu$ 却随外磁场强度的增大而逐渐变大。因此，加大外磁场强度，可以增大 $\Delta\nu/J$ 的值，直到 $\Delta\nu/J>6$，即可获得一级谱图，便于解析。这也是人们设法造出尽可能大磁场强度的核磁共振仪的原因，毕竟复杂谱图解析起来很繁琐。

二、双照射法

双照射法（double irradiation）又称双共振法（double resonance），该方法在简化高级谱

图中有非常大的作用。这里从以下两点进行介绍。

1. 双照射去耦器

所谓双照射去耦器，实质上是一个辅助振荡器，它能产生可变频率的电磁波。假定 H_a 和 H_b 为一对相互耦合的质子，如果用第一个振荡器扫描至所产生的频率刚好与 H_b 发生共振，并使辅助振荡器刚好照射到 H_b，即也使辅助振荡器产生的频率与 H_b 发生共振。此时，H_b 核由于受到强的辐射，便在−1/2 和 +1/2 两个自旋态间迅速往返，从而使 H_b 核如同一个非磁性核，不再对 H_a 产生耦合作用。也就是说，辅助振荡器对 H_b 的照射足够强烈，H_b 的共振吸收峰将消失不见，同时 H_a 与 H_b 耦合所产生的多重谱线也将消失。在这种情况下，H_a 核的谱线将变为单峰，即发生去耦现象。另外，也可以将两个振荡器的频率固定为一定的差值，然后改变磁场强度进行扫场，以进行去耦。

利用双照射法去耦不但可使谱图简化易于解释，而且还可以测得哪些质子之间是相互耦合的，从而获得有关结构的信息，有助于确定分子结构。

2. 核的 Overhauser 效应

核欧沃豪斯效应（nuclear Overhauser effect，NOE），这也是双照射法的一种。NOE 与去耦法类似，也是一种双共振技术，不同的是在 NOE 中，照射的两个核是在空间中紧密靠近，通过去耦不仅消除了第一个核的干扰，同时将会使第二个核的信号强度增加。

也就是说，当分子内有在空间位置上互相靠近的两个质子 H_a 和 H_b 时，如果用双照射法照射其中的一个质子 H_a 使之饱和，则另一个靠近的质子 H_b 的共振信号就会增加，这种现象就称为 NOE。这一效应的大小与质子间距离的六次方成反比，当质子间距离在 0.3 nm 以上时，就观察不到这一现象。例如：

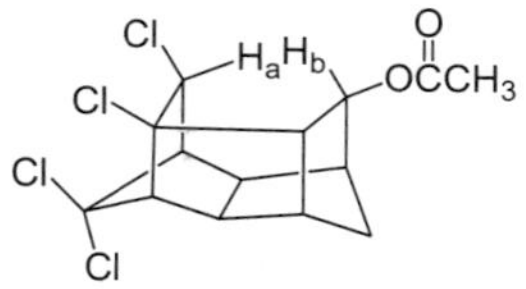

照射 H_a 时，H_b 的信号面积增加 45%；照射 H_b 时，H_a 的信号面积也增加 45%。这表示 H_a 和 H_b 虽相距五个键，但在空间位置上却十分接近。

这一现象对于决定有机物分子的空间构型十分有用。产生这一现象的原因可以解释如下：两个质子空间位置十分靠近，相互弛豫较强，因此当 H_b 受到照射而达饱和时，它要把能量转移给 H_a，于是 H_a 能量的吸收增多，共振吸收峰的峰面积明显增大。

三、加入位移试剂法

位移试剂（shift reagent）是指在不增加外磁场磁通密度的情况下，使试样质子的信号发生位移的试剂。位移试剂主要是镧系金属离子的有机络合物。当镧系元素（Eu 和 Pr）的离子与孤对电子配位时（如含有—NH_2、—OH、—C═O 基团的化合物），与具有该孤对电子的原子相邻近的质子，其化学位移会发生显著的改变，距离较远的质子的化学位移改变较少，这样就可以使原来密集而无法分辨的谱图变得比较容易解释。常用的是 Eu 和 Pu 的β-二酮配合物，称镧系位移试剂。其作用原理是：Eu^{3+}有强烈的吸电子性，与孤对电子配位后使邻近的质子去屏蔽，因而使之移向低场。应该指出，在使用Eu^{3+}或Pr^{3+}络合物测定核磁共振谱时，为了避免溶剂与被分析试样之间对金属离子的配位竞争，一般采用非极性溶剂，如CCl_4、$CDCl_3$、C_6D_6等。

第八节　^{13}C 核磁共振谱图简介

前面大篇幅地介绍了 ^{1}H NMR，现在简单介绍一下 ^{13}C 核磁共振（^{13}C NMR）。已如前述，自旋量子数为 1/2 的核有 ^{1}H 和 ^{13}C，除核磁共振研究和应用得最多的 ^{1}H 外，还有 ^{13}C。碳原子构成有机化合物的骨架，碳谱（^{13}C NMR）可以提供分子骨架最直接的信息，因而对有机化合物结构鉴定具有重要意义。然而，^{12}C 没有 NMR 信号，^{13}C 有信号但天然丰度很低，仅为 ^{12}C 的 1.1%，且 ^{13}C 的磁旋比约为 ^{1}H 的 1/4（表 15-2），因此 ^{13}C NMR 的相对灵敏度仅是氢谱的 1/5600，所以测定 ^{13}C NMR 是很困难的。直到 20 世纪 70 年代 PFT-NMR 谱仪的出现及发展，^{13}C 核磁共振技术才得到迅速发展，成为可进行常规测试的手段。

与 ^{1}H NMR 一样，化学位移、耦合常数是 ^{13}C NMR 的重要参数，弛豫时间也有一些运用。

1. 化学位移

^{13}C 的化学位移δ_C是碳谱中最重要的信息，δ_C一般为 0～250，而δ_H则很少超过 10，由此可见，^{13}C 的化学位移δ_C比 ^{1}H 的化学位移δ_H大得多且出现在较宽范围内。化学位移变化大，意味着它对核所处的化学环境敏感，结构上的微小变化，可望在碳谱上得到反映。另一方面在谱图中峰的重叠要比氢谱小得多。图 15-21 是甾体胆固醇（$C_{27}H_{46}O$）的 ^{1}H NMR 谱（a）及 ^{13}C NMR 谱（b）。由图可见 ^{1}H NMR 谱只能分辨出几种甲基氢、烯氢及活性氢，其它饱和烃的氢重叠在一起，不易分辨。而 ^{13}C NMR 谱上可得出 26 条谱线，其中有一条谱线比其它谱线高得多，它是由位移很接近的两个碳原子的谱线重叠而形成。几乎每个碳原子都能给出一条谱线[它们的δ_C值注在图 15-21（b）中]，因而对判别化合物的结构很有利。原则上，结构不对称的化合物，各个不同环境的碳原子都能得出各自的特征谱线。图 15-22 展示了各种碳原子的化学位移。

对比氢谱和碳谱的化学位移，它们有许多相似之处。①从高场到低场，碳谱共振位置的顺序为饱和碳原子、炔碳原子、烯碳原子、羧基碳原子；②氢谱为饱和氢、炔氢、烯氢、醛基氢等；③与电负性基团相连，化学位移都移向低场。这种相似性对解析谱图，对偏共振去耦辐射位置的选取都有参考意义。烷烃、取代的烷基、环己烷、烯、苯环等的δ_C均有经验计算公式及相应的参数，可参考章末所列参考书。

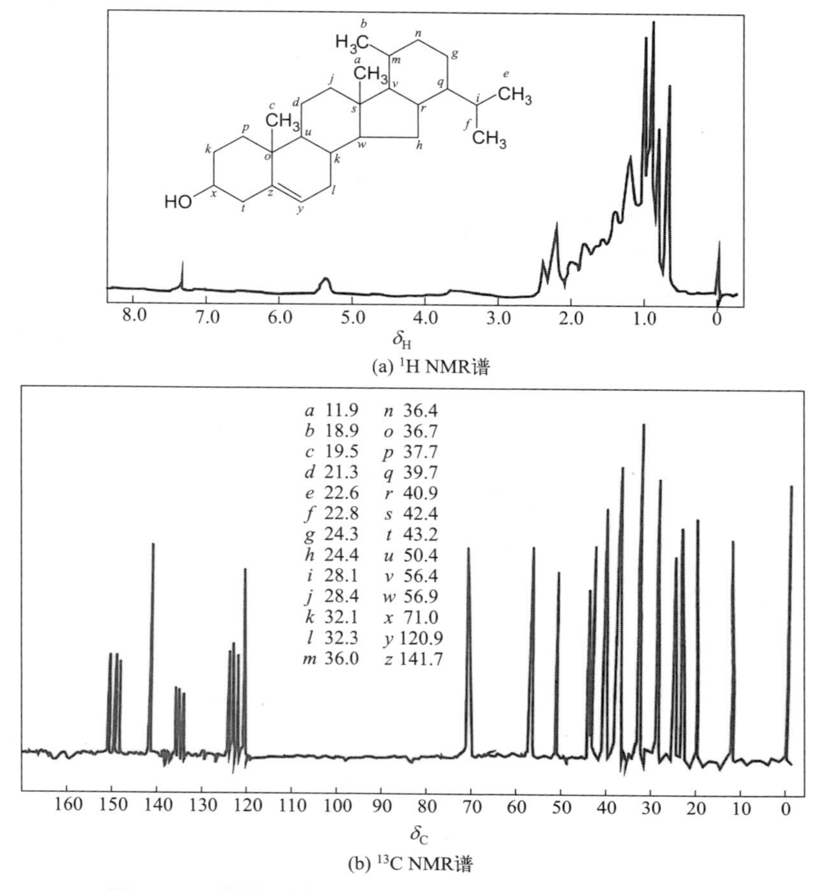

(a) ^{1}H NMR谱

(b) ^{13}C NMR谱

图 15-21　甾体胆固醇的 ^{1}H NMR（a）和 ^{13}C NMR（b）谱

2. 耦合常数

除了化学位移上两者稍有不同之外，耦合常数也稍有不同。^{13}C 的天然丰度很低，两个相邻的碳原子都是 ^{13}C 的概率极小，故 ^{13}C-^{13}C 耦合可忽略。实际的情况则是碳原子常与氢原子相连，因此碳谱中最主要的是 ^{1}H-^{13}C 耦合，这种键耦合常数一般很大，约为 100～250 Hz。^{1}H-^{13}C 的耦合作用使 ^{13}C 谱线裂分为多重峰，^{13}C NMR 如果不去耦，多重裂分会使得谱线相互交叉重叠，妨碍识别。常规 ^{13}C NMR 谱常采用质子噪声去耦（proton noise decoupling）或称宽带去耦（broadband decoupling）以简化谱图。此时在测碳谱时使用另一相当宽的频带（它包括试样中所有氢核的共振频率）照射试样，使质子饱和，从而消除全部质子与 ^{13}C 的耦合，在谱图上得到各个碳原子的单峰。图 15-23 是去耦（a）及不去耦（b）所得 NMR 谱的一个示例，前面的图 15-21（b）也是去耦后的 ^{13}C 谱。从这些例子中可见去耦技术在碳谱中的重要性及必要性。去耦不仅简化谱图，还由于多重峰合并为单峰而提高了信噪比，对邻近氢核的辐照，与 ^{1}H 耦合的 ^{13}C 核产生 NOE 效应又使信号幅度有不同程度的增强。另外，由于各种碳原子弛豫时间不同，去耦造成的 NOE 增强因子不同，常规 ^{13}C NMR 谱（去耦谱）不能直接用作定量分析，但可用于初步的定性分析。

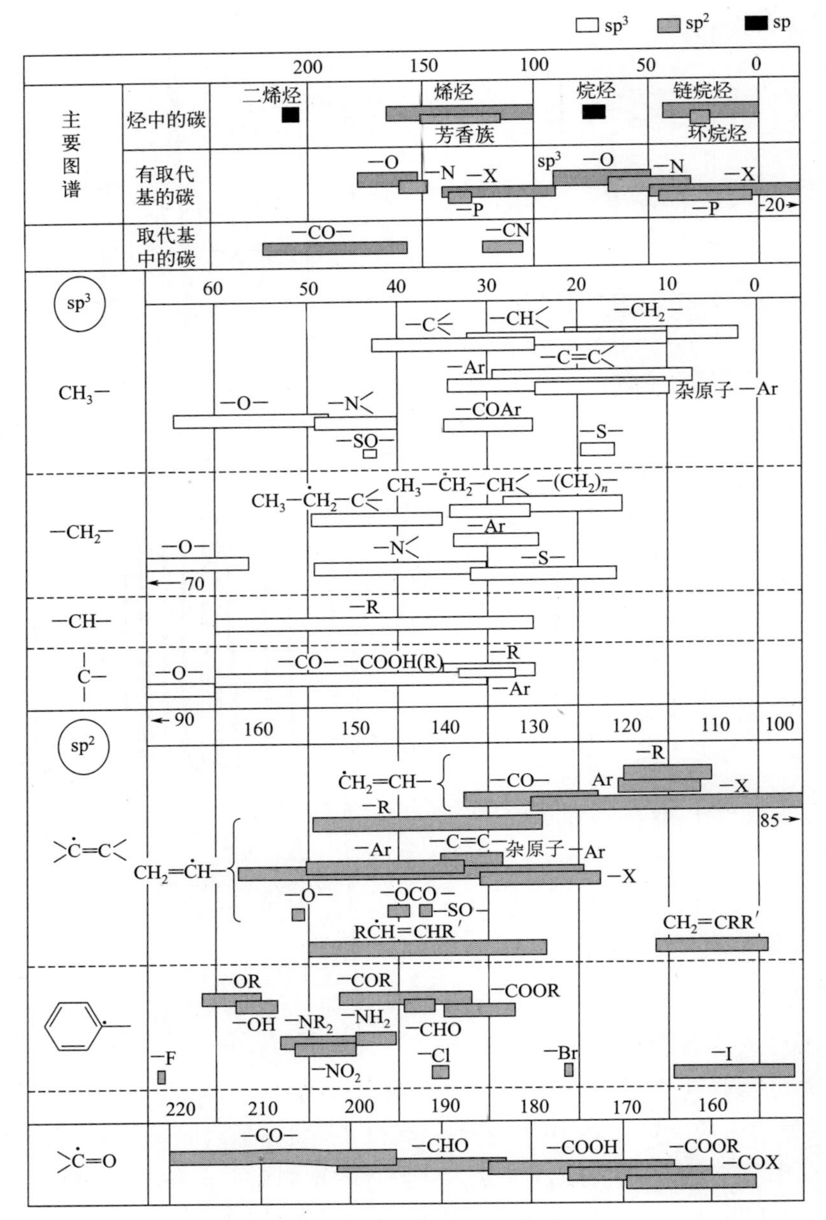

图 15-22　各种碳原子的化学位移

除上述在常规 ^{13}C NMR 谱中最常用的质子噪声去耦技术外，目前也已发展并完善了多种双共振技术且各有不同的目的，如质子偏共振去耦——可识别各种碳原子的类型，如—C—、—CH_2—及—CH_3；门控去耦——用于测耦合常数；选择去耦——识别谱线归属；极化转移技术——提高 ^{13}C 核的观测灵敏度、确定碳原子的类型。

与 ^{1}H NMR 谱类似，谱线的裂分数，取决于相邻耦合原子的自旋量子数和原子数目，可用 $n+1$ 规则来计算，谱线的裂距则是 ^{13}C 与邻近原子的耦合常数。^{13}C NMR 中耦合常数的应用虽远不如 ^{1}H NMR，但其 J 值仍有其理论及实用价值。

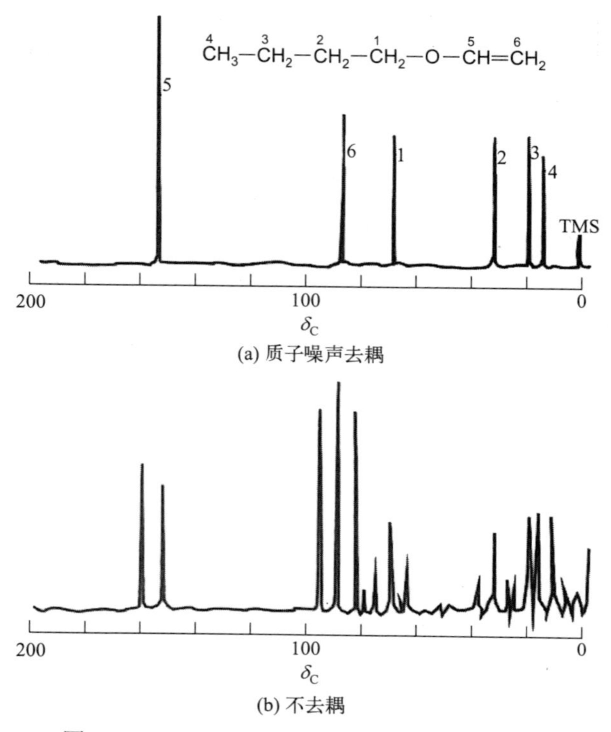

图 15-23　正丁基乙烯醚的 ^{13}C 谱（25.2 MHz）

例如在谱图解析中，利用全耦合谱，根据裂分情况及 J 值可帮助标识谱线，判断结构。如下述两个异构体：

当羰基与烯氢于反式时（Ⅰ式），羰基与烯氢的 $^3J_{CH}$ 较大，约为 12 Hz，可观察到羰基的裂分。而羰基与烯氢处于顺位时（Ⅱ式），$^3J_{CH}$ 要小一些，约为 5 Hz，因此可从羰基峰的裂分、裂距（J 值）来鉴定结构Ⅰ或Ⅱ。

Ⅰ　　　　Ⅱ

3. 弛豫

^{13}C 的自旋-晶格弛豫和自旋-自旋弛豫比 ^1H 慢得多，碳核的自旋-晶格弛豫时间 T_1 最长可达数分钟。弛豫时间长，使谱线强度相对较弱，而不同种类的碳原子的弛豫时间相差较大，这就可通过弛豫时间了解更多的结构信息和分子运动情况。如 T_1 可提供以下几个信息——分子大小、形状、碳原子（特别是季碳原子）的指认、分子运动的各向异性、分子内旋转、空间位阻、分子（或离子）与溶剂的缔合等信息。

在常规的全去耦碳谱中，一种碳原子只有一条细的谱线，这使弛豫时间的测定较简单，且所使用 PFT-NMR 波谱仪也便于测定。

第九节　二维核磁共振谱简介

本章前述的 ^{1}H NMR 谱和 ^{13}C NMR 谱都是一维核磁共振谱，它是仅有一个频率变量（化学位移）的信号函数。二维核磁共振谱（2D-NMR）是由普通一维谱衍生出的新实验方法，在一维核磁共振脉冲的基础上引入了另一个独立的频率变量，使核磁共振谱成为两个独立频率变量的信号函数。图 15-24 是 $CHCl_3$ 的一种 2D-NMR 谱——同核（H 核）化学位移相关谱，它有堆积图和等高线图两种表现形式，其中等高线图最中心的圆圈表示峰的位置，圆圈的数目表示峰的强度，内圈对应的位置信号强度高，外圈则低。等高线图作图快，易于寻找峰的频率，因此运用更广泛。图 15-24 中 ω_1 和 ω_2 维均为氢谱的化学位移。第二维的引入，不仅把谱图扩展到另一个外加的方向上，减少谱线的拥挤和重叠，还能在第二个方向上建立与第一个方向上化学位移的相关联系，获取更多的结构关联信息。自 20 世纪 70 年代 2D-NMR 方法被提出以来，其方法和运用日渐成熟，为解析复杂化学结构提供了强有力的工具，在天然产物、生物大分子等的结构研究中具有非常重要的理论和实用价值。

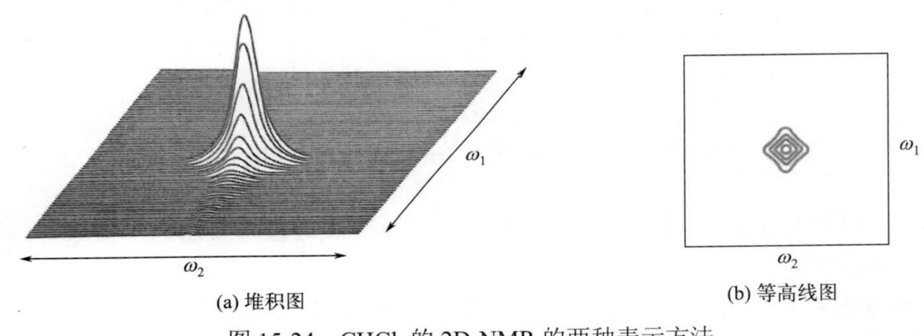

(a) 堆积图　　(b) 等高线图

图 15-24　$CHCl_3$ 的 2D-NMR 的两种表示方法

二维核磁共振技术的出现是基于脉冲傅里叶变换核磁共振仪的发展。在脉冲傅里叶变换核磁共振仪中，以两个独立的时间变量 t_1、t_2 进行一系列实验，经傅里叶变换得到两个独立的频率变量图。2D-NMR 的实验原理图见图 15-25，图 15-25（a）是用于测定一维核磁共振谱的脉冲序列，图 15-25（b）是用于测定二维核磁共振谱的脉冲序列。由图 15-25（b）可以看出，一个二维核磁共振实验的脉冲序列一般可划分为下列几个区域：预备期—发展期 t_1—混合期—检出期 t_2。图 15-25（b）中的时间变量 t_2 表示自由感应衰减信号 FID 的采样时间；发展期的 t_1 是与 t_2 无关的独立变量，是脉冲序列中按某一时间增量（Δt）变化的时间变量，在每个不同 t_2 所对应时间域的 FID 的相位和幅度不同，见图 15-25(c)，通过对这些 FID 进行检出（采样时间为 t_2）和傅里叶变换，可获得一系列 ω_2 频率域的频率谱[图 15-25(d)]。从图 15-25（d）的 t_1 方向看，所得到的一系列频率谱信号幅度也呈正弦曲线变化，再对其进行一次傅里叶变换，便得到图 15-25（e）所示的二维堆积图了。改变脉冲序列，可获得多种方式的二维谱。目前有几种常用的二维核磁共振谱，这里不进行详细介绍，感兴趣的读者可以查阅相关文献和书籍自行了解。

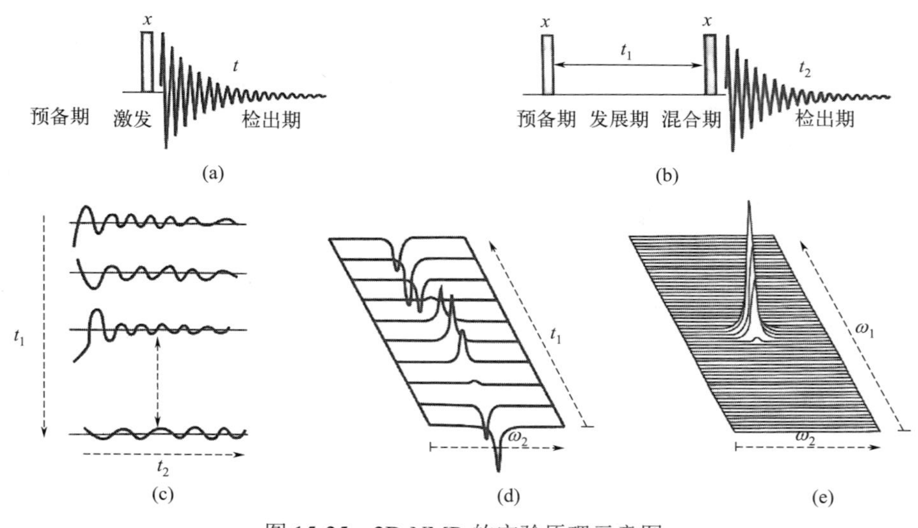

图 15-25　2D-NMR 的实验原理示意图

（a）为一维实验脉冲示意图；（b）～（e）为二维实验脉冲示意图

思考与练习题

1. 根据 $\nu_0 = \dfrac{\gamma B_0}{2\pi}$，可以说明哪些问题？

2. 振荡器的射频为 56.4 MHz 时，欲使 ^{19}F 及 ^{1}H 产生共振信号，外加磁场磁通密度各需多少？

3. 已知氢核（^{1}H）磁矩为 2.79，磷核（^{31}P）磁矩为 1.13，在相同磁通密度的外加磁场条件下，发生核跃迁时何者需要较低的能量？

4. 何谓化学位移？它有什么重要性？在 ^{1}H-NMR 中影响化学位移的因素有哪些？

5. 下列化合物中—OH 的氢核，哪个处于较低场？为什么？

H　O　OH　　CH_3　OH

（Ⅰ）　　（Ⅱ）

6. 解释在下述化合物中，H_a 及 H_b 的 δ 值为何不同？

H　O　H_a　H_b

H_a：$\delta = 7.72$

H_b：$\delta = 7.40$

7. 何谓自旋耦合、自旋裂分？它们有什么重要性？

8. 在 CH_3—CH_2—COOH 的氢核磁共振谱图中可观察到有四重峰及三重峰各一组。

（1）说明这些峰的产生原因。

（2）哪一组峰处于较低场？为什么？

9. 简要描述 ^{13}C NMR 在有机化合物结构分析上的作用。

第十六章　质谱分析

第一节　概　述

随着人类科技的进步，科学家对物质检测的要求也越来越高，质谱分析技术应运而生。质谱分析（mass spectrometry，MS）是在现代物理与化学等领域内使用的一个极为重要的工具。从第一台质谱仪的出现（1912 年）至今已有 110 多年的历史。早期的质谱仪主要用于测定原子质量、同位素的相对丰度，以及研究电子碰撞过程等物理领域。第二次世界大战时期，为了适应原子能工业和石油化学工业的需要，质谱法在化学分析中的应用受到了重视。随后出现了高分辨率质谱仪，这种仪器对复杂有机分子所得的谱图，分辨率高，重现性好，因而成为测定有机化合物结构的一种重要手段。20 世纪 60 年代末，色谱-质谱联用技术的出现且日趋完善，使气相色谱法的高效能分离混合物的特点，与质谱法的高分辨率鉴定化合物的特点相结合，加上计算机的应用，大大地提高了质谱仪器的效能，为分析组成复杂的有机混合物提供了有效手段。近年来各种类型的质谱仪器相继问世，而质谱仪器的心脏——离子源，也是多种多样，因此质谱法已日益广泛地应用于原子能、石油、化工、电子、冶金、医药、食品、陶瓷等工业生产部门、农业科学研究部门，以及核物理、电子与离子物理、同位素地质学、有机化学、生物化学、地球化学、无机化学、临床化学、考古、环境监测、空间探索等科学技术领域。虽然质谱的出现才一个多世纪，却在短时间内得到了快速的发展，大大推动了工业的进步。

简单来说，质谱分析的基本原理是使所研究的混合物或单体形成离子，然后使形成的离子按质量，确切地说按质荷比 m/z（mass-charge ratio），进行分离。质谱仪器一般具备以下几个核心部分：

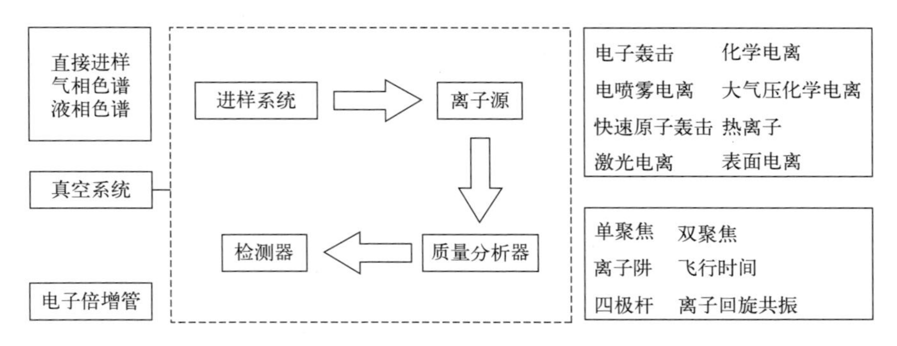

此外，还配有计算机控制及数据处理系统等，现在已经实现智能化、自动化检测。质谱仪器若按其用途可分为：同位素质谱仪（测定同位素丰度）、无机质谱仪（测定无机化合物）、有机质谱仪（测定有机化合物）等。这些仪器虽在基本组成部分相似，然而在仪器和应用上却有很大差别。本章主要讨论有机质谱仪及其分析方法，并以质量分析器进行分类阐述。

本章需要回答以下几个问题：

- 真空系统的作用是什么？如果没有会有什么后果？
- 质谱仪如何将需要检测的物质变成离子？以及离子的类型有哪些？
- 质量分析器有哪些类型？它们相比而言有哪些优缺点？
- 质谱和其它仪器联用有哪些优点？弥补了质谱哪些缺点？
- 质谱仪是如何确定分子量和分子式的？

第二节　单聚焦质谱仪结构及基本原理

通过上文已经初步认识了质谱分析，现将质谱分析的基本原理说得更具体一些：就是将样品分子置于高真空中（＜10^{-3} Pa），并受到高速电子流或强电场等作用，使相应原子失去外层电子而生成分子离子，或化学键断裂生成各种碎片离子，然后在磁场中得到分离后加以收集和记录，从根据得到的质谱图推出化合物结构的方法。质谱法具有分析速度快、灵敏度高以及可以提供样品分子的分子量和丰富的结构信息的优点。质谱分析通常只要几微克样品，在最优化条件下,甚至只要 10^{-12} g 样品，这是解决只能获得极微量样品分析的有效手段。质谱法要求纯样的特点，使它的应用受到一定限制，但是质谱法与不同的分离方法联用，特别是气相色谱和液相色谱与质谱的联用，已成为一种极强有力的、可以分离和鉴定复杂混合物组成及结构的可靠手段，质谱与其它仪器的配合使用将在后续的章节进行更加具体的介绍。

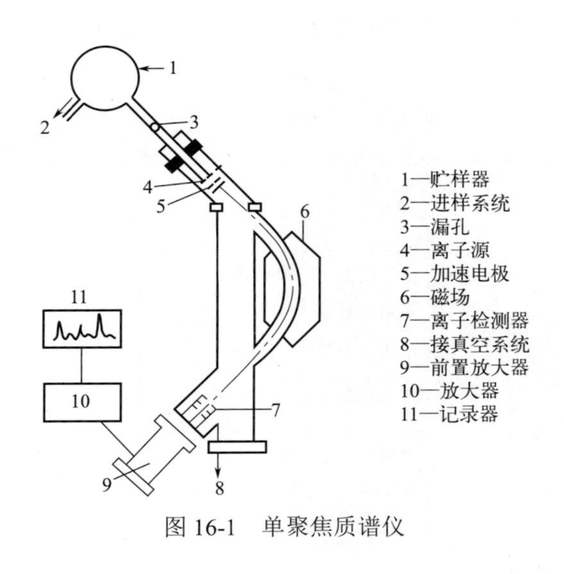

图 16-1　单聚焦质谱仪

对于质谱分析而言，仪器的质量决定分析的精度和准确性。质谱仪的类型各不相同，但它们所包含的部件应具有以下功能：①使样品分子转变成离子；②通过电场使离子加速；③按质量与电荷之比（简称质荷比，*m/z*）分离离子；④将离子流转变成电信号。

自然，在质谱仪中首先必须有样品导入系统，然后使样品电离。目前，质谱仪主要由以下几个部分组成：真空系统、进样系统、离子源、质量分析器、离子检测器。现以扇形磁场单聚焦质谱仪为例，将质谱仪各主要部分的作用原理讨论如下。图 16-1 为单聚焦质谱仪的示意图。

一、真空系统

质谱仪的离子源、质量分析器及检测器必须处于高真空状态（离子源的真空度应达

10^{-3}～10^{-5} Pa，质量分析器应达 10^{-6} Pa），若真空度低，则会出现以下几个问题：①大量氧会烧坏离子源的灯丝；②会使本底增高，干扰质谱图；③引起额外的离子-分子反应，改变裂解模型，使质谱解释复杂化；④干扰离子源中电子束的正常调节；⑤用作加速离子的几千伏高压会引起放电；等等。

因此，为有效降低上述问题出现的可能性，通常用机械泵预抽真空，然后用扩散泵高效率并连续地抽气，使得仪器处于近似真空的状态。

二、进样系统

图 16-2 是两种进样系统的示意图。对于气体及沸点不高、易于挥发的液体，可以采用图 16-2 中上方的进样装置。贮样器为玻璃或上釉不锈钢制成，抽低真空（1 Pa），并加热至 150℃，试样以微量注射器注入，在贮样器内立即气化为蒸气分子，然后由于压力梯度，通过漏孔以分子流形式渗透入高真空的离子源中。

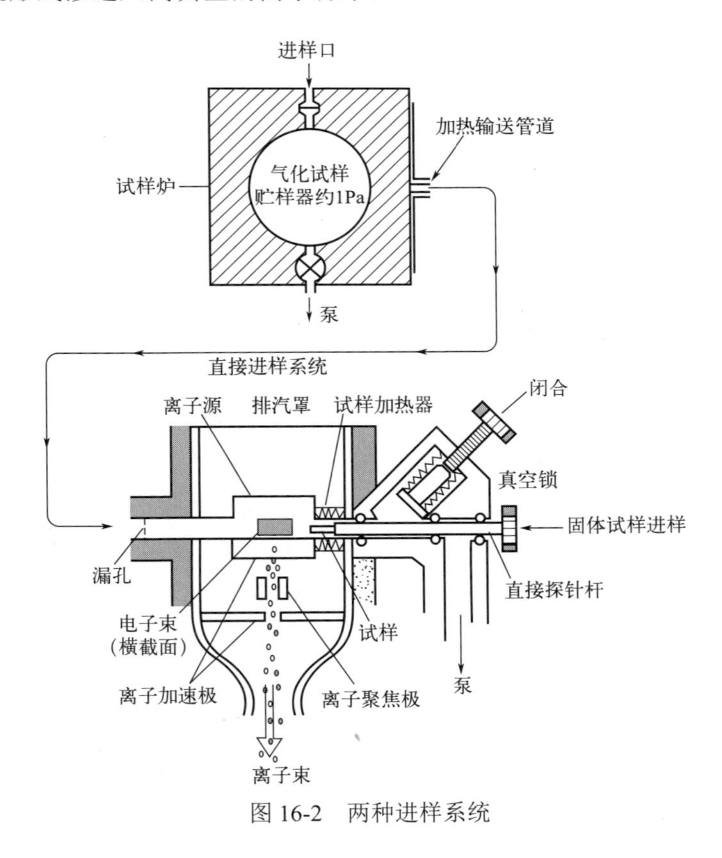

图 16-2　两种进样系统

对于高沸点的液体、固体，可以用探针杆直接进样（图 16-2 下方）。调节加热温度，使试样气化为蒸气。此方法可将微克量级甚至更少试样送入电离室。探针杆中试样的温度可冷却至约−100℃，或在数秒钟内加热到较高温度（如 300℃左右）。

对于有机化合物的分析，目前较多采用色谱-质谱联用，此时试样经色谱柱分离后，经分子分离器进入质谱仪的离子源（见本章第八节）。如果是纯化合物，仅少了分离提纯的步骤，其余大致相同。

三、离子源

首先，在质谱仪中，待测物质吸收能量变为离子的部件称为离子源（ion source）。待检测物质通过真空系统和进样系统变成了气态，随之，被分析的气体或蒸气进入仪器的离子源，转化为离子。而使分子电离的方法有很多，根据方法的不同，将其分为不同的离子源。另外，不同性质的试样及不同的分析目的，需要不同的电离方式，因此，新离子源的开发也是质谱分析的重点研究内容。以下将根据目前情况，介绍几种常用电离方式和一些技术成熟的离子源。

1. 电子轰击（EI）离子源

电子轰击（electron impact，EI）离子源是目前最为常用的，其构造原理如图 16-3 所示。

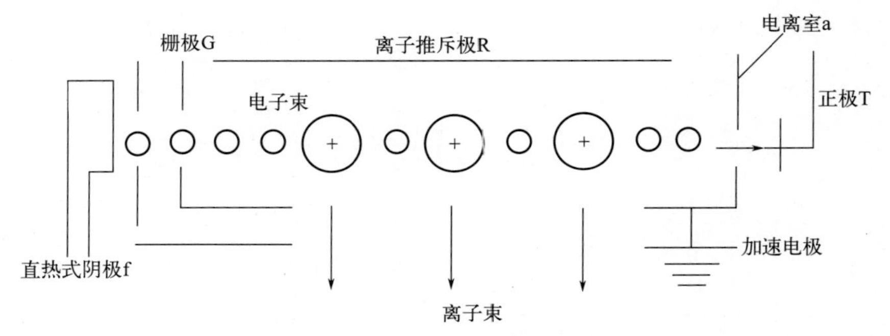

图 16-3　电子轰击离子源示意图

电子由直热式阴极（多用铼丝制成）f 发射，在电离室 a（正极）和阴极（负极）之间施加直流电压（70 V），使电子得到加速而进入电离室中。当这些电子轰击电离室中的气体（或蒸气）中的原子或分子时，该原子或分子就失去电子成为正离子（分子离子）：

$$M+e^- \rightleftharpoons M^+ +2e^-$$

分子离子继续受到电子的轰击，使一些化学键断裂，或引起重排瞬间速度裂解成多种碎片离子（正离子）。

T 为电子捕集极，在 T（正极）和电离室（负极）之间施加适当电位（例如 45 V），使多余的电子被 T 收集。G 为栅极，可用来控制进入电离室的电子流，也可在脉冲工作状态下切断和导通电子束。

在电离室（正极）和加速电极（负极）之间施加一个加速电压（800～8000 V），使电离室中的正离子得到加速而进入质量分析器。

R 为离子推斥极，在推斥极上施加正电压，于是正离子受到它的排斥作用而向前运动。除此之外，还有使正离子在运动中聚焦集中的电极等（图中未表示出）。总的来讲，离子源的作用是将试样分子或原子转化为正离子，并使正离子加速、聚焦为离子束，此离子束通过狭缝而进入质量分析器。

分子中各种化学键的键能最大为几十电子伏，电子轰击的能量远远超过普通化学键的键能，过剩的能量将引起分子多个键的断裂，生成许多碎片离子，由此提供分子结构的一些重要的官能团信息。然而，对于有机物中分子量较大或极性大、难汽化、热稳定性差的化合物，在加热和电子轰击下，分子易破碎，难以给出完整的分子离子信息，这也成为 EI 源在有机物结构测定中的局限性。为了解决这类有机物的质谱分析，发展了一些软电离技术，如化学电离（chemical ionization，CI）源、场致电离（field ionization，FI）源、场解析（field desorption，FD）电离源、快原子轰击（fast atom bombardment，FAB）离子源、电喷雾电离（electro spray ionization，ESI）源、大气压化学电离（atomspheric pressure chemical ionization，APCI）源、基质辅助激光解吸电离（matrix-assisted laser desorption ionization，MALDI）源等。

2. 化学电离（CI）源

在离子源内充满一定压强的反应气体，如甲烷、异丁烷、氨气等，用高能量的电子（100 eV）轰击反应气体使之电离，电离后的反应分子再与试样分子碰撞发生分子-离子反应形成准分子离子 QM^+（quasi-molecular ion）和少数碎片离子。以 CH_4 作反应气体为例，以高能量电子轰击时，反应气体发生下述反应。

一级反应：

$$CH_4 + e^- \longrightarrow CH_4^+ + CH_3^+ + CH_2^+ + CH^+ + C^+ + H_2^+ + H^+ + ne^-$$

二级离子-分子反应：

$$CH_4^+ + CH_4 \longrightarrow CH_5^+ + CH_3^+$$
$$CH_3^+ + CH_4 \longrightarrow C_2H_5^+ + H_2$$
$$CH_2^+ + CH_4 \longrightarrow C_2H_4^+ + H_2 或 C_2H_3^+ + H_2 + H$$
$$CH^+ + CH_4 \longrightarrow C_2H_2^+ + H_2 + H$$

三级离子-分子反应：

$$C_2H_5^+ + CH_4 \longrightarrow C_3H_7^+ + H_2$$
$$C_2H_3^+ + CH_4 \longrightarrow C_3H_5^+ + H_2$$
$$C_2H_2^+ + CH_4 \longrightarrow 聚合体$$

在上述反应中，主要的离子是 CH_5^+（总量的 47%）、$C_2H_5^+$（41%）及 $C_3H_5^+$（6%）。它们再与试样分子 M 发生下述离子-分子反应。

（1）质子的转移

生$[M+1]^+$峰：

$$CH_5^+ + M \longrightarrow [M+H]^+ + CH_4$$
$$C_2H_5^+ + M \longrightarrow [M+H]^+ + C_2H_4$$

产生$[M-1]^+$峰：

$$CH_5^+ + M \longrightarrow [M-H]^+ + CH_4 + H_2$$
$$C_2H_5^+ + M \longrightarrow [M-H]^+ + C_2H_6$$

（2）复合反应

产生$[M+17]^+$峰：　　$CH_5^+ + M \longrightarrow [M+CH_5]^+$

产生$[M+29]^+$峰：　　$C_2H_5^+ + M \longrightarrow [M+C_2H_5]^+$

这样就形成了一系列准分子离子QM^+而出现$[M+1]^+$、$[M-1]^+$、$[M+17]^+$、$[M+29]^+$等质谱峰。

在CI谱图中准分子离子往往是最强峰，便于从QM^+推断分子量，碎片峰较少，谱图较简单，易于解释。

另外，采用化学电离源，可简化质谱图，有很强的准分子离子峰，利于推测分子的摩尔质量。前面提及，CI源产生的碎片离子峰少，强度较低，分子结构信息少。EI源和CI源可互相补充，得到更充分的分子结构信息，对化合物结构分析非常有利。现代质谱仪一般同时配有EI源和CI源，便于切换使用。

需注意的是EI源和CI源都是热源，只适用于易汽化、受热不分解的有机样品分析。CI源得到的质谱图不是标准质谱图，不能进行谱图库检索。

3. 场致电离（FI）源

FI源是采用强电场把阳极附近的样品分子的电子拉出去，形成离子。电场的两电极距离很近（d<1 mm），施加几千甚至上万伏的稳定直流电压。FI源形成的分子离子振动能量较低，进一步发生化学键断裂形成碎片离子的趋势比EI源要小，因此FI谱中分子离子峰的强度较大，往往是谱图中的主要离子峰。FI谱中碎片离子峰很少，谱图相对简单，在结构解析时需要与EI谱结合。

4. 场解析电离（FD）源

FD是将液体或固体试样溶解在适当的溶剂中，并滴加在特制的FD发射丝上，发射丝是直径约10 μm的钨丝。发射丝通电加热后，其表面的试样分子发生解吸并在发射丝附近的高压静电场（电场梯度为107～108 V/cm）作用下被电离形成分子离子，其电离原理与场致电离相同。解吸所需能量远低于汽化所需能量，故有机化合物不会发生热分解，因为试样不需汽化而可直接得到分子离子，因此即使是热稳定性差的试样仍可得到很好的分子离子峰。在FD源中，分子中的C—C键一般不断裂，因而很少生成碎片离子。

5. 快速原子轰击（FAB）离子源

FAB是利用一束中性原子轰击试样导致有机物分子电离而获得质谱的一种软电离技术。这种电离方法使用的“快速原子”，通常是将惰性气体元素氩先电离成Ar^+，再经电场加速，使之具有很高的动能，然后通过电荷交换室使氩的高能离子被中和成高能的中性原子流。在离子源内轰击试样分子，此时与试样分子发生能量交换并使试样分子电离并溅射出来生成离子流。实验时将试样预先调和在底物（matrix）并涂在金属（铜）靶上。常用的底物有甘油、硫代甘油、三乙醇胺等。性能良好的底物应具备分子量小、沸点高、对试样的质谱干扰小等特点。质谱中给出$[M+H]^+$和与甘油（G）分子加合以及失去一分子水的一系列簇离子峰，即$[M+nG+H]^+$、$[M+nG-H_2O+H]^+$，以及底物甘油的一系列簇离子峰$[93^{n+1}-(H_2O)]$

等。由此可见，利用 FAB 离子源得到的质谱，不仅有较强的分子离子峰，而且有较丰富的结构信息。由于不需要将试样加热气化，整个过程可在室温下进行，特别适合于高极性、大分子量、低蒸气压、热稳定性差的试样。使用该离子源试样用量少并可以回收，已广泛应用于低聚糖、肽类、核苷酸及有机金属化合物等的分析中。

6. 电喷雾电离（ESI）源

ESI 是一种使用强静电场的电离技术，主要在液相色谱-质谱联用时和溶液直接进样时使用。其离子源结构和电离原理如图 16-4 所示，试样溶液经金属毛细管喷嘴，在毛细管和对电极板之间施加 3～8 kV 高电压，使试样溶液形成高度分散的雾状小液滴，并高度荷电。带电荷液滴在向质量分析器移动的过程中，溶剂不断挥发，其表面的电荷密度不断增大，当电荷斥力足以克服表面张力时，即达到瑞利极限，液滴发生裂分。经过反复多次的溶剂挥发和裂分的过程，带电荷液滴最终形成带有单个（或多个）电荷的准分子离子。此在大气压条件下形成的离子，在电位差的驱使下（当然也有压力差的作用）通过一干燥 N_2气帘进入质谱仪的真空区。这里气帘（curtain gas）有以下几个作用：使雾滴进一步分散，以利于溶剂蒸发；阻挡中性的溶剂分子，而让离子在电压梯度下穿过，进入质谱；由于溶剂快速蒸发和气溶胶快速扩散，会促进形成分子-离子聚合体而降低离子流，气帘可增加聚合体与气体碰撞的概率，促使聚合体离解；碰撞可能诱导离子碎裂，提供化合物的结构信息。

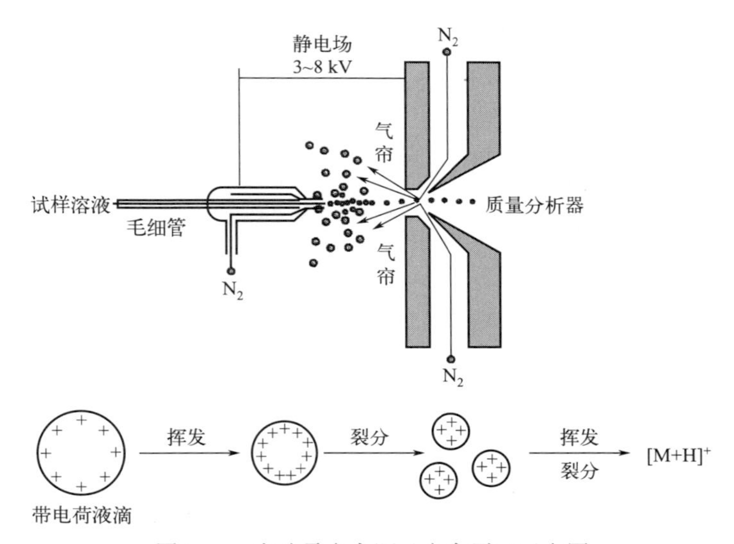

图 16-4 电喷雾电离源及电离原理示意图

ESI 谱图主要给出与准分子离子有关的信息，该方法最有可能产生大量多电荷离子，故可用以测定蛋白质和多肽等生化大分子化合物的分子量，其最大分子量可测到 200000。图 16-5 为马的肌红蛋白的 ESI MS 谱图，图 16-5(a) 是实测的谱图，从任意两个相邻峰的质荷比 m/z（m_1 和 m_2），通过下式可计算出该化合物的分子量 (M_r)：

$$m_1 = (M_r + n)/n \tag{16-1}$$

$$m_2 = (M_r + n + 1)/n + 1 \tag{16-2}$$

式中，n 是 m/z 值较高的 m_2 的电荷数；常数 1 是 H 的原子量。这里假设准分子离子是以质子化的形式存在，若准分子离子的电荷是由 Na 提供，则常数为 23，通过解此二元方程组，就可求得 M_r 和 n，最后得到的 M_r 值是多组离子对计算出的平均值。根据计算结果给出的分子量的谱图称为转换谱图，图 16-5（b）是转换谱图，图 16-5（c）是计算机的计算结果。

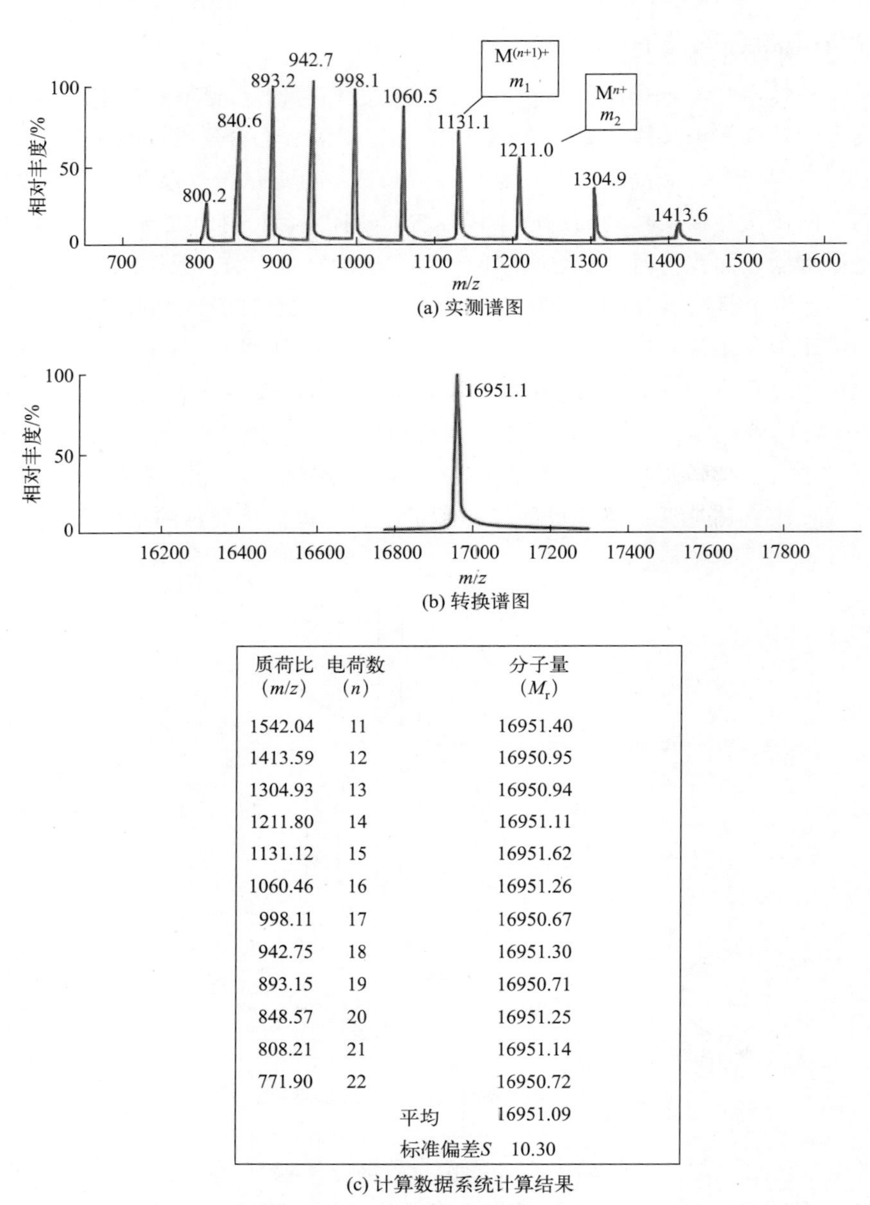

质荷比（m/z）	电荷数（n）	分子量（M_r）
1542.04	11	16951.40
1413.59	12	16950.95
1304.93	13	16950.94
1211.80	14	16951.11
1131.12	15	16951.62
1060.46	16	16951.26
998.11	17	16950.67
942.75	18	16951.30
893.15	19	16950.71
848.57	20	16951.25
808.21	21	16951.14
771.90	22	16950.72
	平均	16951.09
	标准偏差S	10.30

(c) 计算数据系统计算结果

图 16-5　马的肌红蛋白的 ESI MS 谱图

ESI 电离源最适宜的进样流量是 5～200 μL/min，如果试样量过小，如毛细管电泳的微小流量或珍贵的生物试样，则可用专门的微流量接口。另外，ESI 技术一般不适用于非极性化合物的电离。

7. 大气压化学电离（APCI）源

APCI 是一种化学电离技术，电离源的结构如图 16-6 所示。试样溶液经中心毛细管被雾化气和辅助气喷射进入加热的常压环境中（100～120℃），在喷嘴附近，放置一针状电晕放电电极，通过其高压放电，使空气中某些中性分子电离，产生丰富的 N_2^+、O_2^+和 O^+等。当喷射出的气溶胶混合物接近放电电极时，大量的溶剂分子也会被电离，上述大量的离子与分析物分子进行气态离子-分子反应，从而实现化学电离，形成质子转移、加合物等准分子离子。APCI 源主要产生的是单电荷离子，它所分析的化合物的分子量通常小于 1000。APCI 源主要用来分析较弱极性的化合物，有些分析物由于结构和极性方面的原因，用 ESI 不能产生足够强的离子，可以采用 APCI 以增加离子产率，可认为 APCI 是 ESI 的补充。

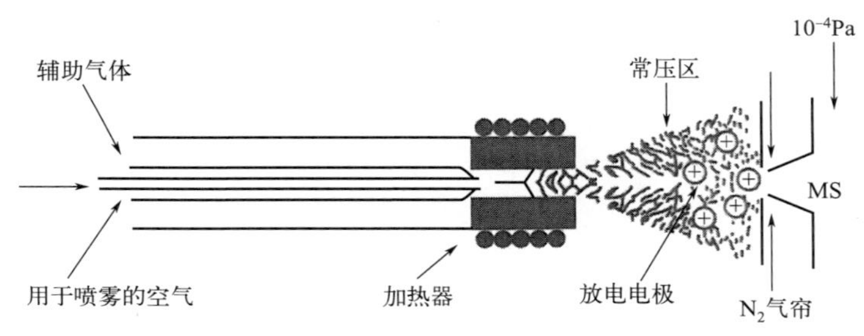

图 16-6　大气压化学电离源结构示意图

8. 基质辅助激光解吸电离（MALDI）源

MALDI 是一种间接的光致电离技术，该电离源的结构和电离原理见图 16-7。将试样分散于基质中形成共结晶薄膜（通常试样和基质的比例为 1∶10000），用一定波长的脉冲式激光照射该共结晶薄膜，基质分子从激光中吸收能量传递给试样分子，使试样分子瞬间进入气相并电离。MALDI 主要通过质子转移得到单电荷离子 M^+和$[M+H]^+$，也会产生与基质的加合离子，有时也能得到多电荷离子，较少产生碎片，是一种温和的软电离技术，适用于混合物中各组分的分子量测定及生物大分子如蛋白质、核酸等的测定。

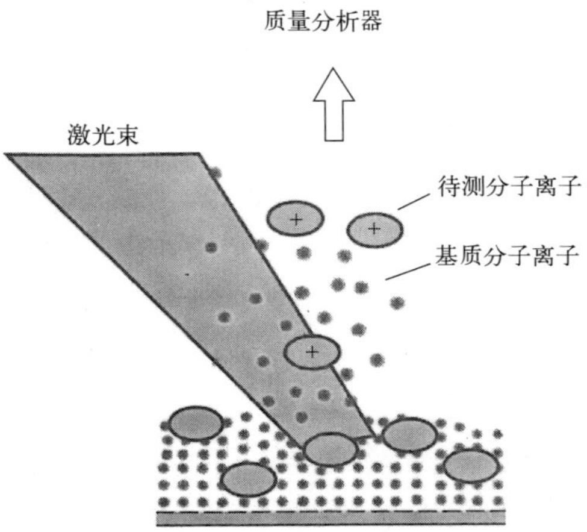

图 16-7　基质辅助激光解吸电离源的结构与原理示意图

MALDI 源中的基质是影响其电离过程的重要因素。基质的主要作用是将能量从激光束传递给试样，提供反应离子；同时使试样得到有效的分散，减少待测试样分子间的相互作用。基质的选择主要取决于所使用的激光波长，其次取决于被分析试样的性质。常用的基质有芥子酸、2-羟基苯甲酸、烟酸、2-吡啉、甘油等。

随着技术的进步以及对物质检测的要求越来越高，离子源的类型远不止书上列举的这几个，作为研究者要时刻关注技术的革新，只局限于课本知识是远远不够的，若对离子源的革新感兴趣，可查阅相关文献进行学习。

四、质量分析器

已如前述，离子源将待测物质转化为不同质量的离子，接下来用质量分析器（mass analyzer）将其分离。质量分析器是质谱仪的核心部分，其作用是将离子源电离得到的离子按质荷比的大小分离并送入检测器中检测。质谱仪的类型一般就是按质量分析器来划分的，接下来围绕常用的质量分析器对质谱仪进行介绍。

本节中，以单聚焦质谱仪中磁质量分析器为例介绍，其余类型见后续章节。磁质量分析器内主要为一电磁铁，自离子源发生的离子束在加速电极电场（800～8000 V）的作用下，使质量 m 的正离子获得 v 的速度，以直线方向运动（图 16-6），其动能为：

$$zU=\frac{1}{2}mv^2 \tag{16-3}$$

式中，z 为离子电荷数；U 为加速电压。显然，在一定的加速电压下，离子的运动速度与质量 m 有关。

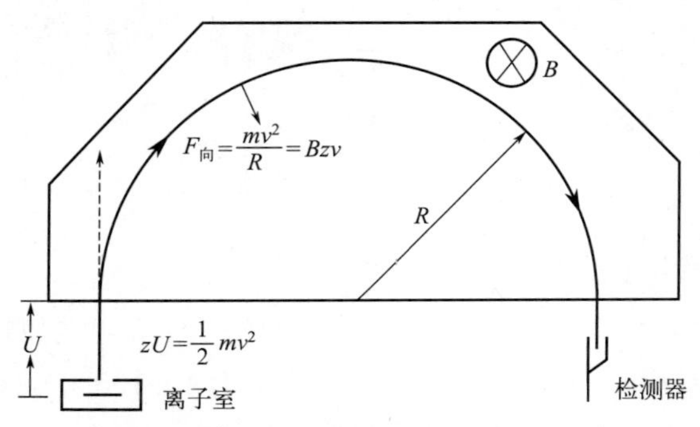

图 16-8　正离子在正交磁场中的运动

当此具有一定动能的正离子进入垂直于离子速度方向的均匀磁场（质量分析器）时，正离子在磁场力（洛伦兹力）的作用下，将改变运动方向（磁场不能改变离子的运动速度）作圆周运动（图 16-8）。设离子作圆周运动的轨道半径（近似为磁场曲率半径）为 R，由洛伦兹力提供离子作圆周运动所需的向心力，则有

$$F_{向}=\frac{mv^2}{R}=Bzv \tag{16-4}$$

式中，B 为磁通密度。合并式（16-3）及式（16-4），可得

$$\frac{m}{z}=\frac{B^2R^2}{2U} \tag{16-5}$$

式（16-5）称为磁分析器质谱方程式（简称为质谱方程），是设计质谱仪器的主要依据。由此式可见，离子在磁场内运动半径 R 与 m/z、B、U 有关。因此只有在一定的 U 及 B 的条件下，某些具有一定质荷比 m/z 的正离子才能以运动半径为 R 的轨道到达检测器。

若将 B 和 R 固定，有 $m/z\propto 1/U$，只要连续改变加速电压（电压扫描），就可使具有不同 m/z 的离子按顺序到达检测器发生信号而得到质谱图；若将 U 和 R 固定，则有 $m/z\propto B^2$，只要连续改变 B（磁场扫描），也可得到质谱图。

五、离子检测器

质谱仪最后一个部分为离子检测器。一般以电子倍增器（electron multiplier）检测离子流，其中一种静电式电子倍增器的结构如图 16-9 所示。当离子束撞击阴极（铜铍合金或其它材料）C 的表面时，产生二次电子，然后用 D_1、D_2、D_3 等二次电极（通常为 15～18 级）使电子不断倍增（一个二次电子的数量倍增为 10^4～10^6 个二次电子）。最后为阳极 A 检测，最小可测出 10^{-17} A 的微弱电流，时间常数远小于 1 s，可灵敏、快速地进行检测。由于产生二次电子的数量与离子的质量和能量有关，即存在质量歧视效应，因此在进行定量分析时需加以校正。

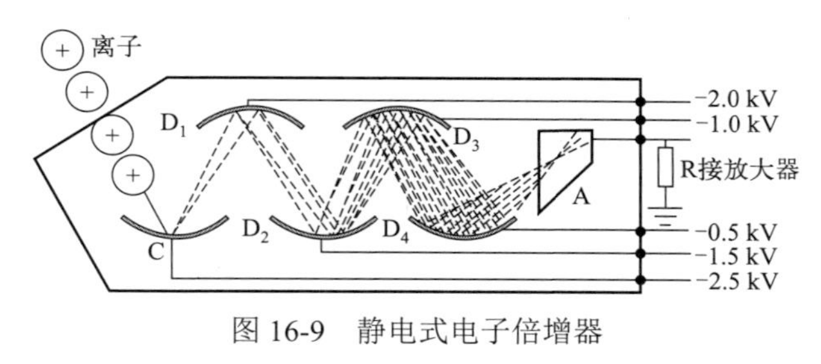

图 16-9　静电式电子倍增器

通道电子倍增器阵列（channel electron multiplier array）是一种具有高灵敏度的质谱离子检测器。该电子倍增器由在半导体材料平板上密排的通道构成[图 16-10（a）]，各通道内壁涂有二次电子发射材料，为得到更高的增益，一般将两块通道板串级连接[图 16-10（c）]，图 16-10（b）为其工作原理示意图。

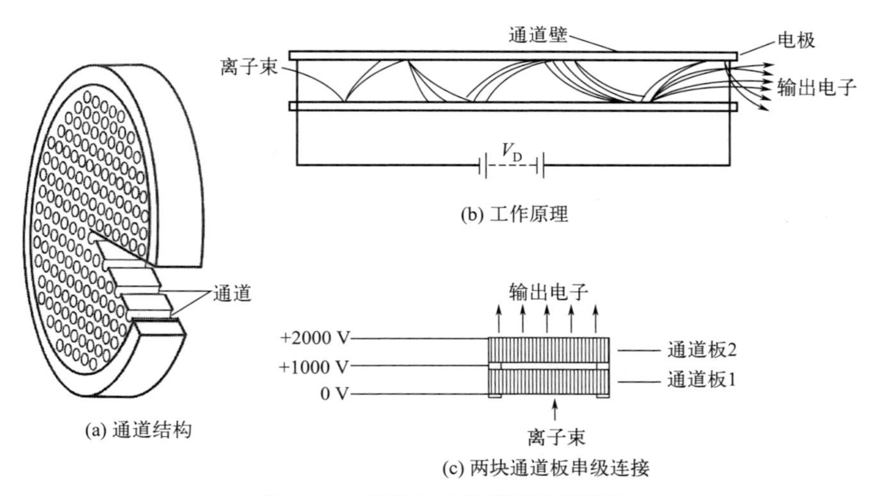

图 16-10　通道电子倍增阵列检测器

第三节　双聚焦质谱仪

前面提到，质谱仪主要是以质量检测器的类别进行分类的，不同类型的质谱仪除质量分析器不同之外，基本结构是一样的，不再赘述。在前述质量分析器分离原理的讨论中，大大简化了进入磁场的离子的情况，即前面讨论的是比较理想的情况。实际情况与理想情况主要体现在以下两方面的差异：第一，由离子源出口缝进入磁场的离子束中的离子不是完全平行的，而是有一定的发散角度；第二，由于离子的初始能量有差异，以及在加速过程中所处位置不同等原因，离子的能量（亦即射入质量分析器的速度）也不是一致的。

在离子束以一定角度分散进入磁场的情况中，如果磁场安排得当（半圆形磁场或扇形磁场），一方面会使离子束按质荷比的大小分离开来，另一方面，相同质荷比、不同角度的离子在到达检测器时又重新汇聚起来，这就称为方向（角度）聚焦。前述质量分析器只包括一个磁场，故称为单聚焦质谱仪（single focusing MS）。单聚焦质谱仪只能把质荷比相同而入射方向不同的离子聚焦，但是对于质荷比相同而能量不同的离子却不能实现聚焦，这样就影响了仪器的分辨率。为了克服单聚焦质谱仪分辨本领低的缺点，必须采用电场和磁场所组成的质量分析器。这时，不仅仍然可以实现方向聚焦，而且质荷比相同，速度（能量）不同的离子也可聚焦在一起，称为速度聚焦。这种同时实现了这两种聚焦的质谱仪器称为双聚焦质谱仪（double focusing MS）。显然，双聚焦质谱仪是单聚焦质谱仪的一种改进，其分辨本领也远高于单聚焦质谱仪。

根据物理学知识，质量相同、能量不同的离子通过电场后会产生能量色散，磁场对不同能量的离子也能产生能量色散，如果设法使电场和磁场对于能量产生的色散相互补偿，就能实现能量（速度）聚焦。磁场对离子的作用具有可逆性：首先，质量相同的离子由某一方向进入磁场并经过磁场后会按照一定的能量顺序分开；反之，从相反方向进入磁场并以一定能量顺序排列的质量相同的离子，经过磁场后可以汇聚在一起。在一对弯曲的电极板上施加一直流电位，使之产生静电场，这种仪器称为静电分析器（electro static analyzer），和磁场（磁分析器，magnetic analyzer）配合使用。当静电分析器产生的能量色散和磁分析器产生的能量色散，在数值上相等、方向上相反时，离子经过这两个分析器后，可以实现能量聚焦，再加上磁分析器本身具有方向聚焦作用，这样就实现了双聚焦。

图 16-11 是一种双聚焦质谱仪（尼尔型，Nier-Johnson）的原理示意图。当磁通密度和加速电压一定时，由 O 发出的离子仅当具有某质荷比时才被聚焦于 O 点（检测器）。调节磁通密度（扫场），可使不同的离子束按质荷比顺序通过出口狭缝进入检测器。

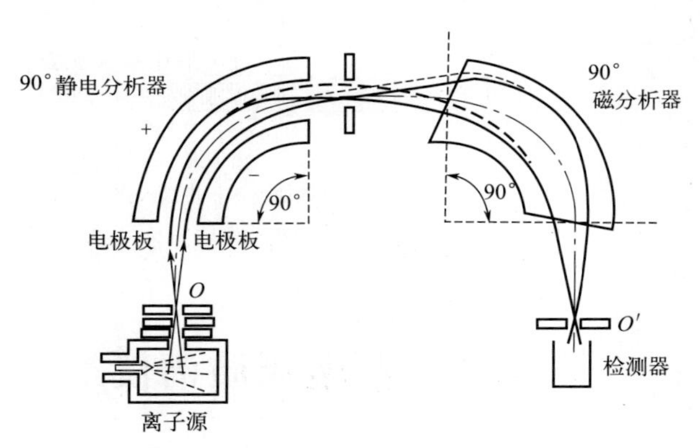

图 16-11　双聚焦质谱仪（尼尔型）原理示意图

第四节　动态质谱仪

上述提到的单聚焦质谱仪和双聚焦质谱仪，在质谱学中都属于静态仪器。这类仪器中的电场、磁场、离子轨道半径等，在不同时间内都是稳定的，随时间而改变电场（电压扫描）或磁场（磁场扫描），只是为了连续记录质谱，而不是质量分离原理所必需的。质谱另一类型的仪器是所谓的动态仪器，采用了随时间而周期变化的电场（有的同时使用静态磁场），以实现质量分离。下面介绍其中 3 种仪器的工作原理。

一、四极滤质器

四极滤质器（quadrupole mass filter）又称四极杆质谱仪，仪器由四根截面为双曲面或圆形的棒状电极组成，两组电极间施加一定的直流电压和频率为射频范围的交流电压（图 16-12）。

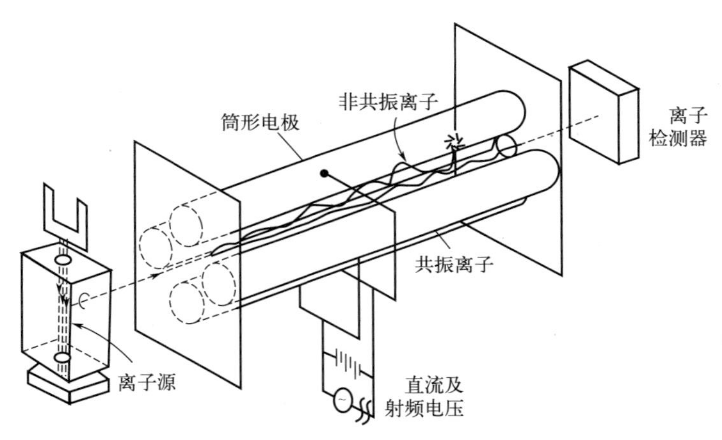

图 16-12　四极杆质谱仪

当离子束进入筒形电极所包围的空间后，离子作横向摆动，在一定的直流电压、交流电压、频率，以及一定的尺寸等条件下，只有某一种（或一定范围）质荷比的离子能够到达收集器并发出信号（这些离子称共振离子），其它离子在运动的过程中撞击在筒形电极上而被“过滤”掉，最后被真空泵抽走（称为非共振离子）。

如果使交流电压的频率不变而连续地改变直流和交流电压的大小（但要保持它们的比例不变）（电压扫描），或保持直流电压不变而连续地改变交流电压的频率（频率扫描），就可使不同质荷比的离子依次到达收集器（检测器）而得到质谱图，其扫描速度远高于磁质谱仪器。四极杆质谱仪利用四极杆代替了笨重的电磁铁，故具有体积小、重量轻等优点，灵敏度较磁式仪器高，且操作方便。

二、离子阱质谱仪

离子阱（ion trap）的结构如图 16-13 所示。由一个双曲线表面的中心环形电极（ring

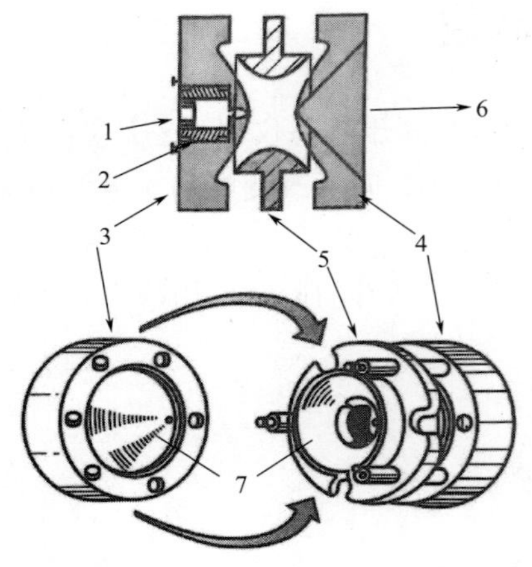

图 16-13　离子阱的结构示意图

1—离子束注入；2—离子阀门；3,4—端电极；5—环形电极；6—至检测器；7—双曲线表面

electrode）（图 16-13 中 5）和上下两个端电极（end cap electrode）（图 16-13 中 3 和 4）间形成一个室腔（阱）。直流电压和高频电压加在环形电极和端盖电极之间，两端电极都处于低电位，在适当条件（环形电极半径、两端电极的距离、直流电压、高频电压）下，由离子源（EI 或 CI）注入的特定 m/z 的离子在阱内稳定区，其轨道振幅保持一定大小，并可长时间留在阱内；反之不稳定态离子（未满足特定条件者）振幅很快增长，撞击到电极而消失，质量扫描方式和四极滤质器相似，即在恒定的直流交流比下扫描高频电压以得到质谱图。检测时在引出电极上加负电压脉冲使正离子从阱内引出而被电子倍增器检测。

离子阱内存在的氦（10^{-1} Pa）能大大提高其质量分辨能力。离子阱具有结构简单、易于操作、灵敏度高的特点。在有机质谱中已用于构成离子阱质谱仪与 GC 的小型台式联用装置上。

三、飞行时间质谱仪

飞行时间质谱仪（time of flight spectrometer, TOF-MS）的工作原理很简单，在图 16-14 所示的仪器中，由阴极 F 发射的电子，受到电离室 A 上正电位的加速，进入并通过 A 而到达电子收集极 P，电子在运动过程中撞击 A 中的气体分子并使之电离。在栅极 G_1 上加上一个不大的负脉冲（–270 V），把正离子引出电离室 A，然后在栅极 G_2 上施加直流负高压（–2.8 kV），使离子加速而获得动能，以速度 v 飞越长度为 L 的无电场又无磁场的漂移空间，最后到达离子接收器。同样，当脉冲电压为一定值时，离子向前运动的速度与离子的 m/z 有关，因此在漂移空间里，离子是以各种不同的速度在运动着，质量越小的离子，就越先落到接收器中。

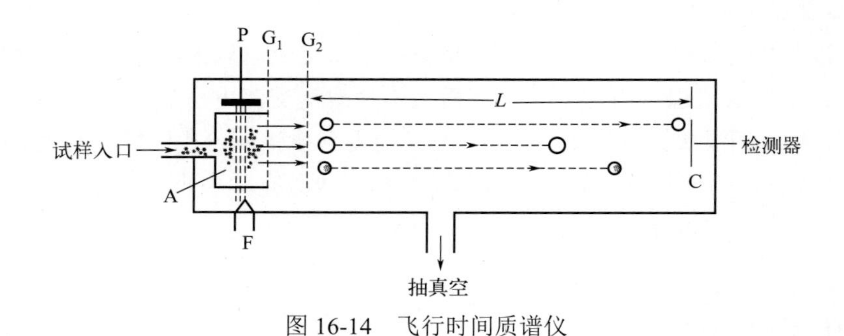

图 16-14　飞行时间质谱仪

若忽略离子（质量为 m）的初始能量，根据式（16-3）可以认为离子动能为：

$$\frac{mv^2}{2}=zU$$

由此可写出离子速度：

$$v=\sqrt{\frac{2zU}{m}} \tag{16-6}$$

离子飞行长度为 L 的漂移空间所需时间 $t=\frac{L}{v}$，故可得

$$t=L\sqrt{\frac{m}{2zU}} \tag{16-7}$$

由此可见，在 L 和 U 等参数不变的条件下，离子由离子源到达离子检测器的飞行时间 t 与质荷比的平方根成正比。

飞行时间质谱仪的特点为：

① 该质量分析器既不需要磁场，又不需要电场，只需要直线漂移空间。因此，仪器的机械结构较简单。由于受飞行距离的限制，早期的仪器分辨率较低。但是近年来采用一些延长离子飞行距离的新离子光学系统，如各种离子反射透镜等，可随意改变飞行距离，使质量分辨率达到几千到上万。

② 扫描速度快，可在 10^{-5}～10^{-6} s 时间内观察、记录整段质谱，使此类分析器可用于研究快速反应及与色谱联用等。

③ 不存在聚焦狭缝，因此灵敏度很高。

④ 测定的质量范围仅取决于飞行时间，可达到几十万原子质量单位。

上述优点为生命科学中对生化大分子的分析，提供了诱人的前景。因此 TOF-MS 技术近年来发展十分迅速，例如以激光作解吸电离源的 TOF-MS 仪其分子量可测到数十万。

⑤ 傅里叶变换离子回旋共振质量分析器（Fourier transform ion cyclotron resonance analyzer，FT ICR） 一种 FT ICR 的结构如图 16-15 所示。分析室是一个立方体结构，它是由三对相互垂直的平行板电极组成，置于高真空和由超导磁体产生的强磁场中。离子源中产生的离子沿垂直于磁场方向进入，并被加在垂直于磁场方向的捕集电压限制于分析室中。由于磁场的作用，离子沿垂直于磁场的圆形轨道回旋，回旋频率仅与磁通密度和离子的质荷比有关，而和离子的运动速度无关。因此，在不同位置的相同 m/z 的离子都以相同的频率做回旋运动，其运动速率只影响其回旋半径。

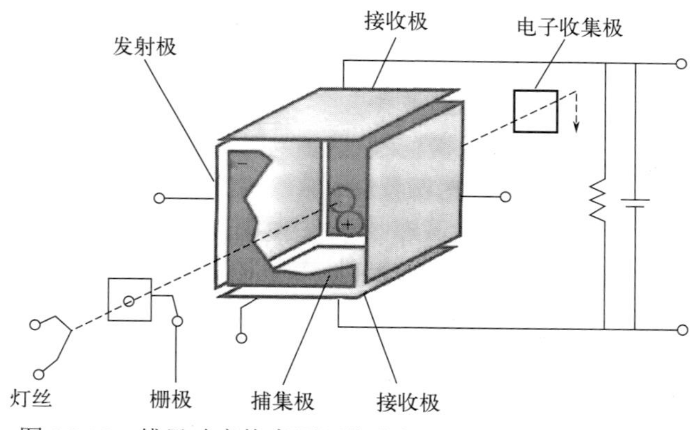

图 16-15　傅里叶变换离子回旋共振质量分析器结构示意图

发射极用于向离子发射一脉冲电压，当电压频率正好与离子回旋的频率相同，离子将共振吸收能量，使其运动速率和回旋轨道半径增大，呈螺旋运动，但频率不变。在分析室还放置了一对接收电极，当共振回旋的离子离开一个接收极而接近另一个接收极时，外部电路中的电子受正离子电场的吸引而向第二个电极集中；在离子回旋的另半周，外电路的电子向反方向运动。这样，在电阻的两端形成一个很小的交变电流，该电流称为镜像电流，是一种正弦形式的时间域信号。正弦波的频率和离子的固有回旋频率相同，振幅则与分析室中该质量的离子数目成正比。如果分析室中各种质量的离子都满足共振条件，那么，实际测得的信号是同一时间内作相干轨道运动的各种离子所对应的正弦波信号的叠加。将该时间域信号进行傅里叶变换，便可检出各种频率成分，然后利用频率和质荷比的关系，便可得到常见的质谱图。

FT ICR 具有极高的分辨力，可达 1×10^6，远远超过其它质谱仪。由于所有离子是同时激发、同时检测，因此分析灵敏度也很高。此外还有扫描速度快、测量精度高、质量范围宽等优点。其缺点是需要很高的超导磁场，仪器价格和运行费用都比较高。

第五节　离子的类型

当待测物质以气体或蒸气分子（原子）的形式进入离子源时（例如电子轰击离子源），将受到电子轰击而形成各种类型的离子。现以 A、B、C、D 四种原子组成的有机化合物分子为例，它在离子源中可能发生下列过程：

$$\mathrm{ABCD} + e^- \longrightarrow \mathrm{ABCD}^{+\cdot} + 2e^- \quad \text{分子离子} \qquad (16\text{-}8)$$

$$\left.\begin{aligned}
&\mathrm{ABCD}^{+\cdot} \longrightarrow \mathrm{BCD}^{\cdot} + \mathrm{A}^+\\
&\mathrm{ABCD}^{+\cdot} \longrightarrow \mathrm{CD}^{\cdot} + \mathrm{AB}^+, \quad \mathrm{AB}^+ \longrightarrow \mathrm{B} + \mathrm{A}^+, \quad \mathrm{AB}^+ \longrightarrow \mathrm{A} + \mathrm{B}^+\\
&\mathrm{ABCD}^{+\cdot} \longrightarrow \mathrm{AB}^{\cdot} + \mathrm{CD}^+, \quad \mathrm{CD}^+ \longrightarrow \mathrm{D} + \mathrm{C}^+, \quad \mathrm{CD}^+ \longrightarrow \mathrm{C} + \mathrm{D}^+
\end{aligned}\right\} \text{裂分为碎片离子} \qquad (16\text{-}9)$$

$$\mathrm{ABCD}^{+\cdot} \longrightarrow \mathrm{ADBC}^{+\cdot} \longrightarrow \begin{cases}\mathrm{BC}^{\cdot} + \mathrm{AD}^+\\ \mathrm{AD}^{\cdot} + \mathrm{BC}^+\end{cases} \quad \text{重排后裂分} \qquad (16\text{-}10)$$

$$\begin{aligned}\mathrm{ABCD}^{+\cdot} + \mathrm{ABCD} &\longrightarrow (\mathrm{ABCD})_2^{+\cdot}\\ &\longrightarrow \mathrm{BCD}^{\cdot} + \mathrm{ABCDA}^+ \quad \text{离子分子反应}\end{aligned} \qquad (16\text{-}11)$$

因而在所得的质谱图中可出现下述一些质谱峰，现根据不同的裂分情况进行讨论。

一、质谱峰类型及成因

1. 分子离子峰

式（16-8）形成的离子 $\mathrm{ABCD}^{+\cdot}$ 称为分子离子或母离子。因为多数分子易于失去一个电子而带一个正电荷，所以分子离子的质荷比值就是它的分子量。右上角的“+”表示分子离子带一个正电荷，“•”表示它有一个不成对的电子，是一个自由基。由此可见，分子离子既是一个正离子，又是一个自由基，这样的离子称为奇电子离子（odd-electron ion）。由上述过程也可知分子离子峰也是质谱中所有碎片离子的前驱体。

对于有机物，杂原子上未共用电子（n 电子）最易失去，其次是π电子，再其次是σ电子。所以对于含有氧、氮、硫等杂原子的分子，首先是杂原子失去一个电子而形成分子离子，此时正电荷位于杂原子上，例如：

$$RR'C=O \xrightarrow{-e^-} RR'C=\overset{+\cdot}{O}$$

上式中氧或氮原子上的“+•”表示一对未共用电子对失去一个电子而形成的分子离子。含双键无杂原子的分子离子，正电荷则位于双键的一个碳原子上：

当难以判断分子离子的电荷位置时可用以下方式表示（右上角）：

$$CH_3CH_2CH_3 \xrightarrow{-e^-} CH_3CH_2CH_3]^{+\cdot}$$

2. 同位素离子峰

除 P、F、I 外，组成有机化合物的常见的十几种元素，如 C、H、O、N、S、Cl、Br 等，它们都有同位素，它们的天然丰度如表 16-1 所示，因而在质谱中会出现由不同质量的同位素形成的峰，称为同位素离子峰。同位素峰的强度比与同位素的丰度比是相当的。另外，从表 16-1 可见，S、Cl、Br 等元素的同位素丰度高，因此含 S、Cl、Br 的化合物的分子离子或碎片离子，其 M + 2 峰强度较大，所以根据 M 和 M + 2 两个峰的强度比易于判断化合物中是否含有这些元素。

表 16-1　几种常见元素的精确质量、天然丰度及丰度比

元素	同位素	精确质量	天然丰度/%	丰度比（相对丰度）/%
H	^{1}H	1.007825	99.985	$^{2}H/^{1}H$　0.015
	^{2}H	2.014102	0.015	
C	^{12}C	12.000000	98.893	$^{13}C/^{12}C$　1.119
	^{13}C	13.003355	1.107	
N	^{14}N	14.003074	99.634	$^{15}N/^{14}N$　0.367
	^{15}N	15.000109	0.366	
O	^{16}O	15.994915	99.759	$^{17}O/^{16}O$　0.037 $^{18}O/^{16}O$　0.204
	^{17}O	16.999131	0.037	
	^{18}O	17.999159	0.204	

续表

元素	同位素	精确质量	天然丰度/%	丰度比（相对丰度）/%
F	^{19}F	18.998403	100.000	
S	^{32}S	31.972072	95.020	^{33}S/^{32}S　0.800 ^{34}S/^{32}S　4.441
	^{33}S	32.971459	0.760	
	^{34}S	33.967868	4.220	
Cl	^{35}Cl	34.968853	75.770	^{37}Cl/^{35}Cl　31.978
	^{37}Cl	36.965903	24.230	
Br	^{79}Br	78.918336	50.537	^{81}Br/^{79}Br　97.875
	^{81}Br	80.916290	49.463	
I	^{127}I	126.904477	100.000	

3. 碎片离子（fragmention）峰

产生分子离子只要十几电子伏特的能量，而电子轰击源常选用电子能量为 70 eV，因而除产生分子离子外，尚有足够能量致使化学键断裂，形成带正、负电荷和中性的碎片[在 EI 源中生成的负离子极少，见式（16-9）]，所以在质谱图上可以出现许多碎片离子峰。

在化学键断裂时，成键的两个电子可以分别归属于所生成的两个碎片，也可以同时归属于某一个碎片，前者称为化学键的均裂，后者称为化学键的异裂。

若为均裂，通常用半箭头符号表示一个电子的转移。例如：

$$CH_3-CH_3^{+\cdot} \longrightarrow CH_3^{\cdot} + CH_3^{+}$$

若为异裂，断键时涉及两个电子转移，用全箭头符号表示。碳卤键常发生异裂，例如：

$$CH_3-CH_2-Br^{+\cdot} \longrightarrow CH_3-CH_2^{+} + Br^{\cdot}$$

上两例中，碎片离子 CH_3^+ 和 $CH_3-CH_2^+$ 都没有不成对电子，称之为偶电子离子（even-electron ion），表示为“＋”。奇电子离子通过简单的单键断裂生成的离子皆为偶电子离子。由式（16-9）可见，分子离子峰通过并行的几种途径碎裂，各碎裂反应的速率不相同，故产生的碎片的相对丰度也各有强弱，这些情况都增加了质谱的复杂性。即使如此，碎片离子的形成和化学键的断裂与分子结构有关，用碎片峰仍可协助阐明分子的结构。

4. 重排离子（rearrangemention）峰

分子离子裂解为碎片离子时，有些碎片离子不是仅仅通过简单的键的断裂，而是通过分子内原子或基团的重排后裂分而形成的，这种特殊的碎片离子称为重排离子[式（16-10）]。重排远比简单断裂复杂，其中麦氏（McLafferty）重排是重排反应的一种常见而重要的方式。产生麦氏重排的条件是，与化合物中 C═X（如 C═O）基团相连的键上需要有三个以上的碳原子，而且在γ-碳上要有 H，即γ-氢。此γ-位的氢向缺电子的原子转移，然后引起一系列的单电子转移，并脱离一个中性分子。

$$\overset{+\cdot}{X}\ldots H\ldots R \;\text{(McLafferty)} \longrightarrow \overset{+\cdot}{X}{-}H \;(\text{vinyl}) + \text{R-CH=CH}_2$$

式中，半箭头⌒表示一个电子的转移发生均裂；—∘→表示在裂解过程中发生了重排。重排后的离子依旧是奇电子离子。

在酮、醛、链烯、酰胺、腈、酯、芳香族化合物、磷酸酯和亚硫酸酯等的质谱上，都可找到由这种重排产生的离子峰。有时环氧化合物也会产生这种重排。

5. 两价离子峰

分子受到电子轰击，可能失去两个电子而形成两价离子 M^{2+}。在有机化合物的质谱中，M^{2+}是杂环、芳环和高度不饱和化合物的特征。该离子峰虽不常见，亦可供结构分析参考。

6. 准分子离子峰

化学电离源、电喷雾电离源、大气压化学电离源及基质辅助激光解吸电离源中分子电离与 EI 电离完全不同，它们都是利用离子-分子反应使试样电离的，此时，绝大多数化合物不产生奇电子离子，而是产生$[M+H]^+$或$[M+Na]^+$，以及其他加合离子。由于这些离子与分子离子间有简单的关系，又被称为准分子离子（参见化学电离源）。

在 ESI 源等离子源中，如果调节毛细管上所施加电压的方向，使喷雾液滴带上负电荷，则可以得到带有负电荷的准分子离子峰，如$[M-H]^-$、$[M+HCOO]^-$等。准分子离子对于软电离技术而言，是最重要、最有价值的离子。

7. 离子分子反应

在离子源压强较高的条件下，试样在电离源中局部浓度过大，正离子可能与中性碎片进行碰撞而发生离子分子反应[式（16-11）]，形成质荷比大于原来分子的离子，如醚、酯、胺等的 EI 质谱中会出现$[M+H]^+$，这对 EI 谱图的解析会造成一定干扰，应尽量避免。但离子源处于高真空时，此反应可忽略，此时对谱图的解析影响不大。

8. 亚稳离子（metastable ion）峰

以上各种离子都是指稳定的离子。实际上，在电离、裂解或重排过程中所产生的离子，都有一部分处于亚稳态，这些亚稳离子同样被引出离子室。例如在离子源中生成质量为 m_1 的离子，当被引出离子源后，在离子源和质量分析器入口处之间的无场区飞行漂移时，由于碰撞等原因很易进一步分裂失去中性碎片而形成质量为 m_2 的离子，由于它的一部分动能被中性碎片夺走，这种 m_2 离子的动能要比在离子源直接产生的 m_2 小得多。但毕竟不是稳定的离子，在常规分析中不易观察到，故应用也少，但也是可以提供一些信息作为参考，感兴趣的读者可以查阅资料进行了解，这里不做详细阐述。

质谱图解析中，并不是所有离子峰都会出现，利用出现的离子峰解释合理即可。一般来说，出现了分子离子峰、同位素离子峰、碎片离子峰、重排离子峰这些主要的离子峰就基本上解决了问题。

二、实例分析

下面以甲基异丁基甲酮为例说明形成上述各种离子的过程，甲基异丁基甲酮的质谱图如图 16-16 所示。

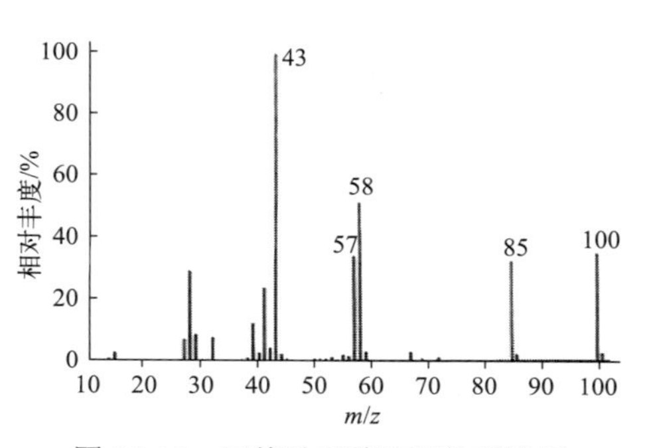

图 16-16　甲基异丁基甲酮的质谱图

从图 16-16 中可以得知：分子离子峰（m/z = 100）、碳同位素离子峰（m/z = 101、86、59、44）、碎片离子峰（m/z = 85、43、57）、重排离子峰（m/z = 58）。下面分析几个主要离子峰的形成过程。

（1）分子离子

$$H_3C-\underset{\underset{O}{\|}}{C}-CH_2-CH(CH_3)_2 + e^- \longrightarrow H_3C-\underset{\underset{\overset{\cdot +}{O}}{\|}}{C}-CH_2-CH(CH_3)_2 + 2e^-$$

M=100

（2）碎片离子

$$H_3C-\underset{\underset{O^{+\cdot}}{\|}}{C}-CH_2-CH(CH_3)_2 \xrightarrow{-\cdot CH_3} \underset{\underset{O^+}{\|}}{C}-CH_2-CH(CH_3)_2$$

m/z=85

$$H_3C-\underset{\underset{O^{+\cdot}}{\|}}{C}-CH_2-CH(CH_3)_2 \xrightarrow{-H_2\dot{C}-CH(CH_3)_2} H_3C-\underset{\underset{O^+}{\|}}{C}$$

m/z=43

$$\underset{\underset{O^+}{\|}}{C}-CH_2-CH(CH_3)_2 \xrightarrow{-CO} H_2\overset{+}{C}-CH(CH_3)_2$$

m/z=57

（3）重排后裂解

$$H_3C-\underset{\underset{H_2}{C}}{\overset{\overset{\overset{+\cdot}{O}\cdots H-CH_2}{\|}}{C}}-CH-CH_3 \xrightarrow{-CH_2=CH-CH_3} H_3C-\overset{\overset{\overset{+\cdot}{O}H}{|}}{C}=CH_2$$

m/z=58

第六节　质谱定性分析及谱图解析

质谱图可提供有关分子结构的许多信息，因而定性能力强是质谱分析的重要特点。以下简要讨论质谱在这方面的几个主要作用——分子量的测定、分子式的确定、化合物的鉴定和结构的确定、谱图检索。

一、分子量的测定

从分子离子峰可以准确地测定该物质的分子量，这是质谱分析的独特优点，它比经典的分子量测定方法（物理化学上的冰点下降法、沸点上升法、渗透压力测定法等）快而准确，且所需试样量少（一般为 0.1 mg）。测定的关键是分子离子峰的判断，判断出了分子离子峰才能知道分子量。为什么分子离子峰的判断是关键？由于同位素的存在等原因，在质谱中最高质荷比的离子峰不一定是分子离子峰——可能出现 M+1、M+2 峰；另一方面，分子离子可能不稳定，有时甚至不出现分子离子峰。因此，在判断分子离子峰时应注意以下一些问题。

（1）分子离子稳定性的一般规律　分子离子的稳定性与分子结构有关。碳数较多，碳链较长（有例外）和有链分支的分子，分裂概率较高，其分子离子峰的稳定性低；具有π键的芳香族化合物和共轭链烯，分子离子稳定，分子离子峰大。分子离子稳定性的顺序为：芳香环＞共轭链烯＞脂环化合物＞直链的烷烃类＞硫醇＞酮＞胺＞酯＞醚＞分支较多的烷烃类＞醇。当然，这是一般规律，化合物常为多基团物质，实际并非上述的稳定性顺序，会有一些变化。

（2）分子离子峰质量数的规律（氮律）　由C、H、O组成的有机化合物，分子离子峰的质量一定是偶数。而由C、H、O、N、P组成的化合物，含奇数个N，分子离子峰的质量是奇数；含偶数个N，分子离子峰的质量则是偶数。这一规律称为氮律。凡不符合氮律者，就不是分子离子峰。

（3）分子离子峰与邻近峰的质量差是否合理　如有不合理的碎片峰，就不是分子离子峰。例如分子离子不可能裂解出两个以上的氢原子和小于一个甲基的基团，故分子离子峰的左边，不可能出现比分子离子峰质量小3～14个质量单位的峰；若出现质量差15或18，这是由于裂解出$\cdot CH_3$或一分子水，因此这些质量差都是合理的。表16-2列出了从有机化合物中易于裂解出的自由基（附有黑点的）和中性分子的质量数，这对判断质量差是否合理和解析裂解过程有参考价值。

表16-2　一些常见的游离基和中性分子的质量数

质量数	游离基或中性分子	质量数	游离基或中性分子
15	$\cdot CH_3$	45	$CH_3CHOH\cdot$，$CH_3CH_2O\cdot$
17	$\cdot OH$	46	CH_3CH_2OH，NO_2，$(H_2O+CH_2{=}CH_2)$
18	H_2O	47	$CH_3S\cdot$
26	$CH{\equiv}CH$，$\cdot C{\equiv}N$	48	CH_3SH
27	$CH_2{=}CH\cdot$，$HC{\equiv}N$	50	$\cdot CH_3Cl$
28	$CH_2{=}CH_2$，CO	54	$CH_2{=}CH{-}CH{=}CH_2$
29	$CH_3CH_2\cdot$，$\cdot CHO$	55	$\cdot CH_2{=}CHCHCH_3$
30	$NH_2CH_2\cdot$，CH_2O，NO	56	$CH_2{=}CHCH_2CH_3$
31	$\cdot OCH_3$，$\cdot CH_2OH$，CH_3NH_2	57	$\cdot C_4H_9$
32	CH_3OH	59	$CH_3O\dot{C}{=}O$，CH_3CONH_2
33	$HS\cdot$，$(\cdot CH_3+H_2O)$	60	C_3H_7OH
34	H_2S	61	$CH_3CH_2S\cdot$
35	$Cl\cdot$	62	$(H_2S+CH_2{=}CH_2)$
36	HCl	64	CH_3CH_2Cl
40	$CH_3C{\equiv}CH$	68	$CH_2{=}C(CH_3){-}CH{=}CH_2$
42	$CH_2{=}CHCH_3$，$CH_2{=}C{=}O$	71	$\cdot C_5H_{11}$
43	$C_3H_7\cdot$，$CH_3CO\cdot$，$CH_2{=}CH{-}O\cdot$	73	$CH_3CH_2O\dot{C}{=}O$
44	$CH_2{=}CHOH$，CO_2		

实际上，有相当部分的化合物的分子离子峰的相对强度非常小，甚至不出现。这时无法从EI源的质谱图上直接得到分子量，若采用软电离技术，如CI、ESI、APCI、MALDI等，则可以得到较强的准分子离子峰或分子离子峰，并以此计算这些化合物的分子量。

二、分子式的确定

高分辨质谱仪可精确地测定分子离子或碎片离子的质荷比（误差可小于 10^{-9}），故可利用元素的精确质量及丰度比（相对丰度）（表 16-1）求算其元素组成。例如 CO、C_2H_4、N_2 的质量数都是 28，但它们分子量的精确值是不同的。它们分子量的精确值分别是：CO 27.99491475，C_2H_4 28.03130024，N_2 28.00614814。因而可通过精确值测定来进行推断，对于复杂分子的分子式同样可计算求得。这种计算虽麻烦，但可由计算机完成，即在测定其精确质量值后由计算机计算给出化合物的分子式。这是目前最为方便、迅速、准确的方法。现在的高分辨质谱仪都具有这种功能。

对于分子量较小，分子离子峰较强的化合物，在低分辨的质谱仪上，可通过同位素相对丰度法推导其分子式，对丰度大的元素（如 Cl、Br、S）的化合物尤为合适。

各元素具有一定的同位素天然丰度（参见表 16-1），因此不同的分子式，其（M＋1）/M 和（M＋2）/M 的百分比都将不同。若以质谱法测定分子离子峰及其分子离子的同位素峰（M＋1，M＋2）的相对强度，就能根据（M＋1）/M 和（M＋2）/M 的百分比来确定分子式。为此，J. H. Beynon 等计算了含碳、氢、氧和氮的各种组合的质量和同位素丰度比。现举例说明其应用。

某化合物，根据其质谱图，已知其分子量为 150，由质谱测定，m/z = 150、151 和 152 的强度比为：

M（150）	100%
M＋1（151）	9.9%
M＋2（152）	0.9%

试确定此化合物的分子式。

从（M＋2）/M＝0.9%可见，该化合物不含 S、Br 或 C，在 Beynon 的表中分子量为 150 的分子式共 29 个，其中（M＋1）/M 的百分比在 9%～11%的分子式有如下 7 个，见表 16-3。

表 16-3　七种可能的分子式

序号	分子式	（M＋1）/%	（M＋2）/%
1	$C_7H_{10}N_4$	9.25	0.38
2	$C_8H_8NO_2$	9.23	0.78
3	$C_8H_{10}N_2O$	9.61	0.61
4	$C_8H_{12}N_3$	9.98	0.45
5	$C_9H_{10}O_2$	9.96	0.84
6	$C_9H_{12}NO$	10.34	0.68
7	$C_9H_{14}N_2$	10.71	0.52

此化合物的分子量是偶数，根据前述氮律，可以排除上列第 2、4、6 三个分子式，剩下四个分子式中，M＋1 与 9.9%最接近的是第 5 式（$C_9H_{10}O_2$），这个式子的 M＋2 也与 0.9%很接近，因此分子式可能为 $C_9H_{10}O_2$。

上例中已提及，根据同位素离子峰可判断某些元素（如 Cl、Br、S 等）是否存在。由表 16-1 可见，有些元素具有较大的丰度比，例如 $^{37}Cl/^{35}Cl$ 的丰度比为 31.978%，即 x（^{37}Cl）：

$x(^{35}Cl) \approx$ 1：3，因此若碎片离子含有一个 Cl，就会出现强度比为 3：1 的 M 和 M+2 峰。如一氯乙烷 CH_3CH_2Cl 的质谱（图 16-17），在 m/z 为 64/66 和 49/51 处各出现强度比为 3：1 的二连峰。碎片离子的形成如下：

$$CH_3-CH_2-\overset{+\cdot}{Cl} \begin{cases} \rightarrow CH_2=\overset{+\cdot}{Cl} \\ \rightarrow CH_2=CH_2^{\rceil +\cdot} \end{cases}$$

同样，若含有一个 Br（$^{81}Br/^{79}Br$ 丰度比 97.875%），质谱图上就会出现一个强度比大约 97.875%的 M + 2 和 M 二连峰。碎片离子如果含两个以上的同位素，则可用 $(a+b)^n$ 的展开式来计算大概的丰度比，式中 a 和 b 分别为轻同位素和重同位素的比例，n 为该元素的数目。例如 CCl_4（$M = 152$）的质谱（图 16-18）：

对于 $CCl_3^{\rceil +\cdot}$，$x(^{35}Cl):x(^{37}Cl) = 75.77:24.23 \approx 3:1$，故 $a=3$，$b=1$，$n=3$，$(a+b)^3 = a^3 + 3a^2b + 3ab^2 + b^3 = 27 + 27 + 9 + 1$，故 $CCl_3^{\rceil +\cdot}$ 是由 m/z = 117、119、121 和 123 组成的四连峰，它们的强度比为 27：27：9：1。

对于 $CCl_2^{\rceil +\cdot}$，$(a+b)^2 = a^2 + 2ab + b^2 = 9 + 6 + 1$，故由 m/z = 82、84、86 组成三连峰，强度比为 9：6：1。

对于其余两个碎片离子，则分别为强度比 3：1 的二连峰，图 16-18 中显示也是如此。

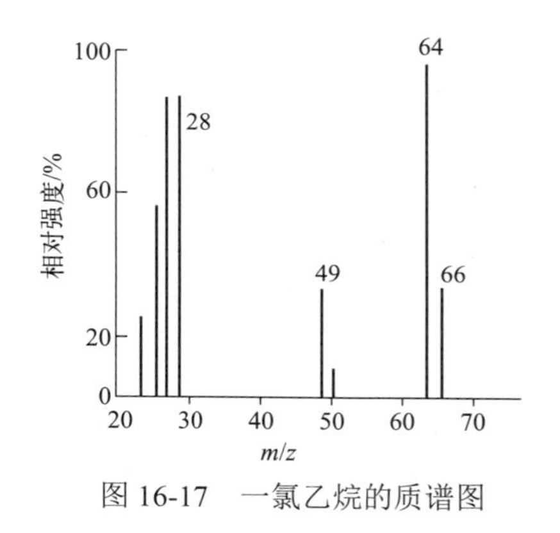

图 16-17　一氯乙烷的质谱图

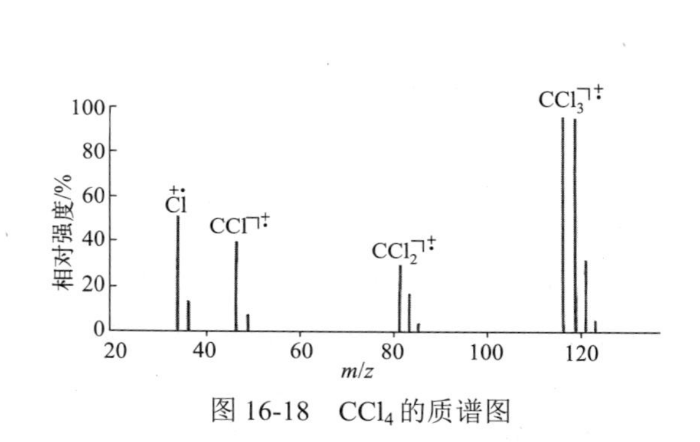

图 16-18　CCl_4 的质谱图

三、化合物的鉴定和结构的确定

有了谱图，还可以根据裂解模型对化合物进行鉴定并确定其结构。各种化合物在一定能量的离子源中是按照一定的规律进行裂解而形成各种碎片离子的，因而表现出一定的质谱图。所以根据裂解后形成的各种离子峰就可以鉴定物质的组成及结构。

例如有一未知物，经初步鉴定是一种酮，它的质谱图如图 16-19 所示，图中分子离子质荷比为 100，因而这个化合物的分子量 M 为 100。质荷比为 85 的碎片离子可认为是由分子断裂 $\cdot CH_3$（质量 15）碎片后形成的。质荷比为 57 的碎片离子则可以认为是再断裂

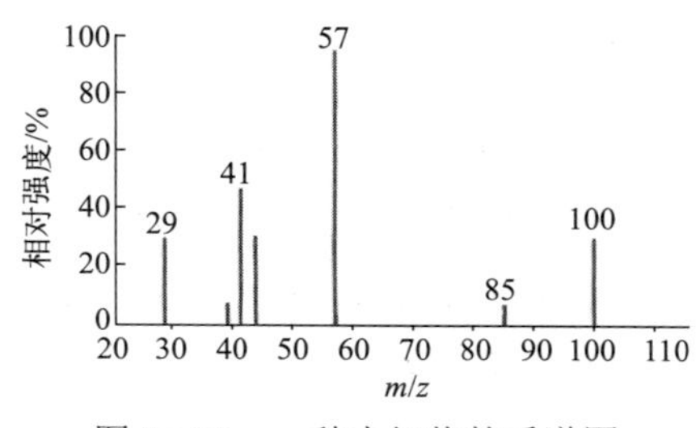

图 16-19　一种未知物的质谱图

CO（质量 28）碎片后形成的。质荷比为 57 的碎片离子峰丰度很高，是标准峰，表示这个碎片离子很稳定，也表示这个碎片和分子的其余部分是比较容易断裂的。这个碎片离子很可能是 $(H_3C)_2C{-}CH_3^{\urcorner +}$。于是整个断裂过程可以表示如下：

$$\text{未知物}\ (M=100) \xrightarrow{\text{断裂}\cdot CH_3} \text{碎片离子}\ (m/z=85) \xrightarrow{\text{断裂 } CO} (H_3C)_2C{-}CH_3^{\urcorner +}\ (m/z=57)$$

由分子式计算其不饱和度 $U=1$，可确定有一双键，因而这个未知酮的结构式很可能是 $CH_3{-}CO{-}C(CH_3)_3$。为了验证这个结构式，还可以采用其它分析手段，例如红外光谱、核磁共振等。

图 16-19 中质荷比为 41 和 29 的两个质谱峰，则可认为是$[C(CH_3)_3]^+$碎片离子进一步重排和断裂后所生成的碎片离子峰，这些重排和断裂过程可表示如下：

$$(H_3C)_2C{-}CH_3^{\urcorner +} \xrightarrow[CH_4(\text{分子量为}16)]{\text{重排并断裂}} \text{HC}{-}\text{CH}_2^{\urcorner +},\ \text{CH}_2\ (\text{环})\quad m/z=41$$

$$(H_3C)_2C{-}CH_3^{\urcorner +} \xrightarrow{\text{重排}} \overset{+}{C}H{-}CH_3 \,|\, CH_2{-}CH_3 \xrightarrow[-CH-CH_3]{\text{断裂}} CH_2{-}CH_3^{\urcorner +}\quad m/z=29$$

四、谱图检索

以质谱鉴定化合物及确定结构更为快捷、直观的方法是计算机谱图检索，质谱仪的计算机数据系统贮存了大量已知有机化合物的标准谱图构成谱库。这些标准谱图绝大多数是用电子轰击离子源在 70 eV 电子束轰击，于双聚焦质谱仪上做出的。被测有机化合物试样的质谱图是在同样条件（EI 离子源，70 eV 电子束轰击）下得到的，然后用计算机按一定的程序与计算机内存标准谱图对比，计算出它们的相似性指数（或称匹配度），给出几种较相似的有机化合物名称、分子量、分子式或结构式等，并提供试样谱和标准谱的比较谱图。目前，大多数有机质谱仪厂家提供的谱库内存有有机化合物的标准谱图十多万张，并在不断增加中。这样，确定未知物的分子式和结构就很方便了。

第七节　质谱定量分析

以质谱法进行多组分有机混合物的定量分析时，应满足一些必要的条件，例如：

①组分中至少有一个与其它组分有显著不同的峰；②各组分的裂解模型具有重现性；③组分的灵敏度具有一定的重现性（要求 1%）；④每种组分对峰的贡献具有线性加和性；⑤有适当的标准物对仪器进行校正；等等。

对于含有 n 个组分的混合物：

$$i_{11}p_1 + i_{12}p_2 + \cdots + i_{1n}p_n = I_1$$

$$i_{21}p_1+i_{22}p_2+\cdots+i_{2n}p_n=I_2$$

$$\cdots$$

$$i_{m1}p_1+i_{m2}p_2+\cdots+i_{mn}p_n=I_m$$

式中，i_m表示在混合物的质谱图上于质量m处的峰高（离子流）；i_{mn}表示组分n在质量m处的离子流；p_n表示混合物中组分n的分压强。

故以纯物质校正i_m、p_n，测得未知混合物i_m，通过解上述多元一次联立方程组即可求出各组分的含量。

早期的质谱定量分析，主要应用于石油工业中烷烃、芳烃组分分析。但这些方法费时费力，因而已应用 GC-MS 联用技术对各类复杂有机混合物进行定量分析。

第八节　常见质谱联用简介

一、气相色谱-质谱联用（GC-MS）

如前所述，质谱法具有灵敏度高、定性能力强等特点，但进样要纯，才能发挥其特长，但进行定量分析又较复杂；而气相色谱法则具有分离效率高、定量分析简便的特点，但定性能力却较差。因此这两种方法若能联用，可以相互取长补短，其优点如下：

① 气相色谱仪是质谱法的理想的“进样器”，试样经色谱分离后以纯物质形式进入质谱仪，就可充分发挥质谱法的特长。

② 质谱仪是气相色谱法的理想的“检测器”，色谱法所用的检测器如氢火焰离子检测器、热导池检测器、电子捕获检测器等都有局限性，而质谱仪几乎能检出全部化合物，灵敏度又很高。

所以，色谱-质谱联用技术既发挥了色谱法的高分离能力，又发挥了质谱法的高鉴别能力。这种技术适用于多组分混合物中未知组分的定性鉴定；可以判断化合物的分子结构；可以准确地测定未知组分的分子量；可以修正色谱分析的错误判断；可以鉴定出部分分离甚至未分离开的色谱峰；等等。正因如此，质谱分析日益受到重视，现在很多先进的质谱仪器都具有联用的气相色谱仪，并配有计算机（化学工作站）使得检测智能化、自动化。

图 16-20 是气相色谱-质谱联用仪组成的方框示意图，有机混合物通过色谱柱分离后经接口（interface）进入离子源被电离成离子，离子在进入质谱的质量分析器前，在离子源与质量分析器之间，有一个总离子流检测器，以截取部分离子流信号。实际上，总离子流强度的变化正是流入离子源的色谱组分变化的反映，因而总离子流强度与时间或扫描数变化曲线就是混合物的色谱图，称为总离子流色谱（TIC）图。另一种获得总离子流色谱图的方法是利用质谱仪自动重复扫描，由计算机收集，计算并再现出来，此时总离子流检测系统可省略。对 TIC 图的每个峰，可同时给出对应的质谱图，由此可推测每个色谱峰的结构组成。在相同条件下，由 GC-MS 得到的总离子流色谱图与由普通气相色谱仪所得的色谱图大体相同。各个峰的保留时间、峰高、峰面积可作为各峰的定量参数。一般 TIC 的灵敏度比 GC 的氢火

焰离子化检测器高 1～2 个数量级，它对所有的峰都有相近的响应值，是一种通用型检测器。

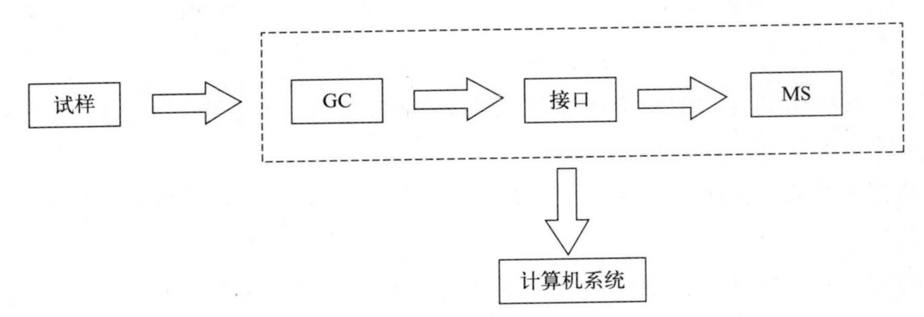

图 16-20 气相色谱-质谱联用仪组成方框图

实现 GC-MS 联用的关键是接口装置，色谱仪和质谱仪就是通过它连接起来的。因为通常色谱柱出口处于常压，而质谱仪则要求在高真空下工作，所以将这两者联结起来时需要有一接口起到传输试样，匹配两者工作气压（工作流量）的作用。早期的 GC 与 MS 联用使用填充柱气相色谱，由于柱子中载气的流量大，因此联用时必须经过一个分子分离器作为接口将载气与试样分子分离，匹配两者的工作气压。喷射式分子分离器是其中常用的一种，其构造如图 16-21 所示。色谱柱出口的具有一定压强的气流，通过狭窄的喷嘴孔，以超声膨胀喷射方式喷向真空室，在喷嘴出口端产生扩散作用，扩散速率与分子量的平方根成反比，质量小的载气（在色谱-质谱联用仪中用氦作为载气）大量扩散，被真空泵抽除；组分分子通常具有大得多的质量，因而扩散得慢，大部分按原来的运动方向前进，进入质谱仪部分，这样就达到分离载气、浓缩组分的目的。为了提高效率，可以采用双组喷嘴分离器。

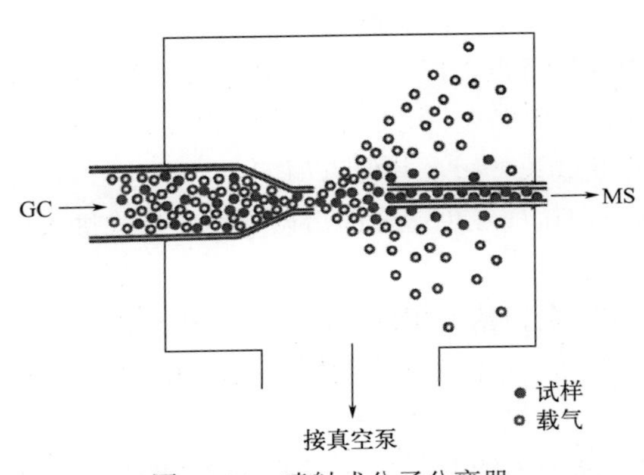

图 16-21 喷射式分子分离器

在联用仪中一般用氦作载气，原因有以下几点：

① He 的电离电位为 24.6 eV，是气体中最高的（H_2、N_2 为 15.8 eV），它难以电离，不会因气流不稳而影响色谱图的基线。

② He 的分子量只有 4，易与其它组分分子分离。

③ He 的质谱峰很简单，主要在 $m/z = 4$ 处出现，不干扰后面的质谱峰。

由于填充柱的分离效率不高，柱中固定液易流失而引致质谱仪污染从而使维护的成本提高。因此毛细管柱气相色谱在联用中得到更广泛的应用。由于毛细管柱载气流量大大下降，一般为 1～3 mL/min，所以可实现直接导入式接口，亦即将毛细管色谱柱的末端直接插入质谱离子源内，接口只起保护插入段毛细管柱和控制温度的作用。直接导入式接口的进样可采用分流式和不分流式两种方式。分流式是在毛细管的出口处将载气分为两部分，然后将质谱能承受的部分载气和试样引入质谱仪中，其余部分放空，以保持色谱柱出口压强为常压，不降低毛细管柱的分离效率，并避免过量的试样进入质谱仪中引起离子源的污染；但采用分流进样，引入质谱仪的试样只有几十分之一，对微量组分的检测不利，为此应采用不分流进样。一般的 GC-MS 仪器同时具备这两种操作方式，可根据分离情况与试样中各组分的含量进行选择。气相色谱与质谱联用后，每秒可获数百至数千质量数离子流的信息数据，因此计算机系统（化学工作站）是一个重要而必需的组件，用来采取和处理大量数据，并对联用系统进行操作及控制。

由于 GC-MS 所具有的独特优点，目前已得到十分广泛的应用。一般说来，凡能用气相色谱法进行分析的试样，大部分都能用 GC-MS 进行定性鉴定及定量测定。环境分析是 GC-MS 应用最重要的领域。水（地表水、废水、饮用水等）、危害性废弃物、土壤中有机污染物、空气中挥发性有机物、农药残留等的 GC-MS 分析方法已被美国环保局（EPA）及许多国家的机构采用，有的已以法规形式确认，这也促使其向其它法规性应用领域扩展，例如法医毒品的鉴定、公安案例的物证、体育运动中兴奋剂的检验等，已形成或将形成一系列法定性或公认的标准方法。

二、液相色谱-质谱联用（LC-MS）

生命过程中的化学研究是当前化学学科发展的前沿领域之一，科学和技术的发展为研究生物化学问题提供了一系列很有效的技术，其中包括色谱技术、质谱技术等。为了适应生命科学基础研究及高技术发展的需要，质谱技术研究的热点集中于两方面：其一是发展新的软电离技术，以分析高极性、热不稳定、难挥发的生物大分子（如蛋白质、核酸、聚糖等）；其二是发展液相色谱与质谱联用的接口，以分析生物复杂体系中的痕量组分。

对于高极性、热不稳定、难挥发的大分子有机化合物，使用 GC-MS 有困难，而液相色谱的应用不受沸点的限制，并能对热稳定性差的试样进行分离、分析。然而液相色谱的定性能力更弱，因此液相色谱与有机质谱的联用，其意义是显而易见的。由于液相色谱的一些特点，在实现联用时所遇到的困难比 GC-MS 大得多。它需要解决的问题主要有两方面：液相色谱流动相对质谱工作条件的影响以及质谱离子源的温度对液相色谱分析试样的影响。HPLC 流动相的流速一般为 1～2 mL/min，若为甲醇，其汽化后换算成常压下的气体流速为 560 mL/min（水为 1250 mL/min）。质谱仪抽气系统通常仅在进入离子源的气体流速低于 10 mL/min 时才能保持所要求的真空。另一方面，液相色谱的分析对象主要是难挥发和热不稳定物质，这与质谱仪常用的离子源要求试样汽化是不相适应的。为了解决上述矛盾以实现联用，早期 LC-MS 接口技术的研究主要集中在去除 LC 溶剂方面，化学家们在此取得了一定成效。而电离技术中电子轰击离子源、化学电离源等经典方法并不适用于难挥发、热不稳定化合物。20 世纪 80 年代以后，LC-MS 的研究出现大气压化学电离（atmospheric pressure chemical ionization，APCI）源接口、电喷雾电离（electrospray ionization, ESL）源接口、粒子束（particle beam, PB）接口等技术后才有突破性发展。液相色谱技术中 3 μm 颗粒固定相及细径柱的使用，提高了柱效，大大降低了流动相流量。这些都促进了 LC-MS 的进展。现在 LC-MS 已成为生命科学医药和临床医学、化学和化工领域中最重要的工具之一。它的应用正迅速向环境科学、农业科学等众多方面发展。

但是值得注意的是，各种接口技术都有不同程度的局限性，迄今为止，还没有一种接口技术具有像 GC-MS 接口那样的普适性。因此对于一个从事多方面工作的现代化实验室，需要具备几种 LC-MS 接口技术，以适应 LC 分离化合物的多样性。

与 GC-MS 类似，LC-MS 既可以用于复杂混合物的定性分析，也是一种极其有效的痕量组分的定量手段。在定性分析方面，由于 LC-MS 采用软电离方式，获得的主要是准分子离子峰，若能与高分辨质谱如飞行时间质谱和离子回旋共振质谱等质谱仪联用，则能得到精确分子量，并以此推测 TIC 谱图中各色谱峰对应化合物的分子式。若液相色谱与四极杆-飞行时间质谱（Q-TOF）等串联质谱联用，则可将一级质谱 Q 中的母离子（如准分子离子峰）引入第二级质谱 TOF 中，获得其碎片信号（子离子谱），并依据质谱裂解规律推测母离子的结构。但目前 LC-MS 仪器中没有商品化的标准质谱库供检索使用。

液相色谱-质谱联用正在更加广泛地应用于定量分析中。若与色谱仪（液相色谱和气相色谱均是如此）连接的是单质谱（非串联质谱），可以采用选择离子监测（selected ion monitor，SIM）方式，即选择目标化合物的某个或某些特定离子进行跳跃式扫描检测，检测这些离子得到的 TIC 峰面积可作为定量依据进行定量分析。若连接的是串联质谱，则可以采用多反应选择监测（selective reaction monitor，SRM 或 multi reaction monitor，MRM）方式，即在目标化合物的一级质谱中选择一个母离子，碰撞后，从形成的子离子中选择某个或某些特定离子进行扫描检测。通过两次选择，定量测定的信噪比将比 SIM 大幅提高，尤其适合于基质复杂的试样中痕量组分的分析。基于定性与定量分析方面的优势，近年来，色谱-串联质谱的发展十分迅猛，串接不同类型质量分析器的液质联用仪已成为液相色谱-质谱联用领域的主流产品，为生命科学、医药和临床医学、化学和化工、环境科学、食品科学、农业科学等众多学科领域提供了强有力的检测和研究工具。

三、质谱-质谱联用（MS-MS）

质谱-质谱联用是将两个甚至多个质量分析器串联使用的一种联用技术。其组成和原理如图 16-22 所示。一个质谱装置 MS-Ⅰ用于质量分离，另一个质谱装置 MS-Ⅱ获得质谱图，每一个都可独立操作，并通过活化碰撞室将它们连接起来，因此又称为串联质谱（tandem MS）。MS-MS 联用技术对有机化合物结构研究很有用，同时，还可直接进行混合有机化合物鉴定，因而受到重视并有多类型的商品仪器。

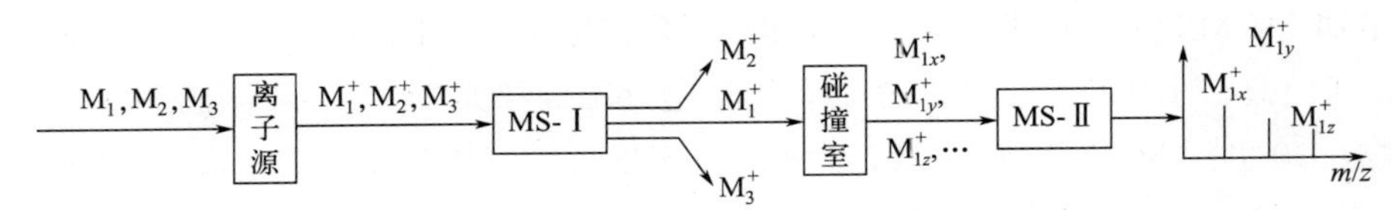

图 16-22　MS-MS 组成及原理示意图

MS-MS 仪器有多种不同的配置形式，有磁式质谱-质谱仪：BEB（B 为磁分析器，E 为静电分析器）、EBE、BEBE 等；四极杆质谱-质谱仪：QQQ（Q 为四极杆质量分析器）等；混合型质谱-质谱仪：EBQQ、BTOF（TOF 为飞行时间质谱计）、QTOF 等。由于离子阱和离子回旋共振质谱可以先选择性地储存某一 m/z 值的离子，再直接使其碎裂并进行离子分离，故无需与其他质量分析器串联，自身即可进行 MS-MS 分析，现简要讨论几类串联质谱的工作原理和特点。

1. 磁式质谱-质谱仪

如 B_1EB_2，第一个磁分析器 B_1 用于混合物的质量分离，静电分析器 E 和第二个磁分析器 B_2 组成双聚焦高分辨质谱仪。B_1 设定在某一状态分离出特定离子（如分子离子或准分子离子），导入 B_1 和 EB_2 之间的无场区所设置的碰撞室，采用碰撞诱导解离（collision induced dissociation，CID）技术活化，此时由 B_1 导入的高速运动的离子与碰撞室中的中性气体分子（He 或 N_2 等气体，压强 10^{-2}～10^{-3} Pa）碰撞而活化，使离子的部分动能转化为内能导致碎裂，从而大大增加破碎概率，提高了检测灵敏度和重现性，使 CID 谱图可作为定性检测的依据。

由上述可见，混合组分经第一个质谱装置（MS-Ⅰ）质量分离所挑选的母离子通过碰撞活化形成子离子谱（daughter ion spectrum）。可把 MS-Ⅰ和碎裂区域看作第二个质谱装置（MS-Ⅱ，如 EB_2）的离子源，因而可直接进行混合物的分析。若是纯化合物组分，那么据来自分子离子及其重要碎片峰与它们相应的子离子峰的信息，可得到碎片峰的可能组成，建立各离子之间的关系，甚至区分在正常的 EI 谱中难以区分的异构体。对于分子量大、热不稳定的化合物，子离子扫描特别适合于从软电离（如 CI、ESI、APCI）的分子离子中获得分子的结构信息。这是 MS-MS 联用的一个功能。除此之外 MS-MS 还有其他功能。例如，MS-Ⅰ采用正常的扫描方式，而 MS-Ⅱ则选定让某一质荷比的离子通过。MS-Ⅰ扫描的结果可找出选定质荷比离子的所有母离子，称为母离子谱（parent ion spectrum），可用以研究一组相关的化合物。若将 MS-Ⅰ和 MS-Ⅱ以保持某一质荷比差值同步扫描，例如，设定的质荷比差值为 18，可同时通过两个质量分析器的离子，一定在 CID 碰撞室中丢失一个质量数为 18 的中性碎片，即丢失一分子水，因此这种扫描方式可检测出若干成对离子，它们有相同的中性碎片离子，称为恒定中性丢失谱（constant neutral less spectrum）。中性丢失谱可在复杂混合物中迅速检测具有类似结构的系列化合物。由此可见，MS-MS 联用技术对分析复杂混合体系中的各种目标物，推测未知离子的结构及探讨质谱裂解机理都非常有用。

2. 三重四极杆质谱仪（triple quadrupole MS，$Q_1Q_2Q_3$）

Q_1 用于质量分离，选出所研究的（母）离子，中间的 Q_2 在其四极杆上仅加射频电压，用来进行碰撞活化，Q_3 和检测器用于质谱检测。选定的母离子经碰撞活化产生所有子离子，与磁式 MS-MS 一样，可得到子离子谱及母离子谱，若控制 Q_1 和 Q_3 保持固定的质量差进行同步扫描，亦可得到中性丢失谱。三重四极杆质谱仪具有高速扫描、操作简便、灵敏度高的优点，尤其适合于色谱-质谱联用。

3. 混合型质谱-质谱仪（hybrid MS-MS）

如 BEQ_1Q_2，它具有双碰撞活化的功能。用 B 选出的离子，在 B 和 E 之间进行第一次碰撞活化，高能量的离子经碰撞活化产生子离子，以 E 选出某一种子离子，经过减速系统的减速作用后，在 Q_1 进行第二次碰撞活化，产生低能量碰撞诱导活化的碎裂产物，这种子离子

（相当于 E 选出的离子是二级子离子）以 Q_2 进行检测，因而可同时检测高、低能量碰撞碎裂产物，给出较全面的离子的信息。

四、电感耦合等离子体质谱（ICP-MS）

近年来，无机质谱技术也得到了快速发展，其中的电感耦合等离子体质谱（inductively coupled plasma mass spectrometry，ICP-MS）是 20 世纪 80 年代发展起来的一种新的质谱联用技术。电感耦合等离子体的中心通道温度高达 6000～8000 K，引入的试样被蒸发、解离、原子化和离子化，并具有高的单电荷分析物产率，低的双电荷离子、氧化物及其他分子复合离子产率，是比较理想的电离源。ICP-MS 将电感耦合等离子体对无机元素的高温电离特性与质谱仪的高选择性、高灵敏度检测特性结合，形成一种多元素（包括同位素）同时测定的超痕量元素分析技术。

ICP-MS 仪器的基本组成包括试样引入系统、ICP 电离源、接口、质量分析器、离子检测器、真空系统等。其基本结构如图 16-23 所示。试样引入系统将试样直接汽化或转化成气态或气溶胶的形式送入高温等离子体焰炬；试样原子或分子在 ICP 高温焰炬中发生电离，转化为带电荷离子；离子通过接口后形成试样离子流，经过离子聚焦后，进入质量分析器，如四极杆、离子阱、飞行时间、双聚焦等质量分析器，使不同质荷比的离子得以分离；最后这些离子经检测器检测及数据处理系统处理，形成质谱图。利用质谱图中信号的质荷比可进行试样中元素的定性分析，利用离子信号的强度可进行待测元素的定量分析。

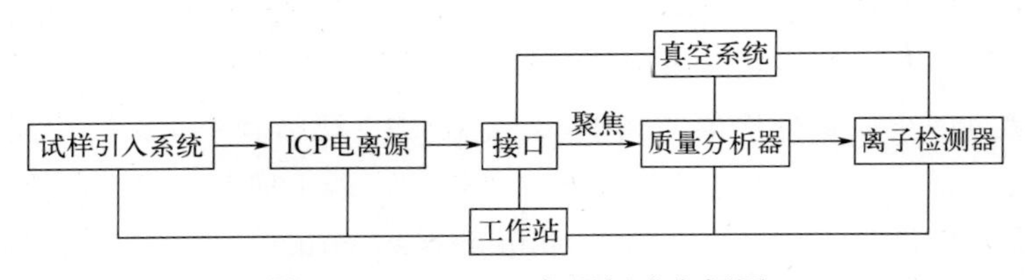

图 16-23 ICP-MS 仪器组成方框图

ICP-MS 仪器中接口的功能是将等离子体中的离子有效地传输到质谱仪中，并保持离子一致性及完整性。质谱仪要求在高真空（0~10^{-5} Pa）和较低温度(约 300 K）条件下工作，而 ICP 则是在常压和高温（约 7500 K）条件下工作。双锥接口可以有效地解决这些矛盾，如图 16-24 所示。等离子体的中心部分进入接口，双锥接口由采样锥（孔径 0.8～1.2 mm）和截取锥（0.4～0.8 mm）组成，两锥之间为第一级真空，离子束以超声速通过采样锥孔并迅速膨胀，形成超声射流通过截取锥。中性粒子和电子在此处被分离掉，而离子进入离子透镜系统被聚焦，并传输至质量分析器。

ICP-MS 的试样引入技术多样，最常见的仍是溶液雾化法。与等离子体发射光谱类似，一般需将试样消解后再进行分析。由于 ICP-MS 的分析对象通常是痕量元素，故在试样制备时需特别注意污染、损失问题。液相色谱法、气相色谱法、毛细管电泳法等也可以作为 ICP-MS 的试样引入方法，这些色谱与 ICP-MS 的联用技术在元素形态分析中得到了广泛的应用。

ICP-MS 与 ICP-AES 相比，具有分析灵敏度更高、分析速度更快、线性范围更宽等优点，可以同时测量溶液中含量低至 ng/L 级的元素。对于多种元素其检出能力甚至优于石墨炉原子吸收光谱法，因此，被广泛应用于半导体、地质、环境、食品检测等领域，在痕量金属检测技术中占有重要地位。

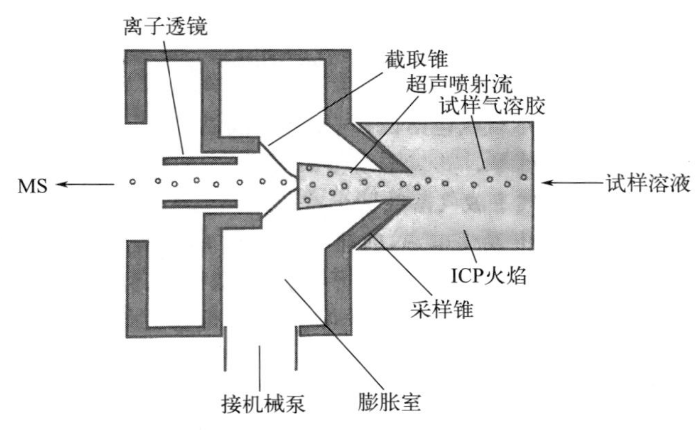

图 16-24　双锥接口的 ICP-MS 仪器示意图

思考与练习题

1. 以单聚焦质谱仪为例，说明组成仪器各个主要部分的作用及原理。

2. 双聚焦质谱仪为什么能提高仪器的分辨率？

3. 试述飞行时间质谱计的工作原理，它具有什么特点？

4. 比较电子轰击离子源、场致电离源及场解析电离源的特点。

5. 试述化学电离源的工作原理。

6. 有机化合物在电子轰击离子源中有可能产生哪些类型的离子？从这些离子的质谱峰中可以得到一些什么信息？

7. 如何利用质谱信息来判断化合物的分子量？判断分子式？

8. 色谱与质谱联用后有什么突出优点？

9. 如何实现气相色谱-质谱联用？

10. 试述液相色谱-质谱联用的迫切性。

参考文献

[1] 北京大学化学系仪器分析教学组. 仪器分析教程. 北京: 北京大学出版社, 1997.

[2] Persson B N J. On the theory of surface-enhanced Raman scattering. Chem Phys Lett, 1981, 82: 561-565.

[3] 陈国珍, 黄贤智, 刘文远, 等. 紫外-可见光分光光度法（上册）. 北京: 原子能出版社, 1983.

[4] 陈体清. 仪器分析. 上海: 上海科学技术文献出版社, 1990.

[5] 戴树桂, 陈新坤. 仪器分析. 北京: 高等教育出版社, 1984.

[6] 邓勃. 原子吸收分光光度法. 北京: 清华大学出版社, 1982.

[7] 邓勃, 李玉珍, 刘明钟. 实用原子光谱分析. 北京: 化学工业出版社, 2003.

[8] Jeanxnaire D L, Van Duyne R P. Surface Raman spectroelectrochemistry: Part I. Heterocyclic, aromatic, and aliphatic amines adsorbed on the anodized silver electrode. J Electroanal Chem Interface Electrochem, 1977, 84: 1-20.

[9] 董庆年. 红外光谱法. 北京: 石油化学工业出版社, 1977.

[10] Olsen E D. Modern optical methods of analysis. New York: McGraw-Hill, 1975.

[11] 发射光谱分析编写组. 发射光谱分析. 北京: 冶金工业出版社, 1979.

[12] 方惠群, 于俊生, 史坚. 仪器分析. 北京: 科学出版社, 2002.

[13] 方禹之. 分析科学与分析技术. 上海: 华东师范大学出版社, 2002.

[14] 高鸿. 仪器分析. 南京: 江苏科学技术出版社, 1987.

[15] 高向阳. 新编仪器分析. 2 版. 北京: 科学出版社, 2004.

[16] Ewing G W. Instrumental methods of chemical analysis. 4th ed, New York: McGraw-Hill, 1975.

[17] 洪山海. 光谱解析法在有机化学中的应用. 北京: 科学出版社, 1981.

[18] 胡继明, 陈观铨, 曾云鹗. 激光诱导荧光光谱分析进展. 分析化学, 1992, 20: 356-362.

[19] 胡坪, 王氢. 仪器分析. 5 版. 北京: 高等教育出版社, 2020.

[20] 黄量, 于德泉. 紫外光谱在有机化学中的应用（上册）. 北京: 科学出版社, 1988.

[21] 黄鸣龙. 红外光谱与有机化合物分子结构的关系. 北京: 科学出版社, 1958.

[22] （a）季欧. 质谱分析法（上册）. 北京: 原子能出版社, 1978.（b）季欧. 质谱分析法（下册）. 北京: 原子能出版社, 1986.

[23] Kenzo Hiroyama. Handbook of ultraviolet and visible adsorption spectra of organic compounds. New Yorks: Plenum, 1967.

[24] 李果, 吴联源, 杨忠涛. 原子荧光光谱分析. 北京: 地质出版社, 1983.

[25] 李克安. 分析化学教程. 北京: 北京大学出版社. 2005.

[26] 李启隆. 仪器分析. 北京: 北京师范大学出版社, 1990.

[27] 李廷钧. 发射光谱分析. 北京: 原子能出版社, 1983.

[28] 梁晓天. 核磁共振——高分辨氢谱的解析和应用. 北京: 科学出版社, 1976.

[29] 刘密新, 罗国安, 张新荣, 等. 仪器分析. 北京: 清华大学出版社, 2002.

[30] 刘约权. 现代仪器分析. 北京: 高等教育出版社, 2001.

[31] 刘志广. 仪器分析学习指导与综合练习. 北京: 高等教育出版社, 2005.

[32] 罗伯茨 J D. 核磁共振在有机化学中的应用. 黄维垣, 译. 北京: 科学出版社, 1961.

[33] 马成龙, 王忠厚, 刘国范, 等. 近代原子光谱分析. 沈阳: 辽宁大学出版社, 1989.

[34] 马怡载, 何华焜, 杨啸涛. 石墨炉原子吸收分光光度法. 北京: 原子能出版社, 1989.

[35] Fleischmann M, Hendere P J, Mcquillan A J. Raman spectra of pyridine adsorbed at a silver electrode. Chem Phys Lett, 1974, 26: 163-166.

[36] Albrecht M G, Creighton J A. Anomalously intense Raman spectra of pyridine at a silver electrode. J Am Chem Soc, 1977, 99: 5215-5217.

[37] Miller, Kauffman. 拉曼效应的发现. 李雄记, 译. 大学化学, 1992, 7(4): 57-59.
[38] 南开大学化学系仪器分析编写组. 仪器分析（上、下册）. 北京: 人民教育出版社, 1978.
[39] 宁永成. 有机化合物结构鉴定与有机波谱学. 北京: 清华大学出版社, 1989.
[40] 潘铁英, 张玉兰, 苏克曼. 波谱解析法. 2 版. 上海: 华东理工大学出版社, 2009.
[41] 沈其丰. 核磁共振碳谱. 北京: 北京大学出版社, 1988.
[42] 寿曼立. 发射光谱分析. 北京: 地质出版社, 1985.
[43] Silverstein R Metal. 有机化合物光谱鉴定. 姚海文, 等, 译. 北京: 科学出版社, 1982.
[44] Stephen G S. Molecular luminescence spectroscopy. New Jersey: Wiley, 1985.
[45] 苏曼克, 张济新. 仪器分析实验. 2 版. 北京: 高等教育出版社, 2005.
[46] 孙汉文. 原子光谱分析. 北京: 高等教育出版社, 2002.
[47] 特哈斯 C, 默赫麦 J M. 电感耦合等离子体光谱分析. 万家亮, 唐咏秋, 译. 北京: 科学出版社, 1989.
[48] 汪尔康. 21 世纪的分析化学: 第 8 章激光分析. 北京: 科学出版社, 1999.
[49] 王宗明, 等. 实用红外光谱学. 2 版. 北京: 石油化学工业出版社, 1990.
[50] Walsh A. Application of atomic absorption spectrometry to analytical chemistry. Spectrochim Acta, 1955, 7: 108.
[51] Willard H H, Merritt L L Jr, Dean J A, et al. Instrumental methods of analysis. 7th Ed. Massachusetts: Wadsworth, 1988.
[52] 武汉大学化学系. 仪器分析. 北京: 高等教育出版社, 2001.
[53] 武汉大学. 分析化学（下册）. 5 版. 北京: 高等教育出版社, 2017.
[54] 武内次夫, 铃木正己. 原子吸收分光光度分析, 附原子荧光分光光度分析. 王珊, 等译. 北京: 科学出版社, 1975.
[55] 许金钩, 王尊本. 荧光分析法. 3 版. 北京: 科学出版社, 2006.
[56] 徐秋心. 实用发射光谱分析. 成都: 四川科学技术出版社, 1992.
[57] 叶勇, 胡继明, 曾云影. 表面增强拉曼技术及 FT-拉曼的研究及应用. 大学化学, 1998, 13: 6-10.
[58] 易大年, 徐光漪. 核磁共振波谱在药物分析中的应用. 上海: 上海科学技术出版社, 1985.
[59] Mo Y, Mörke I, Wachter P. Surface enhanced Raman scattering of pyridine on silver surfaces of different roughness. Surf Sci, 1983, 133: L452-L458.
[60] 赵藻藩, 周性尧, 张悟铭, 等. 仪器分析. 北京: 高等教育出版社, 1990.
[61] 钟海庆. 红外光谱法入门. 北京: 化学工业出版社, 1984.
[62] 周名成, 俞汝勤. 紫外与可见分光光度分析法. 北京: 化学工业出版社, 1986.
[63] 朱良漪. 分析仪器手册: 第十一章质谱仪. 北京: 化学工业出版社, 1997.
[64] 朱若华, 晋卫军. 室温磷光分析法原理及应用. 北京: 科学出版社, 2006.
[65] 朱世盛. 仪器分析. 上海: 复旦大学出版社, 1983.
[66] 魏培海, 曹国庆. 仪器分析. 3 版. 北京: 高等教育出版社, 2014.
[67] 董慧茹. 仪器分析. 3 版. 北京: 化学工业出版社, 2016.
[68] 大连理工大学, 吴硕, 刘志广. 仪器分析. 2 版. 北京: 高等教育出版社, 2023.
[68] 晋卫军. 分子发射光谱分析. 北京: 化学工业出版社, 2018.

电子教学课件和习题库获取方式

请扫描下方二维码，关注化学工业出版社“化工帮 CIP”微信公众号，在公众号后台留言，即可获取相应的电子资源下载链接：

留言“仪器分析（宋永海）电子教学课件”，获取电子教学课件；

留言“仪器分析（宋永海）习题库”，获取电子教学课件。